Das Biobuch

Inhaltsverzeichnis

Bildnachweis

Acaluso International, Blumberg: Cramm 18.32 E, K; Fischer 16.47, 16.48; Geduldig 9.1; Groß 5.30; Hosser 16.2, 16.3; Jäkel 17.23 u.; Jung 18.32; Kage 7.6, 7.7, 8.20, 12.4, 12.5, 16.37; Leis 2.42, 14.15, 14.47; Nagel 1.1 (7), 1.3, 10.42, 10.43, 11.4, 14.42, 16.4, 16.5, 16.6, 16.10, 16.13, 18.32 B; Paysan 10.18; Pforr 5.23; Podloucky 2.22, 5.15, 5.22, 5.34, 5.35; Reinbacher 3.38, 3.64, 12.23, 12.24; Reinhard 5.13, 5.21, 5.27, 5.42, 10.17, 10.38; Schlichting 14.0; Schrempp 6.14; Schwenk 9.3, 9.4; Seidl 9.12, 9.13; Stief 1.1 o.re.; Unicef 16.51; Zettl 17.39; Allgäuer Alpenmilch AG, München: 16.39; Archiv für Kunst und Geschichte, Berlin: 12.18, 17.5 a, 17.5 b, 17.6; Bavaria-Verlag, Gauting: 2.52, 4.14, 12.29, 12.30, 12.34, 13.0, 13.3, 13.8, 13.16 (o.li., o.re.), 15.29, 16.22, 16.23, 16.27, 16.36; Fa. Bayer AG, Leverkusen: 1.1, 9.40, 12.3, 12.10, 16.12; Bildarchiv für Medizin, München: 12.1, 13.6, 13.10; Bildarchiv Preussischer Kulturbesitz, Berlin: 12.14, 12.15, 12.16, 17.2; c Boehringer Ingelheim International GmbH. Dr. Karl Thomae GmbH., Biberach a.d. Riss: 3.0, 12.0, 12.27, 13.5, 12.2; Dt. Brauerbund (Infoplan), Bonn: 16.26, 16.28, 16.31; E. Bruns, Osnabrück: 4.7, 4.11, 4.20, 6.36, 7.13, 10.16, 10.21, 10.22, 10.23, 11.7, 11.9, 11.10, 11.12, 11.13, 13.14, 16.7, 17.26, 17.27, 17.28; Käserei Champion, Heising: 16.43; dpa Bildarchiv, Frankfurt: 12.26, 13.4, 13.11, 13.16, 13.17; Dt. Grünes Kreuz, Marburg: 12.11; Dt. Rotes Kreuz, Frankfurt: 3.31; G. Fleissner, Karben: 3.46, 3.47, 3.71, 3.72, 3.74, 4.8; H. P. Gelhard, Mainz: 9.19, 9.20, 9.32, 9.33, 9.34, 16.45; Gruner & Jahr/Ahrens, München: 4.17; Gruner & Jahr/Vogt: 10.13, 10.14; W. Indinger, Jügesheim: 9.44; A. Jung, Hilchenbach: 6.9, 6.51; H. Kacher, A-Höflein: 10.32; F. Kind, Hamburg: 1.2, 2.8, 2.12, 2.13, 2.20, 2.21. 2.24, 2.27, 2.34, 2.39, 2.41, 2.43, 2.47, 3.10, 3.39, 3.42, 3.53, 3.58, 3.67, 4.2, 6.3, 6.4, 6.15, 6.18, 6.20, 6.50, 7.10, 7.16, 7.18, 7.19, 7.20, 7.21, 7.23, 7.24, 7.26, 7.27, 7.34, 7.35, 9.22, 9.23, 9.40, 9.45, 10.27, 11.0, 15.6, 17.16, 18.17; Luftbildverlag Klammet & Aberl, Germering: 15.0; H. Kraft, Berlin: 18.0; Prof. Dr. E. Kullmann, Köln: 2.44, 2.46, 2.50, 2.51; Fotoagentur Lade/Michler, Frankfurt: 7.15; Dr. J. Lethmate, Ibbenbüren: 10.33, 10.34, 10.35, 10.36; Fa. Joh. Lieder, Ludwigsburg: 6.52, 6.53, 14.29, 14.30, 16.19; Fa. Lurgi GmbH., Frankfurt: 16.0, 16.9, 16.11; Bildagentur Mauritius, Mittenwald: 3.2, 3.4, 3.5, 3.25, 3.28, 4.9, 4.18, 4.19, 5.39, 6.12, 7.0, 7.2, 7.9, 7.28, 9.16, 11.5, 11.8, 12.28, 13.15, 14.21, 14.24, 15.9, 16.21 o., 16.35, 16.44, 18.32 I, L, M; K. Meister, Frankfurt: 2.18, 16.21 u., 16.32; Naturbild AG., Hannover: 14.44, 14.45; L. Nilsson, Stockholm: 4.0, 4.13, 12.6; W. Noack, Wuppertal: 5.1, 5.32, 5.35, 5.38, 5.40, 6.35, 6.37, 6.38, 6.39, 6.40, 14.7, 15.1, 15.2, 15.5, 15.7, 15.8, 15.10, 15.14, 15.18, 15.22, 15.26, 15.28, 15.32, 15.33, 15.34, 15.36, 15.39, 17.9, 17.10, 17.41, 17.43; Bildarchiv Okapia, Frankfurt: 2.9, 2.19, 3.1, 3.17, 4.4, 5.0, 5.2, 6.2, 6.8, 6.19, 6.21, 7.1, 7.5, 7.14, 7.32, 8.0, 8.1, 8.4, 8.9, 9.0, 9.5, 9.6, 9.15, 9.18, 9.21, 9.36, 9.37, 9.51, 9.52, 10.0, 10.1, 10.3, 10.4, 10.8, 10.9, 10.12, 10.15, 10.24, 10.28, 10.29, 11.1, 12.13, 12.21, 12.25, 12.26, 12.32, 12.33, 14.8, 15.24, 15.37, 16.1, 17.23 o., 17.24, 17.40, 18.18, 18.20, 18.32 G; Schwarzbachverband Main/Taunus, Hofheim: 16.8; Naturmuseum Senckenberg, Frankfurt: 17.0; Sera Aquaristik GmbH., Heinsberg: 10.20; Silvestris Fotoservice, Kastl/Obb.: 2.0, 2.17, 2.26, 2.29, 2.30, 2.32, 2.36, 2.37, 3.3, 3.16, 4.16, 5.4, 5.14, 5.17, 5.18, 5.25, 5.26, 5.28, 6.10, 6.11, 6.13, 7.3, 7.4, 7.8, 7.31, 9.8, 9.11, 9.42, 10.10, 10.25, 10.26, 10.31, 10.39, 11.3, 12.31, 14.10, 14.14, 14.16, 14.34, 14.43, 14.48, 14.51, 15.23, 15.27, 15.30, 15.42, 16.18, 16.25, 16.30, 16.34, 17.15, 17.42, 18.25, 18.32 C, D, F, H; Sven Simon, Essen: 10.41; Stichting Eurotransplant, Nederland: 13.18; Süddeutscher Verlag, Bilderdienst, München: 12.17; Ullstein Bilderdienst, Berlin: 10.44, 10.45; V-Dia, Heidelberg: 12.12; Gdf-Studio A. Wiedenmann, Frankfurt: 16.29; Fa. Carl Zeiss, Oberkochen: 6.0

Zu den Abbildungen am Beginn eines jeden Kapitels

Abb. 1.0: Zur Biologie gehören viele Bereiche. Einige werden in diesem Buch besprochen. Suche dazu Beispiele. *(Seite 1)*

Abb. 2.0: Königslibelle. Ein großer Teil des Kopfes besteht aus einem riesigen Augenpaar. Zusätzlich hat sie noch drei Punktaugen. Die Augen ermöglichen es ihr, schnellfliegende Insekten im Flug zu jagen. *(Seite 5)*

Abb. 3.0: Gerinnendes Blut. Die roten Blutkörperchen sehen aus wie Drops, sie stecken in einem Netz von Gerinnungsfasern. Rote Blutkörperchen transportieren den Sauerstoff von der Lunge zu den Zellen. *(Seite 23)*

Abb. 4.0: Eine Eizelle hat den Eierstock verlassen und wird in diesem Augenblick vom Eileitertrichter aufgefangen. Von dort gelangt sie durch den Eileiter in die Gebärmutter. Eine menschliche Eizelle hat den Durchmesser einer Stecknadelspitze (0,2 mm). *(Seite 55)*

Abb. 5.0: Ein Bergbach im Nordschwarzwald. Stromschnellen und dicke Steine gestalten das Bachbett abwechslungsreich. *(Seite 69)*

Abb. 6.0: Schnitt durch die Wand eines Froschmagens: Die verschiedenartigen Zelltypen sind durch unterschiedliche Färbung gut voneinander zu unterscheiden. Die obere blaugefärbte Zellschicht scheidet Schleim in das Mageninnere (nach oben) ab. Jeder Zelltyp erfüllt eine spezielle Aufgabe. *(Seite 95)*

Abb. 7.0: Stute mit saugendem Fohlen. *(Seite 119)*

Abb. 8.0: Waldohreule. Große Augen mit weitgeöffneten Pupillen ermöglichen dem Vogel, sich in der Dämmerung zu orientieren und Beute zu fangen. Die Eule kann vorzüglich hören. Die beiden Federbüschel sind nicht die Ohren, die großen Ohröffnungen liegen etwa in Höhe der Augen. *(Seite 129)*

Abb. 9.0: Elektronenmikroskopische Aufnahme von menschlichen Chromosomen. Sie sind Träger der Erbinformationen. Jedes Chromosom besteht aus einem Chromatidenpaar, das durch ein Centromer verbunden ist. *(Seite 139)*

Abb. 10.0: Junge Coyoten. Sie sind mit den Hunden verwandt. Im Spiel wird die Rangordnung festgelegt: der Schwächste unterwirft sich. *(Seite 157)*

Abb. 11.0: Tanz am Strand. *(Seite 173)*

Abb. 12.0: Ein weißes Blutkörperchen nähert sich einer Bakterienkolonie. Es umfließt sie mit seinen Scheinfüßchen und nimmt sie anschließend in seine Körper auf. *(Seite 179)*

Abb. 13.0: New York bei Nacht. *(Seite 195)*

Abb. 14.0: Profil eines Braunerdebodens. Mit Hilfe des Zollstockes kann man die Dicke der Bodenhorizonte abschätzen. *(Seite 215)*

Abb. 15.0: Luftaufnahme der Nordseeinsel Juist. Im Vordergrund die Wattseite mit Prielen und Salzwiesen, im Hintergrund die offene See. *(Seite 241)*

Abb. 16.0: Kläranlage. In der Anlage von Sindlingen bei Frankfurt (Main im Hintergrund) werden die Abwässer von 100 000 EWG (Einwohnergleichwert, 1 EWG ≙ soviel Abwasser, wie von einem Einwohner produziert werden würde) geklärt. Im Vordergrund die mechanische Reinigung, dann die biologische mit den kreisförmigen Belebtbecken. In den geschlossenen Behältern im Hintergrund fault der Klärschlamm. Das gereinigte Abwasser wird in den Main als Vorfluter geleitet. *(Seite 259)*

Abb. 17.0: Skelettabguß eines Eidechszähners (Dinosaurier) im Senckenbergmuseum/Frankfurt. Die Skeletteile wurden 1877 in Bernissart (Belgien) gefunden. Dieser Saurier war 9 m lang, 5 m hoch und wog 4,5 t. Das riesige Kriechtier bewegte sich auf den mächtigen Hinterbeinen, die Vorderbeine waren zurückgebildet. Es war ein Pflanzenfresser, es fraß Blätter/Nadeln aus Baumkronen – wie es heute Giraffen tun. Eidechszähner lebten etwa vor 100 Millionen Jahren in Europa. *(Seite 289)*

Abb. 18.0: Schädel eines jungen Neandertalermenschen, gefunden 1908 in Le Moustier (Frankreich). Die kräftigen Überaugenwülste sind gut zu erkennen. Die dunkel gefärbten Skeletteile sind Ergänzungen. *(Seite 311)*

1
Biologie – die Lehre von den Lebewesen

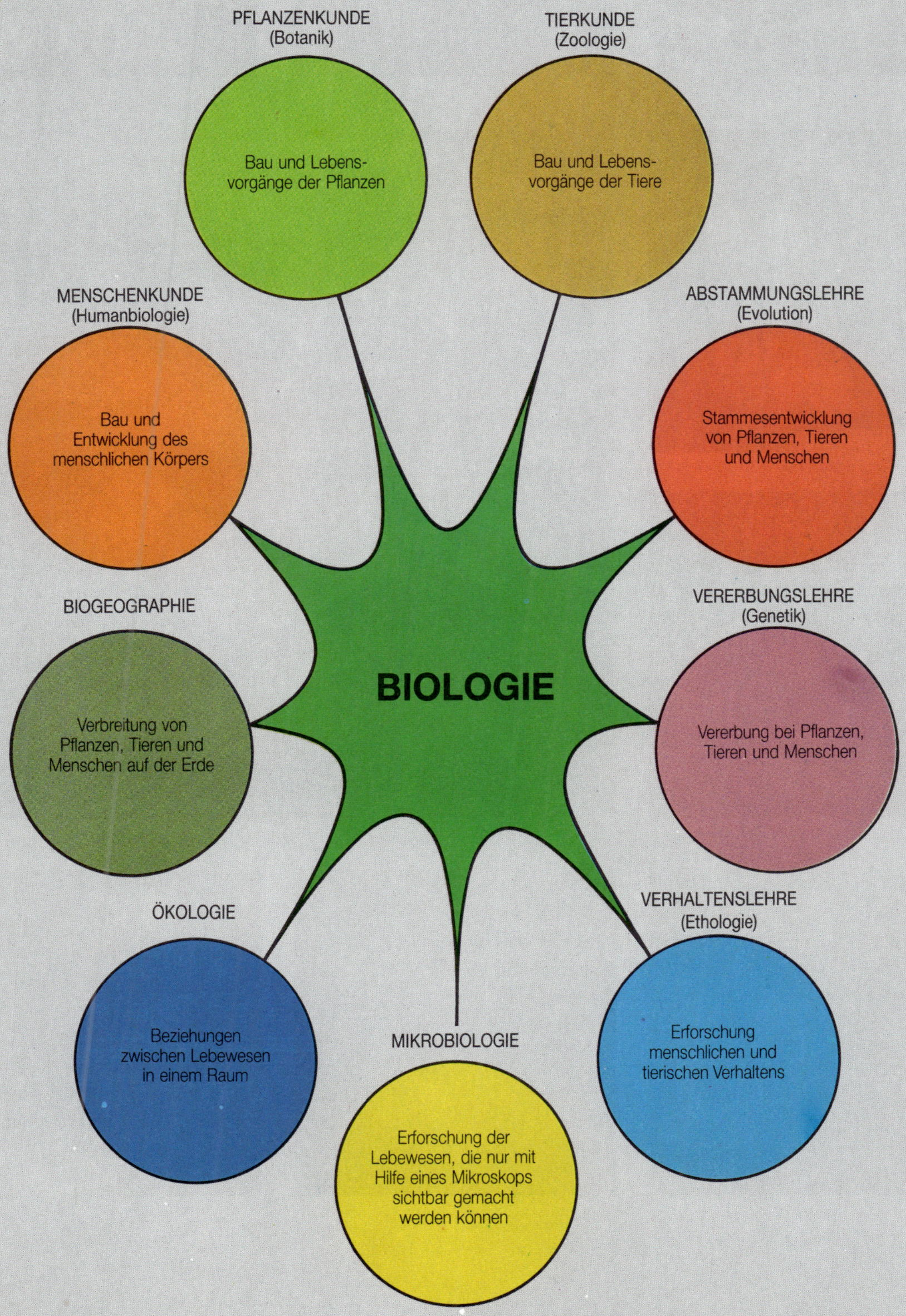

Abb. 1.2: Im Tierpark Hagenbeck in Hamburg. Das Walroß verträgt sich mit seinem Tierpfleger und mit einem Seehund sehr gut

Mit **Lebewesen** meinen wir Pflanzen, Tiere und auch Menschen. Lebewesen sehen ganz verschieden aus und verhalten sich unterschiedlich. Sie haben aber Gemeinsamkeiten, an denen man erkennt, daß sie leben: **sie ernähren sich, atmen, bewegen sich, wachsen und pflanzen sich fort; sie können auf Vorgänge in ihrer Umwelt reagieren.**

Im Biologieunterricht sollst du einen Einblick in die lebendige Natur erhalten, ein Bild vom Leben, von seinen Gesetzmäßigkeiten und seinen Ordnungsprinzipien gewinnen. Vielleicht ergreifst du einmal einen der vielen Berufe, in denen umfangreiches biologisches Wissen wichtige Voraussetzung ist, z.B. Landwirt, Tierpfleger, Pferdewirt, Förster, Gärtner, Florist, Krankenpfleger, Arzt. Darüber hinaus gibt es eine Reihe von Berufen, die erst in jüngerer Zeit aktuell geworden sind, z.B. in den Bereichen Trinkwasserversorgung, Landschaftsgestaltung, Arbeit in Klärwerken und in der Nahrungsmittelindustrie usw.

Die Erforschung von Pflanzen, Tieren und Menschen und ihrer Lebensvorgänge hat uns schon viel Nutzen gebracht. Beispielsweise wurden aus Wildkirschen dickfleischige Süßkirschen gezüchtet. Kultivierte Getreidepflanzen tragen mehr und dickere Körner als wilde. Hochleistungsrinder geben mehr Milch als Wildrinder. Die Züchtung verschiedener Hunderassen ermöglicht es dem Menschen, den Hund für spezielle Aufgaben und Bedürfnisse einzusetzen.

In den letzten Jahren hat die vom Menschen verursachte Gefährdung unserer Umwelt zugenommen. Vergiftetes Wasser, verpestete Luft, verseuchter Boden, sterbende Wälder, Belastung durch radioaktive

Abb. 1.1 *(Seite 2):* Obere Reihe von links: Baumpflegearbeiten durch Gärtner eines städtischen Gartenamtes. – Ein Bisamrattenjäger kontrolliert Flußdämme. Die als Pelztier eingeführte Bisamratte ist zum Schädling in Norddeutschland geworden. – Eine biologisch-technische Assistentin kontrolliert Pflanzenstecklinge. – Mitte: Ein Imker ist mit seinen Bienenvölkern zur Blütezeit in die Heide gereist. – Städtische Gärtner pflegen die Parkanlagen und sorgen für Verkehrssicherheit. – In einem großen Chemiewerk gibt eine biologisch-technische Assistentin abgemessene Mengen einer Probeflüssigkeit zur Kontrolle ihrer Unschädlichkeit in ein Aquarium mit Goldorfen. – Untere Reihe von links: Schäfer bei der Geburt eines Lammes. – Auch in Landschaftsschutzgebieten müssen in Feuchtbiotopen pflegerische Maßnahmen durchgeführt werden. Binsen werden gemäht. – Waldarbeiter arbeiten heute mit Motorsägen, die mit Pflanzenölen betrieben werden.

Abb. 1.3: Die Floristinnen haben keinen leichten Beruf. Stelle Vor- und Nachteile zusammen! Denke an folgende Stichworte: Körperhaltung bei der Arbeit, Temperatur am Arbeitsplatz, Geburtstag, Trauerfall, Freudemachen, Schenken, Andrang der Kundschaft, Samstagsarbeit und vieles mehr

Aufgaben

1. Suche im Text nach Beispielen, wie der Mensch die Natur verändert. Welche positiven und negativen Auswirkungen findest du? Füge eigene Beispiele hinzu.

2. Wie schützen sich die Menschen vor Umweltgefahren, die nicht vom Mensch verursacht werden?

3. Welche Aufgaben kommen deiner Meinung nach in den nächsten Jahrzehnten auf die Biologie zu?

4. Suche Abbildungen und Texte über Bioberufe. Stelle sie auf einem Plakat in Form einer Collage zusammen!

Strahlen stören das Gleichgewicht in der Natur oder sind Anzeichen für die Störung. Mit Hilfe biologischer Kenntnisse müssen wir uns bemühen, Schäden so gut wie möglich wieder zu reparieren und zukünftig zu vermeiden.

Immer wieder sind Menschen krank. Dank der Medizin, die auf biologischem Wissen aufbaut, kann vielen geholfen werden. Wir wissen aber, daß eine gesunde Lebensweise langfristig auch wirksam ist. Biologische Kenntnisse helfen uns, gesund zu bleiben, uns richtig zu ernähren, zu kleiden und zu erholen. Sie zeigen uns, wie wir die uns umgebende Natur erhalten und schützen können.

2

Gliederfüßer sind ganz anders

Abb. 2.1

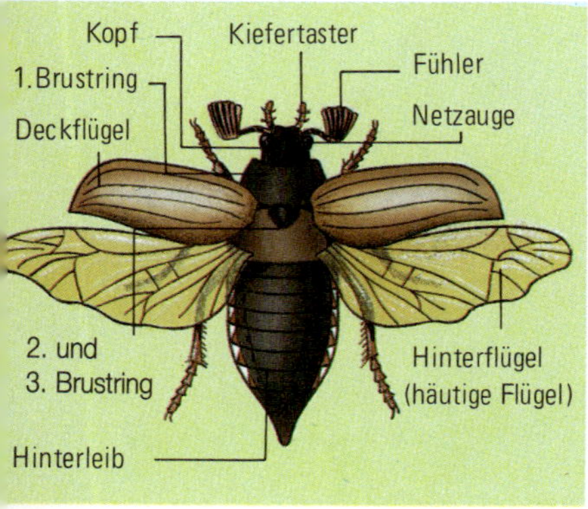

Abb. 2.2: Der Maikäfer zeigt typische Merkmale der Insekten

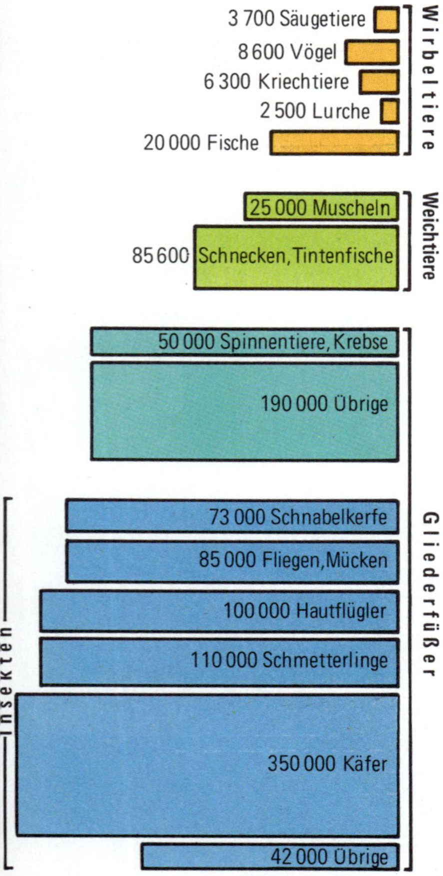

2.1 Fast achthunderttausend Insektenarten – ihre gemeinsamen Merkmale

Wodurch unterscheiden sich Insekten von anderen Tieren? Schon allein die Zahl der Insektenarten setzt uns in Erstaunen. Es gibt rund 760000 verschiedene Arten in dieser Klasse; die Säugetiere weisen nur ca. 3700 Arten auf! Selbst die Weichtiere mit ihren 110000 Arten kommen den Insekten nicht nahe.

Wir wollen uns einige auffallende Merkmale im Körperbau der **Kerbtiere** – wie man die Insekten auch noch nennt – hier besonders ansehen. Woran erkennst du ein Insekt? Auf den ersten Blick sieht man, daß der Körper in drei Abschnitte gegliedert ist und zwar in **Kopf, Brust, Hinterleib** (Abb. 2.4). Weil die Abschnitte voneinander wie durch Kerben getrennt sind, nennt man Insekten auch Kerbtiere. Ein weiteres Merkmal: Insekten haben 6 Beine. Bei ihnen sind die Beine am Brustabschnitt angewachsen. Die meisten Insekten – jedoch nicht alle – sind mit Flügeln ausgerüstet. Tier- und Menschenläuse, Flöhe des Menschen und der Tiere sowie viele Blattläuse haben keine Flügel. Manche werfen oder beißen ihre Flügel ab, wenn sie sie nicht mehr brauchen, wie z.B. viele Ameisenarten nach dem Hochzeitsflug. Bei manchen Insekten haben nur die Weibchen keine Flügel, wie die Leuchtkäfer. Die Weibchen brauchen nicht zu fliegen: sie locken die Männchen mit ihren leuchtenden Hinterleibsabschnitten (Segmente) zur Begattung an.

Schmetterlinge, Libellen, Käfer, Bienen, Hummeln u.a. haben **zwei Flügelpaare.** Käfer spreizen ihre Vorderflügel wie Tragflächen ab und benutzen die Hinterflügel als Antrieb. Bei Ruhe falten sie die Flügel unter die zusammengeklappten Vorderflügel (Chitindeckel).

Fliegen haben nur ein Paar Flügel (Zweiflügler), das zweite Paar ist umgewandelt in zwei **Schwingkolben** (Abb. 2.5), die beim Fliegen eine wichtige Rolle spielen: sie müssen in einem bestimmten Takt – zur Flügelbewegung passend – mitschwingen. Werden einer Stubenfliege diese Schwingkolben experimentell entfernt, ist das Tier flugunfähig.

Abb. 2.3: Die Anzahl der Tierarten im Vergleich

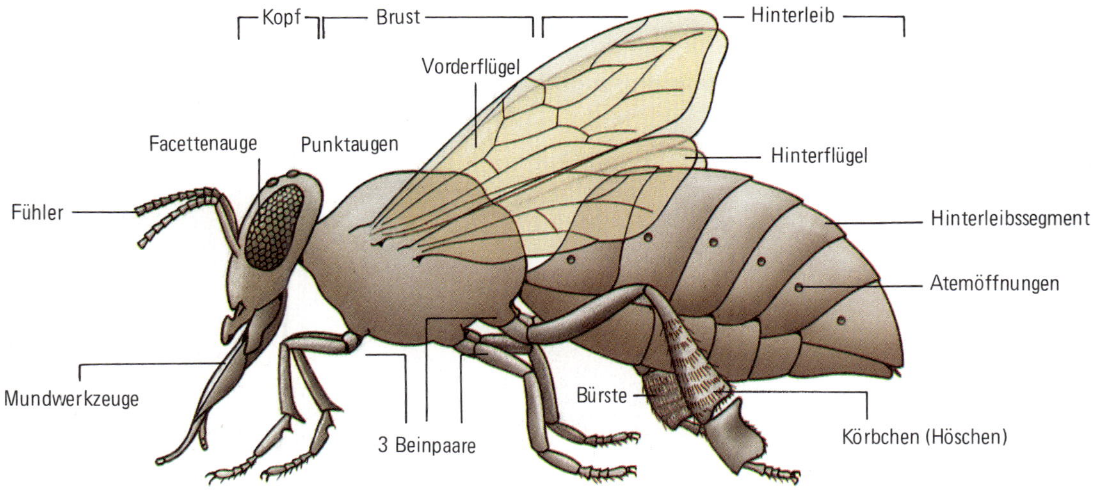

Abb. 2.4: Die Körperteile eines Insektes am Beispiel der Honigbiene

Uns fällt auf, daß der Körper und die Beine dieser Tiere von einem harten **Panzer** umschlossen sind. Er bietet nicht nur Schutz gegen Verletzungen, sondern gibt dem Leib und den Gliedmaßen eine feste Stütze. Im Inneren des Panzers befinden sich die Eingeweide und die Muskeln. Insekten haben kein Knochenskelett, an dem – wie bei Wirbeltieren – die Muskeln festgewachsen sind. Ihre Muskeln sind an der Innenseite des Panzers angewachsen und ermöglichen durch die jeweiligen Kontraktionen verschiedene Bewegungen. Der Panzer besteht aus **Chitin.**

Insekten haben nicht, wie die Säuger, nur zwei Augen, obwohl es auf den ersten Blick vielleicht so aussehen mag. Schaut man mit einer Lupe genauer hin, merkt man, daß die Insektenaugen aus einer großen Zahl kleiner Augen zusammengesetzt sind. Man nennt sie **Facettenaugen,** da sie aus kleinen geschliffenen Edelsteinen (Facetten) zusammengesetzt scheinen. So hat z.B. eine Stubenfliege rund 3200 (auf jeder Seite), ein Maikäfer 5400 und eine Libelle sogar 28000 Einzelaugen. Insekten sehen mit ihren vielen Augen anders als Säugetiere. Wir müssen uns vorstellen, daß ihr Sehbild nur aus einigen tausend Punkten zusammengesetzt ist. Das ergibt kein sehr genaues Bild. Bei Wirbeltieren entsteht ein Sehbild aus Millionen von Punkten. Es ist viel feiner gerastert als beim Insektenauge. Dafür kann dieses aber viel besser rasche Bewegungen aufnehmen. Ein Insekt kann auch, weil die Oberfläche der Augen stark gewölbt

Abb. 2.5: Die Stubenfliege hat nur ein Paar Flügel und ein Paar Schwingkolben

Abb. 2.6: Arbeitsweise der Muskeln bei einem Außenskelett (links) und bei einem Innenskelett (rechts)

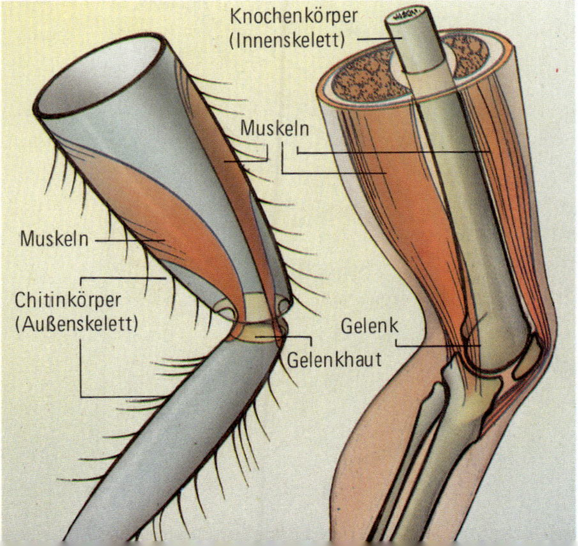

Abb. 2.7: Das Facettenauge der Insekten: Im Schnitt sind die Einzelaugen zu erkennen

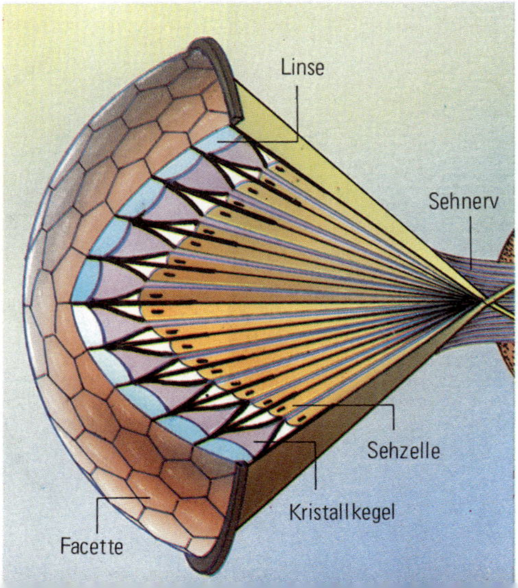

Abb. 2.8: Links eine Amaryllisblüte, wie ein Mensch sie sieht. Insekten sehen dieselbe Blüte wahrscheinlich nur unscharf (rechts). Je zahlreicher die Facetten im Insektenauge, um so schärfer ist das Bild der Blüte

ist, mit beiden Facettenaugen zusammen nach allen Seiten gleichzeitig sehen. So kann die Libelle z. B. mit ihrem „Rundblick" leicht die Bewegung ihrer Beute erkennen und sie verfolgen, ohne den Kopf zu drehen. Eine Stubenfliege merkt meist rechtzeitig die sich schnell nähernde Hand, die sie fangen möchte. Die Facettenaugen der Bienen können den Einfallwinkel der Sonnenstrahlen „messen". So kann die Biene sich Richtungen für Heimweg und Sammelflug merken (s. S. 15).

Abb. 2.9: Marienkäfer in der Winterstarre

Insekten können ihre Körpertemperatur nicht auf einer gleichmäßigen Höhe wie die „warmblütigen" Säuger halten. Sie sind **wechselwarme Tiere,** deren Organismus jeweils die Temperatur seiner Umgebung annimmt. Daher können sie sich bei Temperaturen um 0° C und darunter bzw. bei zu hohen Außentemperaturen nicht mehr draußen aufhalten. Überwinternde Insekten halten sich in einem geschützten Versteck in **Winterstarre** auf, bis es wärmer wird.

Säugetiere sind bekanntlich Lungenatmer. Insekten aber haben statt der Lungen in ihrem Körper ein weit verzweigtes Röhrensystem, die **Tracheen,** durch welche sie mit der ein- und ausströmenden Luft mit Sauerstoff versorgt werden bzw. Kohlenstoffdioxid abgeben. Der Gasaustausch erfolgt durch feine Blutgefäße, die netzartig die Tracheen umwinden. Die Öffnungen des Tracheensystems, die **Stigmen,** befinden sich meist an den Seiten des Hinterleibs.

Abb. 2.10: Die Röhren des Tracheensystems sind durch eine Hornspirale versteift und die Stigmen durch Borsten vor Staub geschützt

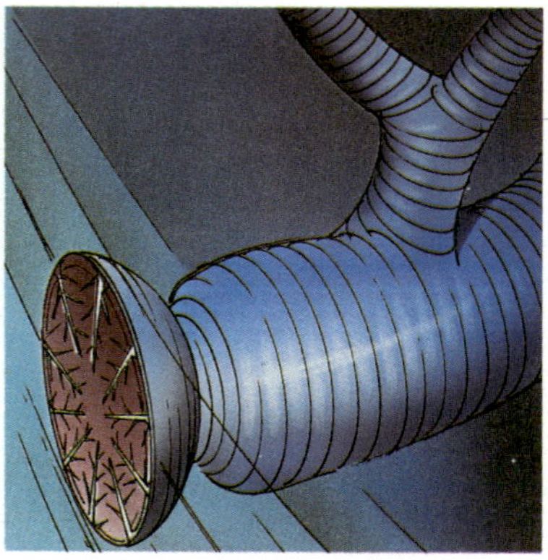

Abb. 2.11: Das Tracheensystem durchzieht Körper und Gliedmaßen des Insekts

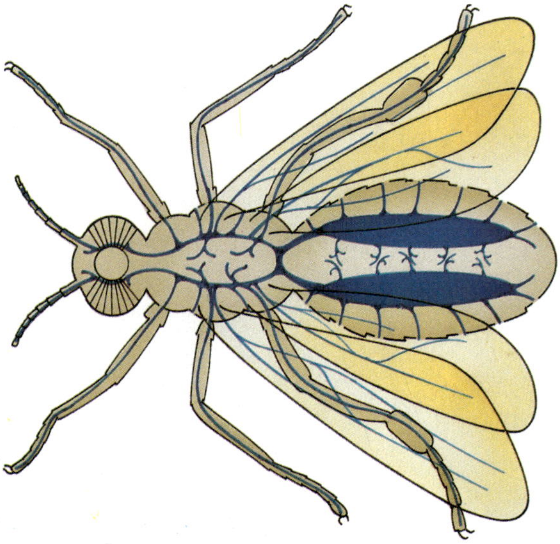

Abb. 2.12: Die Antennen des Seidenspinnermännchens tragen die Sinneszellen für das Riechen

Der Mensch und die Säugetiere nehmen Gerüche mit der Nase wahr. Insekten haben keine Nase, können aber in den meisten Fällen dennoch ganz gut riechen. Dafür haben sie in den Fühlern **Sinneszellen,** welche mancherlei in der Luft schwebende chemische Stoffe als Geruch wahrnehmen können. Viele Käfer und Schmetterlinge – wie z. B. der Chinesische Seidenspinner – besitzen sehr stark gefächerte „Antennen", mit denen sie den Duft eines Weibchens auf mehrere Kilometer Entfernung ausmachen können. Die Weibchen locken die Männchen mit der Absonderung eines arttypischen Duftes aus Bauchdrüsen an. Sie selbst brauchen keine besonders leistungsfähigen Geruchsorgane.

Die Männchen mancher Schmetterlingsarten können außer dem Lock-Geruchsstoff ihres arteigenen Weibchens kaum noch andere Gerüche wahrnehmen: sie sind in anderen Richtungen „nasenblind". Diese Männchen leben nur eine kurze Zeit, bis sie durch die Begattung eines Weibchens für die Fortpflanzung gesorgt haben.

Abb. 2.13: Die Gehörorgane der Heuschrecke liegen jeweils in einem Spalt der Vorderbeine

Grillen, Heuschrecken, Zikaden u. a. Insekten können zirpen, um die Weibchen – jeweils mit dem ihrer Art eigenen „Gesang" – anzulocken. Somit dient das Musizieren ebenfalls der Fortpflanzung. Das setzt voraus, daß sie die mit besonderen „Instrumenten" ihres Körpers erzeugten Töne auch wahrnehmen können. Dafür haben z. B. beide Geschlechter der Grillen und der Heuschrecken besondere **Gehörorgane,** die an den Vorderbeinen sitzen.

Das Männchen der Feldgrille „singt", indem es die Kanten (Schrillleisten) der Vorderflügel aneinander reibt. Es sitzt bei schönem Wetter

Abb. 2.14: Schrillader und Schrillkante bei der Heuschrecke

Abb. 2.15: Mikroaufnahme der Schrillader

Abb. 2.16: Mikroaufnahme der Schrillkante

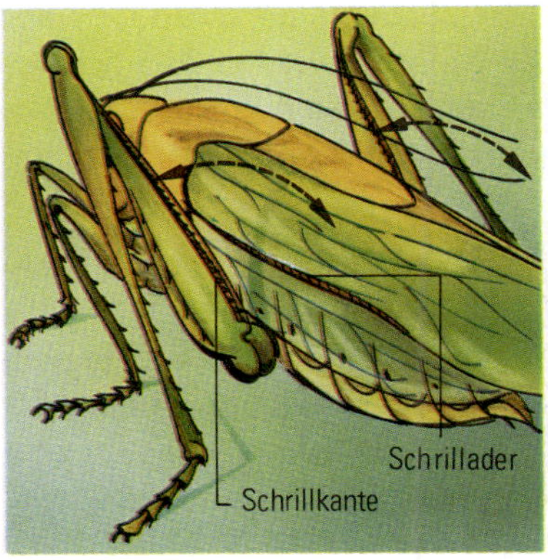

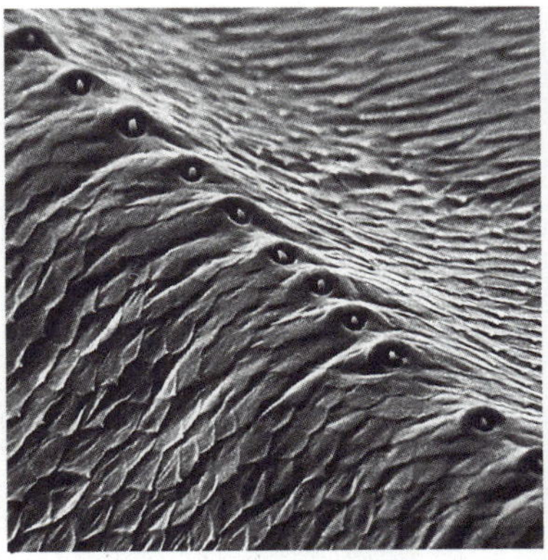

Abb. 2.17: Nachtschmetterlinge wie das rote Ordensband sind behaart und werden deshalb von Fledermäusen nicht so leicht erkannt bzw. geortet

Abb. 2.18: Paarungsrad der Libellen

schon vormittags vor dem Eingang seiner Erdröhre und läßt seinen lauten **Lockgesang** bis spät in die Nacht erklingen. Nähert sich ein Weibchen, werden die Töne leiser, zarter, werbend. Es sind „Liebeslieder“. Kommt jedoch eine männliche Grille in die Nähe des Sängers, läßt er einen schrillen, lauten **„Kampfgesang“** erklingen, der den Gegner einschüchtern soll. Entfernt sich dieser nach der Drohung nicht, kommt es zum Kampf, wobei sich die Rivalen gelegentlich mit ihren Kiefern beißen können.

Im Gegensatz zum Gesang der hier bereits erwähnten Insekten singen andere Arten viel leiser, so daß unser Ohr den Gesang gar nicht mehr wahrnehmen kann. Die Tonschwingungen sind oft so hoch, daß sie nur mit besonderen Mikrofonen aufgenommen und mit Verstärkergeräten hörbar gemacht werden können.

Wie wir wissen, werden Nachtinsekten im Dunkeln von Fledermäusen gejagt. Diese orientieren sich mit dem **Ultraschall-Ortungsschrei,** den unsere Ohren nicht mehr wahrnehmen können. Es gibt aber Schmetterlinge (sogenannte Eulen), die Ultraschall wahrnehmen. Wenn diese die Ortungssignale der Fledermaus hören, lassen sie sich zu Boden fallen und sind gerettet.

Abb. 2.19: Das Fliegenweibchen legt ca. 500 Eier, aus denen nach 1–3 Tagen die Larven schlüpfen. Nach 4–10 Tagen bilden sich Tönnchenpuppen, aus denen nach 4–18 Tagen die fertige Fliege schlüpft, die 10–50 Tage lebt. In der Bildmitte: schlüpfende Fliege

Libellen brauchen nicht um paarungswillige Weibchen zu werben; mit Hilfe einer besonderen Zange am Ende des Hinterleibes packt das Männchen ein vorüberfliegendes Weibchen hinter dem Kopf und hält es bis zur Begattung fest. Wie geht das vor sich? Die Männchen haben – wie alle Insekten – ihre Geschlechtsöffnung am Hinterleibsende, doch gibt es hier keine Begattungseinrichtung. Die Begattungsorgane liegen am Ende des Brustabschnittes. Der Same muß erst durch Biegen des Hinterleibes in diesen Paarungsapparat gebracht werden. Bei der Begattung biegt nun das Weibchen seinen Hinterleib so nach vorne, daß es mit der Geschlechtsöffnung an die Samentasche des Männchens heranreicht. So entsteht das Paarungsrad.

Nach der Begattung werden im Regelfall die im Weibchen herangewachsenen Eier durch die Spermien befruchtet. Bei Säugern und vielen anderen Tierarten entwickelt sich aus dem befruchteten Ei ein langsam heranwachsendes Jungtier. Das geschieht bei Säugetieren meist im Mutterleib, bei Vögeln, Echsen u. a. Tieren wächst das Junge bis zum Schlüpfen in einem Ei heran. Frösche weisen in ihrer Entwicklung eine „Umwandlung“ auf. Aus dem Ei schlüpft eine **Larve.** Sie wandelt sich

allmählich in einen Frosch um. Auch **Insekten** entwickeln sich in Form einer solchen Umwandlung, einer **Metamorphose.** Die vollständige Insekten-Metamorphose sieht so aus: **Ei – Larve – Puppe – Vollinsekt** (Imago). Wenn die Larve heranwächst, muß sie sich von Zeit zu Zeit häuten, weil ihr Chitin„panzer" nicht mitwächst. Larven und Puppen sind der Art nach nur vom Fachmann zu bestimmen. Abweichungen in der Verwandlung kommen vor. Manche Arten haben eine unvollständige Metamorphose. Es fehlt z.B. das Puppenstadium. Die Larve wandelt sich direkt in das Vollinsekt um (z.B. Libelle).

Abb. 2.20: Die Zitronenfalterraupe ernährt sich hauptsächlich von Blättern des Faulbaumes. Sie lebt im Juni und Juli

Abb. 2.21: Der Zitronenfalter lebt in lichten Laubwäldern von Juli bis zum nächsten Juni, also elf Monate. Er überwintert unter Blättern am oder über dem Boden und kommt deshalb schon in den ersten Vorfrühlingstagen zum Vorschein

Aus dem **Ei** eines **Schmetterlings** schlüpft die **Raupe** (Larve). Sie hat weder Flügel noch Fühler und keine Dreiteilung des Körpers. Während sich der Schmetterling durch Nektarsaugen an Blüten ernährt, frißt die Raupe mit Hilfe ihrer kräftigen Kiefer meistens Pflanzenblätter, und zwar täglich das Mehrfache ihres eigenen Körpergewichtes. Sie hat nur Punktaugen. Bis sie ausgewachsen ist, muß sie sich vier bis fünfmal häuten. Nach der letzten Häutung verpuppt sie sich. Diese Umwandlung in das Puppenstadium erfordert wieder eine völlige Verwandlung. Die **Puppe** sieht völlig anders aus als eine Raupe. Da sich Puppen kaum bewegen und nicht den geschützten Ort, den sie zur weiteren Umwandlung brauchen, verlassen können, wird diese Zwischenform auch als Ruhestadium bezeichnet. Viele Insekten können so den Winter überstehen.

Bei vielen Schmetterlingen spinnt sich die Raupe für die Puppenruhe mit einem feinen Faden in einen **Kokon** ein. Beim Seidenspinner nutzt der Mensch diesen Faden zur Herstellung von Seidenkleidung und -wäsche. Im Kokon findet die Umwandlung zum Schmetterling statt. Bei Schmetterlingen, die keine Kokons produzieren, platzt die Puppenhülle zwischen dem Kopf-Brustabschnitt und dem Hinterleibsabschnitt. Der Falter, das **Vollinsekt,** schlüpft heraus. Er muß seine zunächst noch schlaffen, zerknitterten Flügel mit Blut und Luft aufpumpen, bis sie sich entfaltet haben, fest genug geworden und zum Fliegen geeignet sind.

Abb. 2.22: Der Seidenspinner ist aus einer Puppe, dem Kokon, geschlüpft

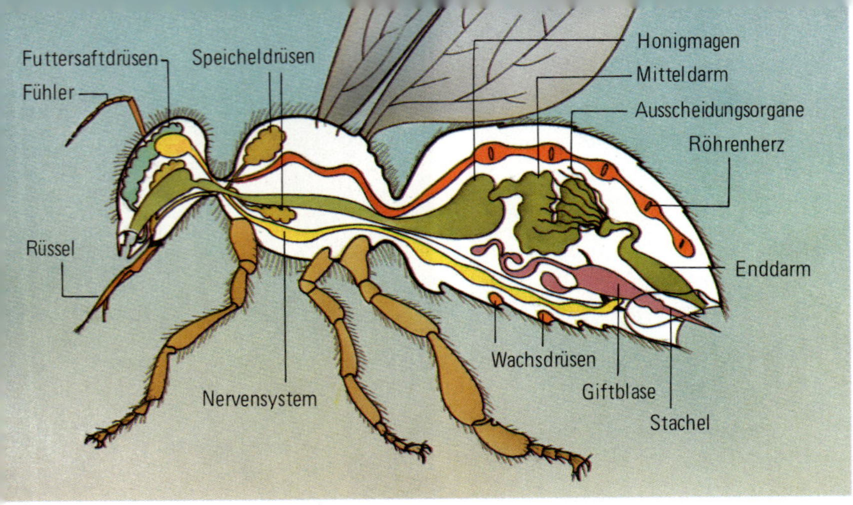

Abb. 2.23: Bauplan einer Arbeitsbiene

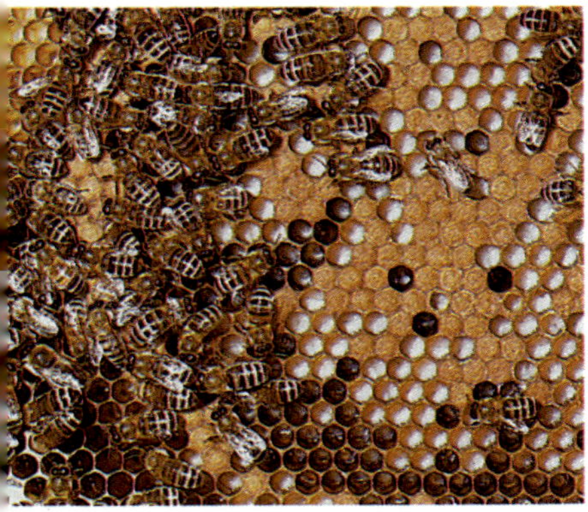

Abb. 2.24: Bienen auf einer Bienenwabe. Man erkennt offene, zum Teil mit Honig gefüllte Zellen, Zellen, die mit einem Ei „bestiftet" sind, Zellen mit Blütenpollen und solche, die gedeckelt sind

Abb. 2.25: Honigbienen im Größenvergleich: Königin, Drohn und Arbeiterin. Die Köpfe von vorn zeigen die Verschiedengestaltigkeit der Mundgliedmaßen, die unterschiedliche Größe der Facettenaugen und die 3 Punktaugen auf der „Stirn"

2.2 Staatenbildende Insekten

Du hast schon beobachtet, daß viele hundert Mücken am Bachufer einen Schwarm bilden oder ein Rosentrieb von Blattläusen bedeckt ist. Eine solche Ansammlung ist zufällig. Einige Insektenarten verbringen aber ihr ganzes Leben in festen Gemeinschaften, in **Insektenstaaten.**

2.2.1 Leben im Bienenstock

Honigbienen verschiedener Arten kommen am häufigsten in tropischen Gebieten vor. Unsere Honigbienen sind jedoch an ein kühleres Klima angepaßt. Für die kalte Jahreszeit, in der es keine Blüten zum Honigsammeln gibt, legen sie einen Honigvorrat an. Der Mensch nutzt sie als Haustiere, indem er ihnen den gesammelten Honig zum großen Teil wegnimmt und im Winter durch Zucker ersetzt.

Honigbienen leben gesellig. Sie bilden einen wohlorganisierten **Staat** mit 20000 bis 80000 Einzeltieren in einem Stock (Baumhöhle).

Schaut man flüchtig in einen **Bienenstock,** kann man von einer Ordnung nichts erkennen. Die Bienen krabbeln scheinbar ziellos umher. Doch bei genauerer Beobachtung merkt man, daß die Tiere jeweils bestimmten Tätigkeiten nachgehen.

Es gibt drei verschiedene Formen von Bienen im Stock: Die Arbeiterinnen, die Drohnen und die Königin. Die **Arbeiterinnen** sind die kleinsten. Sie sind Weibchen, haben aber keine voll entwickelten Ge-

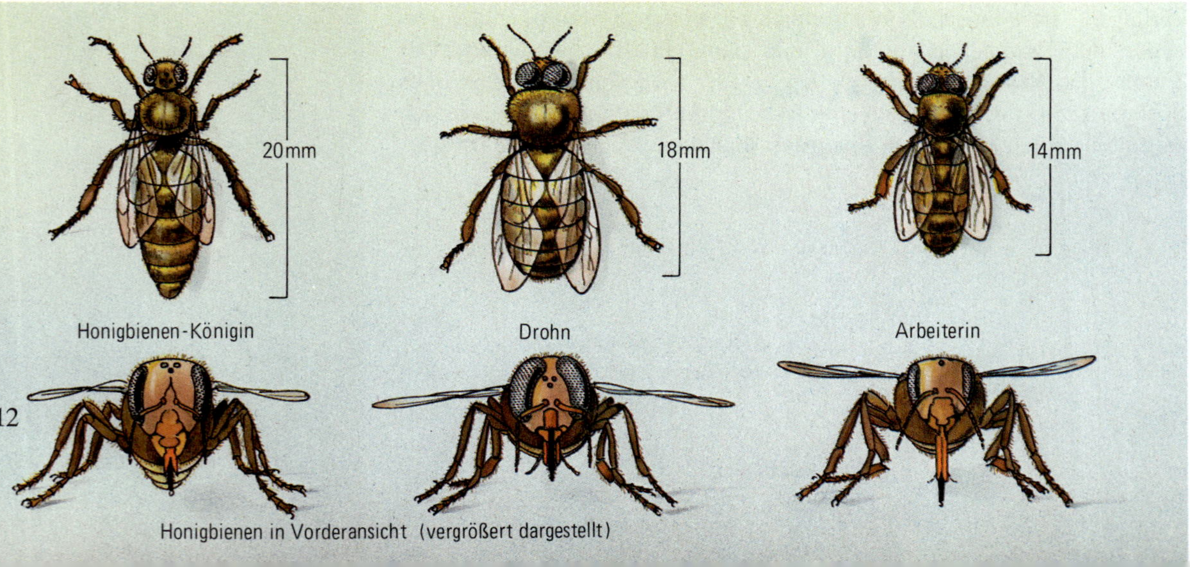

schlechtsorgane und können daher keine Eier legen. Die (400 bis über 1000) **Drohnen** sind männliche Tiere, die nur in den Sommermonaten vorkommen. Die **Königin** sorgt durch Eierlegen für das Fortbestehen des Volkes.

Diese große Gesellschaft kann nur deshalb zusammenleben, weil sich die einzelnen Tiere untereinander verständigen können und jeweils ganz bestimmte Arbeiten übernehmen, also **Arbeitsteilung** haben.

Die Arbeiterinnen übernehmen alle Tätigkeiten, die für den Fortbestand des Bienenvolkes lebenswichtig sind. Sie übernehmen nach dem Schlüpfen nacheinander die folgenden Aufgaben:

- Zunächst reinigen sie die Wachszellen für die Brut und für die Honigvorräte.
- Bis zum 8. Tag füttern sie die älteren Larven mit Nektar und Pollen.
- Nachdem sich die Futtersaftdrüsen entwickelt haben, füttern die Arbeiterinnen als **Ammenbienen** bis zum 12. Tag jüngere Larven und die Königinnenlarven.
- Etwa vom 10. Tag an bilden sich unter den Bauchschuppen der Arbeiterinnen Wachsplättchen, die sie zum Bau der Waben benutzen. Sie sind jetzt **Baubienen.**
- Bis zum 20. Tag bereiten sie unter Hinzufügen von Drüsensaft (Enzyme) den Honig aus Nektar und Pollen. Sie lagern ihn in Waben, die sie anschließend mit Wachs verdeckeln.
- In der gleichen Zeit bewacht die Arbeiterin auch das Flugloch als **Wächterdienst** und wehrt fremde Bienen, Wespen und andere Feinde mit Hilfe ihres Stachels ab. Sie fliegt auch schon zu Erkundungsflügen in die nähere Umgebung.
- Schließlich übernimmt sie allmählich das Einsammeln von Nektar, Pollen und Wasser. Sie ist jetzt **Trachtbiene.**

Arbeitsbienen werden im Sommer ca. 35 Tage alt. Überwinternde Bienen können durch die im Herbst im Körper angelegten Fett- und Eiweißreserven bis 8 Monate alt werden.

Drohnen gibt es vorwiegend zur Zeit des **Hochzeitsfluges.**

Abb. 2.26: Bienenkönigin auf der Wabe mit ihrem Hofstaat

Abb. 2.27: Ein Drohn mitten unter den kleineren und „bunteren" Arbeiterinnen

Abb. 2.28: Das Bienenleben. Entwicklung und Tätigkeiten einer Arbeitsbiene im Stock

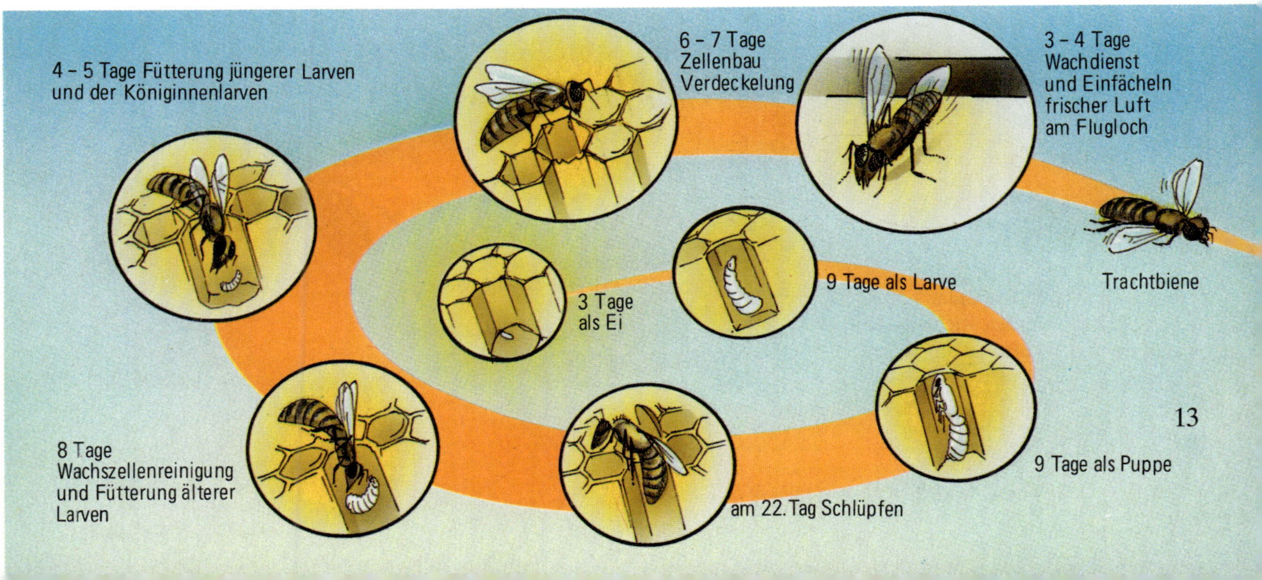

Abb. 2.29: Eine Schwarmtraube wartet auf die Rückkehr der Spurbienen

Wenn das Volk im Frühjahr seine höchste Entwicklung erreicht hat, bauen die Arbeiterinnen einige größere, besonders geformte Waben (Weiselzellen) und ziehen darin mehrere **Königinnen** (Weiseln) auf. Es sind Weibchen, deren Geschlechtsorgane sich durch ein besonderes Futter (Königinnenfutter = Gelée royal) voll entwickeln.

Noch vor dem Schlüpfen der Jungköniginnen verläßt die alte Königin mit etwa 20000 Arbeiterinnen den Stock. Spurbienen suchen für den **Schwarm** eine neue Unterkunft.

Die zuerst geschlüpfte Jungkönigin tötet ihre Rivalinnen mit einem Stachelstich durch die Wand der Weiselzelle. Sie schwärmt am 6.–7. Tag nach dem Schlüpfen mit den Drohnen zum Hochzeitsflug aus. Dabei wird sie von 6–10 Drohnen begattet. Bei der **Paarung** bringen sie ihre Samenzellen (Spermien) in einen besonderen Samenspeicher an der Legeröhre der Königin, wo sie über Jahre aufbewahrt werden. Die zur Begattung gelangten Drohnen sterben danach, da ihre Begattungsorgane dabei ganz oder teilweise herausgerissen werden. Nach der Rückkehr der jungen Königin werden die übrigen Drohnen nun nicht mehr von den Arbeitsbienen gefüttert, sie müssen daher verhungern und werden aus dem Stock geschafft („Drohnenschlacht").

Die junge Königin kann jetzt täglich bis zu 2000 Wabenzellen mit je einem Ei „bestiften". Sie untersucht die Zellen vorher und legt in die kleineren **befruchtete Eier.** Die aus ihnen schlüpfenden Maden werden vorwiegend mit Honig und Pollen gefüttert. Daher entwickeln sich ihre Geschlechtsorgane nicht vollständig, es entstehen Arbeiterinnen.

Abb. 2.30: Weiselzellen

Abb. 2.31: Durch Rundtanz und Schwänzeltanz werden Richtung und Entfernung der Futterquelle weitergemeldet

Drohnen entwickeln sich aus **nicht befruchteten Eiern** in etwas größeren Zellen ausschließlich im Frühjahr.

2.2.2 Aus Nektar und Pollen wird Honig

Die Arbeiterin nimmt am Blütengrund Nektar in ihren Honigmagen (Abb. 2.23) auf. Dabei bleiben an den Körperhaaren des Bauches die klebrigen Pollenkörner der Staubblätter haften. Während die Biene zur nächsten Blüte fliegt, bürstet sie mit der Innenseite des Hinterbeines den Pollen aus ihrem Haarkleid. Mit dem Kamm des anderen Hinterbeines kämmt sie die Pollenkörner aus der Bürste und befördert sie mit dem Schieber in das darüberliegende Körbchen. Wenn dies gefüllt ist, sieht es wie ein Höschen aus. Man bezeichnet diesen Vorgang als **Höseln**.

Im Bienenstock werden die Pollenpakete aus den Höschen in Waben gefüllt. Der im **Honigmagen** befindliche Nektar wird im Stock unter Hinzufügen eines Enzyms aus der Futtersaftdrüse (Abb. 2.23) an andere Arbeiterinnen weitergegeben. Man hat beobachtet, daß auf diese Weise manchmal bis zu 30 Bienen an der Verfeinerung des Honigs teilnehmen, bevor der Honigtropfen in die Wabenzellen gegossen wird.

Die **Verständigung** der Bienen spielt eine große Rolle für das Zusammenleben. Über das Auffinden von Futterquellen informieren sie sich gegenseitig, wie in den Abbildungen 2.31 und 2.33 dargestellt; auch Duftsignale und Laute sind dabei wichtig.

Abb. 2.32: Honigbiene mit gefüllten Höschen auf einer Huflattichblüte

Abb. 2.33: Schwänzeltanz auf der Wabe und Orientierung im Gelände

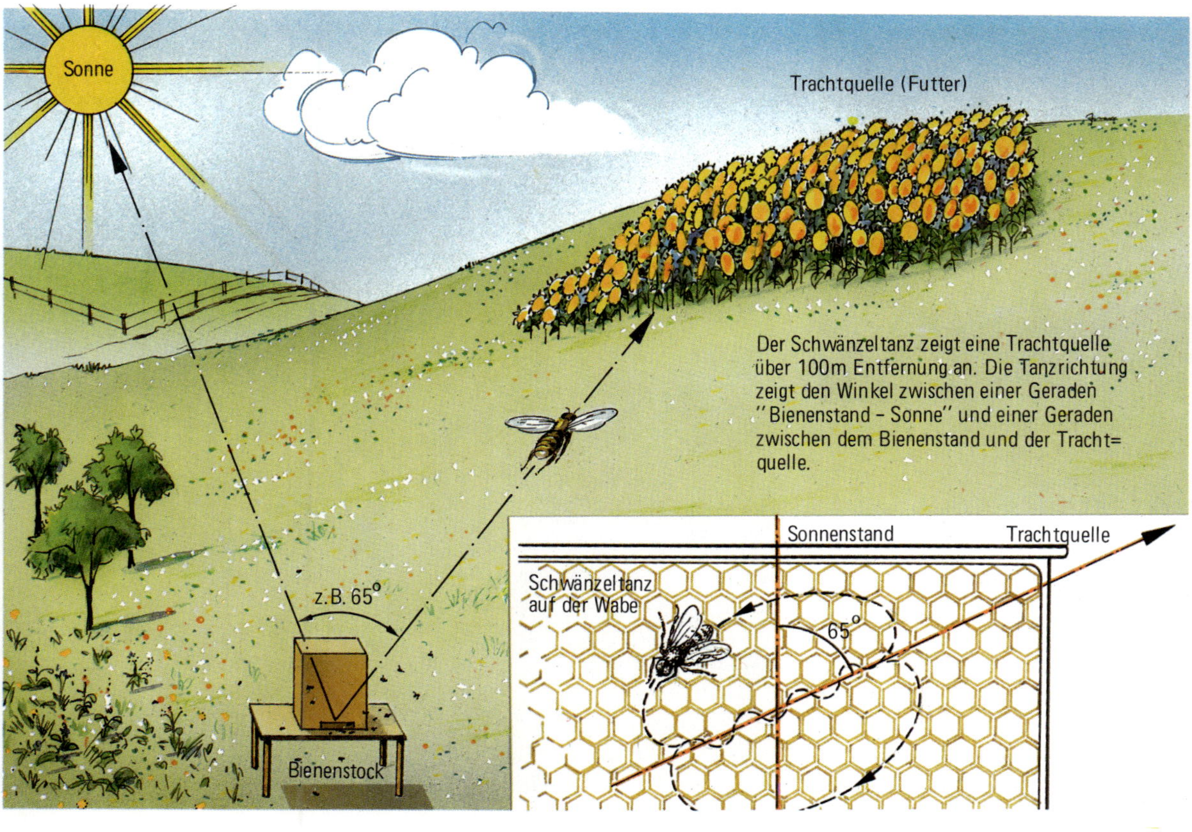

Abb. 2.34: Hummel beim Besuch einer Gerberablüte

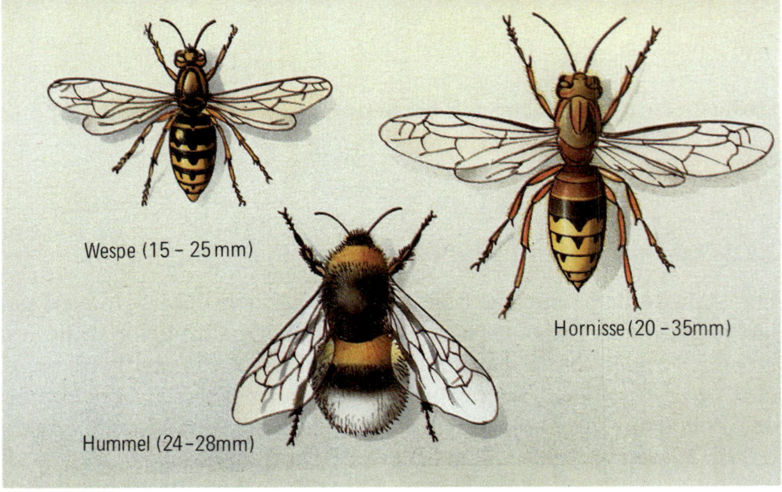

Abb. 2.35: Ackerhummel, Deutsche Wespe und Hornisse im Vergleich

2.2.3 Auch andere Insekten bilden Staaten

Wespen, Hornissen und **Hummeln** bilden einjährige Staaten, d. h. Arbeiterinnen und Männchen sowie auch die alten Königinnen sterben im Spätherbst. Nur junge Königinnen, die meist schon begattet sind, überwintern in einem frostgeschützten Versteck. Sie legen im Frühjahr Eier, aus denen sich neue Völker entwickeln.

Andere staatenbildende Insekten, die **Termiten,** leben nur in tropischen und subtropischen Gebieten (ca. 2000 Arten). Die Königin mancher Art kann täglich 30000–40000 Eier legen, und ihr Staat kann, einige Jahrzehnte nach der Gründung, mehrere Millionen Mitglieder zählen.

Abb. 2.36: Termitenkönigin, umgeben von ihrem Hofstaat

Abb. 2.37: Termitenhügel in der ostafrikanischen Steppe

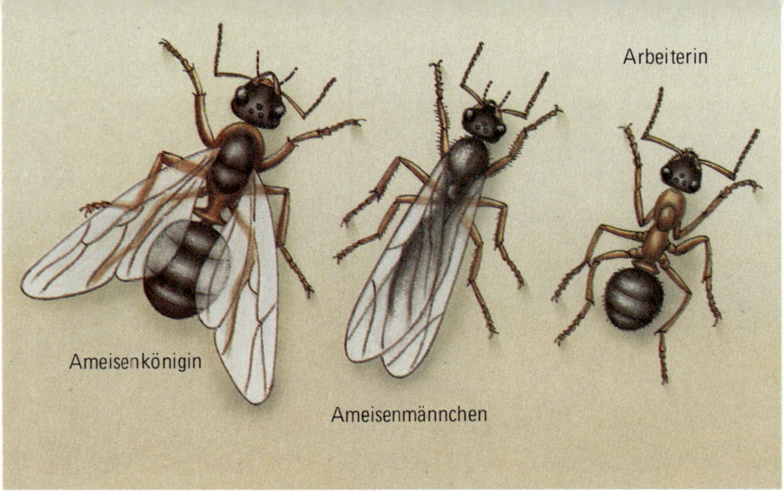

Abb. 2.38: Auch bei den Ameisen unterscheiden sich die geflügelten Königinnen und männlichen Ameisen in Größe und Gestalt von den Arbeiterinnen

Abb. 2.39: Die Waldameise gehört zur „Gesundheitspolizei" des Waldes

Das Leben im **Ameisenstaat** ist – wie bei den Bienen – durch Arbeitsteilung gut organisiert. Bei den fast 10000 verschiedenen Ameisenarten, die auf der Erde vorkommen, gibt es die mannigfaltigsten Formen des Zusammenlebens. Manche Arten haben Völker mit über einer Million Angehörigen, bei anderen zählt man nur etwa 10 Exemplare. Ältere **Arbeiterinnen** (unfruchtbare Weibchen) tragen Futter in das Nest ein und übergeben es den jüngeren Arbeiterinnen im Innendienst. Diese versorgen damit die **Larven,** die **Königinnen** und die **Ameisenmännchen.** Manche Arbeiterinnen haben besonders starke Kiefer; sie bilden die Gruppe der **Soldaten,** die für die Verteidigung zuständig sind.

In unserer Heimat sind die unter **Naturschutz** stehenden Waldameisen von besonderer Wichtigkeit, da sie große Mengen von Schadinsekten vertilgen und so den Wald vor Schaden bewahren (siehe auch Abb. 2.43).

Unsere Waldameisen schleppen Reisig und Nadeln heran und errichten einen Bau, in dessen Kammern sie vor Kälte und Regen geschützt sind. Im Winter werden die Zugänge verschlossen. Die Ameisen zehren bis zum Frühling von ihren im Körper gespeicherten Vorräten.

Abb. 2.40: Ameisenhaufen im Schnitt
Eier, Larven und Puppen werden von den Arbeiterinnen innerhalb des Baues immer wieder in die – je nach Feuchtigkeit und Wärme – am günstigsten gelegenen Kammern getragen. Im Winter ziehen sich die Ameisen in tiefere Räume zurück, wo sie die kälteste Zeit, in Trauben zusammengedrängt, in Winterstarre verbringen

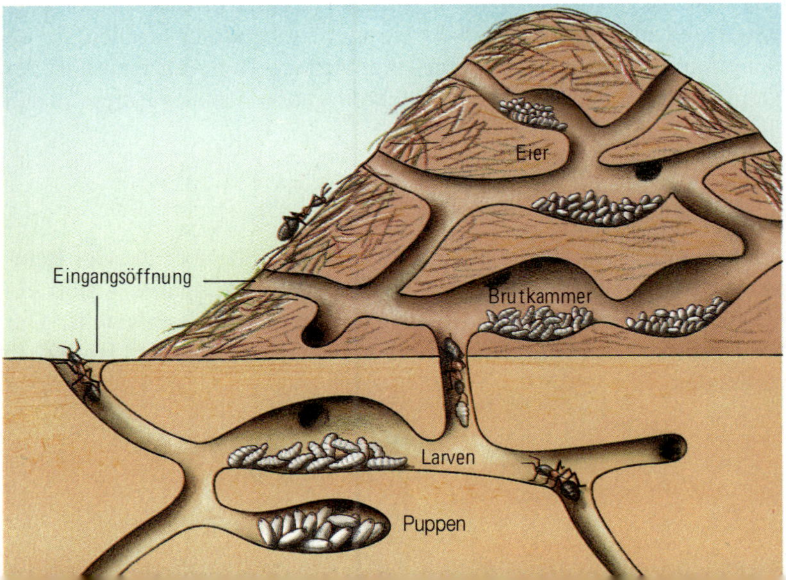

Abb. 2.41: Die Ameisenhaufen der Waldameise werden mit Drahtgitter gegen Beschädigung durch Mensch und Tiere geschützt

Abb. 2.42: Ameise melkt Blattläuse

Abb. 2.43: Abtransport der Raupe eines Waldschädlings durch die Waldameisen

Die verschiedenen Ameisenarten ernähren sich von Pflanzensamen und -säften, von Insekten, deren Larven und Puppen, oder von den zuckerhaltigen Ausscheidungen (Honigtau) der Blattläuse.

Die bei uns weit verbreiteten **Roten Waldameisen** besitzen im Gegensatz zu vielen anderen Arten keinen Stachel. Sie spritzen aus dem Hinterleibsende ein Gift (Ameisensäure) auf Feinde und auf Beutetiere, mit dem sie sie lähmen oder auch töten können. Im Frühling gibt es sowohl geflügelte fruchtbare Weibchen, **Königinnen,** als auch geflügelte **Männchen.** Beim Hochzeitsflug erhält eine Königin den für ihr ganzes Leben ausreichenden Vorrat an Spermien. Die Männchen sterben danach. Die Königinnen beißen sich die Flügel ab und beginnen im alten Nest mit dem Eierlegen. Sind zu viele Königinnen im alten Nest, ziehen überzählige Königinnen mit einem Teil der Arbeiterinnen aus und gründen neue Völker.

2.3 Spinnen – zu Unrecht oft verabscheut

Pfui, eine eklige Spinne! Diesen oder ähnliche Ausrufe hört man von vielen Menschen, die plötzlich eine Spinne erblicken. Sicherlich entsprechen Spinnen mit ihren langen, behaarten Beinen und den vielen Augen nicht unserem menschlichen Schönheitsideal. Außerdem wirken übertriebene Berichte von der Giftigkeit der Spinnen auf viele Menschen furchteinflößend. Dennoch sind solche Reaktionen nicht nur übertrieben, sondern ganz einfach falsch. Spinnen besitzen faszinierende Fähigkeiten und interessante Verhaltensweisen. Obendrein erfüllen sie als Hauptfeind vieler Insektenarten eine wichtige Rolle im Haushalt der Natur. Spinnen selbst sind keine Insekten, gehören aber wie diese zu den Gliederfüßern.

Abb. 2.44: Kopf einer Tarantel aus Südafrika. Die meisten Spinnen besitzen acht Augen, die in zwei Reihen angeordnet sind. Die beiden mittleren Augen der oberen Reihe sind bei der abgebildeten Spinnenart größer als die anderen Augen

2.3.1 Körperbau und Lebensweise

Spinnen werden zwar oft mit Insekten verwechselt, aber die **vier Beinpaare** der Spinnen – Insekten haben immer 3 Beinpaare – sind ein sicheres Kennzeichen. Der Spinnenkörper ist stets **zweigeteilt.** Der **Vorderkörper (Kopf und Brust)** ist durch einen Stiel mit dem **Hinterleib** verbunden.

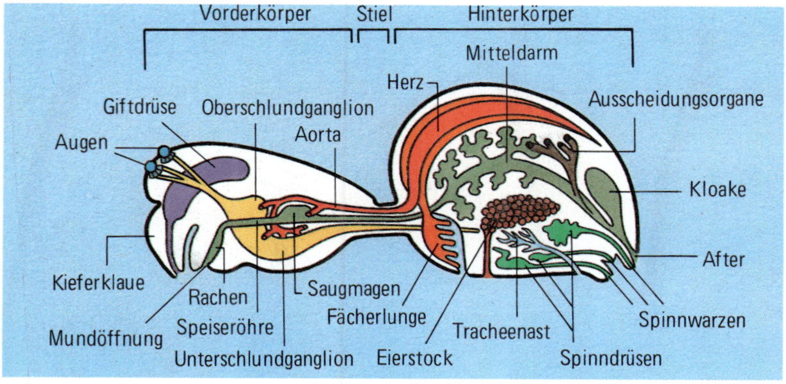

Abb. 2.45: Längsschnitt durch einen Spinnenkörper

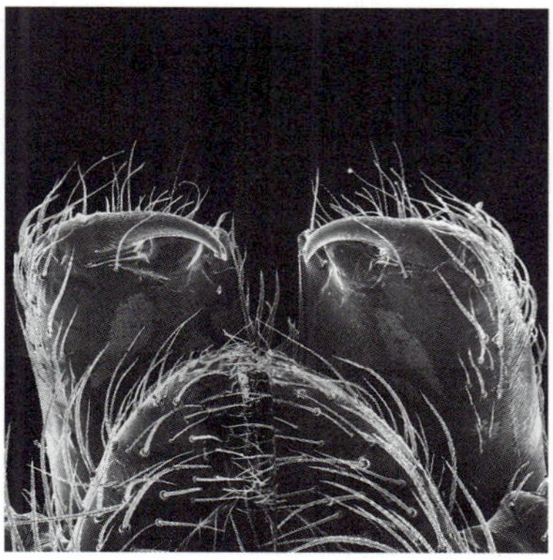

Abb. 2.46: Elektronenmikroskopische Aufnahme von Kieferklauen. Diese bestehen aus dem Grundglied und der beweglichen Giftklaue, an deren Ende eine Giftdrüse mündet. Die Giftklaue liegt normalerweise wie eine Taschenmesserklinge in einer Furche des Grundgliedes. Beim Zubeißen werden die Klauen aufgeklappt und ins Beutetier gestoßen. Dabei wird Gift eingeflößt

Der Vorderkörper ist Ansatzstelle für das **Kieferklauenpaar** (mit Giftklauen), die beiden **Kiefertaster** (fühlerartige Gebilde) und die **vier Laufbeinpaare.** Außerdem sind in ihm das Zentralnervensystem (Ober- und Unterschlundganglion genannt) und die Organe für die Nahrungsaufnahme (Mund, Speiseröhre, Saugmagen) untergebracht.

Die **Organe** im **Hinterleib** erfüllen folgende Aufgaben:
Verdauung, Atmung, Kreislauf, Ausscheidung, Produktion der Keimzellen, Herstellung der Spinnseide.

Alle Spinnenarten führen eine **räuberische Lebensweise.** Viele leben als **Fallensteller, Netzspinnen,** andere warten als **Lauerjäger** auf Beute oder verfolgen Beutetiere, **Jagdspinnen. Springspinnen** z. B. schleichen sich – wie Katzen – an ihre Beutetiere heran, um sie aus kurzer Entfernung anzuspringen.

Die wichtigsten Beutetiere der Spinnen sind Insekten (vor allem Fliegen, Springschwänze, Käfer, Heuschrecken, Schmetterlinge), außerdem werden andere Gliederfüßer, z. B. Asseln, Tausendfüßer und natürlich auch Spinnen, erbeutet. Kleine Wirbeltiere werden nur ausnahmsweise von großen Spinnen (z. B. Vogelspinnen) überwältigt.

Spinnen haben eine ungewöhnliche Art, ihre Nahrung zu sich zu nehmen. Die Nahrung wird außerhalb des Körpers **vorverdaut.** Nachdem das Beutetier durch einen **Giftbiß** getötet und eingesponnen ist, erbricht die Spinne Verdauungssaft über den Körper der Beute. Enzyme im Verdauungssaft lösen Gewebeteile auf, die verflüssigte Nahrung wird durch die Mundöffnung eingesaugt. Rachen und Saugmagen wirken dabei als Saugpumpen.

Abb. 2.47: Tarantel saugt eine Fliege aus, die sie vorher getötet und eingesponnen hat

Fast alle Spinnen besitzen **Giftdrüsen** (im Vorderkörper). Sie töten ihre Beutetiere durch einen Biß mit ihren Giftklauen. Für den Menschen sind nur etwa 2 Dutzend der 30 000 bekannten Spinnenarten gefährlich. Zu ihnen gehört die **Schwarze Witwe,** die in Amerika und im Mittelmeergebiet vorkommt. Der Biß bewirkt einen heftigen Schmerz, erhöhten Blutdruck, Lähmungen, Atemnot. Als Folge einer Atemlähmung kann – vor allem bei Kindern – der Tod eintreten (Gegenmittel: Immunserum).

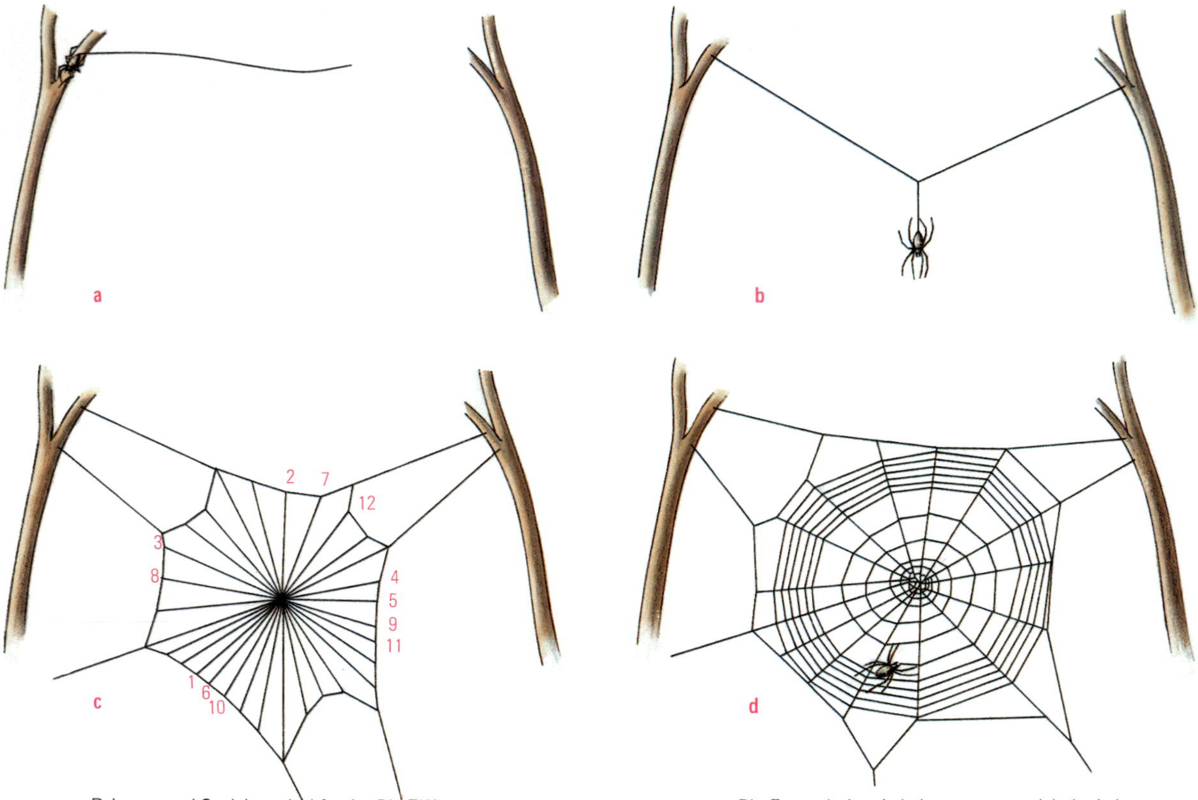

Rahmen und Speichen sind fertig. Die Ziffern geben die Reihenfolge der ersten Speichen an.

Die Fangspirale wird eingesponnen, dabei wird die Hilfsspirale entfernt.

Abb. 2.48a–d:
Eine Kreuzspinne baut ein Radnetz
(a) Die Spinne läßt einen Faden austreten, der vom Wind verfrachtet wird und irgendwo in der Nähe hängenbleibt. Die Spinne befestigt den Faden auf ihrer Seite und hat damit eine horizontale Fadenbrücke geschaffen. (b) Von deren Mitte aus wird ein Faden senkrecht nach unten gespannt. Dabei knickt der waagerechte Faden nach unten, so daß ein Y-förmiges Gewebe entsteht, das die ersten 3 Speichen (= Radien) darstellt. (c) Zwischen diese setzt die Spinne neue Speichen ein und spannt Rahmenfäden. Die Spinne läuft rund um das Zentrum und verknüpft die Speichen fest miteinander durch ein Nabengewebe. Ist das Speichennetz fertig, webt die Spinne, vom Zentrum ausgehend, die Hilfsspirale, die die Speichen in großen Abständen miteinander verbindet. Die Hilfsspirale dient der Spinne als Halteseil, wenn sie die Fangspirale einspinnt. (d) Dabei läuft sie vom Netzäußeren aus an der Hilfsspirale entlang und zieht die Fangspirale ein, die mit Leim aus Drüsen versehen wird. Bei diesem Arbeitsgang wird die Hilfsspirale abgebrochen

In Deutschland sind nur die Bisse der seltenen Dornfingerspinne und der Wasserspinne sehr schmerzhaft; doch die Folgen (z. B. Jucken, Schüttelfrost, leichtes Fieber) sind spätestens nach 3 Tagen verschwunden. Die meisten einheimischen Spinnen können mit ihren Giftklauen die menschliche Haut nicht durchdringen.

Beuteverhalten von Netzspinnen

1. Erkennen der Beute (Erschütterungen am Netz)
2. Die Spinne eilt vom Versteck zur Beute
3. Die Beute wird zu einem Paket eingesponnen
4. Giftbiß
5. Die Beute wird zum Versteck transportiert
6. Fressen

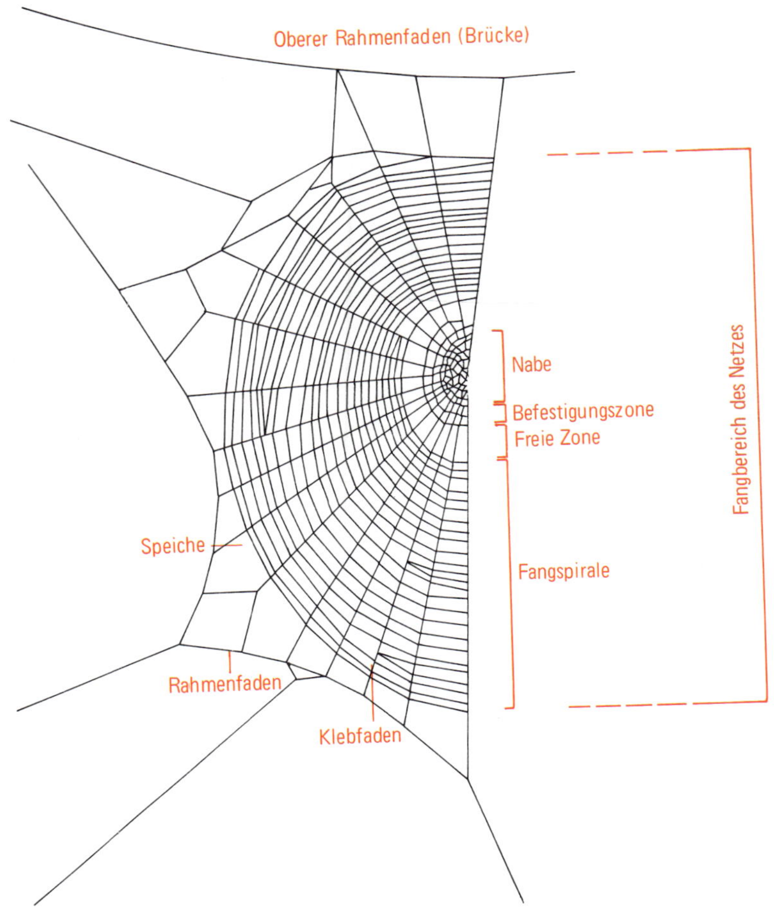

Abb. 2.49: Hälfte eines fertigen Kreuzspinnennetzes (vereinfacht). Das Netz hat einen Durchmesser von 30 cm

Abb. 2.50: Rasterelektronenmikroskopische Aufnahme der Spinnwarze einer Opuntienspinne aus Süditalien. Die Spinnspulen (Ausführgänge der Spinndrüsen) sind auf der Aufnahme gut zu erkennen

2.3.2 Spinnennetze

Das Spinnvermögen hat dieser Tierklasse den Namen gegeben. Alle Spinnenarten besitzen **Spinndrüsen** (im Hinterleib). In ihnen wird Spinnseide erzeugt und durch Ausführgänge (Spinnspulen) auf den **Spinnwarzen** (3 Paar) ausgeschieden. Die Spinnseidenfäden haben die Festigkeit von Nylonfäden, sind aber in ihrer Dehnbarkeit einem gleich dicken Nylonfaden überlegen.

Während **Jagdspinnen** Spinnfäden benutzen, um Beutetiere einzuwickeln oder sich geschwind abzuseilen, bauen **Netzspinnen Fangnetze.** Es gibt unterschiedliche Netzkonstruktionen. Am bekanntesten sind die flachen **Deckennetze** der Winkelspinnen – sie überspannen meist Mauerecken – sowie die auffälligen **Radnetze** der Kreuzspinnen.

Eine Kreuzspinne benötigt für den Bau eines Radnetzes etwa 25 Minuten.

Legt man alle Fäden eines Netzes aneinander, erhält man eine Strecke von 20 m. Die Fäden sind sehr dünn (1–2 µm), das ganze Netz wiegt 0,1–0,5 mg. Wenn man bedenkt, daß ein Kreuzspinnenweibchen etwa 500 mg wiegt, bekommt man einen Eindruck von der Belastbarkeit eines Spinnennetzes.

Abb. 2.51: Ein Wüstenskorpion aus der Sahara gräbt sich ein. Skorpione leben in warmen Zonen. Sie sind nachtaktive Räuber, die von Insekten leben. Ihre Beute ergreifen sie mit den Scheren. Wenn die Beute Widerstand leistet, wird sie durch einen Stich des Giftstachels getötet. Das Gift kann in einzelnen Fällen auch Menschen töten

Abb. 2.52: Der Hummer gehört zu den Edelkrebsen. Er kann bis zu 50 cm lang und 5 kg schwer werden. Hummer bevorzugen felsigen und steinigen Meeresboden. Das erste Beinpaar trägt mächtige Scheren. Die Schere der einen Seite (Knackschere) ist viel dicker als die andere (Greifschere) und wird zum Zermalmen von Muschelschalen und Schneckenhäusern benutzt

2.4 Gliederfüßer – ein sehr erfolgreicher Tierstamm

Insekten und Spinnen gehören zum **Stamm** der **Gliederfüßer.** Er ist mit einer Million bekannter Arten die bei weitem vorherrschende Tiergruppe. Fast 800 000 Arten umfaßt allein die Klasse der **Insekten,** daneben nehmen sich die 30 000 **Spinnenarten** direkt bescheiden aus. **Krebse** bringen es auf 20 000 Arten (vgl. S. 6).

Alle Gliederfüßer tragen einen **Chitinpanzer,** dessen Außenschicht besonders verfestigt ist, während die Innenlage weich bleibt.
Wenn der Körper in einen festen Panzer eingeschlossen ist, wie kann er dann noch wachsen? **Häutungen** in bestimmten Zeitabständen (meistens 4–5 bis zur Geschlechtsreife) ermöglichen es, daß Gliederfüßer wachsen können. Dabei wird das gesamte Chitinskelett aufgelöst, zum Teil abgestoßen und erneuert.

Ein weiteres gemeinsames Merkmal sind die **gegliederten Beine** (Name!). Sie bestehen aus mehreren röhrenförmigen Gliedern, die durch weiche Zonen verbunden und dadurch gegeneinander beweglich sind.

Stamm: *Gliederfüßer*
Klasse: *Spinnentiere* (u.a. Skorpione, Spinnen, Milben, Zecken)
Klasse: *Krebse* (u.a. Flohkrebse, Asseln, Krabben, Garnelen, Edelkrebse)
Klasse: *Tausendfüßer* (u.a. Steinkriecher, Erdläufer, Doppelfüßer)
Klasse: *Insekten*

3

Verdauung und Stoffwechsel – Energiehaushalt des Körpers

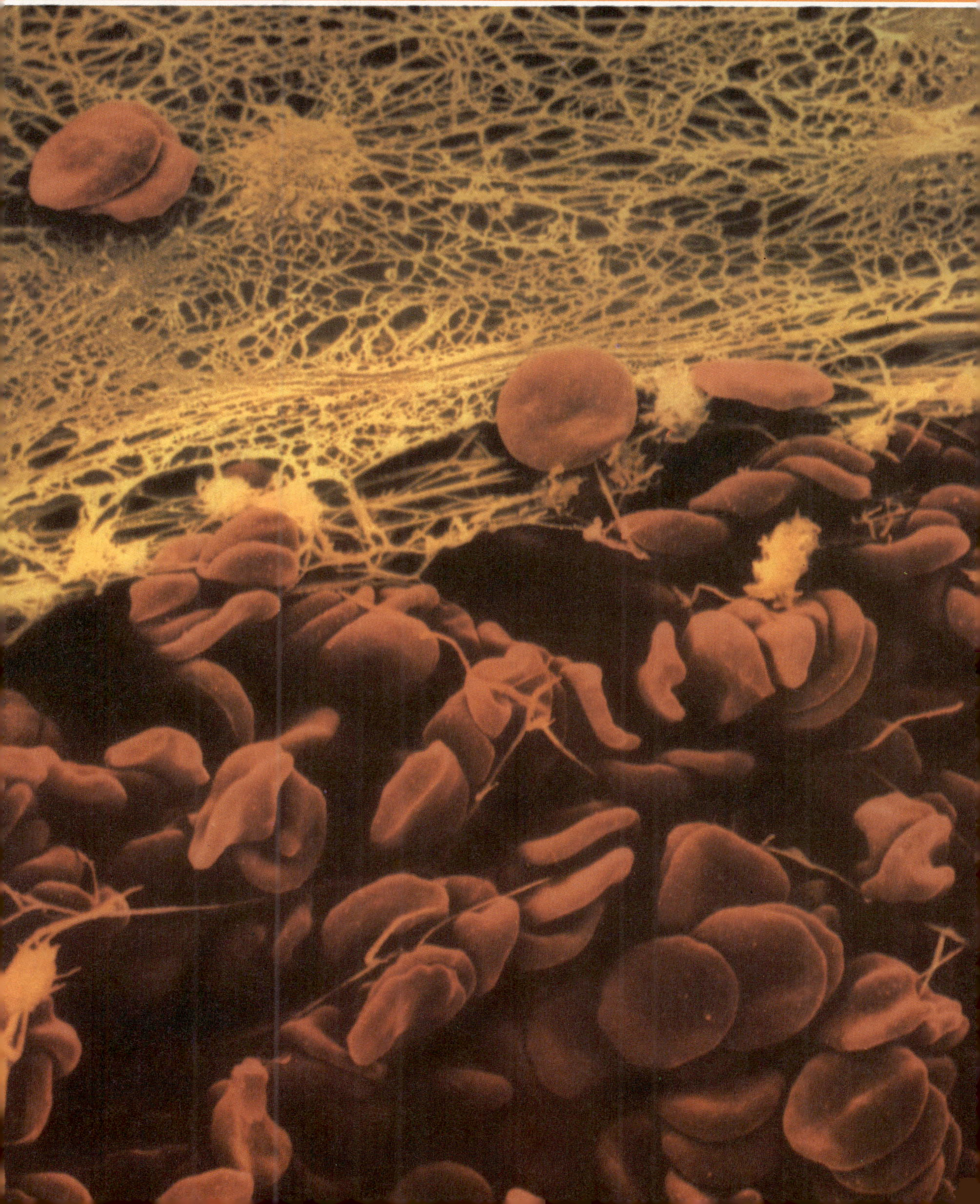

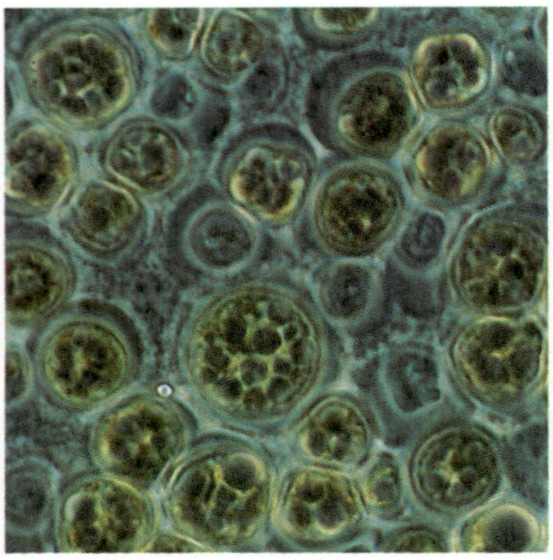

Abb. 3.1: Das Pflanzenplankton (Phytoplankton) ist der wichtigste Produzent

Abb. 3.2: Grasland und Rinder sind wohl das einfachste Beispiel für Produzenten und Konsumenten

Abb. 3.3: Der Marder ist Räuber und Beute zugleich, er frißt z. B. Nagetiere und wird von Greifvögeln gefressen

3.1 Baustoffe, Betriebsstoffe, Energie

Jedes Lebewesen muß Nahrung zu sich nehmen, um weiterbestehen und wachsen zu können. Manche Tiere fressen ausschließlich pflanzliche Nahrung, andere ernähren sich von anderen Tieren; Allesfresser – wie auch der Mensch – verzehren beides, um sich zu erhalten. Pflanzen entnehmen ihre lebenswichtigen Stoffe dem Boden und der Luft. Nur in Ausnahmefällen verdauen sie auch tierische Nahrung (fleischfressende Pflanzen).

Die **Pflanzen** sind für Tier und Mensch die wichtigste Grundnahrung: Sie allein produzieren Nährstoffe und werden daher als Produzenten bezeichnet. Ohne Pflanzen könnten auch die Fleischfresser nicht existieren, denn ihre Beutetiere sind letztlich immer Pflanzenfresser. Tiere und Menschen sind demzufolge direkt oder indirekt Konsumenten (Verbraucher) der von Pflanzen produzierten Nährstoffe. Bei der Nährstoffproduktion geben die Pflanzen Sauerstoff ab, den fast alle Lebewesen zum Atmen brauchen.
Ohne grüne Pflanzen könnten **Tiere** und **Menschen** also nicht auf der Erde leben.

Wozu brauchen wir die Nahrungsmittel? Solange wir noch jung sind, brauchen wir **Aufbaustoffe,** aus denen unsere vielen Millionen Körperzellen gebildet werden. Aber auch später – bis zu unserem Tode – werden viele Zellen erneuert: die Hornhaut unserer Haut wie auch andere Körperzellen müssen ständig neu gebildet werden, insbesondere, wenn

Abb. 3.4: Sperber- und Weißrückengeier am Aas. Geier sind Konsumenten 2. Ordnung

Abb. 3.5: Wildschweine sind Allesfresser

Tabelle 3.1:
Durchschnittliche Körpertemperatur einiger gleichwarmer Tiere und des Menschen (in °C)

Amsel	43,6
Huhn	41,5
Rotkehlchen	44,0
Igel (Winterschlaf)	6,0
Igel (wach)	35,0
Haselmaus	30,0
Hund	38,3
Schimpanse	37,0
Mensch	36,2–37,8

Tabelle 3.2: Durchschnittlicher Sauerstoffverbrauch einiger Tiere und des Menschen (cm³ O_2 pro Kilogramm und Stunde)

Miesmuschel	0,06
Strandkrabbe	0,094
Kellerassel	0,096
Karpfen	0,07
Elefant	0,1
Hund	0,35
Mensch	0,22
Spitzmaus	8,0
Hausmaus	1,7

Tabelle 3.3:
Beim Nährstoffverbrauch im Körper entstehen folgende Energiebeträge:

1 Gramm Fett:	39 Joule
1 Gramm Zucker (Kohlenhydrat):	17,18 Joule
1 Gramm Eiweiß:	17,18 Joule
1 Gramm Alkohol:	29,30 Joule

Die in unseren Nahrungsmitteln enthaltene Energie wurde früher mit der Maßeinheit Kalorie gemessen. Seit 1978 wurde als gesetzliche Meßeinheit das nach dem englischen Physiker James Prescott Joule benannte **Joule** (sprich: dschul) genommen. J. P. Joule hat unter exakten wissenschaftlichen Bedingungen bestimmte Nährstoffe verbrannt und die dabei entstandene Energie gemessen. Je mehr Wärme bei der Verbrennung entstand, desto höher ist die darin enthaltene Energie. Die Maßeinheit Joule wird mit einem J abgekürzt.

nach Verletzungen eine Wunde verheilt. Maschinen brauchen, um in Betrieb gehalten zu werden, für ihre Arbeit Energie, die aus der Verbrennung von Betriebsstoffen (z. B. Benzin), gewonnen wird. So wird beim Menschen ein Teil der Nahrung ebenfalls als **Betriebsstoff** verwendet: für alle Tätigkeiten – Muskelbewegungen, Verdauung, Sehen, Hören, Tasten, Denken usw. – benötigen wir jeweils **Energie,** die ebenfalls durch Verbrennung der Nährstoffe in den vielen verschiedenen Zellen der einzelnen Körperorgane entsteht. So erstaunlich das klingt, es handelt sich dabei tatsächlich um **Verbrennung** von Nahrung, die wir – je nach Länge und Intensität einer Tätigkeit – stets „nachtanken" müssen: je mehr wir verbrauchen, desto größer ist unser Hunger, und wir essen entsprechend mehr. Doch auch wenn wir dem Anschein nach nichts tun, verbrauchen wir Energie für die Aufrechterhaltung der Körpertemperatur, den Herzschlag, die Gehirntätigkeit, die Verdauung usw. In der Ruhe ist der Verbrauch – ähnlich einem Motor im Leerlauf – natürlich geringer.

In der Form, in der wir unsere **Nahrungsmittel** aufnehmen, können sie nicht zu den einzelnen Körperzellen gelangen, wo sie gebraucht werden.

Tabelle 3.4: Energiebedarf in 8 Stunden und Fettgegenwert

Bettruhe	2 400 Joule 75 g Butter
leichte Arbeit	3 000 Joule 95 g Butter
schwere Arbeit	6 000 Joule 190 g Butter
sehr schwere Arbeit	10 000 Joule 320 g Butter

Tabelle 3.5: In unserer normalen (gemischten) Kost sind für die Deckung des täglichen Energiebedarfs die wichtigsten Nährstoffe in folgendem Verhältnis beteiligt:

Kohlenhydrate	mit rund 60%
Fette	mit rund 25%
Eiweißstoffe	mit rund 15%

Tabelle 3.6:
Energiebedarf des Menschen in einer Stunde

bei der Tätigkeit	Joule
Bettruhe	300
Faulenzen	350
Tischtennis	1000
Spazierengehen	1100
Tanzen	1250
Federballspielen	1300
Wandern mit Gepäck	1350
Gymnastik	1600
Radfahren	1700
Schwimmen	2000
Trimm-Trab	2400
Fußballspiel	2500

100 g enthalten	Energie kJ	Eiweiß g	Fett g	Kohlenhydrate g	A µg	B_1 mg	B_2 mg	C mg	Ballaststoffe Gehalt
Rindfleisch, mager	724	15	11	–	–	0,05	0,15	–	gering
Schweineleber	573	19	5	1	3290	0,30	2,95	21	gering
Ei	615	11	10	1	265	0,10	0,25	in Spuren	–
Milch (Vollmilch)	276	3,5	3,5	5	12–32	0,04	0,20	2,0	–
Kartoffel, geschält	356	2	in Spuren	19	5	0,10	0,05	15	hoch
Äpfel	209	0,3	1	12	10	0,03	0,03	11	hoch
Orangen (ohne Schale)	163	0,7	–	9	11	0,06	0,03	36	hoch
Roggenbrot (hell)	1059	6	1	51	in Spuren	0,15	0,10	–	mittel
Tomaten	75	1	in Spuren	3	130	0,05	0,03	23	hoch
Hering (Bismarck...)	850	17	13	in Spuren	45	in Spuren	0,10	in Spuren	gering
Butter	3244	1	83	in Spuren	340–730	0,01	0,02	in Spuren	–
Vollmilchschokolade	2357	9	33	55	25	0,10	0,40	in Spuren	–

Tabelle 3.7: Zusammensetzung und Vitamingehalt einiger Nahrungsmittel

Abb. 3.6: Die Nährstoffe in den einzelnen Nahrungsmitteln in Kilojoule (kJ)

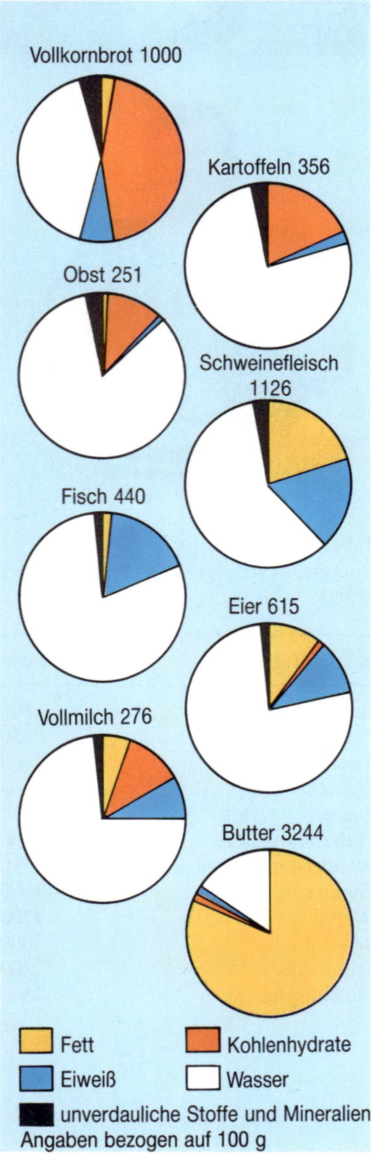

Sie müssen zunächst durch Kauen zerkleinert und dann chemisch umgewandelt werden. Erst dann können die verschiedenen Nährstoffe im Blut zu allen Körperzellen angeliefert werden. Diese Umwandlung der festen und flüssigen Nahrung in einfachere, wasserlösliche Bestandteile, die von den Zellen aufgenommen werden können, nennt man **Verdauung.** Hierfür hat unser Körper verschiedene Organe.

Bevor wir ein **Nahrungsmittel** zu uns nehmen, prüfen unsere Sinnesorgane, ob es zum Essen geeignet ist. Oft genügt es schon z. B., einen Apfel anzusehen, um festzustellen, ob er reif ist, keine Faulstellen hat oder schmutzig ist. Die nächsten Prüfstationen sind der Geschmacks- und der Tastsinn der Zunge und der Geruchssinn der Nase. Manche Nahrungsmittel sind z. B. durch Einwirkung von Gewürzen von diesen Sinnesorganen nicht als ungenießbar zu erkennen, so daß wir sie herunterschlukken. Manchmal wird dann der Weitertransport im Magen gestoppt, und wir erbrechen uns. Pflanzliche und tierische Nahrungsmittel enthalten meist verschiedene Nährstoffe. Die wichtigsten, die wir zum Leben brauchen, sind **Kohlenhydrate** (Zucker und Stärke), **Eiweiße, Fette,** Mineralstoffe, Vitamine und Wasser. Außerdem enthalten Nahrungsmittel noch unverdauliche Bestandteile, die **Ballaststoffe.** An den einzelnen Stationen des Verdauungsweges werden diese Stoffe erschlossen und ins Blut aufgenommen. Aus der obenstehenden Tabelle kannst du ersehen, aus welchen Bestandteilen unsere häufigsten Nahrungsmittel bestehen. Bei der **Mundverdauung** wird die Nahrung nicht nur zerkaut, sondern auch durch den Speichel eingeweicht, gleitfähig gemacht und unserer Körpertemperatur angepaßt. Die Speicheldrüsen sind im Unterkiefer je drei links und rechts von der Zunge angelegt und produzieren täglich bis zu 1,5 Liter Speichel.

Auch wenn wir nicht essen, wird ständig in geringen Mengen **Speichel** gebildet. Er hält die Schleimhäute des Mundes und des Verdauungsweges stets feucht. Schon wenn wir ein leckeres Essen sehen, riechen oder gar schmecken, läuft uns das Wasser im Munde zusammen: der Speichelfluß erhöht sich beträchtlich. Wie durch Versuche nachgewiesen wurde, werden dann auch die Verdauungsdrüsen des Magens angeregt, Verdauungssäfte zu produzieren. Der Speichel spielt aber noch eine weitere Rolle. Das kann man selbst ausprobieren, wenn man Schwarzbrot einige Minuten lang kaut und damit den Speichel einwirken läßt: es

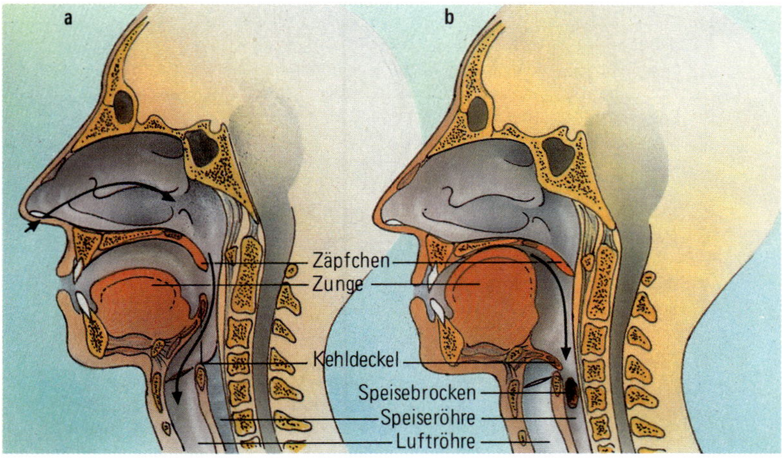

Abb. 3.7: Der Schluckvorgang. Vor dem Schlucken erfolgt die Atmung über Nase und Luftröhre.
Beim Schlucken eines Speisebrockens verschließt der Kehldeckel die Luftröhre

beginnt süßlich zu schmecken. Das **Enzym** des Speichels, das Ptyalin, hat Stärke in Zucker umgewandelt.

Wir verfolgen nun den weiteren Weg der Nahrung. Wie aus der Abb. 3.7 ersichtlich, klappt der beim Atmen stets offene **Kehldeckel** beim Schluckvorgang nach unten und verschließt somit die Luftröhre. Wenn wir beim Essen sprechen und zwischendurch schlucken wollen, verschlucken wir uns: die Nahrung gelangt in die „falsche" Kehle. Durch starkes Husten drücken wir die Nahrungsteile wieder nach oben.

In der **Speiseröhre** wird die Nahrung durch Zusammenziehen vieler Ringmuskeln abschnittweise zum Magen transportiert. Diese Muskeln befördern sogar flüssige Nahrung beim Handstand in den Magen: Du kannst es selbst ausprobieren, wenn du z. B. mit einem Plastikschlauch Milch aus einem Glas trinkst!

Abb. 3.8: Man kann auch im Handstand trinken

Im **Magen** werden durch die Enzyme Pepsin und Katepsin unter Anwesenheit von Salzsäure Eiweißstoffe so aufgespalten, daß sie von den Enzymen der **Bauchspeicheldrüse** weiter verdaut werden können. Wie auf Abb. 3.9 dargestellt, setzt sich der Verdauungsweg nach dem Magen im **Zwölffingerdarm** (er ist etwa so lang wie die Breite von zwölf Fingern nebeneinander) fort. Hier mündet neben der Ausführung der Bauchspeicheldrüse auch der von der **Leber** kommende **Gallengang** ein. Die Bauchspeicheldrüse liefert neben den bereits erwähnten Enzymen zur Eiweißverdauung auch solche, die Kohlenhydrate (Zucker) und Fett verdauen. Diese Drüse produziert täglich ca. 2 Liter Verdauungssaft. Das Fett kann schneller verdaut werden, indem es vorher vom Gallensaft in sehr kleine Tröpfchen zerteilt (emulgiert) wird. Diese Verdauungssäfte wirken auch im anschließenden etwa 5 m langen **Dünndarm** weiter, bis die Nahrung in Moleküle aufgespalten und damit wasserlöslich ist. So kann sie ins Blut und in die Lymphgefäße der Darmzotten (s. Abb. 3.11) aufgenommen werden. Die Darmzotten des Dünndarms vergrößern die Aufnahmefläche für Nährstoffe auf 4 m^2! Der **Dickdarm** ist nur etwa 1,4 m lang. Seine Hauptaufgabe ist die Rückführung von Wasser aus dem Verdauungskanal unseres Körpers und damit die Verdickung der unverdaulichen Nahrungsbestandteile, der Schlacken. Im **Enddarm** (ca. 15–20 cm) wird der Kot für die Ausscheidung durch den After bereitgehalten.

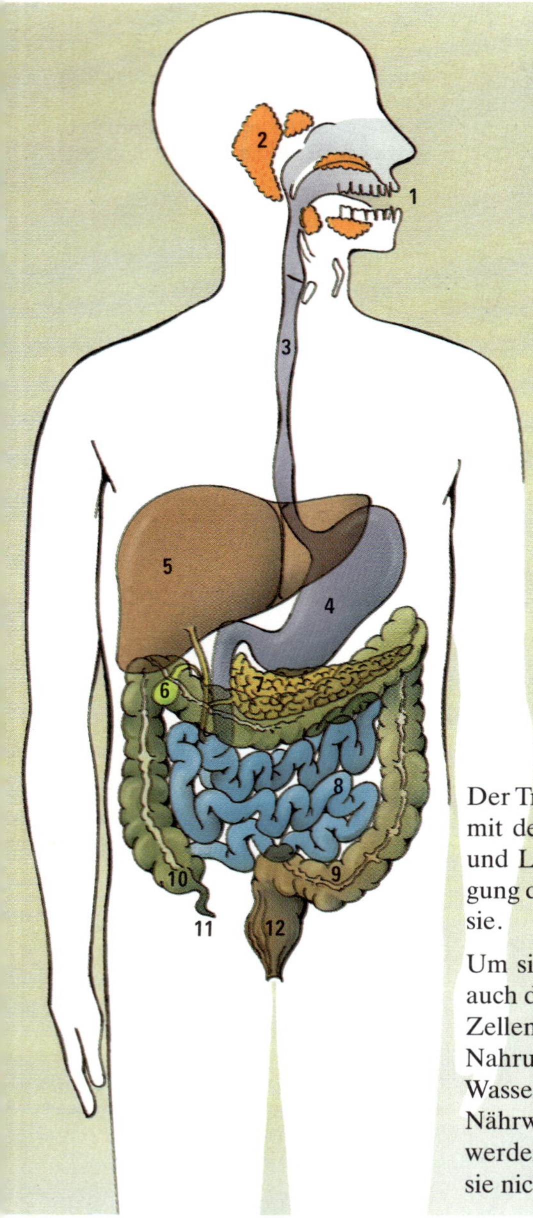

1	**Zähne**	zerkleinern die Nahrung.
2	**Speicheldrüsen**	machen die Nahrung gleitfähig/das Enzym Ptyalin verwandelt Stärke in Zucker.
3	**Speiseröhre**	transportiert die Speise zum Magen.
4	**Magen**	Nahrung wird bei der Durchknetung mit dem Labenzym zum Gerinnen gebracht (Milcheiweiß), und mit Hilfe des Pepsins wird Eiweiß löslich gemacht (Verwandlung in Peptone).
5	**Leber**	Die Gallenflüssigkeit zerteilt Fette in kleinste Tröpfchen.
6	**Gallenblase**	(emulgiert) und vergrößert somit die Angriffsfläche für die Verdauungssäfte.
7	**Bauchspeicheldrüse**	Maltase verwandelt Stärke in Zucker; Lipase spaltet Fette in Fettsäure und Glycerin; Trypsin verwandelt Peptone in Aminosäuren.
8	**Dünndarm**	Der Speisebrei wird durch die Peristaltik des Dünndarms weitergeleitet, wobei durch Beimischung mehrerer Enzyme chemische Umwandlungen fortgesetzt werden. Die dabei wasserlöslich gewordenen Stoffe werden in den Darmzotten ins Blut aufgenommen.
9	**Dickdarm**	Die unverdaulichen Stoffe werden durch Wasserrücknahme eingedickt; Kotstoffe werden gebildet.
10	**Blinddarm**	
11	**Wurmfortsatz**	Der Wurmfortsatz hat beim Menschen keine Funktion (Rudiment aus der Entwicklungsgeschichte des Menschen). Beim Eindringen eines Fremdkörpers kann er sich entzünden ("Blinddarmentzündung" fälschlich genannt). Wird dann operativ entfernt.
12	**Mastdarm**	Die Kotstoffe werden hier bis zur Ausscheidung gesammelt.

Der Transport des Nahrungsbreies und das Durchmischen des Materials mit den Verdauungssäften wird durch das Zusammenziehen der Ring- und Längsmuskeln des Magens und der Därme bewirkt. Diese Bewegung der Verdauungsorgane nennt man **Peristaltik.** Ballaststoffe fördern sie.

Um sich nicht selbst zu verdauen, produzieren sowohl der Magen wie auch der Dünndarm ständig Schleim, bzw. sie erneuern fortwährend die Zellen ihrer Schleimhaut (beim Dünndarm: ca. 250 g täglich). Außer den Nahrungsbestandteilen Zucker, Stärke, Fett, Eiweiß, Mineralstoffe und Wasser wurden bereits die **Vitamine** erwähnt. Sie haben zwar keinen Nährwert und können auch nicht für den Aufbau des Körpers verwendet werden, spielen aber doch eine lebenswichtige Rolle. Der Körper kann sie nicht selbst erzeugen, daher müssen wir sie mit der Nahrung aufneh-

Abb. 3.9: Verdauungsvorgang

Abb. 3.10: Mikrofoto von Darmzotten

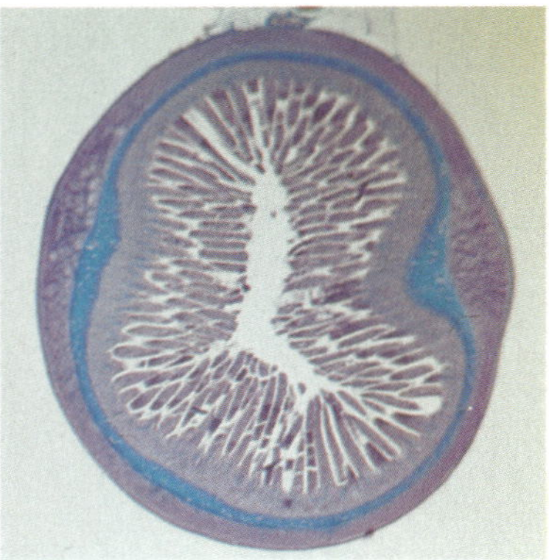

Abb. 3.11: Längs- und Querschnitt durch den Dünndarm. Durch Faltenbildung und die fingerartigen Ausstülpungen der Darmzotten wird die Oberfläche gewaltig vergrößert. In jeder Darmzotte finden sich Arterien, Venen und Lymphgefäße

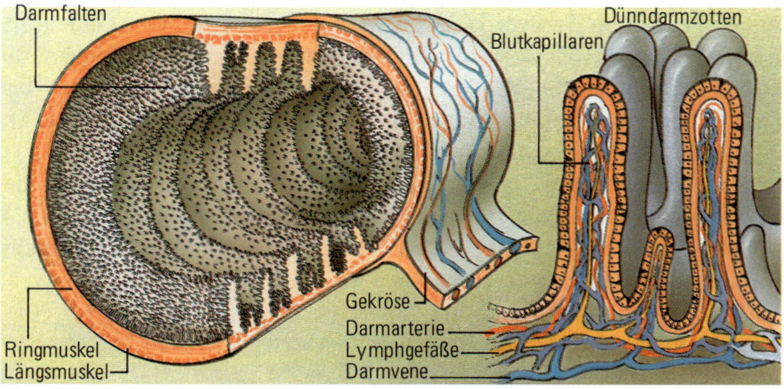

Name	Biologische Wirkung	Vitaminmangel-Folgen	Tagesbedarf (Erwachsene)	Vorkommen in der Nahrung
Vitamin A Retinol Axerophtol	Bildung des Sehpurpurs, Schutz von Haut und Schleimhäuten; wichtig für Eiweißstoffwechsel und Schilddrüse	Nachtblindheit, Appetitlosigkeit, Haarausfall; Anfälligkeit für Infektionskrankheiten	5000 Internationale Einheiten (1,5 mg)	Leber, Hering, Milch, Eier, Butter, Spinat, Petersilie, Grünkohl, Aprikosen, Mohrrüben, Tomaten, Kopfsalat
Vitamin B 1 Thiamin Aneurin	Bestandteil beim Kohlenhydratstoffwechsel; beeinflußt Nerven- und Schilddrüsenfunktion	Beri-Beri; Gewichtsverlust; Muskelschwäche, nervöse Störungen	1,6 mg bei gemischter Kost und sparsamem Zuckerverbrauch	Schweinefleisch, Leber, Herz, Eigelb, Milch, Roggen- und Weizenvollkorn, Hefe, Haferflocken, Kartoffeln
Vitamin B 2 Riboflavin Lactoflavin	Wichtig für Eiweiß-, Fett- und Kohlenhydratstoffwechsel; beeinflußt Atmung und Sehvorgang	Sehstörungen mit Lidbrennen, Ermüdung, Wachstumsstörungen, Nervenstörungen	1,8 mg	Leber, Herz, Niere, Fleisch, Fisch, Hefe, Milch, Käse, Eier, Gemüse
Vitamin C Ascorbinsäure	Am Stoffwechsel beteiligt; beeinfußt Aufbau von Bindegewebe und Produktion von Nebennierenrindenhormon	Skorbut, Mattigkeit, Herzbeschwerden, Appetitlosigkeit, Anfälligkeit für Infektionskrankheiten	ca. 75 mg	Zitrusfrüchte, Schwarze Johannisbeeren, Sanddorn, Hagebutte, Paprika, Tomaten, Kohl, Salat, Sauerkraut
Vitamin D Calciferole	Beeinflußt Stoffwechsel, ist beteiligt an der Verknöcherung des Skeletts; verbessert Calcium- und Phosphorresorption	Bei Kindern: Rachitis; bei Erwachsenen: Knochenweiche	Kinder und Schwangere 400 Internationale Einheiten (0,01 mg); Erwachsene bauen es aus Vorstufen auf	Fischleber, Milch, Butter, Pilze, Ei, Kalbfleisch, vollfetter Käse

(nach H. Halter, Das Große ADAC Gesundheitsbuch, ADAC-Verlag GmbH, München)

Tabelle 3.8: Einige Vitamine, ihre Wirkung, ihr Bedarf und wo sie vorkommen

men. Wenn die Vitamine fehlen, kommt es zu schwerwiegenden **Mangelkrankheiten.**

Als Vasco da Gama (1497/98) den Seeweg nach Indien um das Kap der guten Hoffnung suchte, mußte er für die monatelange Seereise ausreichend Nahrungsmittel mitnehmen. Obwohl seine Vorräte ausreichten, erkrankten immer mehr Matrosen. Sie waren ständig schlapp, ihr Zahnfleisch blutete, und die Zähne fingen an zu wackeln, sie bekamen Fieber, und viele starben an inneren Blutungen. Es fehlte ihnen das z. B. in Zitronen, Tomaten und frischem Gemüse vorkommende Vitamin C, von dem täglich nur ca. 0,1 g genügt hätte, um nicht an Skorbut zu erkranken.

Außer Vitamin C (Ascorbinsäure) kennt man heute schon 17 weitere Vitamine und die entsprechenden Mangelkrankheiten. Vitamine werden weitgehend bereits künstlich erzeugt. Aus der obenstehenden Tabelle kannst du ersehen, in welchen Nahrungsmitteln einige der bekanntesten Vitamine enthalten sind.

Nahrungsmittel	Vitamine A	B	C
Vollkornbrot	○	●	○
Weißbrot	○	○	○
Hülsenfrüchte	○	●	●
Kartoffeln	○	●	●
Grünkohl und Spinat	●	●	●
Obst und Zitrusfrüchte	○	○	●
Tomaten	○	●	●
Vollmilch	●	●	○
Eier	●	●	○
Käse	●	○	○
Leberwurst	●	●	○
Schweinefleisch	○	●	○
Fisch	●	○	○
Lebertran	●	○	○

● Vitamin vorhanden ○ Vitamin fehlt

Abb. 3.12: Vitamingehalt einiger Nahrungsmittel

Blut besteht aus flüssigen und festen, geformten Bestandteilen. Zu den geformten Bestandteilen gehören: rote Blutkörperchen, weiße Blutkörperchen und Blutplättchen. Die flüssigen Bestandteile (Plasma) bestehen aus der Vorstufe des Fibrins und aus Serum.

Bei dem reichhaltigen Nahrungsmittelangebot in unserer Gesellschaft muß man aufpassen, daß man sich nicht falsch ernährt, indem man z.B. zu viel Zucker, Kuchen oder ähnliches ißt. Auch Teigwaren, Fett u.a. Lebensmittel können zur Fehlernährung führen. So wird Zucker in der Leber in Fett umgewandelt und im Unterhautgewebe als Reserve gespeichert. Einige Reserven braucht der Mensch, doch zuviel gespeichertes Fett ist auf die Dauer ungesund.

Zu Krankheiten kann es auch kommen, wenn man sich zu einseitig ernährt, also z.B. zu wenig eiweißhaltige Nahrung ißt (siehe S. 285f).

3.2 Der Blutkreislauf, ein riesiges Transportsystem

Die Nährstoffe und der Sauerstoff müssen an die Stellen im Körper transportiert werden, wo sie benötigt werden. Diesen Transport übernimmt das Blut.

Wenn du untersuchen willst, wie das Blut eines Säugetieres zusammengesetzt ist, kannst du dir vom Schlachter z.B. Rinderblut geben lassen und es in einem Zylinderglas ca. 5–6 Stunden stehen lassen. Das Blut erstarrt zunächst in einer gallertigen Masse, die sich dann immer mehr zusammenzieht, zum **Blutkuchen.** Der Blutkuchen setzt sich am Boden des Glases ab, und über ihm sammelt sich eine gelbliche, fast durchsichtige Flüssigkeit, das **Serum.** Der Blutkuchen besteht aus geronnenem Blut: wie beim Verheilen einer Wunde entsteht ein Netz aus festen Fasern, die sich immer mehr zusammenziehen und nur die festen Bestandteile des Blutes einschließen, das Serum dabei aber herauspressen. Auf einer Schnittwunde z.B. entsteht durch das geronnene Blut ein schützender Verschluß, der das Eindringen von Bakterien und anderen Verunreinigungen verhindert und die Heilung erleichtert.

Wodurch kommt es zur Gerinnung? Die im Blut enthaltenen **Blutplättchen** zerfallen bei Berührung mit der Luft und bilden mit dem Serum nach einem komplizierten chemischen Prozeß das **Fibrin,** aus welchem die Gerinnungsfasern des Blutkuchens bestehen. Wollen wir erfahren, welche Bestandteile außer dem flüssigen Serum im Blut enthalten sind, so können wir unseren Fleischer bitten, uns vom Schlachthof solches Blut mitzubringen, das nicht mehr gerinnungsfähig ist, weil man z.B. durch Zusatz von Zitronensäure verhindert hat, daß die Blutplättchen zerfallen. Dieses Blut (Abb. 3.15 a und b) lassen wir ebenfalls in einem

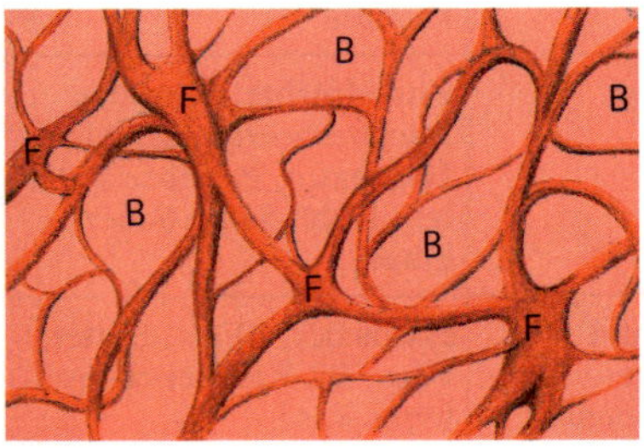

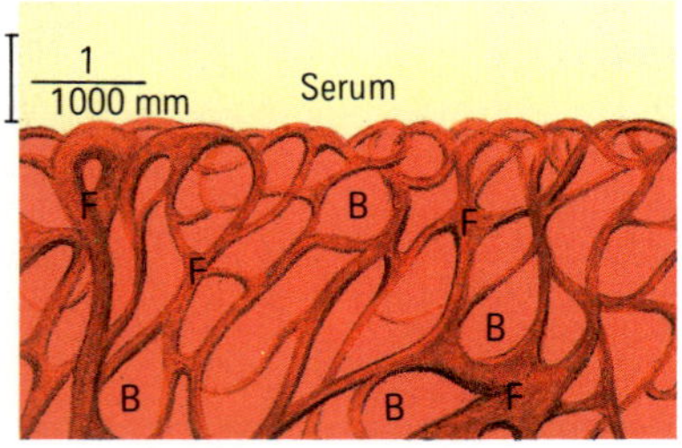

Abb. 3.14: Ein Blutkuchen entsteht (F Fibrinfasern, B rote Blutkörperchen)

Abb. 3.15: a) Frisches, nicht gerinnungsfähiges Blut ist einheitlich rot. b) Nach einer Weile ist die Trennung in die geformten Bestandteile und das zartgelbliche Blutplasma erfolgt. c) Stellt die Zusammensetzung des Blutplasmas dar

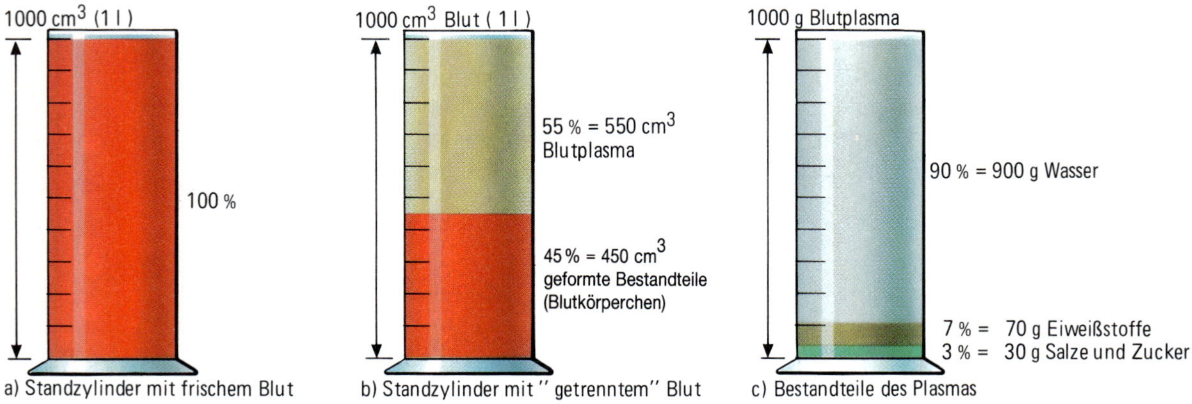

Glaszylinder einige Stunden lang stehen, bis sich die festen Blutbestandteile und das Plasma voneinander trennen. Wie in der Zeichnung dargestellt, machen die geformten Bestandteile, die sich am Gefäßboden abgesetzt haben, 45% und das Plasma 55% des Volumens aus. Mit einer Pipette können wir einen Tropfen aus dem unteren Teil entnehmen und einen Ausstrich unter dem Mikroskop betrachten: wir erkennen eine große Anzahl **roter Blutkörperchen** und nur wenige **weiße Blutkörperchen.** Ein ähnliches **Blutbild** erhalten wir mit einem Ausstrich menschlichen Blutes. Man kann in besonderen Zählkammern die Zahl der weißen und roten Blutkörperchen ermitteln: in einem Kubikmillimeter zählt man durchschnittlich 5 Millionen beim Mann und 4,5 Millionen rote Blutkörperchen bei der Frau. Die Zahl der weißen Blutkörperchen in einem mm^3 beträgt 5000 bis 10000. Sie sind bedeutend größer (bis 0,02 mm) als die roten Blutkörperchen (0,007 mm).

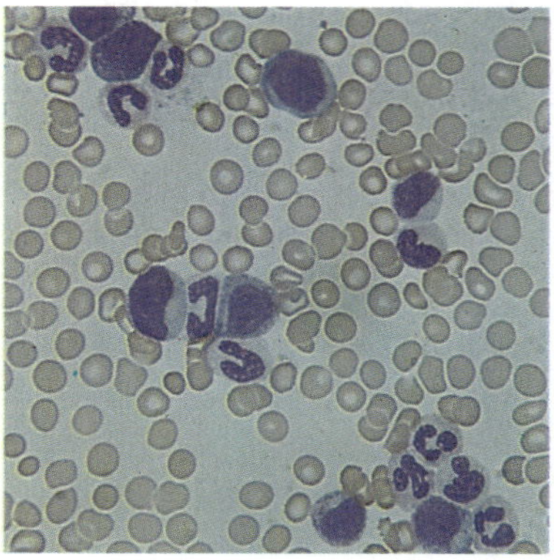

Abb. 3.16: Blutausstrich unter dem Mikroskop. Die roten Blutkörperchen sind blaß rosa, bei den weißen Blutkörperchen wurde durch einen Farbstoff der Zellinhalt blau gefärbt

Die **roten Blutkörperchen** sehen aus wie Drops: ihr Außenrand besteht aus einem breiten Wulst; in der Mitte sind sie bedeutend dünner. Sie besitzen im Gegensatz zu den weißen keinen Zellkern. Rote Blutkörperchen können mit ihrem roten Farbstoff **(Hämoglobin)** Sauerstoff binden und von der Lunge über den Kreislauf zu den einzelnen Körperzellen bringen. Sie werden etwa 100 Tage alt.

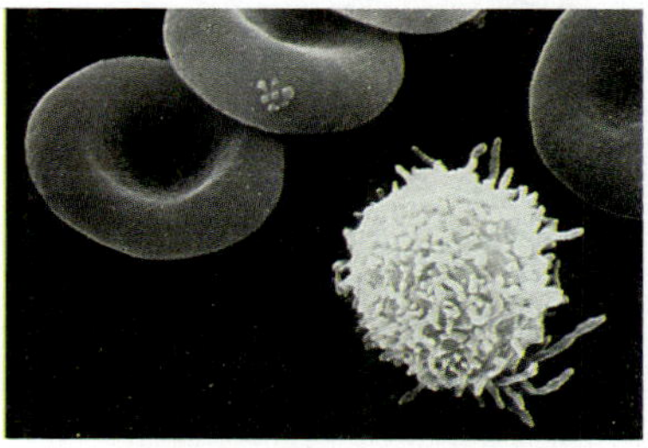

Abb. 3.17: Rote und ein weißes Blutkörperchen, mit einem Elektronenmikroskop aufgenommen

Die **weißen Blutkörperchen** werden als „Gesundheitspolizei" des Körpers bezeichnet. Sie können Bakterien und andere Fremdkörper in sich aufnehmen und verdauen. Dringt z.B. ein Holzsplitter in die Haut ein, sammeln sich dort weiße Blutkörperchen. Bakterien, die möglicherweise in die Wunde gelangt sind, werden von weißen Blutkörperchen gefressen. Es entsteht **Eiter,** der aus weißen Blutkörperchen, abgestorbenen Gewebezellen und Serum besteht. Da die weißen Blutkörperchen dadurch in großer Zahl zugrunde gehen und durchschnittlich nur wenige Stunden alt werden, müssen sie ständig ersetzt werden. Sie entstehen zum Teil – wie auch die roten Blutkörperchen – durch Zellteilungen im roten **Knochenmark** (vorwiegend in den Rippen und in den Gelenkköpfen der großen Knochen), zum größeren Teil jedoch werden sie in der Milz und in den Lymphknoten gebildet. Bei Infektionskrankheiten schwellen die Knoten z.B. der Achselhöhle an, da eine vermehrte Produktion von weißen Blutkörperchen stattfindet. Das Alter der weißen Blutkörperchen hängt vielfach davon ab, welche Aufgaben sie übernehmen müssen, bzw. ob sich der Körper in einem Krankheitsprozeß befindet.

Abb. 3.18: Im roten Knochenmark werden die roten und auch viele weiße Blutkörperchen gebildet

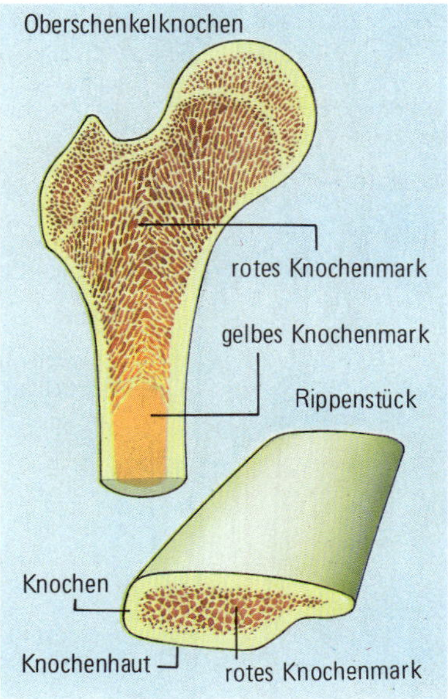

Kehren wir zu unserer anfangs beschriebenen Untersuchung des nicht mehr gerinnungsfähigen Rinderblutes zurück. Über den geformten Bestandteilen setzte sich das Blutplasma ab. Eine chemische Untersuchung zeigt, daß das Plasma zum größten Teil aus Wasser (90%) und zu einem kleinen Teil aus Stoffen besteht, die in diesem Wasser gelöst sind (10%). Davon wiederum bestehen 7% aus Eiweißstoffen und 3% aus Salzen und Zucker. Auf weitere Bestandteile des Plasmas wie Hormone, Vitamine u.a., die nur in ganz winzigen Spuren vorkommen, werden wir noch zu sprechen kommen.

Das Blut mit seinen Blutkörperchen und dem Plasma ist ein **Transportmittel** für die Versorgung aller Körperzellen. Es befördert Nährstoffe, Spurenelemente, Sauerstoff, Kohlenstoffdioxid und Abfallstoffe, die aus dem Körper ausgeschieden werden müssen.

Tabelle 3.9: Der Puls schlägt/Minute:

Vor der Geburt fast	150mal
Nach der Geburt rund	140mal
Beim Einjährigen rund	125mal
Beim Zweijährigen rund	120mal
Beim Zehnjährigen rund	90mal
Im 14. Lebensjahr rund	85mal
Beim Erwachsenen rund	72mal
Im Alter	80- bis 85mal

Abb. 3.19: Man fühlt den Puls mit vier Fingern

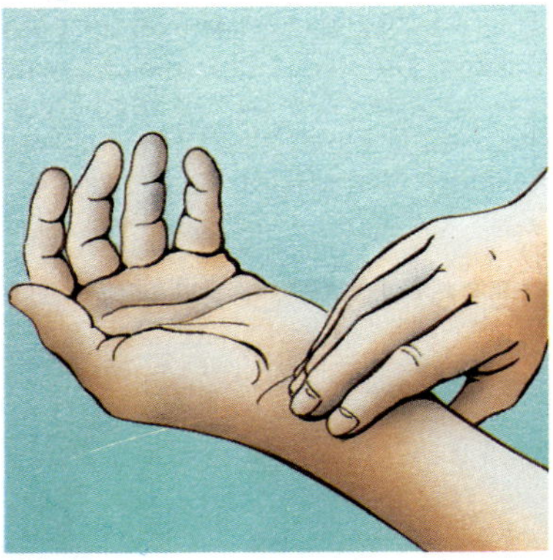

Wie sieht der Transportweg aus und wie funktioniert dieses System des **Blutkreislaufes?** Wir alle kennen den **Pulsschlag,** den man oberhalb des Handgelenkes und am Hals ertasten kann. Du weißt von ärztlichen Untersuchungen, daß die Zahl der Pulsschläge eine medizinische Bedeutung hat. Sie soll bei einem gesunden Erwachsenen durchschnittlich 72 Schläge pro Minute betragen. Ihre Zahl ist um so größer, je jünger jemand ist: Neugeborene haben etwa 140 Pulsschläge. Wird der Körper durch eine schwere Arbeit beansprucht, müssen auch die Muskeln höhere Leistungen vollbringen, wie etwa bei schnellem Laufen oder beim Bergsteigen. Durch so eine Anstrengung schnellt unsere Pulsschlagzahl rapide nach oben, manchmal wird sie sogar höher als 160! Woher kommt das? Je höher die Leistungen des Körpers sind, desto mehr Sauerstoff und Nährstoffe werden verbraucht. Wie wir bereits wissen, gewinnt unser Körper Energie, indem in den Zellen eine Verbrennung stattfindet: so verbindet sich z. B. Zucker mit Sauerstoff.

Damit Sauerstoff für die höhere Leistung angeliefert wird, muß unser Herz mehr Blut pumpen: Die Blutwelle, die es jeweils ausstößt, drückt in die elastischen Blutgefäße, die bis zu den einzelnen Körperzellen immer enger werden. Sie sind schließlich nur noch haardünn und werden daher **Haargefäße** (Kapillaren) genannt. Wie auf der Abb. 3.23 zu erkennen ist, verlaufen sie zwischen den Zellen und geben in die Zwischenzellräume verschiedene Stoffe ab, die durch die Zellwände aufgenommen

Abb. 3.20: Vereinfachte Darstellung des Blutgefäßsystems

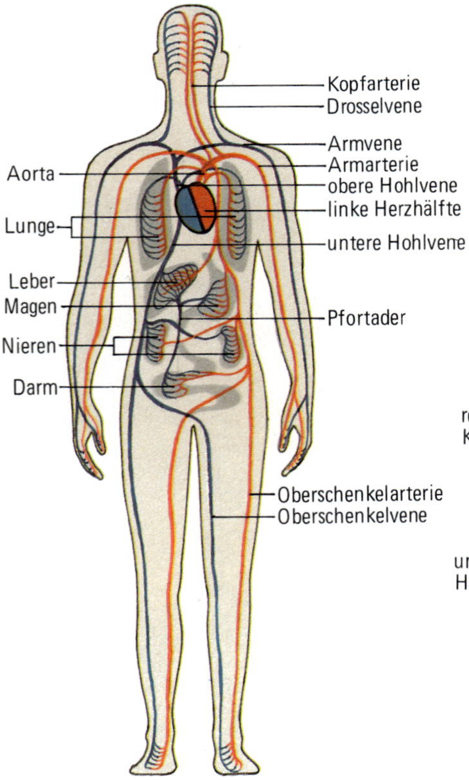

Abb. 3.21: Der Körper- und der Lungenkreislauf im Schema

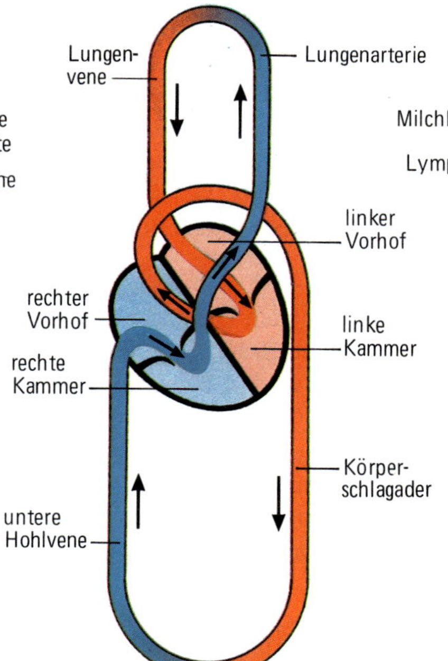

Abb. 3.22: Das Lymphgefäßsystem, es steht über den Milchbrustgang und die große Armvene mit dem Blutgefäßsystem in Verbindung

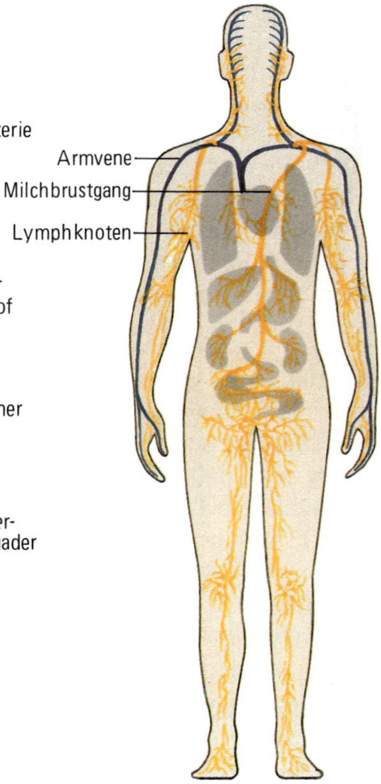

werden. Die Wände der feinen Blutgefäße sind durchlässig. So können auch weiße Blutkörperchen ins Zellgewebe gelangen, um etwa Krankheitserreger unschädlich zu machen. Die Zellen geben ihre Verbrennungsprodukte, vor allem Kohlendioxid, in die Zellzwischenräume ab. Das aus den Haargefäßen ausgetretene Blutplasma wird **Lymphe** (griech.: Quellflüssigkeit) genannt. Sie hat ein eigenes Leitungssystem, welches im **Milchbrustgang** in die linke Schlüsselbeinvene mündet und dem Kreislauf wieder zugeführt wird. Die Abb. 3.21 stellt einen vereinfachten Blutkreislauf dar: Der **Körperkreislauf** beginnt in der linken Hauptkammer des Herzens. Das Blut wird in die **Hauptschlagader,** die **Aorta,** gepreßt, indem sich ein Hohlmuskel zusammenzieht. Da der Druck bis in die kleinsten Verzweigungen, die Haargefäße, gelangen soll, muß dieser Muskel besonders stark sein. Die Aorta und alle von ihr abzweigenden Blutgefäße nennt man **Schlagadern** oder **Arterien.** Nachdem sie in den Kapillaren ihre stärkste Verzweigung hatten, werden in der Fortsetzung die Gefäße immer dicker, indem sie sich in den **Venen** wieder sammeln. Die obere Vene mündet in die rechte Herzvorkammer. Im **Lungenkreislauf** (kleinen Kreislauf) gelangt das sauerstoffarme Blut aus der rechten Herzkammer in die **Lunge.** Dort wird es mit Sauerstoff angereichert und strömt dann in die linke Herzvorkammer und von hier in die linke Herzkammer.

Wenn ein Mensch bei einer größeren Verletzung zu viel Blut verloren hat, überträgt man ihm das Blut eines anderen Menschen, damit er nicht am

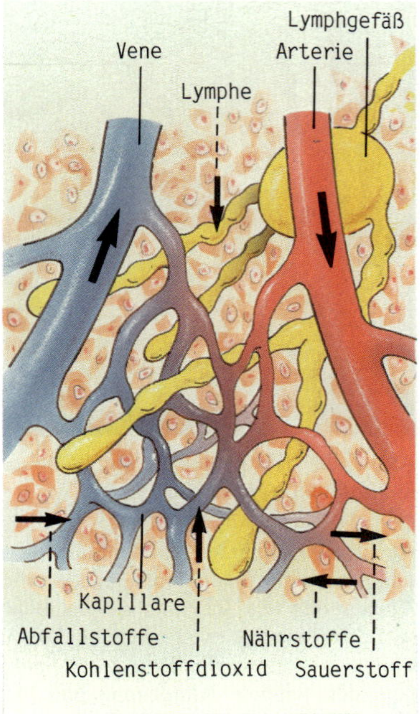

Abb. 3.23: Blutkapillaren und Lymphkapillaren durchziehen jedes Gewebe

Abb. 3.24: Pumparbeit des menschlichen Herzens; a) bei der Aufnahme des Blutes in die beiden Hauptkammern, b) beim Ausstoßen des Blutes in den Körper und in die Lunge

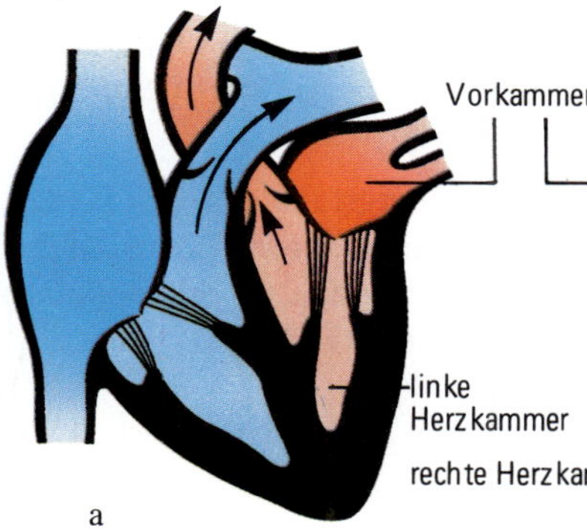

a

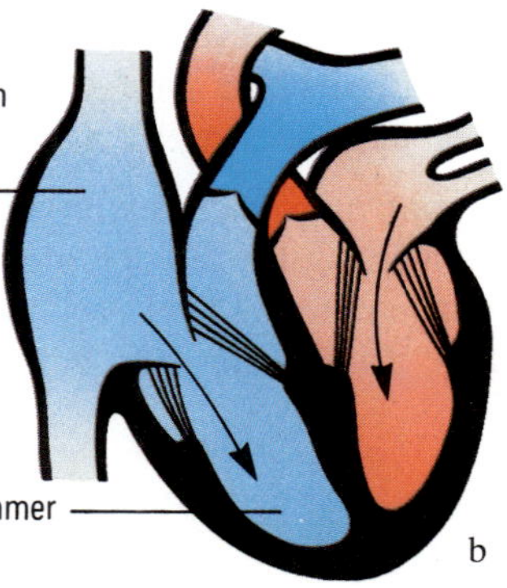

b

Abb. 3.25: Zwei unterschiedliche Typen von Herzschrittmachern. Ein Herzschrittmacher wird unter die Brustmuskulatur eingesetzt. Seine Batterie reicht für mehrere Jahre, seine elektrischen Impulse werden mit Hilfe eines Drahtes in das Herzinnere geleitet. (Maßstab in inches; 1 inch = 2,54 cm)

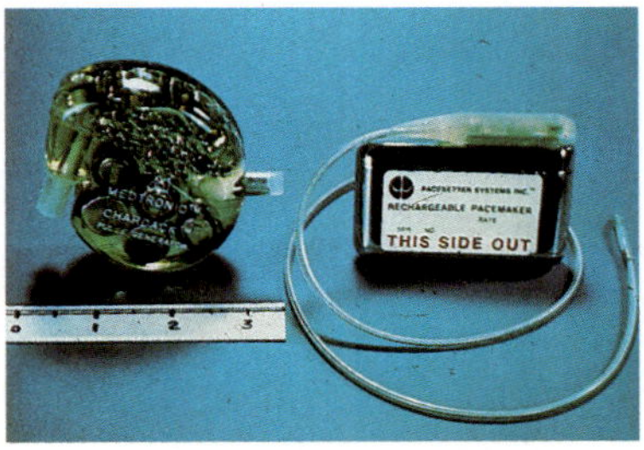

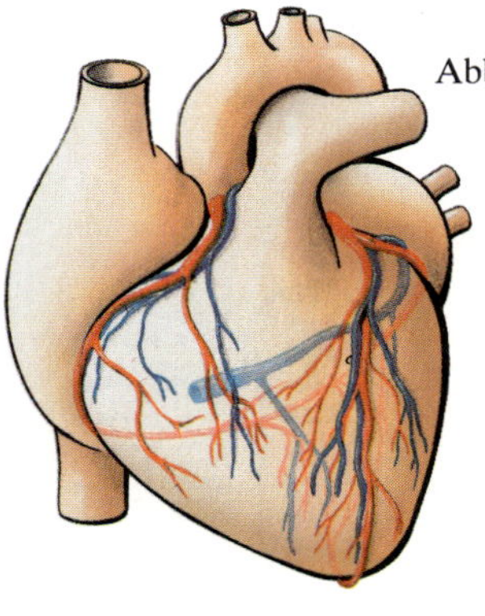

Abb. 3.26

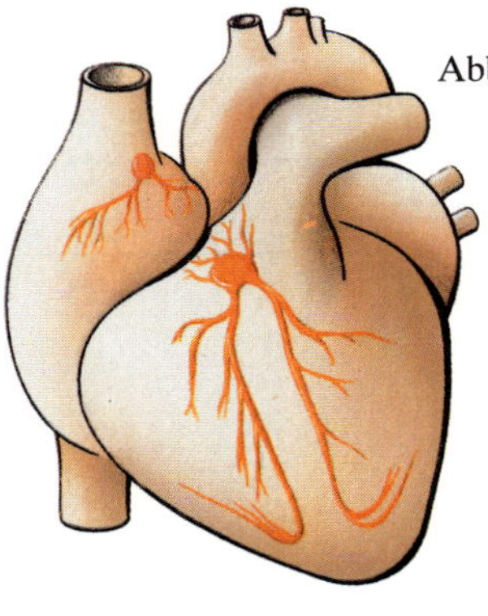

Abb. 3.27

Abb. 3.26: Die Versorgung des Herzmuskels durch die Herzkranzgefäße

Abb. 3.27: Der Herzschlag wird von Nervenzentren am Herzen selbständig (autonom) gesteuert

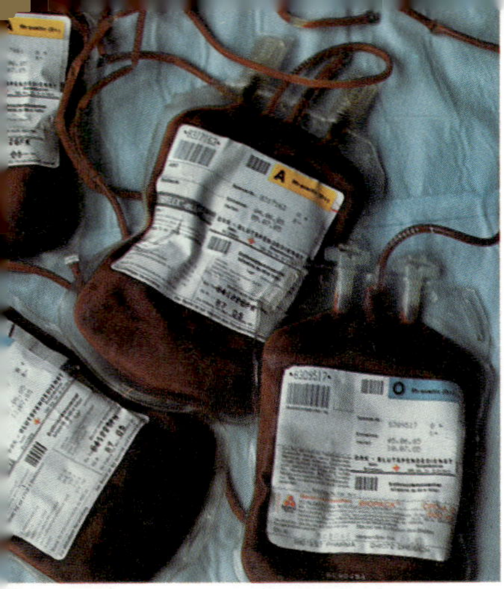

Abb. 3.28: Blutkonserve, wie sie heute in Notfällen Verwendung findet

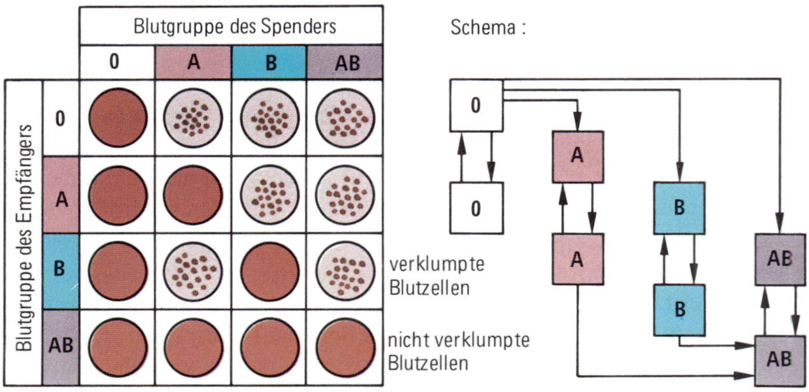

Abb. 3.29: Schema der Reaktion verschiedener Bluttypen untereinander und Anwendung des Schemas für das Blutspenden. Normalerweise wird bei hohen Blutverlusten nur das Blut eines Spenders der gleichen Blutgruppe und mit dem gleichen Rhesusfaktor übertragen. Im Notfall kann aber auch Blut einer verträglichen anderen Blutgruppe – nach dem obenstehenden Schema – genommen werden. Demnach kann man Blut mit der Blutgruppe 0 an alle anderen übertragen. Menschen mit der Blutgruppe 0 können aber nur von Spendern mit Gruppe 0 Blut erhalten. A kann für A und AB spenden, B für B und AB. AB-Blut kann nur für Empfänger der Gruppe AB genommen werden

Kreislaufschock stirbt. Beim Verlust der Hälfte der Körperblutmenge besteht Lebensgefahr. Männer haben bei einem Körpergewicht von 70 kg ca. 5,5 Liter Blut (pro kg etwa 80 cm^3), Frauen bei 60 kg Gewicht rund 4 Liter (pro kg ca. 68 cm^3).

Man kann nicht wahllos Blut von einem Menschen zum anderen übertragen, denn nicht jeder verträgt das Blut eines beliebigen anderen. Karl Landsteiner erhielt 1930 den Nobelpreis für die 1901 von ihm entdeckten **Blutgruppen:** Sie wurden von ihm in vier Gruppen eingeteilt, die er als A, B, AB und 0 (Null) bezeichnete. Mit Hilfe von Seren der bekannten Blutgruppen kann man testen, welcher Blutgruppe ein Mensch angehört. Es ist von Vorteil, wenn man für den Notfall seine Blutgruppe rechtzeitig feststellen läßt und stets einen „Blutpaß“ bei sich hat. Die Ärzte können dann sowohl für eine Blutspende als auch für deren Empfang dem Paß diese Information entnehmen. Um stets einsatzbereites Blut mit allen Blutgruppen zur Hand zu haben, wurden spezielle Banken mit **Blutkonserven**vorräten in Krankenhäusern eingerichtet. Von dort können im Notfall (z.B. per Hubschrauber) die nötigen Konserven abgerufen werden.

Heute kennt man noch weitere Unterscheidungsfaktoren des Blutes, einer der wichtigsten ist der sogenannte **Rhesusfaktor.** Er wurde bei Forschungen mit dem Blut von Rhesusaffen gefunden. Es gibt demnach „Rhesus+“ (positives) und „Rhesus−“ (negatives) Blut.

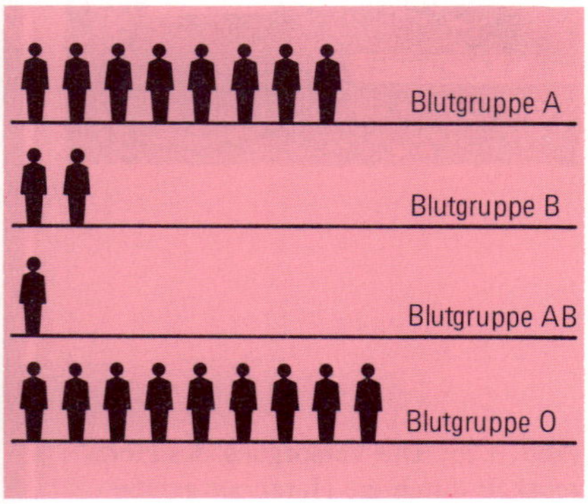

Abb. 3.30: Verteilung der Blutgruppen in Europa. 1 Symbol ≙ 5% der Bevölkerung

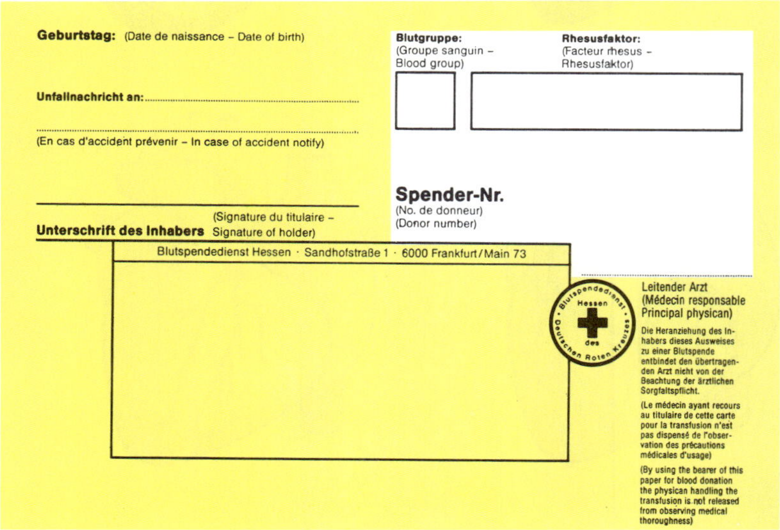

Geburtstag: (Date de naissance – Date of birth)

Unfallnachricht an:

(En cas d'accident prévenir – In case of accident notify)

Unterschrift des Inhabers (Signature du titulaire – Signature of holder)

Blutgruppe: (Groupe sanguin – Blood group)

Rhesusfaktor: (Facteur rhesus – Rhesusfaktor)

Spender-Nr. (No. de donneur) (Donor number)

Blutspendedienst Hessen · Sandhofstraße 1 · 6000 Frankfurt/Main 73

Blutspendedienst Hessen des Deutschen Roten Kreuzes

Leitender Arzt (Médecin responsable Principal physican)

Die Heranziehung des Inhabers dieses Ausweises zu einer Blutspende entbindet den übertragenden Arzt nicht von der Beachtung der ärztlichen Sorgfaltspflicht.

(Le médecin ayant recours au titulaire de cette carte pour la transfusion n'est pas dispensé de l'observation des précautions médicales d'usage)

(By using the bearer of this paper for blood donation the physican handling the transfusion is not released from observing medical thoroughness)

Abb. 3.31: Um im Notfall Blut spenden zu können, wird dem späteren Spender ein Ausweis aufgrund einer gründlichen Untersuchung ausgestellt

3.3 Die Atmung

Wie in Kapitel 3.1 dargestellt, brauchen wir für alle Tätigkeiten unsrer Körperorgane Energie, die durch Verbrennung von Nahrung in den Zellen entsteht. Ohne **Sauerstoff,** den wir beim Atmen aufnehmen, kann keine Verbrennung stattfinden. Beim Aussetzen des Atems würden zuerst unsere Gehirnzellen aufhören zu funktionieren, dann das Herz und alle anderen Organe.

Wenn du mal versucht hast, den Atem für einige Zeit anzuhalten, hast du sicher gemerkt, daß man das vielleicht eine Minute lang bei völliger Ruhestellung aushalten kann. Asiatische Perlentaucherinnen haben es bis etwa 4 Minuten im Anhalten des Atems gebracht und mußten dabei sogar bis ca. 30 m tief schwimmen! Ein geübter Schwimmer kann ca. 40 Sekunden lang tauchen.

Unsere **Atemluft** durchläuft viele Stationen: Nase und Mund, Kehlkopf, Luftröhre, Bronchien, weitere Verzweigungen der Bronchien (Bronchiolen) und Lungenbläschen. Beim **Einatmen** wird die Luft in der **Nase** durch den Geruchssinn nach schädlichen Gasen geprüft; durch die sehr gut durchbluteten Schleimhäute wird sie angewärmt und durch den Nasenschleim auch angefeuchtet. Wenn wir einen Schnupfen haben und unsere Nasenschleimhäute durch Anschwellung diesen Luftweg versperren, atmen wir durch den **Mund.** Vollbringen wir eine körperliche Höchstleistung, müssen wir diesen Luftweg zusätzlich zur Hilfe nehmen.

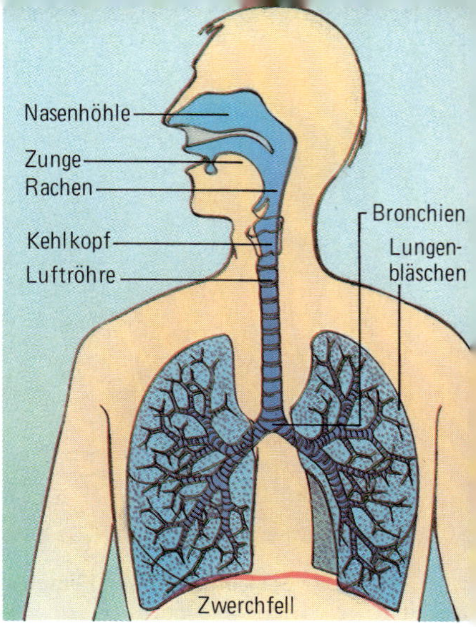

Abb. 3.32: Der Weg der Atemluft

Abb. 3.33: Die Lunge. Vergleiche mit dem Text auf Seite 36

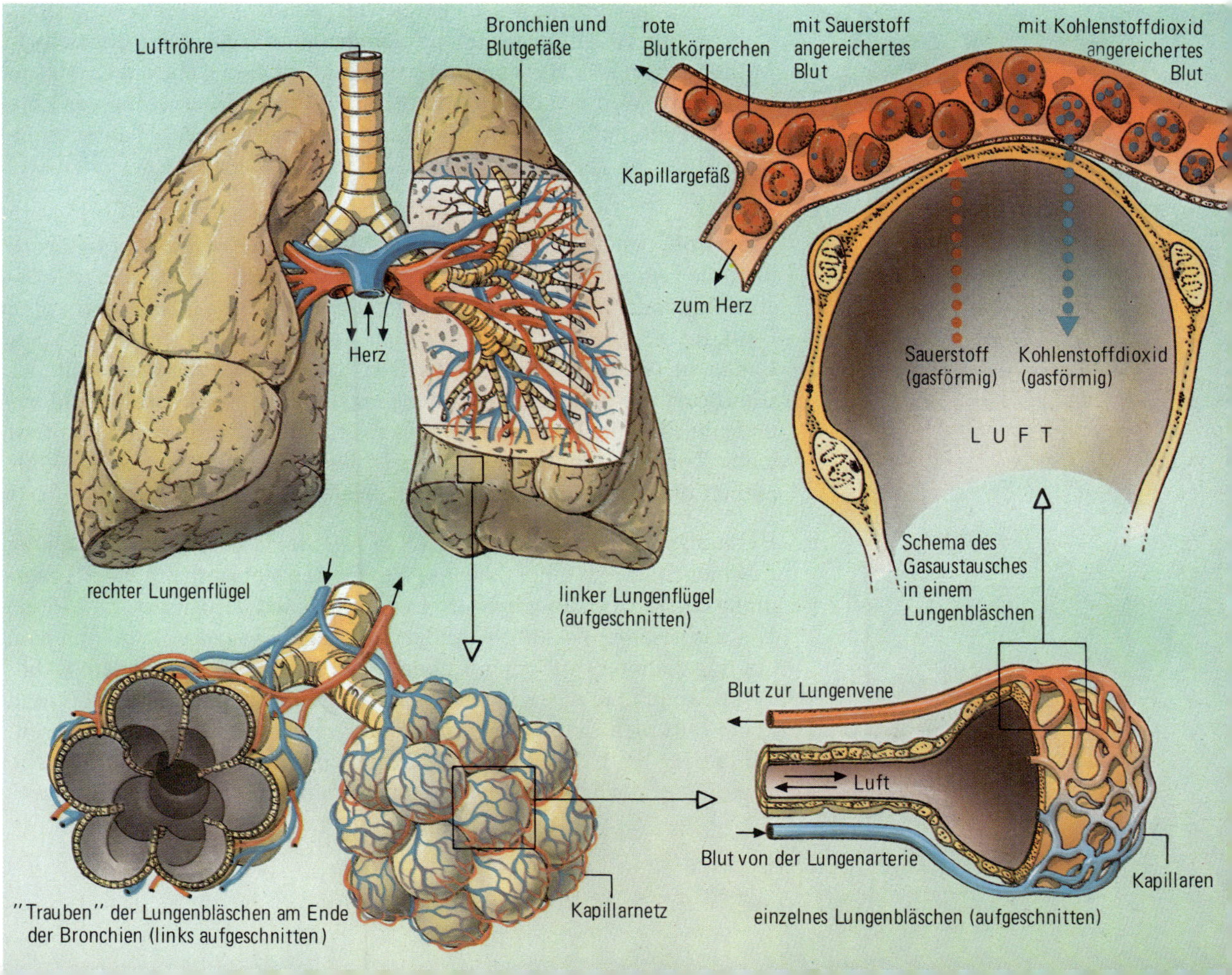

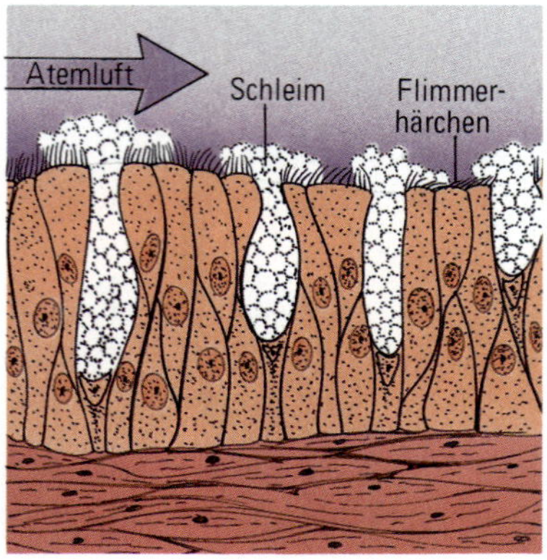

Abb. 3.34: Schleimhaut mit Flimmerhärchen. Die Schleimdrüsen ermöglichen das Anfeuchten der Atemluft. Der Schleim und die Flimmerhärchen ermöglichen die Reinigung der Bronchien. Durch die gleichsinnige Bewegung wird Staub und verunreinigter Schleim in Richtung Luftröhre befördert und von dort durch Luftstöße ausgehustet (Raucherhusten!)

Abb. 3.35: Zusammensetzung der Atemluft

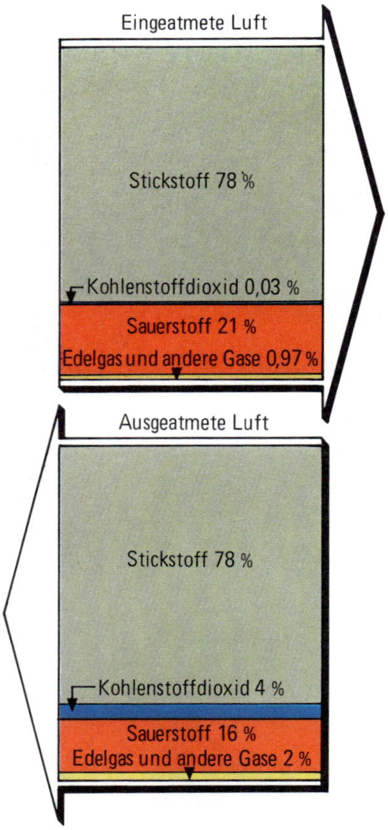

In der Luftröhre und ihren Verzweigungen wird die Luft weiter angewärmt und durch Schleimdrüsen angefeuchtet. Wenn man bedenkt, daß wir manchmal eine Außentemperatur von −20 °C und tiefer zu überwinden haben, merken wir, daß es eine gewaltige Leistung ist, diese Luft auf die Körpertemperatur von 37 °C anzuwärmen (57 °C Temperaturunterschied!). Bei Schnupfen erkältet man sich oft auch die Bronchien oder gar die Lunge, da bei der Atmung durch den Mund die Luft nicht genügend angewärmt werden kann: wir bekommen einen Husten (Bronchialkatarrh) oder eine Lungenentzündung (Pneumonie). Luftröhre, Bronchien und Bronchiolen sind vollständig mit **Flimmerhärchen** besetzt. Sie befördern durch ihre Flimmerbewegung eingeatmete Fremdkörper nach außen. Die meisten Staubkörnchen und andere Fremdkörper werden jedoch durch die Nasenhaare und die Nasenschleimhaut zurückgehalten und gelegentlich beim Schneuzen ins Taschentuch gepustet.

Die **Lunge** (s. Abb. 3.33) besteht aus einem linken und einem rechten Flügel. Der rechte ist in drei Lappen unterteilt, der linke hat nur zwei Lappen. Den Bau der Lunge kannst du leicht z. B. an einer Schweinslunge untersuchen. Du kannst beispielsweise an der **Luftröhre** und an den **Bronchien** die Knorpelspangen erkennen, und an den feinsten Abzweigungsenden wirst du mit Hilfe einer Lupe sogar die in Trauben aneinandersitzenden **Lungenbläschen** erkennen.

Die Lungenbläschen sind der Ort des Gasaustausches bei der Atmung: sie sind mit einem feinen Netz von Haargefäßen eng umsponnen. Zwischen diesen Kapillaren und der Lungenluft in den Bläschen liegt nur eine ganz dünne Gewebsschicht (0,004 mm dick). Wären die 5 Lungenlappen jeweils nur eine Blase, hätten wir etwa – wollten wir sie ausbreiten – insgesamt einen Quadratmeter **Lungenoberfläche.** Da sie jeweils in Millionen kleinster Bläschen unterteilt sind, ist die Fläche auf ca. 100 m^2 vergrößert! Weil das Blut nur langsam durch die Haargefäße der Lungenbläschen fließt, wäre die Zeit für den **Gasaustausch** bei einer einfachen Blase zu gering. Bei einer großen Oberfläche ist ein intensiver Gasaustausch möglich.

Sauerstoff, den der Körper für die Erzeugung von Energie benötigt, wird über die Lungenbläschen aufgenommen: das Blut, das die Lungenbläschen umfließt (Abb. 3.33), bringt vor allen Dingen mit den roten Blutkörperchen, aber auch mit dem Serum, den Sauerstoff aus der Lunge in den Kreislauf und zu den Körperzellen. Dort nimmt das Blutserum das bei der Verbrennung entstandene **Kohlenstoffdioxid** auf und gibt es an die Lunge ab. Daraus folgt, daß in der ausgeatmeten Luft mehr Kohlenstoffdioxid enthalten ist als in der eingeatmeten. Dafür enthält die eingeatmete Luft mehr Sauerstoff.

Bei ruhigem Sitzen atmen wir etwa 15–20 Mal in der Minute, wobei die Luftmenge jeweils einen halben Liter ($^1/_2$ l) ausmacht. Bei tiefer Einatmung können wir zusätzlich 1,5 l Luft aufnehmen, also insgesamt 2 Liter. Um das gesamte Fassungsvermögen der Lunge festzustellen, kann man ein sogenanntes Spirometer, einen Atemmesser, verwenden (Abb. 3.38): Wenn man nach tiefster Einatmung in das Gerät pustet, bis man keine Luft mehr hat, kann man seine gesamte **Atemkapazität** ablesen. Sie beträgt bei Erwachsenen im Durchschnitt 3,5 Liter. Da die Lunge aber immer noch einen Rest an Luft behalten muß, damit die Lungen-

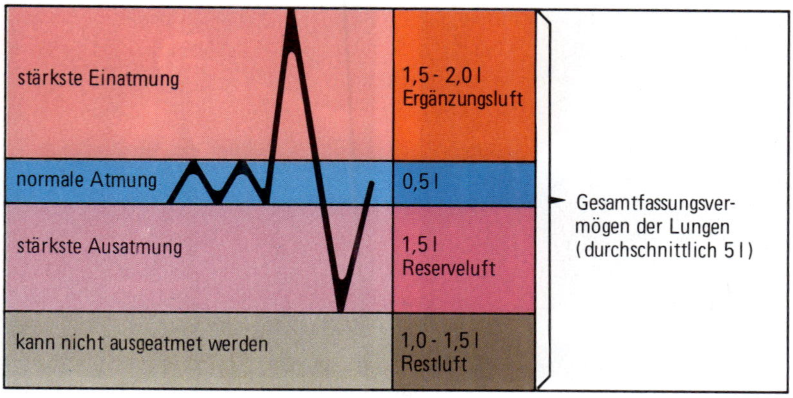

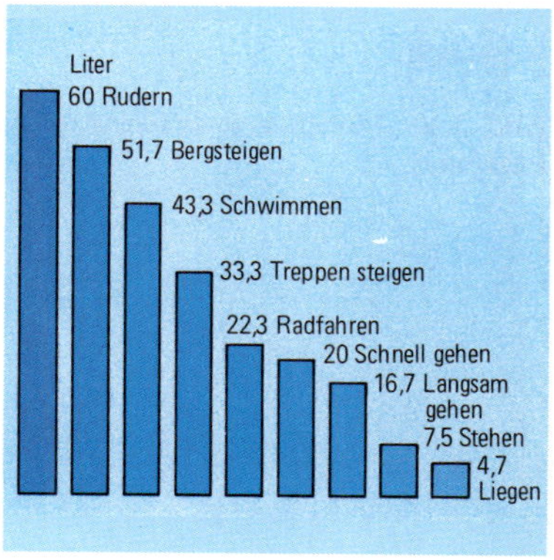

Abb. 3.36: Fassungsvermögen der menschlichen Lunge. Trainierte Sportler, aber auch Posaunenbläser können von der tiefsten Ausatmung aus bis zu 8 l Luft einatmen

Abb. 3.37: Luftvolumen (in Litern), das bei verschiedenen Tätigkeiten je Minute eingeatmet wird

bläschen nicht zusammenfallen, können wir mit weiteren 1–1½ l rechnen. Das ist die Menge, die man noch aus toten Lungen herauspressen kann. Beträgt demnach das Gesamtfassungsvermögen einer Lunge 5 l, so muß man doch bedenken, daß es Menschen gibt, die eine Kapazität von über 8 l haben (Leistungssportler, Posaunenbläser usw.)!

Je nach **Leistung** unseres Körpers verbrauchen wir unterschiedliche Mengen an Sauerstoff und produzieren entsprechend viel Kohlenstoffdioxid: Im Ruhezustand sind das 0,3 Liter Sauerstoff bzw. 0,25 Liter Kohlenstoffdioxid in der Minute. Bei erhöhter Leistung können wir leicht auf das jeweils Zehnfache kommen. Pro Minute werden folgende Luftmengen (in Liter) verbraucht: im Schlaf 4, beim Gehen 18, beim Schwimmen 40, bei sportlichen Höchstleistungen 70 und mehr. Dementsprechend müssen wir schneller atmen, um der Lunge die notwendige Luftmenge zuzuführen. Wir brauchen bei bestimmten Leistungen nicht an die Regulierung unserer Atemkapazität zu denken, denn sie wird automatisch geregelt. In der Wand der größeren Körperschlagadern, z. B. in der Halsschlagader, sind Sinneszellen vorhanden, die den Sauerstoffgehalt des Blutes ständig kontrollieren. Von ihnen ausgehende Nervenfasern teilen dem im Nachhirn gelegenen **Atemzentrum** diese Werte mit, worauf dieses eine intensivere Atmung veranlaßt.

Versuche

1. Miß deinen Brustumfang bei völliger Ausatmung, dann auch bei optimaler Einatmung!
2. Halte deine Hände an die unteren Rippen deines Nachbarn und beobachte die Bewegungen beim Ein- und Ausatmen. Lege jetzt die Hände auf Brustbein und Rücken und beobachte wieder die Bewegungen. Dehnt sich der Brustkorb seitlich oder nach vorne beim Einatmen stärker aus?
3. Zähle deine Atemzüge pro Minute beim Sitzen und nach 15 schnellen Kniebeugen.
4. Beobachte, ob im Sitzen vorwiegend Brustkorb- oder Bauchatmung erfolgt. Wie unterscheidet sich die Atmung bei einer größeren Anstrengung von der beim Sitzen?
5. Bei größeren Anstrengungen bekommen wir oft „Seitenstechen“, kann das mit der Zwerchfellatmung zusammenhängen?
6. Wie lange kannst du die Luft ohne zu atmen anhalten?

Abb. 3.38: Ein Spirometer: Das Gerät zum Messen des Atemvolumens

Abb. 3.39: Modellversuch zum Atmen: Ausatmen

Abb. 3.40: Modellversuch zum Atmen: Einatmen

Abb. 3.41: Bewegung bzw. Stellung von Rippen und Zwerchfell bei der Atmung

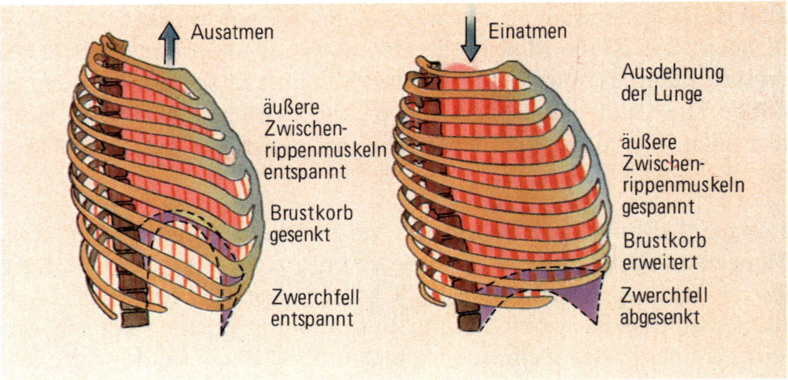

Aufgabe

Welche Organe entsprechen den Teilen des Modells in Abb. 3.39 und 3.40: Glokke, Glasröhrchen mit Verzweigung, Luftballons, Gummituch

Die technischen Vorgänge beim Ein- und Ausatmen können wir nur verstehen, wenn wir uns an einige einfache physikalische Tatsachen erinnern. Die Luftschicht unseres Planeten lastet auf der Höhe des Meeresspiegels (NN = Normalniveau) mit dem Druck von etwa 1 bar (= 1013 g/cm^2 = 1 hPa) auf der Erde. Ist er höher (wie z.B. in den Autoreifen), spricht man von Überdruck, ist er niedriger, von Unterdruck. Je höher wir in den Bergen oder z.B. mit dem Ballon steigen, desto „dünner" wird die Luft, der Druck ist niedriger.

Wenn wir einatmen, erzeugen wir für kurze Zeit jeweils einen Unterdruck in unseren Lungen, und es strömt durch den außen höheren Druck Luft ein. Wie wird dieser Unterdruck erzeugt? Dazu haben wir zwei Möglichkeiten: die **Brustatmung** (Rippenatmung) und die **Bauchfellatmung** (Zwerchfellatmung). Das Zwerchfell ist ein gewölbter Muskel, der den Bauch vom Brustkorb trennt. Zieht er sich zusammen, wird der Brustraum vergrößert und es entsteht der notwendige Unterdruck, der das Einströmen der Luft in die Atemwege zur Folge hat. Beim Ausatmen entspannt sich das Zwerchfell und läßt die entsprechenden Gegenmuskeln tätig werden. Das sind die Muskeln der Bauchdecke, die vorher – bei der Einatmung – schlaff waren und nach außen gedrückt wurden. Sie ziehen sich jetzt zusammen und drücken auf die Eingeweide im Bauch. Diese üben einen Druck aufs Zwerchfell und somit auf den Brustraum aus und verkleinern sein Volumen. Bei dem so entstehenden Überdruck wird die Luft aus der Lunge gepreßt. Man kann diesen Vorgang mit der Funktion einer Pumpe vergleichen (Abb. 3.39). Ein anderes „Pumpensystem" finden wir bei der **Rippenatmung.** Die Rippenbögen sind vorn, am Brustbein, über eine Knorpelverbindung und hinten an den Wirbeln über eine Gelenkverbindung beweglich. Heben sich die Muskeln, was an den Flanken des Brustkorbes spürbar ist, vergrößern sie den Brustraum. Bei dem somit entstehenden Unterdruck strömt die Luft in die Lungen. Diese Bewegung wird durch viele Zwischenrippenmuskeln (Abb. 3.41) erreicht. Die Gegenbewegung – das Ausatmen – bewirken Gegenmuskeln an den Rippen. Wenn sie sich zusammenziehen, senken sich die Rippen seitlich nach unten und erzeugen den für das Auspressen der Luft notwendigen Überdruck.

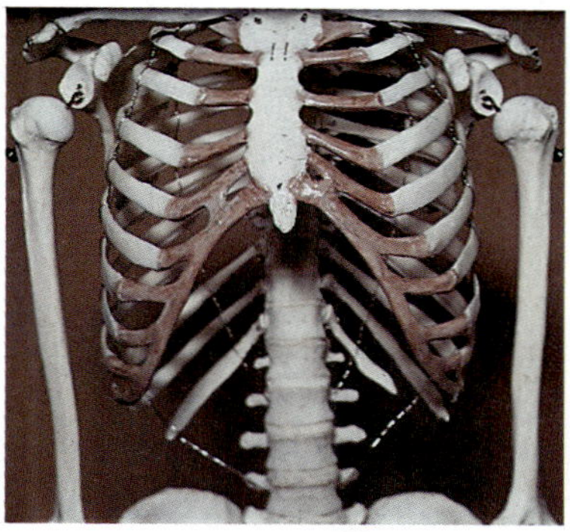
Abb. 3.42: Brustkorbskelett. Die Knorpelbestandteile sind rötlich gefärbt

In der dünneren Luft im Gebirge müssen Menschen aus der Ebene entsprechend schneller atmen, um genügend Sauerstoff zu erhalten. Die dort heimischen Menschen haben das nicht nötig: Sie haben mehr rote Blutkörperchen, die entsprechend mehr Sauerstoff aufnehmen können. Als im Jahre 1968 in Mexiko die XIX. Olympischen Spiele stattfanden, mußten viele Teilnehmer mehrere Wochen vorher anreisen, um rechtzeitig die notwendig hohe Zahl von roten Blutkörperchen zu haben. Sie wären den Anforderungen in dieser Höhe (2227 m) nicht gewachsen gewesen, wenn sie mit ihrer geringen Anzahl roter Blutkörperchen zum Wettbewerb angetreten wären. Die Tatsache, daß die gesamte Oberfläche dieser winzigen Körperchen 2000 mal größer ist als unsere Körperoberfläche, versetzt uns in Staunen und macht uns klar, daß ihre Zahl von großer Wichtigkeit ist.

Viele Menschen bedenken nicht, wie wichtig es ist, in reiner, sauerstoffreicher Luft zu leben: Sie verbringen ihre Freizeit oft in überfüllten Räumen und schädigen ihre Atmungsorgane durch **Zigarettenrauchen.** Neben der Schwächung des Körpers durch Sauerstoffmangel bringen solche Lebensgewohnheiten – insbesondere das Rauchen – noch die Gefahr der Erkrankung an Lungenkrebs, Lungenemphysem (Blählunge, meist durch Raucherhusten entstanden) u.a. Krankheiten mit sich (siehe Kapitel 13.5).

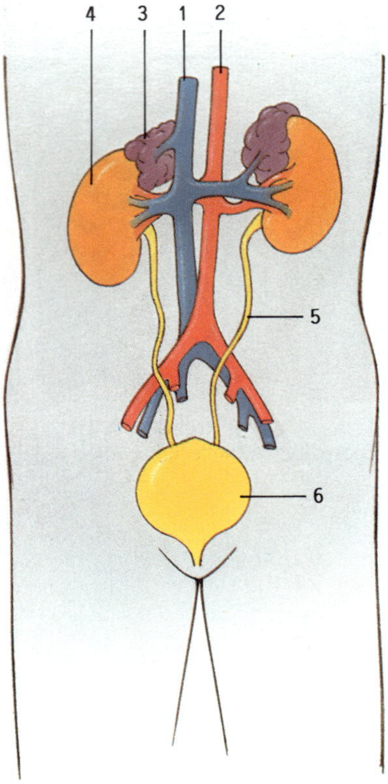

Abb. 3.43: Übersicht über die Harnorgane.
1 = Vene; 2 = Arterie; 3 = Nebenniere; 4 = Niere; 5 = Harnleiter; 6 = Harnblase
Die Nebennieren sind keine Harnorgane, sondern Hormondrüsen (vgl. S. 48–49).

3.4 Die Nieren – wirkungsvolle Filter

Jakob K. (38 Jahre) muß jede Woche in eine Dialysestation fahren, und es wird eine **Blutwäsche** bei ihm gemacht. Aus der Armvene wird sein Blut in ein Gerät geleitet. Es fließt an einer dünnen **Membran** aus Kunststoff vorbei. An der anderen Seite der Filtermembran strömt eine Flüssigkeit in entgegengesetzter Richtung (Spülflüssigkeit) zum Blutstrom. Moleküle bestimmter Größe (z. B Harnstoffmoleküle) wandern durch die Membran aus dem Blut in die Spülflüssigkeit. Das gereinigte Blut fließt durch einen Schlauch in die Unterarmvene zurück. Mindestens 4 Stunden muß Jakob K. an das Gerät, die **Künstliche Niere**, angeschlossen bleiben. Einer solchen Blutwäsche müssen Menschen sich unterziehen, wenn ihre eigenen Nieren nicht mehr richtig arbeiten.

Jeder Mensch besitzt in der Regel **zwei Nieren.** Sie haben die Form einer Bohne, sind so groß wie eine Faust und liegen rechts und links neben der Wirbelsäule unter dem letzten Rippenbogen. Nieren sind komplizierte Filter, das gesamte Blut des Körpers (ca. 5 l) fließt innerhalb von 5–7 Minuten durch die Nieren, das bedeutet eine tägliche Filterleistung von 1200 l. Hierbei werden **Stoffwechselschlacken** (Harnstoffe, Harnsäure), Gifte (Schwermetalle), überschüssige Mineralstoffe (Kochsalz) und Wasser herausgeschleust.

Um zu verstehen, wie die Nieren eine so umfassende Arbeit leisten können, müssen wir uns ansehen, wie sie gebaut sind. Wir unterscheiden **Nierenrinde, Nierenmark** und **Nierenkörperchen.** Die Körperchen liegen in der Rinde. Die Blutgefäße verzweigen sich in ihnen zu einem Gefäßknäuel, das von einer Kapsel umgeben ist (Abb. 3.48). Aus den Haargefäßen des Knäuels, deren Wände sehr durchlässig sind, werden Wasser und darin gelöste Stoffe durch den Blutdruck herausgepreßt (gefiltert). Die das Knäuel umhüllende Kapsel nimmt die ausgefilterte Flüssigkeit auf. Sie wird **Primärharn** genannt. Der Primärharn strömt durch Haarkanälchen, die sich zu Nierenkelchen und dann zum Nierenbecken vereinigen.

Die **Harnkanälchen** bilden aber erst einmal eine Schleife, die von feinen Blutgefäßen umsponnen wird.

Abb. 3.44: Prinzip der Blutwäsche. Diese Modelldarstellung soll verdeutlichen, daß nur Moleküle bestimmter Größe dem Blut (oberer Pfeil) entzogen werden (Harnstoffmoleküle), während größere durch das Filter zurückgehalten werden (z. B. Eiweiße). Als Filter dient Zellophan, dessen Poren genau die Größe von Harnstoffmolekülen haben. Die Harnstoffmoleküle „fallen“ in eine Spülflüssigkeit (unterer Pfeil), die sie fortspült

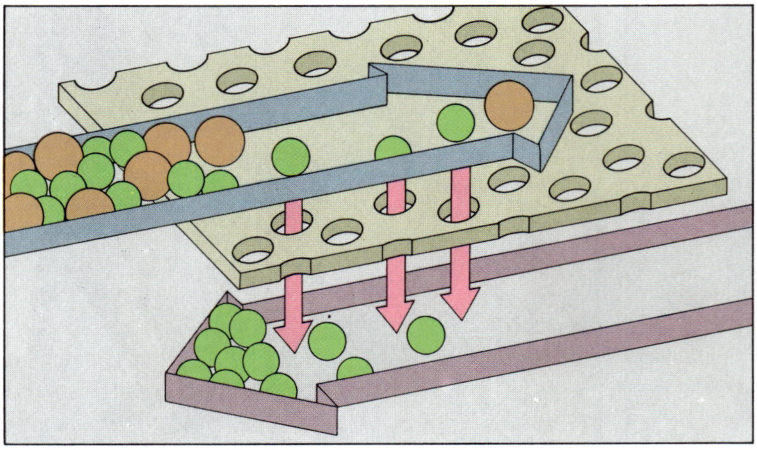

In der Schleife werden Wasser und andere Stoffe, z. B. Traubenzucker, wieder in das Blut zurückgeführt, während weitere Abfallstoffe vom Blut in den Harn wandern. Die gewaltige Filterleistung wird dir deutlich, wenn du bedenkst, daß die tägliche Primärharnmenge 170 l beträgt und etwa 1,5 l **Endharn** (Urin) ausgeschieden werden. Der Endharn sammelt sich im Nierenbecken und wird dann durch die **Harnleiter** in die **Harnblase** geleitet; hier wird er bis zur Ausscheidung, Harnlassen, gespeichert.

An den Ausgängen der Harnkanälchen im Nierenbecken lagern sich manchmal Stoffe ab, die zu bis zu mehreren Millimetern großen **Nierensteinen** werden können. Eine Ursache dafür kann sein, daß die notwendige Flüssigkeitsmenge von 2 l/Tag längere Zeit nicht getrunken wird. Nierensteine können sich ablösen und dann den Harnleiter verstopfen. Dabei entstehen heftige, krampfartige Schmerzen **(Nierenkoliken).**

Diese Stoffe (z. B. Harnstoff und Stoffwechselgifte), die bei einem gesunden Menschen von den Nieren herausgefiltert werden, verbleiben bei Jakob K. im Körper. Wenn er nicht die Möglichkeit hätte, an eine künstliche Niere angeschlossen zu werden **(Dialyse)**, müßte er nach Tagen sterben. Eine andere Möglichkeit, solchen Menschen zu helfen, ist die **Nierentransplantation** (s. Kap. 13.6).

Abb. 3.45: Vereinfachter Mittelschnitt durch eine Niere (ohne Blutgefäße). 1 Nierenkelch; 2 Nierenbecken; 3 Harnleiter; 4 Nierenkapsel; 5 Nierenpyramide; 6 Markstrahl; 7 Nierenkörperchen; 8 Nierenrinde. – Die Nierenpyramiden enthalten Teile der Harnkanälchen und die Sammelrohre. Die Nierenpyramiden bilden das Nierenmark.

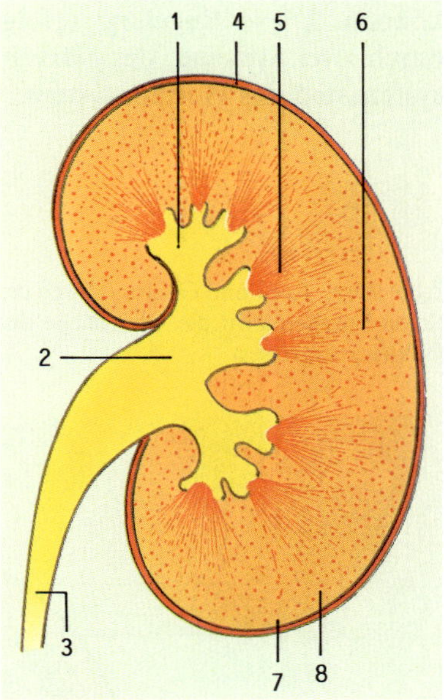

Abb. 3.46: Längsgeschnittene Niere mit aufsitzender Nebenniere einer Ratte. Die Nebenniere ist eine Hormondrüse; sie produziert z. B. Adrenalin und Noradrenalin (s. Abb. 3.63)

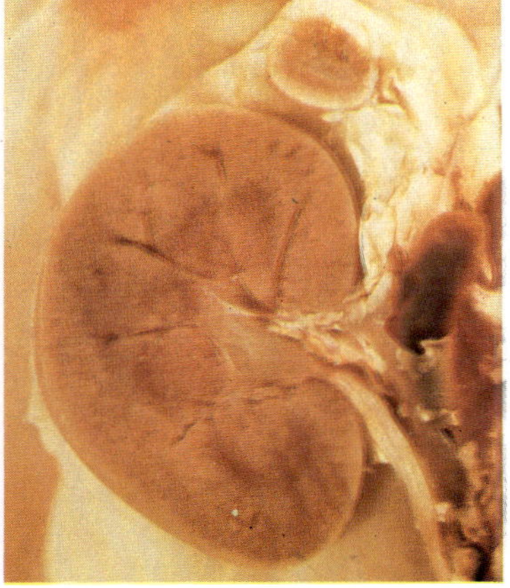

Abb. 3.47: Mikroskopischer Schnitt durch eine menschliche Niere mit Nierenkörperchen.

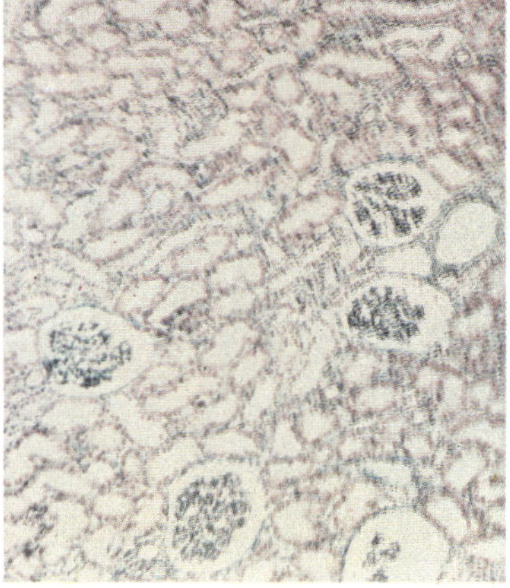

Abb. 3.48: Arbeitsweise eines Nierenkörperchens. Eine kleine Arterie bildet ein „Knäuel“ von Kapillarschlingen (1) in der Bowmanschen Kapsel (2). Aus dem Blut der Kapillarschlingen werden u. a. Wasser, Harnstoff, Kochsalz und Traubenzucker gefiltert und bilden den Primärharn. Dieser wird über die Harnkanälchen (3) zum Sammelrohr (7) geleitet. Dabei werden in den Harnkanälchen ein Teil des Wassers und der Salze sowie aller Traubenzucker rückresorbiert
4 = Arterie; 5 = Vene; 6 Henlesche Schleife

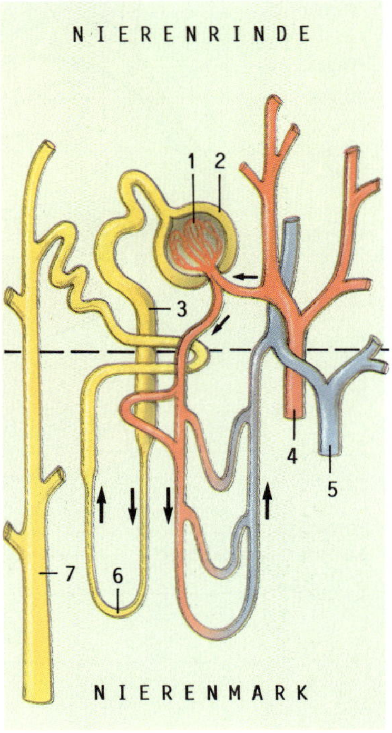

Bei der Verdauung und beim Transport von Nährstoffen arbeiten sehr viele Organe zusammen. Diese Zusammenarbeit muß geregelt werden, d. h. die Organe müssen Informationen erhalten, um ihre Tätigkeit im richtigen Zeitpunkt beginnen und beenden zu können. Diese Regelung erfolgt durch zwei Systeme, das Nervensystem und das Hormonsystem.

3.5 Das Nervensystem, ein Leitungsnetz für Nachrichten

Vor Hunderten von Millionen Jahren gab es noch keine Tiere, die ein Gehirn besaßen. Sie hatten z. B. wie das heute noch lebende Lanzettfischchen nur einen Nervenstrang, der sich am Rücken von vorn bis hinten durch den Körper zog und von dem einzelne Nerven in die verschiedenen Körperabschnitte ausgingen. Im Laufe der späteren Entwicklung gab es dann die ersten Tiere, bei denen der Nervenstrang im Kopfbereich blasenförmig verdickt war. Aus dieser Verdickung entwikkelte sich das **Gehirn.** Es wurde zu einem Zentrum der Steuerung wichtiger Körperfunktionen. Je höher eine Tiergruppe entwickelt ist, desto komplizierter ist auch ihr Gehirn gebaut. Haben die primitiven Tiere noch Gehirne mit ganz glatter Außenfläche, so besitzen die höher entwickelten Tiere Gehirne mit stärker gefurchter Oberfläche. Durch die Furchungen wird eine größere Oberfläche erzielt, ohne daß der Schädel wesentlich vergrößert sein muß.

Abb. 3.49: Kopf und Gehirn. Durch die tiefen Furchen wird die Oberfläche des Gehirns vergrößert

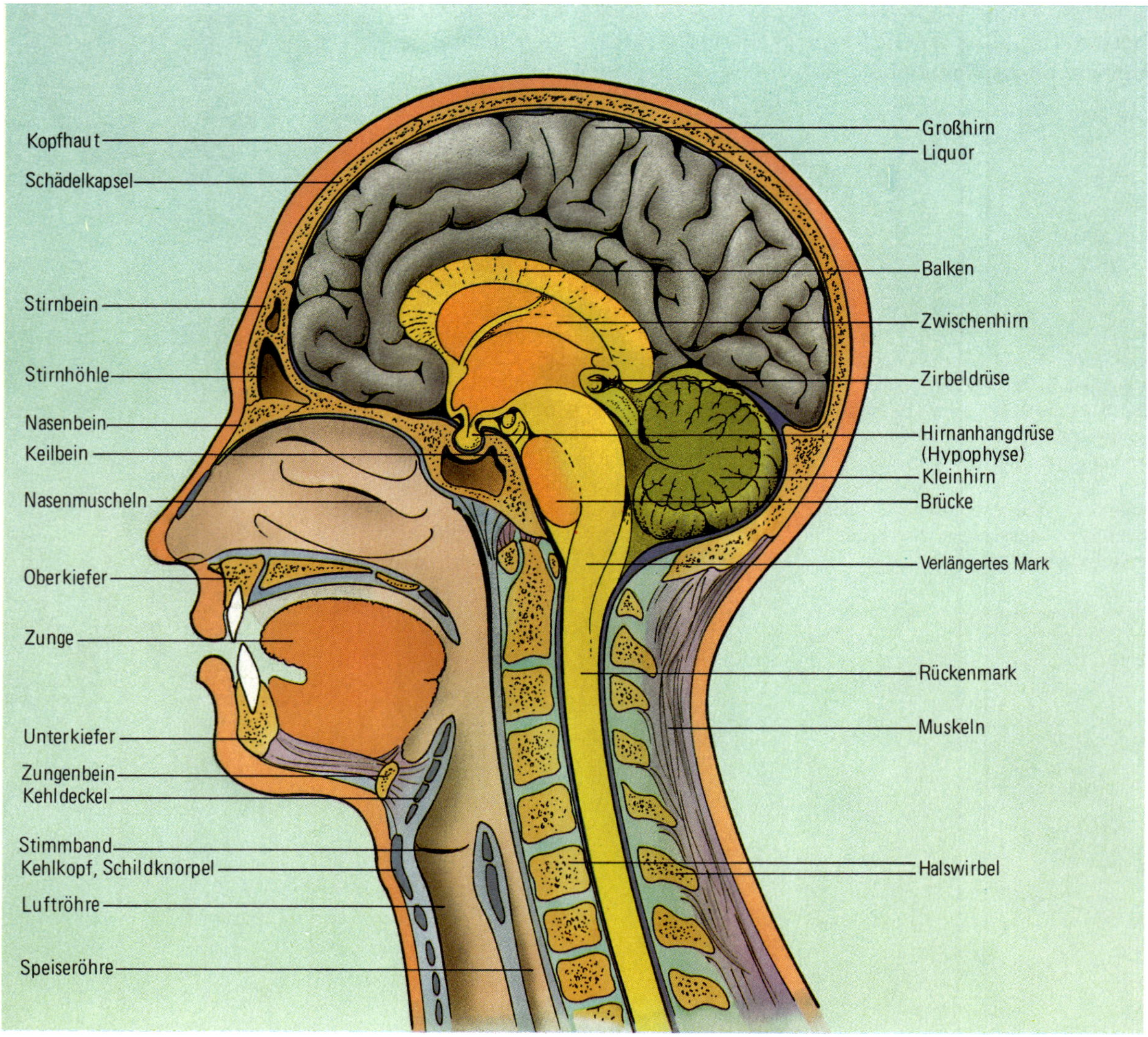

Das von allen Lebewesen am höchsten entwickelte Gehirn besitzt der Mensch. Hierbei kommt es nicht so sehr auf das Volumen oder Gewicht an, sondern auf die Anzahl der Gehirnwindungen. Wir wollen uns hier ausschließlich mit dem menschlichen Gehirn befassen.

Unser Gehirn ist in zwei gleiche Hälften geteilt. Das Schnittbild durch den Kopf zeigt uns den Blick auf eine Hälfte. Wir unterscheiden: Großhirn, Zwischenhirn, Kleinhirn, Brücke (Verbindung zwischen den beiden Kleinhirnhälften), Balken (Verbindung zwischen den beiden Großhirnhälften), Nachhirn (Verlängertes Mark), Hirnanhangdrüse und Zirbeldrüse.

Auf dem Schnitt durch das **Großhirn** (s. Abb. 3.51) sehen wir die tiefen Einkerbungen der Hirnrinde (Gehirnfalten zur Oberflächenvergrößerung). Wir erkennen aber auch, daß die **Hirnrinde** (graue Substanz genannt) anders beschaffen ist als das Innere, das Großhirnmark (weiße Substanz). In der Rinde liegen die **Nervenzellen** (Abb. 3.58), in denen alle unsere Denkprozesse ablaufen und alle Informationen unserer Sinnesorgane empfangen und gespeichert werden. In der **grauen Substanz** der Großhirnrinde des Menschen sind durchschnittlich 14 Milliarden Nervenzellen untergebracht, daher nimmt die Oberfläche des Großhirns über 200000 mm^2 ein. Von seiner Oberfläche ist nur ein Drittel von außen sichtbar, zwei Drittel liegen in den Furchen verborgen.

Die im Inneren des Großhirns gelegene **weiße Substanz,** das Mark, besteht vorwiegend aus **Nervenfasern,** die eine unvorstellbar große Zahl von Verbindungen zwischen den verschiedenen Teilen der Hirnrinde und den anderen Gehirnteilen sowie dem Rückenmark herstellen. Man schätzt die Länge der Nervenbahnen im menschlichen Gehirn auf 500000 Kilometer!

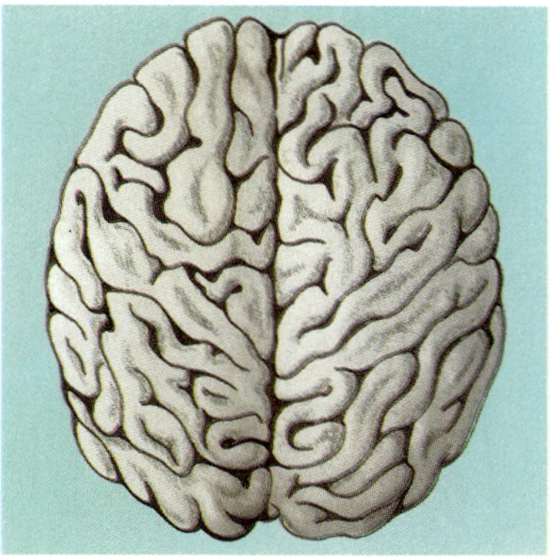

Abb. 3.50: Das Großhirn von oben

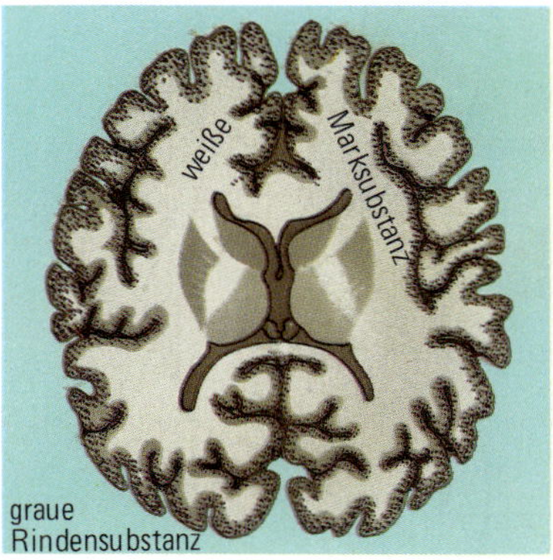

Abb. 3.51: Großhirnrinde im Schema

Abb. 3.52: Großhirnrinde des Menschen: Hirnzellen bei einem Neugeborenen a), bei einem drei Monate alten Säugling b) und einem 15 Monate alten Kind c). Vergleiche und beschreibe die Veränderungen

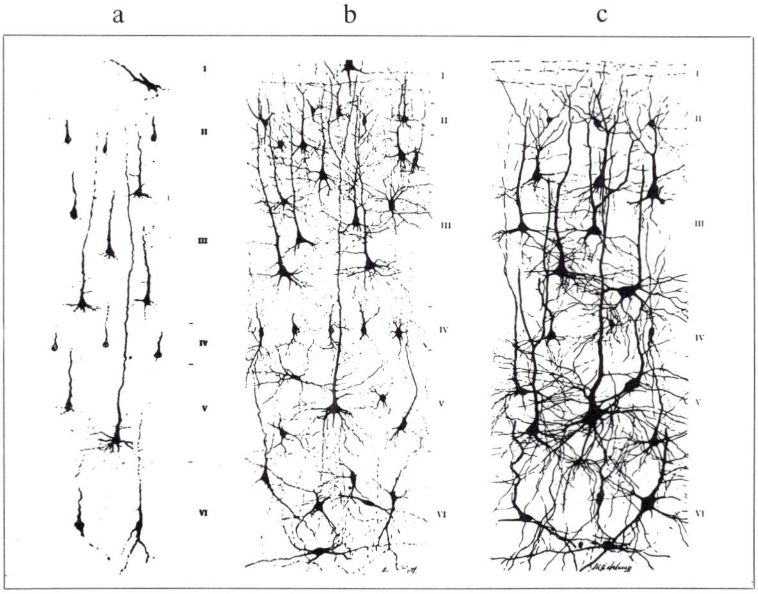

Abb. 3.53: Mikroskopisches Bild eines Schnittes durch die Großhirnrinde eines erwachsenen Menschen

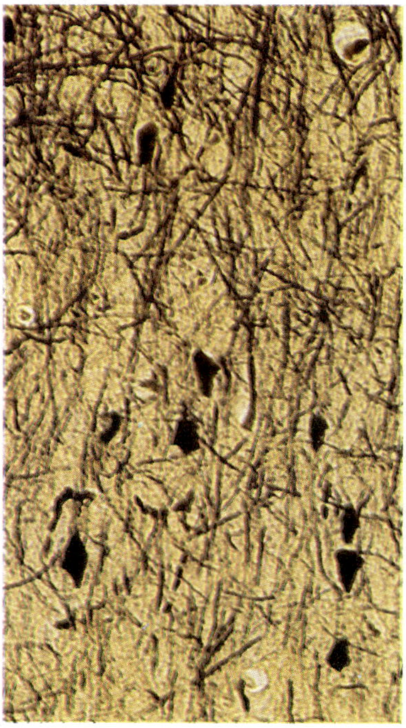

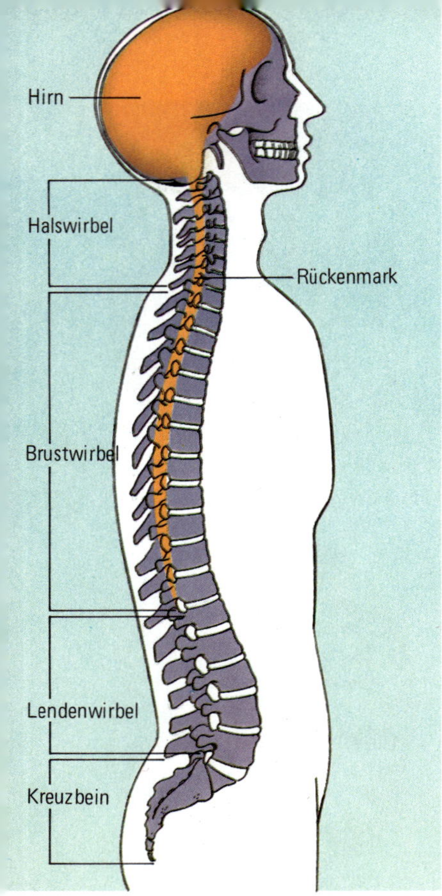

Abb. 3.54: Die Wirbelsäule schützt das Rückenmark und trägt den Kopf. Durch die Doppel-S-Form der Wirbelsäule wird das Gehirn vor Erschütterungen bei jedem Schritt bewahrt

Bei Verletzungen und Erkrankungen des Gehirns werden Ausfallerscheinungen beobachtet. Wissenschaftler fanden nach und nach heraus, welche Aufgaben die einzelnen Gehirnabschnitte erfüllen. Heute noch werden mit neuen Methoden bisher unbekannte Zentren gefunden. Auf der untenstehenden Abbildung sind die meisten der bisher bekannten Funktionen der Rindenfelder in einer **Gehirnkarte** eingetragen. Als z. B. das in der Karte mit „x“ bezeichnete Gebiet verletzt war, wurde der Patient farbenblind. Daraus konnte man schließen, daß es für das Farbensehen zuständig war. Die meisten übrigen Gehirnteile sind vorwiegend dem Großhirn untergeordnet, sie vollziehen die Anweisungen der „Zentrale“.

Das **Kleinhirn** ist das Zentrum des Gleichgewichtssinnes und der über mehrere Sinnesorgane und das Großhirn gesteuerten Muskelbewegungen. Alle fliegenden und schwimmenden Tiere müssen besonders gut balancieren können und haben daher ein verhältnismäßig großes Kleinhirn. Das **Zwischenhirn** hat zwei Abschnitte, den Thalamus und den Hypothalamus. Es ist die Schaltstelle, die alle Nachrichten über Empfindungen (z. B. Schmerz) empfängt und weiterleitet. Der Hypothalamus-Abschnitt hat einen sehr wichtigen Anhang, die **Hirnanhangdrüse** (Hypophyse): Sie erzeugt mehrere Hormone zur Steuerung der Körperhormondrüsen. Im Hypothalamus werden ganz bedeutsame Lebensvorgänge automatisch gesteuert; u. a. Körpertemperatur, Schlaf, Verdauungsvorgänge. Dieser Teil des Zwischenhirns arbeitet sehr eng mit der ihm anhängenden Drüse zusammen.

Abb. 3.55: Karte der Großhirnrinde (linke Gehirnhälfte) mit einigen Sinneszentren

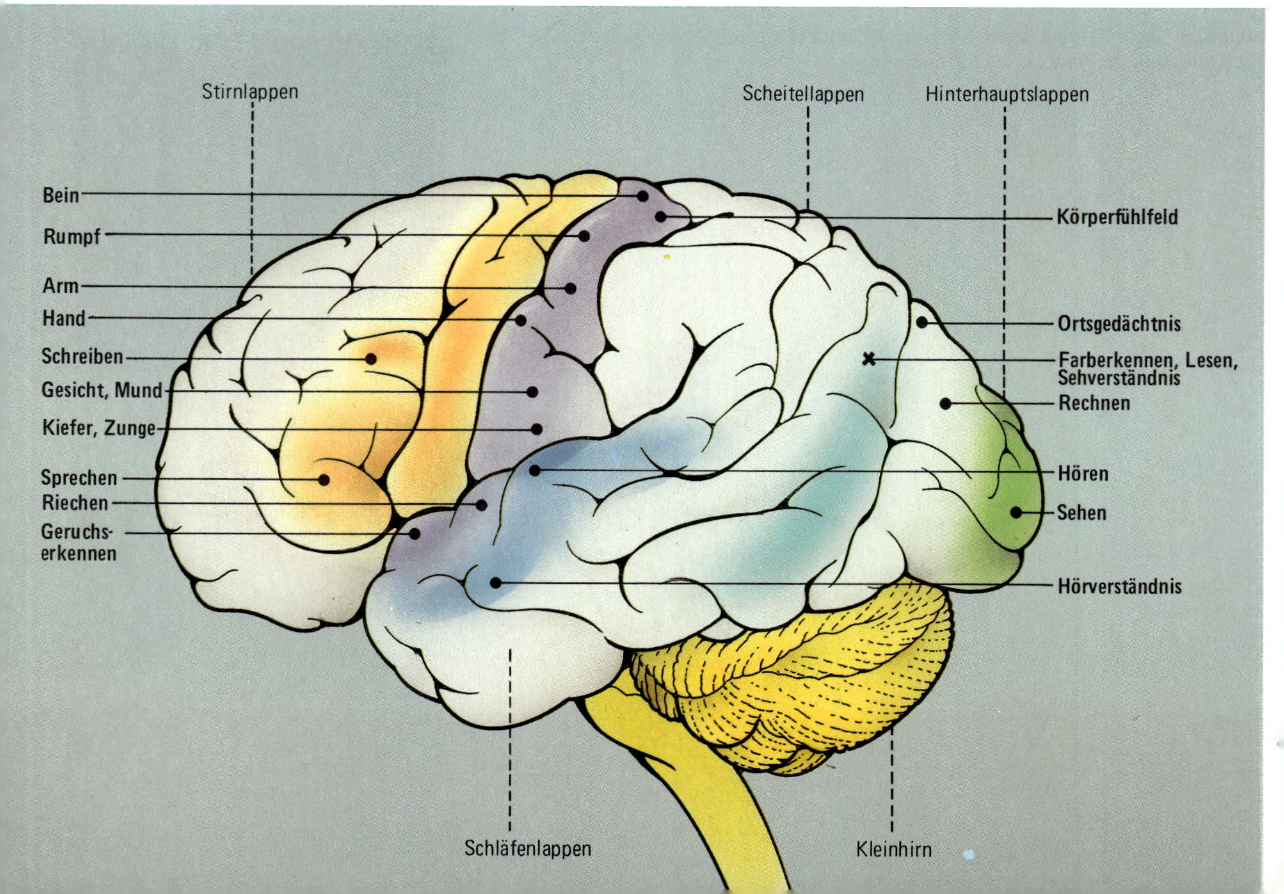

Die Zirbeldrüse – am oberen Ende des Zwischenhirns – ist bezüglich ihrer Aufgaben noch nicht vollständig erforscht, man weiß jedoch, daß sie die sexuelle Reifung beeinflußt.

Das **Nachhirn** oder **Verlängerte Mark** ist Durchgangsstelle aller Nervenbahnen vom Rückenmark zum Gehirn. Hier sitzen aber auch die lebenswichtigen Zentren für Atmung, Kreislauf, Schweißabsonderung, Speichelproduktion, Schlucken, Erbrechen u. a., die in der Regel ohne Einschaltung unseres Willens – selbsttätig – arbeiten. Wie schon erwähnt, laufen im Hirnmark, der weißen Substanz, viele Nervenbahnen der einzelnen Gehirnteile durch und verbinden sie miteinander. Besonders die Abschnitte der Gehirnrinde, die für die verschiedensten Aufgaben unseres Denkens und der Empfindungen zuständig sind. Wenn alle diese Verbindungen miteinander Kontakt aufnehmen können, funktioniert unser Verstand.

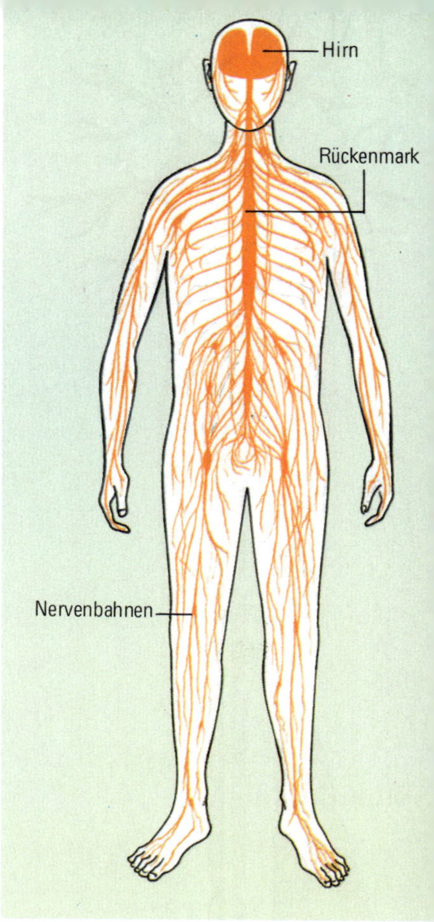

Abb. 3.56: Schema des peripheren Nervensystems von hinten

Unser Gehirn ist – wie auch das Rückenmark – in eine Flüssigkeit eingebettet, die es vor Erschütterungen schützt. Das **Gehirnwasser,** der Liquor, das mit der Rückenmarkflüssigkeit Verbindung hat, bildet ein weiches Wasserkissen für das hochempfindliche, weiche Organ. Dieser Schutz ist besonders wichtig, weil sich Nervenzellen nicht erneuern können. Die feste Schädeldecke allein würde bei einem festen Stoß oder bei einem Sturz keinen ausreichenden Schutz bieten. Eine Vermeidung von Erschütterungen garantieren auch die Federung des Kopfes durch die doppelte S-Form der Wirbelsäule und die Wölbung des Fußes. Menschen mit Plattfuß oder mit zu gerader Wirbelsäule leiden häufig unter Kopfschmerzen, da sie bei jedem Schritt kleine Erschütterungen des Gehirns erleiden.

Um die Funktionen unseres **Nervensystems** zu verstehen, wollen wir an einem Beispiel verfolgen, wie eine willentliche Handlung abläuft: Du beobachtest, wie eine Apfelsine vom Tisch fällt, und willst sie aufheben. Die Sinneszellen deines Auges nehmen das Herabfallen der Apfelsine wahr. Diese Information wird über Nervenbahnen an das zuständige Hirnrindenzentrum im Hinterkopf weitergegeben. Von hier wird der Vorfall durch mehrere Schaltungen an andere Hirnzentren gemeldet. Motorische Zentren des Gehirns signalisieren über Zwischenschaltungen des Rückenmarks an die entsprechenden Muskeln den Befehl, sich zusammenzuziehen. Die Apfelsine wird aufgehoben.

Abb. 3.57: Vom Reiz zur Reaktion

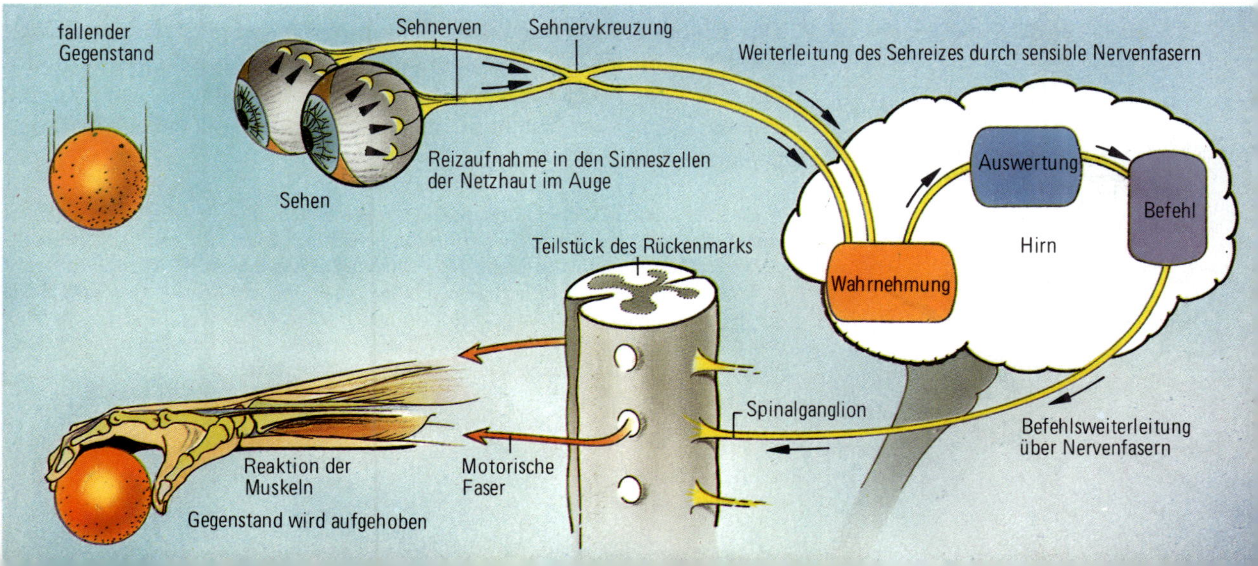

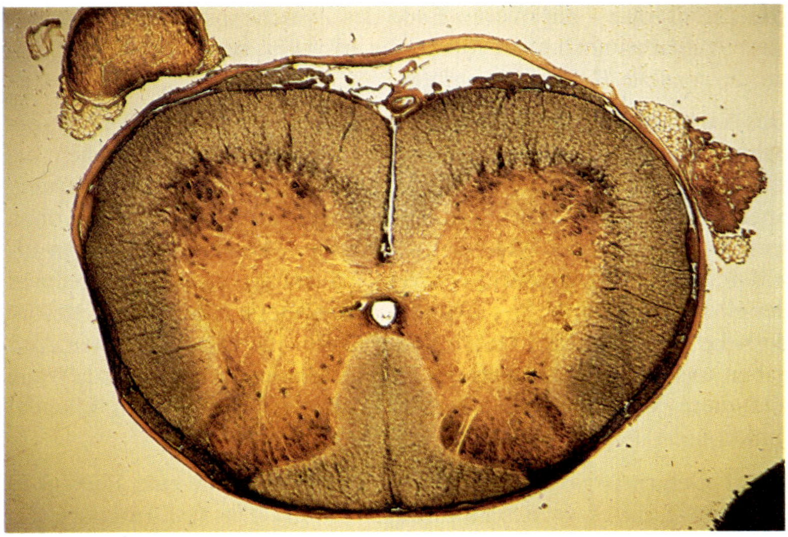

Abb. 3.58: Bild eines Schnittes durch das Rückenmark. Die einzelnen Bereiche des Rückenmarks sind durch Farbstoffe nachträglich gefärbt

Viele **Nervenzellen,** die Informationen ans Gehirn weiterleiten oder einen Befehl des Gehirns an einen Muskel signalisieren, haben bis zu einem Meter lange Fasern (Abb. 3.59), die an ihren Enden jeweils viele Kontakte zu anderen Nervenzellen besitzen (Dendriten). So werden vor allem im Gehirn vielfältige Verbindungen zu anderen Rindenzentren hergestellt, wodurch wiederum weitere Schaltungen zustandekommen können. Mit ihrer Hilfe sind komplizierte Denkvorgänge möglich.

Steuerung der inneren Körpervorgänge

Die hier beschriebenen Handlungen werden vom **willkürlichen Nervensystem** gesteuert. Dabei sind Teile des Gehirns, des Rückenmarks und Nervenfasern beteiligt. Alle anderen inneren Organe wie Herz, Blutgefäße, Magen, Darm, Nieren, Drüsen, können wir in ihrer Tätigkeit nicht so direkt mit dem Willen beeinflussen. Sie werden vom **unwillkürlichen Nervensystem** gesteuert. Es wird auch als Eingeweidenervensystem bezeichnet. Über das Rückenmark steht es mit dem Gehirn in Verbindung, so daß es über Nervenverbindungen auch von hier aus beeinflußt werden kann. So kommen Meldungen z. B. vom Magen über Sinneszellen zum Gehirn. Hier – vorwiegend im Zwischenhirn (s. Seite 42) – werden die Informationen über die Tätigkeit des Magens aufgenommen, gespeichert und beantwortet.

Das **Eingeweidenervensystem** ist in zwei Nervengruppen geteilt: das **sympathische** und das **parasympathische Nervensystem** (Abb. 3.60). Die mit dem Eingeweidenervensystem verbundenen Organe werden fast alle von beiden Systemen – auch Sympathikus und Parasympathikus genannt – versorgt.

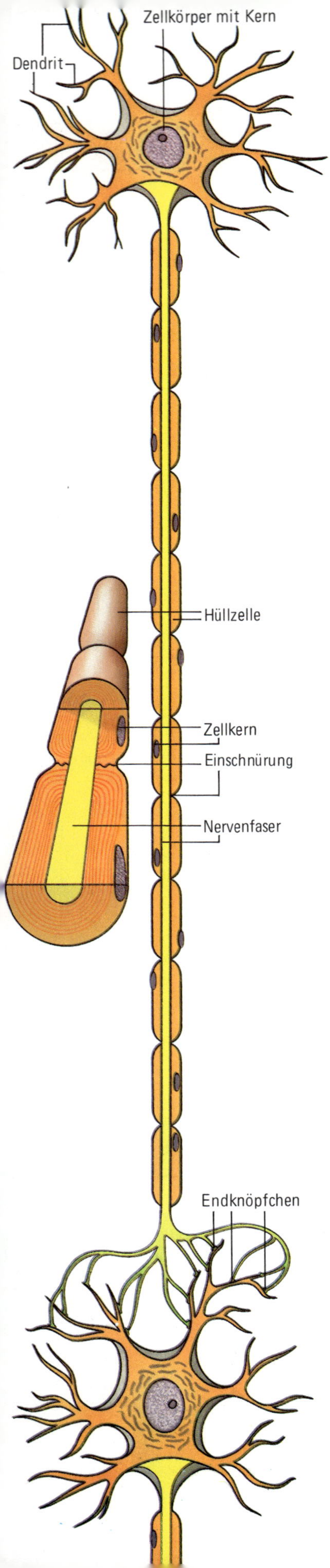

Abb. 3.59: Zwei in Verbindung stehende Nervenzellen. Jede Nervenzelle besteht aus dem Zellkörper, meist mit Zellkern, zahlreichen Dendriten, die mit der Sinneszelle oder den Muskeln die Verbindung herstellen und einem langen Neuriten. Der Neurit ist in Markscheiden zur Isolation eingehüllt. An einigen Stellen ist die Markscheide durch die Ranvierschen Ringe Schnürringe unterbrochen. Der Neurit stellt über mehreren Synapsen (s. S. 136, Abb. 8.17) die Verbindung zum Dendriten der nächsten Nervenzelle her. Der Neurit kann mehr als ein Meter lang sein

Wirkung des Sympathikus	Eingeweideorgane	Wirkung des Parasympathikus
Zahl der Herzschläge pro Minute erhöht	Herz	Zahl der Herzschläge pro Minute gesenkt
Zahl der Atemzüge pro Minute erhöht	Lunge	Zahl der Atemzüge pro Minute gesenkt
Tätigkeit angeregt	Magen und Dünndarm	Tätigkeit gehemmt
Speichelfluß gehemmt	Speicheldrüsen	Speichelfluß angeregt
Absonderung gehemmt (klebriger Schweiß)	Schweißdrüsen	Absonderung angeregt (dünnflüssiger Schweiß)
Harnbildung gehemmt	Nieren	Harnbildung gefördert
erweitert	Augenpupille	verengt
Adrenalinausschüttung angeregt	Nebennierenmark	Adrenalinausschüttung gehemmt
Schwellkörper erschlafft	Geschlechtsorgane	Schwellkörper gefüllt
Schließmuskel kontrahiert	Harnblase	Schließmuskel erschlafft (Harnabgabe)

Tabelle 3.10: Die Wirkung des vegetativen Nervensystems

In welcher Weise wirken diese beiden Systeme auf die einzelnen Organe? Sie sind in jedem Fall zueinander Gegenspieler: bewirkt z.B. der Sympathikus bei einer körperlichen Anstrengung die Beschleunigung des Herzschlags und die Erhöhung des Blutdrucks, so wirkt der Parasympathikus im Ruhezustand des Körpers dämpfend auf die Herztätigkeit, und er senkt auch den Blutdruck. Andererseits dämpft der Sympathikus z.B. beim Wettlauf die Arbeit der Verdauungsorgane. Nach dieser körperlichen Anstrengung regt der Parasympathikus die Magen- und Darmtätigkeit an und sorgt somit für den Ersatz der verbrauchten Nährstoffe. In der Tabelle 3.9 sind Beispiele für die unterschiedlichen Wirkungsweisen der beiden Nervengruppen, des **vegetativen Nervensystems,** nebeneinandergestellt.

Unser „seelischer Zustand" hängt weitgehend vom vegetativen Nervensystem ab: durch seine Verbindungen mit dem „Gefühlszentrum" kann es unsere Stimmung sehr stark beeinflussen. So sind wir z.B. schlecht gelaunt, wenn unser Magen rebelliert; haben wir Ärger, „schlägt es uns auf den Magen", d.h. er arbeitet schlecht, was wiederum auf die Laune schlägt usw.

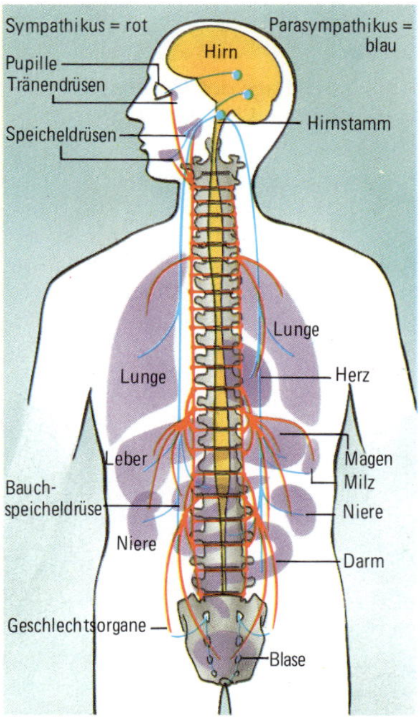

Abb. 3.60: Das vegetative Nervensystem. Der Sympathikus ist rot, der Parasympathikus blau gezeichnet. In der Mitte des Körpers ist in einem dichten Geflecht eine Verknüpfung der Eingeweidenerven des Parasympathikus erfolgt

3.6 Hormone, Regelung innerer Organe

Wie wir bereits wissen, besteht der menschliche Körper aus sehr verschiedenartigen Zellen: Muskelzellen, Blutzellen, Nervenzellen usw. Im Kapitel „Verdauung" haben wir Drüsen kennengelernt, die verschiedene Verdauungssäfte erzeugen, es sind die Verdauungsdrüsen. Sie zählt man zu einer größeren Gruppe von Drüsen, die ihre Produkte (Sekrete) nach „außen" absondern; Tränen-, Nasenschleim-, Ohrschmalz-, Milch-, Schweißdrüsen u.a. gehören zu dieser Gruppe. Der gesamte Verdauungskanal des Körpers wird – als Durchgang durch den Körper – zu „Außen" gezählt. Man spricht von **Drüsen äußerer Sekretion.**

Im Gegensatz dazu gibt es Drüsen, deren Zellen ihre Produkte in den Blutkreislauf abgeben. Sie werden als **Drüsen innerer Sekretion** bezeich-

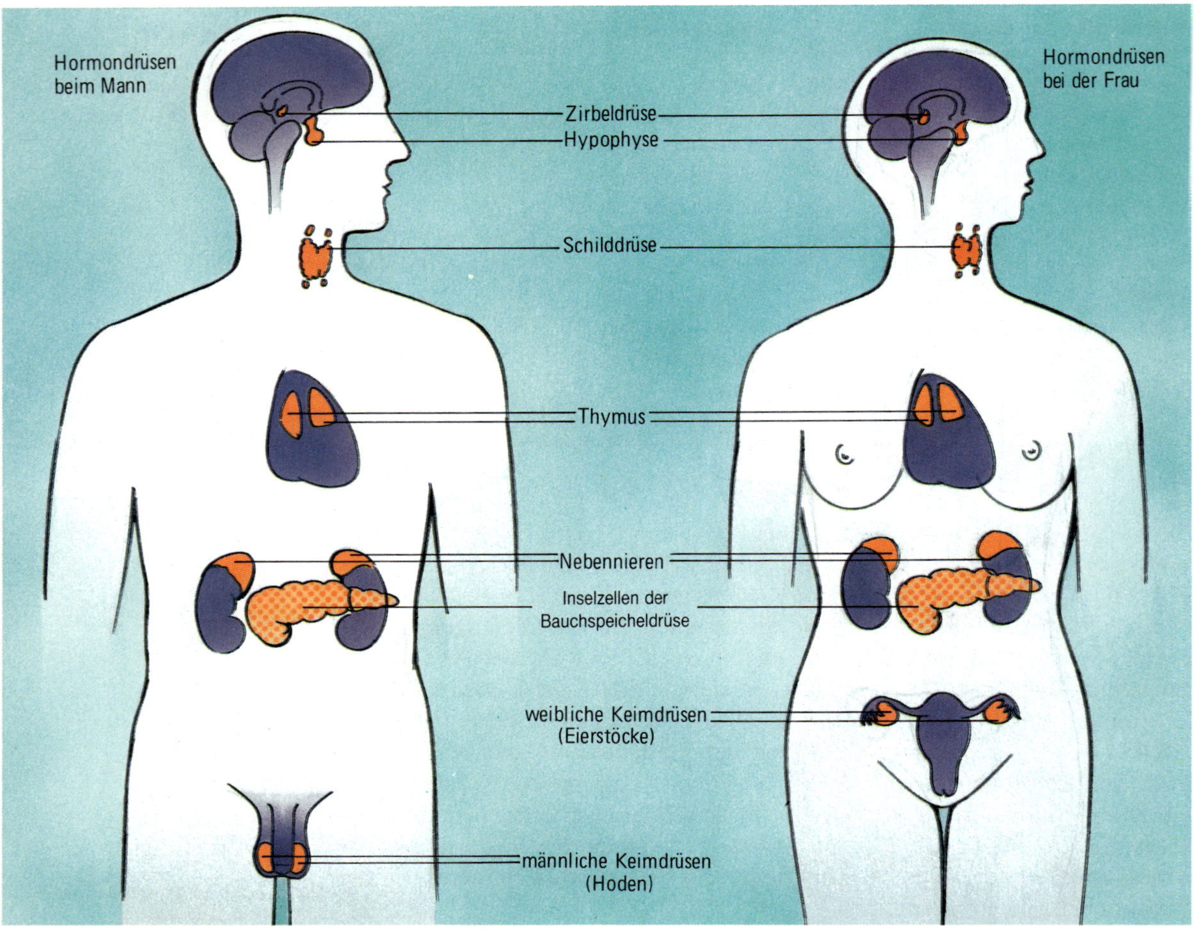

Abb. 3.61: Lage der Hormondrüsen beim Mann und bei der Frau

Abb. 3.62: Regulation des Blutzuckers (vereinfacht); links Erhöhung des Blutzuckers, rechts Senkung des Blutzuckers

net. Ihre Sekrete werden vom Blut an die Stellen des Körpers transportiert, wo sie schon in geringen Mengen ihre Wirkung ausüben können. Die Sekrete der Drüsen nennt man Botenstoffe oder **Hormone** (von griech. hormao: ich treibe an, ich errege). In der obenstehenden Zeichnung findest du eine Übersicht über die Hormondrüsen und ihre Lage im Körper. Das Hormonsystem stellt – neben dem Nervensystem – ein zweites Steuerungssystem dar. Im Nervensystem werden Informationen, wie im Telefonnetz, von bestimmten Sendern (Gehirnzentren,

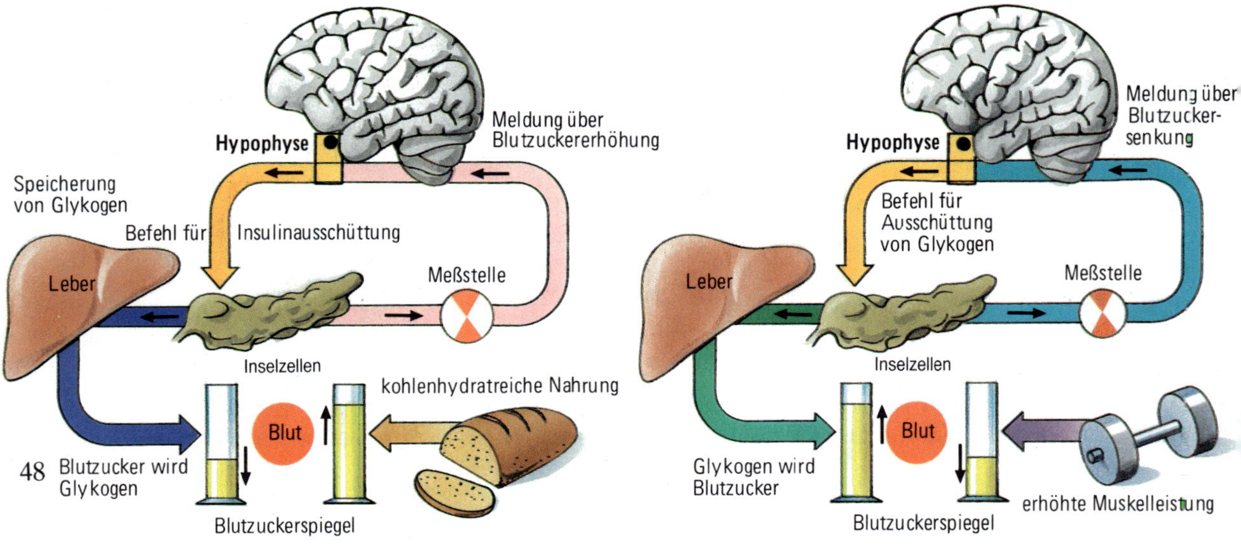

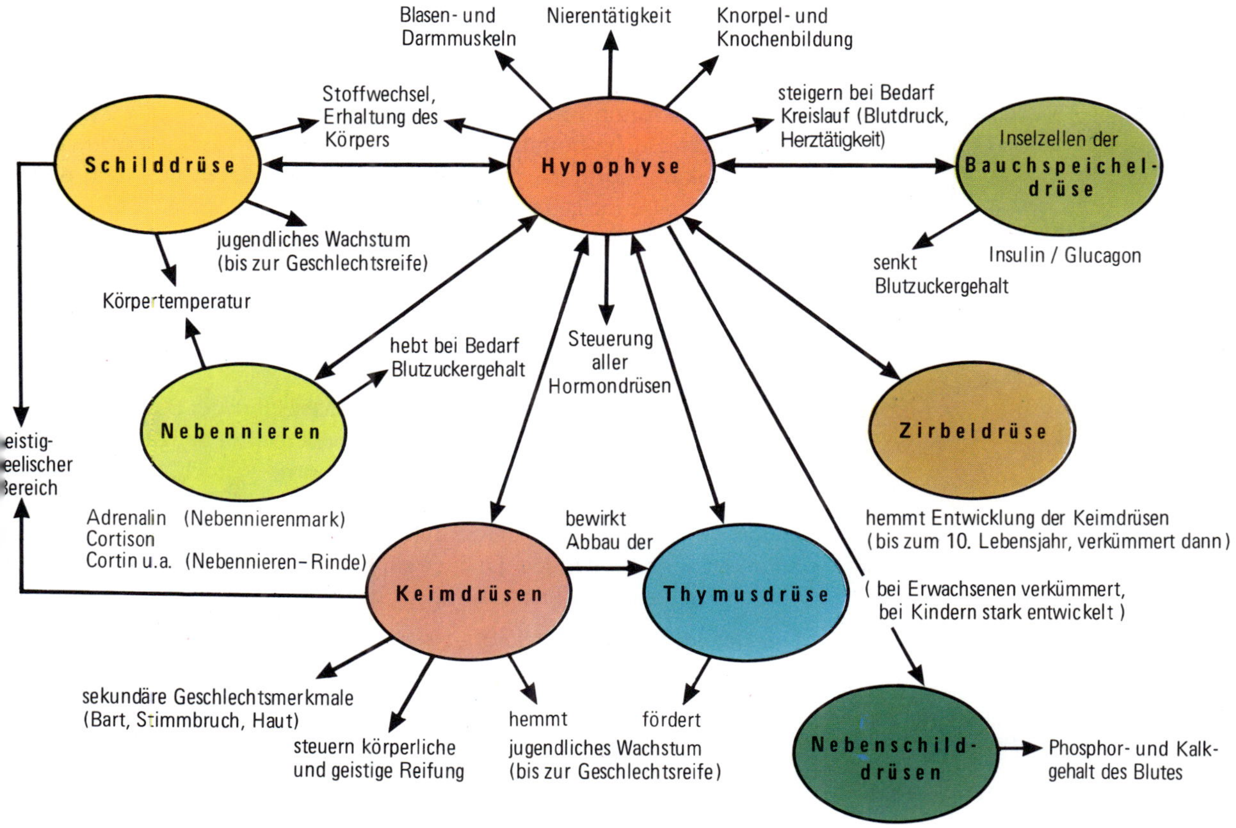

Abb. 3.63: Das Zusammenspiel einiger wichtiger Hormone
⟷ Wirkung und Rückwirkung zwischen Hypophyse und Hormondrüsen
→ Einwirkung des Hormons auf . . .

Muskeln) an bestimmte Empfänger (Muskeln, Gehirnzellen) sehr schnell übermittelt. Auch im Hormonsystem werden von bestimmten Sendern (Hormondrüsen) Informationen im gesamten Körper ausgesendet, vergleichbar mit den Rundfunksendern, die ihre Programme im Sendegebiet ausstrahlen. Empfänger können diese Informationen nur dann erhalten, wenn sie über den richtigen Kanal verfügen. So wirken die Hormone auch nur auf die Organe, die ihre Informationen empfangen können. Die Wirkstoffe der einzelnen Hormondrüsen haben meist auch einen Gegenspieler: Sekrete anderer Hormondrüsen. Wir wollen an zwei Beispielen verfolgen, wie dieses System der gegeneinander wirkenden Hormone automatisch geregelt wird. Wenn ein Mensch größere Muskelarbeit verrichtet, muß für die Energieerzeugung sehr viel Zucker zur Verfügung stehen. Ist durch den erhöhten Verbrauch in der Muskulatur die im Blut vorhandene Zuckermenge zu gering geworden, spricht man von einem zu niedrigen Zuckerspiegel. Er wird wieder erhöht, wenn das Hormon **Adrenalin** ins Blut ausgeschüttet wird. Zusammen mit einem anderen Hormon, dem **Glukagon,** bewirkt es die Abgabe von Zucker aus der Leber sowie die Umwandlung von gespeichertem Fett in Zucker. Während Adrenalin im Nebennierenmark gebildet wird, kommt Glukagon aus den **Inselzellen der Bauchspeicheldrüse.** Ist der Blutzuckerspiegel zu hoch, wird aus den Inselzellen das Hormon **Insulin** ins Blut abgegeben, und die Leber beginnt den zuviel gegessenen Zucker zu speichern oder in Fett umzuwandeln. Woher

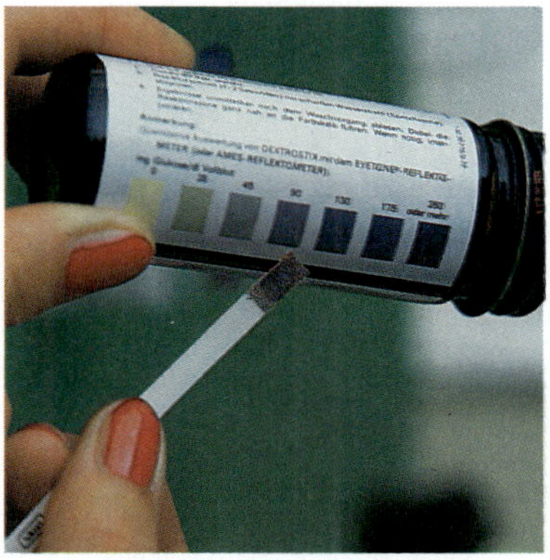

Abb. 3.64: Teststreifen zur Bestimmung des Harnzuckers. Gelb verfärbt sich nach Grün in Abhängigkeit vom Zuckergehalt
In der Apotheke kannst du dir einen Teststreifen kaufen und selbst kontrollieren, ob du an der **Zuckerkrankheit** leidest: Wenn er sich im Urin verfärbt, mußt du den Arzt aufsuchen. (Vergleiche S. 50)

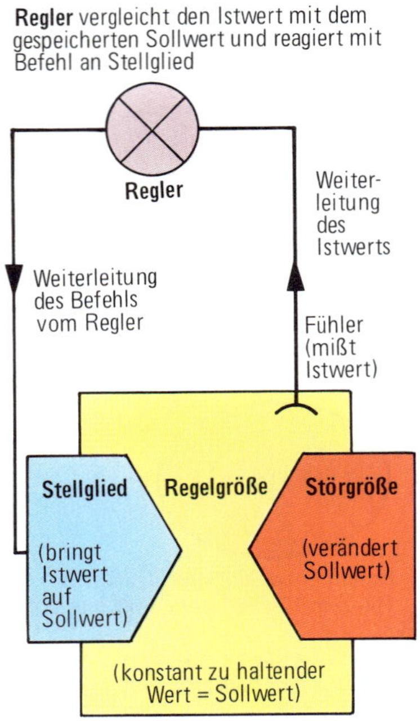

Abb. 3.65: Man kann die Regelung des Blutzuckerspiegels als **Regelkreis** (Schaltbild aus der Regeltechnik) darstellen.
Die **Regelgröße** ist die Menge des im Blut gelösten Traubenzuckers (im Normalfall 80–100 mg pro 100 ml Blut = **Sollwert**).
Zellen in der Bauchspeicheldrüse, **Fühler,** messen laufend den Traubenzuckergehalt des Blutes und melden diese Werte, **Istwerte,** an die Hypophyse (Regler).
Im Regler wird der Istwert mit dem Sollwert verglichen. Das Ergebnis (Differenz zwischen Soll und Ist) wird an die Stellglieder weitergegeben und löst dort Regelvorgänge aus.
Stellglieder haben die Aufgabe, den Istwert auf die Höhe des Sollwerts zu bringen. Bei der Blutzuckerregelung sind es Hormondrüsen:
Inselzellen der Bauchspeicheldrüse (Insulin, Glukagon), Nebennierenmark (Adrenalin).
Jeder Einfluß auf die Regelgröße wird als **Störgröße** bezeichnet, z. B. **eine kohlenhydratreiche Mahlzeit oder Muskelarbeit**

erhalten diese Hormondrüsen ihre Information über den jeweiligen Stand des Zuckerspiegels? Die Hirnanhangdrüse als übergeordnetes Organ der Hormondrüsen ist der Regler: sie sendet das entsprechende Anregungshormon an die zuständige Drüse, die dann ihr Hormon ausschüttet. Bei bestimmten Hormonen kann die Hirnanhangdrüse aber auch Lenkungshormone produzieren, die aus anderen Gründen nötig sind. So wird sie die Nebenniere zur Bildung von Adrenalin veranlassen, wenn dem betreffenden Menschen eine körperliche Anstrengung bevorsteht. Vor einem Wettkampf z. B. gibt das Gehirn Alarm. Es erteilt dem Zwischenhirn die Anweisung, ein entsprechendes Hormon an die Hirnanhangdrüse zu liefern, sendet dann ihren Botenstoff an das Nebennierenmark, wo Adrenalin produziert wird.

Bei manchen Menschen funktionieren die Inselzellen der Bauchspeicheldrüse nicht ausreichend. Diese Menschen leiden unter der **Zuckerkrankheit.** In ihrem Blut ist der Zuckerspiegel dauernd so hoch, daß sich auch im Urin Zucker befindet. Die Kranken sind nicht leistungsfähig und leiden unter verschiedenen Störungen. Mit einer für den einzelnen Kranken aufzustellenden Diät (wenig Kohlenhydrate und Fett), im Notfall mit täglichen Insulinspritzen, kann geholfen werden.

Die Schilddrüse liegt links und rechts neben dem Schildknorpel der oberen Luftröhre. Sie beeinflußt mit ihrem Hormon **Thyroxin** den gesamten Stoffwechsel. Wenn jemand an der **Basedowschen Krankheit** leidet, ist seine Schilddrüse durch zu hohe Thyroxinproduktion stark vergrößert (Kropf), seine Augen treten hervor (Glanzaugen), der Herzschlag ist stark erhöht, die Verdauung ist beschleunigt (Durchfall), der Mensch ist sehr unruhig, nervös, und er verliert an Körpergewicht. Wenn Medikamente nicht ausreichend wirken, muß durch eine Operation ein Teil des Drüsengewebes entfernt werden.

Bei einer nicht ausreichend funktionierenden Schilddrüse sind umgekehrte Anzeichen zu beobachten: der Kranke ist träge, immer müde und leidet an Verstopfung. Im Kindesalter ist dementsprechend das Wachstum gehemmt, und es kann zu Schwachsinn kommen (Kretinismus). In ärztlicher Behandlung erhalten die Patienten ständig das Hormon Thyroxin, und man merkt ihnen dann keine Krankheitserscheinungen mehr an.

Die **Keimdrüsen** haben sowohl bei der Frau als auch beim Mann eine doppelte Funktion. Neben den weiblichen und männlichen Hormonen erzeugen sie auch – als Drüsen äußerer Sekretion – die Geschlechtszellen: in den **Eierstöcken** der Frau entstehen die Eizellen; in den **Hoden** des Mannes werden die Samenzellen (Spermien) erzeugt. Wie im Kapitel 4 näher ausgeführt, werden im Eierstock und in den Hoden aber auch Hormone gebildet (innere Sekretion). Diese Hormondrüsen werden – wie auch andere – von der Hirnanhangdrüse gesteuert. Sie erfüllen daneben im gesamten Stoffwechsel wichtige Aufgaben. Auf komplizierte Weise spielen sie mit anderen Drüsen des Hormonsystems sowie auch mit dem Nervensystem zusammen und tragen so zum Wohlbefinden und zum allgemeinen Verhalten des Menschen entscheidend bei.

3.7 Bewegung – ein Zusammenspiel von Skelett und Muskeln

Unser Skelett besteht aus etwa 245 Knochen. Ganz genau ist die Anzahl deshalb nicht festzustellen, weil manche mehr oder weniger miteinander verwachsen sind. Der kleinste Knochen ist der „Steigbügel“ im Mittelohr mit 3 mm Länge (Gewicht 0,2 g), der größte der bis zu 50 cm lange Oberschenkelknochen (200 g). Insgesamt sind unsere Knochen erstaunlich leicht und kräftig zugleich. Bei einem Körpergewicht von 70 kg wiegen die Knochen nur ca. 14 kg. Der Grund für das verhältnismäßig geringe Gewicht ist, daß z. B. die Knochen.der Arme und Beine hohl sind.

Bei der Form gibt es große Unterschiede. Die **platten Knochen,** die die **Schädel**kapsel bilden, sind unregelmäßig geformt und durch Knochennähte miteinander verbunden. Die **Rippen** umschließen als **flache Knochen** den Brustraum. Die langen **Arm- und Beinknochen** sind **röhrenförmig** hohl. Die **Wirbelknochen** lassen sich keiner der Gruppen zuordnen.

Das Skelett gibt unserem Körper die Form, stützt und schützt ihn. Die **Schädelknochen** bilden eine feste Kapsel um das lebenswichtige Gehirn. Die **Rippen** legen sich wie Faßringe um den Oberkörper und schützen Herz, Lungen, Leber, Milz vor Verletzungen. Trotz seiner Festigkeit ist der **Brustkorb** elastisch und beweglich. Bei jedem Atemzug wird er erweitert und beim Ausatmen wieder verkleinert (s. S. 38). Diese Bewegungen werden ermöglicht durch die knorpelige Befestigung der Rippen am **Brustbein** und ihre bewegliche Verbindung mit der Wirbelsäule. Sie bildet im wörtlichen Sinn das „Rückgrat“ des Körpers. Mit ihren 32 Wirbeln und den Bandscheiben bildet sie eine doppel-S-förmige Achse, die den Kopf trägt und Schulter- und Beckenknochen stützt. Besonders beweglich ist sie im Bereich des Halses und unter dem Brustkorb im Lendenbereich. Der unterste Abschnitt mit dem aus mehreren Wirbeln verwachsenen Kreuzbein ist starr. Zu der tragenden Funktion der Wirbelsäule kommt hinzu, daß sie das in ihrem Inneren verlaufende empfindliche Rückenmark schützt.

Der **Beckengürtel** besteht aus plattförmigen, miteinander verwachsenen Knochen, die eine Schale für die Bauchorgane bilden. Außerdem ist er die Verbindung zwischen Rumpf und Beinen im Hüftgelenk. Die Knochen der **Arme** und **Beine** (Gliedmaßen) sind lang und besonders kräftig, denn sie müssen auch Lasten tragen können. Ein Schienbein vermag z. B. ein Gewicht von eineinhalb Tonnen zu tragen, also ein Vielfaches von dem, was im Normalfall erforderlich ist. Der Arm (das Bein) besteht aus 30 Einzelknochen. Von diesen 30 Knochen befinden sich 27 in den Händen. Die Hände sind die beweglichsten Teile unseres Körpers und in ihrer Vielseitigkeit einzigartige Werkzeuge.

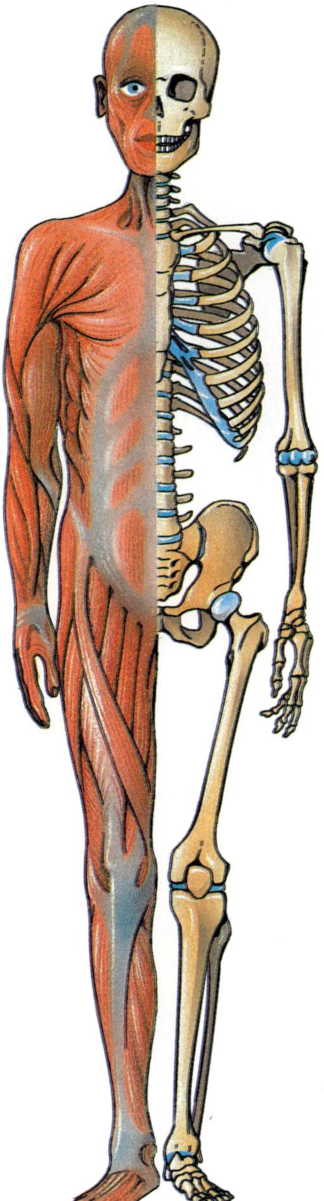

Abb. 3.66: Skelett mit Muskulatur

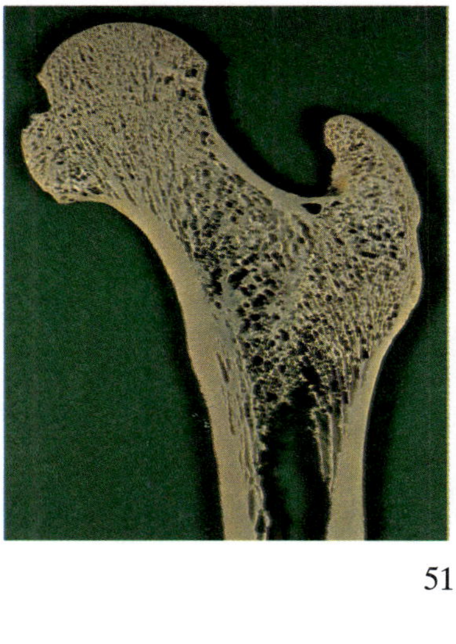

Abb. 3.67: Längsschnitt durch Röhrenknochen (Oberschenkelknochen). Anstelle massiver Knochensubstanz findet sich im Bereich des Gelenkkopfes eine Trägerkonstruktion aus Knochenbälkchen. Diese überträgt die Druckbelastung sehr wirkungsvoll auf die Röhrenform des Knochens

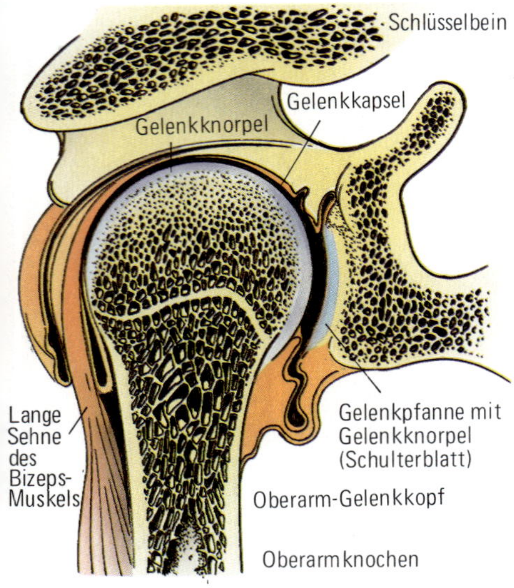

Abb. 3.68: Längsschnitt durch das rechte Schultergelenk, das beweglichste Kugelgelenk. Die besonders flache Gelenkpfanne ist deutlich zu sehen

Ein typisches Beispiel für einen langen Röhrenknochen ist der Oberschenkelknochen. An einem aufgesägten Knochen kann man den Feinbau gut erkennen. Der **Gelenkkopf** sieht innen schwammig aus, feine **Knochenbälkchen** durchziehen ihn in einer ganz auffallenden Weise. Die Räume zwischen den Knochenbälkchen sowie der Innenraum der eigentlichen Röhre enthalten **Knochenmark**. Bei Kindern ist es rot gefärbt und bildet verschiedene Blutzellen: Blutplättchen, weiße, vor allem aber rote Blutkörperchen. Dieser Bereich des Knochenmarks wird in zunehmendem Alter durch Fetteinlagerungen gelb. Die Blutzellen werden dann im roten Knochenmark vor allem dem der platten Knochen (Schulterblatt, Becken, Brustbein) und in den Gelenkköpfen der Röhrenknochen gebildet (s. Abb. 3.18).

Jeder Knochen ist von einer gut durchbluteten, sehr empfindlichen **Knochenhaut** umgeben. Ausgenommen sind die **Gelenkköpfe**, die von elastischem, glattem **Gelenkknorpel** überzogen sind. Dieser mindert die Stöße beim Gehen und Springen und verringert die Reibung zwischen den Gelenkflächen. Noch reibungsloser werden die Bewegungen durch die **Gelenkschmiere,** die wie Schmieröl wirkt. Zusammengehalten werden die Knochen eines Gelenkes durch feste **Bänder.** Das Gelenk ist noch umgeben von einer **Gelenkkapsel,** von der auch die Gelenkschmiere gebildet wird. Durch die Kapsel wird verhindert, daß der Knochen aus dem Gelenk herausspringt. Ab und zu geschieht es aber doch. Besonders anfällig dafür ist das Schultergelenk, auf das etwa 80% aller Verrenkungen und Verstauchungen entfallen. Das hängt vor allem damit zusammen, daß die besonders große Beweglichkeit des Armes durch die ganze flache Gelenkpfanne am Schulterblatt ermöglicht wird.

Wir haben erfahren, wie die Knochen unserem Körper Halt geben, ihn stützen und auch die Organe schützen. Die Bewegung in den Gelenken wird jedoch erst möglich durch das Zusammenspiel von Knochen, Muskeln und Nerven. Die Fähigkeit der Muskeln, sich zusammenzuziehen, macht aus dem nur passiv beweglichen Skelett einen vielseitig aktiv beweglichen Menschen.

Mehr als 600 verschiedene **Skelettmuskeln** ermöglichen es, daß wir gehen und stehen, den Kopf drehen, die Augen schließen und mit den Händen greifen können. Auch zu erstaunlich komplizierten Bewegungsabläufen sind wir fähig, wenn man z.B. an sportliche Leistungen oder auch an handwerkliche und künstlerische Fingerfertigkeit denkt.

Skelettmuskeln sind „Pakete“ aus vielen Muskelfasern, die sich auf Befehl verkürzen können. Kein Mensch könnte sich vor Gericht herausreden, sein Finger habe sich am Abzug seiner Pistole von selbst gekrümmt. Skelettmuskeln sind **dem Willen unterworfen.** Untersucht man sie unter dem Mikroskop, fällt eine **Querstreifung** der Zellen auf (Abb. 3.72).

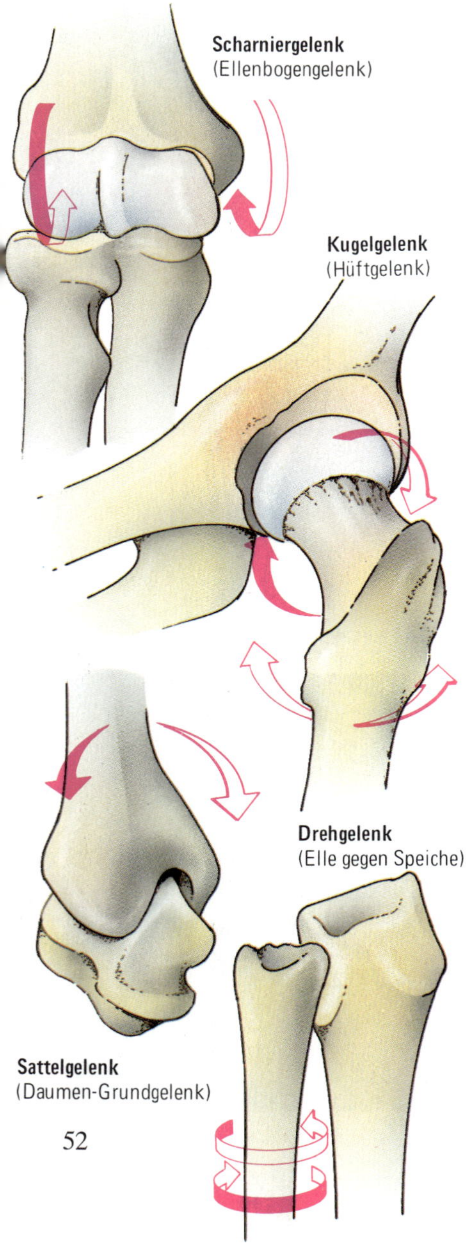

Abb. 3.69: Vier wichtige Gelenkformen. Sie unterscheiden sich in Aufbau und Beweglichkeit

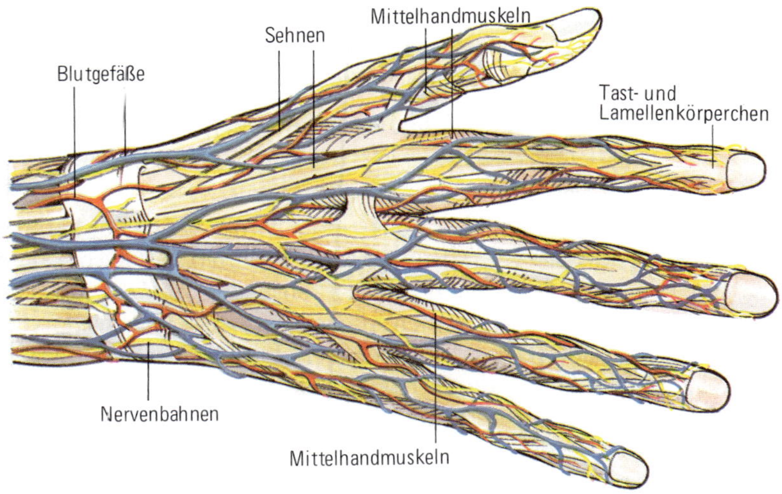

Abb. 3.70: Hand mit Sehnen und Bändern (ohne Sehnenscheiden und Haut)

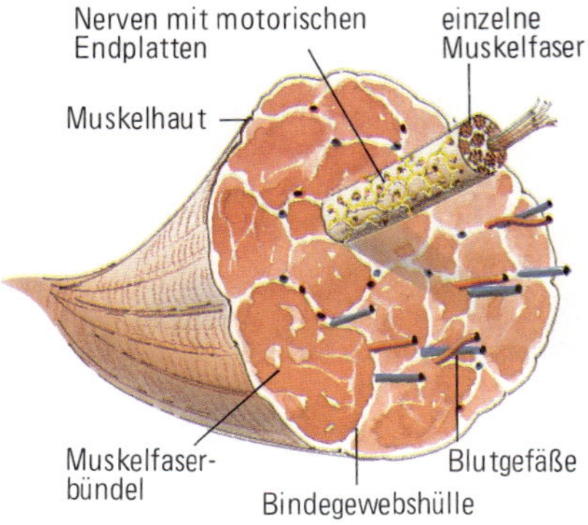

Abb. 3.71: Bau eines Muskels

Die Muskelfasern sind dünn und rund, mit einem Durchmesser von etwa 1/10 Millimeter und einer Länge von bis zu 10 cm oder mehr. Unter dem Mikroskop kann man seitlich gelagerte Zellkerne und eine große Zahl feinster Fäden (Fibrillen) erkennen. Selbst der kleinste Muskel, der nur 1,2 cm lang ist und im Mittelohr den 0,2 g schweren Steigbügel bewegt, besteht aus einer großen Zahl einzelner Muskelfasern. Der Bizeps, auch Armbeuger genannt, hat zwischen einer und zwei Millionen Muskelfasern.

Abb. 3.72: Quergestreifte Muskulatur (Mikrofoto, etwa 300 ×). Diese Muskelzellen sind etwa 10 cm lang, 1/10 mm dick, ihre Zellkerne liegen seitlich

Muskelfasern können sich nur zusammenziehen, wenn sie durch Nerven einen entsprechenden Befehl erhalten haben. Durch einen **Gegenspieler** muß ein Muskel wieder gestreckt werden.

Die **Eingeweidemuskeln** arbeiten **unwillkürlich.** Sie umschließen alle Röhren des Körpers, also Blutbahnen, Lymphbahnen, Darm- und Ausscheidesystem. Beim Darm z. B. sorgen sie für eine langsame Fortbewegung des Speisebreis, indem sie sich nacheinander rhythmisch zusammenziehen. Auf diese Weise setzen sich die Verengungen wie Wellen über einen Schlauch fort.

Die Eingeweidemuskeln bestehen aus vielen kleineren Muskelzellen. Sie haben eine spindelförmige Gestalt, und ihr Zellkern liegt in der Mitte. Die Zellen sind zu unterschiedlich dicken Zellsträngen oder -schichten zusammengelagert. Auch bei starker Vergrößerung unter dem Mikroskop sind keine Querstreifen zu erkennen, man spricht von **glatter** Muskulatur. Durch ihren niedrigen Energiebedarf und eine geringe Ermüdbarkeit ist die glatte Muskulatur für Dauerleistungen geeignet. Sie arbeitet langsam, aber ohne Unterbrechung, Tag und Nacht.

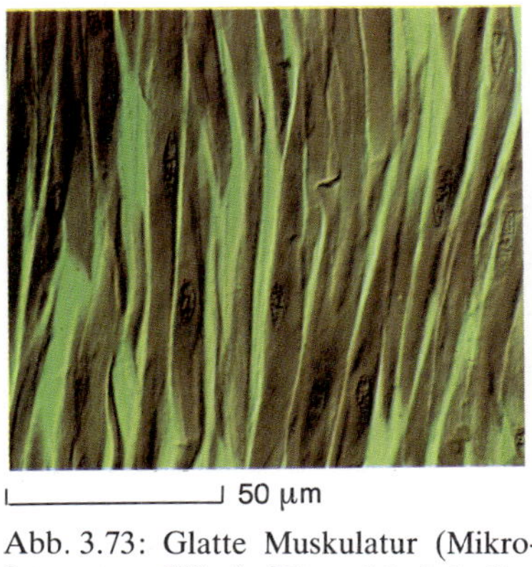

Abb. 3.73: Glatte Muskulatur (Mikrofoto, etwa 500 ×). Diese Muskelzellen sind 1/20 bis 1/4 mm lang, 1/200 mm dick, der Zellkern liegt in der Mitte

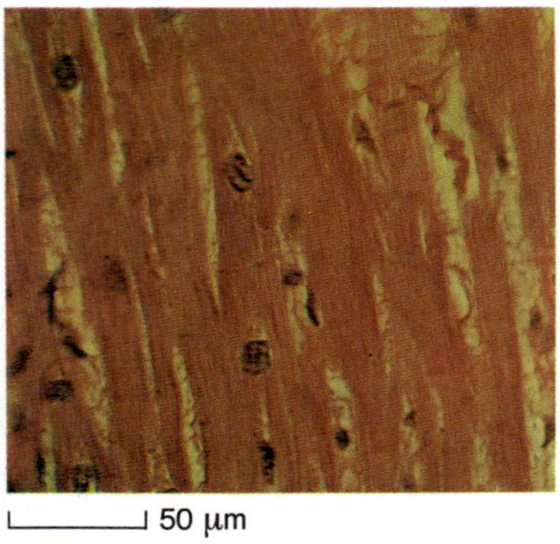

Abb. 3.74: Muskelgewebe des Herzens (Mikrofoto, etwa 300×)

In Muskeln, die genaue und feine Bewegungen ausführen müssen, werden nur 5–15 Muskelfasern von einer Nervenfaser versorgt.
Im Bereich des Oberschenkelstreckers sind bis zu 2000 Muskelfasern an eine Nervenfaser angeschlossen. Dies macht eine gröbere Bewegung bei großer Kraftanstrengung möglich, wie z. B. beim Abschlag eines Fußballs.
Beim „Bodybuilding“ wird sogenanntes „isometrisches“ Training in extremer Weise praktiziert. Beim längeren Stemmen einer Hantel z. B. ändert sich die Länge der beteiligten Muskeln kaum. Die Muskelspannung führt bei häufigem Training zwar zu mehr Muskelkraft, jedoch wird bei Belastung kaum mehr Ausdauer erreicht. Sinnvoller ist es deshalb, die Muskulatur durch Bewegung zu trainieren, da dadurch gleichzeitig der Blutkreislauf trainiert wird.

Eine Sonderstellung nimmt der **Herzmuskel** ein. Er ist quergestreift, aber dennoch **nicht dem Willen** unterworfen, also **unwillkürlich.** Der Herzmuskel kann schnell und ausdauernd arbeiten.

Wir haben im Kapitel 3.1. erfahren, daß unser Körper bei Bewegung Energie benötigt; und zwar um so mehr, je anstrengender die Arbeit ist.

Die für die Muskelarbeit benötigte Energie wird in jeder Muskelzelle bereitgestellt: Aus der Verbrennung von Traubenzucker (Glucose) und Spaltung von ATP. Diese energiereiche Phosphatverbindung mit dem komplizierten vollständigen Namen **A**denosin-**T**ri-**P**hosphat geht in**A**denosin-**Di**-**P**hosphat (ADP) und Phosphat (P) über. Dabei wird Energie frei, die für Muskelarbeit zur Verfügung steht. Allerdings wird nur etwa ein Drittel der Energie in Bewegung umgesetzt. Zwei Drittel werden als Wärme abgegeben. Für den Wiederaufbau von ATP aus ADP und P wird ebenfalls Energie benötigt. Diese wird bei der Verbrennung des Zuckers (Glucose) bereitgestellt. Für diesen Traubenzuckerabbau ist eine ausreichende Sauerstoffversorgung des Muskels Voraussetzung. Das merkt jeder, der bei schwerer körperlicher Anstrengung nach Luft schnappt.

Ist jedoch die Sauerstoffversorgung nicht ausreichend, kann der Traubenzucker nur unvollständig verbrannt werden. Er wird dann ohne Sauerstoff in **Milchsäure** gespalten. Je größer die Sauerstoffschuld im Muskel wird, um so mehr häuft sich Milchsäure an, was wir als Ermüdung des Muskels spüren. Bleischwere Beine und Muskelschmerzen, z. B. bei einem 1000-m-Lauf, sind auch gewisse Warnzeichen, die vor Überanstrengung schützen. Natürlich ist dabei ganz entscheidend, ob und wieviel du trainiert hast.

Die komplizierten Vorgänge, von denen du gehört hast, finden in den **Mitochondrien** (vgl. S. 113) statt. Wegen ihrer Spezialisierung auf die Energiebereitstellung nennt man sie „Kraftwerke“ der Zelle. Ihre Anzahl pro Zelle ist ganz unterschiedlich. Es ist nicht verwunderlich, daß besonders viele Mitochondrien in Zellen vorhanden sind, die einen hohen Energiebedarf haben (z. B. Muskel-, Leberzellen, Spermien).

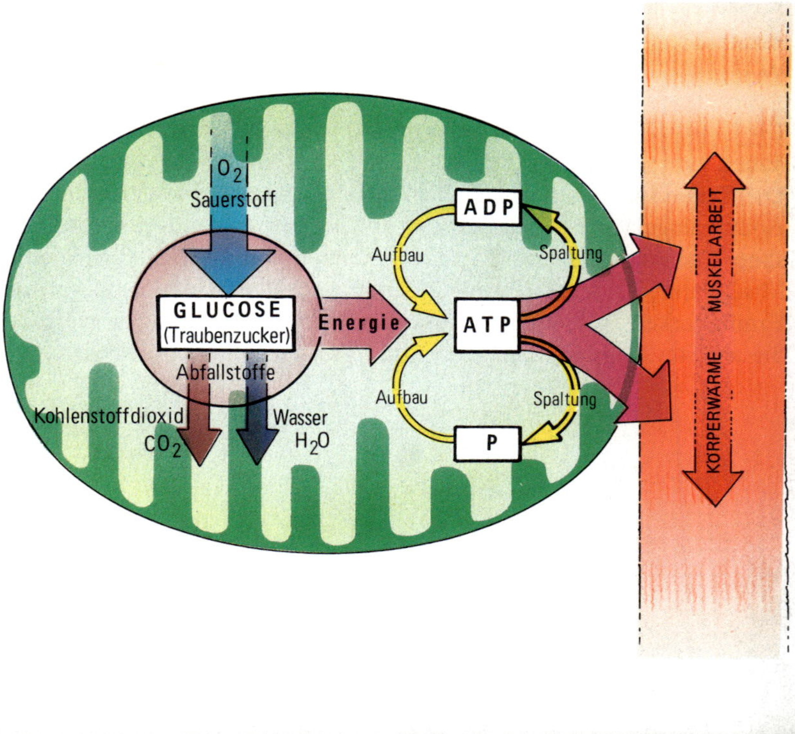

Abb. 3.75: Energiebereitstellung in den Mitochondrien von Muskelzellen

4
Hormone wirken auf die Sexualität des Menschen

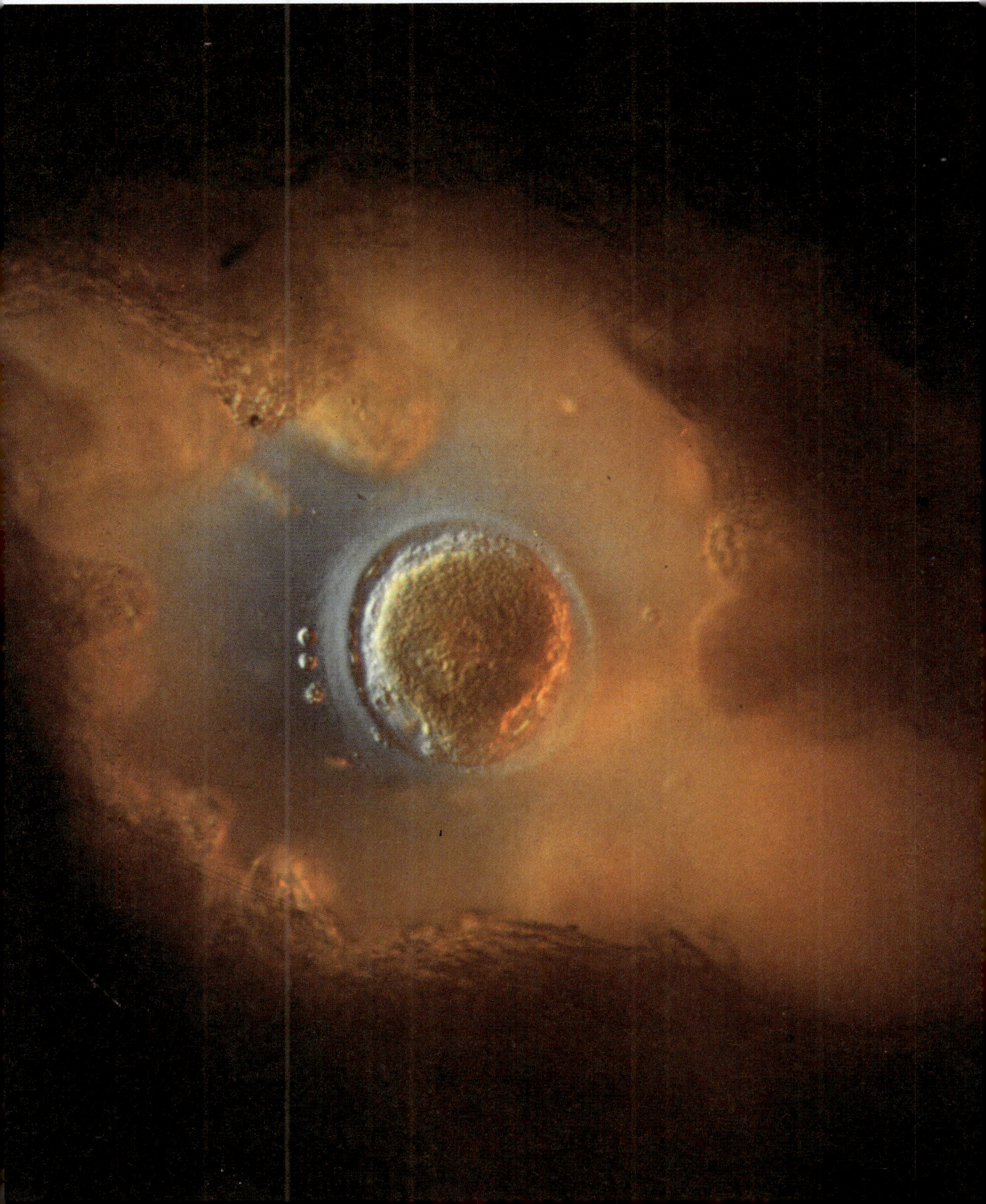

4.1 Hormone bewirken die Geschlechtsreife

Die Zeit zwischen Kindheit und Erwachsensein nennt man **Reifezeit** oder **Pubertät.** Sie beginnt beim Mädchen im Alter zwischen elf und dreizehn und dauert durchschnittlich vier Jahre. Jungen kommen etwa zwei Jahre später in die Pubertät.

Noch bevor die ersten Veränderungen bei Mädchen und Jungen sichtbar werden, bildet die **Hirnanhangdrüse** verstärkt Hormone, die auf die Keimdrüsen wirken. Die Keimdrüsen (Hoden beim Jungen, Eierstöcke beim Mädchen) werden dadurch angeregt, mehr Geschlechtshormone zu erzeugen.

Beim Jungen entsteht in den Hoden vor allem das **Geschlechtshormon Testosteron.** Es bewirkt zunächst ein deutliches Längenwachstum, das sich vor allem an Armen und Beinen bemerkbar macht. Dann beginnen Hoden und Glied (Penis) stärker zu wachsen. Achselhaare, Bart- und Schamhaare bilden sich aus. Der Junge bekommt eine tiefere Stimme („Stimmbruch"). In den Hoden entwickeln sich jetzt Samenzellen (Spermien), die in den Nebenhoden gespeichert werden. Der Junge wird geschlechtsreif.

Das Glied kann sich bei sexueller Erregung aufrichten und dabei größer und steif werden. Diese Gliedversteifung nennt man **Erektion.** Die Blutkammern der Schwellkörper des Gliedes füllen sich stärker mit Blut. Beim Abklingen der Erregung fließt das gestaute Blut ab, und das Glied erschlafft wieder.

Abb. 4.1: Männliche Geschlechtsorgane

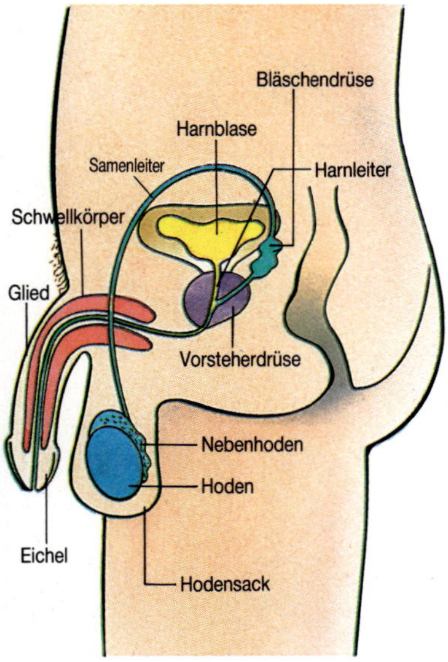

Ein deutliches Zeichen der beginnenden **Geschlechtsreife** ist der erste **Samenerguß** (Pollution). Dabei wird – meist im Schlaf – aufgestaute Samenflüssigkeit aus dem Glied herausgespritzt. Oft sind mit der Pollution sexuelle Träume verbunden. Unbeabsichtigt oder auch durch sexuelle Reizung kommt es nun wiederholt zu Samenergüssen. Dabei vermischen sich die Samenzellen mit Flüssigkeiten aus verschiedenen Drüsen, z. B. der Vorsteherdrüse (Prostata). Durch Muskelbewegung wird die milchigweiße Samenflüssigkeit durch Samenleiter und Harn-Samenröhre hinausgeschleudert. Ein Erguß enthält viele Millionen **Spermien.**

Die Hoden liegen außerhalb des Bauches im Hodensack. Dies hat einen besonderen Sinn. Im Bauchraum, wo die Körpertemperatur 37 °C beträgt, können sich Samenzellen (Spermien) nicht entwickeln. Sie benötigen zu ihrer Reifung eine Temperatur von 29° C. Ein im Bauch oder in der Leiste liegender Hoden kann beim Mann Unfruchtbarkeit verursachen.

Gegen zu starke Auskühlung werden die Hoden geschützt, indem sich die muskulöse Wand faltig zusammenzieht und sich verdickt. Dabei wandern die Hoden vorübergehend in die Leiste.

Die Spermien werden ständig in den Hoden neu gebildet und in den Nebenhoden gespeichert.

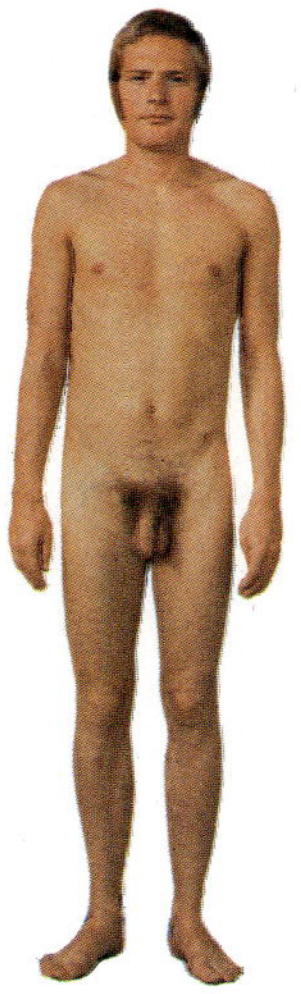

beginnt zu wachsen	**Bart**	
tritt hervor	**Kehlkopf**	
wird tiefer	**Stimme**	bleibt hoch
werden breiter	**Schultern**	bleiben schmal
verstärkt	**Muskelbildung**	weniger stark
wenig, daher Figur eckiger	**Unterhaut-fettgewebe**	mehr, daher Figur runder
bleibt schmal	**Becken**	wird breiter
wachsen	**Achselhaare Schamhaare**	wachsen
Hoden beginnen zu arbeiten	**Keimdrüsen**	Eierstöcke beginnen zu arbeiten

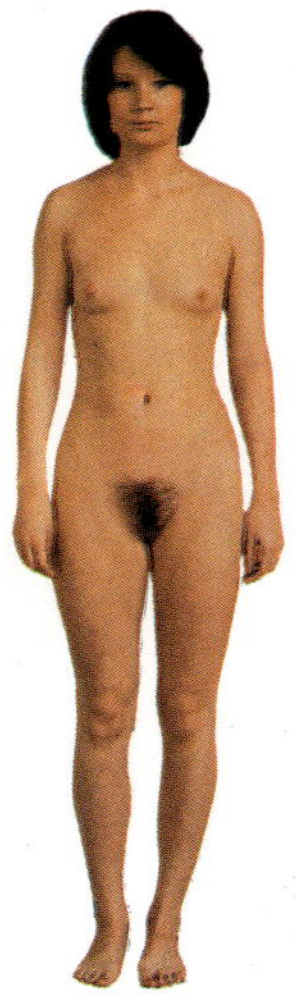

Abb. 4.2: Die körperlichen Gemeinsamkeiten und Unterschiede bei Jungen und Mädchen in der Reifezeit

Beim Mädchen werden unter dem Einfluß der Hirnanhangdrüse in den Eierstöcken weibliche **Geschlechtshormone (Östrogene)** gebildet. Damit beginnt im Alter zwischen 11 und 13 Jahren die Entwicklung der sekundären Geschlechtsmerkmale. Die Schamhaare wachsen, und gleichzeitig entwickelt sich die Brust. Etwas später wachsen dann die Haare in den Achselhöhlen. Ein verstärktes Körperwachstum, das bei Mädchen früher einsetzt als bei Jungen, ist der Grund dafür, daß zwölfjährige Mädchen durchschnittlich größer als ihre gleichaltrigen Mitschüler sind. Allmählich bekommen die Mädchen eine frauliche Figur. Während sich die **sekundären Geschlechtsmerkmale** entwickeln, wachsen auch die Geschlechtsorgane zu ihrer endgültigen Größe heran.

Ein deutliches Zeichen für die beginnende **Geschlechtsreife** des Mädchens ist die erste **Monatsblutung.** Man nennt sie auch die Tage, die Regel, die Menstruation oder die Periode. Sie tritt erstmalig meistens zwischen 12 und 13 Jahren ein.

Abb. 4.3: Weibliche Geschlechtsorgane

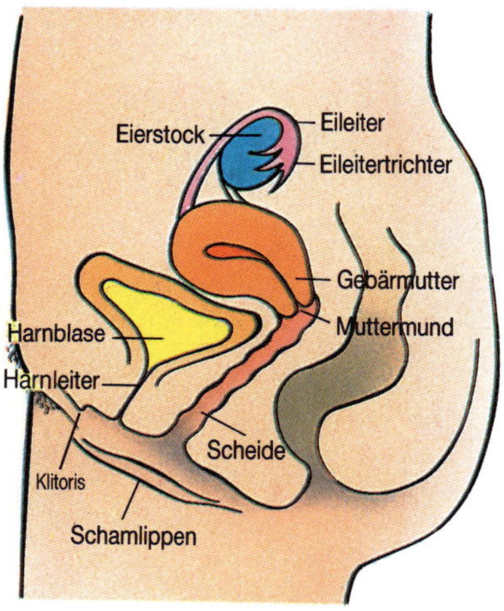

Wenn auch bei jedem Mädchen und Jungen die Pubertät unterschiedlich verläuft, ist es doch erstaunlich, daß sie stets zwischen 10 und 16 Jahren einsetzt und in einer ganz bestimmten Reihenfolge abläuft. Man weiß heute noch nicht in allen Einzelheiten, wie die Hormone diese komplizierte Entwicklung steuern. Fest steht aber, daß zu Beginn der Pubertät die Hypophyse – die Hirnanhangdrüse – vermehrt keimdrüsenwirksame Hormone erzeugt. Diese regen die Keimdrüsen an, vermehrt Geschlechtshormone zu bilden. Die in den Keimdrüsen erzeugten Geschlechtshormone gelangen in winzigen Mengen über das Blut in alle Teile des Körpers. Hier setzen sie die Veränderungen in Gang, von denen in diesem Kapitel die Rede ist.

Auch tiefgreifende Veränderungen im Verhalten, in der Einstellung zu Erwachsenen, in der Wahl der Freunde, vollziehen sich in der Pubertät. Diese sind nicht so leicht zu beschreiben und zu begründen wie die äußeren Reifezeichen. Über sie wird im Kapitel 11 berichtet.

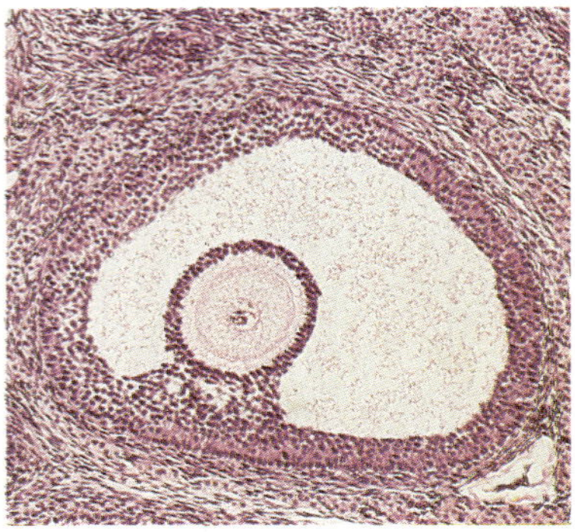

Abb. 4.4: Mikroskopisches Bild vom Schnitt durch den Eierstock. Eine Eizelle im reifen Follikel vor dem Eisprung

4.2 Hormone regeln auch den Zyklus der Frau

Die erste Monatsblutung zeigt an, daß zuvor im Körper etwas Wichtiges geschehen ist: Zwei Wochen vor Beginn der Blutung ist eine **Eizelle** reif geworden. Schon bei der Geburt eines Mädchens befinden sich in den beiden **Eierstöcken** (Ovarien) zusammen etwa 400000 Eianlagen. Von Beginn der Pubertät an bis zum Alter von ca. 50 Jahren wird etwa jeden Monat eine davon reif. Während der Reifung befindet sie sich in einem mit Flüssigkeit gefüllten Eibläschen im Eierstock, **Follikel** genannt. Etwa alle 28 Tage platzt der etwa kirschgroße Follikel. Dieser Vorgang wird als **Eisprung (Ovulation)** bezeichnet. Bis zu diesem Zeitpunkt hat der Follikel das **Geschlechtshormon Östrogen** gebildet. Es sorgt dafür, daß die Gebärmutterschleimhaut von 1 mm auf ca. 6 mm Dicke anwächst. Dies ist die Voraussetzung für eine Einnistung einer befruchteten Eizelle in der Gebärmutterschleimhaut.

Nach dem Eisprung verwandelt das **LH-Hormon (l**uteinisierendes **H**ormon) der Hirnanhangdrüse den leeren Follikel in den **Gelbkörper.** Er ist jetzt selbst eine Hormondrüse und produziert das **Gelbkörperhormon (Progesteron).** Dieses Hormon sorgt für eine stärkere Durchblutung und einen weiteren Aufbau der Gebärmutterschleimhaut. Es ermöglicht dadurch die Aufnahme eines befruchteten Eies. Erfolgt bis zu diesem Zeitpunkt keine Befruchtung, bildet sich der Gelbkörper etwa 14 Tage nach dem Eisprung zurück. Die Produktion von Progesteron erlischt. Dies hat zur Folge:

- Die nun überflüssig gewordene Gebärmutterschleimhaut löst sich ab. Dabei kommt es zu einer Blutung, bei der mit Blut vermischte Schleimhautstücke aus der Scheide ausfließen: Die **Menstruation** setzt ein.
- Gleichzeitig bewirkt das Fehlen des Gelbkörperhormons Progesteron in der Hirnanhangdrüse, daß hier das **Hormon FSH** gebildet wird (**f**ollikel**s**timulierendes **H**ormon). Es regt zur Reifung eines neuen

Abb. 4.5: Eireifung im Eierstock

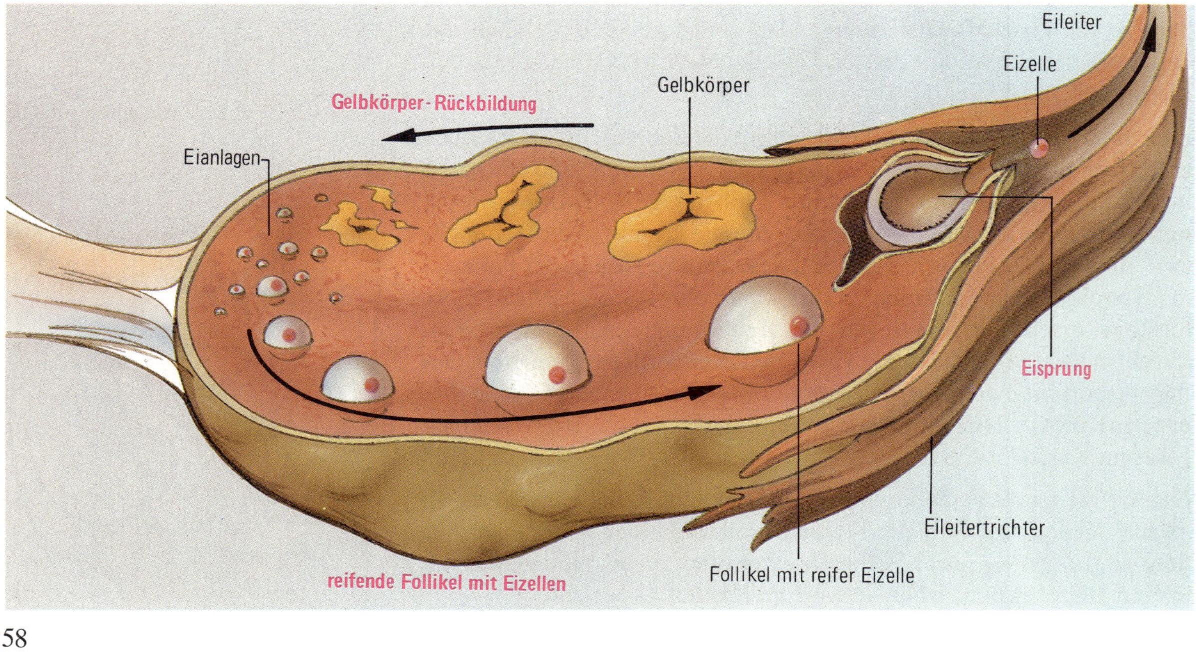

Eibläschens (Follikel) an, und es kommt nach 14 Tagen erneut zum Eisprung.

Den Zeitraum vom 1. Tag der Monatsblutung bis zum Tag vor der nächsten Blutung nennt man **Zyklus.** Normalerweise ist er zwischen 26 und 32 Tage lang.

Die **komplizierte Steuerung** durch Hormone mußte vereinfacht und in Einzelschritte zerlegt dargestellt werden. In Wirklichkeit bestehen zwischen den einzelnen Hormondrüsen Wechselbeziehungen, die das komplizierte Zusammenspiel der Organe regeln.

Aufgabe

Fertige eine Tabelle an, die alle Hormone enthält, die im weiblichen Zyklus eine Rolle spielen. Gib an, **wo** sie gebildet werden und **was** sie bewirken. Verwende vor allem die Abb. 4.6

Abb. 4.6: Wie der Zyklus von Hormonen gesteuert wird

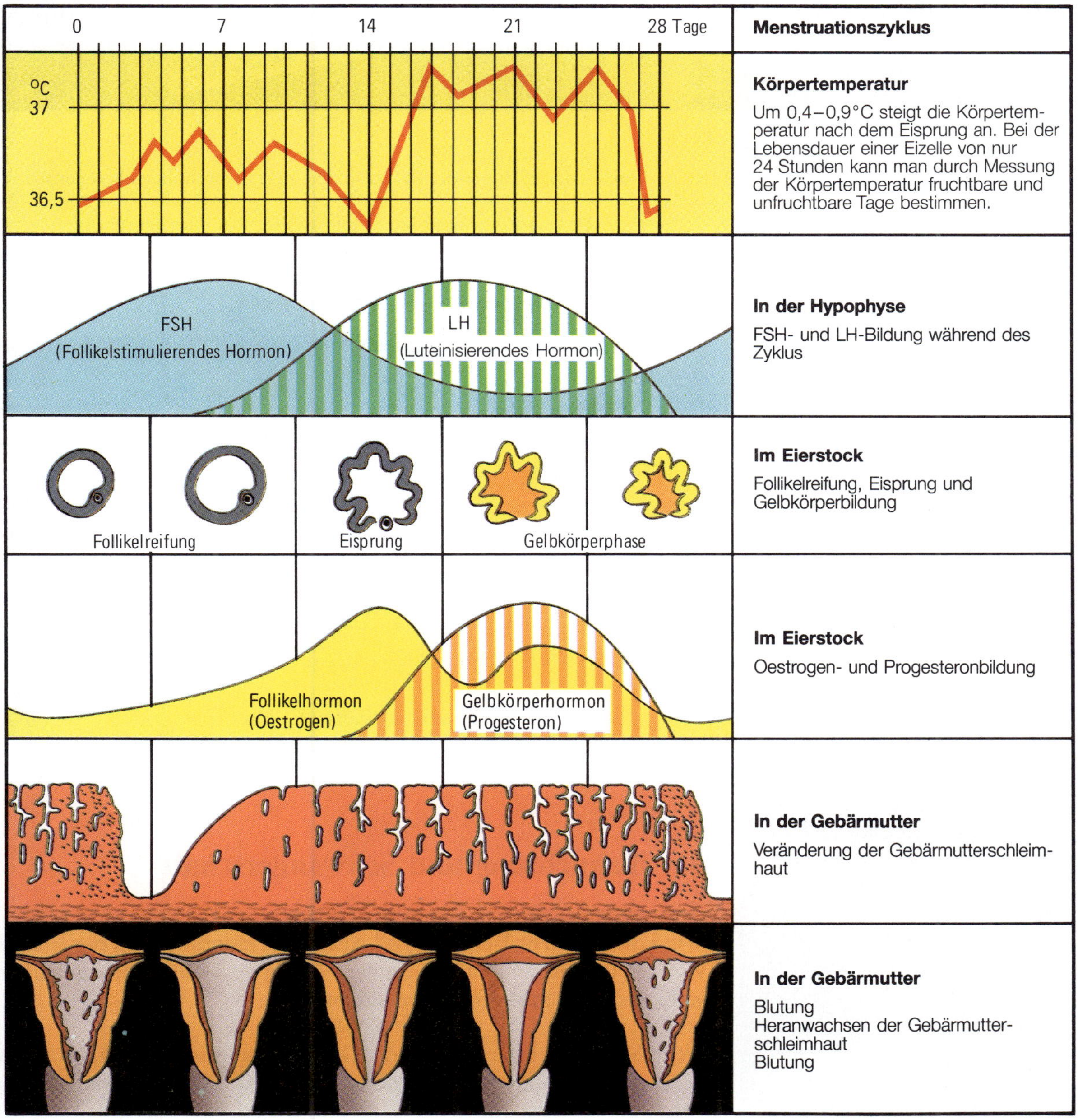

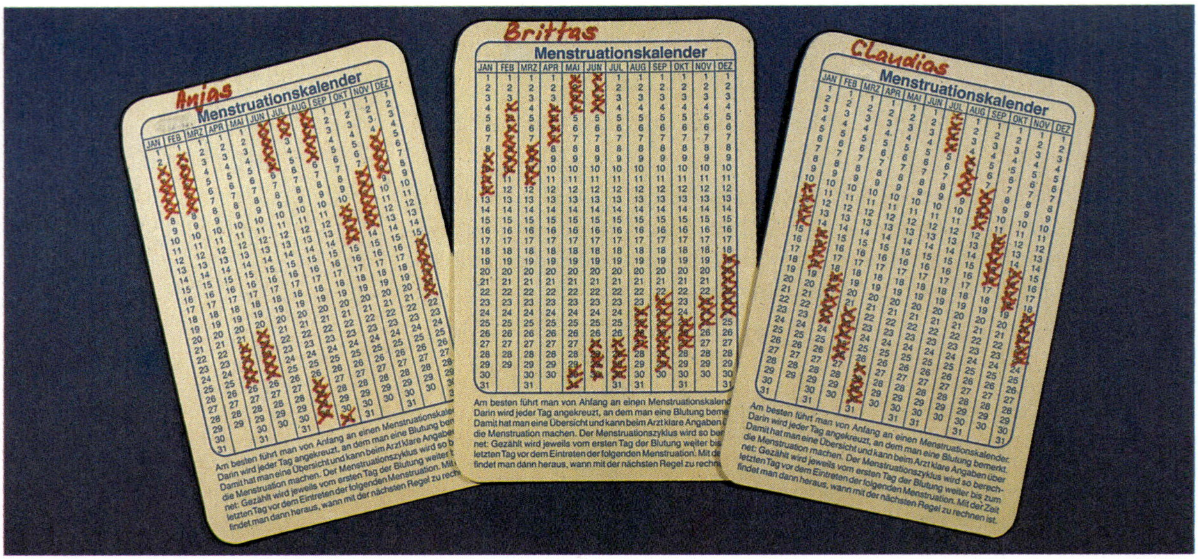

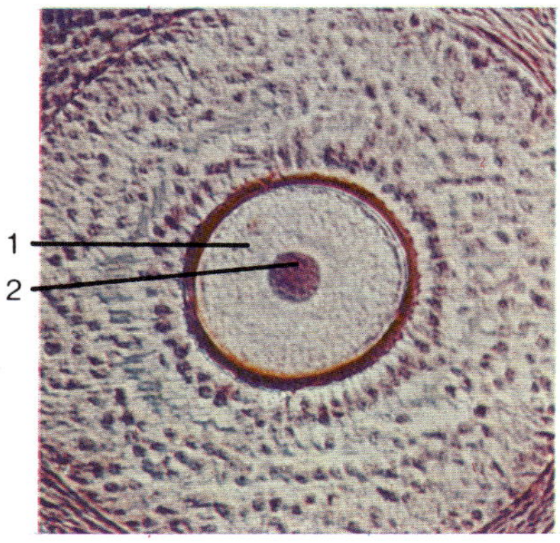

Abb. 4.8: Mikrofoto einer menschlichen Eizelle (160fache Vergrößerung). 1 Zellplasma, 2 Zellkern

Abb. 4.7: Regel-Kalender:
1. Bei Anja ist der Zyklus noch nicht stabil. Die Zykluslängen sind sehr unterschiedlich
2. Brittas Zyklen sind zwar nicht immer gleich lang, aber doch regelmäßig
3. Bei Claudia kommt die Regel immer ganz pünktlich

Mädchen sollten einen Regel-Kalender führen

Dadurch kann das Mädchen besser beobachten, ob der Zyklus regelmäßig ist.

Falls einmal ein Besuch bei der Frauenärztin oder dem Frauenarzt erforderlich ist, ist es wichtig, über den eigenen Zyklus Auskunft geben zu können.

Ärzte können besser über Verhütungsmethoden beraten, wenn sie genau wissen, in welchem Abstand die Regelblutungen kommen und wie lange sie dauern.

Ein Regel-Kalender ist leicht zu führen:
- Kalender selbst zeichnen oder fertig in der Apotheke oder beim Arzt besorgen.
- Blutungstage im Kalender markieren.
- Nach Möglichkeit Stärke der Blutung kennzeichnen.

Abb. 4.9: Mikrofoto menschlicher Spermien (580fache Vergrößerung). Sie sind bis zu 48 Stunden befruchtungsfähig

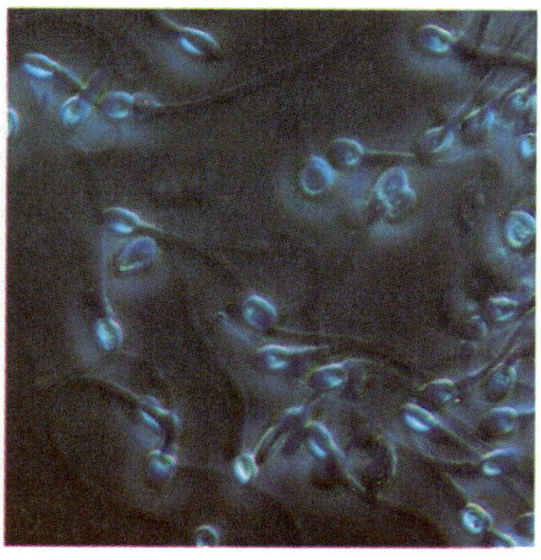

4.3 Befruchtung und Schwangerschaft

Wie kommt es zur Befruchtung? Nach dem Eisprung wird die Eizelle vom Eileiter aufgenommen. Auf dem Weg in die Gebärmutter ist sie für **sechs bis zwölf Stunden befruchtungsfähig.**

Wenn Mann und Frau miteinander **Geschlechtsverkehr** haben, gelangen bis zu 500 Millionen Samenzellen in die Scheide. Von dort wandern sie durch den Muttermund in die Gebärmutter und weiter in beide Eileiter.

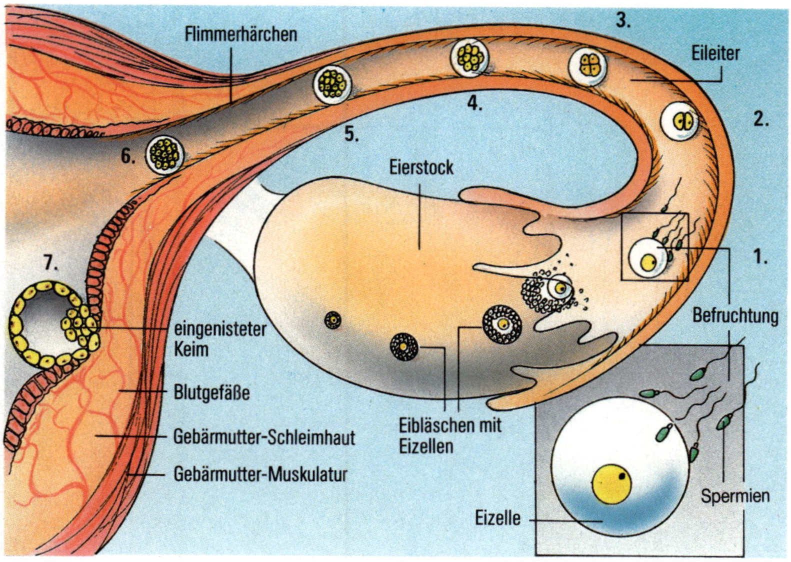

Abb. 4.10: Eisprung, Befruchtung, Einnistung. Die Befruchtung der Eizelle erfolgt im Eileiter. Auf dem Weg durch den Eileiter teilt sich die befruchtete Eizelle. In der Gebärmutter angelangt, nistet sich der Keim in der gut durchbluteten Schleimhaut ein. Bei **1.** wird die Eizelle durch ein Spermium befruchtet. Bei **2.** das Zwei- und bei **3.** das Vierzellenstadium. Bei **4.**, **5.** und **6.** entsteht ein Zellhaufen durch ständiges Teilen der Zellen; bei **7.** ist der Keim ein Bläschen geworden und hat sich eingenistet

Dies ist für die winzigen **Spermien** ein weiter Weg. Wenn hier Spermien auf eine reife **Eizelle** treffen, dringt der Kopf der schnellsten Samenzelle in sie ein. Die Verschmelzung der Kerne von Ei- und Samenzelle nennt man **Befruchtung** (vgl. Abb. 7.5 und Abb. 6.54). In den Zellkernen sind die Erbanlagen enthalten.

Die befruchtete Eizelle setzt ihren Weg in die Gebärmutter fort und beginnt gleich sich zu teilen. Wenn sie sich nach etwa sechs Tagen in der Gebärmutterschleimhaut einnistet, ist sie schon eine vielzellige Kugel, ein **Keim** (vgl. Abb. 7.7). Die Schwangerschaft hat begonnen. Es entwickelt sich ein Kind.

Der Gelbkörper bildet sich nun nicht zurück, sondern erzeugt weiterhin Progesteron. Dies bewirkt dreierlei:

- die Gebärmutterschleimhaut wächst weiter, wird stärker durchblutet und mit Nährstoffen angereichert. Dadurch wird eine Einnistung des Keimes und seine Ernährung gewährleistet.
- Ein Schleimpfropf bildet sich am Eingang der Gebärmutter. Er versperrt in der Schwangerschaft Spermien den Weg und schützt vor Infektionen.
- Das Hormon Progesteron verhindert, daß im Eierstock eine neue Eizelle heranreift.

Vom Vorgang der Befruchtung merkt die Frau nichts. Erst das **Ausbleiben der Monatsblutung** ist ein Hinweis auf eine mögliche Schwangerschaft. Während der folgenden Monate bewirken verschiedene Hormone, daß die nächsten Menstruationen unterbleiben. Wenn die Blutung ausbleibt, sollte die Frau zum Frauenarzt gehen, um feststellen zu lassen, ob sie schwanger ist.

Der empfindliche hormongesteuerte Zyklus kann zum Beispiel auch durch Aufregungen, durch Reisen und durch Krankheiten gestört werden. Durch einen **Schwangerschaftstest** kann sicher geklärt werden, ob eine Schwangerschaft vorliegt.

Die Schwangerschaft dauert etwa 280 Tage, also etwas mehr als neun Monate. Sie wird in **zehn Schwangerschaftsmonate** mit je 28 Tagen

Aufgabe

Woran erkennt eine Frau als erstes, daß sie schwanger ist?

Abb. 4.11: Schwangerschaftstest: Etwas Urin wird in das Glasröhrchen gegeben und mit einer Testflüssigkeit vermischt. Nach etwa 30 Minuten ist das Ergebnis im Spiegel unter dem Röhrchen abzulesen. In diesem Fall hat sich eine bräunlich-gelbe Ablagerung ohne einen deutlichen Ring gebildet. Der Test ist negativ (–), d. h. es liegt keine Schwangerschaft vor. Ist ein dunkler Ring klar erkennbar, ist das Schwangerschaftshormon nachgewiesen. Bei positivem Testergebnis (+) kann eine Schwangerschaft angenommen werden. Bei weiterem Ausbleiben der Regelblutung sollte der Arzt aufgesucht werden

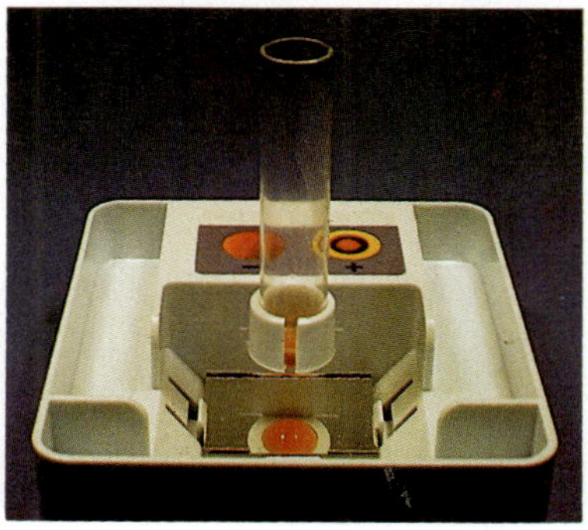

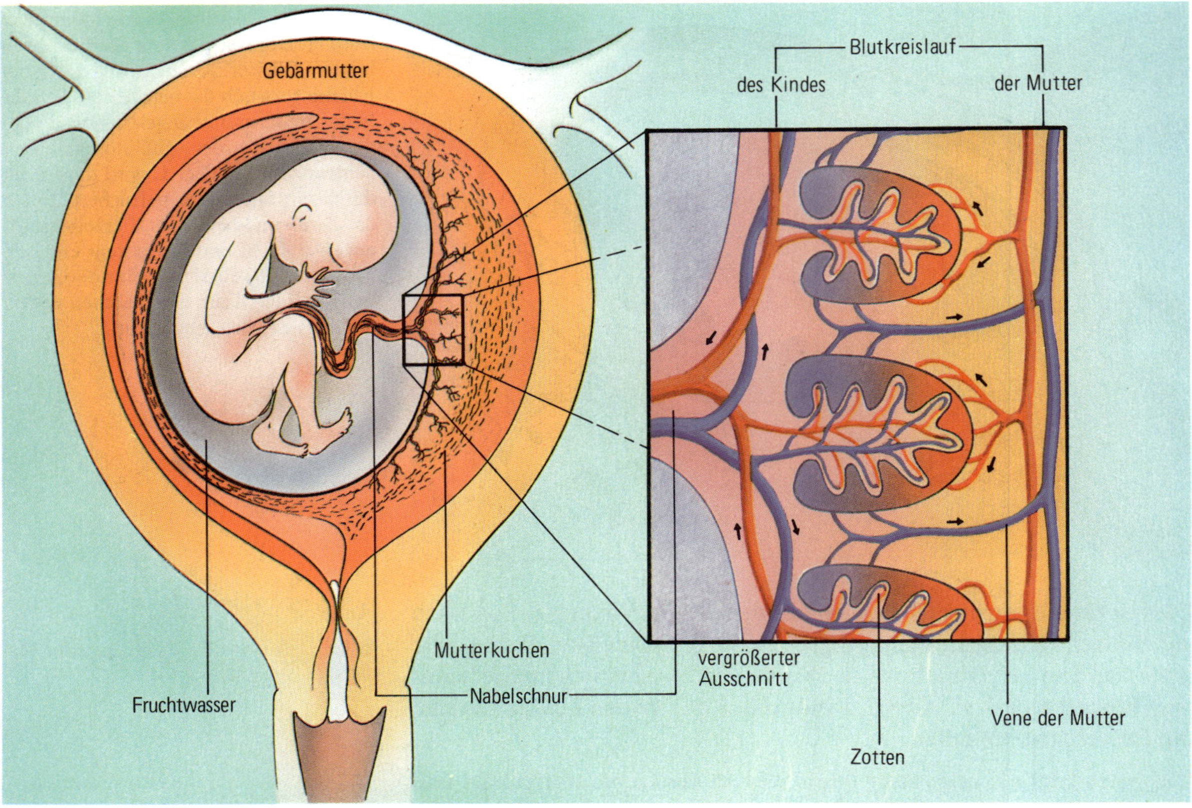

Abb. 4.12: Die Versorgung des Fetus im Mutterleib

Abb. 4.13: Fetus mit Plazenta, 4 Monate alt, 20 cm lang

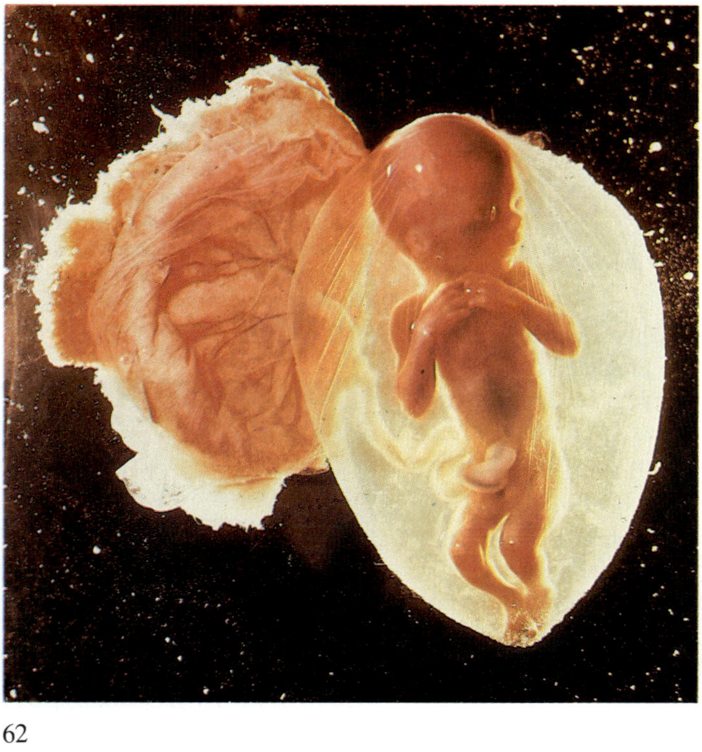

Abb. 4.14: Fetus im 5. Monat

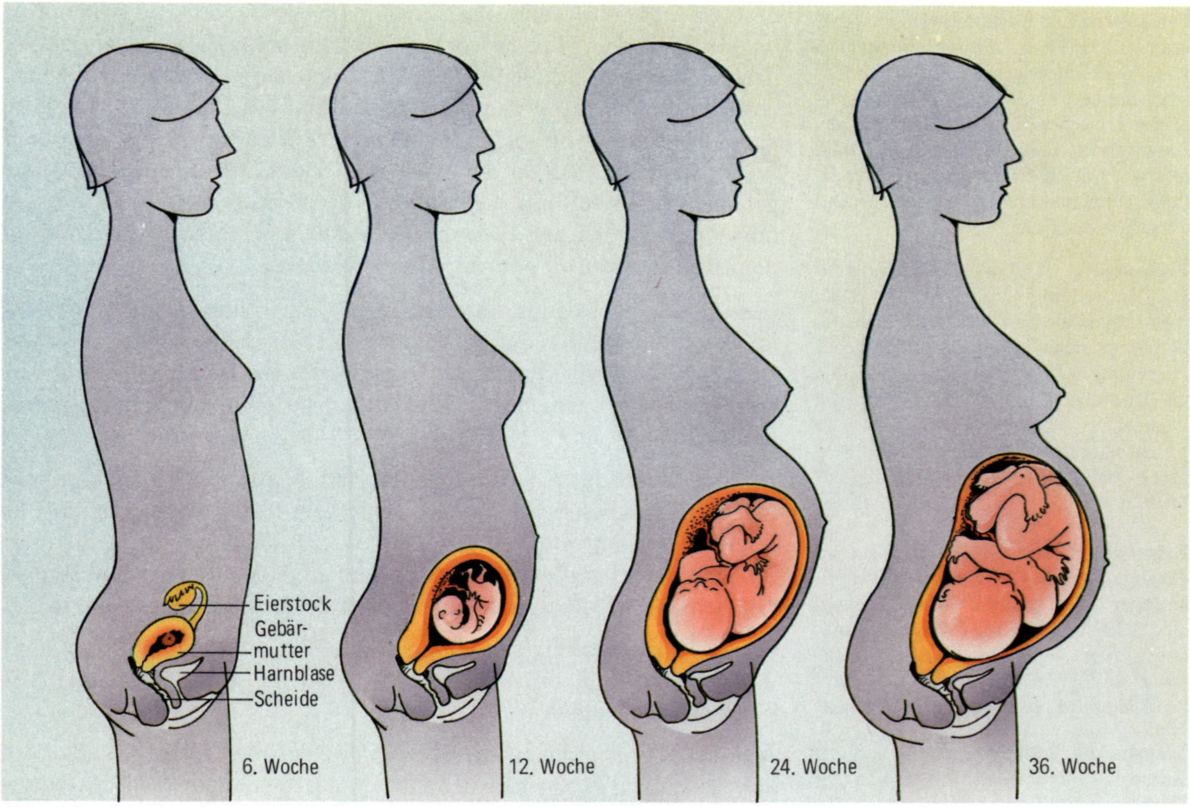

Abb. 4.15: Die Entwickung des Embryos bzw. Fetus im Verlauf der Schwangerschaft

Abb. 4.16: Ultraschalluntersuchung einer Schwangeren

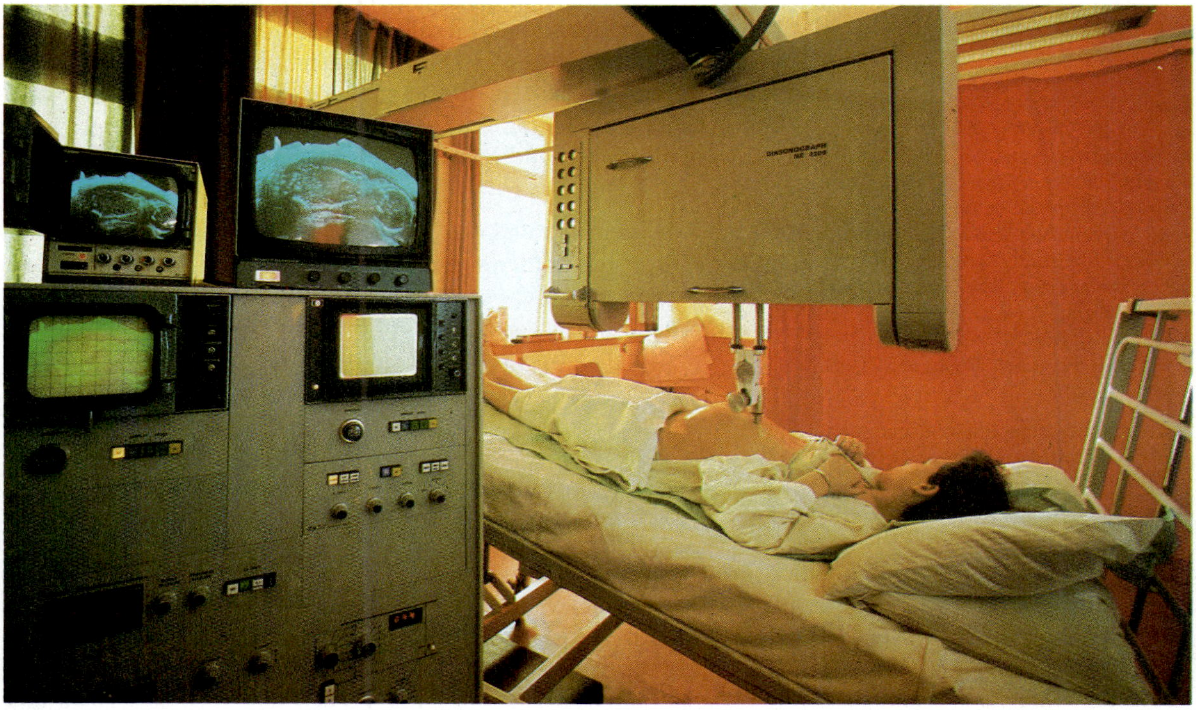

Fehlgeburt. Endet eine Schwangerschaft ungewollt vor dem 7. Monat, spricht man von einer Fehlgeburt. Das Kind ist nicht lebensfähig. Fehlgeburten können zahlreiche Ursachen haben: Störungen der Entwicklung, Fehlbildungen der Gebärmutter, Infektionskrankheiten, Vergiftungen und seelische und körperliche Belastungen der Frau.

Frühgeburt. Geburt nach 7 Monaten. Die Entwicklung des Kindes ist noch nicht abgeschlossen. Ist es lebensfähig, bedarf es noch längere Zeit ärztlicher Betreuung. Oft ist eine Unterbringung im Brutkasten erforderlich. Mögliche Ursachen: Vorzeitiges Platzen der Fruchtblase, Infektionskrankheiten, seelische oder körperliche Belastungen der Mutter.

Kaiserschnitt. Zu enge Geburtswege, ungünstige Lage des Kindes oder Komplikationen zu Beginn der Geburt können eine Schnittentbindung erforderlich machen. Durch Operation werden Bauchhöhle und Gebärmutter geöffnet, und das Kind wird auf diese Weise geboren.

Saugglocke. Verläuft eine Geburt zu langsam, kann der Arzt mit einer Saugglocke am Kopf des Kindes ziehen. So beschleunigt er die Geburt.

Zweieiige Zwillinge entstehen, wenn **zwei** Eizellen gleichzeitig reifen und von zwei Samenzellen befruchtet werden. Die Kinder sind sich so ähnlich wie andere Geschwister und haben unterschiedliche Erbanlagen.

Eineiige Zwillinge sind wesentlich seltener, auf 100 Zwillingsgeburten kommen 15 eineiige Zwillinge. Sie entstehen aus **einer** befruchteten Eizelle. Der Keim hat sich nach den ersten Zellteilungen in zwei Teile getrennt, aus jeder Hälfte entwikkelt sich ein Kind. Eineiige Zwillinge haben immer das gleiche Geschlecht und sehen sich zum Verwechseln ähnlich. Sie haben die gleichen Erbanlagen, weil sie ja aus einer einzigen befruchteten Eizelle entstanden sind.

Mehrlingsschwangerschaften sind in Familien häufig, in denen schon Eltern oder Großeltern Mehrlingskinder sind.
Bei 85 einfachen Geburten kommt etwa 1 Zwillingsgeburt vor.
Bei 6 500 einfachen Geburten kommt etwa 1 Drillingsgeburt vor.
Bei 500 000 einfachen Geburten kommt etwa 1 Vierlingsgeburt vor.
Bei 40 000 000 einfachen Geburten kommt etwa 1 Fünflingsgeburt vor.

unterteilt. Mit der **Einnistung** des Keims in der Gebärmutterschleimhaut hat sie begonnen. Nun spricht man vom **Embryo.** Er wird während der ganzen Schwangerschaft über den **Mutterkuchen** (Plazenta) versorgt und entsorgt. Hier greifen mütterliches und kindliches Gewebe fingerartig ineinander. Durch die Ausstülpungen, die **Zotten** genannt werden, fließt kindliches Blut. Sie werden vom mütterlichen Blut umspült. Dabei gelangen **Sauerstoff** und **Nährstoffe** in den Blutkreislauf des Kindes. In umgekehrter Richtung können **Kohlenstoffdioxid** und **Abfallstoffe** mit dem Blut der Mutter abtransportiert werden.

Eine gesunde abwechslungsreiche Ernährung ist nun für die Mutter und ihr Baby sehr wichtig. Die Auffassung, die Mutter müsse für zwei essen, ist falsch. Obwohl Mutter und Kind **getrennte Blutkreisläufe** haben, gelangen die lebenswichtigen Stoffe durch die dünnen Wände der Zotten hindurch.

Aber auch schädliche Stoffe (wie Alkohol, Nikotin, Medikamente) und manche Krankheitserreger (z.B. das Röteln-Virus) können in das Blut des Kindes gelangen. Da das Baby stark geschädigt werden kann, raten Ärzte dringend werdenden Müttern, keinen Alkohol zu trinken, nicht zu rauchen und Medikamente nur unter ärztlicher Aufsicht zu nehmen.

Ferner ist die regelmäßige Untersuchung der schwangeren Frau durch den Arzt wichtig. Im Abstand von 6 Wochen sind sogenannte **Vorsorgeuntersuchungen** vorgesehen.

Auf diese Weise können die Entwicklung des werdenden Kindes sowie die Gesundheit der Mutter beobachtet und damit das Risiko für Mutter und Kind kleingehalten werden.

In den ersten Monaten der Schwangerschaft leiden viele Frauen unter Übelkeit und Brechreiz. Eine allmähliche Gewichtzunahme von etwa 10 kg macht die werdende Mutter nach und nach schwerfälliger und zwingt sie zu häufigeren Ruhepausen. Durch das starke Wachsen des Kindes und der Gebärmutter werden im Verlauf der Schwangerschaft die inneren Organe nach oben gegen den Brustraum gedrückt, wodurch der Schwangeren schneller „die Puste ausgeht“. Wenn die anderen Familienmitglieder, besonders der werdende Vater, nun der Frau die schweren Arbeiten abnehmen und rücksichtsvoll sind, helfen sie der Mutter wie dem Kind.

Partner, die sich während der Schwangerschaft auf die neue Rolle als Eltern vorbereiten, sollten sich darüber klar sein, daß Freude, aber auch Streß, Wirkungen auf das ungeborene Kind haben (z.B. Musik, Lärm, Ärger, Wandern).

4.4 Geburt

Eröffnungsphase. Nach etwa 280 Tagen geht die Schwangerschaft zu Ende. Durch ziehende Schmerzen im Unterleib und Rücken kündigt sich die Geburt an. Nun wird es Zeit für die Frau, die Klinik aufzusuchen. Die Schmerzen werden verursacht durch das krampfartige Zusammenziehen der Gebärmuttermuskulatur. Diese **Wehen** dauern jeweils etwa eine

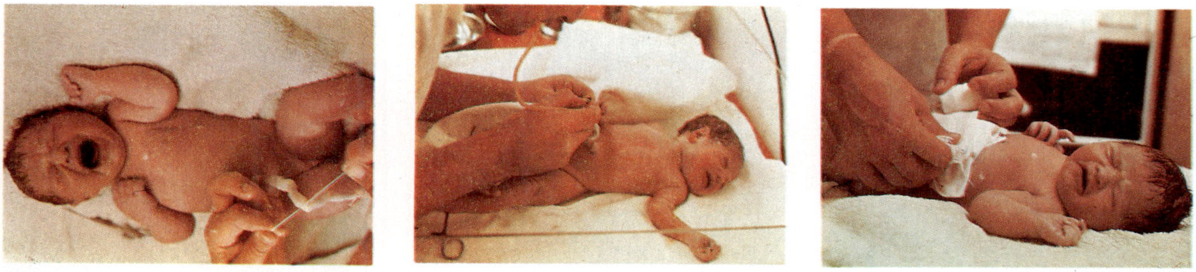

Abb. 4.17: Abnabeln des Neugeborenen: Die Nabelschnur wird abgebunden und anschließend durchschnitten. Die Hebamme pudert den Nabelrest und verbindet ihn steril, bis er innerhalb von 8–10 Tagen heilt

Minute und folgen in immer kürzeren Abständen. Der Gebärmuttermund wird geöffnet und die Scheide geweitet. Die Fruchtblase platzt **(Blasensprung).** Ein bis zwei Liter Fruchtwasser fließen durch die Scheide heraus. Die Geburt hat begonnen.

Austreibungsphase. Mit jeder Wehe wird das Kind vorwärtsgeschoben, bis das Köpfchen aus der Scheide hervortritt. Durch weiteres Pressen hilft die Frau, daß nach dem Kopf die Schultern kommen. Der übrige Körper folgt dann meistens schneller. Der schwierigste Teil der Geburt ist für die Frau überstanden.

Heute ist es in den meisten Kliniken erlaubt, daß der Vater während der Geburt dabei ist. Er kann mithelfen, seiner Frau die Zeit zu verkürzen, und ihr beistehen während der Anstrengungen der Geburt. Immerhin können von den ersten Wehen bis zum Schluß der Geburt 10–20 Stunden vergehen.

Abnabelung. Das Kind ist noch durch die etwa 1 m lange Nabelschnur mit der Mutter verbunden. Diese wird nun abgebunden und durchgeschnitten. Das ist völlig schmerzlos. Das Baby ist abgenabelt **(Entbindung).**

Nachgeburt. 20 bis 30 Minuten nach der Geburt löst sich der Mutterkuchen von der Gebärmutterwand ab. Durch Nachwehen wird der Mutterkuchen zusammen mit der restlichen Nabelschnur und der Fruchtblase ausgestoßen. Man nennt das die Nachgeburt.

Mit der Geburt wird das Baby vom mütterlichen Blutkreislauf unabhängig. Beim ersten Schrei hat es begonnen, mit der eigenen Lunge zu atmen. Die Versorgung des Blutes mit Sauerstoff und Nährstoffen erfolgt jetzt selbständig im Babykörper. Zu einer gesunden Entwicklung braucht der Säugling nun Milch (Muttermilch oder Babynahrung aus der Flasche) und eine gute Körperpflege. Besonders wichtig ist von Anfang an der enge Kontakt zu festen Bezugspersonen, die normalerweise die Eltern sind. Der **Körperkontakt** (das Fühlen der warmen Haut der Mutter beim Stillen z. B.), gewohnte Stimmen und wahrscheinlich auch der vertraute Geruch der Eltern vermitteln dem Säugling Sicherheit und Geborgenheit.

Eine Zeitung berichtet:

Bei der Geburt ihrer Kinder sind immer mehr deutsche Männer dabei. Eine Umfrage in Kliniken mit Entbindungsstationen ergab, daß rund 82 Prozent aller Väter im Kreißsaal anwesend waren. Dabei empfanden 68 Prozent der Frauen die Anwesenheit der Männer als „sehr hilfreich".

Aufgabe

Überlege, wie es möglich ist, daß die Schwangere durchschnittlich 10 kg zunimmt.

Bedenke dabei:

a) das durchschnittliche Geburtsgewicht neugeborener Babys liegt zwischen $3^1/_2$ und 4 kg
b) Ärzte raten werdenden Müttern, nicht für zwei zu essen.

Abb. 4.18: Stillende Mutter

Abb. 4.19: Vater bei der Säuglingspflege

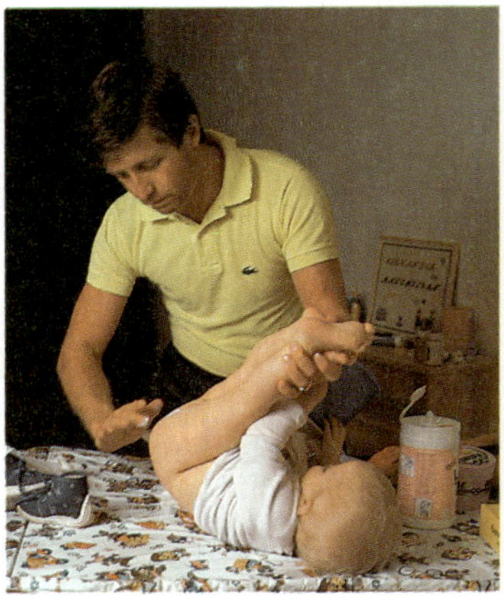

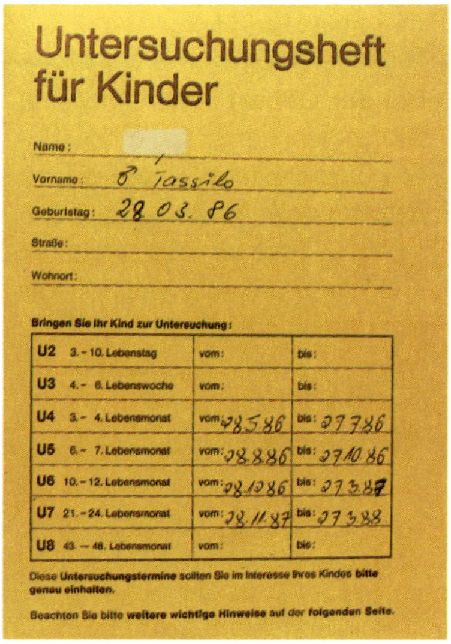

Untersuchungsheft für Kinder

Name:

Vorname: ♂ Tassilo

Geburtstag: 28. 03. 86

Straße:

Wohnort:

Bringen Sie Ihr Kind zur Untersuchung:

U2	3.–10. Lebenstag	vom:	bis:
U3	4.– 6. Lebenswoche	vom:	bis:
U4	3.– 4. Lebensmonat	vom: 28.5.86	bis: 27.7.86
U5	6.– 7. Lebensmonat	vom: 28.8.86	bis: 27.10.86
U6	10.–12. Lebensmonat	vom: 28.10.86	bis: 27.3.87
U7	21.–24. Lebensmonat	vom: 28.11.87	bis: 27.3.88
U8	43.–48. Lebensmonat	vom:	bis:

Diese **Untersuchungstermine** sollten Sie im Interesse Ihres Kindes **bitte genau einhalten.**

Beachten Sie bitte **weitere wichtige Hinweise** auf der **folgenden Seite.**

Abb. 4.20: Untersuchungsheft für Kinder

Untersuchungsheft für Kinder

Damit alle Kinder nach dem gleichen gründlichen Programm untersucht werden können und damit kein Befund in Vergessenheit gerät, gibt es das „Untersuchungsheft für Kinder". Normalerweise wird es schon im Krankenhaus angelegt und bei der Entlassung nach der Entbindung mitgegeben. Es wird aber auch vom niedergelassenen Arzt, von der Krankenkasse oder der Hebamme ausgegeben.
Im „Untersuchungsheft für Kinder" sind für alle acht Früherkennungsuntersuchungen Vordrucke enthalten, die der Arzt ausfüllt. Nach Abschluß aller Untersuchungen stellt das Heft ein wichtiges Dokument für die gesundheitliche Entwicklung des Kindes dar. Bei später auftretenden Gesundheitsstörungen kann es wertvolle Hinweise geben und die Diagnose des Arztes erleichtern.
Sollte sich bei den Früherkennungsuntersuchungen der Verdacht auf eine Störung ergeben, sind zusätzliche Untersuchungstermine oder Untersuchungen durch Fachärzte notwendig. Es kommt jetzt darauf an, die Störung genau zu überwachen, oder aber so früh wie möglich mit der Behandlung zu beginnen.

4.5 Gefahren für die Schwangerschaft – Schwangerschaftsabbruch

Nicht immer verläuft die Schwangerschaft störungsfrei und gefahrlos für Mutter und Kind. **Krankheiten** wie Röteln (vgl. Abschnitt 12.4), Mumps (Ziegenpeter) und Geschlechtskrankheiten der Mutter können das Kind schwer schädigen, insbesondere in den ersten Wochen und Monaten der Schwangerschaft.

Von den Folgen von **Alkohol-, Nikotingenuß und Medikamentenmißbrauch** ist in Kapitel 13 die Rede. Bei entsprechender Veranlagung können auch schon zu schweres Heben, Erschütterungen sowie seelische Belastungen zu einer Fehlgeburt führen.

Es gibt Fälle, in denen eine Schwangerschaft aus ganz anderen Gründen kein freudiges Ereignis ist. In einer schon kinderreichen Familie kann eine unerwünschte Schwangerschaft unlösbare Probleme mit sich bringen: Wohnungsnot, Geldsorgen, völlige Überlastung der Frau und Mutter. Für eine herzkranke Frau kann eine Schwangerschaft lebensgefährlich sein.

Der **Schwangerschaftsabbruch** (auch Abtreibung genannt) wird im Strafgesetzbuch im Paragraphen 218 behandelt. Bis 1976 war in der Bundesrepublik Deutschland Abtreibung grundsätzlich strafbar. Als einzige Ausnahme galt, wenn das Leben der Schwangeren direkt gefährdet war.

Seitdem ist ein Schwangerschaftsabbruch in ganz bestimmten Fällen zulässig. Einer der folgenden vier Gründe (Indikationen) muß vorliegen:

- Grund 1: **Medizinische Indikation**
  Das Leben oder die Gesundheit der Schwangeren ist in Gefahr.
- Grund 2: **Eugenische Indikation**
  Das Kind wird nach ärztlicher Voraussicht unheilbar krank geboren.
- Grund 3: **Ethische Indikation**
  Die Frau (oder das Mädchen) ist vergewaltigt worden.
- Grund 4: **Notlagenindikation** (Soziale Indikation)
  Die Schwangere befindet sich in einer schwerwiegenden Notlage, die nur durch einen Abbruch der Schwangerschaft beseitigt werden kann.

Alter der Schwangeren	Insgesamt	Medizin. Indikation	Eugenische Indikation	Ethische Indikation	Notlagenindikation	Unbekannt
Unter 15 Jahre	85	4	1	1	78	–
15–18 Jahre	1 680	104	7	1	1 532	22
18–25 Jahre	20 492	1 223	161	22	18 616	308
25–30 Jahre	19 870	1 327	230	21	17 814	324
30–35 Jahre	15 339	1 267	182	3	13 531	207
35–40 Jahre	11 566	1 160	167	8	9 935	157
40–45 Jahre	4 927	619	123	5	4 051	58
45 Jahre und älter	746	130	17	1	587	4
Unbekannt	592	40	7	3	301	238
Jahr						
1985	83 538	9 260	1 086	71	71 722	1 399
1986	84 275	8 312	1 113	78	72 279	1 248
1987	88 540	7 979	1 037	79	76 883	1 336
1988	83 783	7 458	1 071	93	72 705	1 352
1989	75 297	5 874	895	65	66 445	1 318

Tabelle 4.1: Zahlen der gemeldeten Abtreibungen in der Bundesrepublik Deutschland nach Angaben des Statistischen Bundesamtes

Frauen, die einen Schwangerschaftsabbruch aus einem der genannten Gründe wünschen, werden vom **Arzt** zu einer **Beratungsstelle** überwiesen. Erst nach gründlicher Beratung darf dann der Eingriff von einem **anderen Arzt** vorgenommen werden. Dabei wird der Embryo oder Fetus mit Eihüllen und Mutterkuchen entfernt. Je früher im Verlauf der Schwangerschaft der Eingriff vorgenommen wird, um so geringer ist das Risiko für die Frau. In jedem Fall ist es aber ein schwerer Eingriff, auch dann, wenn er von einem Frauenarzt im Krankenhaus vorgenommen wird. Unsachgemäß durchgeführt, ist er lebensgefährlich.

Umstritten ist der § 218 seit seiner Einführung. Manche fordern, die Frau solle über sich selbst und ihr Baby völlig frei bestimmen können. Andere vertreten den Standpunkt: Ungeborenes Leben darf nicht getötet wer-

Aufgaben

1. Diskutiert die Tabelle 4.1. Es ist zu vermuten, daß die Zahlen der Abtreibungen tatsächlich höher liegen. Womit hängt das zusammen? Was versteht man unter einer „Dunkelziffer“?
2. Rechne die Zahlenangaben für 1987 in Prozente um und zeichne eine graphische Darstellung als Kreisschaubild.

„Zahl der Abtreibungen rückläufig“

Frankfurt, 25. März (dpa) Die Zahl der registrierten Schwangerschaftsabbrüche geht in der Bundesrepublik und im Ausland seit Jahren kontinuierlich zurück. Das berichtete am Freitag in Frankfurt die Sexualberatungsstelle Pro Familia. 1986 wurden nach diesen Angaben in der Bundesrepublik 128 000 Abbrüche gemeldet. Das sei der niedrigste Stand seit sechs Jahren gewesen.

den. Die entscheidende Frage ist: Ab wann können der Keim, Embryo oder Fetus als Mensch bezeichnet werden? Weil ein Embryo sich nicht wehren kann, benötigt er den Schutz des Staates. Ab wann ist das entstehende menschliche Leben zu schützen?

Als Mittel zur Familienplanung allgemein ist der Schwangerschaftsabbruch völlig ungeeignet. Ungeborenes Leben wird getötet. Es kann sich nur um eine Notlösung in einer sonst ausweglosen Situation handeln.

Aus dem Strafgesetzbuch (StGB)

§ 218 Abbruch der Schwangerschaft

(1) Wer eine Schwangerschaft abbricht, wird mit Freiheitsstrafe bis zu drei Jahren oder mit Geldstrafe bestraft.

(2) In besonders schweren Fällen ist die Strafe Freiheitsstrafe von sechs Monaten bis zu fünf Jahren. Ein besonders schwerer Fall liegt in der Regel vor, wenn der Täter

1. gegen den Willen der Schwangeren handelt oder
2. leichtfertig die Gefahr des Todes oder einer schweren Gesundheitsschädigung der Schwangeren verursacht.

(3) Begeht die Schwangere die Tat, so ist die Strafe Freiheitsstrafe bis zu einem Jahr oder Geldstrafe. Die Schwangere ist nicht nach Satz 1 strafbar, wenn der Schwangerschaftsabbruch nach Beratung (§ 218 b Abs. 1 Nr. 1, 2) von einem Arzt vorgenommen worden ist und seit der Empfängnis nicht mehr als zweiundzwanzig Wochen verstrichen sind. (...)

(4) Der Versuch ist strafbar. Die Frau wird nicht wegen Versuchs bestraft.

§ 218 a Indikation zum Schwangerschaftsabbruch

(1) Der Abbruch der Schwangerschaft durch einen Arzt ist nicht nach § 218 strafbar, wenn

1. die Schwangere einwilligt und
2. der Abbruch der Schwangerschaft unter Berücksichtigung der gegenwärtigen und zukünftigen Lebensverhältnisse der Schwangeren nach ärztlicher Erkenntnis angezeigt ist, um eine Gefahr für das Leben oder die Gefahr einer schwerwiegenden Beeinträchtigung des körperlichen oder seelischen Gesundheitszustandes der Schwangeren abzuwenden, ...

(2) Die Voraussetzungen des Absatzes 1 Nr. 2 gelten auch als erfüllt, wenn nach ärztlicher Erkenntnis

1. dringende Gründe für die Annahme sprechen, daß das Kind infolge einer Erbanlage oder schädlicher Einflüsse vor der Geburt an einer nicht behebbaren Schädigung seines Gesundheitszustandes leiden würde, die so schwer wiegt, daß von der Schwangeren die Fortsetzung der Schwangerschaft nicht verlangt werden kann,
2. an der Schwangeren eine rechtswidrige Tat nach den §§ 176 bis 179 begangen worden ist und dringende Gründe für die Annahme sprechen, daß die Schwangerschaft auf der Tat beruht, oder
3. der Abbruch der Schwangerschaft sonst angezeigt ist, um von der Schwangeren die Gefahr einer Notlage abzuwenden, die
   a) so schwer wiegt, daß von der Schwangeren die Fortsetzung nicht verlangt werden kann, und
   b) nicht auf eine andere für die Schwangere zumutbare Weise abgewendet werden kann.

(3) In den Fällen des Absatzes 2 Nr. 1 dürfen seit der Empfängnis nicht mehr als zweiundzwanzig Wochen, in den Fällen des Absatzes 2 Nr. 2 und 3 nicht mehr als zwölf Wochen verstrichen sein.

5
Ökosystem Bach – Bedrohung und Erhaltung

Abb. 5.1: Naturnaher Bachlauf im Hügelland. Der fruchtbare Boden der Bachaue wird als Viehweide genutzt. Schwarzerlen säumen das Ufer und festigen mit ihren Wurzeln die Uferkante

Abb. 5.2: Begradigter Bachlauf

Flüsse und Bäche sind tot

Seen kippen um

Fische sterben durch Säureschock

Auf Abb. 5.0 schlängelt sich ein Bach durch das Tal eines Mittelgebirges. Die Hänge rechts und links des Ufers sind locker mit Laubbäumen und Sträuchern bewachsen. Steinblöcke, die mit Moos bedeckt sind, liegen im Bachbett und zwingen das Wasser, Umwege zu machen oder kleine Stromschnellen zu bilden.
In der Nähe deiner Wohnung oder der Schule gibt es sicherlich einen Bach. Betrachte einen Bachabschnitt und vergleiche ihn mit dem auf Abb. 5.0. Welche Gemeinsamkeiten und welche Unterschiede stellst du fest?

Die meisten von euch werden in ihrer Umgebung einen Bach finden, wie er auf Abb. 5.2 abgebildet ist. Sein Lauf ist schnurgerade, die Uferkanten sind abgeschrägt und verfestigt, in Ufernähe stehen keine Bäume, im Bachbett fehlen große Steinblöcke. Wie ist das zu erklären?

Gewässer (Seen, Flüsse, Bäche) werden von den Menschen stark genutzt. Sie müssen Abwässer von Haushalten und von der Industrie aufnehmen. Dünger, von Landwirten auf Äcker und Weiden gestreut, wird vom Regen aus dem Boden gewaschen und in die Gewässer geschwemmt. Luftschadstoffe werden von Regen oder Schnee in Gewässer gespült.

In den letzten Jahrzehnten arbeiteten Wasserbautechniker daran, möglichst jeden Tropfen Wasser möglichst schnell dem Meer zuzuleiten. Dazu begradigten sie fast jeden Bachlauf, regulierten sie jeden Fluß. Die Folgen dieser Maßnahmen sind jetzt schon deutlich zu erkennen. Von Jahr zu Jahr treten einerseits Hochwasserkatastrophen immer häufiger auf, andererseits herrscht in Trockenperioden oft Wassermangel.

Der Wasserverbrauch sowohl in Haushalten als auch in der Industrie hat in den letzten Jahren stark zugenommen. Für die Trinkwassermengen, die jährlich in der Bundesrepublik verbraucht werden, reicht das Grundwasser nicht mehr aus. Folgende Zahlen verdeutlichen das: 4,7 Mrd m^3 Wasser speisen die Wasserwerke jährlich in das Trinkwassernetz der Bundesrepublik; 3,3 Mrd m^3 entnehmen sie dem Grundwasser, 1,4 Mrd m^3 gewinnen sie aus Flüssen und Seen. Das bedeutet, daß Gewässer durch den Menschen nicht nur verstärkt belastet, sondern auch zunehmend als Trinkwasserspender genutzt werden.

Im Abschnitt 5.7 werden wir zu überlegen haben, was wir Menschen tun können und müssen, um die Gewässer zu schonen und zu schützen.

5.1 Ökosystem Gewässer

Gewässer – Seen, Flüsse, Bäche – sind Lebensräume (auch Biotop oder Standort genannt), in denen viele Lebewesen (Pflanzen und Tiere) leben. Der Lebensraum bietet den Lebewesen bestimmte Bedingungen, z. B. Temperatur, Wasser, Sauerstoff, Licht.

So ist der Oberlauf eines Baches durch eine niedrige Wassertemperatur, einen hohen Sauerstoffgehalt des Wassers und eine starke Strömung gekennzeichnet. Die Bachforelle z. B. ist an diese Bedingungen gut angepaßt (vgl. S. 76). Der **Lebensraum** (die unbelebte Umwelt) und die **Lebewesen,** die ihn bewohnen, sind durch vielfältige Beziehungen miteinander verbunden.

Um leben und sich fortpflanzen zu können, benötigt die Bachforelle Beutetiere und Artgenossen.

Die Lebewesen sind also ebenfalls durch wechselseitige Beziehungen miteinander verflochten.

So entsteht ein kompliziertes **Netz** aus **wechselseitigen Beziehungen** zwischen Lebensraum und Lebewesen einerseits und den Lebewesen untereinander andererseits. Ein solches Netz nennt man **Ökosystem.**

Wir werden das **Ökosystem Bach** als Beispiel für ein **Fließgewässer** beschreiben und untersuchen, seine Gefährdung durch den Menschen deutlich machen und Möglichkeiten zu seiner Erhaltung aufzeigen.

Fließgewässer

Seen, Weiher, Tümpel, Bäche, Flüsse zählen zu den Binnen- oder Süßgewässern. Seen, Weiher, Tümpel bezeichnet man als stehende Gewässer, Bäche und Flüsse als Fließgewässer.

Alle Fließgewässer sind ein Teil des Wasserkreislaufs auf der Erde. Niederschläge und Schmelzwasser fließen entweder oberirdisch ab oder

Abb. 5.3: Schema des Wasserkreislaufs in der Natur

Abb. 5.4: Bergbach im Engadin (Schweiz). Dicke Steinblöcke im Bachbett sorgen dafür, daß das Wasser verwirbelt wird und viel Sauerstoff aufnimmt

Einteilung der Bodenablagerungen

Felsbrocken/Geröll	größer als 63 mm
Kies	63–2 mm groß
Sand	2–0,5 mm
Schlamm	weniger als 0,5 mm

versickern zum Grundwasser. Überall dort, wo wasserführende Schichten an die Erdoberfläche stoßen, sickert, sprudelt oder quillt das Grundwasser hervor und fließt unter dem Einfluß der Schwerkraft auf der schiefen Ebene des Bodens abwärts.

Lebensraum Bach

Die Quellrinnsale vereinigen sich zum Bach. Diesen Namen behält der Wasserlauf, solange er nicht breiter als etwa 5 m ist. Von da an heißt er Fluß.

Es gibt natürlich nicht **den** Bach. Trotz vieler Gemeinsamkeiten bestehen große Unterschiede zwischen einem Gletscherbach im Hochgebirge, einem Bergbach im Mittelgebirge und einem Wiesenbach im Flachland. Wir wählen einen **Bergbach** aus, wie er z. B. im Sauerland, in der Eifel, im Spessart, im Schwarzwald vorkommt. Wir zeigen, inwiefern er **Lebensraum** für viele **Pflanzen-** und **Tierarten** ist.

Überblickt man einen Bachlauf von der Quelle bis zur Mündung, fällt auf, daß sich der Verlauf in charakteristischer Weise ändert. Im Anschluß an die Quelle – im **Oberlauf** – ist das Gefälle am stärksten, der Bach fließt in fast gestrecktem Verlauf talwärts. Im **Mittellauf** nimmt das Gefälle im Durchschnitt ab, die durchschnittliche Strömungsgeschwindigkeit sinkt, die Menge des mitgeführten Wassers steigt, das Bachbett verzweigt sich. Im **Unterlauf** nehmen Gefälle und Strömungsgeschwindigkeit im Durchschnitt weiter ab, die transportierte Wassermenge ist gleichmäßig, der Bach windet sich in Schleifen (Mäander) zur Mündung (Abb. 5.5).

5.2 Umweltfaktoren des Lebensraumes Bach

Ob das Wasser schnell oder langsam fließt, ist für die Lebewesen im Bach wichtig. Ökologisch ausgedrückt: die Fließgeschwindigkeit, **Strömungsgeschwindigkeit,** ist ein wichtiger Umweltfaktor.

Die Strömungsgeschwindigkeit ist nicht an allen Stellen des Bachbettes

Abb. 5.5: Zonen eines natürlichen Bergbaches und einige seiner abiotischen Faktoren

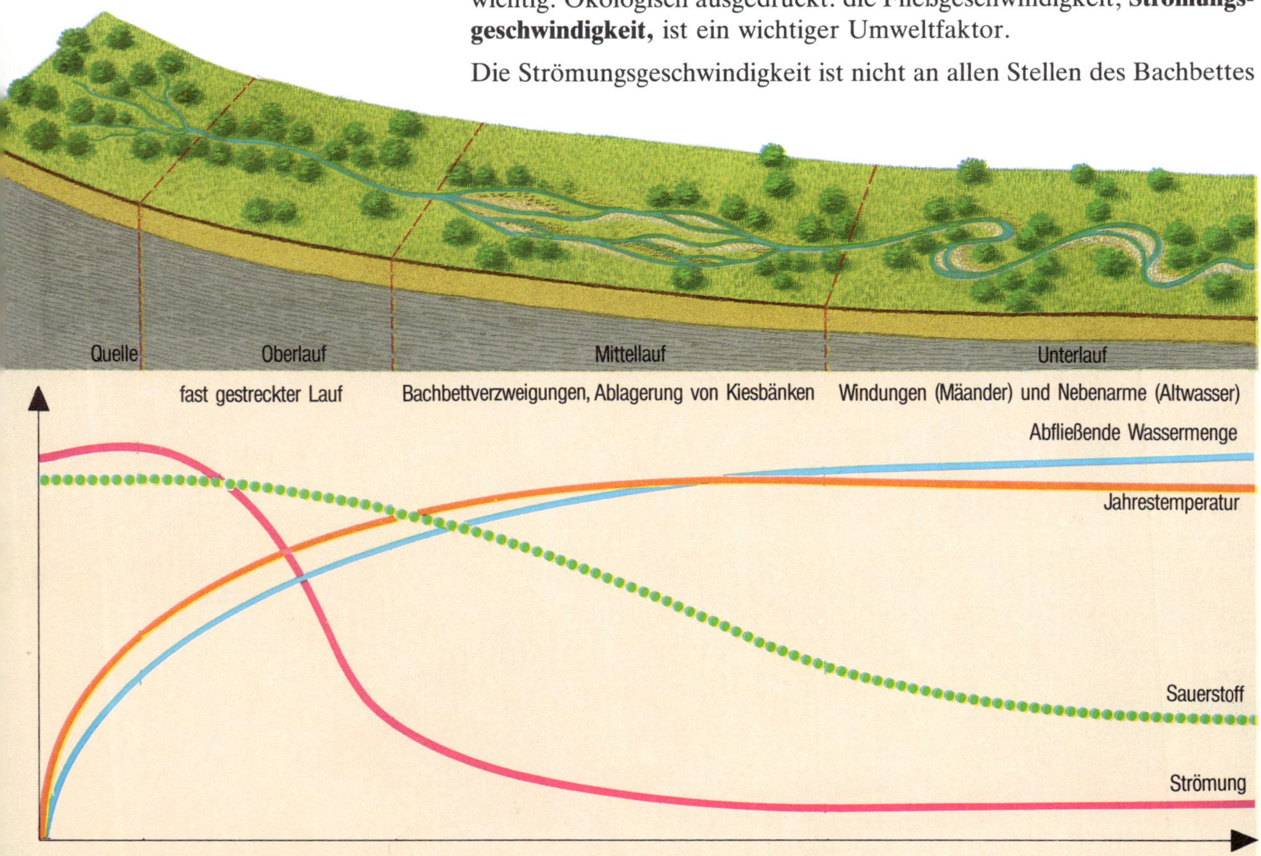

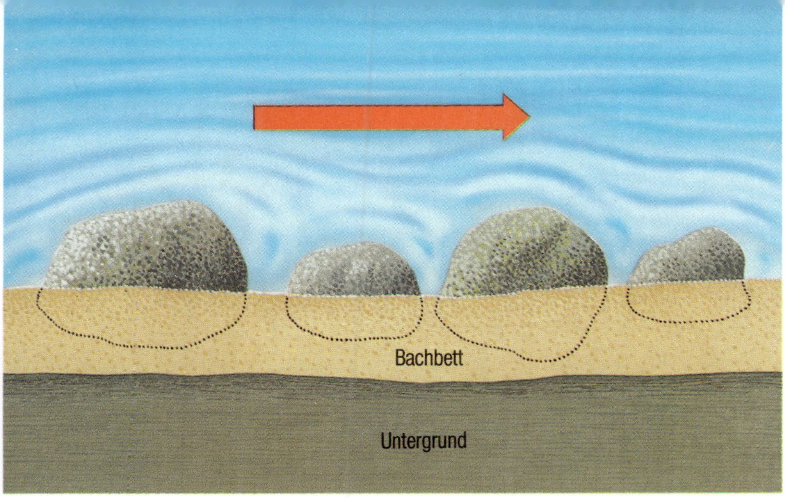

Abb. 5.6: Hinter Hindernissen entstehen strömungsarme Räume (Totwasserräume)

gleich. Durch Reibung am Geröll des Bachbettes und an den Uferzonen wird die Strömung abgebremst. Dabei entsteht an der **Grenzschicht** zwischen dem strömenden Wasser und dem Untergrund (z. B. Geröllbrocken) ein fast **strömungsfreier Bereich,** der einige Millimeter dick ist. Außerdem finden sich hinter überströmten Steinblöcken oder anderen Hindernissen **strömungsarme Zonen,** Totwasserräume.

Ein weiterer wesentlicher Faktor für das Ökosystem ist die **Temperatur.** Aus Abb. 5.7 kannst du ablesen, daß die Wassertemperatur in der Quellregion das Jahr hindurch nur wenig schwankt. Im Bachoberlauf wird das Wasser im Sommer nur 13 °C warm, während es im Winter auf 4 °C abkühlt. Der Bergbach friert also im Winter nicht zu. Im Unterlauf beträgt der Unterschied zwischen Sommer- und Wintertemperaturen 15 °C, ist also wesentlich geringer als der Unterschied der Lufttemperaturen. Insgesamt sind die Wassertemperaturen gleichmäßiger und niedriger als die entsprechenden Lufttemperaturen.

Strömungsgeschwindigkeit und Wassertemperatur beeinflussen den **Sauerstoffgehalt** des Wassers. Die höchstmögliche Sauerstoffmenge, die Wasser bei einem Druck von 1030 hPa Barometerstand aufnehmen kann, beträgt bei
0 °C = 69,5 mg Sauerstoff/l Wasser
10 °C = 53,7 mg Sauerstoff/l Wasser
20 °C = 43,3 mg Sauerstoff/l Wasser.

Je niedriger die Temperatur ist, desto größer ist die Aufnahmefähigkeit für Sauerstoff. Wasserteilchen werden durch die Strömung stark verwirbelt (Turbulenz) und erhalten so einen intensiven Kontakt mit der Luft. Das begünstigt die Sauerstoffaufnahme.

In der Quellregion und im Oberlauf ist das Wasser 100% sauerstoffgesättigt, d. h. es enthält die der Temperatur entsprechend höchstmögliche Sauerstoffmenge. Im Mittellauf und im Unterlauf ist die Sauerstoffsättigung nicht mehr ganz so hoch, überwiegend ist das Wasser jedoch sauerstoffreich.

Auch der **Untergrund** (Substrat) ist von Bedeutung. Schießt das Wasser über Felsen dahin, können sich Lebewesen in der Strömung kaum halten. Ist der Boden von grobem Geröll (Steine haben einen Durchmesser von mehr als 63 mm) bedeckt, bildet sich zwischen und unter den Steinen ein gut durchströmtes und gut belüftetes Hohlraumsystem aus, das von vielen Lebewesen bewohnt wird. Sande lagern sich nur in

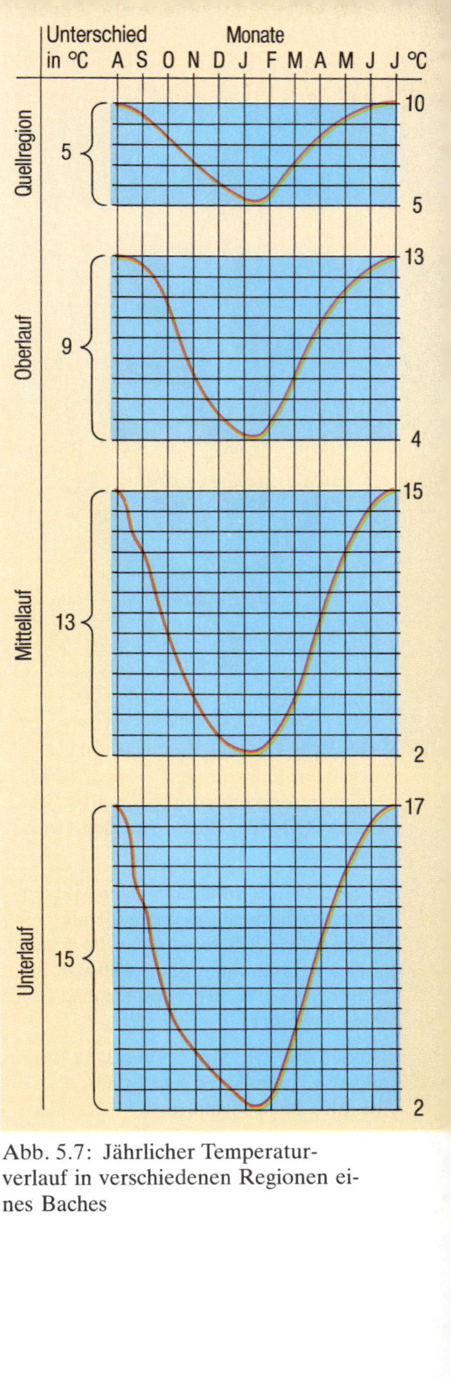

Abb. 5.7: Jährlicher Temperaturverlauf in verschiedenen Regionen eines Baches

Aufgabe

Auch Wasserpflanzen können genau wie andere grüne Pflanzen nicht ohne **Licht** leben. Der Vergleich eines vollbelichteten Wiesenbaches mit einem beschatteten Waldbach zeigt uns deutlich: Im Wiesenbach finden wir mehr grüne Pflanzen als im Waldbach.
Sprecht darüber und schreibt auf, wie diese Behauptung auf eurem nächsten Wandertag überprüft werden könnte.

Abb. 5.8: Das Quellmoos ist eine Unterwasserpflanze, deren Stengel 50 cm lang werden können. Quellmoose besiedeln Quellen, Bäche und den Grund von Seen

Abb. 5.9: Die Flußnapf- oder Mützenschnecke besiedelt rasch fließende Gewässer. Ihre Schale ist 4 mm hoch und 5–7 mm lang. Sie ernährt sich von Algen, die sie mit ihrer Raspelzunge (s. S. 246) abweidet

Abb. 5.10: Die nur 2,5 mm lang werdenden Hakenkäfer sind Pflanzen-, hauptsächlich Algenfresser

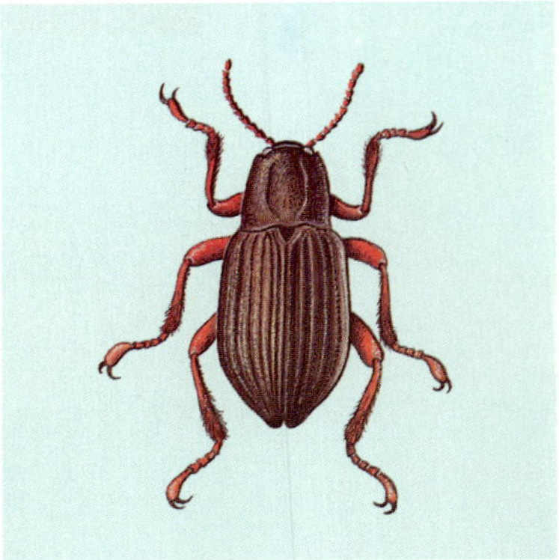

Abschnitten ab, in denen die Strömungsgeschwindigkeit geringer ist. Da die Sandkörner dauernd gegeneinander bewegt werden und aneinander gerieben werden, finden sich dort nur wenige Lebewesen ein. An Abschnitten, in denen die Strömung sehr gering ist (nur am Unterlauf), entstehen schlammige Ablagerungen. Der Schlamm ist immer mit winzigen **organischen Teilchen (Detritus)** angereichert und bevorzugtes Nahrungsrevier von Detritusfressern (z. B. Zuckmückenlarven), die an solchen Stellen in großer Zahl auftreten. So zählte man in der 10 cm dicken Schlammschicht einer ruhigen Bucht eines Sauerlandbaches im Durchschnitt 2200 Detritusfresser pro m^2.

Die dargestellten Faktoren von der Strömungsgeschwindigkeit bis zum Untergrund werden **abiotische Faktoren** genannt. Sie geben dem Lebensraum Bergbach seine charakteristischen Eigenschaften.

Viele Lebewesen können einen Bergbach nur dann besiedeln, wenn sie auf irgendeine Weise der Strömung widerstehen und sich vor Abdrift schützen können. Wir finden unter ihnen interessante Anpassungsformen.

5.3 Anpassungen der Lebewesen an die Strömung

Wir wollen an einigen Beispielen sehen, wie Pflanzen und Tiere an die Strömung des Wassers angepaßt sind.

Algen (Grün- und Kieselalgen) schmiegen sich eng der Unterlage an und bilden dabei dichte Polster. Sie heften sich mit Haftscheiben, Gallertstielen und -hüllen an Steinen des Bachbettes fest.

Quellmoose verankern sich mit ihren Wurzeln in Gesteinsritzen. Eine besonders dicke Außenhaut (5fache Zellage) schützt die bis zu 50 cm langen Stengel vor dem Abreißen durch die Strömung.
Auch unter den tierischen Bachbewohnern ist eine vorübergehende oder dauernde **Befestigung** an der **Unterlage** weit verbreitet.
So saugt sich die 5–7 mm lange **Flußnapfschnecke,** auch Mützenschnekke genannt, mit ihrer breiten Fußscheibe an Steinen fest. Einer Strömungsgeschwindigkeit von nahezu 1 m/s vermag sie so zu widerstehen. Die Flußnapfschnecke gehört zu den Lungenschnecken (vgl. S. 228). Sie kommt jedoch nie an die Wasseroberfläche, um zu atmen. Im sauerstoffreichen Wasser genügt ihr Hautatmung, ihre Lunge ist zurückgebildet.
Die etwa 2,5 mm langen **Hakenkäfer** halten sich mit ihren langen Fußkrallen am Algenteppich fest.

Abb. 5.11: Eintagsfliegenlarve drückt sich eng an die Unterlage und nutzt dabei die strömungsarme Grenzschicht aus

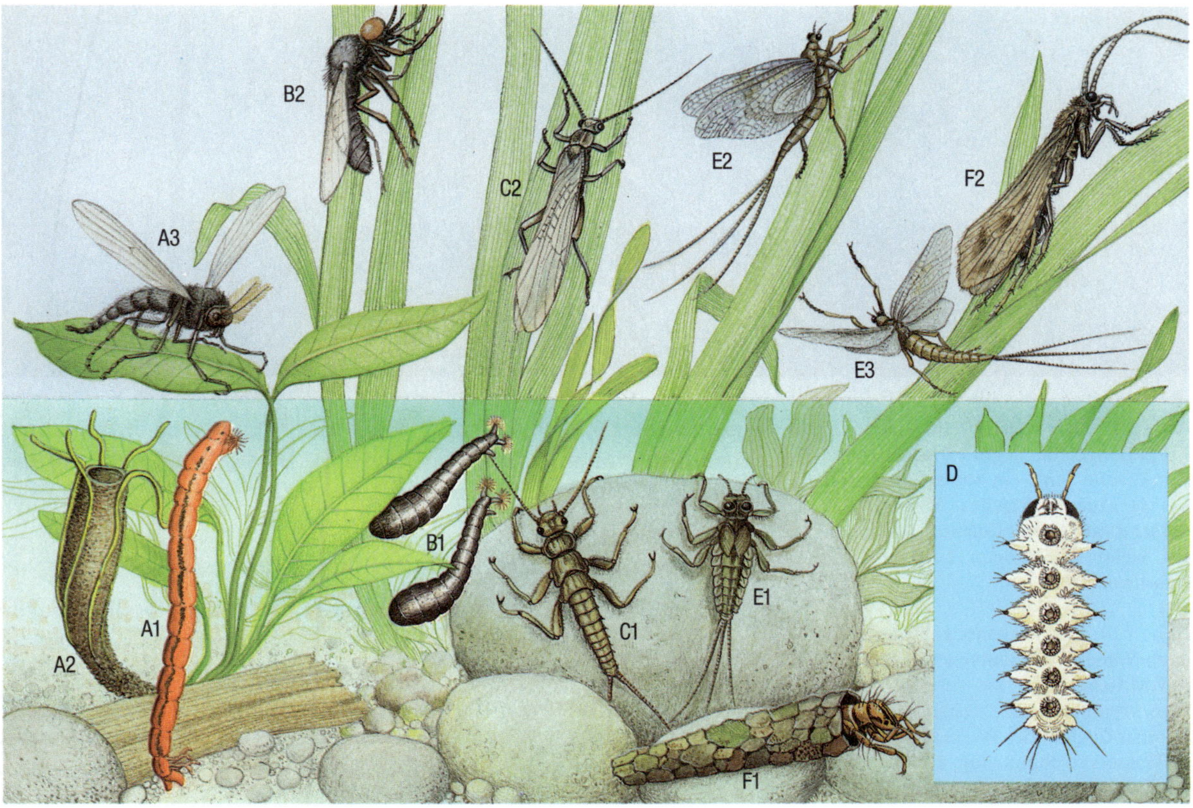

Abb. 5.12: A) Zuckmücken verbringen den größten Teil ihres Lebens als Larven in Binnengewässern. Nach dem Schlüpfen verlassen die Vollinsekten diesen Lebensraum. Sie leben dann nur noch wenige Tage, nehmen keine Nahrung auf
B) Die Larven der Kriebelmücken leben nur in Fließgewässern. Die Vollinsekten sind nur 2–6 mm lang. Die Männchen saugen Pflanzennektar, die Weibchen außerdem noch Blut
C) Steinfliegen bilden eine eigene Insektenordnung. Ihre Larven verbringen 1–3 Jahre in fließenden Gewässern. Die Vollinsekten leben 1–4 Wochen, sind schlechte Flieger und sitzen auf Steinen
D) Die Larven der Lidmücken bewohnen rasch fließende Bäche. Die Vollinsekten sind etwa so groß wie Stechmücken
E) Eintagsfliegen sind keine Fliegen. Sie bilden eine eigene Ordnung der Insekten. Ihre Larven leben stets im Wasser und verbringen dort meist 1 Jahr. Die Vollinsekten leben nur kurze Zeit (1 Std. bis mehrere Tage – Name!) und nehmen keine Nahrung auf
F) Köcherfliegen sind nicht mit Fliegen, wohl aber mit Schmetterlingen nahe verwandt. Die Vollinsekten leben etwa 3–4 Wochen und nehmen kaum Nahrung zu sich. Die Larven leben stets im Wasser

Zuckmückenlarven bauen Wohnröhren aus dem Sekret ihrer Speicheldrüsen und kleben sie mit Stielchen an Blättern des Quellmooses fest.

Die Larven der **Kriebelmücke** befestigen ihr Hinterende mit Spinnfäden an der Unterlage, das Hinterende trägt dazu noch Reihen feiner Häkchen. „Weltmeister“ in der Fähigkeit, sich festzuheften, sind **Lidmükkenlarven.** Sie tragen auf der Bauchseite sechs Saugnäpfe, die aus einem Chitinring und einem Chitinkolben bestehen. Der Chitinring wird auf die Unterlage gepreßt. Dabei tritt Wasser durch einen Schlitz nach außen. Dann wird der Chitinkolben durch Muskelzug nach oben gehoben, dadurch ist ein luftleerer Raum geschaffen (Vakuumprinzip). Lidmükkenlarven halten sich mit ihren Saugnäpfen auch in stärkster Strömung, z. B. auf Felsen an Stromschnellen. Experimente haben ergeben, daß eine Strömung von mehr als 3 m/s Lidmückenlarven nicht von ihrer Unterlage lösen kann.

Ein anderes Verfahren, der Strömung zu trotzen, haben **Köcherfliegenlarven** entwickelt, sie arbeiten nach dem Prinzip **„Verankerung durch Ballast“.** Die Larven einiger Köcherfliegenarten bauen Wohnröhren (Köcher) aus dem Sekret ihrer Spinndrüsen und beschweren diese dann mit Steinchen. So können sie auf dem Grund des Baches bleiben.

Die Larven einiger **Eintagsfliegenarten** und einiger **Steinfliegenarten** haben stark abgeflachte Körper. Sie klammern sich fest, drücken sich eng an die Unterseite und nutzen so die strömungsarme **Grenzschicht** (S. 73) aus. Ein erfolgreiches Verfahren, die Abdrift zu verhindern.

Abb. 5.13: Die Bachforelle kann eine Körperlänge von 40 cm erreichen. Ihrer Körperseite fehlt ein rotes Längsband. Da sie sauerstoffreiches, kühles Bachwasser zum Leben braucht, ist sie heute aus vielen ehemaligen Lebensräumen verschwunden

Abb. 5.14: Die Regenbogenforelle hat ihren Namen nach dem regenbogenfarbigen Mittelstreifen. Sie verträgt höhere Wassertemperaturen, einen geringen Sauerstoffgehalt des Wassers und größere Wasserverschmutzung als die Bachforelle. Sie stammt aus Nordamerika und wurde nach 1880 bei uns eingebürgert

Einige Fischarten mit schlanker Körperform und hoher Muskelkraft können die Strömung aktiv überwinden, z.B. die **Bachforelle** aus der Familie der Lachsfische (Salmoniden) und die **Elritze** aus der Familie der Karpfenfische.

Warum bevorzugen einige Fischarten diesen Lebensraum?

Durch Experimente konnte man nachweisen, daß Bachforellen Stellen im Bach mit einer Temperatur von +10,4°C bevorzugen (Vorzugstemperatur). Wasser von dieser Temperatur enthält nämlich so viel Sauerstoff, wie die Forelle für ihren Stoffwechsel braucht. Wasser von +11°C reicht ihr nicht. Auch ihren Laich legen Forellen in Bachabschnitten mit +10,4°C ab.

Der Forellenlaich kann sich nur entwickeln, wenn die Eier ständig von sauerstoffreichem Wasser umspült werden. Forellen sind **Kieslaicher.** Sie schlagen in den Monaten Dezember und Januar mit ihrer Schwanzflosse seichte Gruben in den Kiesuntergrund. Nach Eiablage und Besamung werden die Gruben wieder mit Kies überdeckt. Die Kiesabdeckung schützt die Eier gegen Feinde, vor zu intensiver Sonnenbestrahlung und vor Abdrift. Schon geringe Schlammengen oder andere Ablagerungen können das Lückensystem im Kies so verstopfen, daß die Sauerstoffversorgung für die Entwicklung der Forellenbrut nicht mehr ausreicht.

Niedrige **Wassertemperatur,** hohes **Sauerstoffangebot** und harter **Untergrund** (Kies) sind lebenswichtige **Umweltbedingungen** für die Bachforelle. Außer in Körperform und Laichverhalten sind Bachforellen auch in ihrem Nahrungsverhalten an die Bedingungen, die im schnell fließenden Wasser des oberen Bachlaufs herrschen, angepaßt. Trotz ihres muskulösen Körpers können Forellen nicht fortwährend gegen die Strömung anschwimmen. Sie verbringen die meiste Zeit in ruhigen Bachabschnitten unter überhängenden Felsbrocken oder Baumwurzeln und ernähren sich von allen Organismen, die ihnen die Strömung ins Maul treibt (Driftsammler). Außerdem jagen sie kleinere Fische sowie Insekten, die dicht über der Wasseroberfläche fliegen oder sich darauf niederlassen.

Abb. 5.15: Die spindelförmigen Elritzen leben in Schwärmen und lieben sauerstoffreiche, schnell fließende Gewässer

5.4 Nahrungsbeziehungen

Wir haben bisher beschrieben, welche abiotischen Faktoren den Lebensraum Bach bestimmen und auf welche Weisen Lebewesen an diesen Lebensraum angepaßt sind. Dabei haben als Lebensraum wir nur das

Abb. 5.16: Nahrungsbeziehungen

fließende Wasser (Wasserkörper) und den Untergrund (Bachbett) betrachtet. Die Uferzonen haben wir z. B. nicht berücksichtigt.

Der Wasserkörper eines Baches und sein Untergrund beherbergen eine Vielzahl von Lebewesen, die natürlich nicht isoliert voneinander leben, sondern in vielfältigen **wechselseitigen Beziehungen** zueinander stehen, z. B. in Nahrungsbeziehungen. Sie stellen die **biotischen Faktoren** dar. Die Gesamtheit der Lebewesen eines bestimmten Lebensraumes mit ihren wechselseitigen Beziehungen bezeichnet man als **Lebensgemeinschaft** (Biozönose). Wir betrachten diese Beziehungen nun unter dem Gesichtspunkt des Faktors „Nahrung".

Grundlage aller Nahrungsbeziehungen ist die Produktion organischer Stoffe durch grüne Pflanzen. Dank der Photosynthese sind grüne Pflanzen in der Lage, aus Kohlenstoffdioxid, Wasser und Mineralstoffen unter Ausnutzung der Sonnenenergie organische Stoffe (Kohlenhydrate, Fette, Eiweiß) zu produzieren. Grüne Pflanzen werden deshalb auch **Produzenten** genannt. In der Lebensgemeinschaft eines Baches sind grüne Algen die wichtigsten Produzenten. Allerdings können sie nur dort leben, wo die Strömungsgeschwindigkeit geringer als 1,7 m/s ist. Bei höherer Strömungsgeschwindigkeit wird das Geröll so stark hin- und herbewegt, daß Algen zerrieben werden.

Größere Wasserpflanzen finden sich nur in geschützteren Bereichen, vor allem im Mittel- und Unterlauf, z. B. Flutender Hahnenfuß. Die Pro-

Abb. 5.17: Bachflohkrebse sind etwa 20 mm lang. Sie sind geschickte Schwimmer, die sich durch kräftige Bewegungen des Hinterleibs vorwärts bewegen

Abb. 5.18: Die Quelljungfer ist eine Großlibelle. Ihre Flügelspannweite beträgt 10,5 cm. Sie jagt in den Monaten Juni–November an Gebirgsbächen und auf Waldwiesen

Abb. 5.19: Die Larven der Quelljungfer vergraben sich bis auf die Augen und das Schwanzende in den Sand von Bergbächen. Kommt eine Beute in ihre Nähe – alle Libellenlarven leben räuberisch – ergreift sie diese blitzschnell mit der zur Fangmaske umgebildeten Unterlippe

Abb. 5.20: Eine Libellenlarve hat ihre Fangmaske halb ausgeklappt

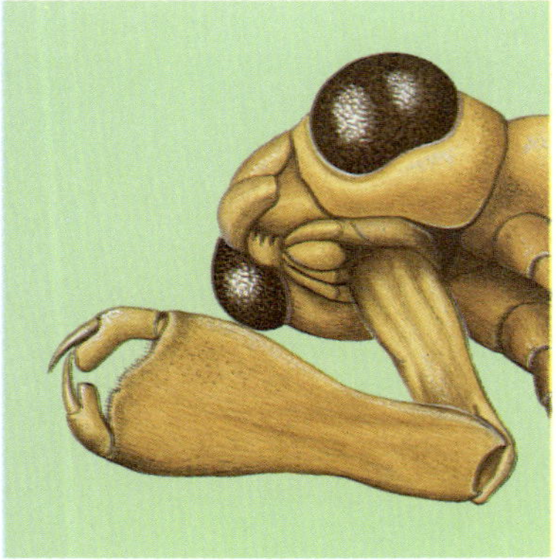

duktion energiereicher organischer Stoffe ist – das gilt besonders für den Oberlauf – gering. Das wird dadurch ausgeglichen, daß das fließende Wasser nicht nur Mineralstoffe herantransportiert, sondern auch abgestorbene Pflanzenteile (z. B. Fallaub der Ufergehölze), lebende und tote Tiere. Dieser Transport von Organismen und totem Material wird **Drift** genannt. Oft sind die organischen Stoffe der Drift so fein zerrieben, daß sie als Schwebstoffe mitgeführt werden und an strömungsarmen Stellen zu Boden sinken. Man nennt Abfallstoffe in dieser Form **Detritus.**

Von den organischen Verbindungen, die die grünen Pflanzen erzeugt haben, und von der Drift leben viele Tierarten. Man nennt sie Pflanzen- oder Detritusfresser: **Konsumenten 1. Ordnung.** Dazu gehören Mützenschnecken und Hakenkäfer, die als Weidegänger Algenteppiche **abweiden.** Zuckmückenlarven **filtrieren** mit Fangnetzen aus Spinnfäden Algen und Detritus aus dem strömenden Wasser, während Kriebelmückenlarven Algen und Detritus mit Fächern in die Mundöffnung **strudeln.** Unter hohlaufliegenden Steinen warten Bachflohkrebse auf herangeschwemmte Pflanzenteile und Detritus. Die strömungsarme Grenzschicht auf Steinen nutzen Eintagsfliegen- und Steinfliegenlarven aus, um Algen abzuweiden. Die Larven einiger Köcherfliegen-, Steinfliegenarten und alle Libellenlarven sind Fleischfresser, **Konsumenten 2. Ordnung.** Sie ernähren sich von Pflanzen- und Detritusfressern. Die Bachforelle ernährt sich sowohl von Pflanzen- als auch von Fleischfressern. Sie ist ein **Konsument 3. Ordnung.**

5.5 Bachunterlauf und Flußregion

Im Bachunterlauf und in der Flußregion herrschen andere abiotische Faktoren als im Ober- und Mittellauf des Baches.

Die **Wassertemperaturen** sind weniger gleichmäßig, im Winter sind sie niedriger und im Sommer höher als im Oberlauf. Die **Sauerstoffversorgung** ist meistens nur im Bereich der Wasseroberfläche ausreichend. Die **Strömungsgeschwindigkeit** ist mäßig, an geeigneten Stellen werden mächtige Sand- und Schlammschichten abgelagert. Damit sind gute Bedingungen gegeben, daß sich untergetaucht am Boden lebende Wasserpflanzen (z. B. Laichkräuter, Wasserpest) ansiedeln. In ruhigen Buchten wachsen auch Teichrosen und Pfeilkraut.

Abb. 5.21–5.23: Blätter und Blütenähren des Schwimmenden Laichkrautes – Wasserpest – Pfeilkraut mit Blütenstand

Abb. 5.24: Taumelkäfer schwimmen in Kreisen oder Spiralen auf der Wasseroberfläche. Mittel- und Hinterbeine tragen Schwimmhaare, sie sind kurz und paddelartig

Die Insektenlarven von Arten, die im Oberlauf leben, finden wir im Unterlauf nicht mehr. Ihr Sauerstoffbedarf kann dort nicht gestillt werden. Dafür leben dort Arten mit geringem Sauerstoffbedarf: Zuckmücken-, Eintagsfliegen- und Köcherfliegenlarven. Es sind überwiegend grabende und kriechende Tiere.

Die Wasseroberfläche wird in ruhigen Buchten zu einem neuen Lebensraum: Taumelkäfer und Bachläufer suchen die Wasseroberfläche nach Beute ab.

Unter den Fischen beherrschen Arten die Szene, die sich meist langsam bewegen, wie z.B. Karpfen, Plötze, Hecht. Die Bedingungen dieses Lebensraumes entsprechen ihren Anforderungen an einen Laichplatz: Uferbereiche mit geringer Strömung und dichter Wasserpflanzenvegetation. Karpfen, Plötze und Hecht sind nämlich **Krautlaicher.** Sie heften ihre Eier mit einem Sekret (Körperabsonderung) fest an Wasserpflanzen.

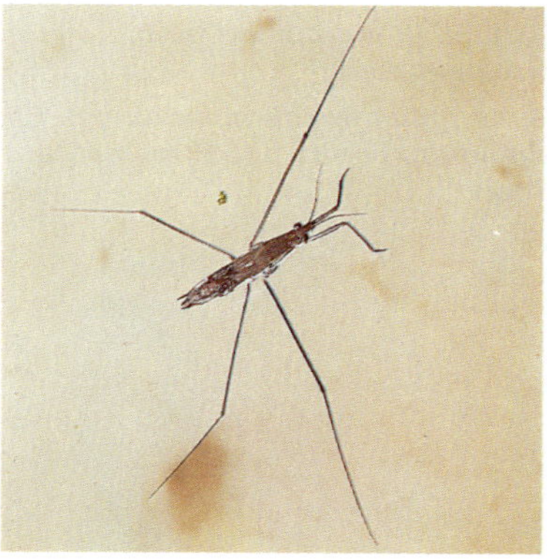

Abb. 5.25: Bachläufer (sie gehören zu den Wasserwanzen) nutzen die Tatsache aus, daß die Wasseroberfläche eine elastische Haut ist. Ihre stark behaarten, eingefetteten Füße drücken die Wasserhaut leicht ein, durchstoßen sie nicht

Abb. 5.26–5.28: Karpfen – Plötze (Rotauge) – Hecht

Abb. 5.29: Wasseramsel beim Nahrungstauchen

A ins Wasser hineinschreitender, B, C abwärtstauchender, D auftauchender Vogel

Abb. 5.30: Wasseramsel

Vögel und Säugetiere am Bach

Im Mittelgebirge und im Hochgebirge (bis 1400 m) können wir am Mittel- und Unterlauf schnell fließender Bäche, deren Wasser gut durchlüftet sein muß und nur wenig verschmutzt sein darf, **Wasseramseln** beobachten. Es sind starengroße **Singvögel,** die eine in dieser Vogelfamilie einzigartige Ernährungsweise haben. Wasseramseln erjagen auf dem Bachgrund tauchend ihre Beute: Eintags- und Köcherfliegenlarven, Bachflohkrebse und gelegentlich sehr kleine Fische. Wasseramseln sind an diese extreme Lebensweise gut angepaßt. Ihr Gefieder ist fest und reich an Pelzdunen. Die Nasenöffnungen sind verschließbar, die Ohröffnungen durch eine Hautfalte verdeckt. Ihre Bürzeldrüse (das Sekret ist wichtig für die Gefiederpflege) ist 6–10fach größer als die von Singvögeln vergleichbarer Größe. Wasseramseln setzen ihr Nest vorwiegend auf Kanten, die von oben Deckung haben. Brücken, Felsvorsprünge und überhängende Ufer sind bevorzugte Niststandorte. Der Mensch hat die Wasseramsel durch folgende Maßnahmen aus vielen Lebensräumen vertrieben:

- Moderne Bautätigkeit: Abbruch alter Mühlen, Ersatz alter Holz- oder Steinbrücken durch Betonbauten.
- Begradigung von Bächen. Befestigung der begradigten Bachufer durch Beton oder Steinpackungen.
- Wasserverschmutzung.

Durch künstliche Nistgelegenheiten wurden allerdings viele Wasseramseln wieder angesiedelt.

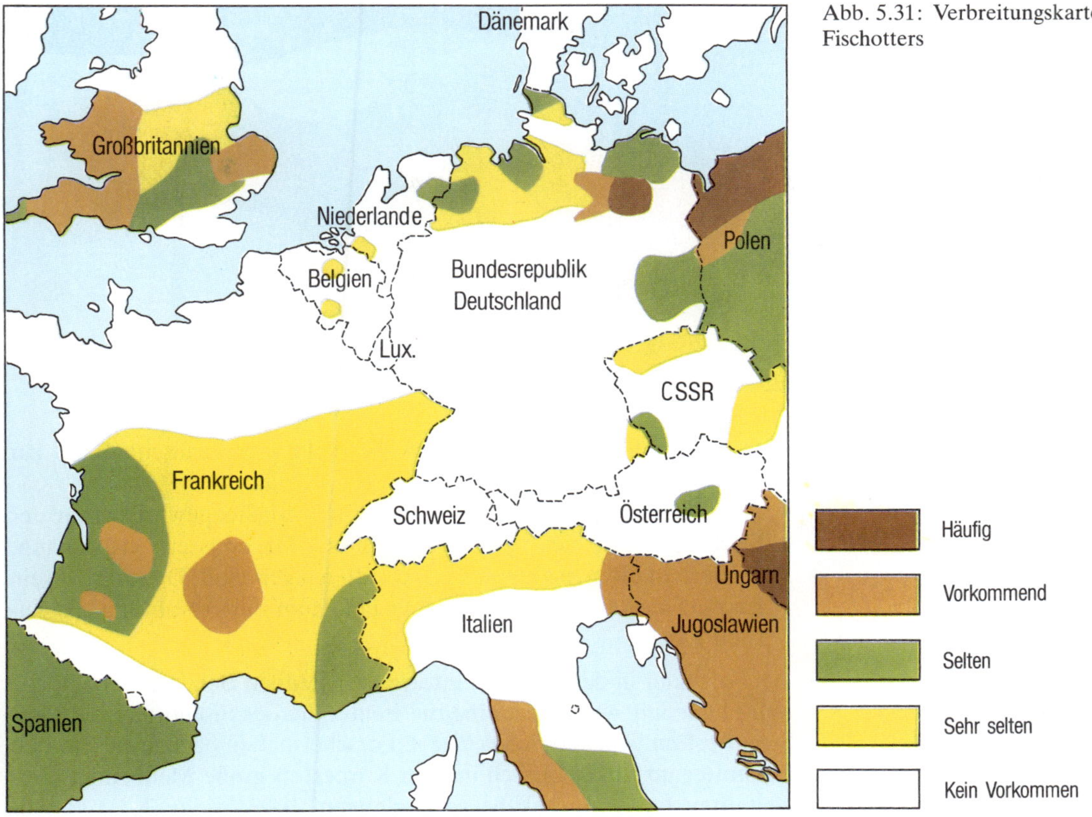

Abb. 5.31: Verbreitungskarte des Fischotters

Von einem Säugetier unserer Bäche und Flüsse, dem **Fischotter,** müssen wir wohl endgültig Abschied nehmen. Er wird in der Bundesrepublik bald ausgerottet sein. Vor hundert Jahren war er in vielen Gebieten noch so häufig, daß man Prämien für erlegte Fischotter bezahlte. Und in der Großstadt Berlin konnte man ihn damals am Tage von den Spreebrücken aus bei der Jagd beobachten.

Der Fischotter ist der am besten für das Wasserleben ausgestattete **Marder.** Sein Fell (mit seidenweicher Unterwolle) ist wasserundurchlässig, er kann seine Ohren verschließen, seine Zehen an Vorder- und Hinterfüßen sind durch Schwimmhäute verbunden. Der Fischotter ist ein vorzüglicher **Schwimmer** und **Taucher.** Neben Fischen bilden Krebse, Frösche, Molche, kleine Wasservögel und Säuger (z. B. Schermäuse, Bisamratten) seine Nahrung. Als Jagd- und Wohnrevier wählt er Uferpartien mit gutem Pflanzenwuchs (Deckung) und der Möglichkeit, Baue mit Unterwassereingang anzulegen.

Früher hat man ihn verfolgt, weil er Fischern und Teichwirten als arger Fischräuber galt und weil man seinen Pelz wollte. Heute nimmt man ihm seinen Lebensraum. Man begradigt Bach- und Flußläufe, holzt die Ufervegetation ab und befestigt die Ufer durch Beton- und Steinpackungen.

Diese wasserbaulichen Maßnahmen haben für den Fischotter böse Folgen.

- Das Angebot an Beutetieren in den kanalisierten Wasserläufen wird knapper.

Abb. 5.32: Fischotter verzehrt einen erbeuteten Fisch. Fischotter sind Schwimm- oder Wassermarder. Körperlänge (einschließlich Schwanz) bis zu 130 cm. Beim Schwimmen legen sie die Vorderbeine an den Körper. Wellenförmige Bewegungen des Körpers und des Schwanzes sowie Schläge der Hinterfüße sorgen für den Antrieb. Schwanz und Hinterbeine werden auch zum Steuern benutzt

- Der Marder hat keine Möglichkeit mehr, unterirdische Baue zur Jungenaufzucht anzulegen.
- Die Jagd auf Beutetiere ist dadurch beschwerlicher geworden, daß der Fischotter jetzt nicht mehr in seichten Ufergewässern jagen kann, sondern in offenen Gewässerabschnitten jagen muß. Dadurch ist sein Energieverbrauch so hoch, daß er ihn kaum durch Nahrung ausgleichen kann.

Als Folge der in den letzten Jahren zunehmenden Belastung der Bäche und Flüsse mit Abwässern sind die Beutetiere des Fischotters stark mit **Schadstoffen** belastet. Schwedische Forscher haben nachgewiesen, daß Fischotter im Muskelfleisch und im Körperfett große Mengen an Umweltgiften (z.B. Quecksilberverbindungen, Insektizide, PCB) gespeichert hatten. Man weiß von Nerzen (einer Marderart), daß schon geringe Mengen von PCB, im Muskelfleisch und im Körperfett gespeichert, die weiblichen Tiere unfruchtbar machen.

Der Bestandsrückgang des Fischotters zeigt an, daß weithin die Fließgewässer krank sind. Der Fischotter ist damit ein **Bioindikator** (lebender Anzeiger) für Umweltschäden.

Abb. 5.33: Fischotter benötigen als Lebensraum Bachufer mit dichtem Pflanzenwuchs, in dem sie sich verbergen können, außerdem Uferböschungen, in die sie Erdhöhlen (zum Aufenthalt und zur Jungenaufzucht) graben können

5.6 Flußauen – Auenwald

Teilweise schon im Mittellauf und nahezu immer im Unterlauf windet sich der Fluß in vielen Schleifen oder verzweigt sich in mehrere Arme (s. Abb. 5.5). Das gilt natürlich nur für Flüsse, die der Mensch nicht begradigt oder kanalisiert hat.
In diesem Bereich schafft der Fluß durch **Überflutungen** und durch **Ablagerung von Bodenteilchen** eine besondere Landschaft: die **Flußaue.** Sie reicht so weit, wie sich die Überschwemmungen erstrecken. Besondere abiotische Faktoren prägen diesen Biotop. Die Wasserführung des Flusses ändert sich im Jahreslauf oft, deshalb schwankt auch der **Grundwasserstand** stark. Mindestens einmal im Jahr – im späten Frühjahr oder Frühsommer (Schneeschmelze im Gebirge) – wird das gesamte Gebiet überschwemmt: Überflutung. Das Hochwasser bringt große Mengen an Bodenteilchen (z. B. Sand, Lehm) mit, die hier abgelagert werden.
In der Flußaue können nur Pflanzen leben, die diese wechselnden Bedingungen ertragen können. So müssen sie fähig sein, eine zeitweilige Überflutung ohne Schaden zu überstehen. Eine damit verbundene geringere Sauerstoffversorgung der Wurzel und einiger Sproßteile darf ihnen nichts ausmachen. Außerdem müssen sie längere Trockenperioden aushalten, indem sie entweder dem sinkenden Grundwasser mit ihren Wurzeln folgen oder ihre Wasserabgabe einschränken können.
Die Überflutung hat auch eine positive Seite. Das Hochwasser bringt dem Boden eine große Menge an Mineralstoffen und an organischen Stoffen, die seine Fruchtbarkeit erhöhen und so natürlich düngen.

So finden sich in der Flußaue bestimmte Pflanzengesellschaften. Abbildung 5.34 zeigt einen schematischen Querschnitt durch eine Flußaue. So vollständig wie auf der Abbildung tritt die Folge der Pflanzengesellschaften in Wirklichkeit selten auf. So bildet sich z. B. eine gehölzfreie Zone mit Röhricht nur an Uferstrecken, die sanft ansteigen (an Gleithängen). An Steilufern (Prallhängen) fehlt meist die gehölzfreie Zone. Ein schmaler Streifen mit Weidenbüschen säumt dort das Ufer.

Abb. 5.34: Schematischer Querschnitt durch eine vollständige Auenvegetation

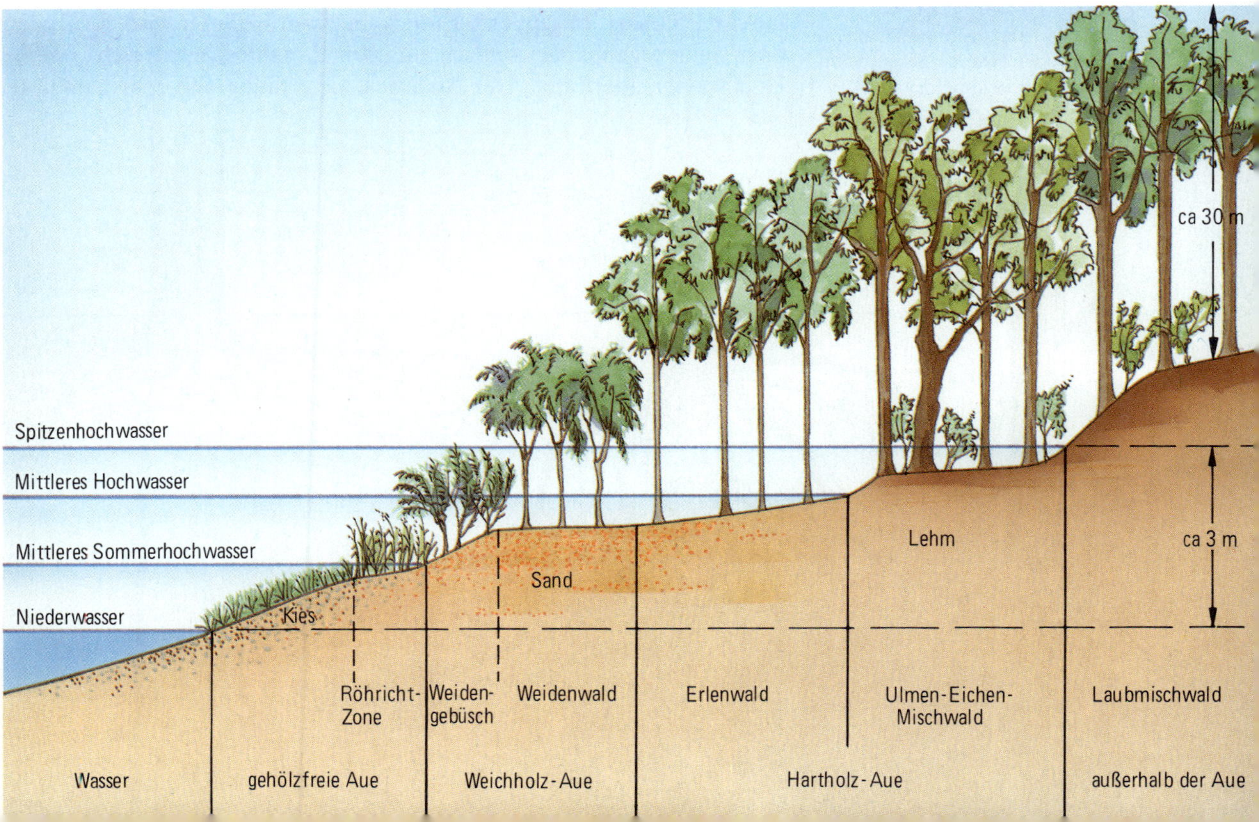

Abb. 5.35: Die Silberweide ist ein charakteristischer Baum der Flußauen. Sie erreicht Höhen von 20 m

Im flußnahen Bereich der **gehölzfreien Aue,** der häufig überflutet ist, leben raschwüchsige, einjährige, krautige Pflanzen (z. B. Knötericharten). Die natürliche Düngung ist dort am größten, wo sich Spülsäume absetzen, d. h. bei Hochwasser Pflanzen- und Tierreste angeschwemmt werden. Es gibt keinen anderen natürlichen Standort, der so reich an Stickstoffverbindungen ist. Es finden sich Pflanzen, die stickstoffreichen Boden lieben, z. B. Große Brennessel, Pestwurz (Stickstoffanzeiger).

Steigt das Ufer etwas höher an und ist die Strömung nicht zu stark, entwickelt sich eine **Röhrichtzone.** Das **Rohrglanzgras** ist hier die vorherrschende Pflanze. Seine Halme sind biegsamer als Schilfhalme, sie ertragen daher die Strömung gut.

Mit den ersten Weidenbüschen beginnt der Auenwald. Das Ufer säumen u. a. **Korbweiden.** An sie schließen sich weiter landeinwärts auf höher gelegenem Boden **Silberweiden** an, die bis zu 20 m hohen Bäumen heranwachsen können. Die das Flußufer besiedelnden Weidenarten besitzen folgende Anpassungen an ihren Lebensraum:

- Ihre Blätter sind schmal, die Äste sind biegsam. Sie bieten der Strömung wenig Widerstand.
- Tiefgehende, verzweigte Pfahlwurzeln verankern die Pflanzen.
- Bei längerer Überflutung bilden sie am Sproß Nebenwurzeln, die in das sauerstoffreiche Oberflächenwasser hineinragen. Dadurch vermeiden Weiden einen Sauerstoffmangel.
- Die Samen nutzen die günstigen Bedingungen nach Rückgang des Hochwassers. Sie keimen schon nach wenigen Stunden und verankern sich dabei im noch feuchten Boden.

Die meist aus Weiden bestehende Zone des Auenwaldes wird **Weichholzaue** genannt, da ihre Vertreter ein rasch gewachsenes, wenig haltbares und leichtes Holz besitzen.

Auf die Weichholzaue folgen oft **Erlen-Auenwälder.** Die Schwarzerle ist hier allen anderen Baumarten überlegen. Mit ihrem über 1 m tiefen und sehr verästelten Wurzelsystem hält sie dem stärksten Angriff des Wassers stand. Ihre Wurzeln dringen in das dauernd von Grundwasser durchnäßte Erdreich ein (Abb. 5.37). Das vermag außer der Erle keine einheimische Baumart. In größerer Entfernung vom Flußufer wird der Boden nicht mehr regelmäßig, sondern nur noch ausnahmsweise durch extreme Hochwasser überflutet. Der Boden ist tiefgründig und sehr nährstoff-

Abb. 5.36: Ein Weidensproß treibt aus ruhenden Knospen Wurzeln

Abb. 5.37: Die Erle senkt ihre Wurzeln in den Bereich des Grundwassers, während die Pappel diesen meidet

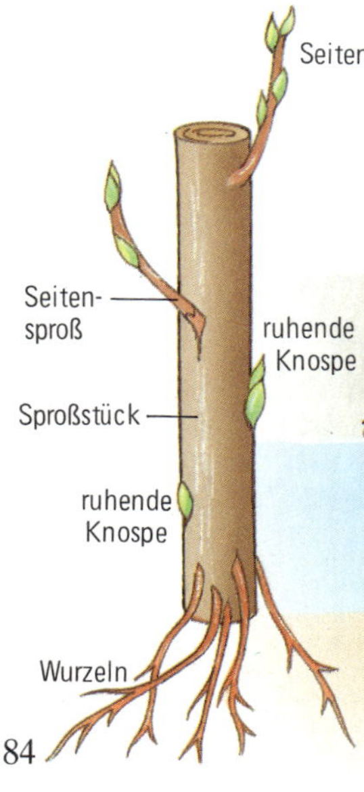

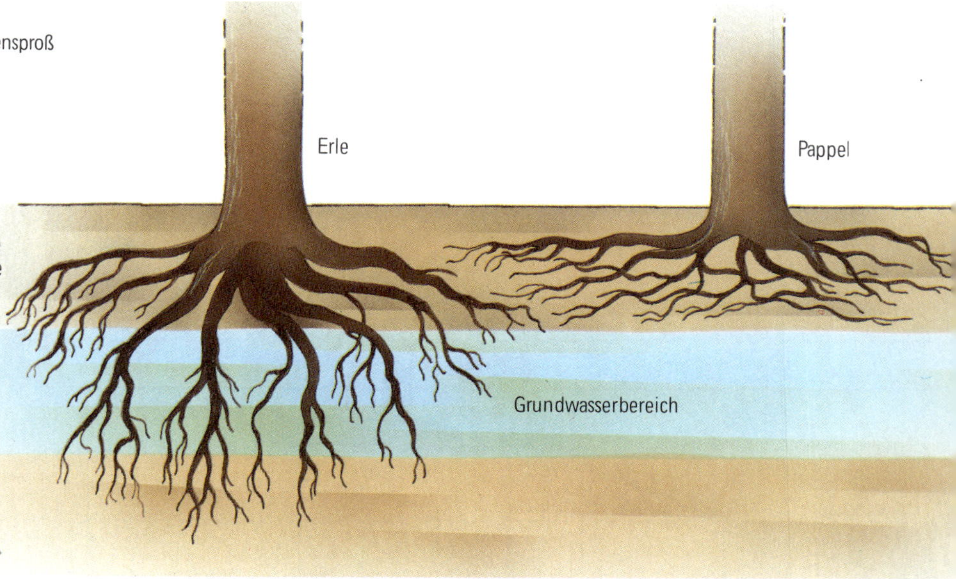

reich. Die Schwarzerle wird von der Esche verdrängt, die mit Ulmen und Stieleichen den **Eschen-Ulmen-Eichen-Auenwald** bildet. Dieser **Laubmischwald** ist eine vielgestaltige Waldgesellschaft, die oft gut erkennbar in **Stockwerke** gegliedert ist. Eschen, Ulmen, Stieleichen bilden die Baumschicht (Kronen- und Stammschicht) Feldahorn, Weißdorn und Pfaffenhütchen sind oft Vertreter der Strauchschicht. Im Frühjahr (vor dem Laubaustrieb) wird die Krautschicht beherrscht von Buschwindröschen, Gelbstern, Aronstab, Bärenlauch, Scharbockskraut, die im Sommer von Waldziest, Klebkraut und Springkraut abgelöst werden.
Erlenwälder sowie Eschen-Ulmen-Eichen-Auenwälder bestehen aus Baumarten, die ein kräftiges, dauerhaftes Holz haben. Man spricht deshalb von **Hartholzaue.**
Rotbuchen und Nadelhölzer vertragen keine Überflutungen. Wir finden sie daher normalerweise nicht in Auenwäldern.
Der Bereich der Flußauen bietet natürlich vielen Tierarten ausgezeichnete Lebensmöglichkeiten. So enthält z.B. der von der Strömung herangetragene und am Ufersaum abgesetzte Detritus (S. 78) für viele **Gliederfüßer**arten (S. 21) ein reichhaltiges Nahrungsangebot. Der Flußaue fehlt kaum eine Tiergruppe. Wirbeltiere, Schnecken, Würmer, Spinnentiere und Insekten (vor allem Mücken) sind in einer großen Fülle von Arten vertreten.
Der Schlamm langsam fließender Gewässerabschnitte dient zahlreichen **Frosch**arten (u.a. Grasfrosch) als Überwinterungsort.
Röhrichte werden von **Rohrsängern,** vielen **Entenarten** und **Tauchern** als Nahrungs-, Brut- und Aufzuchtrevier genutzt.
Unter den **Säugetieren** ist die Flußaue für den schon erwähnten **Fischotter,** den **Bisam** und die **Wasserspitzmaus** Lebensraum. Auch unserem größten Nagetier, dem **Biber,** bietet die Flußaue ausgezeichnete Lebensbedingungen. Leider jagte der Mensch den Biber aus vielen Gründen (u.a. wegen seines dichten Pelzes) so heftig, daß er schon seit dem vergangenen Jahrhundert in Deutschland fast ausgerottet war. Nur an der Elbe bei Magdeburg (DDR) überlebte eine kleine Gruppe. Vor zwanzig Jahren begann man, in Bayern Biber, die aus der Sowjetunion, Polen, Nordeuropa stammten, auszusetzen. Dieser Versuch war erfolgreich. Heute leben wieder Biber in Flußauen der Donau und einigen ihrer Nebenflüsse.

Abb. 5.38: Eschenauenwald im Frühling

Abb. 5.39: Zweig mit Blättern der Silberweide. Wuchshöhe: 2 m (Strauch) – 20 m (Baum). Zweig mit Blütenstand (♀ und ♂) der Schwarzerle. Wuchshöhe: bis 25 m. Zweig, Blütenstand und Früchte der Esche. Wuchshöhe: 20–35 m

Abb. 5.40: Biber sind Vegetarier. Im Sommer ernähren sie sich von Wasser- und Uferpflanzen. Im Herbst fällen sie Bäume (bis 60 cm Durchmesser), zerlegen sie in Stücke von etwa 80 cm Länge, lagern sie als Wintervorrat im Wasser ein und verzehren nach und nach die Rinde.
Zum Fällen benutzen sie ihre mächtigen meißelartigen Schneidezähne (Nagezähne), die zeitlebens nachwachsen.
Biber (130 cm lang und 30 kg schwer) sind ausgezeichnete Schwimmer und Taucher. Die Hinterfüße (Schwimmhäute zwischen den Zehen) dienen als Antriebsorgan, der 15 cm breite, flache Schwanz (Kelle) mit schuppiger, lederartiger Haut wird als Ruder benutzt

Abb. 5.41/42: Ein Biberpaar gräbt zuerst einen einfachen Erdbau in die Uferböschung. Die Eingangsröhre liegt stets unter dem Wasserspiegel. Später schichten die Biber Äste und Zweige auf, aus dem Erdbau wird eine Burg. Ist der Wasserstand nicht ausreichend, bauen sie aus Stämmen, Zweigen und Schlamm Dämme und stauen das Wasser

Leider greift der Mensch in die Landschaft der Flußauen stark ein. Die Kraft der Flüsse wird von Wasserbautechnikern gebändigt (S. 89), die Auenwälder werden abgeholzt. Ihr nährstoffreicher Boden dient heute als Acker- oder Weideland. Wenn man den Boden nicht in dieser Weise nutzen kann, pflanzt man schnellwüchsige Pappeln an (ihr Holz dient zur Papierherstellung). So gibt es heute von den früher ausgedehnten Auenwäldern leider nur noch Reste. Als natürliche **Wasserrückhaltbecken** (S. 263) und **Lebensraum** vieler Pflanzen- und Tierarten müssen sie unbedingt erhalten werden. Ohne sie würde die in den letzten Jahren so erschreckend hochgeschnellte Zahl ausgestorbener Tier- und Pflanzenarten noch größer werden.

5.7 Selbstreinigung und Belastungen

Wir haben schon erwähnt, daß Ökosysteme mit Störungen fertig werden. Fließgewässer besitzen z. B. die Fähigkeit der Selbstreinigung.

In einem Bach – ohne Beeinträchtigung durch den Menschen – herrscht **Gleichgewicht** zwischen den Prozessen, in denen organische Stoffe aufgebaut werden (Trophie), und den Vorgängen, in denen diese Stoffe abgebaut werden (Saprobie). Wir stellen sie vereinfacht dar.

Leitet der Mensch **Abwässer,** die aus abbaubaren organischen Stoffen bestehen, in den Bach, so reagiert das **Ökosystem** darauf. Die erhöhte Zufuhr von organischen Stoffen regt **Mikroorganismen** (Bakterien, Pilze) zu gesteigerter Aktivität an. Die eingeleiteten Stoffe werden aufgenommen, chemisch umgewandelt und schließlich in ihre Bestandteile zerlegt (mineralisiert). Bei der erhöhten Stoffwechselaktivität verbrauchen die Mikroorganismen sehr viel Sauerstoff, gleichzeitig vermehren sie sich – dank der günstigen Bedingungen – stark. Der hohe Sauerstoffverbrauch führt zu einem **Sauerstoffdefizit** im Wasser. Davon sind viele Lebewesen betroffen, die einen hohen Sauerstoffbedarf haben. Sie können in diesem Bachabschnitt nicht mehr leben.

Bakterien und Pilze vermehren sich dagegen so stark, daß das Bachbett von dichten, schleimigen Pilz- und Bakterienteppichen überzogen ist. Dadurch wird vielen Bewohnern des Untergrundes die Möglichkeit genommen, sich gegen die Strömung zu behaupten und Nahrung zu finden.

Dafür finden etwas bachabwärts **Bakterienfresser,** wie z. B. Wimpertierchen (vgl. S. 223), ausgezeichnete Lebensbedingungen. Diese bilden die Ernährungsgrundlage für **Rädertierchen** (vgl. Abb. 14.20), die wiederum von **Kleinkrebsen** und räuberischen **Insektenlarven** erbeutet werden. Währenddessen hat sich der Sauerstoffgehalt wieder verbessert, da die eingeleiteten Stoffe abgebaut sind. **Fische** finden nun auch wieder Lebensbedingungen. Im Fließgewässer herrscht einige Kilometer unterhalb der Einleitungsstelle wieder ein einigermaßen stabiles Gleichgewicht.

Damit haben wir den Prozeß der **Selbstreinigung** stark vereinfacht dargestellt. Viele Faktoren, z. B. Menge, Temperatur und Fließgeschwindigkeit des Wassers, Menge und Abbaufähigkeit der eingeleiteten Stoffe, haben wir dabei allerdings nicht berücksichtigt.

Belastung durch Schadstoffe

Die Fähigkeit unserer Fließgewässer zur Selbstreinigung wird dadurch völlig überfordert, daß wir in viele Bäche und alle Flüsse unseres Landes Abwässer mit Giften oder schwer abzubauenden Stoffen einleiten. Das soll folgendes Beispiel verdeutlichen.

In Kleve (Niederrhein) fließen bei mittlerem Wasserstand in einer halben Stunde 4,3 Mio m^3 Wasser rheinabwärts – mehr, als alle Bundesbürger in einem Monat trinken. Dieses Wasser enthielt 1983 etwa 660 Tonnen **Chlorid** (ein großer Teil stammt aus den Kalisalzgruben des

Elsaß), das sind rund 22 Güterwagen voll. Außerdem 18 Tonnen **organischer Stoffe** (die Ladung eines großen LKW). Zusätzlich 350 kg **Zink,** 34 kg **Chrom,** 1,3 kg **Cadmium,** 800 g **Quecksilber** und in Mengen von etwa 50 g **Kohlenwasserstoffverbindungen,** z. B. Hexachlorbenzol (HCB), polychlorierte Biphenyle (PCB). Die Mengen abgelassenen Altöls, die vom Rheinwasser zur Nordsee transportiert werden, wurden nicht berücksichtigt. Ebenfalls unberücksichtigt bleiben die Mengen an Schwermetallen, die sich auf der Strecke von Basel nach Kleve im Flußbett und am Ufer abgesetzt haben.

Viele dieser Stoffe sind hochgradig giftig, kaum abbaubar und reichern sich in der **Nahrungskette** an (vgl. Kap. 15). Dazu gehören vor allem die **Schwermetalle Cadmium** und **Quecksilber** sowie **chlorierte Kohlenwasserstoffe,** die außerdem teilweise krebserzeugend sind.

Gewiß hat man viele Bäche und Flüsse dadurch entlastet, daß man im letzten Jahrzehnt viele **Kläranlagen** gebaut hat, die die Abwässer nicht nur mechanisch, sondern auch biologisch klären (vgl. Kap. 16). So ist die Wasserqualität auch in einigen Abschnitten unserer großen Ströme Rhein, Weser und Elbe wesentlich verbessert worden. Dennoch sind viele Fließgewässer immer noch mit hochgiftigen Schwermetall- und Kohlenwasserstoffverbindungen gefährlich belastet.

Auf eine weitere Gefährdung unserer Gewässer sind wir in den letzten Jahren aufmerksam gemacht worden.

Viele Bäche und Seen unserer Mittelgebirge mit klarem Wasser und reichlichem Bewuchs von Algen und Wassermoosen erscheinen gesund und sauber. Der Schein trügt. Das Wasser ist zwar klar, aber auch **sauer.** Der **pH-Wert** des Wassers (vgl. S. 335) ist in den letzten Jahren auf Werte von 5,5–4,5 gesunken. Verursacher der Wasserversauerung sind **Luftschadstoffe** (z. B. Schwefeldioxid, Stickoxide), die durch Luftströmungen kilometerweit aus den Ballungsgebieten in Reinluftgebiete transportiert werden. Die genannten Schadstoffe verbinden sich mit Luftfeuchtigkeit zu **Säuren** und gelangen mit Regen und Schnee in die Gewässer. Viele Tierarten unserer Gewässer reagieren empfindlich auf eine Versauerung des Wassers, sie wandern ab oder sterben. Man hat beobachtet, daß zur Schneeschmelze viele Fische aus dem Oberlauf des Baches bachabwärts fliehen. Ein bis zwei Tage nach Beginn des Tauwet-

Abb. 5.43: Naturnaher Bach

ters sinkt der pH-Wert des Wassers stark (bis auf Werte von 3,4 und 2,9). Das Schmelzwasser hat die im Schnee angereicherten Luftschadstoffe in den Bach geleitet. Solche „Säure-Schocks“ treten auch bei starken Regenfällen nach Trockenperioden auf.

Im Frühjahr gefährden diese Säureschübe, die einige Stunden, aber auch wenige Tage dauern können, vor allem die Fischbrut. Die Fischembryonen sterben im Ei ab.

Können die Fische infolge von Bachregulierungen nicht bachabwärts ausweichen, kommt es zu einem **Fischsterben.** Fische reagieren auf eine Versauerung des Wassers mit erhöhter Schleimbildung im Bereich der Kiemen. Der Schleim verklebt jedoch feine Lamellen der Kiemen. Die Fische sind bei der Atmung behindert. Außerdem fehlen ihnen im sauren Wasser viele Nahrungstiere. Die Fische ersticken und verhungern.

Anfällig für eine Versauerung der Bäche und Seen sind Gebiete mit kalkarmen Böden: Bayerischer Wald, Fichtelgebirge, Schwarzwald, Hunsrück, Taunus und Harz.

Belastungen durch wasserbautechnische Eingriffe

Fließgewässer liefern Trink- und Brauchwasser. Sie stellen vielfach auch gute Verkehrswege dar und dienen in Wasserkraftwerken der Erzeugung von elektrischem Strom. Sie fangen bei starken Niederschlägen große Mengen von Oberflächenwasser auf und transportieren sie so ab, daß der Grundwasserspiegel einigermaßen erhalten bleibt – nicht zu hoch, nicht zu niedrig. Bäche und Flüsse dienen damit als sogenannte Vorfluter. Die Erfüllung all dieser Aufgaben soll durch das Wasserhaushaltsgesetz der Bundesrepublik Deutschland gesichert werden. In diesem Sinn hat man in den letzten Jahrzehnten folgende Maßnahmen ergriffen:

- Fluß- und Bachausbau, d. h. Veränderungen des Fluß- oder Bachbettes durch Baumaßnahmen sowie Deichbauten als Hochwasserschutz.
- Anlage von Wasserspeichern (z. B. Talsperren), um das jetzt schneller abfließende Wasser zurückhalten zu können.
- Ausbau von Flüssen zu Wasserstraßen.

Abb. 5.44: Ausgebauter Bach

Abb. 5.45: Bachsperre aus Mauerwerk, Gepflastertes Bachbett, Ausbau durch Treppen

Die Abbildungen stellen einige Methoden der Bachverbauung dar. Das Bachbett wird möglichst geradlinig gestaltet (in den letzten Jahren in leichten Kurven), und das Profil (Abb. 5.46) berechnet man so, daß erwartete Spitzenhochwässer abgefangen werden können und ein beständiger Grundwasserspiegel gehalten wird. Da durch die Begradigung, die eine Verkürzung des Bachlaufs ist, eine höhere Strömungsgeschwindigkeit entsteht, baut man Wehre und Schwellen ein. Die Ufergehölze werden abgeholzt, die Uferböschung wird mit Rasen eingesät. Ein sogenannter Unterhaltungsstreifen für Pflegemaßnahmen (Mäharbeiten, Ausräumen der Bachsohle, Ausbesserungsarbeiten) muß frei bleiben.

Seit 1945 sind etwa 40000 km Fluß- und Bachläufe „ausgebaut" worden. Nur noch 10% der Gesamtstrecke unserer Wasserläufe sind in einem naturnahen Zustand erhalten geblieben.

Solche wasserbautechnischen Eingriffe haben ökologische **Folgen.** Zwängt man z.B. einen Fluß in ein Bett mit befestigten Ufern und unterbindet ein Ausufern durch Deiche, **erhöht** sich die **Strömungsgeschwindigkeit.** Die Arbeitskraft des Flusses wirkt sich voll auf das Flußbett aus, während ihm vorher die gesamte Flußaue zur Verfügung

Abb. 5.46: Profile ausgebauter Bäche
(HHW ≙ höchstes Hochwasser, MW ≙ mittlerer Wasserstand)

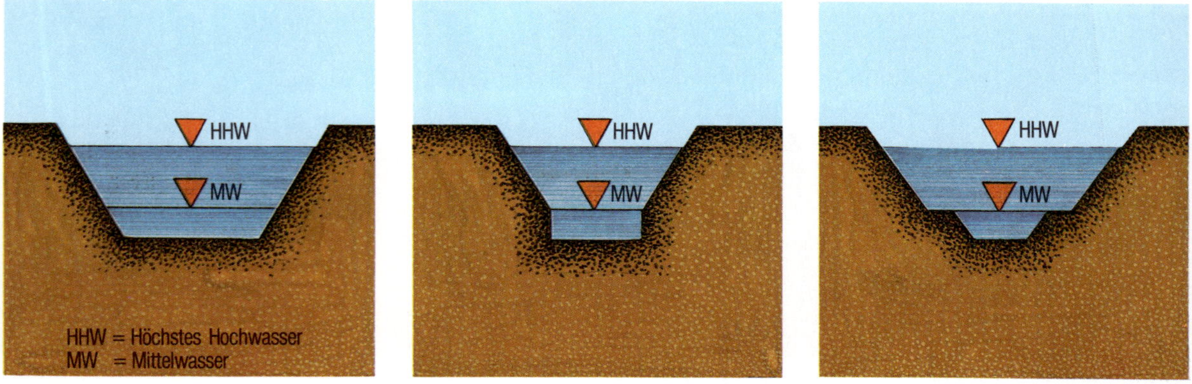

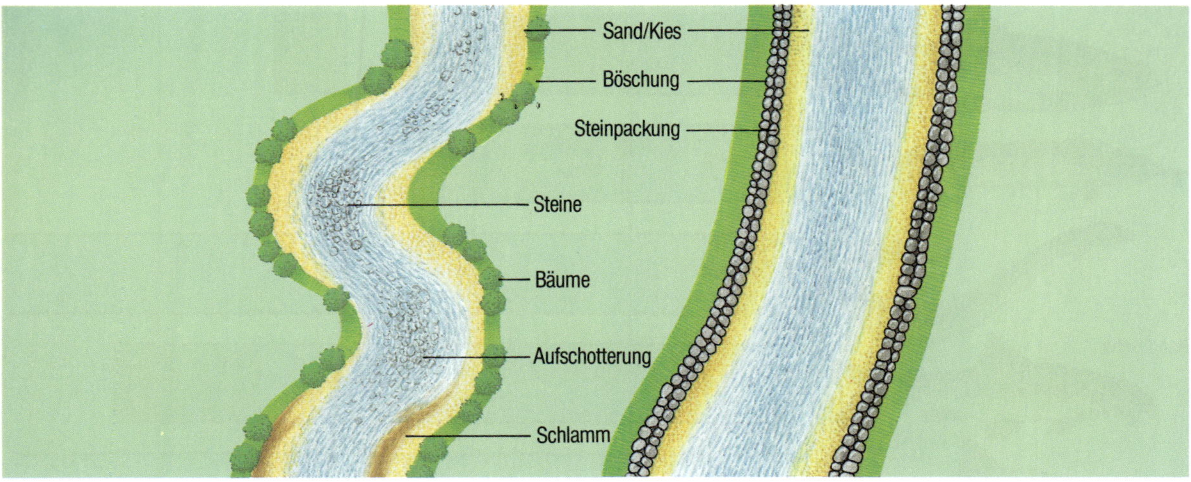

Abb. 5.47: Vergleich eines naturnahen Bachabschnittes mit einem ausgebauten Abschnitt

stand. Der so eingezwängte Fluß gräbt sich immer tiefer in den Untergrund ein (Tiefenerosion). So vertieft die Donau in Bayern seit der Regulierung ihr Flußbett jährlich um 15 cm; Rhein, Isar, Iller haben sich seit ihrer Regulierung 8 m tief eingegraben. Mit der Vertiefung des Flußbettes sinkt im Einzugsgebiet der **Grundwasserspiegel.** Davon sind nicht nur **Auenwälder** (soweit sie noch vorhanden sind) und andere **Feuchtbiotope** betroffen, sondern auch der **Kulturlandschaft** (Äcker, Wiesen, Weiden) droht die Versteppung, da Quellen und Brunnen versiegen (vgl. S. 263).

Veränderungen bei Pflanzen- und Tierwelt

An einem Beispiel wollen wir verdeutlichen, wie radikal wasserbauliche Eingriffe die Lebensgemeinschaft eines Baches verändern.

Man holzt die Ufergehölze ab, damit man später Säuberungs- und Pflegearbeiten mit Maschinen durchführen kann. Das Gewässerbett ist jetzt voll belichtet, da die Schattenspender fehlen. Wasserpflanzen finden gute Lebensbedingungen, die dadurch noch verbessert werden, daß Mineralstoffe von angrenzenden Äckern und gedüngten Wiesen eingeschwemmt werden. Dank des überreichen Angebots an Nährstoffen, **Eutrophie,** kommt es zu einer Massenvermehrung der Wasserpflanzen, zur **Verkrautung** des Gewässers. Die typischen tierischen Bachbewohner finden keine günstigen Lebensbedingungen vor, wandern ab oder sterben aus. Da die Verkrautung den Wasserabfluß behindert, greift der Mensch mit Mäh-, Räum- und Herbizideinsätzen ein und beendet diesen Zustand. Diese regelmäßigen „Säuberungsaktionen“ verhindern, daß eine natürliche Pflanzengemeinschaft im Bachbett und an den Uferzonen entsteht.

1955 stellte man bei einer Untersuchung naturnaher und ausgebauter Bäche im Sauerland folgendes fest:

In naturnahen Bächen zählte man 486 Tierarten, auf 1 m^2 lebten im Durchschnitt 3180 Tiere. In ausgebauten Bächen fand man nur 241 Tierarten, auf 1 m^2 waren es nur noch 450 Tiere.

Abb. 5.48: Blauflügel-Prachtlibelle
Die Larven der Blauflügel-Prachtlibelle wachsen im sauerstoffreichen Wasser klarer, schnellfließender Bäche heran. Nach dem Schlüpfen schätzen diese Libellen Bachufer als Jagdreviere. Als vollendete Flugkünstler können sie nicht nur fliegend auf der Stelle verharren, sondern auch rückwärts fliegen

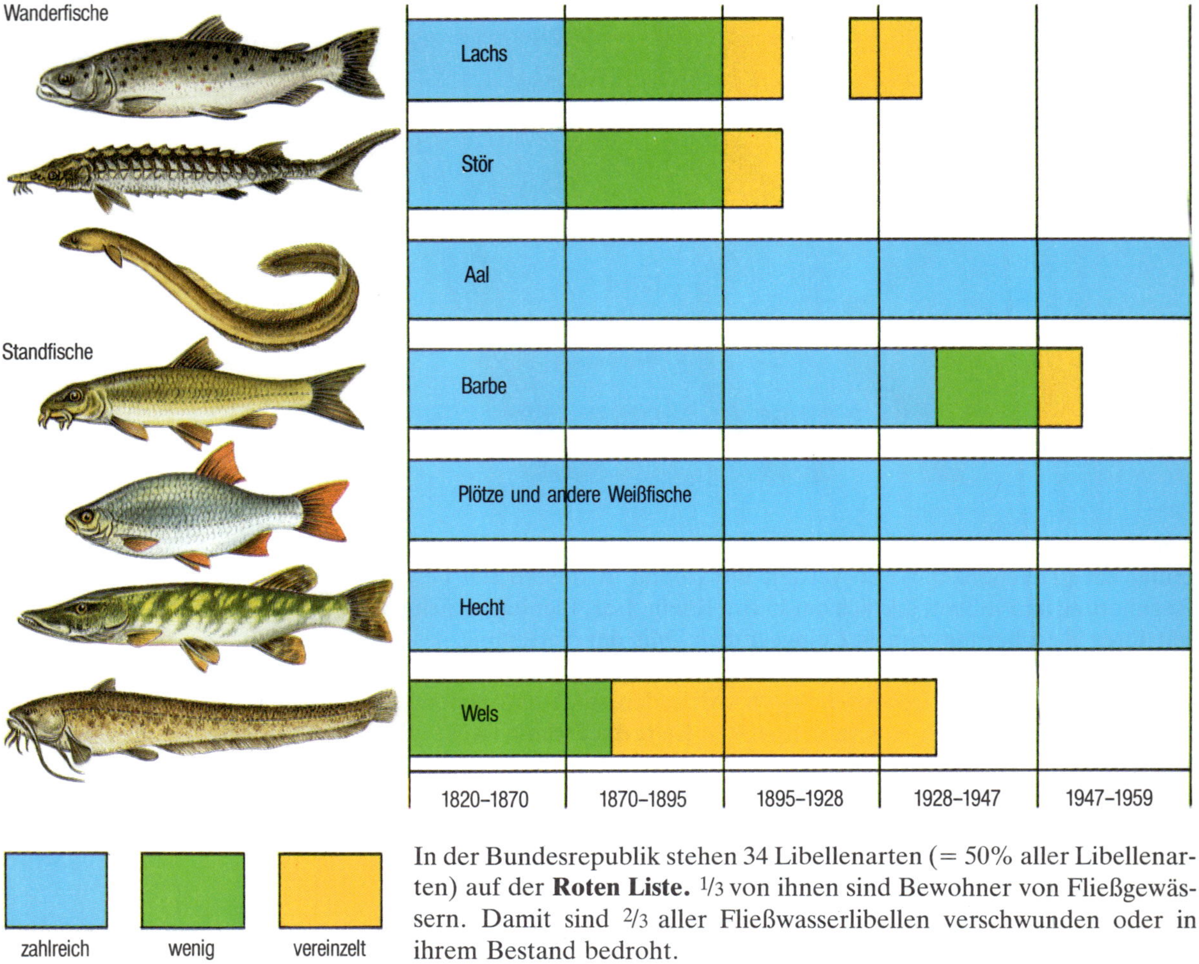

1820–1870
Erste Regulierungsarbeiten

1870–1895
Ausbau der Elbe als Wasserstraße

1895–1928
Versalzung und beginnende Verschmutzung durch organische Stoffe

1928–1947
Verstärkte Ansiedlung von Industrien

1947–1959
Erneute Ansiedlung von Industrien nach dem Kriege

Abb. 5.49: Veränderungen des Fischbestandes in der Elbe zwischen 1820 und 1959

In der Bundesrepublik stehen 34 Libellenarten (= 50% aller Libellenarten) auf der **Roten Liste.** 1/3 von ihnen sind Bewohner von Fließgewässern. Damit sind 2/3 aller Fließwasserlibellen verschwunden oder in ihrem Bestand bedroht.

Ursachen sind: Gewässerverschmutzung (besonders an größeren Flüssen), Wasserbau und Unterhaltungsarbeiten an den Gewässern. Die Fließgewässer werden durch Begradigung eintöniger. Regelmäßige, intensive mechanische Reinigungen der Bach- und Flußläufe nehmen den Libellenlarven Halt- und Versteckmöglichkeit und verschlechtern ihre Lebensmöglichkeiten.

Der Rückgang der Fische unserer Flüsse ist allgemein bekannt, gelten doch 2/3 aller Fließgewässerfische als verschwunden oder in ihrem Bestand gefährdet.

In der öffentlichen Diskussion um die Ursachen vieler Fälle von „Fischsterben" konzentriert man sich meist auf die **Gewässerverschmutzung.** Man übersieht dabei, daß **wasserbauliche Maßnahmen** oft die Lebensräume der Tiere vernichten und so an der Verringerung, oft auch Ausrottung vieler Tierarten beteiligt sind. Oft werden die Lebensmöglichkeiten der pflanzlichen und tierischen Bewohner von Fließgewässern erst durch das Zusammenwirken von Verschmutzung und Ausbau verschlechtert.

Abb. 5.50: Übersicht über Lebewesen von Gewässerzonen verschiedenen Verschmutzungsgrades: Reinwasserzone ≙ Güteklasse I, schwachverschmutzte Zone ≙ Güteklasse I–II, mittelverschmutzte Zone ≙ Güteklasse II, starkverschmutzte Zone ≙ Güteklasse III (siehe S. 94)

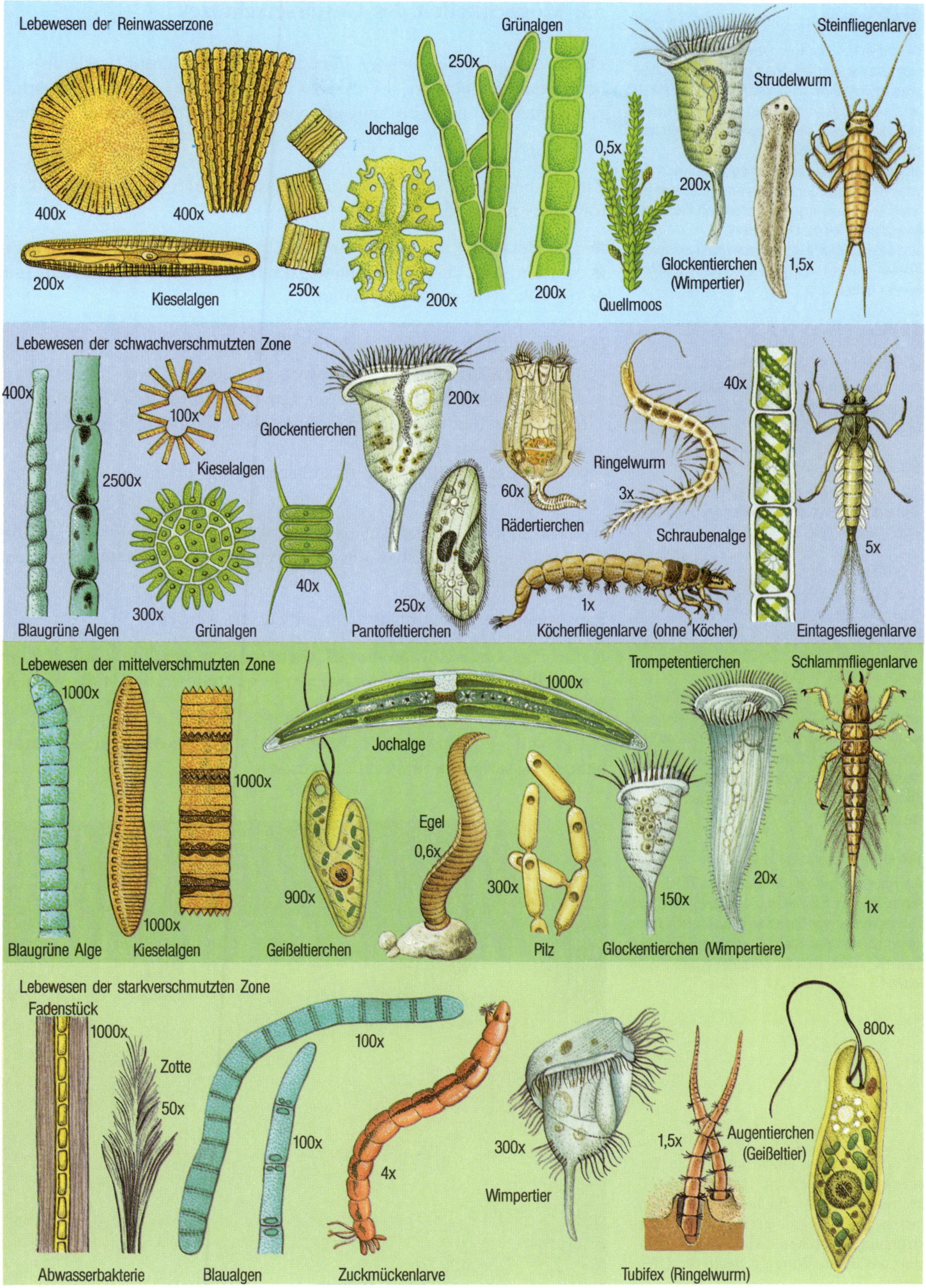
Lebewesen der Reinwasserzone
Grünalgen
Steinfliegenlarve
250x
Strudelwurm
Jochalge
0,5x
400x
400x
200x
200x
Glockentierchen
(Wimpertier)
1,5x
250x
Kieselalgen
200x
200x
Quellmoos
Lebewesen der schwachverschmutzten Zone
400x
100x
200x
40x
Glockentierchen
2500x
Kieselalgen
Ringelwurm
60x
3x
Rädertierchen
Schraubenalge
5x
40x
300x
250x
1x
Blaugrüne Algen
Grünalgen
Pantoffeltierchen
Köcherfliegenlarve (ohne Köcher)
Eintagesfliegenlarve
Lebewesen der mittelverschmutzten Zone
Trompetentierchen
Schlammfliegenlarve
1000x
1000x
Jochalge
1000x
Egel
0,6x
300x
900x
20x
150x
1x
1000x
Blaugrüne Alge
Kieselalgen
Geißeltierchen
Pilz
Glockentierchen (Wimpertiere)
Lebewesen der starkverschmutzten Zone
Fadenstück
1000x
800x
Zotte
100x
50x
100x
1,5x
Augentierchen
(Geißeltier)
300x
4x
Wimpertier
Abwasserbakterie
Blaualgen
Zuckmückenlarve
Tubifex (Ringelwurm)

Gewässergüte

Wenn man die Güte eines Gewässers beurteilen will, muß man das Verhältnis von biochemischen Aufbauvorgängen zu Abbauvorgängen feststellen. Je stärker ein Gewässer mit organischen Stoffen belastet ist, desto stärker sind die Abbauvorgänge mit entsprechender Sauerstoffzehrung.
Je nach der Stärke der Belastung finden wir in Gewässern typische Gemeinschaften von Lebewesen. Nach ihnen kann man die Wassergüte bestimmen (Indikatorfunktion der Organismen).
Man unterscheidet heute ein Wassergütesystem von 7 Klassen, die mit Hilfe der Lebewesen bestimmt werden können.

Beispiele

Güteklasse I: unbelastet bis sehr gering belastet

Das Wasser ist rein, nahezu sauerstoffgesättigt und nährstoffarm. Organismen vgl. Abb. 5.50. Laichgewässer für Forellen.

Güteklasse I–II: gering belastet

Zufuhr von Nährstoffen gering, Sauerstoffzehrung gering. Das Gewässer wird von vielen Arten von Lebewesen bewohnt (Abb. 5.50).

Güteklasse II: mäßig belastet

Gewässer nur mäßig verunreinigt, Sauerstoffversorgung gut. Sehr große Artenvielfalt. Vgl. Abb. 5.50. Ertragreiche Fischgewässer.

Güteklasse III: stark verschmutzt

Die Verschmutzung mit organischen, sauerstoffzehrenden Stoffen ist stark, der Sauerstoffgehalt ist meist niedrig. Faulschlamm wird abgelagert. Abwasserbakterien bilden große Kolonien. Nur wenige, gegen Sauerstoffmangel unempfindliche Organismen kommen dort vor (Abb. 5.50). Fischereierträge gering. Fischsterben häufig.

Güteklasse IV: übermäßig verschmutzt

Als Folge übermäßiger Verschmutzung mit organischen, sauerstoffzehrenden Abwässern herrschen Fäulnisprozesse vor. Der Sauerstoffgehalt ist nur sehr gering, oder der Sauerstoff fehlt gänzlich. Besiedlung: Bakterien, Geißeltierchen, Wimpertierchen. Fische fehlen.

5.8 Möglichkeiten des Gewässerschutzes

Da die Situation der meisten Fließgewässer in unserem Lande als sehr bedrohlich erkannt ist, ist es sehr wichtig, daß aus der Erkenntnis Konsequenzen gezogen und die bestehenden Mißstände abgebaut werden.

Zur Verbesserung der Lage der Gewässer in der Bundesrepublik ist folgendes notwendig:

● Die Belastung der Gewässer mit Abwässern muß soweit verringert
● werden, daß die **Selbstreinigungskraft** der Gewässer ausreicht, um
● das Ökosystem stabil zu halten.

Das kann z. B. dadurch erreicht werden,
- daß mehr Kläranlagen gebaut werden,
- daß Kläranlagen, die Abwässer nur mechanisch reinigen, mit den Stufen der biologischen und chemischen Reinigung (vgl. Kap. 16) ausgestattet werden,
- daß die Einleitung schwer abbaubarer, giftig wirkender Stoffe verboten wird.

Weitere Fluß- und Bachausbauten sollten nicht mehr durchgeführt werden. Wenn ein Ausbau unverzichtbar ist, sollte er **naturnah** durchgeführt werden.

Feuchtgebiete dürfen nicht mehr entwässert werden.

Natürliche **Überschwemmungsflächen** müssen erhalten bleiben oder überall dort, wo es möglich ist, wieder hergestellt werden (z. B. Wiesen, Weiden, Reste von Auwäldern).

Ausgebaute Fließgewässer müssen dort, wo es möglich ist, zu **naturnahen Wasserläufen** umgestaltet werden.

Abb. 5.51: Ufer eines naturnahen Baches mit Schwarzerlen. Ihre Wurzelstökke ragen in den Bachlauf hinein und lassen Buchten mit geringerer Wasserströmung entstehen. Außerdem stabilisiert das dichte Wurzelgeflecht die Uferkante

6

Die Zelle – Baustein aller Lebewesen

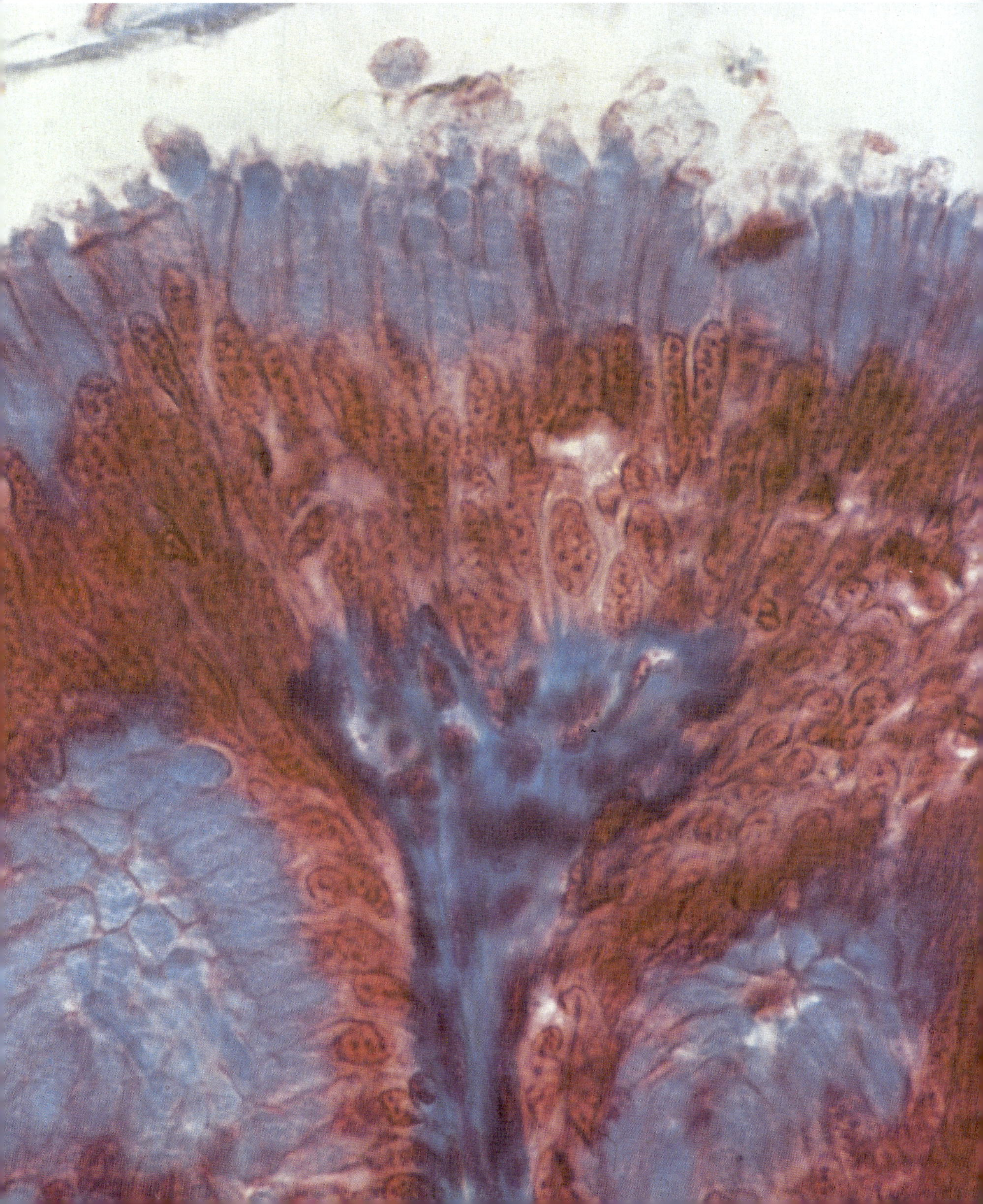

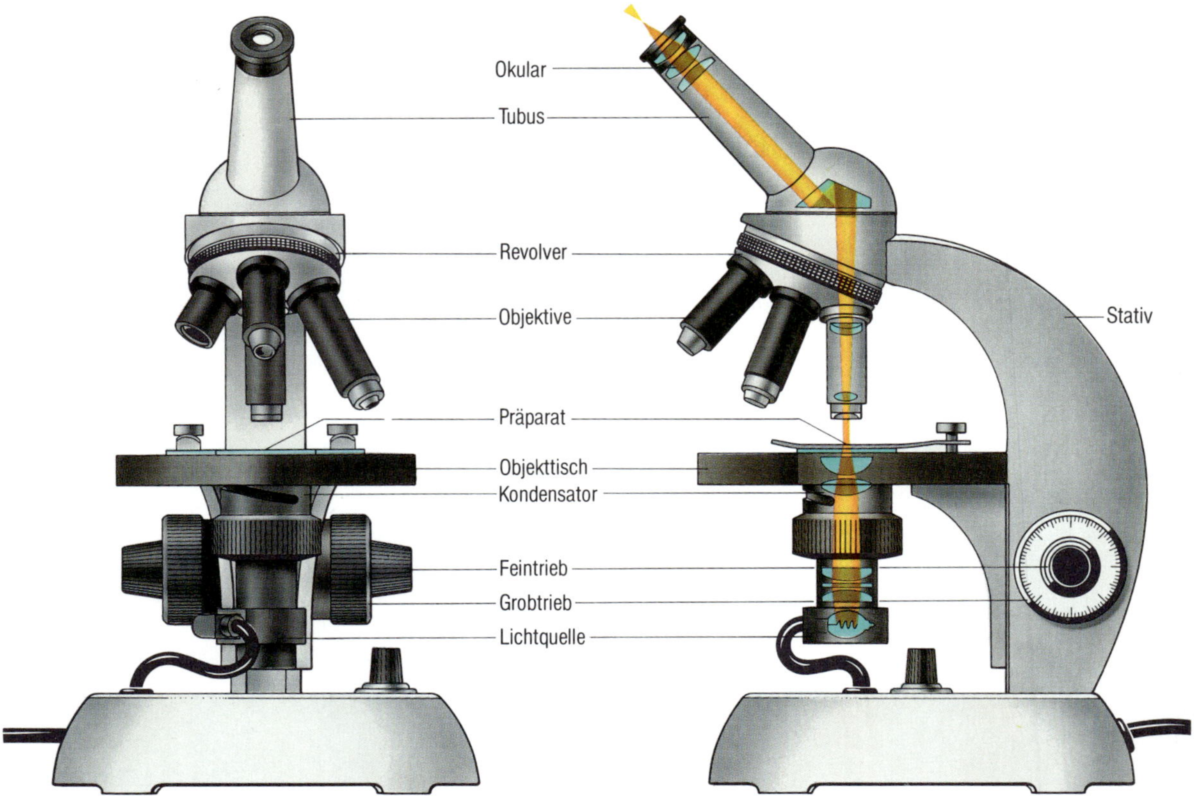

Abb. 6.1: Ein Schulmikroskop und seine wichtigsten Teile

6.1 Einzeller

Die ersten Lebewesen in der Entwicklungsgeschichte unserer Erde (s. Seite 299) lebten im Wasser. Sie bestanden aus nur einer **einzigen Zelle!** Doch hatten diese einzelligen Lebewesen bereits eine ganze Reihe von Eigenschaften, die auch bei vielzelligen Lebewesen, den Pflanzen, den Tieren und den Menschen festzustellen sind. Es sind dies Merkmale des Lebendigen: **Ernährung, Atmung, Bewegung, Reaktion auf Reize, Wachstum** und **Fortpflanzung.**

Einfache Formen des Lebens finden wir auch heute noch in unserer Umwelt. Es sind pflanzliche und tierische **Einzeller.** Wir können sie im Mikroskop bei entsprechender Vergrößerung sichtbar machen. Manchmal wissen wir nicht sofort, ob es sich bei einem Einzeller um eine Pflanze oder um ein Tier handelt, da er Merkmale besitzt, die sowohl Pflanzen als auch Tieren eigen sind, z. B. Chlorophyll. Einige Einzeller wollen wir im folgenden kennenlernen, indem wir sie züchten und im Mikroskop beobachten.

Abb. 6.2: Pantoffeltierchen. In der Mitte des Einzellers liegt der große Zellkern

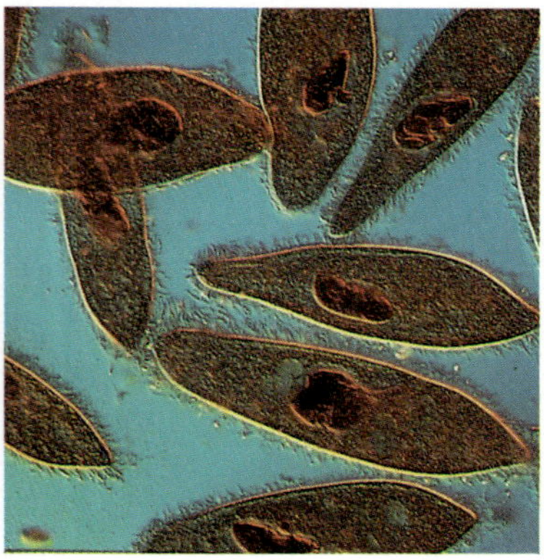

Das Pantoffeltierchen

Eines der bekanntesten und leicht zu beschaffenden einzelligen Lebewesen ist das **Pantoffeltierchen.**

Wir stecken – am besten im Frühling oder im Sommer – eine Handvoll Heu in ein Einmachglas und füllen es mit Wasser aus einem Tümpel. Bei Zimmertemperatur (ca. 20° C) lassen wir diesen **Heuaufguß** vier bis sieben Tage stehen. Es bildet sich allmählich eine Haut (Kahmhaut), die

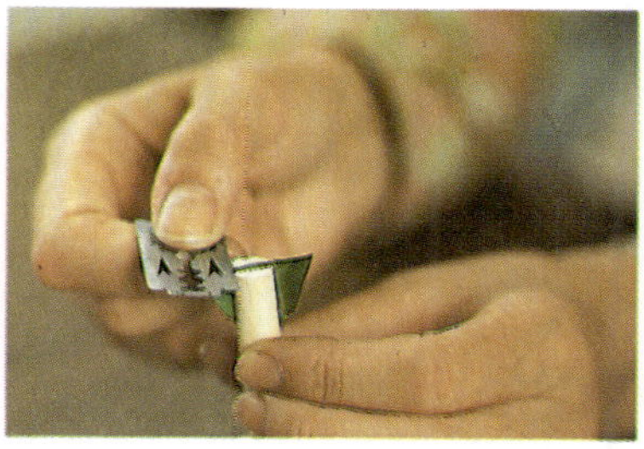

Abb. 6.3: Zur Anfertigung eines Blattquerschnittes wird das Laubblatt zwischen die Hälften eines Holundermarkstäbchens geklemmt. Mit Hilfe einer Rasierklinge kann man dann so dünne Schnitte anfertigen, daß sie zur Beobachtung geeignet sind

Abb. 6.4: Dauerpräparate kann man kaufen und bei sachgemäßer Lagerung auch lange aufbewahren.

aus Bakterien und Pilzen besteht, aus der wir mit einer Pipette Wasser entnehmen. Einige Tropfen davon geben wir auf einen Objektträger und kippen von der Seite langsam ein Deckgläschen darüber. Schon bei mittlerer Vergrößerung können wir viele bewegliche Lebewesen mit ganz verschiedenen Formen erkennen.

Wollen wir den kleinen Lebewesen mehr Beweglichkeit ermöglichen, setzen wir mit Plastillin an die vier Ecken des Deckgläschens kleine „Beinchen". Sollen sich die Einzeller – zur besseren Beobachtung – nicht so schnell bewegen, drücken wir die Plastillin-Beinchen von oben mit einer Nadel platt. Die Bewegungen können wir auch durch Zugabe von Schleim aus aufgekochten Quittenkernen oder durch etwas Tapetenkleister verlangsamen. Die Einzeller können sich in der zähen Masse nur langsam fortbewegen.

Wenn wir Glück haben, befinden sich in unserem Präparat mehrere Exemplare einer der größeren Arten von **Pantoffeltierchen.**

Schon mit der schwächsten Vergrößerung erkennen wir sie. Sie messen etwa 0,35 mm in der Länge. Ihre ganze Außenfläche ist mit **Wimpern** bedeckt. Sie schlagen in gleichmäßigen Wellen – wie wenn Windböen über ein Getreidefeld wehen – und bewirken so eine **Fortbewegung** von ca. 1 mm in der Sekunde. Kommt ein Tierchen an ein Hindernis, ändert sich der Wimpernschlag, so daß es sofort in eine andere Richtung schwimmt.

Setzen wir z.B. einen Tropfen von verdünnter Essigsäure (0,02%) an einen Rand des Deckgläschens, bemerken wir, daß die Tiere dadurch angelockt werden. Bei stärkerer Konzentration fliehen sie jedoch. Ähnlich reagieren sie auf Wärmereize: **Reizbarkeit!** Von Kohlenstoffdioxid (CO_2) werden die Pantoffeltierchen angezogen. Dadurch finden sie ihre Nahrung, denn die Bakterien in der Kahmhaut, von denen sich diese Einzeller ernähren, scheiden Kohlenstoffdioxid aus.

Mit den Wimpern in der Mundfeldvertiefung strudeln sich die Pantoffeltierchen die Bakterien und andere kleine Nahrungsteilchen in den Zellmund. Die hier in den Zellkörper aufgenommene **Nahrung** gelangt in ein Nahrungsbläschen und wird in das Innere des Zellkörpers transportiert. Hier im Nahrungsbläschen findet die **Verdauung** statt: Dabei nimmt das Zellplasma die Nährstoffe auf. Unverdauliche Reste werden bis zum Zellafter weiterbefördert und dort aus der Zelle ausgeschieden.

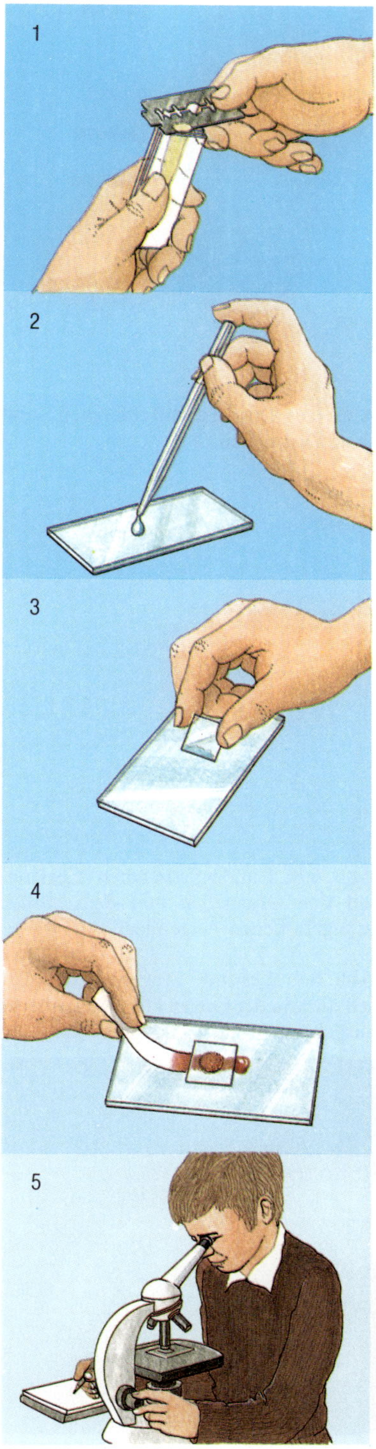

Abb. 6.5: Schema der Anfertigung eines mikroskopischen Präparates

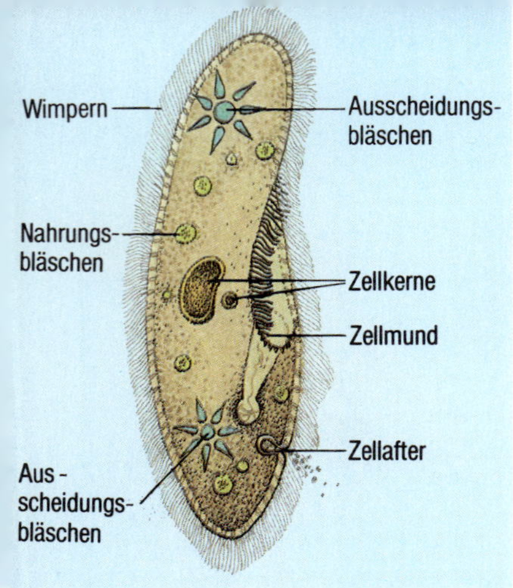

Abb. 6.6: Das Pantoffeltierchen und seine Organellen

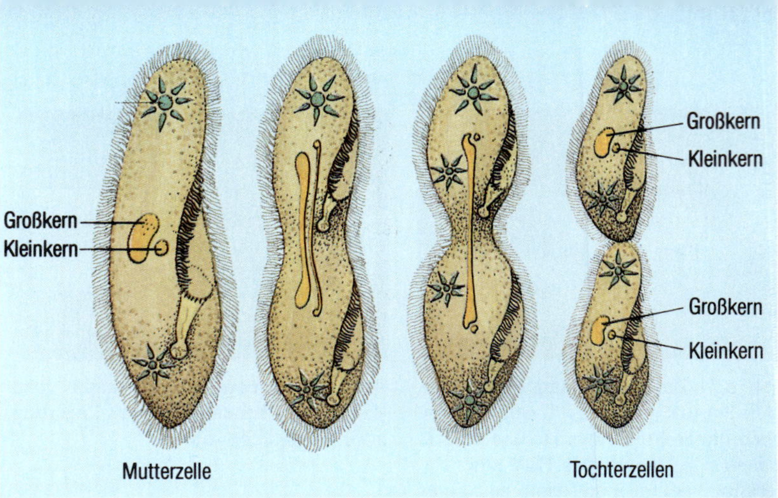

Abb. 6.7: Pantoffeltierchen können sich durch Längs- oder durch Querteilung vermehren

Wenn wir es durch ein Mikroskop betrachten, fällt uns bald ein Bläschen auf, das pumpende oder pulsierende Bewegungen macht. Es ist ein wichtiger Teil der Zelle und heißt Ausscheidungsbläschen („pulsierende Vakuole"). Diese Vakuole sammelt Abfallstoffe aus dem Inneren des Einzellers und pumpt sie nach außen.

Man kann beobachten, daß sich Pantoffeltierchen unter günstigen Lebensbedingungen (im Hinblick auf Nahrung und Temperatur) sehr schnell vermehren, nämlich durch Teilung. In 24 Stunden können aus einem Pantoffeltierchen auf diese Weise 140 Exemplare entstehen. Die Zeit des **Wachstums** von einer Teilung bis zur nächsten beträgt ungefähr 3 bis 3 1/2 Stunden. Fortpflanzung und Vermehrung erfolgen also beim Pantoffeltierchen durch Zellteilung.

Einzellige Tierchen, die sich durch den Schlag ihrer Wimpern fortbewegen oder damit ihre Nahrung zur Mundöffnung herbeistrudeln, werden **Wimpertiere** genannt.

Abb. 6.8: Ein Augentierchen (Euglena) mit den Organellen und dem großen orangefarbenen Augenfleck

Abb. 6.9: Lebende Augentierchen lassen die von der Gegend des Augenflecks ausgehende Geißel erkennen

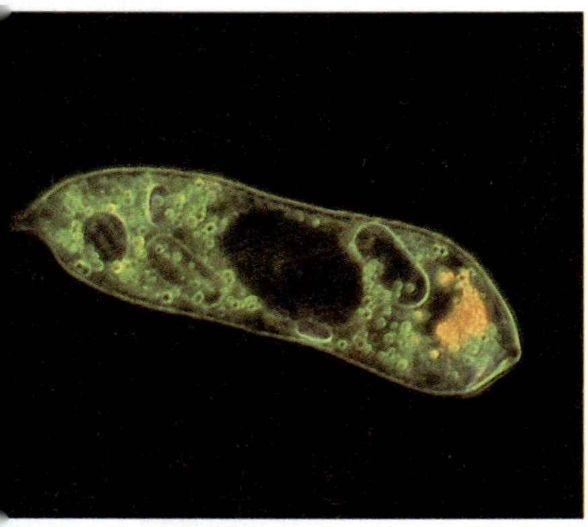

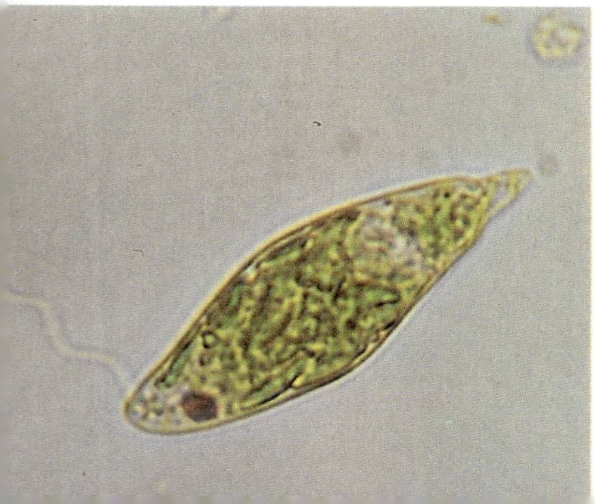

Pflanze oder Tier – das Augentierchen

Unter den einzelligen Lebewesen, die sich mit Hilfe einer oder mehrerer **Geißeln** fortbewegen, finden wir im grünlichen Tümpelwasser solche, die wir nicht sofort dem Tierreich zuordnen mögen. Es sind freischwimmende Einzeller, die in ihrem Zellplasma **Blattgrün** (Chlorophyll) haben. Auf unserer Abbildung ist das **Augentierchen** (Euglena) dargestellt. Wie die grünen Pflanzen kann es mit Hilfe des Blattgrüns selbst Nährstoffe herstellen. Stellt man ein Gefäß mit Augentierchen ins Dunkle, verlieren sie nach einigen Zellteilungen das Blattgrün. Sie ernähren sich dann wie tierische Einzeller, indem sie in Wasser gelöste organische Nährstoffe aufnehmen. Das Augentierchen gehört demnach weder eindeutig zu dem Pflanzen- noch zum Tierreich. Alle Einzeller, die sich durch Geißeln fortbewegen, werden **Geißelalgen** genannt.

Abb. 6.10: Grünalgen überziehen als schleimiger, grüner Belag das Ufergeröll eines Baches

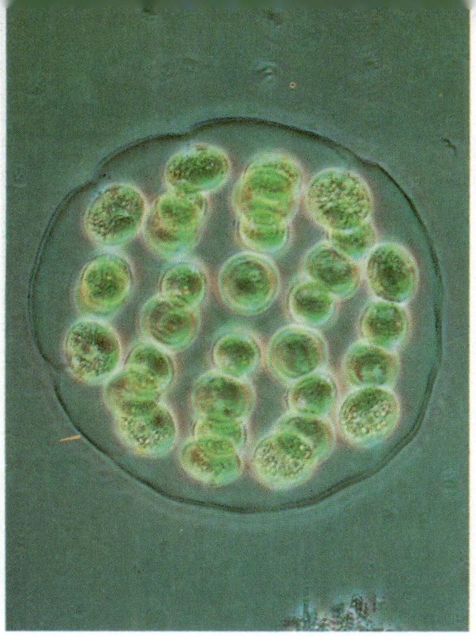

Abb. 6.11: Die Grünalge Eudorina bildet einen Zellhaufen mit einer Gallerthülle

Abb. 6.12: Den Zellverband dieser Grünalge nennt man Zackenrädchen. Jede Zelle kann noch selbständig existieren, aber die Gemeinschaft bildet schon eine typische und immer wiederkehrende Gestalt. Die einzelnen Algenzellen müssen sich gegenseitig beeinflussen können, damit dieser Zellverband immer wieder in ähnlicher Weise entsteht

Pflanzliche Einzeller

Einzellige pflanzliche Lebewesen finden wir bei den **Bakterien** (s. S. 181), **Algen** und **Pilzen.** So bestehen z. B. einige Grünalgenarten nur aus einer Zelle. Solche Zellen können fadenartig aneinandergereiht sein, nebeneinanderliegen oder sich zu einer Kugel formen. Man findet sie meist im Süßwasser, aber auch im Meer. Doch auch an Baumrinden, auf Steinen, als Belag an Wasserpflanzen und im Boden kann man sie in den verschiedensten Formen finden.

Von den bisher in der Botanik beschriebenen rund 400000 Pflanzenarten zählt man rund 10000 zu den Einzellern. Von etwa 1,4 Mill. bisher gezählten Tierarten gehören ca. 27000 zu den Einzellern. Alle anderen Tiere und Pflanzen setzen sich aus mehreren oder gar aus einer riesigen Zahl von Zellen zusammen.

6.2 Vom Einzeller zum Vielzeller

Die bisher hier beschriebenen pflanzlichen und tierischen Einzeller erfüllen in einer einzigen Zelle alle Funktionen des Lebens: sie nehmen Nahrung auf und verarbeiten die Nahrung (Stoffwechsel), sie sind reizbar, sie wachsen und pflanzen sich fort. Die jeweils gleichen Vorgänge finden auch in **Zellverbänden** mit **gleichartigen Zellen** (Zellkolonie) statt. Einen solchen Zellverband bildet die Grünalge Pandorina. Jede einzelne ihrer Zellen ernährt und vermehrt sich aber selbständig.

Aus einer einzelnen neuen Zelle kann auch wieder ein neuer Zellverband entstehen.

Erste Arbeitsteilung im Pflanzenreich

Anders sieht es jedoch bei den **Vielzellern** mit **spezialisierten Zellen** aus. Hier sind nicht mehr alle Zellen gleich, und sie können auch nicht – wie bei den Einzellern – alle Lebensfunktionen selbständig wahrnehmen. Die unterschiedlichen Zellen übernehmen jeweils andere Aufgaben. Das läßt sich am besten an einem Beispiel erklären.

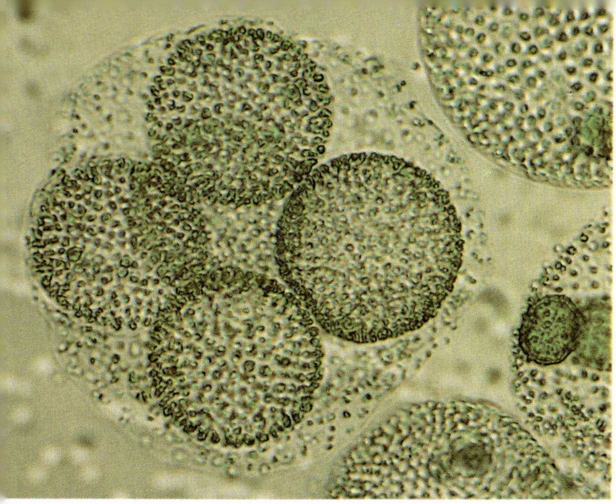
Abb. 6.13: Volvox mit zahlreichen Tochterkugeln im Inneren

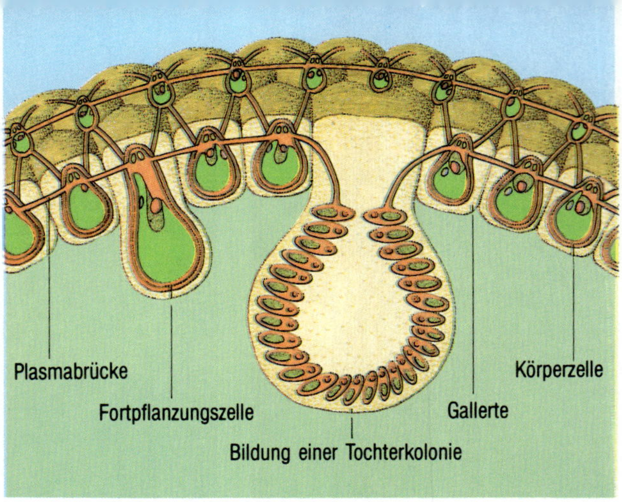

Abb. 6.14: Spezialisierungen einzelner Zellen bei Volvox

Die **Gitterkugel (Volvox)** besteht aus mehreren tausend Zellen, bei denen wir mehrere verschiedene Formen unterscheiden können. Die verschiedenen Formen erfüllen verschiedene Aufgaben. Die Oberfläche dieser kugelförmigen Grünalge besteht aus Geißelzellen, die untereinander mit Plasmafäden verbunden sind. In den Plasmafäden werden Informationen weitergegeben, so daß die Geißelzellen bei der Fortbewegung zusammenarbeiten. Die Zellen besitzen einen großen Blattgrünkörper (mit Chlorophyll) und einen roten Augenfleck. Die Bewegungen der paarig angeordneten **Geißeln** sind – wohl durch die Plasmafäden – gleichgeschaltet. Zwischen diesen „Normalzellen" entwickeln sich nach und nach größere Zellen, die mit je einem Ei bzw. mit zahlreichen Samenzellen gefüllt sind. Im zellfreien Innenraum der Kugel schwimmen die freigewordenen Spermien (Samenzellen) mit Hilfe ihrer Schwanzfäden auf die Eizellen zu und verschmelzen mit ihnen. Nach der Befruchtung entwickeln sich daraus neue Gitterkugeln. Die Geschlechtszellen haben die Aufgabe der Fortpflanzung übernommen. Es gibt also **Arbeitsteilung** unter den Zellen der Gitterkugel. Eine Gruppe von ihnen sorgt für Ernährung, eine andere für Fortbewegung und wieder eine andere für Fortpflanzung.

Erste Arbeitsteilung im Tierreich

Zwischen Einzellern und Vielzellern gibt es Übergänge, die sich in der Form der Arbeitsteilung unterscheiden. Ein Beispiel aus dem Tierreich soll uns eine schon recht komplizierte Arbeitsteilung von verschiedenen Zellen zeigen. Es ist der **Süßwasserpolyp** (Hydra). Er gehört zu den Hohltieren, ist nur etwa 1 cm lang und hat eine Reihe verschiedenartiger Zellen aufzuweisen. Sie sind jeweils für ganz besondere Aufgaben **spezialisiert.** Das bedeutet aber auch, daß diese Zellen nur spezielle Funktionen im Körper ausfüllen können, keine anderen.

Der ausgewachsene Süßwasserpolyp lebt in Teichen, Tümpeln und ruhig fließenden Bächen. Es sitzt mit seinem „Fuß" an einer Unterlage (Pflanze, Stein, Bohle u. ä.) fest. Besondere Zellen seiner Fußscheibe scheiden dafür einen Klebstoff aus. Diese Fähigkeit besitzen nur diese spezialisierten Zellen.

Der Körper des Tieres besteht aus zwei Zellschichten. Die Außenschicht ist vorwiegend aus **Muskelzellen** gebildet. Zwischen diesen für die

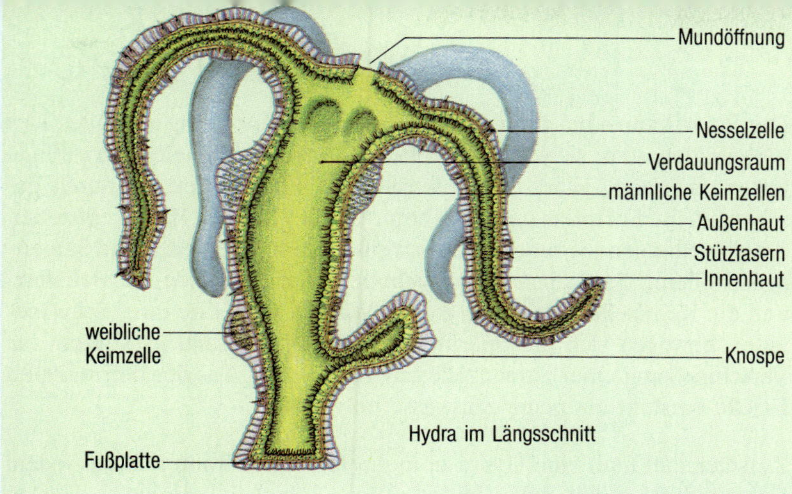

Abb. 6.15: Arbeitsteilung bei den Zellen des Süßwasserpolypen

Bewegungen des Tieres speziell zuständigen Zellen sind Sinnes- und Nesselzellen eingelagert. Die **Sinneszellen** reagieren auf Reize (Berührung usw.), die über **Nervenzellen** weitergeleitet werden. Die **Nesselzellen** sind mit Nesselkapseln ausgerüstet. Stößt z. B. ein Wasserfloh an den vorstehenden Fortsatz dieser Zelle, so schnellt ein fadenartiger Schlauch heraus, der in das Beutetier eindringt. Das mit dem Schlauch in den Wasserfloh gelangende Gift lähmt ihn. Im Zusammenspiel von mehreren Nesselzellen wird die Beute auch getötet. Mit Hilfe der Fangarme (Tentakeln), an denen sich besonders viele dieser spezialisierten Zellen befinden, wird die Beute zur Mundöffnung und somit in den Hohlraum des Tieres befördert. Hier können gleichzeitig mehrere Beutetiere aufgenommen werden. Die Innenhautzellen dieses „Magens" sind für die Verdauung der Beute spezialisiert: **Drüsenzellen** sondern Verdauungssäfte ab, die die Nahrung vorverdauen. Mit Hilfe von sogenannten **Freßzellen** in der Innenwand des Polypen werden die Nahrungsstoffe aufgenommen und an die anderen Körperzellen weitergegeben.

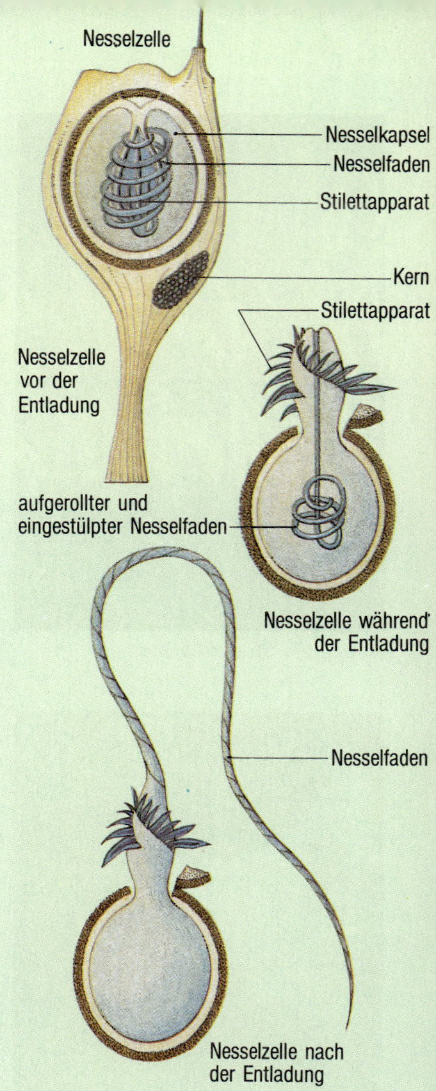

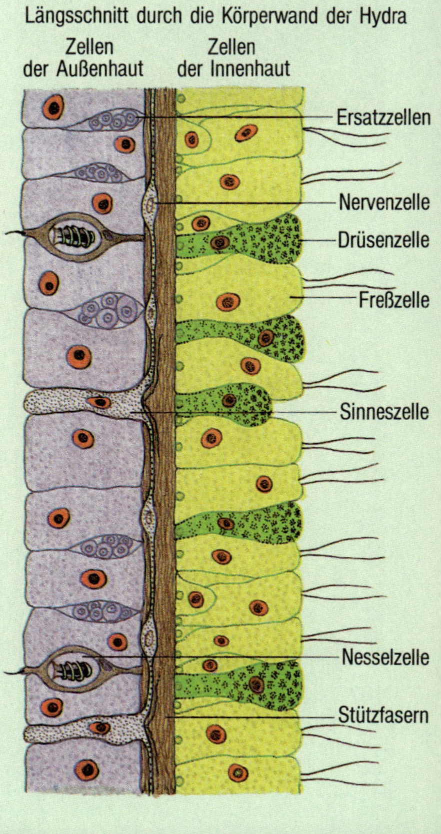

Abb. 6.16: Süßwasserpolyp mit Knospen (gefärbt)

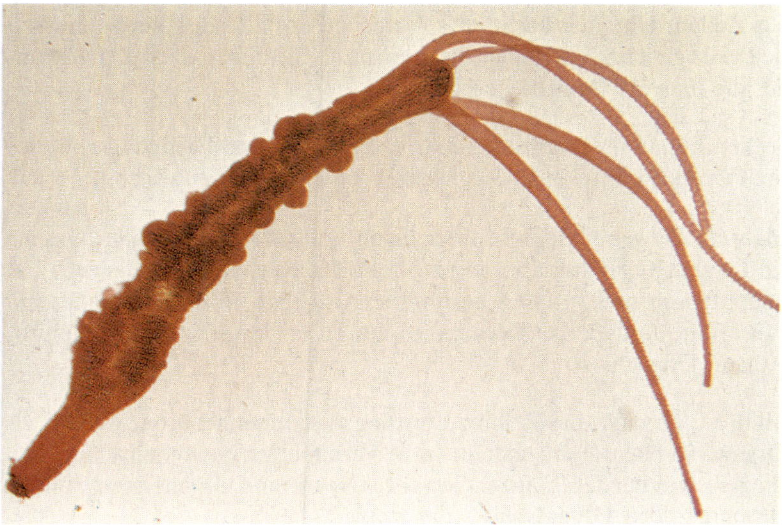

Abb. 6.17: Strauchflechte

Abb. 6.18: Prachtflechte

Abb. 6.19: Die Speicheldrüse ist ein kleines Organ, das aus verschiedenen Geweben aufgebaut ist

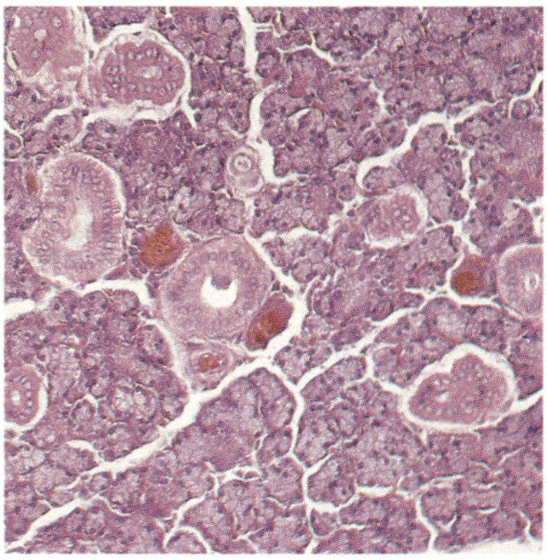

Der Polyp kann – bei guter Ernährung – durch Knospung ein neues Tier heranbilden, das sich loslösen und auf einer geeigneten Grundlage festsetzen kann. Eine zweite Vermehrungsmöglichkeit ist durch geschlechtliche Fortpflanzung gegeben: An der Seite der Hydra entstehen Anschwellungen, in denen sich – jeweils getrennt – Eizellen und Samenzellen bilden. Sind diese **Geschlechtszellen** reif, platzen die Behälter, und die Keimzellen schweben frei im Wasser. Mit Hilfe ihrer Schwanzfäden bewegen sich die Spermien auf ein Ei zu, und es kommt zur Verschmelzung einer Samenzelle mit der Eizelle. Aus der befruchteten Eizelle entsteht ein neuer Süßwasserpolyp.

Zerschneidet man eine Hydra in mehrere Stücke, kann sich aus jedem Einzelteil ein neuer Polyp bilden. Diese Fähigkeit, ein neues Tier zu bilden, ist allen Zellen des Tierchens eigen.

Eine Sonderform

Keine Alge kann ohne Feuchtigkeit überleben, und kein Pilz findet Nahrung auf trockenem, kahlem Gestein. Bilden bestimmte Arten von ihnen jedoch eine Gemeinschaft, so entsteht ein neues Lebewesen mit neuen Möglichkeiten, Lebensraum zu erobern. Dieses Lebewesen heißt **Flechte.** Während die Alge durch ihre Photosynthese Nahrung (Zucker und Stärke) erzeugt, hält der Pilz die Feuchtigkeit fest. Eine solche Gemeinschaft, die beiden Arten nützt, nennt man **Symbiose.**

6.3 Gewebe und Organe

Alle pflanzlichen und tierischen Vielzeller sowie der Mensch bestehen aus Zellen. Um aber bestimmte Aufgaben erfüllen zu können, müssen sich viele gleichartige Zellen zusammentun. Sie bilden dann Zellverbände, die man als **Gewebe** bezeichnet.

So kennt man im Pflanzenreich u. a. Leitungs- und Festigungsgewebe. Im Tierreich gibt es z. B. das Muskel- und das Nervengewebe.

Mehrere Gewebe bilden in vielzelligen Lebewesen ein Organ. Organe sind in der Regel klar abgegrenzte Teile des Körpers von Pflanzen, Tier und Mensch und erfüllen bestimmte Aufgaben. Pflanzenorgane sind z. B. Blüte und Blatt, Tierorgane sind Herz, Magen, Leber, Gehirn, Augen, Ohren u. a.

Mehrere Organe, die in ihrer Leistung zusammengehören, werden als **Organsystem** zusammengefaßt (z. B. Verdauungssystem beim Tier, Leitungssystem bei der Pflanze. Gewebe, Organe und Organsysteme bilden zusammen den **Organismus** – das ganze Lebewesen.

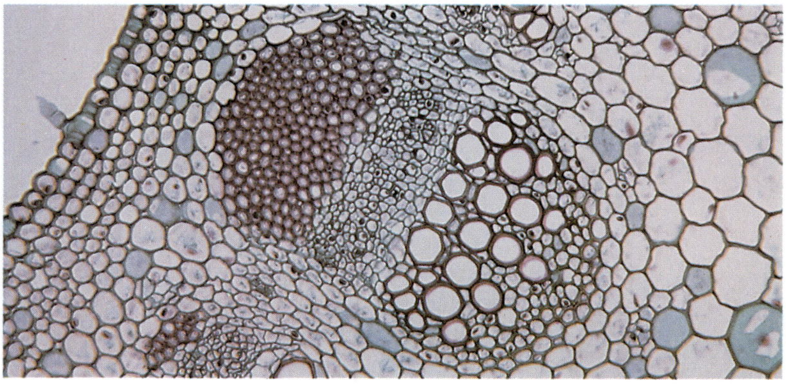

Abb. 6.20: Die Gefäßbündel der Sonnenblume leiten das Wasser mit dem Nährsalz nach oben zu Blättern und Blüten und die zuckerhaltigen Pflanzensäfte zur Wurzel und auch zu den Samen. Den verschiedenen Aufgaben entsprechen die verschiedenen Gewebe. Die Gefäßbündel sind Pflanzenorgane

Abb. 6.21: Viele gleichartige Zellen bauen auch die Pflanzengewebe auf, z. B. bei der Wasserpest

6.4 Pflanzenorgane

Wenn wir von Pflanzen sprechen, denken wir meistens an solche, die eine hohe Entwicklungsstufe haben: Wurzeln, Stengel, Blätter, Samen oder Früchte. Dabei stellen die Samen- bzw. Blütenpflanzen nur eine von den sieben Abteilungen dar, in die das Pflanzenreich eingeteilt wird.

Um zu verdeutlichen, welch komplizierten Bau die Sproßpflanzen aufweisen, ist es sinnvoll, sich einen Überblick über das **System der pflanzlichen Organismen** zu verschaffen.

Von den Spaltpflanzen zu den Samenpflanzen läßt sich eine **Stufenfolge** aufstellen, die uns von den niedrigsten zu den höchstentwickelten Pflanzen führt.
Auf niedrigster Stufe stehen die einzelligen **Bakterien** (S. 181 ff.) **und Blaualgen.** Stärker gegliedert und somit höher entwickelt sind **Algen** und **Pilze.** Hier finden wir Zellverbände, Zellspezialisierungen und mehrzellige Individuen (vgl. S. 99 ff.).

Eine Symbiose aus Algen und Pilzen sind die **Flechten** (vgl. S. 102 ff.). Ihre besondere Bedeutung haben sie als Pionierpflanzen, da sie unter extremen Lebensbedingungen existieren können. Z. B. die Krustenflechten wachsen auf Felsen hoch im Gebirge, dem Wind, den starken Licht-, Temperatur- und Feuchtigkeitsschwankungen ausgesetzt.
Ein weiterer Entwicklungsschritt führt zu den **Moosen.** Sie haben keine echten Wurzeln, sind also auf von außen kommendes Wasser angewiesen. Ihr Sproß ist beblättert und somit schon deutlich gegliedert. Auch die Moose gehören zu den Pionierpflanzen. Sie sind für den Wasserhaushalt der Natur von großer Bedeutung.

Obwohl Moose und **Farnpflanzen** die gleiche Vermehrungsform haben, stehen die Farnpflanzen auf einer höheren Entwicklungsstufe. Sie besitzen Wurzeln, Stengel und Blätter und gehören somit zu den Sproßpflanzen. Farnpflanzen besitzen ein Leitgefäßsystem, das ihnen die Anpassung an das Landleben ermöglicht.

Die am höchsten entwickelten Pflanzen auf der Erde gehören zu der Abteilung der **Samenpflanzen.** Sie bilden Blüten und vermehren sich durch Samen.

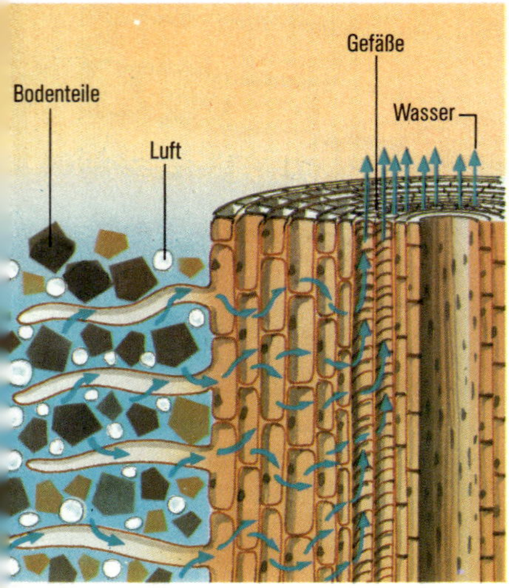

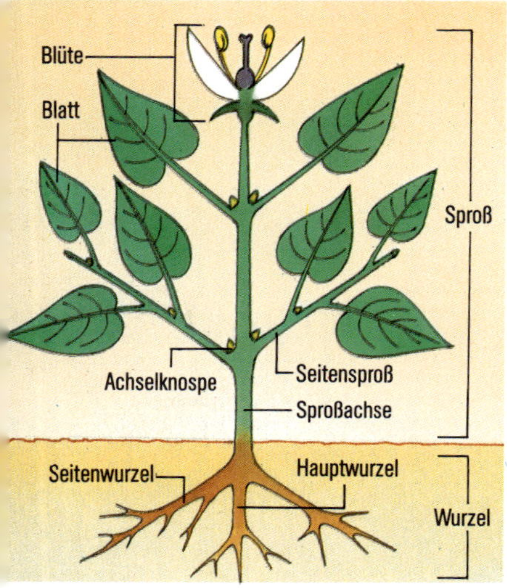

Abb. 6.22

Abb. 6.23

Abb. 6.24

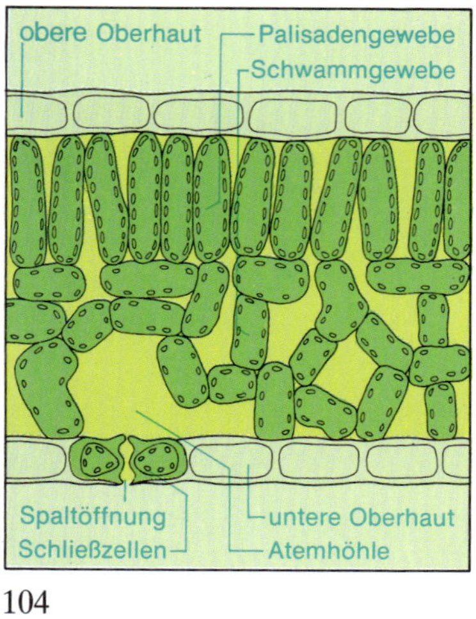

Organ	Äußerer Bau
Wurzel	Meist verzweigt, ohne Chlorophyll (Ausnahme: Luftwurzeln), keine Knospen oder Blätter. Einkeimblättrige Pflanzen haben **Büschelwurzeln.** Zweikeimblättrige Pflanzen haben eine **Hauptwurzel** mit **Seitenwurzeln.** Wurzeln wachsen an den Spitzen ständig weiter und bilden dort **Wurzelhaare,** die schon nach wenigen Tagen wieder absterben. Man unterscheidet **Flach-, Tief- und Herzwurzeln.**
Sproß: Sproßachse	Gestalt und Wuchsform sehr verschieden; als **Stengel, Halm** oder **Stamm;** krautig oder verholzt; kann in der Längsgliederung durch Knoten verstärkt sein.
Blatt	Große Formenvielfalt; **chlorophyllhaltig.** Gliederung in Blattgrund, Blattstiel und Blattspreite. In der Blattspreite verlaufen die Leitbündel netz- oder fiedernervig (bei Zweikeimblättrigen) und parallel- oder streifennervig (bei Einkeimblättrigen).

Innerer Bau	**Funktion**
Die Wurzel ist in Wurzelrinde und **Zentralzylinder** gegliedert. Die Oberhaut schließt die Wurzel nach außen ab. Ihre Zellen bilden an der Seite der Wurzeln die Wurzelhaare. An der Spitze sitzt eine **Wurzelhaube** als Schutz beim Durchdringen des Bodens. An die Oberhaut schließt sich das Rindengewebe an. Der Zentralzylinder liegt im Wurzelinneren und enthält die **Leitgewebe.**	**Verankerung** der Pflanze im Boden; **Aufnahme** von **Wasser** mit den darin gelösten **Mineralstoffen** (durch die Wurzelhaare); **Weiterleitung** zu allen Pflanzenteilen (im Zentralzylinder); **Speicherung** von Nährstoffen in der Wurzelrinde (Speicherwurzel, z. B. Rüben, Wurzelknollen)
Der Sproß ist in zwei Zonen gegliedert: die **Rinde,** die den Abschluß nach außen bildet, und das zentral gelegene **Mark.** Im Sproß verlaufen die **Leitbündel,** die unterschiedlich angeordnet sein können. Leitgewebe sind die **Gefäße** (markwärts liegend, Holzteil) und **Siebröhren** (rindenwärts liegend, Bastteil). Die Gefäße bestehen aus langgestreckten, toten Röhrenzellen, in denen die Querwände fehlen. Die Zellwände sind ring-, spiral- oder tüpfelartig verstärkt (Holz), was sie vor dem Eingedrücktwerden schützt. Die Siebröhren bestehen aus lebenden plasmahaltigen Zellen mit Querwänden, die siebartig durchlöchert sind. Zwischen Siebzellen und Gefäßen liegen Wachstumszellen (Kambium), die sich vermehren können und somit ein Dickenwachstum ermöglichen. Sie sind die Ursache der Bildung von Jahresringen beim Holz.	Emporheben der Blätter und Blüten, **Festigkeit;** **Leitung** von **Wasser** mit **Mineralstoffen** von den Wurzeln zu den Blättern (in den Gefäßen); **Transport organischer Nährstoffe** (Assimilate, z. B. Zucker) von den Blättern zu den Orten der Speicherung oder des Verbrauchs (in den Siebröhren); **Speicherung von Reservestoffen** (z. B. Kartoffeln, Radieschen, Kohlrabi, Kakteen)
Das Hautgewebe (Epidermis) schließt das Blatt nach außen ab und kann durch eine Wachsschicht verstärkt sein. Die untere **Blattoberhaut** enthält die **Spaltöffnungen** (Ausnahme: Schwimmblatt). Sie werden von **Schließzellen** begrenzt, die ihre Form verändern können und dadurch die Weite der Öffnung regulieren. Das **Palisadengewebe** besteht aus meist mehreren Schichten senkrecht stehender, langgestreckter Zellen. Es enthält sehr viel Chlorophyll. Das **Schwammgewebe** besteht aus unregelmäßig geformten Zellen, enthält viele Zellzwischenräume und wenig Chlorophyll.	**Assimilation** = Erzeugung von Nahrung (hauptsächlich im Palisadengewebe), vgl. auch Photosynthese; **Dissimilation:** Abbau von Nährstoffen bei der Atmung (in allen Blattzellen); **Gasaustausch:** Abgabe von Sauerstoff und Aufnahme von Kohlenstoffdioxid (durch die Zwischenzellräume im Schwammgewebe und die Spaltöffnungen); **Transpiration:** Verdunstung von Wasser (durch die Spaltöffnungen); **Speicherung von Nährstoffen** (z. B. Zwiebel, Fette Henne)

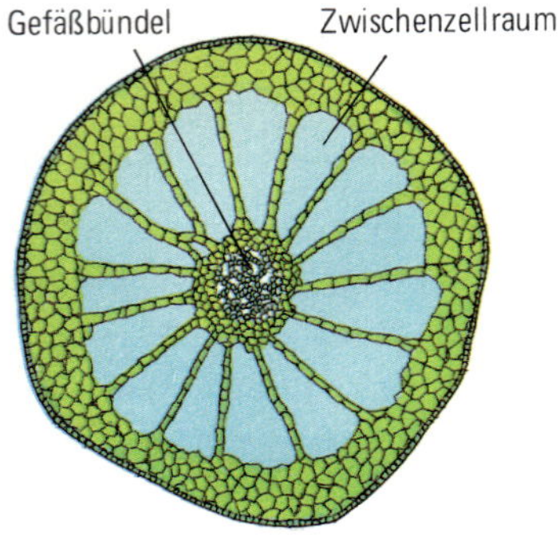

Abb. 6.25: Querschnitt durch den Stengel einer Unterwasserpflanze (Tausendblatt). G = Gefäßbündel (liegt in der Stengelmitte), Z = Zwischenzellraum (dient als Durchlüftungsgewebe)

Abb. 6.26: Anpassungsformen bei Unterwasserblättern. Großflächige Tauchblätter mit dünnen Spreiten besitzen Arten, die Stillwasserzonen (Buchten kleiner Seen, Altwasser) bewohnen

6.5 Anpassung an Standortfaktoren bei Sproßpflanzen

Wurzel, Sproß und Blatt sind die Organe der Sproßpflanzen. Obwohl sie unterschiedlich aussehen, stimmen sie in ihrem Bauplan in wichtigen Grundzügen überein.

Bei vielen Sproßpflanzen sind die Organe in besonderer Weise umgestaltet und damit an bestimmte **Standortfaktoren** (abiotische Faktoren vgl. Kap. 5) angepaßt.

Diese Umgestaltung wollen wir an Wasserpflanzen, Trockenpflanzen, Salzpflanzen und Kletterpflanzen betrachten.

Wasserpflanzen

Läßt du aus einem Aquarium das Wasser ab, liegen die Pflanzen schlaff am Boden. Füllst du frisches Wasser ein, so richten sie sich wieder auf und nehmen ihre ursprüngliche Gestalt an. Wasserpflanzen müssen deshalb anders konstruiert sein als Landpflanzen, weil die Dichte des Wassers um mehr als 700 mal größer ist als die der Luft. Wasserpflanzen brauchen kein Stützgewebe. Dafür üben **Strömung** und **Wellenschlag** (Turbulenz) starke Zugkräfte aus. Das Festigungsgewebe liegt in der Mitte von Sproß und Blatt der Wasserpflanze. Diese Konstruktion gleicht einer Trosse mit Stahlseele und biegsamem Mantel. Sie gewährleistet sowohl Zugfestigkeit als auch Biegsamkeit.

Landpflanzen müssen anders konstruiert sein als Wasserpflanzen. Sie benötigen Stützgewebe, welche Rohrkonstruktionen gleichen. Sie halten die Pflanzen aufrecht.

Auch die Blattkonstruktion der Wasserpflanze muß der Dichte und der Strömungskraft des Wassers angepaßt sein. Abb. 6.26–6.29 stellen Anpassungsformen dar.

Ein weiterer wichtiger Standortfaktor ist die **Sauerstoffversorgung.**

Abb. 6.27: Stark zerschlitzte oder lange, bandförmige Blätter bieten auch starken Strömungen nur geringen Widerstand und haben eine hohe Zugfestigkeit. Arten mit diesen Blättern bewohnen Bäche, Flüsse und die Meeresküste

Abb. 6.28: Kleine, schmale Blätter bieten einer schwachen Strömung kaum Widerstand. Wir finden sie bei den Bewohnern der Uferzonen größerer Seen

Abb. 6.29: Der Wasserhahnenfuß besitzt sowohl zerschlitzte Unterwasserblätter als auch gelappte Schwimmblätter

Abb. 6.30: Fiederblattranke der Erbse

Abb. 6.31: Blattranke der Platterbse

Abb. 6.32: Sproßranken mit Haftscheiben des Wilden Weins

Während die Kohlenstoffdioxidgehalte von Wasser und Luft annähernd gleich sind, ist der Sauerstoffgehalt des Wassers viel geringer als der der Luft. Wasser enthält bei 5 °C knapp 9 cm^3 Sauerstoff pro Liter, bei 20 °C sogar nur 6,5 cm^3. Indessen beträgt der Sauerstoffgehalt pro Liter Luft 210 cm^3. Besonders in tieferen Wasserschichten und am Grund von stehenden Gewässern (Faulschlamm) fehlt es oft an Sauerstoff. Wasserpflanzen vermeiden einen Sauerstoffmangel durch die Ausbildung eines Durchlüftungsgewebes.

Es besteht aus großen luftgefüllten Zwischenzellräumen und durchzieht die gesamte Pflanze von den Blättern bis zu den Wurzeln. Durch diese Luftkanäle wird Sauerstoff von den Blättern (Photosynthese und Atmung) bis in die Wurzeln geleitet (Abb. 6.25).

Abb. 6.33: Windende Pflanzen. Die Bohne ist ein Linkswinder. Der Hopfen ist ein Rechtswinder

Abb. 6.34: Zaunrübe. Verhalten der Ranke. 1. Die junge Ranke ist wie eine Uhrfeder eingerollt. 2. Sie wird durch ungleiches Wachstum der Seiten fast gerade. 3. Die Ranke führt kreisende Bewegungen aus. Die Spitze beschreibt in 2–3 Stunden einen Kreis. 4. Die Spitze hat eine Stütze berührt, sich gekrümmt und die Stütze umschlungen. Die Ranke rollt sich schraubig ein. Der Umkehrpunkt (U) verhindert , daß sich die Ranke verdreht. Durch das Einrollen wird die Pfanze an die Stütze herangezogen. 5. Findet eine Ranke keine Stütze, rollt sie sich zusammen.

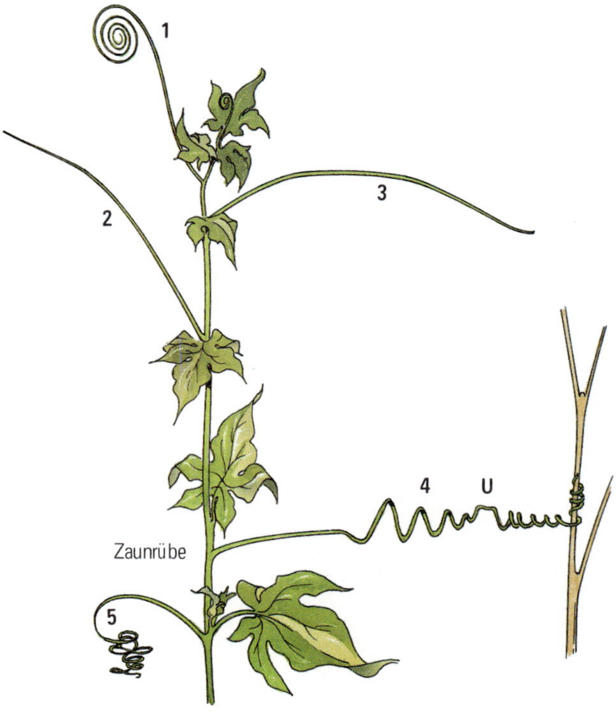

Abb. 6.35: Der Pfriemenginster ist ein bis 3 m hoher Strauch, der trockene Hänge im Mittelmeergebiet besiedelt. Seine fast blattlosen Sprossen enthalten Chlorophyll und übernehmen die Photosynthese

Abb. 6.36: Hauswurz oder Fetthenne

Abb. 6.37: Queller bei steigendem Wasser. Überflutungen machen dieser Salzpflanze nicht aus

Trockenpflanzen

Während Wasserpflanzen überreichlich mit Wasser versorgt sind, können Bewohner von Trockengebieten (Steppen, Wüsten) nur überleben, wenn es ihnen gelingt, teilweise lange Bodentrockenheit zu ertragen. Sie benötigen Einrichtungen, mit denen sie ihre Wasserabgabe (Vorverdunstung) stark vermindern.

Viele Trockenpflanzen verringern ihre Verdunstung dadurch, daß sie nur sehr kleine Blätter ausbilden – Blätter sind Verdunstungsflächen. Die Sprossen sind dann oft **blattartig verbreitert,** enthalten Chlorophyll und übernehmen die Photosynthese (Abb. 6.35). Viele Trockenpflanzen schränken nicht nur die Wasserabgabe ein, sondern speichern während der kurzen Regenperioden Wasser in besonderen **Wassergeweben.** Oft sind die Wassergewebe mächtig entwickelt, und die Organe sind sehr dick und fleischig-saftig. Solche Pflanzen nennt man **Sukkulenten.** Bei den Dickblattgewächsen (z.B. Hauswurz und Fetthenne) und Agaven sind die Blätter zu Wasserspeichern ausgebildet, während bei vielen Kakteen und Wolfsmilchgewächsen der Sproß als Wasserspeicher dient und kugel- oder säulenförmig ist (vgl. S. 302).

Salzpflanzen

Der Queller, ein Bewohner der Meeresküsten, gleicht auf den ersten Blick einer sukkulenten Pflanze. Sein etwa 40 cm hoher Sproß ist fleischig dick. Die Blätter sind zu winzigen Schuppen zurückgebildet. Die Dickfleischigkeit des Quellers ist allerdings keine Anpassung an Trockenheit. Mit dem Bodenwasser nimmt der Queller auch viel Kochsalz auf. Er schützt sich vor einer zu hohen Salzkonzentration in den Zellen dadurch, daß er in den Zellsafträumen (Vakuolen) zunehmend Wasser speichert. Der Queller ist eine **Salzpflanze.** Salzpflanzen haben vielfältige Anpassungen, die sie vor einer zu hohen Salzzufuhr schützen (s. S. 245).

Kletterpflanzen

Licht ist ein wichtiger **Standortfaktor** für alle Pflanzen. Für den Kampf um Licht und Raum haben Pflanzen unterschiedliche Anpassungen entwickelt.
Bäume bilden kräftige, tragende **Stämme,** die die Blätter vom Erdboden empor hoch ans Sonnenlicht bringen. Viele Sproßpflanzen benutzen andere Anpassungen, um den Konkurrenzkampf mit Bäumen um Licht und Raum bestehen zu können. Sie verzichten auf dicke Stämme, sondern **klettern, ranken, winden** mit dünnen Sprossen an Bäumen und Mauern empor und bringen ihre Blätter ins Sonnenlicht.

Kletterpflanzen keimen am Boden. Sie versuchen nach der Keimung möglichst rasch und mit geringem Verbrauch an Baustoffen in die Höhe – ans Sonnenlicht – zu kommen. Ihr Stengel bleibt dünn und schwach. Er benötigt eine Stütze, die er entweder umwindet oder mit Ranken festhält oder an die er sich mit Sproßwurzeln klammert. Die Vielfalt an Kletterhilfen ist groß. Der Hopfen besitzt starre **Klimmhaare** am Sproß; Kletterrosen, Brombeeren benutzen **Stacheln.** Der Efeu ist ein **Wurzelkletterer.** Am Sproß treten Wurzeln aus, die der Pflanze als Haftwurzeln dienen.

Bei vielen Kletterpflanzen sind entweder Blätter, Blatteile oder Sprosse zu Greiforganen umgewandelt, die eine Stütze umfassen und sich an ihr festhalten können (Abb. 6.30 bis 6.34). Man bezeichnet solche zu Greiforganen umgewandelten Blätter, Blatteile oder Sprosse als **Ranken.**

Interessant ist das Verhalten der Ranken. Sie reagieren auf **Berührungsreize** (haptotropische Reaktion). Wenn eine Ranke einen Gegenstand berührt, krümmt sie sich und umschlingt ihn. Abb. 6.34 stellt dar, wie die Blattranken der Zaunrübe eine Stütze erfassen. Krümmungsbewegungen, wie sie von Ranken vollzogen werden, heißen Nastien.

Einige Pflanzenarten (z.B. Bohne, Hopfen) haben ein anderes Verfahren entwickelt, Höhe zu gewinnen und sich dabei zu stützen. Ihre Sproßspitzen sind dünn und langgestreckt. Sie stehen jedoch nicht aufrecht, sondern fast horizontal und bewegen sich langsam im Kreis. So beschreibt die Sproßspitze der Feuerbohne in etwa 2 Stunden einen Kreis. Trifft der windende Sproß auf eine aufrechtstehende (vertikale) Stütze, geht die kreisende Bewegung weiter. Die Stütze wird locker umwunden. Nach einiger Zeit streckt sich der Sproß und preßt sich dabei fest an die Stütze.

Die kreisenden Bewegungen der Sproßspitzen bezeichnet man als **Winden.** Auslöser ist die **Schwerkraft.** Sie ist Ursache dafür, daß die eine Flanke der Sproßspitze rascher wächst als die andere. Die Sproßspitze krümmt sich seitlich und dreht sich dabei um die eigene Achse. Der Sproßteil, der zur Flanke wird, wächst schneller, die seitliche Krümmung wird fortgesetzt. Bei einer ganzen Windung der Sproßflanke dreht sich der Sproß einmal um die eigene Achse.

Krümmungsbewegungen, die durch einen Reiz (hier Schwerkraft) ausgelöst und in ihrer Richtung bestimmt werden, nennt man Tropismen.

Aufsitzer (Epiphyten) – Schmarotzer

Während Kletterpflanzen im Boden keimen und von dort in die Höhe starten, nehmen andere Pflanzenarten den umgekehrten Weg. Zu ihnen gehören einige Ficus-Arten, die mit dem im Mittelmeergebiet als Obstbaum kultivierten Feigenbaum verwandt sind. Sie keimen hoch oben in Baumkronen. Der Ficussproß bleibt zunächst klein, aber seine Wurzel wächst rasch stammabwärts. Sie verzweigt sich und bildet ein Netz, das den Stamm des Trägerbaumes umgibt. Hat die Wurzel den Boden erreicht, nehmen Sproß und Wurzeln an Umfang zu.

Abb. 6.38: Der Sproß des Säulenkaktus enthält Wassergewebe und übernimmt außerdem die Photosynthese. Die kurzgestielten Blüten sitzen unmittelbar am Sproß

Abb. 6.39a: Die abgebildete Orchidee kommt in den Regenwäldern Brasiliens vor. Sie wächst auf Ästen oder Zweigen in Baumwipfeln. Sie bildet Luftwurzeln aus, die bei Regen die herabrieselnen Regentropfen wie ein Schwamm aufsaugen. Ein in den Regenpausen eintretender Wassermangel wird durch Wasserreserven in den dickfleischigen Blättern und im knollenförmigen Sproß vermieden.

Abb. 6.39b: Ficus-Baum. Das Gewirr von Luftwurzeln und dicken Sprossen ergibt einen mächtigen Stamm

Abb. 6.40: Mistel mit Beeren im Frühjahr auf einem Apfelbaum

Aufgabe: Warum bezeichnet man die Mistel als Halbschmarotzer, die Kleeseide als Schmarotzer?

Der Baum, der als Stütze gedient hat, wird durch Umklammerung am Wachstum gehindert, er stirbt ab und verwest. Inzwischen ist aus dem Netz von Luftwurzeln ein richtiger Stamm geworden, aus dem Sproß hat sich eine mächtige Baumkrone entwickelt. Dem kräftigen Ficus-Baum sieht man nicht mehr an, daß er sein Leben als **Aufsitzer** (Epiphyt) hoch oben auf einem anderen Baum begann.

Im Herbst und Winter fallen in den kahlen Kronen von Pappeln, Linden und Obstbäumen große Büschel auf. Es handelt sich um die wintergrünen Sprosse und Blätter der Mistel. Oft sind weiße Beeren zu erkennen. Sie enthalten ein schleimiges Fruchtfleisch und werden von Vögeln gerne gefressen. Die Vögel streifen die klebrigen Mistelsamen an Ästen ab. Die Samen keimen dort aus, und die Wurzel bildet eine Haftscheibe. Von dieser breiten sich Rindenstränge in der Rinde des Wirtsbaumes aus. Sie senden zapfenartige „Senker" in den Gefäßteil des Astes und leiten Wasser und Mineralstoffe vom Wirt in den eigenen Körper. Blatt- und Sproßzellen der Misteln enthalten Chlorophyll, sie sind also zur Photosynthese fähig. Misteln sind **Halbschmarotzer.**

Brennesseln und Weidenzweige sind nicht selten von dünnen, bleichen Sprossen der Kleeseide umwunden. Der Sproßteil, der der Stütze anliegt, hat kleine Saugnäpfe. Sie pressen den Sproß eng an die Stütze. Von den Saugnäpfen dringen Saugorgane in den Gefäßteil des Wirtes vor und entnehmen Wasser, Mineralstoffe und Nährstoffe. Sproß und die schuppenförmigen Blättchen enthalten kein Chlorophyll. Die Kleeseide ist in ihrer Ernährung ganz auf den Wirt angewiesen, sie ist ein **Schmarotzer.**

Abb. 6.42: Querschnitt durch einen umwundenen Weidenzweig (Wirt) mit einem längs durchgeschnittenen Stengelstück der Kleeseide. G = Gefäße des Weidenzweiges, S = Saugorgane der Kleeseide

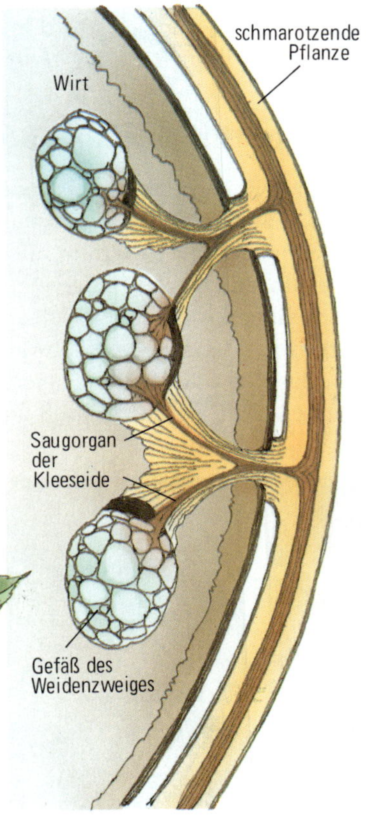

Abb. 6.41: Mistel auf Wirtsast. Rs = Rindenstrang, S = Senker

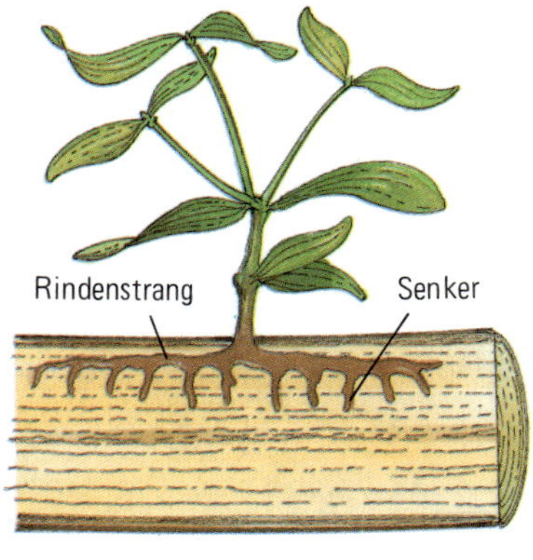

Abb. 6.43: Kleeseide schmarotzt auf einem Weidenzweig

6.6 Pflanzen- und Tierzelle

Alle Lebewesen bestehen aus Zellen. Sie sind die Grundbausteine von Pflanzen, Tieren und Menschen und haben auch in verschiedenen Geweben einige gemeinsame Merkmale. Wir wollen im folgenden beschreiben, was wir in den Zellen mit Hilfe eines Lichtmikroskopes erkennen.

Die Zellen werden voneinander und nach außen durch **Membranen** abgegrenzt. Die Membranen sind feine Häute aus zähem Plasma.

Pflanzenzellen besitzen zusätzlich eine feste **Zellwand** aus Zellstoff (Zellulose), die ein Gerüst für die Festigkeit der Zelle und somit der ganzen Pflanze bildet. Die Zellwand ist an manchen Stellen der Pflanze zur besseren Stabilisierung besonders verdickt.

Das meistens zähflüssige **Zellplasma** – auch Protoplasma oder Zytoplasma – genannt besteht vorwiegend aus Wasser mit darin gelösten Eiweißen, Eiweißverbindungen, Kohlenhydraten und fettartigen und anderen Stoffen (z. B. Salzen). Bei vielen Pflanzen fließt das Plasma an der Zellwand entlang und in fadenartigen Strömen durch den Innenraum der Zelle.

Im Plasma ist der **Zellkern** eingebettet.

Sowohl pflanzliche wie auch tierische Zellen besitzen **Vakuolen.** Das sind bei Pflanzen größere, vom Plasma klar abgegrenzte, mit dünnflüssigem **Zellsaft** gefüllte Räume. In Tierzellen sind sie nicht mehr zu finden, doch

Abb. 6.44: Pflanzen- und Tierzellen im Vergleich

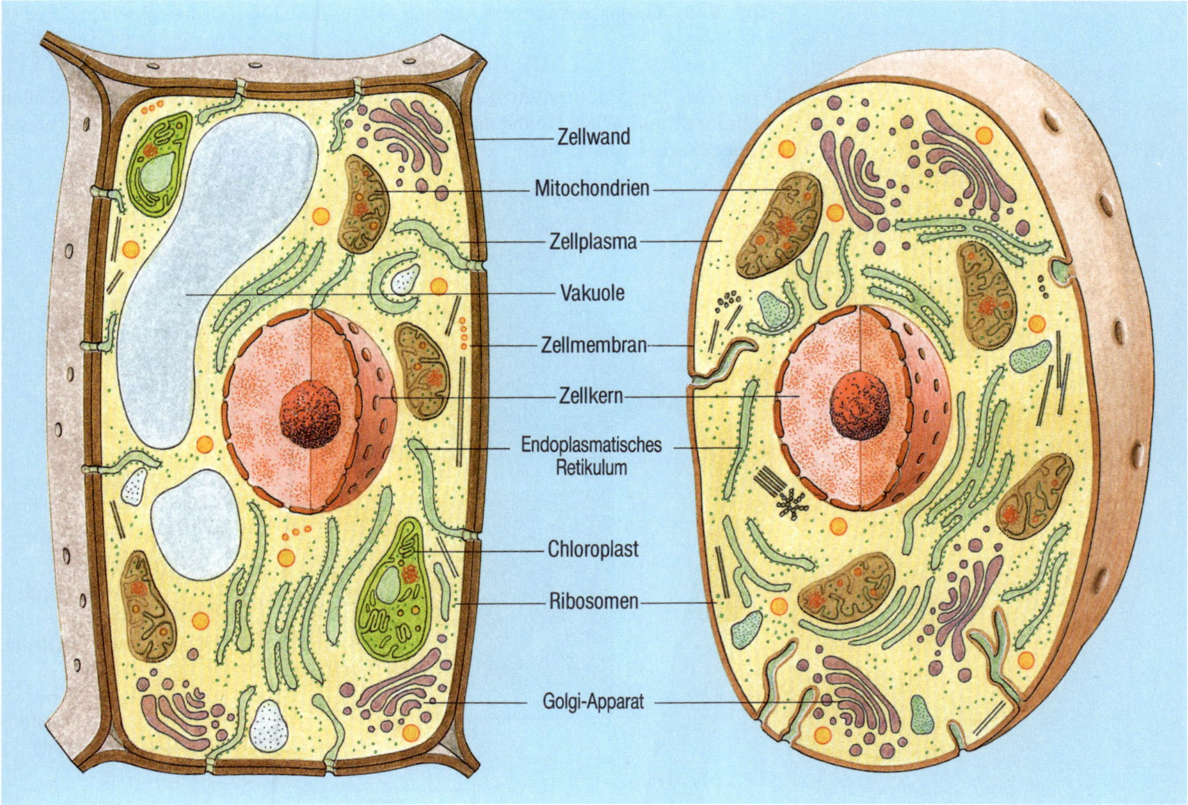

spielen sie zum Beispiel bei Einzellern eine wichtige Rolle bei der Ausscheidung (pulsierende Vakuole).

Pflanzen besitzen im Plasma der Zellen neben den gelösten Bestandteilen auch noch geformte Körperchen, dazu gehören unter anderen die **Chloroplasten.** Sie enthalten das **Blattgrün,** das **Chlorophyll.**

Seit der Erfindung des Elektronenmikroskops mit seinen enormen Vergrößerungsmöglichkeiten kann man den Feinbau weiterer geformter Bestandteile tierischer und pflanzlicher Zellen untersuchen. Die Abb. 6.47 zeigt das elektronenmikroskopische Bild einer pflanzlichen Zelle. Über diesen Feinbau kannst du dich dort informieren.

6.7 Lebensvorgänge in der Zelle

Alle Stoffwechselvorgänge – Aufnahme, Verarbeitung und Abgabe der in die Zelle gelangten Stoffe – laufen im Zellplasma ab. Gesteuert werden sie von dem im Plasma eingebetteten Zellkern. Er spielt auch eine wichtige Rolle bei der Zellteilung und bei der geschlechtlichen Fortpflanzung (s. Seite 61, 114ff, 121f).

Der Zellkern ist durch eine Membran vom Zellplasma abgegrenzt. Die Kernmembran hat porenartige Öffnungen, durch welche das Kernplasma mit dem Zellplasma in Verbindung steht. Durch diese Poren wird das Plasma gesteuert, und außerdem wird hier der Kern mit allen lebensnotwendigen Stoffen versorgt.

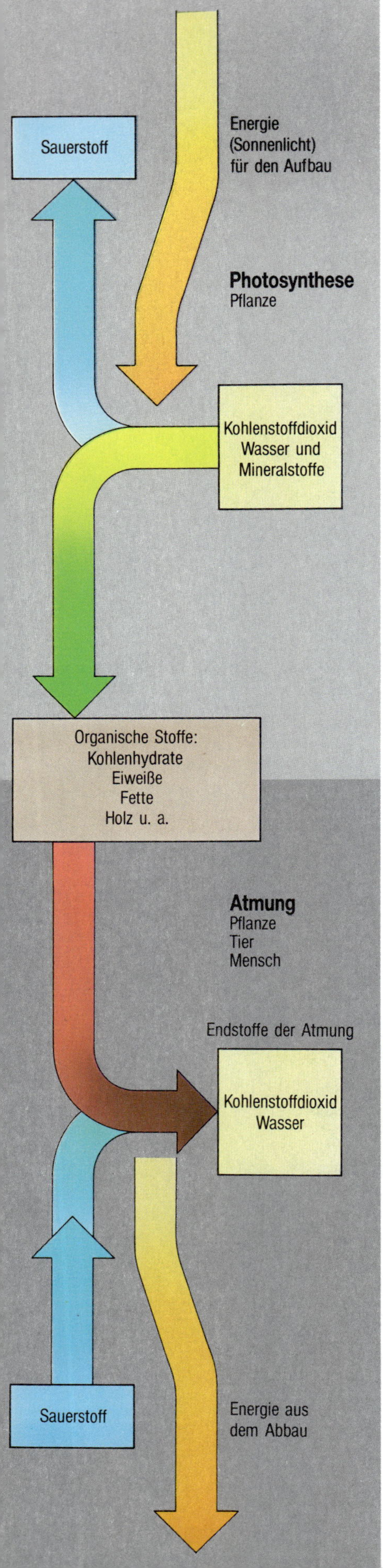

Abb. 6.45: Photosynthese und Atmung sind gegenläufige Stoffwechselvorgänge

Abb. 6.46: Die Photosynthese läuft in allen grünen Pflanzenteilen ab; aus Kohlenstoffdioxid und Wasser entsteht mit Hilfe von Lichtenergie in den Chloroplasten Traubenzucker + Sauerstoff

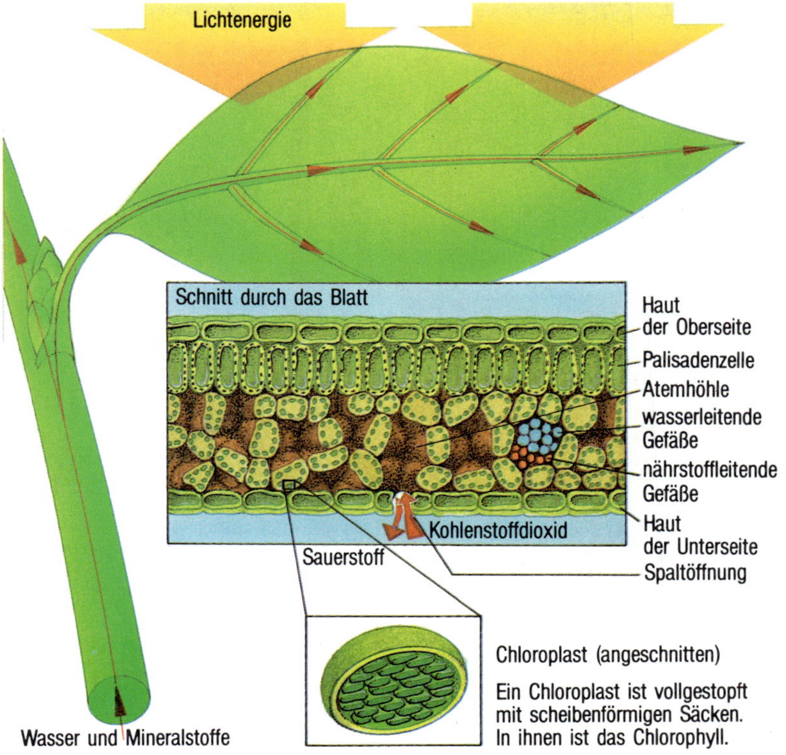

Im elektronenmikroskopischen Bild der Zelle erkennt man in der Abb. 6.45 als geformte Bestandteile auch **Mitochondrien** (A). Man bezeichnet sie als „Kraftwerke“ der Zelle, da sie durch die Verbrennung von Kohlenhydraten – bei der Zellatmung – Energie freisetzen.

Wir erkennen außerdem in der Grafik noch ein Netz von Röhrchen – das **endoplasmatische Retikulum** (B) – im Plasma. Die Röhrchen sind von einer dünnen Membran umschlossen. Hier werden auf schnellem Wege die für die einzelnen Zellorganellen wichtigen Stoffe transportiert.

Nach dem Italiener Golgi werden die von ihm entdeckten Stapel von in der Zelle verteilten Hohlräumen genannt: **Golgi-Apparat** (C). Hier werden vor allem die Sekrete erzeugt. Auch das Material für den Aufbau von Zellwänden entsteht hier.

Die winzigen kugeligen Gebilde, die über die Zelle verteilt sind und der Eiweißproduktion dienen, werden als **Ribosomen** (D) bezeichnet.

In den Zellen aller Lebewesen sorgt vorwiegend die **Plasmaströmung** für die Versorgung der Zellteile mit gelösten Stoffen. Das ist besonders gut im Mikroskop in den Blättern der Wasserpest oder beim Wechseltierchen, der Amöbe, zu beobachten.

Abb. 6.48: Verschiedene Zelltypen

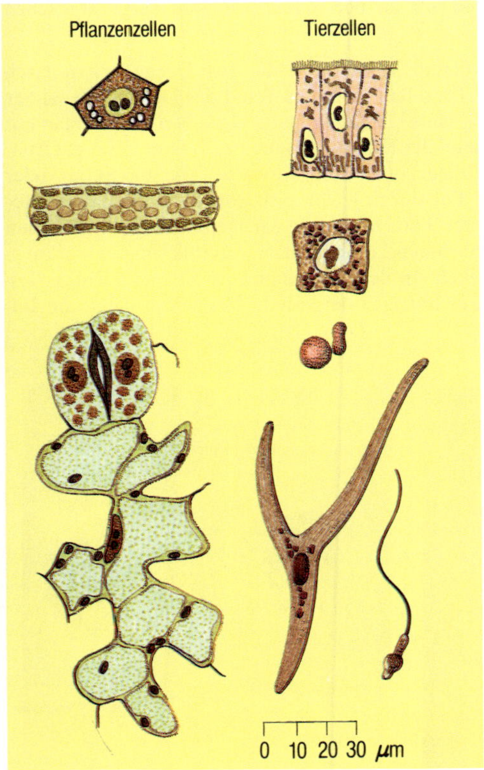

Abb. 6.47: Elektronenmikroskopisches Bild einer Zelle der Wurzelspitze der Gartenbohne (A bis D siehe Text, E = Zellkern, F = Zellwand, G = Vakuole)

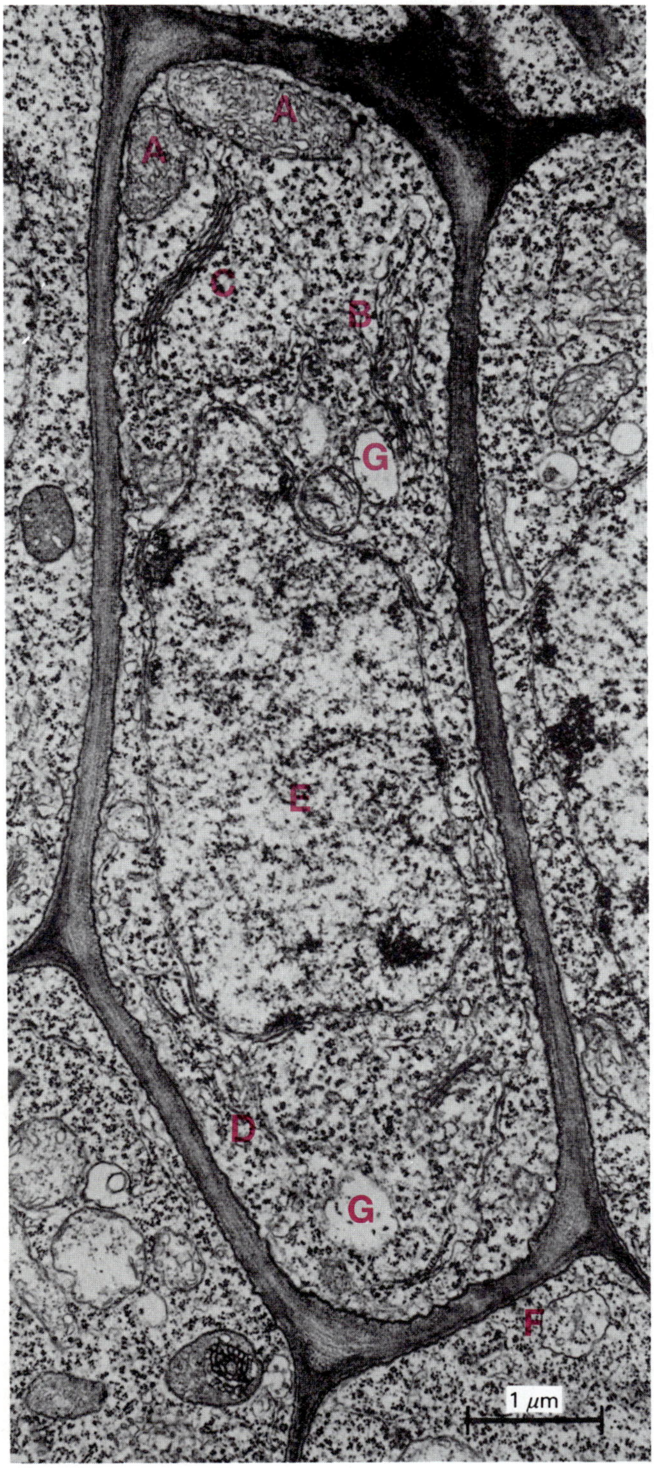

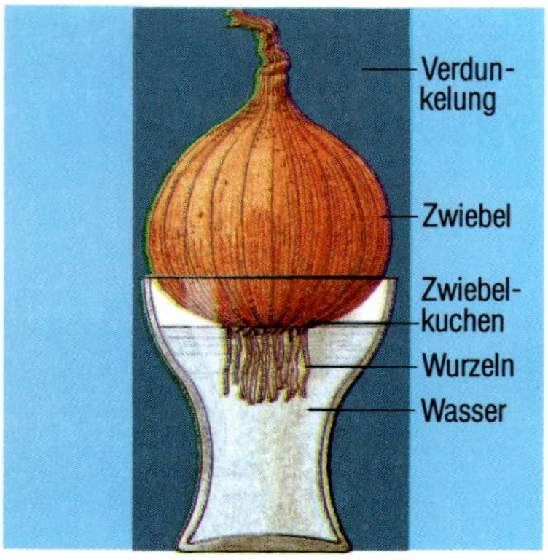

Eine wichtige Rolle bei der Abgabe von Stoffen an Nachbarzellen spielt die Zellmembran. Sie kann bestimmte Stoffe durchlassen (z. B. Wasser), anderen aber den Durchlaß sperren (z. B. Zucker). Man bezeichnet diese Eigenschaft bei Membranen als Halbdurchlässigkeit (Semipermeabilität).

Bau und Leistung (Funktion) pflanzlicher wie tierischer Zellen sind weitgehend ähnlich. Das zeigt die Grafik (S. 6.44). Hier sind eine pflanzliche und eine tierische Zelle in vereinfachter Form nebeneinander dargestellt, daß du sie gut vergleichen kannst.

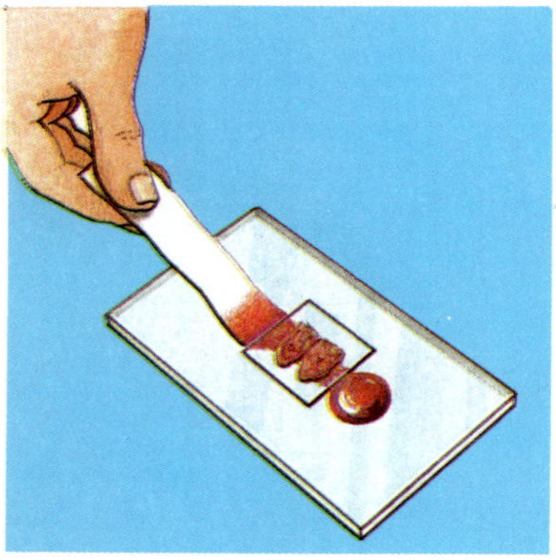

Abb. 6.49: Ablauf der Arbeiten für ein mikroskopisches Präparat von sich teilenden Zellen: siehe nebenstehender Text

6.8 Die Zellteilungen

6.8.1 Die Wachstumsteilung (Mitose)

Wachstum von Vielzellern ist unabdingbar mit der Teilung von Zellen verbunden. Zellteilungen kann man bei Pflanzen am besten in den Zonen des stärksten Wachstums beobachten, also an der Sproßspitze oder an der Wurzelspitze. Am leichtesten lassen sich wohl Zellteilungen an der Wurzelspitze der Küchenzwiebel im Mikroskop erkennen, wenn man Zellen in verschiedenen Teilungsabschnitten miteinander vergleicht (Abb. 6.50).

Man stellt eine dickere Küchenzwiebel so auf einen Eierbecher mit Wasser (Abb. 6.49), daß der Wurzelboden („Zwiebelkuchen") den Wasserspiegel berührt. Zum Verdunkeln stülpt man einen Karton darüber. Nach etwa 10 Tagen sind dünne Wurzeln ins Wasser gewachsen, von denen wir an der Spitze 5–6 mm lange Stückchen abschneiden.

Einige Wurzelspitzen werden auf einem Objektträger mit dem Deckgläschen durch Fingerdruck zerquetscht. Anschließend läßt man vom Rand des Deckgläschens her eine Farbstofflösung (Karmin-Essigsäure) in das Präparat einziehen, indem man mit einem Filterpapier an der Gegenseite der Farbstofflösung das Wasser absaugt (Abb. 6.49). Danach wird der Objektträger über eine schwache Flamme (Gas- oder Spiritusbrenner) gehalten, bis die Flüssigkeit leicht aufkocht (kleine Blasen entstehen). Notfalls werden einige Tropfen Farbstofflösung nachgefüllt. In einem solchen Präparat wird man – im Mikroskop schon bei ca. 100facher Vergrößerung – mehrere in Teilung befindliche Zellen entdecken. In den Abbildungen 6.52 sind wichtige Teilungsphasen fotografisch und in Zeichnungen dargestellt. Vergleiche damit die Teilungsphasen in deinem Präparat.

Abb. 6.50: Längsschnitt durch die Wurzelspitze der Zwiebel mit sich teilenden Zellen (dunkel)

Abb. 6.51: Verschiedene Zellteilungsstadien in einer Zwiebelwurzel

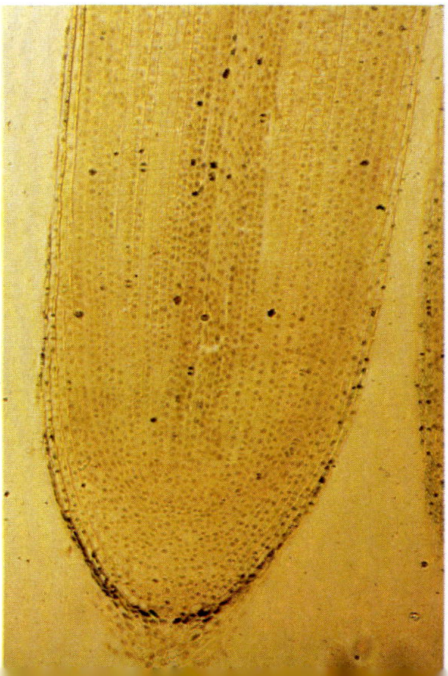

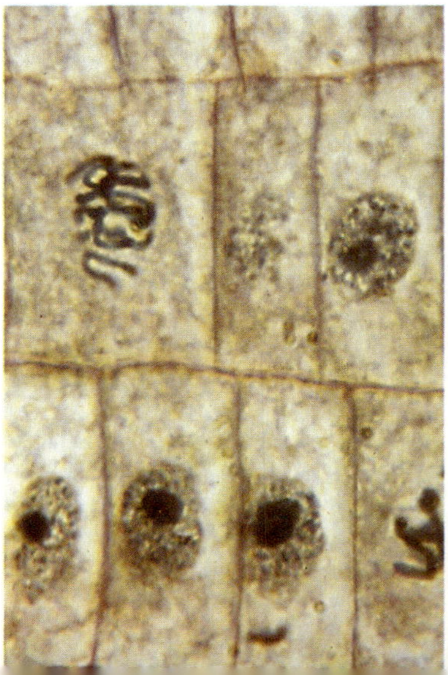

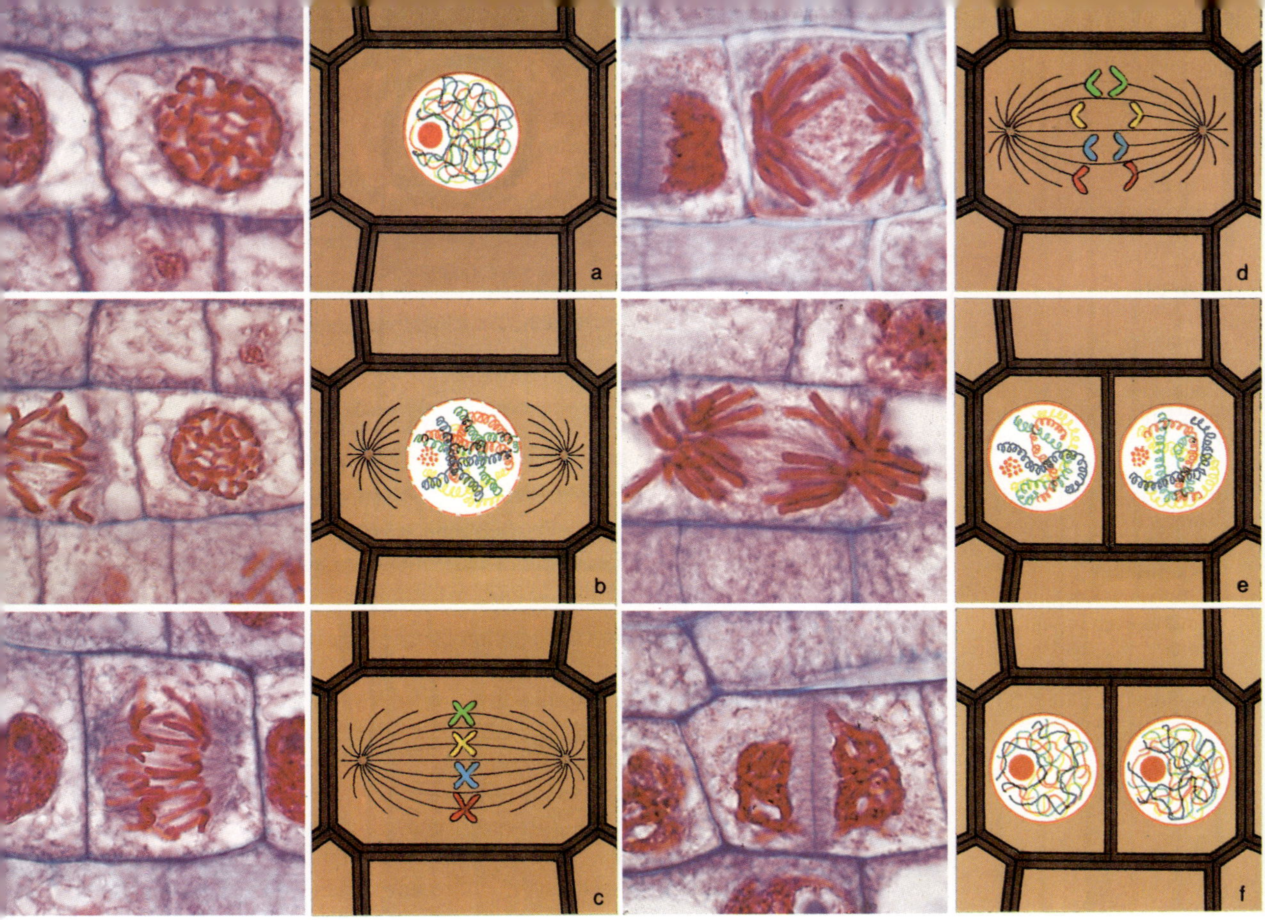

Die Zellteilung läuft folgendermaßen ab (Abb. 6.52).
Zuerst teilt sich der **Zellkern.** Es bilden sich in ihm scheinbar ungeordnete Fäden (a), sie werden als **Chromosomen** bezeichnet. Die Chromosomenfäden werden kürzer und dicker und sind allmählich in ihrer Struktur deutlicher erkennbar (b). Die **Kernmembran** verschwindet langsam. Die einzelnen Chromosomen zeigen einen Längsspalt, weil sie sich verdoppelt haben (c). Zwei gleichartige – identische – Chromosomen, die **Tochterchromosomen,** liegen jetzt dicht nebeneinander. Die Kernmembran ist verschwunden. Sie werden nun von Plasmafäden zu den gegenüberliegenden Polen der Zelle auseinandergezogen (d). An beiden Polen befindet sich dann die gleiche Anzahl von Chromosomen. Sie sind jeweils zu denen am anderen Pol identisch. Nun strecken sich in

Abb. 6.52: Photographische und schematische Darstellung des Ablaufs der Zellteilung: Mitose

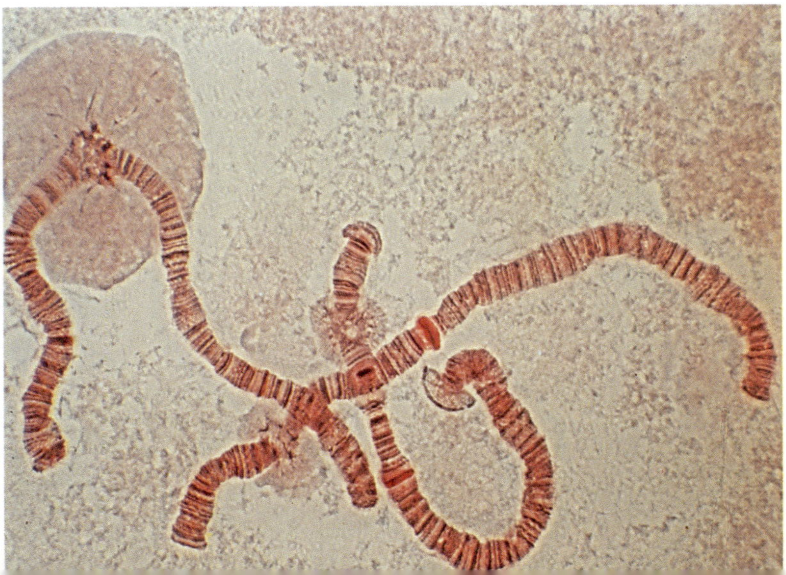

Abb. 6.53: Lichtmikroskopische Aufnahme von gefärbten Riesenchromosomen der Taufliege. Sie sind in den Zellen der Speicheldrüsen zu finden. Die Querstreifen entstehen dadurch, daß beim Färben einige Abschnitte mehr Farbstoff aufnehmen

	einfacher Satz (Geschlechtszellen)	doppelter Satz (Körperzellen)
Mensch	23	46
Menschenaffen	24	48
Pferd	32	64
Rind	30	60
Schwein	19	38
Hund	39	78
Haushuhn	39	78
Amsel	40	80
Zauneidechse	19	38
Karpfen	52	104
Guppy	24	48
Biene	16	32
Stubenfliege	6	12
Weinberg-schnecke	27	54
Regenwurm	16	32
Kartoffel	24	48
Gartenbohne	11	22
Gerste	7	14
Zwiebel	8	16
Adlerfarn	52	104

Tabelle 6.1: Anzahl der Chromosomen bei verschiedenen Lebewesen

beiden Zellhälften die Chromosomen wieder zu längeren Fäden (e), die in zwei neuen Kernen jeweils von einer neuen Kernmembran eingeschlossen werden. In der Mitte der Zelle bildet sich eine neue **Zellwand,** die von außen nach innen „wächst" (f). Es sind schließlich zwei neue Zellen entstanden. Sie strecken und dehnen sich jetzt zur Größe der Mutterzelle.

6.8.2 Entstehung der Geschlechtszellen bei der Reifeteilung (Meiose)

Beim Wachsen und bei der Erneuerung der Körperzellen eines Lebewesens bleibt bei den Zellteilungen die Chromosomenzahl der jeweiligen Art in allen Tochterzellen gleich.

Da zum Beispiel jede menschliche Körperzelle 46 Chromosomen aufweist, (23 Chromosomenpaare), enthalten nach der Teilung die Tochterzellen ebenfalls je 46 Chromosomen.

Wie wir bereits wissen, verschmelzen bei der Befruchtung der Kern einer Samenzelle mit dem Kern einer Eizelle. Wenn jede dieser beiden Geschlechtszellen (Keimzellen) einen vollen Chromosomensatz hätte, (z. B. 46 beim Menschen), würde sich die Zahl der Chromosomen nach jeder Befruchtung verdoppeln (auf 92, 184 usw.)! Es ist dafür gesorgt, daß die Geschlechtszellen nur eine halbe Chromosomenzahl enthalten (beim Menschen: 23 Chromosomen). Die Anzahl der Chromosomen wird bei der Bildung von Geschlechtszellen halbiert. Das geschieht in einer besonderen Folge von Zellteilungen (meist in zwei Schritten), die

Abb. 6.54: Schematische Darstellung der Zellteilungen bei der Entstehung der Geschlechtszellen: Reifeteilung (Meiose)

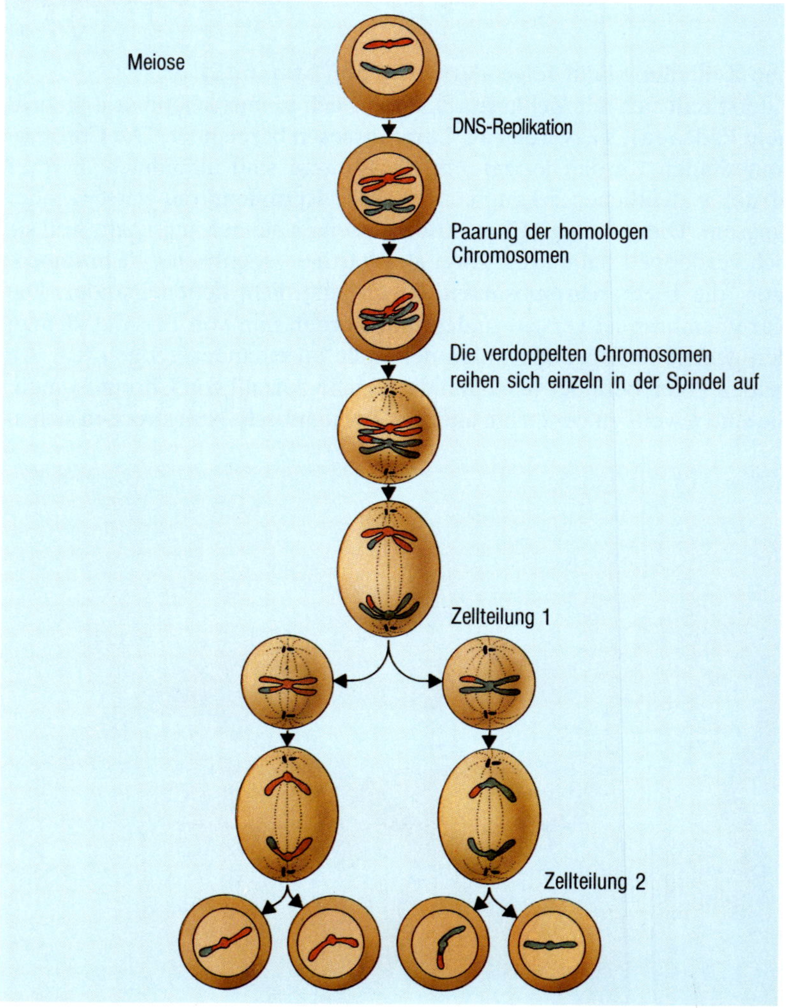

man **Reifeteilung** oder **Meiose** nennt. Sie vollzieht sich nur bei geschlechtsreifen Lebewesen. Ein besonders wichtiger Teilungsvorgang dabei ist als erster Schritt die **Reduktionsteilung.** In ihr werden die Chromosomen so verteilt, daß in jeder Tochterzelle jeweils nur noch der halbe (= einfache) Chromosomensatz ist (Abb. 6.54).

In den weiblichen Geschlechtsorganen des Menschen, der Tiere und der Pflanzen entstehen Eizellen mit halber Chromosomenzahl (einfacher Chromosomensatz) in folgenden Schritten (Abb. 6.55, Teilschritte 1–6):

- Bestimmte Zellen teilen sich so, daß sich die Chromosomen des gleichen Typs – homologe Chromosomen – zusammenlegen.
- Sie ordnen sich dann alle in einer Ebene in der Mitte der Zelle.
- Die Kernhülle löst sich auf, und es entstehen Spindelfasern.
- Die Spindelfasern ziehen die gleichartigen Chromosomen auseinander. Dabei werden die Chromosomen des gleichen Typs getrennt. An den Polen der Zelle ist jetzt jeweils ein einfacher Chromosomensatz versammelt.
- Eine Membran trennt die Tochterzellen.
- Nach dieser Reduktionsteilung erfolgt noch eine zweite normale Teilung (Mitose der beiden Zellen) mit einfachen Chromosomensätzen. Es sind aus einer Zelle vier Zellen entstanden.
- Drei der neuen Zellen verkümmern und werden vom umliegenden Gewebe aufgelöst. *Nur eine der vier Zellen* mit einfachem Chromosomensatz hat genügend Zellplasma und *ist befruchtungsfähig*.

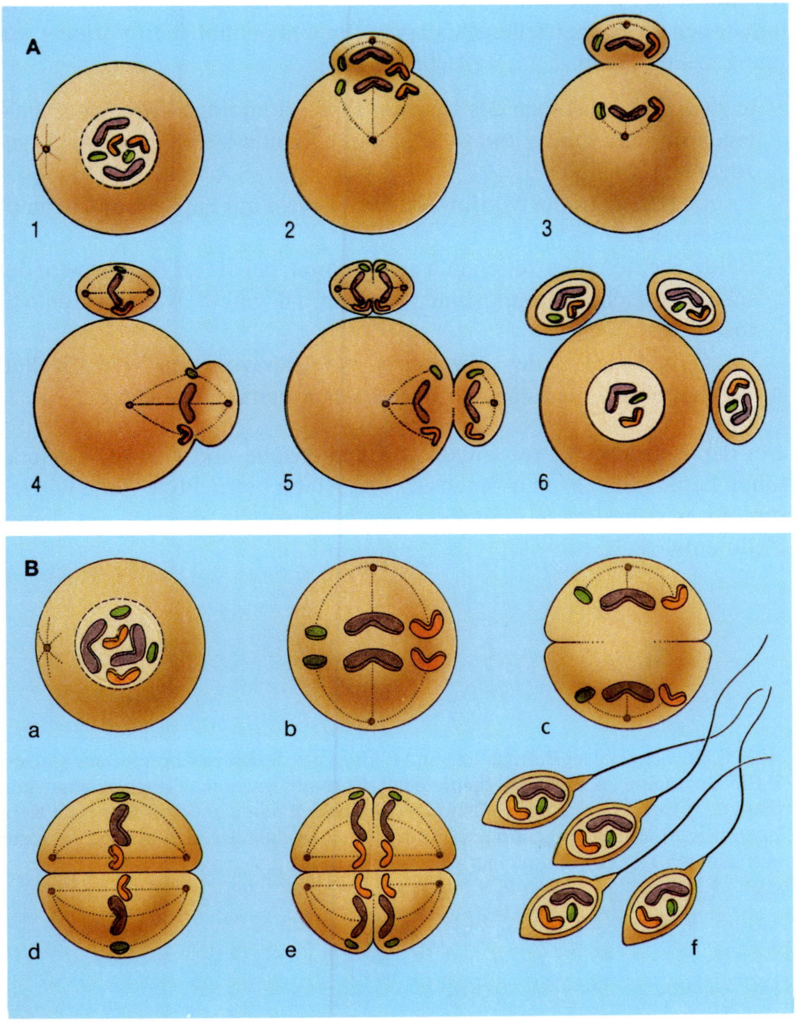

Abb. 6.55: Schema der Eizellen- und Spermienbildung und Entstehung des haploiden Chromosomensatzes
A Meiose (Reifeteilung) der Eizelle: 1 Zelle mit vollem (diploidem) Chromosomensatz, 2 und 3 Teilung, wobei 2 halbe Chromosomensätze entstehen, 4 und 5 bei zwei weiteren (normalen) Zellteilungen bleibt jeweils die haploide Chromosomenzahl erhalten. 6 Die Eizelle ist befruchtungsreif; die drei bei der Reifeteilung entstandenen Zellen verkümmern
B Meiose der Samenzelle: a Zelle mit vollem (diploidem) Chromosomensatz b, c, d Teilung der Zelle, wobei zwei halbe (haploide) Chromosomensätze entstehen, e die neuen haploiden Zellen teilen sich beide normal, und es entstehen vier haploide Samenzellen

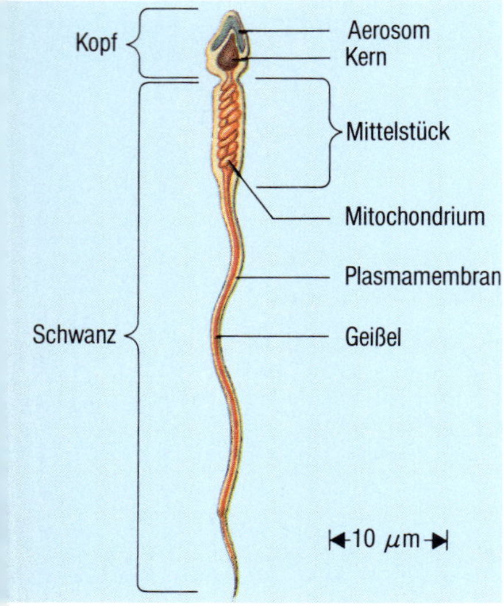

Abb. 6.56: Aufbau eines Spermiums

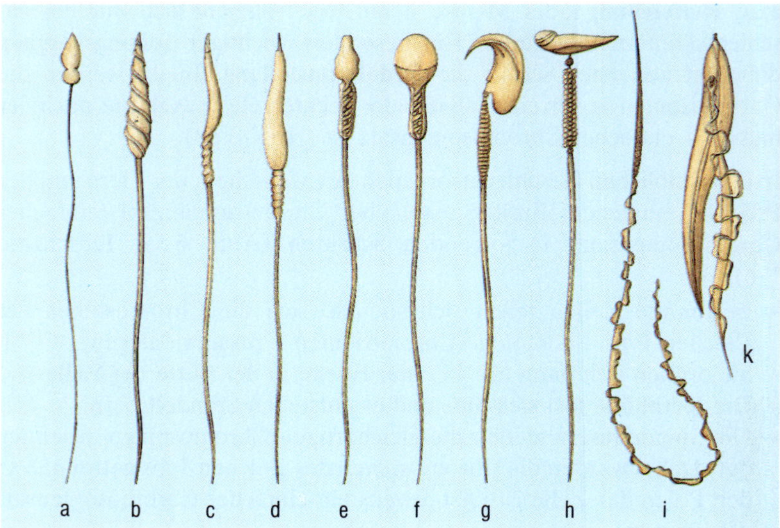

Abb. 6.57: Verschiedene Spermien: a Seeigel, b Sumpfdeckelschnecke, c Haushahn, d Schildkröte, e Mensch (von vorn), f Mensch (von der Seite), g Maus, h Känguruh, i Teichmolch, k Feuerbauchunke

Der volle Chromosomensatz der Körperzellen wird mit einem Fachausdruck als **diploid** (doppelt), der einfache als **haploid** bezeichnet.

In den männlichen Geschlechtsorganen des Menschen und der Tiere entstehen die Samenzellen (Spermien) in einem ähnlichen Vorgang wie die Eizellen (Abb. 6.55, Teilschritte a–f):

- je zwei Chromosomen des gleichen Typs – homologe Chromosomen – legen sich zusammen und werden durch Spindelfasern auseinandergezogen.
- Es entstehen aus der Mutterzelle zwei Zellen mit haploidem Chromosomensatz.
- Beide Tochterzellen teilen sich noch einmal: bei dieser Teilung wird der schon einfache Chromosomensatz normal geteilt wie bei der Mitose.
- Im Gegensatz zu den Eizellen – wo drei von den vier Eizellen verkümmern – *sind alle vier Samenzellen befruchtungsfähig.*

Bei der Befruchtung vereinigen sich Samenzelle und Eizelle. Da jede einen haploiden Chromosomensatz hat, ist die befruchtete Zelle wieder diploid, wie in allen Körperzellen des Lebewesens, das sich aus dieser Zelle entwickelt.

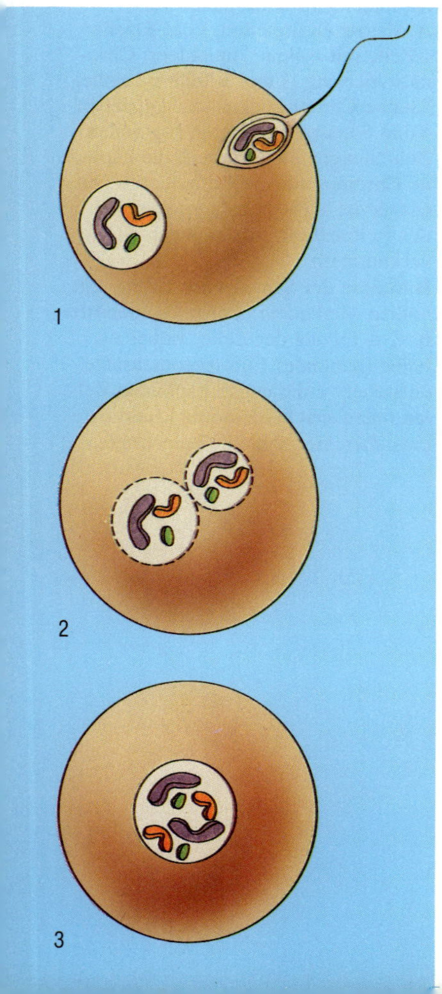

Abb. 6.58: Schema der Befruchtung und Bildung des diploiden Chromosomensatzes. **1** Ein Spermium mit halbem (haploidem) Chromosomensatz dringt in eine reife (haploide) Eizelle ein. **2** Die Zellkerne verschmelzen miteinander. **3** Im neuen Kern legen sich die zusammengehörigen Chromosomen aneinander, und es entsteht in der befruchteten Eizelle ein diploider Chromosomensatz

7
Lebewesen pflanzen sich fort

Abb. 7.1: Zweig des Ginkgo mit Blüten

Ein Ginkgo-Baum wird in seiner Heimat Ostasien etwa 250 Jahre alt. Auf der Erde kommen Ginkgos seit etwa 185 Millionen Jahren vor. Wie ist es möglich, daß eine Art so lange fortbesteht, während das Einzelwesen nur eine begrenzte Lebenszeit hat? Die einzelnen Ginkgos pflanzen sich fort und sichern damit den Bestand der Art. Das gilt aber natürlich nicht nur für den Ginkgo, sondern für alle Pflanzen- und Tierarten und den Menschen.

Bei mehrzelligen Lebewesen beendet der Tod das Dasein des Individuums, bei pflanzlichen und tierischen Einzellern lebt das Einzelwesen in seinen Tochterzellen fort. Die **Elterngeneration** vererbt bei der Fortpflanzung Eigenschaften an die **Nachkommen.**

Man unterscheidet im allgemeinen zwei Fortpflanzungsarten: die **ungeschlechtliche** und die **geschlechtliche Fortpflanzung.** Bei der ungeschlechtlichen Fortpflanzung bildet sich ein neues Lebewesen aus einer Körperzelle oder aus einer Gruppe solcher Zellen. Die geschlechtliche Fortpflanzung vollzieht sich durch die Verschmelzung von Geschlechtszellen (Samen- und Eizelle).

7.1 Fortpflanzungsformen bei Tieren

Die ungeschlechtliche Fortpflanzung

Die **Zellteilung** als eine Form der ungeschlechtlichen Fortpflanzung haben wir bei den Einzellern auf Seite 98 bereits kennengelernt (siehe Abb. 6.7). Sie ist bei den meisten einzelligen Lebewesen zu finden.

Beim Süßwasserpolyp (s. Seite 100/101) gibt es die **Knospung.** Wir finden sie außerdem auch bei anderen Polypen, z. B. bei den Korallen werden die neu gewachsenen Tiere nicht unabhängig. Sie bilden vielmehr riesige Tierstöcke.

In wenigen Ausnahmen kann sich aus einer weiblichen Eizelle auch ohne Befruchtung ein neues Tier entwickeln, z. B. bei Wasserflöhen, Blattläusen (siehe Abb. 7.31) oder Bienen (siehe auch S. 13 ff). Diesen Vorgang bezeichnet man als **Jungfernzeugung.**

Abb. 7.2: Manche Süßwasserpolyparten leben mit Grünalgen in einer Symbiose. Bei der Knospung wird auch der Symbiont weitergegeben

Abb. 7.3: Bei den Korallenpolypen bauen die sich ungeschlechtlich vermehrenden Polypen mit Hilfe ihrer Skelette riesige Korallen-Riffe, -Inseln, -Barrieren auf. Als Skelettmaterial kommt Horn, Kieselsäure oder Kalk vor. Die Dolomiten sind ein Gebirge, das aus Korallenkalk besteht

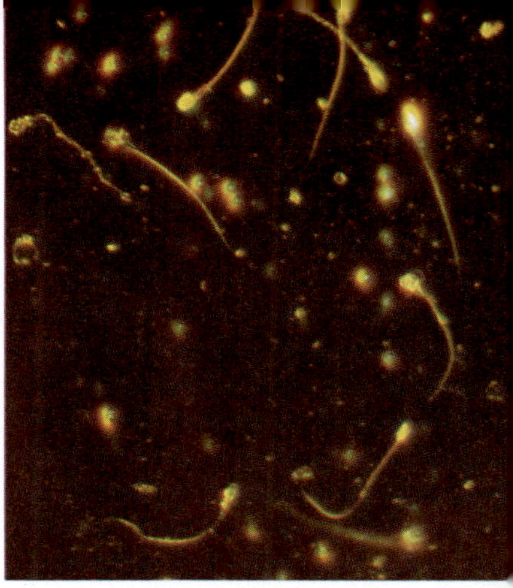

Abb. 7.4: Menschliche Spermien. Durch eine besondere Aufnahmetechnik ist der Hintergrund dunkel (ca. 700fach vergrößert)

Die geschlechtliche Fortpflanzung

Bei Arten mit geschlechtlicher Fortpflanzung entstehen – meist getrennt im Körper weiblicher und männlicher Tiere – **Ei-** und **Samenzelle.** Seltener entwickeln sich in einem Individuum beiderlei Geschlechtszellen. Solche Tiere werden **Zwitter** genannt; es gibt sie z. B. bei Schnecken, anderen Weichtieren und verschiedenen Würmern.

Die **Samenzellen** (Spermien) bestehen meistens aus einem Kopfstück, einem kurzen Mittelstück und dem dünnen, längeren Schwanzfaden, mit dem sie sich schlängelnd fortbewegen. Die **Spermien** entstehen in den **Hoden,** den männlichen Geschlechtsorganen, wo sie aus besonderen Körperzellen bei der Reifeteilung gebildet werden (siehe S. 117).

Im Kopfstück des Spermiums befindet sich der **Zellkern,** in dessen **Chromosomen** das Erbgut des Vatertieres enthalten ist. Samenzellen sind winzig klein. Sie werden in riesigen Mengen erzeugt und können im allgemeinen nur wenige Tage leben. Man nimmt an, daß sie bei den Wirbeltieren nur 7 bis 12 Stunden bei Körpertemperatur befruchtungsfähig sind.

Die Eizellen werden im **Eierstock** des weiblichen Tieres bei der **Reifeteilung** gebildet (siehe S. 116 und Abb. 6.54), in den **Zellkernen** sind die **Chromosomen** mit dem Erbgut des Muttertieres enthalten. Die Eizellen sind im Verhältnis zu den Spermien sehr groß. Bei den meisten Tieren sind die weiblichen Geschlechtszellen die größten Zellen überhaupt, denn sie enthalten neben dem Zellkern und dem Plasma noch Nährstoffe **(Dotter)**. Je nach der Nährstoffmenge unterscheiden sich die Eier der einzelnen Tierarten in der Größe. Auch die Eizellen sind nur kurze Zeit befruchtungsfähig, bei den Säugetieren meist nur 24 Stunden (bei Körpertemperatur).

Bei jeder **Befruchtung** schwimmt die **Samenzelle** auf die unbewegliche **Eizelle** zu. Voraussetzung dafür ist immer eine Flüssigkeit, entweder das umgebende Wasser oder Körperflüssigkeit. Meistens ziehen die Eizellen die Spermien mit Lockstoffen an.

Bei vielen Tieren findet die Befruchtung außerhalb des Körpers im Wasser statt: **äußere Befruchtung.** Eizellen und Samenzellen werden in das umgebende Wasser in großen Mengen abgegeben.

Abb. 7.5: Seeigel: Ein Spermium dringt in eine Eizelle ein (vgl. Abb. 6.58)

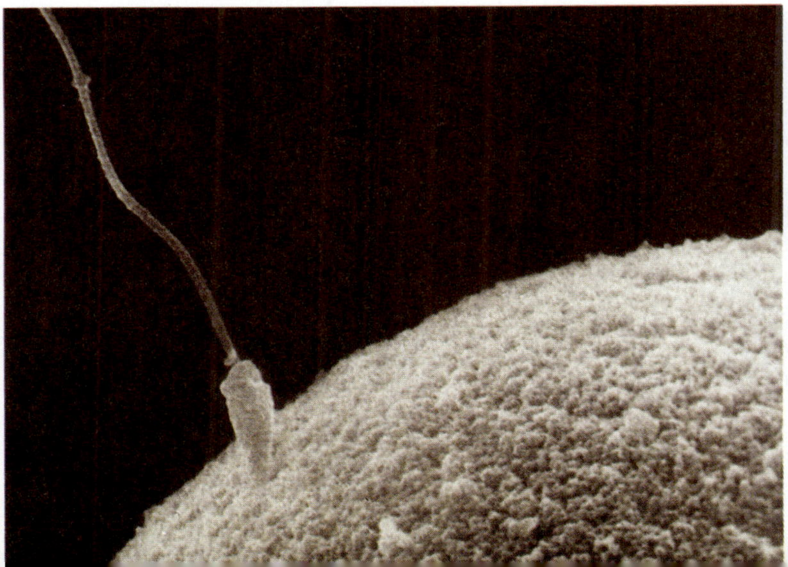

Abb. 7.6: Ein befruchtetes Seeigelei. Der Zellkern ist im linken unteren Viertel als zarte Blase zu erkennen

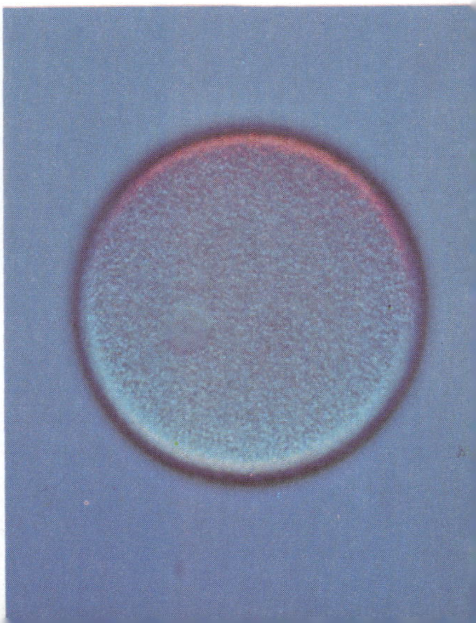

Manche Tiere sichern durch bestimmte Verhaltensweisen eine erfolgreiche Befruchtung:

- das Stichlingsweibchen legt die Eier in ein Nest, wo sie vom Männchen besamt werden;
- Forellen schlagen mit dem Schwanz im Bachgrund eine Vertiefung, in der abgelaicht und besamt wird;
- beim Wasserfrosch legt das Weibchen Eiballen ins Wasser ab, das Männchen umklammert das Weibchen dabei und gibt seinen Samen gleichzeitig ab.

Voraussetzung für die Befruchtung ist, daß männliche und weibliche Tiere zur gleichen Zeit am gleichen Ort in der gleichen Paarungsbereitschaft sind.

Abb. 7.7: Teilungsschritte nach der Befruchtung des Seeigeleies führen zu einem Zellhaufen

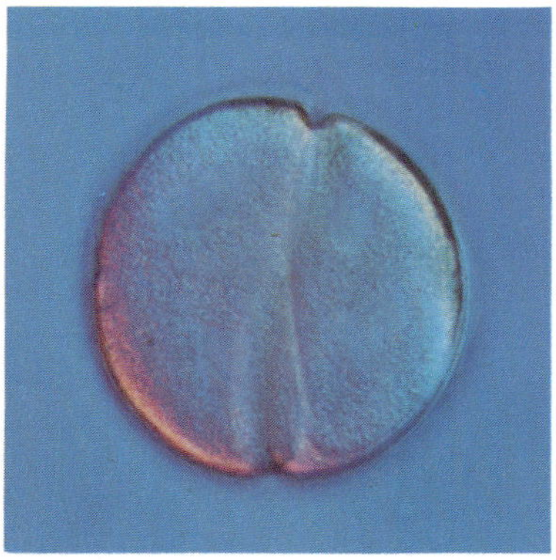

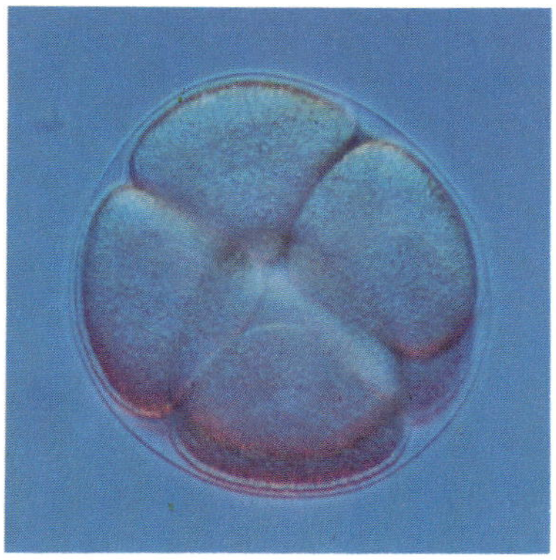

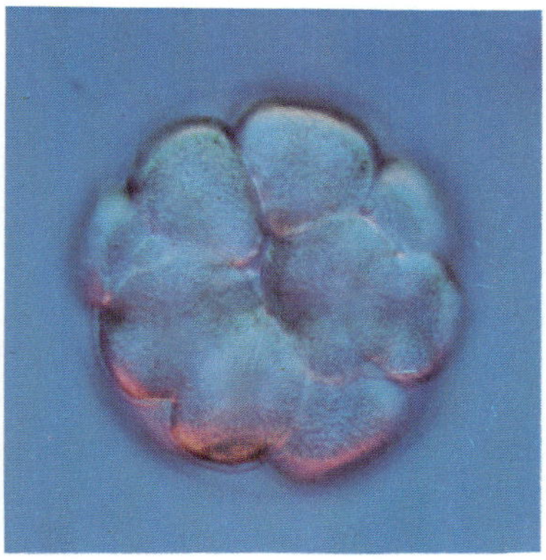

Bei den meisten auf dem Lande lebenden Tieren findet eine **innere Befruchtung** statt. Bei der **Begattung** (Paarung) werden die Spermien des Männchens in den Körper des Weibchens befördert:

- bei der Königslibelle wird im Flug ein Samenpaket in den Körper des Weibchens übertragen;
- der Amselhahn preßt bei der Begattung seine Kloakenöffnung auf die des Weibchens und ermöglicht so die Übertragung der Spermien;
- der Rüde begattet die Hündin, indem er seinen Penis in die Scheide einführt.

Im Körper des weiblichen Tieres schwimmen die Spermien aktiv zur Eizelle. Ein Spermium dringt in die Eizelle ein, und der Zellkern vereinigt sich mit dem der Eizelle.

Bei **Säugetieren** und beim **Menschen** entwickelt sich der nach der Befruchtung entstehende Keimling **(Embryo)** bis zur Geburt **im Körper** der Mutter.

Bei **Kriechtieren** und **Vögeln** wird die **Eizelle** nach der Befruchtung von einer Schale umgeben (z.B. bei Vögeln eine Kalkschale, bei Reptilien meistens eine lederartige Hülle). Diese **Eier** werden meist in **Nestern** abgelegt. In den Eiern entwickeln sich die Embryonen. Nach unterschiedlich langer Zeit schlüpfen die Jungtiere aus.

Bei den Säugetieren entwickeln sich die Embryonen im Körper des Muttertieres zu **Feten** und werden nach unterschiedlich langer Zeit geboren.

Abb. 7.8: Aus dem Ei geschlüpfte Ringelnattern sind Nestflüchter

7.2 Fortpflanzungsformen bei Pflanzen

Wie das Tierreich weist auch das Pflanzenreich verschiedene Fortpflanzungsformen auf. Bei der **geschlechtlichen Fortpflanzung** entwickelt sich eine neue Pflanze aus männlichen und weiblichen Geschlechtszellen. Die **ungeschlechtliche Fortpflanzung** zeigt bei Pflanzen eine größere Vielfalt an Möglichkeiten zur Arterhaltung als bei den Tieren.

Abb. 7.9: Ausläufer der Walderdbeere. Einige Zeit bleiben Mutter- und Tochterpflanze verbunden, bis das Stengelstück vertrocknet

Ungeschlechtliche Fortpflanzung bei Pflanzen

Eine ungeschlechtliche Fortpflanzungsform haben wir bei der Teilung pflanzlicher **Einzeller** bereits kennengelernt (siehe S. 98): die Mutterzelle geht bei der **Zellteilung** in ihren Tochterzellen auf.

Bei manchen Pflanzen wächst ein Sproß über dem Boden seitwärts und schlägt an einer oder mehreren Stellen Wurzeln. Das ist ein **Ausläufer,** durch den eine neue Pflanze entsteht. Beispiele dafür sind Kriechender Günsel und Gundermann.

Die Quecke und das Schilf und die Sandsegge vermehren sich durch **unterirdische Ausläufer.** Sie schlagen stellenweise an der Oberfläche aus, und an diesen Stellen entstehen Tochterpflanzen.

Für die Vermehrung der Kartoffel werden von den Bauern ausschließlich Knollen benutzt. Samen werden nur bei der Züchtung neuer Sorten verwendet. Die Kartoffelknollen entstehen aus unterirdischen Stengelteilen (Sprossen) und gehören nicht zur Wurzel, wie man vielfach glaubt. Aus ihren „Augen" (Knospen!) wachsen neue Pflanzen.

Versuch: Schneide aus einer Kartoffelknolle einzelne Augen mit einem Stück „Kartoffelfleisch" ab. Lege diese Stücke in die Erde mehrerer Blumentöpfe. Gieße sie, beobachte und überprüfe die Entwicklung.

Abb. 7.10: Bei der im Wasser gezogenen Gundermannpflanze entwickelt sich ein kräftiger Ausläufer

Eine weitere Vermehrungsmöglichkeit gibt es für viele Pflanzen durch **Stecklinge.** So werden z. B. Weinrebenstücke mit mehreren Knospen so weit in die Erde gesteckt, daß bei den unterirdischen Knospen Wurzeln ausschlagen. Über der Erde sprießen aus ihnen Triebe. Salweidenzweige oder Stengelstücke mit Blättern von vielen Zimmerpflanzen (z. B. Begonie) treiben Wurzeln an der Schnittstelle (Abb. 7.12) und wachsen

Abb. 7.11: Ausläuferbildung bei Klee und Quecke

Abb. 7.12: Aus dem abgeschnittenen Blatt der Schiefblattbegonie entwickelt sich eine neue Pflanze

Abb. 7.13: Aus abgeschnittenen Stücken des Zypergrashalmes entwikkeln sich neue Pflanzen

Abb. 7.14: Das Brutblatt (Bryophyllum) bildet am Blattrand zahlreiche neue Pflänzchen, die abfallen und auf der Erde sofort weiterwachsen

Abb. 7.15: Tulpenzwiebel mit Ersatzzwiebel

zu einer selbständigen Pflanze heran. Auch Blattstücke können auf feuchtem Boden Wurzeln schlagen (z. B. Usambaraveilchen) und so zur Vermehrung beitragen.

Bei einigen Brutblattarten (Bryophyllum) wachsen in den Kerben der Blattränder kleine **Brutknospen,** die abfallen und als selbständige junge Pflanzen auf dem Boden anwachsen.

Zwiebelpflanzen bilden in ihrer Wachstumsperiode Ersatz- und **Brutzwiebeln**, die z. B. bei der Tulpe der Fortpflanzung dienen. Wenn man Brutzwiebeln in die Erde steckt, wachsen daraus Tulpenpflanzen.

Der auf feucht gelagertem Brot wachsende Schimmelpilz bildet auf ungeschlechtlichem Wege Vermehrungszellen, die winzigen **Sporen:** Sie können sich – wie auf dem Brot – ohne Befruchtung entwickeln.

Auch bei Moosen und Farnpflanzen finden wir die ungeschlechtliche Fortpflanzung durch Sporen.

Alle Arten der ungeschlechtlichen Fortpflanzung werden als **vegetative Fortpflanzung** bezeichnet.

Die vegetative Fortpflanzung steht bei vielen Pflanzen und Tieren neben der geschlechtlichen Fortpflanzung und bringt neben dieser eine zusätzliche Möglichkeit, das Fortbestehen der einzelnen Arten zu sichern.

Abb. 7.16: Farnpflanze. Die Trichterform leitet das Regenwasser zur Wurzel

Abb. 7.17: Auf der Rückseite des Farnwedels stehen die Gruppen der Sporenkapseln

Abb. 7.18: Mehrere Sporenkapseln stehen gemeinsam unter einem „Dach“

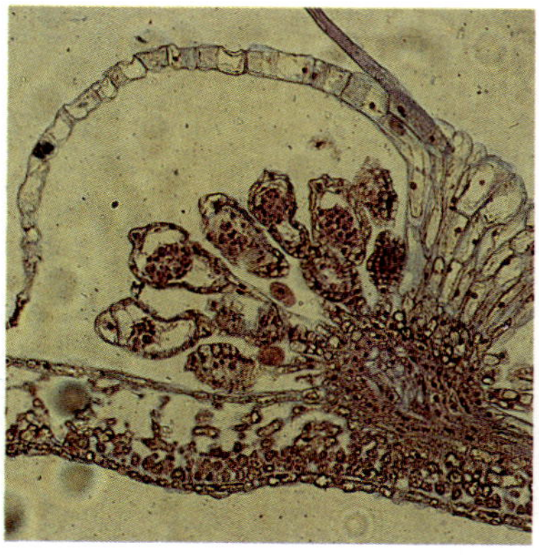

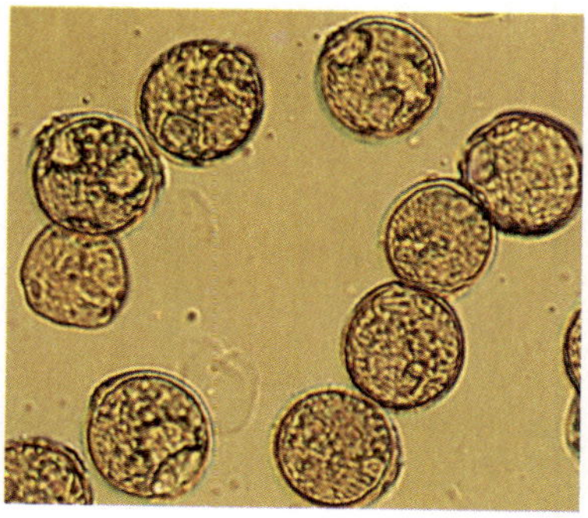

Abb. 7.19: Pollen der Eiche

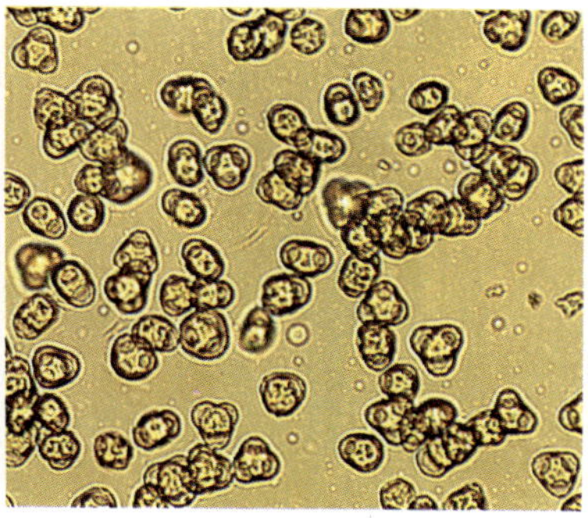

Abb. 7.20: Pollen des Haselstrauches

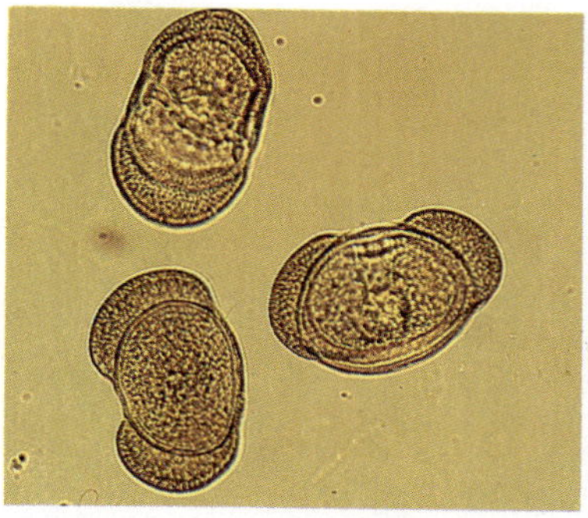

Abb. 7.21: Pollen der Kiefer. Er hat blasenartige Erweiterungen, die hohl sind und die Verbreitung durch den Wind unterstützen

Die geschlechtliche Fortpflanzung der Pflanzen

Da sich Pflanzen nicht so fortbewegen können wie die meisten Tiere, sind sie bei der geschlechtlichen Fortpflanzung auf bestimmte – manchmal ganz „raffinierte" – Einrichtungen angewiesen. Der männliche Pollen der Blütenpflanzen gelangt daher auf sehr mannigfache Art auf die Narbe des weiblichen Blütenteils.

Manche Pflanzen gehören zu den **Windbestäubern** (Windblütern): Ihr Pollen wird in riesigen Mengen in den Staubblättern (Staubgefäßen) erzeugt und vom Wind aus der Blüte durch die Luft getragen. Da die Pollenkörner so zahlreich sind, landen sie auf fast allen Narben der weiblichen Blüten ihrer Art. Die Narben haben durch entsprechende Drüsen einen zuckerhaltigen Saft auf ihren Oberflächen bereitgestellt, der bestimmte chemische Stoffe enthält. Nur die Pollenkörner der eigenen Art können hier „keimen". Das heißt, daß z. B. der Pollen der Hasel nicht die Eizellen einer Esche befruchten kann.

Zu den Windblütern zählen z. B. Gräser (hierher gehören auch alle Getreidearten), Hasel, Eiche, Buche, Fichte und Kiefer.
Andere Blütenpflanzen gehören zu den **Insektenbestäubern:** Sie sind vom Besuch bestimmter Insekten für ihre Befruchtung abhängig. Sie haben Einrichtungen, mit denen sie diese Tiere anlocken.

Abb. 7.22: Bau der Kiefernblüten und Bestäubung im Schema

Abb. 7.23: Kiefernblüten und Kiefernzapfen (aus drei Jahren)

Abb. 7.24: Schnitt durch eine Tulpenblüte

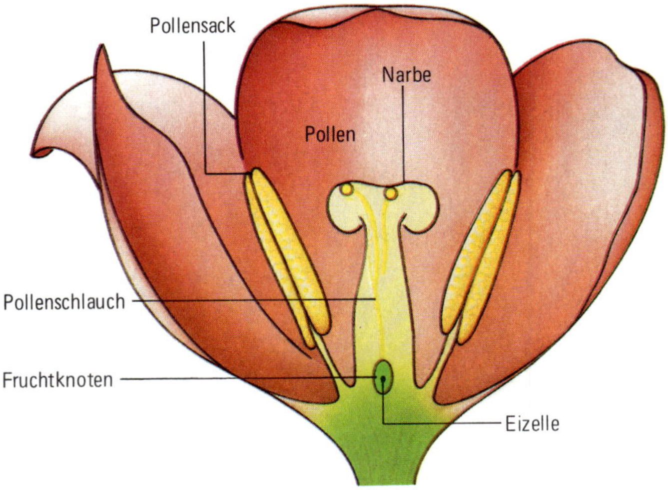

Abb. 7.25: Schema der Bestäubung und Befruchtung bei der Tulpe

Abb. 7.26: Stempel aus der Tulpenblüte

Einrichtungen die Insekten anlocken:

- **farbige Kronblätter** der Blüten werden von manchen Insekten schon von weitem gesehen,
- der durch besondere Drüsen am Blütenboden bereitgestellte zuckerhaltige Saft, der **Nektar,** dient den Insekten als Nahrung und ist Belohnung für den Blütenbesuch.
- der **Duft** mancher Blüten wird von Insekten mit ihren Fühlern wahrgenommen. Manche Blüten locken verschiedene Fliegenarten sogar mit penetrantem Gestank an (Aronstab).

Viele Insekten nehmen beim Nektarsaugen auch Pollen mit, der an ihrem Chitin-Haarkleid kleben bleibt. Im Gegensatz zu den Pflanzen, die vom Wind bestäubt werden, ist der Pollen der Insektenblütler klebrig. Beim Besuch der nächsten Blüte bleibt er auf deren Narbe kleben und führt dabei zur **Befruchtung.** Den Bienen und Hummeln (siehe S. 15) dient neben dem Nektar auch der Pollen als Nahrung.

Abb. 7.27: Keimender Pollen

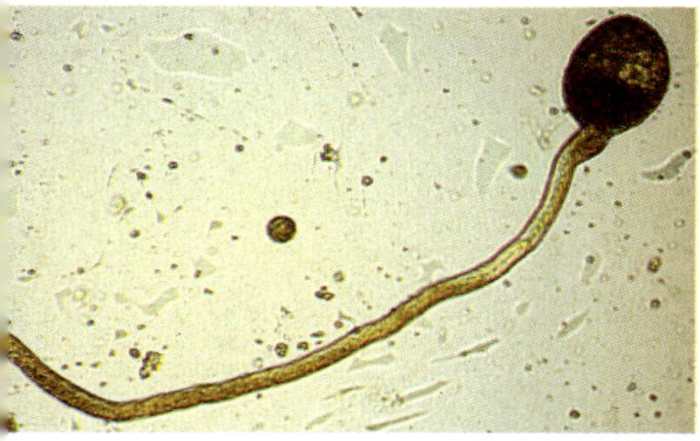

Abb. 7.28: Schnitt durch den Blütenstand eines Aronstabes

Abb. 7.29: Schema der Bestäubung beim Aronstab

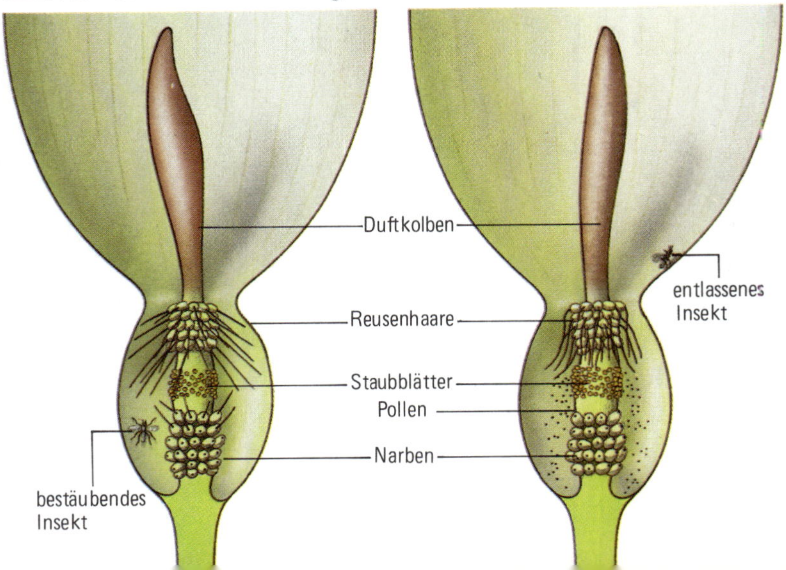

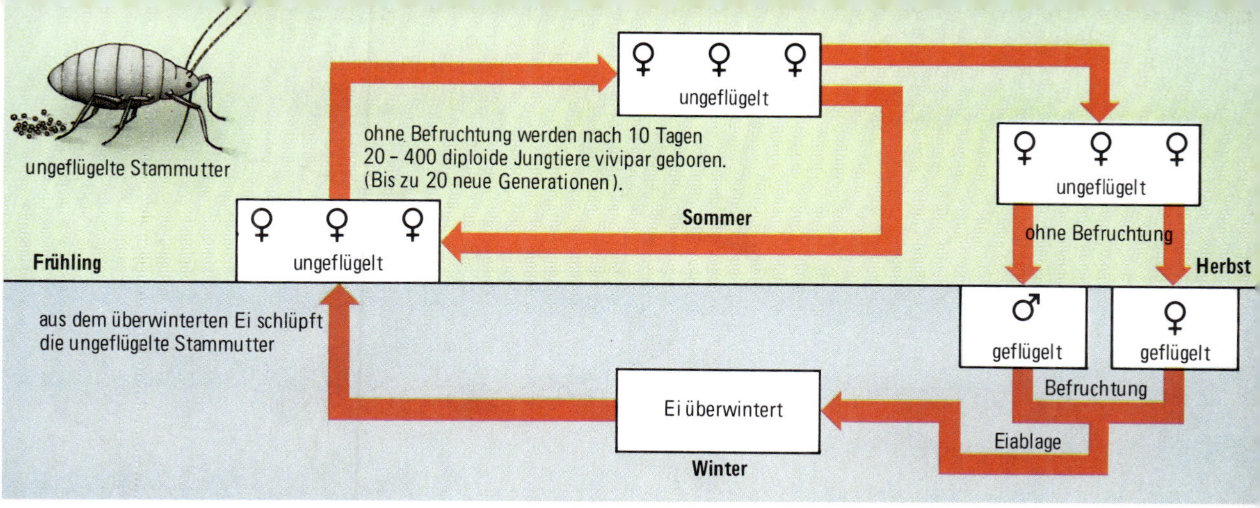

Abb. 7.30: Schema des Generationswechsels bei Blattläusen. Im grünen Bereich ist die ungeschlechtliche Vermehrung im Sommer dargestellt. Von den ungeflügelten Blattläusen werden Junge lebend geboren; man nennt dies vivipar

Manche Blüten sind so gebaut, daß sie nur von bestimmten Insekten besucht und bestäubt werden können: Bei Blüten, deren Nektar sehr tief in der Blüte liegt, können nur Schmetterlinge mit ihrem langen Rüssel hineingelangen. Die Fliegen, Käfer, Bienen und Hummeln können hier mit ihren kürzeren Rüsseln nichts erreichen.

Die **Fremdbestäubung** (Pollen kommen von einer anderen Blüte derselben Pflanze oder doch der gleichen Art) ist ein wichtiger Faktor für die Vererbung. Darüber wird im Kapitel „Vererbung" (S. 139ff) ausführlicher berichtet.

Findet keine Fremdbestäubung (z.B. wegen fehlender Insekten) statt, können sich manche Pflanzen durch **Selbstbestäubung** helfen. Sie haben besondere Einrichtungen, durch die sie den eigenen Pollen auf die Narbe ihres Fruchtblattes bringen können.

Abb. 7.31: Ungeflügelte Blattlaus gebärt ein lebendes Junges

7.3 Lebewesen mit Generationswechsel

Bei manchen Lebewesen wechselt die geschlechtliche mit der ungeschlechtlichen Fortpflanzung zeitweise oder regelmäßig ab. Dieser Wechsel in der Fortpflanzungsart von den Eltern zu den Kindern, zu den Enkeln usw. wird als **Generationswechsel** bezeichnet.

Abb. 7.32: Geflügelte Blattlaus im Herbst

Weiter oben wurden bereits die Wasserflöhe und **Blattläuse** mit ihrer **Jungfernzeugung** erwähnt (siehe S. 120). Ihre Weibchen bringen aus unbefruchteten Eiern in der wärmeren Jahreszeit monatelang nur Weibchen hervor. Meistens vor dem Winter erzeugen diese weiblichen Tiere neben weiblichen auch männliche Nachkommen. Nun entstehen befruchtete Eier, die den Winter überstehen können (Wintereier). Die im Frühjahr daraus schlüpfenden Jungen sind weiblich und erzeugen bis zum Herbst – ungeschlechtlich – stets Weibchen.

Im Pflanzenreich wollen wir als Beispiel den Generationswechsel bei einem **Farn** verfolgen: An der Unterseite des Farnwedels entstehen Sporenkapselhäufchen, in denen sich durch Reifeteilung einzellige **Sporen** in großer Zahl bilden. Sie haben demnach nur einen einfachen Chromosomensatz, sie sind haploid. Wenn Sporen auf feuchten Boden fallen, entwickeln sich aus ihnen **Vorkeime** (Abb. 7.33).

Abb. 7.33: Schema des Generationswechsels beim Farn

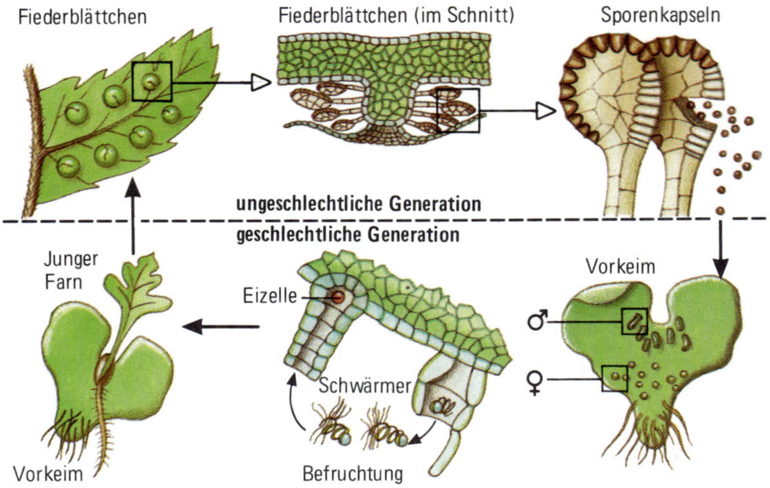

Auf einem Vorkeim, der – wie die Sporen – auch aus haploiden Zellen besteht, bilden sich Geschlechtsorgane, welche Eizellen und Spermien erzeugen. Wird eine Eizelle von einer Samenzelle befruchtet (in einem Tau- oder Regentropfen), kommt es zur Bildung einer neuen Farnpflanze. Diese hat in ihren Zellen diploide Chromosomensätze.

Man sagt „Generationswechsel“, weil eine ungeschlechtlich entwickelte Generation, Sporen und Vorkeime, sich mit der geschlechtlich entstandenen Generation, Farnpflanzen, abwechselt.

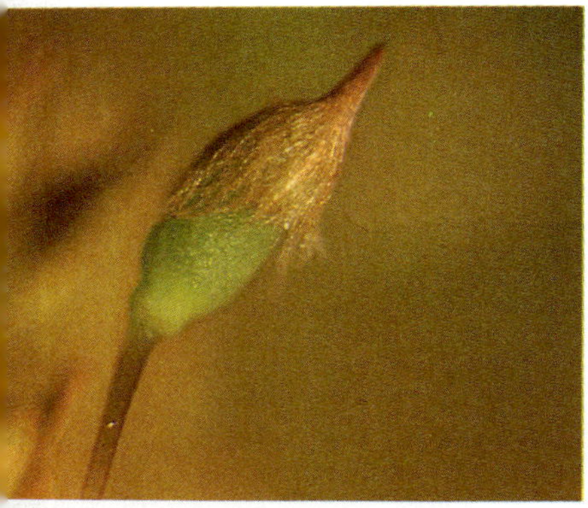

Abb. 7.34: Mooskapsel

Auch **Moose** haben einen Generationswechsel. Moospflänzchen bilden männliche und weibliche Geschlechtsorgane, die Spermien bzw. Eizellen produzieren. Solche Moospflänzchen, auf denen die Geschlechtsorgane entstehen, sind haploid, d.h. sowohl ihre Körper- als auch ihre Geschlechtszellen besitzen nur den einfachen Chromosomensatz. Im Wassertropfen schwimmen die Spermien zu den Eizellen und verschmelzen mit ihnen. An der Spitze der Moospflänzchen bilden sich diploide Sporenträger mit einer **Sporenkapsel** aus der befruchteten Eizelle. Durch eine Reifeteilung werden in der Sporenkapsel haploide Sporen gebildet. Die Sporen fallen auf den Boden und wachsen über das Stadium eines **Vorkeims** zu neuen Moospflänzchen heran. Auch hier haben wir – ähnlich wie beim Farn – zwei Generationen, eine haploide und eine diploide. Wenn jemand diese Tatsachen bei Moosen und Farnen nicht kennt, meint er, es handle sich – bei den so verschieden aussehenden Generationsformen – um zwei völlig verschiedene Pflanzenarten.

Abb. 7.35: Moospolster

Abb. 7.36: Schema des Generationswechsels beim Moos

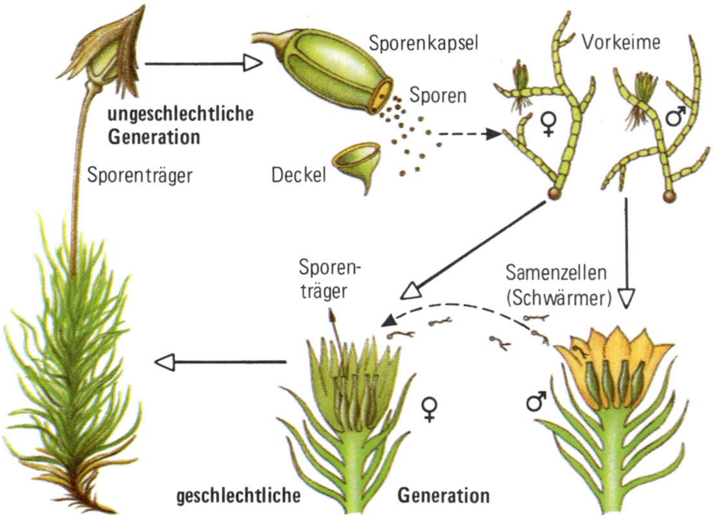

8
Aufnahme und Beantwortung von Signalen aus der Umwelt

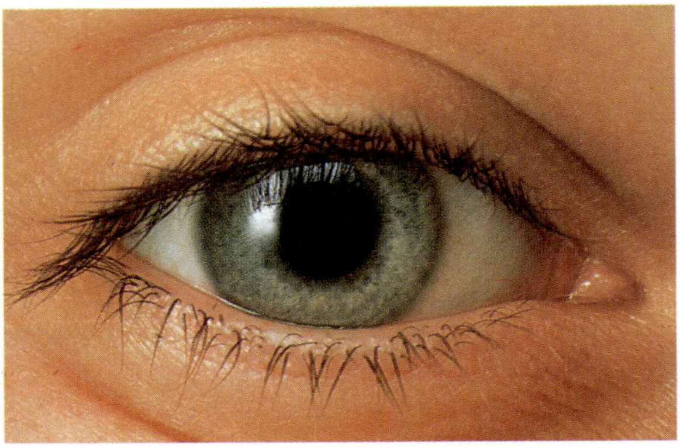

Abb. 8.1: Das Auge von vorn

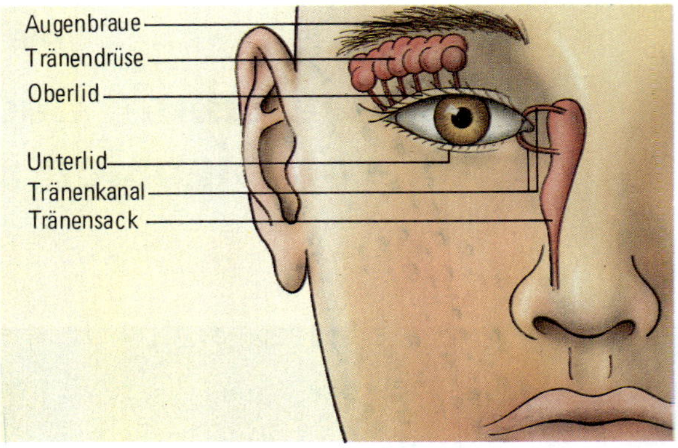

Abb. 8.2: Die Tränendrüsen halten das Auge feucht und schwemmen Staub und Fremdkörper aus

8.1 Das Auge

Wenn du dein Auge im Spiegel betrachtest, erkennst du zuerst die Augenfarbe (meistens braun, blau oder grün) und die Pupille als Öffnung der Iris (Regenbogenhaut). Bei genauerem Hinsehen wirst du die durchsichtige Hornhaut und die weiße Augenhaut entdecken. Außerdem siehst du die Augenlider mit den Wimpern und die Augenbrauen.

Die **Augenbrauen** schützen vor Staub und lenken von der Stirn fließenden Schweiß und Regen seitwärts ab. Die **Lider** bewahren die Augen vor Beschädigungen und Fremdkörpern (z. B. Staub, Schlag, Hitze, Wind). Außerdem schützen sie vor starkem Lichteinfall und verteilen die Tränenflüssigkeit durch ständiges Öffnen und Schließen gleichmäßig über die Hornhaut. Die **Wimpern** schützen das Auge vor Zugluft und Hitze.

Die **Tränendrüsen** haben mehrere Ausführungsgänge und befeuchten das Auge gleichmäßig. Wenn die Drüsen sich entzünden, kann nur noch wenig Tränenflüssigkeit produziert werden. Die Augenfläche beginnt auszutrocknen und schmerzt. Tränen haben aber auch die Aufgabe, ins Auge gelangte Fremdkörper wegzuschwemmen. Normalerweise fließt überschüssige Tränenflüssigkeit über je zwei Tränengänge in die Nase. Beim Weinen reichen die Tränengänge nicht mehr aus.

Abb. 8.3: Schnitt durch das Auge.
a Hornhaut, b vordere Augenkammer, c Ringmuskulatur des Ziliarkörpers, d Muskel für die Bewegung des Auges, e weiße Augenhaut (Lederhaut), f Aderhaut, g Netzhaut (Retina), h Sehnerv, j Glaskörper, k Linsenbänder

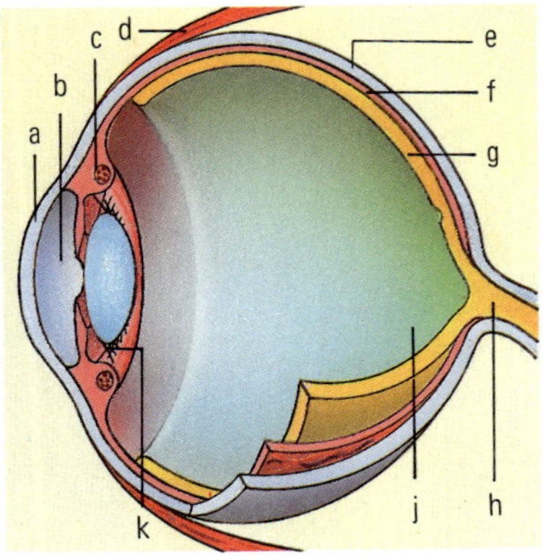

In der Abb. 8.3 kannst du erkennen, daß die durchsichtige Hornhaut vor der Iris liegt. Die Fortsetzung der Hornhaut umschließt den gesamten Augapfel. Sie ist dann nicht mehr durchsichtig, sondern weiß, man nennt sie deshalb weiße **Augenhaut.** Sie ist ziemlich fest und gibt damit dem Augapfel eine stabile Form. An ihr ist wie ein kreisförmiger Schleier die **Regenbogenhaut,** die **Iris,** aufgehängt. Sie schließt die **Pupille** – je nach Lichteinfall mehr oder weniger – mit Hilfe eines **Ringmuskels.** Du kannst diesen Vorgang im Spiegel beobachten, wenn du im dunklen Zimmer eine Lampe einschaltest. Die Anpassung an unterschiedliche Helligkeit wird **Adaptation** genannt.

Unmittelbar hinter der Iris ist die **Augenlinse** an vielen feinen Bändern im Ziliarmuskel aufgehängt. Im Ruhezustand oder wenn wir in die Ferne sehen, ist dieser Muskel schlaff. Die Aufhängebänder ziehen die

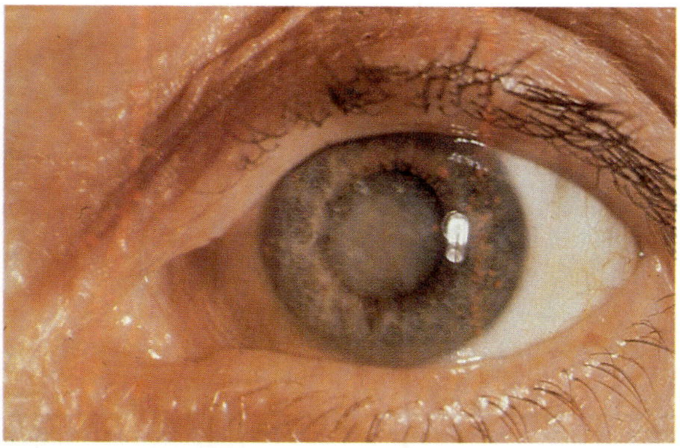

Abb. 8.4: Der „graue Star" hat die Augenlinse getrübt

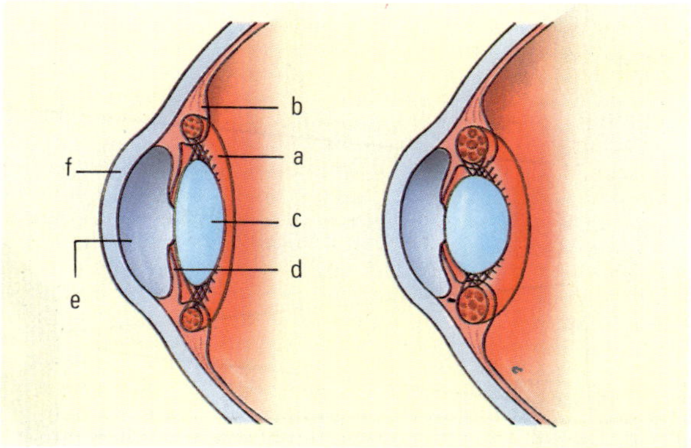

Abb. 8.5: Der Ziliarmuskel verändert die Krümmung der Augenlinse. a und b ringartig angelegte Muskeln für die Akkommodation der Linse, c Augenlinse, d Regenbogenhaut (Iris), e vordere Augenkammer, f Hornhaut

Linse nach allen Seiten so an, daß sie flacher ist. Sehen wir in die Nähe, zieht sich der Ziliarmuskel rundum zusammen. Die Bänder geben nach, die Linse verdickt sich. Die Veränderung der Linsenform beim Nah- und Weitsehen bezeichnet man als **Akkommodation.**

An der inneren Rückwand des Auges liegt die **Netzhaut, Retina** genannt. Sie besteht aus einer sehr großen Zahl lichtempfindlicher Sinneszellen, die das Schwarzweiß- und das Farbensehen ermöglichen. Der Raum zwischen der Linse und der Netzhaut wird vom durchsichtigen, klaren **Glaskörper** ausgefüllt.

Hinter der Netzhaut erstreckt sich die **Aderhaut,** die aus einem dichten Adernetz besteht.

Der Raum zwischen der Hornhaut und der Regenbogenhaut, die **vordere Augenkammer,** ist mit **Augenwasser** gefüllt. Sie steht in Verbindung mit der ringförmigen **hinteren Augenkammer.** Das Augenwasser wird ständig im Strahlenkörper neu gebildet und fließt neben der Hornhaut durch eine kleine Öffnung aus.

Wird zuviel Augenwasser erzeugt oder kann es nicht schnell genug abfließen, erhöht sich der Druck im Auge. Dabei wird der Glaskörper so auf die Netzhaut und die Aderhaut gedrückt, daß kein Blut mehr in die Blutgefäße gelangt. Die Netzhaut bleibt unversorgt und ihre Sinneszellen sterben ab. Ohne ärztliche Behandlung erblindet der Kranke für immer, weil sich Zellen des Nervensystems nicht erneuern können. Man spricht hierbei vom **grünen Star** oder Glaukom.

Die Trübung der Augenlinse, die das Sehvermögen stark einschränken und zur Erblindung führen kann, nennt man **grauen Star.** Die Sehkraft kann weitgehend durch das Entfernen der undurchsichtigen Linse wiedererlangt werden. Statt der eigenen Augenlinse muß der Operierte eine Starbrille tragen. Da sich diese Brille ja nicht anpassen (akkommodieren) kann, muß der Betroffene fürs Lesen eine Brille mit stärker gekrümmten Linsen und für das Weitsehen eine mit flacheren Linsen tragen.

Um zu verstehen, wie unser Auge Form und Farbe eines Gegenstandes erkennt, ziehen wir zum Vergleich einen Fotoapparat heran. Sicherlich ist dir aus dem Physikunterricht bereits bekannt, wie eine solche Kamera funktioniert: Ein Gegenstand wird durch die beidseitig gewölbte Linse

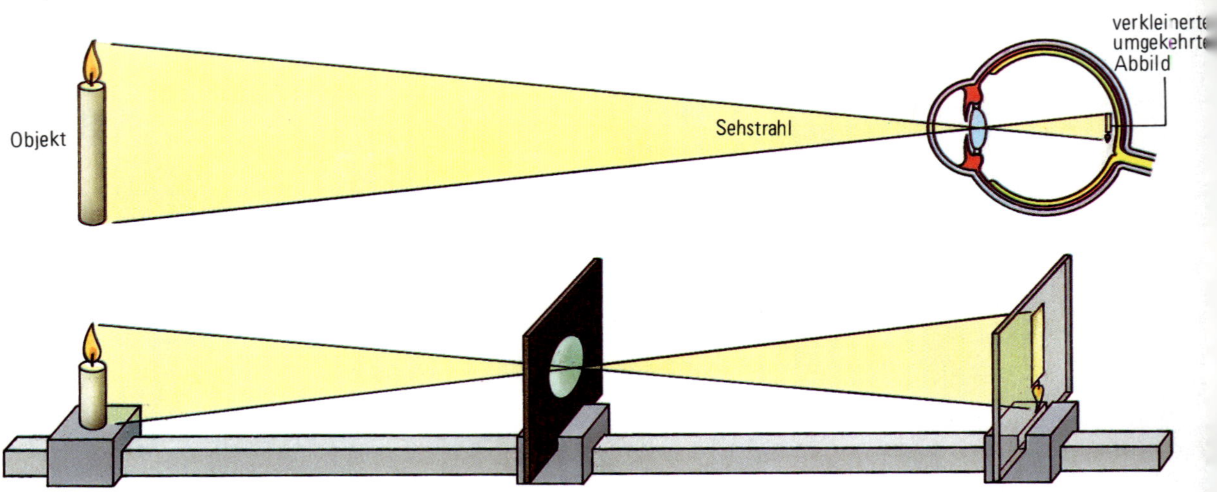

Abb. 8.6: Auf der Netzhaut entsteht ein umgekehrtes, verkleinertes Bild

des Apparates (Sammellinse) verkleinert, seitenverkehrt und auf dem Kopf stehend auf der Mattscheibe abgebildet.

Im Auge ist der Vorgang ähnlich: Auch hier entsteht durch die Augenlinse auf der Netzhaut ein verkleinertes seitenverkehrtes, auf dem Kopf stehendes Bild. Du wirst dich sicherlich fragen, warum wir dann nicht alles seitenverkehrt und auf dem Kopf stehend sehen? Um hierauf eine Antwort zu finden, müssen wir uns genauer mit der Entstehung des Bildes beschäftigen. Die von der Augenlinse gesammelten Strahlen fallen auf die Netzhaut (Retina) und erregen die lichtempfindlichen Sinneszellen. Diese verwandeln den Lichtreiz in elektrische Impulse, die über Nerven zum **Sehzentrum des Gehirns** geleitet werden. Je ein Sehzentrum liegt in der linken und rechten Gehirnhälfte. Die aus den Augen kommenden Nervenstränge gehen jeweils zur Hälfte in die linke und zur Hälfte in die rechte Hirnrinde. Durch die Verarbeitung der Nervenimpulse im Gehirn entsteht dort erst das Bild, das der Wirklichkeit entspricht. Jede Nervenzelle der Hirnrinde steht jeweils mit vielen anderen in Verbindung. Durch solche Verbindungen entstehen in einem benachbarten Sehzentrum aus Einzelbildern Bewegungsbilder. Sie können für längere Zeit im Gedächtnis gespeichert werden, je nachdem, wie wichtig sie uns erscheinen.

Abb. 8.7 und 8.8: In jeder Gehirnhälfte liegt ein Sehzentrum, erst aus der Zusammenarbeit der beiden Zentren entsteht ein vollständiges Bild

Die Sehnerven der beiden Augen treffen sich, überkreuzen sich zum Teil und führen zu den beiden Sehzentren

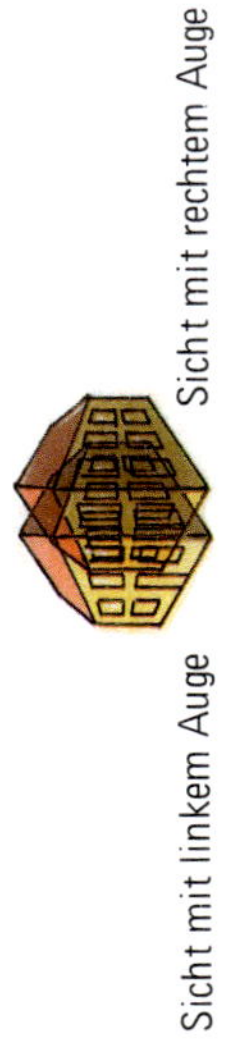

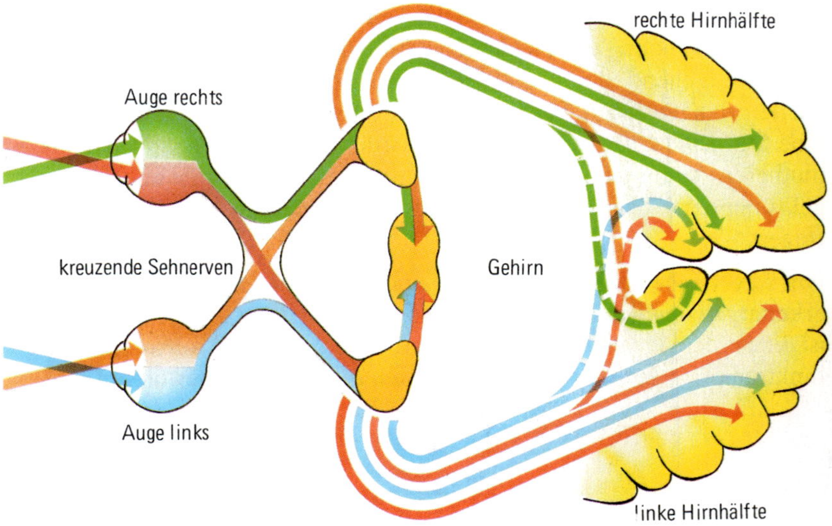

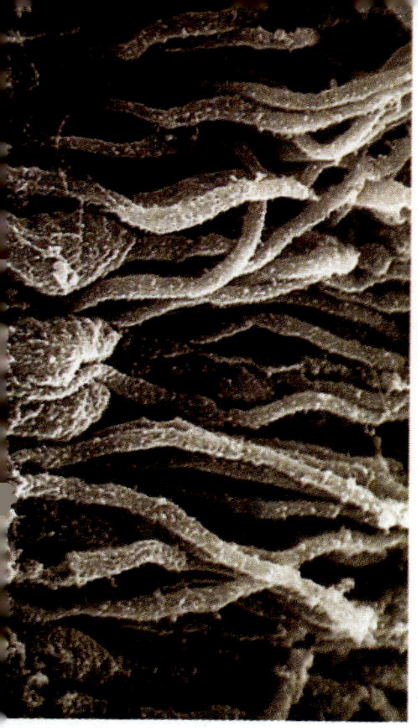

Abb. 8.9: Mikroskopisches Bild von Stäbchen und Zapfen in der menschlichen Netzhaut

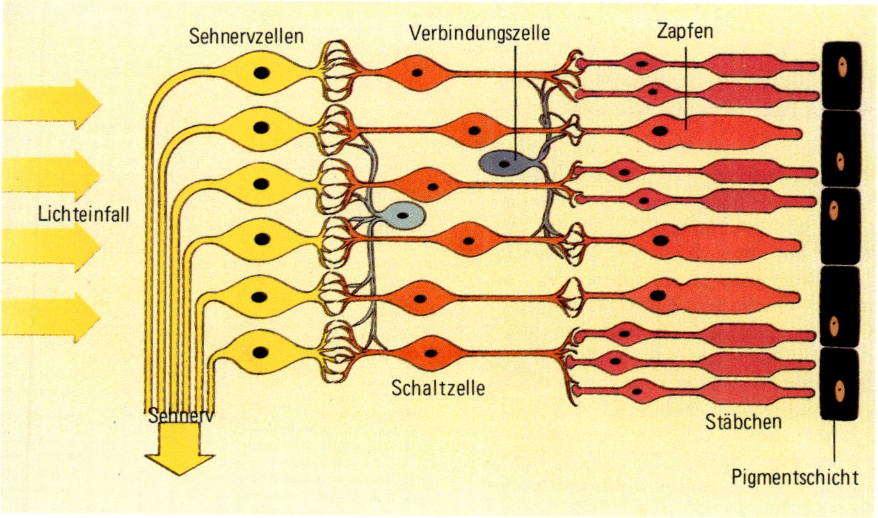

Abb. 8.10: Aufbau der menschlichen Netzhaut

In der Netzhaut liegen zwei verschiedene Formen von Sinneszellen, die längeren, schlanken **Stäbchen** und die kürzeren, dicken **Zapfen.** Man hat nachgewiesen, daß die Stäbchen, die auf der ganzen Netzhaut fast gleichmäßig verteilt sind, für das **Schwarz-Weiß-Sehen** zuständig sind. Die Zapfen, die nur im Zentrum liegen, sind für das **Farbensehen** verantwortlich. Das ins Auge einfallende Licht wird nur von dem Teil der Sehzellen aufgenommen, der von der Pupille abgewandt ist. Diese lichtempfindlichen Teile tauchen in eine dunkle, pigmentreiche Zellschicht immer tiefer ein, je stärker das einfallende Licht ist. Dies ist neben dem Pupillenreflex eine weitere Möglichkeit des Auges, die Stärke des einfallenden Lichtes zu regulieren (Adaptation).

Die Lichtreize für Farben werden im Zentrum der Retina durch die dichtstehenden Zapfen aufgenommen. Sie sind unterschiedlich gebaut und können jeweils nur bestimmte Farben wahrnehmen. Fällt ein bestimmter Zapfentyp aus, ist der Mensch für diese Farbe blind (z.B. Rotblindheit). Fallen alle Zapfen in ihrer Wahrnehmungsfähigkeit aus, ist der Mensch **farbenblind.**

Am besten sehen wir im Zentrum der Retina. Hier ist eine kleine Stelle, der „gelbe Fleck", in dem Stäbchen und vor allem Zapfen besonders dicht stehen. Dort erkennen wir Farben am besten. Je weiter entfernt eine Farbe von dieser Stelle auf die Netzhaut trifft, desto mehr sehen wir farbige Gegenstände nur in Schwarz-Weiß.

Neben einer Zone des schärferen Sehens hat das Auge aber auch noch einen „**Blinden Fleck**": Hier sammeln sich die gebündelten Nervenstränge der Sinneszellen und ziehen als Sehnerv zum Gehirn. Da sich an dieser Stelle weder Stäbchen noch Zapfen befinden, sehen wir hier nichts. Wir können dies durch einen Versuch nachweisen. Durch die Tatsache, daß wir mit zwei Augen gleichzeitig schauen, fällt uns der blinde Fleck nicht auf (Abb. 8.11).

Menschen, die auf einem Auge blind sind, können nicht räumlich sehen: Du kannst dich in diese Situation versetzen, wenn du ein Auge geschlossen hältst und mit einem Finger einen Gegenstand, z.B. einen aufgestellten Bleistift, treffen willst. Siehst du jedoch mit beiden Augen hin, hast du keine Schwierigkeiten, ihn zu treffen.

Um diesen Vorgang nachvollziehen zu können, haben wir die Möglichkeit, eine **optische Bank** zu Hilfe zu nehmen. Wie auf der Abbildung 8.6 sichtbar, wird die Figur durch eine Kerze ersetzt, deren Abbild auf dem Kopf stehend und seitenverkehrt auf der Mattscheibe („Netzhaut") erscheint. Es versteht sich, daß eine solche Vorführung nur in einem verdunkelten Raum stattfinden kann. Der Fotoapparat ist ja auch in seiner Kammer („Kamera") dunkel und wird nur zur Aufnahme „belichtet".

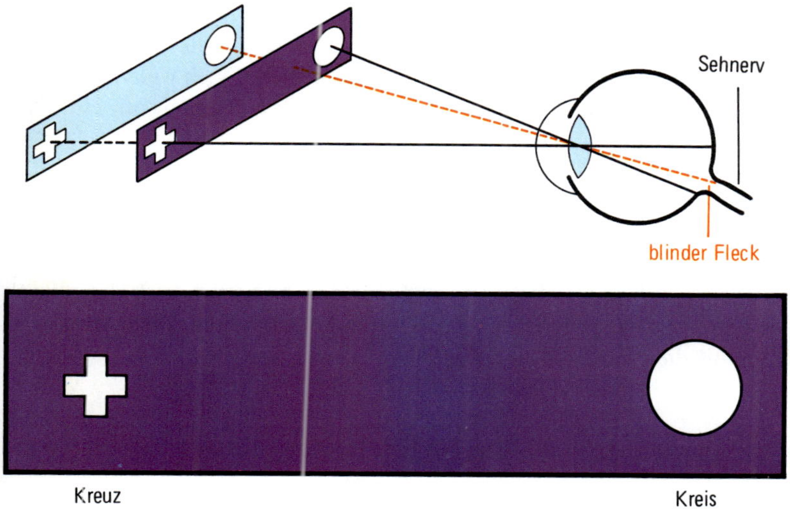

Abb. 8.11: Versuch zum Nachweis des blinden Flecks: Schließt du das rechte Auge und fixierst den Kreis, so verschwindet das Kreuz, wenn die Entfernung Buch–Auge ca. 20 cm beträgt

Die Funktion der Brillengläser können wir mit Hilfe der optischen Bank erklären.

Wieder ziehen wir die optische Bank zur Veranschaulichung heran und bauen das Gerät wie bekannt auf. Setzen wir die Kerze um etwa 10 cm weiter von der Linse weg, erhalten wir ein verschwommenes – unscharfes – Bild. Da wir unsere Glaslinse nicht stärker abflachen können, d.h. nicht wie unser Auge akkommodieren können, müssen wir sie durch eine dünnere austauschen, um wieder ein scharfes Bild zu erhalten. Ähnlich verfahren wir, wenn wir die optische Bank wie in der Ausgangsposition aufstellen und anschließend die Kerze näher heranrücken, was wiederum zu einem unscharfen Bild führt. Das Bild erscheint wieder scharf, wenn die Linse durch eine dickere ausgetauscht wird.

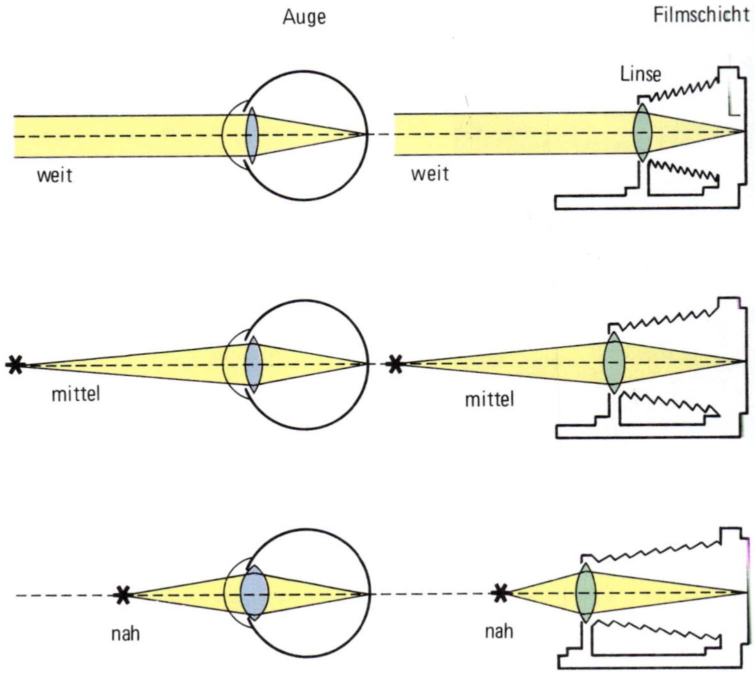

Abb. 8.12: Die Scharfeinstellung der Bilder verschieden weit entfernter Gegenstände erfolgt im Auge nach einem anderen Prinzip als im Fotoapparat. Das Auge ist dem Fotoapparat in seiner Leistungsfähigkeit und Anpassung überlegen

Unsere Augen besitzen die Fähigkeit, sich auf verschiedene Entfernungen einzustellen. Das wird zum einen dadurch ermöglicht, daß unsere Augen durch das gleichzeitige Anziehen der inneren Augenmuskeln „schielen" und sich auf Gegenstände richten, die ganz in der Nähe liegen. So **schielen** wir z.B. beim Lesen oder beim Betrachten eines Fingernagels. Zum anderen stellen wir unsere Augenlinsen automatisch durch Abflachen bzw. stärkeres Krümmen auf **Fern-** bzw. **Nahsehen** ein.

Die Fähigkeit des Ziliarmuskels, sich zusammenzuziehen und damit die Schärfe des Bildes einwandfrei herzustellen, läßt mit zunehmendem Alter oft nach, und auch die **Elastizität der Linse** kann abnehmen. Natürlich können auch in jungen Jahren **Augenfehler** auftreten. Die Betroffenen sind dann nicht in der Lage, entweder in der Nähe oder in der Ferne Gegenstände scharf zu erkennen. Wie wir alle wissen, müssen sie vom Arzt eine **Brille** verschrieben bekommen. Doch welche Brille ist bei welchem Sehfehler richtig? Diese Frage versuchen wir mit Hilfe der **optischen Bank** zu klären.

Es gibt Menschen, deren Augapfel zu kurz ist; sie müssen eine Brille mit Sammellinsen zur Korrektur tragen, um das scharfe Bild auf die Netzhaut zu holen. Andere haben einen zu langen Augapfel und können kein scharfes Bild sehen, weil es sich vor der **Netzhaut** befindet. Ihnen verschreibt der Augenarzt eine Brille mit **Zerstreuungslinsen,** um das Bild auf die Netzhaut zu werfen.

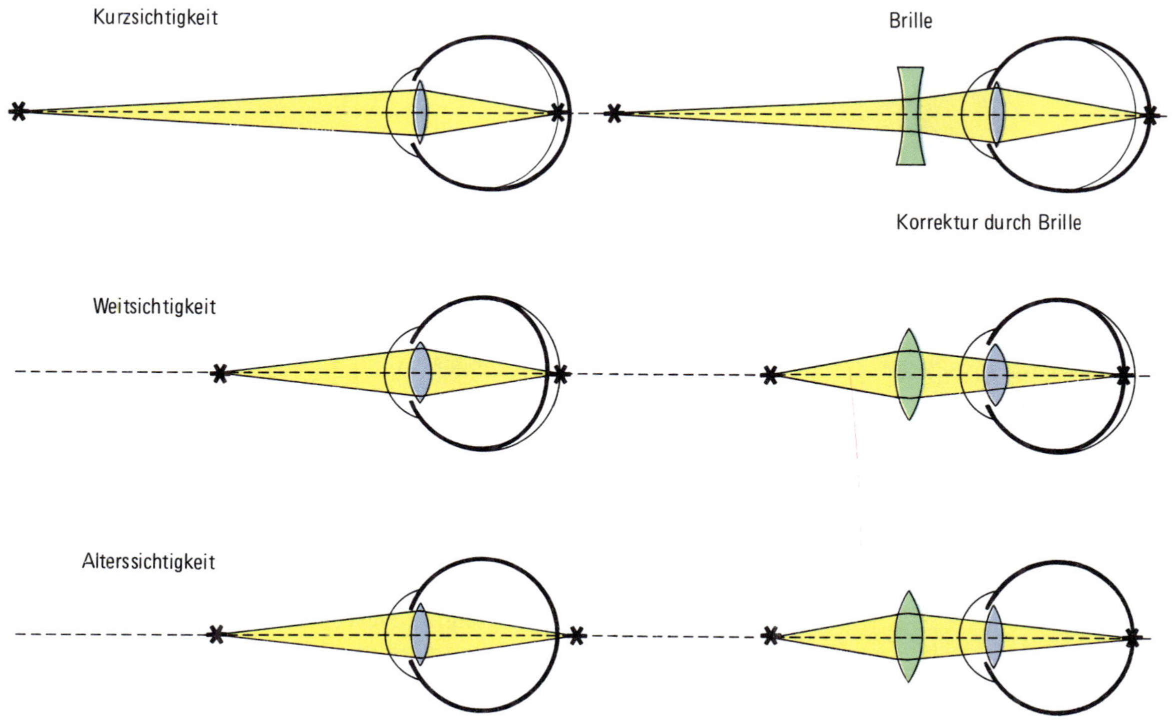

Abb. 8.13: Fehlsichtigkeit kann mit Hilfe einer Brille ausgeglichen werden

8.2 Andere Sinnesorgane

Neben dem Auge besitzen wir noch andere Sinnesorgane. Wie bereits im Band I beschrieben, befinden sich in unserer **Haut** Zellen, die Temperatur, Druck und Schmerz wahrnehmen. Im **Ohr** (S. 136/137) sind zwei Sinnesorgane vereint: Das **Hörorgan,** mit dem wir Schallwellen aufnehmen und das **Gleichgewichtsorgan** (Labyrinth), mit dem wir Veränderungen unseres Körpers im Raum registrieren (Bewegung, Drehung usw.). Auf der **Zunge** befinden sich Sinneszellen für verschiedene **Geschmacksempfindungen** (Abb. 8.20). **Gerüche** unterscheiden wir mit Hilfe von Sinneszellen, die in die **Nasenschleimhaut** eingebettet sind.

Es gibt Tiere, die viel leistungsfähigere Sinnesorgane als der Mensch besitzen, und auch solche, die noch weitere Sinne besitzen, so z.B. den **Magnetsinn** bei Bienen und Vögeln (z.B. Tauben) und den **Sinn für elektrische Felder** (z.B. Zitteraal und Nilhecht). Möglicherweise gibt es bei Tieren noch weitere Sinne, die wir noch nicht kennen, da sie dem Menschen völlig fremd sind.

Im großen und ganzen sind die Sinneszellen nach wenigen Grundmustern aufgebaut.

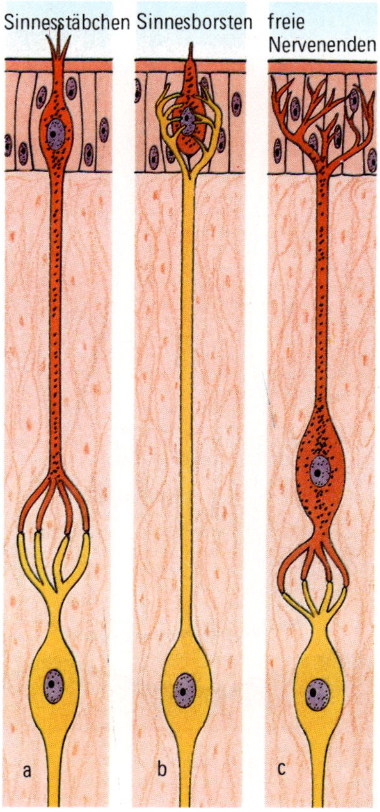

Abb. 8.14: Schematische Darstellung dreier verschiedener Typen von Sinneszellen mit den zugehörigen Nerven (gelb). a primäre Sinneszelle, b sekundäre Sinneszelle, c Sinnesnervenzelle

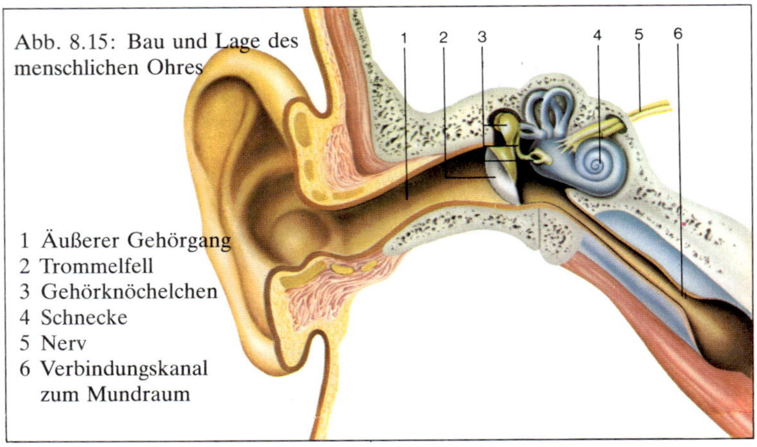

Abb. 8.15: Bau und Lage des menschlichen Ohres

1 Äußerer Gehörgang
2 Trommelfell
3 Gehörknöchelchen
4 Schnecke
5 Nerv
6 Verbindungskanal zum Mundraum

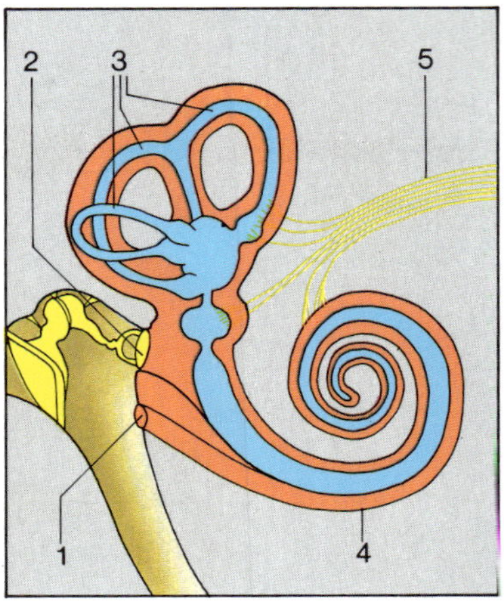

Abb. 8.16: Innenohr des Menschen. 1 Rundes Fenster, 2 Steigbügel auf Ovalem Fenster, 3 Bogengänge, 4 Schnecke, 5 Nerv

Abb. 8.17: Die Überleitung einer Erregung von einer Nervenzelle zur anderen erfolgt an der Synapse mit Hilfe eines Überträgerstoffes (Transmitter). Der Transmitter wird immer wieder neu produziert und durch Bläschen zum Spalt zwischen den Nervenzellen transportiert

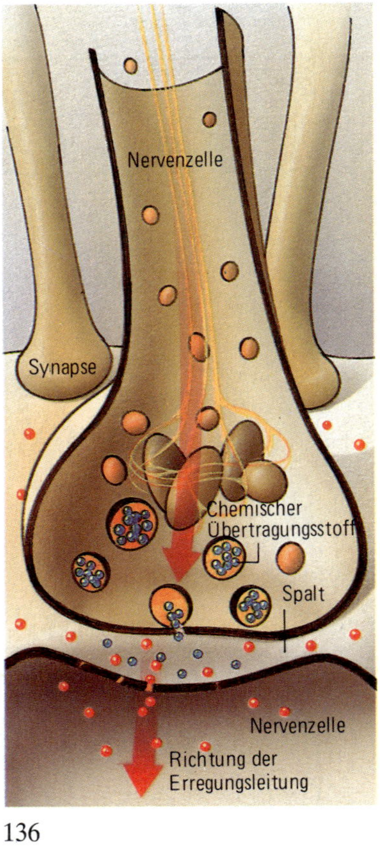

Sinneszellen unterscheiden sich von gewöhnlichen **Nervenzellen** dadurch, daß sie in einem Sinnesorgan, in der Haut oder in einem anderen Teil des Körpers einen **Reiz** aufnehmen können: Kälte, Wärme, Schmerz, Druck, Licht, Schall, Geruch usw. Über mehrere Kontakte wird die ausgelöste **Erregung** an Nervenzellen weitergegeben, die sie durch ihre **Nervenfasern** zum **Gehirn** leiten. Handelt es sich um eine Schmerzempfindung z. B. im Fuß, kann diese Leitungsfaser einer Nervenzelle über ein Meter lang sein.

Bei der Aufnahme von Reizen entstehen in der Sinneszelle schwache elektrische Spannungen. Die langen Fortsätze (Fasern) der Nervenzellen müssen für die Weiterleitung des Stromes wie eine elektrische Leitung in unserer Wohnung isoliert sein. Das ist besonders deswegen so wichtig, weil die Fasern meist in einem Bündel zusammengefaßt zum **Rückenmark** führen und verschiedene Reize gleichzeitig leiten. So ein Bündel wird als **Nerv** bezeichnet.

Der Kontakt einer Sinneszelle mit der weiterleitenden Nervenzelle ist durch einen mehrfachen Anschluß mit Hilfe sogenannter **Synapsen** gewährleistet. In den verdickten Nervenfaserenden bauen sich im Ruhezustand Überträgersubstanzen auf, die die eintreffenden Erregungen zur anschließenden Nervenfaser weiterleiten. Von dort gelangen sie auf gleiche Weise bis zum Gehirn. Umgekehrt verläuft ein Befehl aus dem Gehirn oder aus dem Rückenmark zu einem Muskel (s. Kap. 3.5).

Abb. 8.18: Beim Berühren eines heißen Topfdeckels wird die Hand sofort zurückgezogen. Der Befehl dazu wird nicht vom Gehirn erteilt

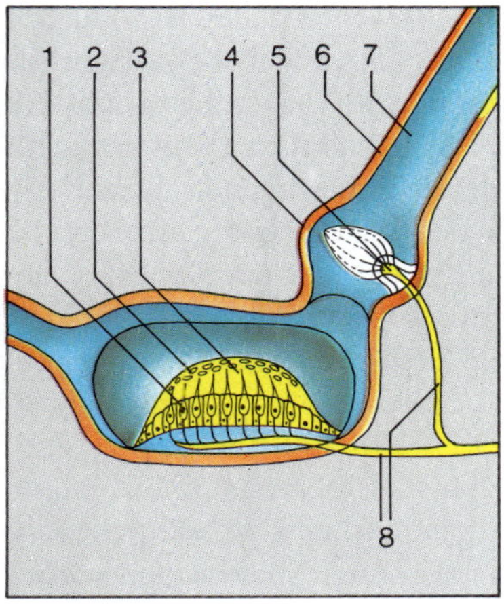

Abb. 8.19: Dreh- und Lagesinnesorgan in einem Bogengang
1 Sinneszellen
2 Kalkkörperchen in Gallertkugel
3 Gallertkugel
4 Ampulle (= Ausbuchtung)
5 Gallertschopf mit Sinneszellen
5 Bogengang (vgl. Abb. 8.16)
7 Lymphe
8 Ableitende Nerven

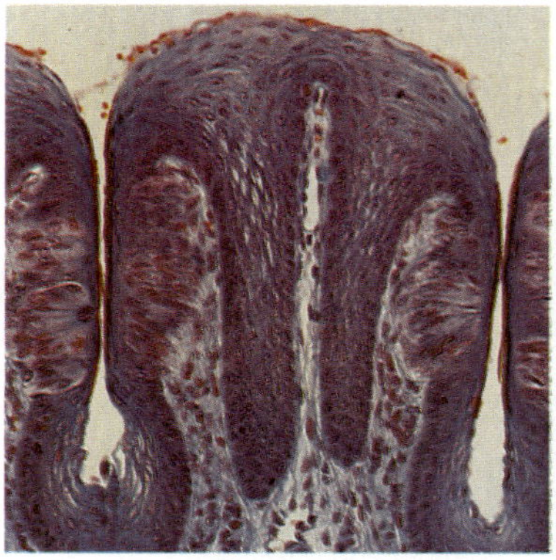

Abb. 8.20: Geschmacksknospe mit Sinneszellen auf der menschlichen Zunge

Wenn man einen sehr heißen Gegenstand unbeabsichtigt berührt, zieht man die Hand blitzschnell zurück. Der Befehl an den Muskel, die Hand zurückzuziehen, ist ohne unseren Willen vom Rückenmark ausgegangen. Eine Entscheidung des Gehirns abzuwarten, ob die Hand zurückgezogen werden soll, würde zu lange dauern. Man würde sich verbrennen. So eine „automatische" Reaktion auf einen plötzlichen Reiz nennt man **Reflex.** Den Leitungsweg des Reizes z. B. von der Fingerspitze zum Rückenmark und der Weg des Befehls von dort zu den entsprechenden Muskeln, die die Hand schnell wegziehen, nennt man **Reflexbogen.**

Der Reflexbogen kann besonders gut mit einem Versuch zum Kniesehnenreflex, der für das Gehen eine Rolle spielt, dargestellt werden. Schlägt man bei übereinandergeschlagenen Beinen am locker herabhängenden Bein mit einer Linealkante unterhalb der Kniescheibe auf die Sehne, so schnellt der Unterschenkel unwillkürlich hoch. Selbst wenn wir auf den Schlag gefaßt sind, können wir die Reflex-Reaktion nicht total unterbinden. Die plötzliche Dehnung des Streckmuskels im Oberschenkel durch den Schlag auf die Sehne reizt Sinneszellen im Muskel. Die langen Fasern der Sinneszellen leiten die Erregung zu bestimmten Nervenzellen in der grauen Substanz des Rückenmarks. Diese Nervenzellen schicken einen Reiz an den Muskel und bewirken das Zusammenziehen des Oberschenkelmuskels und damit das Hochschnellen des Unterschenkels.

Abb. 8.21: Schema des Reflexbogens

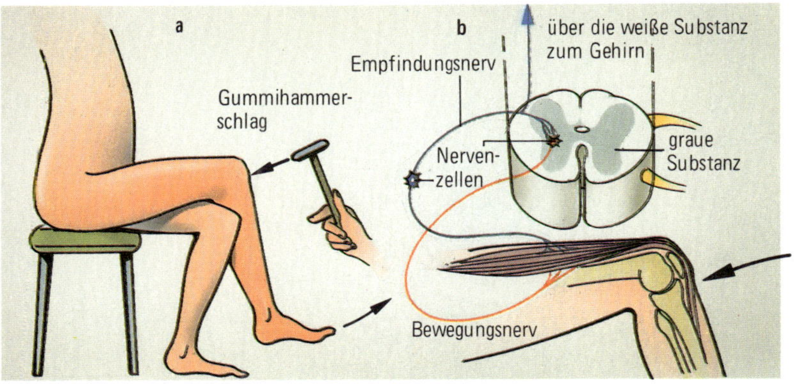

Im **Ohr,** unserem **Hörorgan,** müssen die Schallschwingungen einige Stationen durchlaufen, ehe sie die Sinneszellen erreichen, die gut geschützt in der Schnecke im Schädelknochen liegen. Die Luftschwingungen erreichen durch den Gehörgang das Trommelfell und bringen es zum Schwingen. Die feinen Schwingungen werden durch die Gehörknöchelchen Hammer, Amboß und Steigbügel verstärkt und auf die Lymphe (Flüssigkeit) in der Schnecke übertragen. Diese Flüssigkeitsschwingungen sind der eigentliche Reiz, der auf die Sinneszellen in der Schnecke einwirkt.
Das **Gleichgewichtsorgan** ermöglicht uns, auch ohne Kontrolle durch das Auge, Drehungen und Bewegungen unseres Körpers im Raum zu erkennen. In den Bogengängen liegen in einer Gallertkugel Kalkkörperchen auf Sinneszellen und zeigen uns durch die Schwerkraft, wo unten und oben ist. Bei Drehungen des Kopfes strömt die Lymphe in den Bogengängen in den drei Richtungen des Raumes und biegt in den Ampullen jeweils einen Gallertschopf, in den Sinneszellen hineinragen, ab.

Die **Zunge,** ein kompliziertes Organ, das wir zum Sprechen und Schlucken benötigen, trägt auch die **Geschmackssinneszellen.** Sie befinden sich in Geschmacksknospen an Zungenspitze, -rand und -basis. Diese Sinneszellen unterscheiden nur vier Geschmacksqualitäten: **süß** und **salzig** (an der Zungenspitze), **sauer** (am Zungenrand) und **bitter** (an der Zungenbasis). Für alle anderen Geschmackswahrnehmungen benötigen wir zusätzlich die Sinneszellen der Nasenschleimhaut.

Unser Nervensystem mit seinen Sinnes- und Nervenzellen ist so ausgelegt, daß es auch höheren Belastungen für kurze Zeit gewachsen ist. Unsere Augen können sich starkem Licht und der Dunkelheit **anpassen;** die Ohren können sowohl laute Musik als auch großen Lärm ertragen. Ähnlich verhält es sich mit unseren anderen Sinnesorganen. Dauert die starke Erregung unserer Sinneszellen in den einzelnen Organen aber zu lange an, bewirkt diese **Reizüberflutung** ein Versagen der Sinnesorgane. Sie können die notwendigen Betriebsstoffe in den kurzen Erholungspausen nicht mehr ersetzen. So werden Menschen, die ohne entsprechenden Schutz ständig starkem Lärm (Maschinenlärm in der Fabrik, laute Musik in der Diskothek; Abb. 13.3 und 13.8) ausgesetzt sind, schwerhörig oder sogar an einem oder an beiden Ohren taub. In anderen Fällen können die Geschädigten keine hohen Töne mehr wahrnehmen. Ähnlich führt ständiger Genuß von stark gewürzten Speisen oder starkes Rauchen zu einer Beeinträchtigung des Geruchs- und Geschmacksempfindens.

Auch das vegetative Nervensystem kann manche Belastung ertragen, doch kommt es bei wiederholter dauerhafter Beanspruchung des Sympathikus zu Erkrankungen der davon versorgten Organe. Außerdem können Ärger, Aufregung, Hetze und ständiger seelischer Druck einen auf die Dauer unerträglichen **Streß** erzeugen, der z.B. zu einem Hörsturz (blitzartige Taubheit auf einem oder beiden Ohren) führen kann. Wie wir wissen, stehen alle Teile unseres Nervensystems auch mit dem seelischen Empfindungsbereich des Gehirns in ständiger Verbindung. Streß kann außer der Beeinträchtigung einzelner Körperorgane auch seelische Erkrankungen zur Folge haben (vgl. Kapitel 13.1).

Abb. 8.22: Testtafeln zur Überprüfung der Farbtüchtigkeit. Eine genaue Feststellung von Farbuntüchtigkeit oder Farbenblindheit kann nur der Augenarzt vornehmen.

9
Kinder sind den Eltern ähnlich – und doch ganz anders

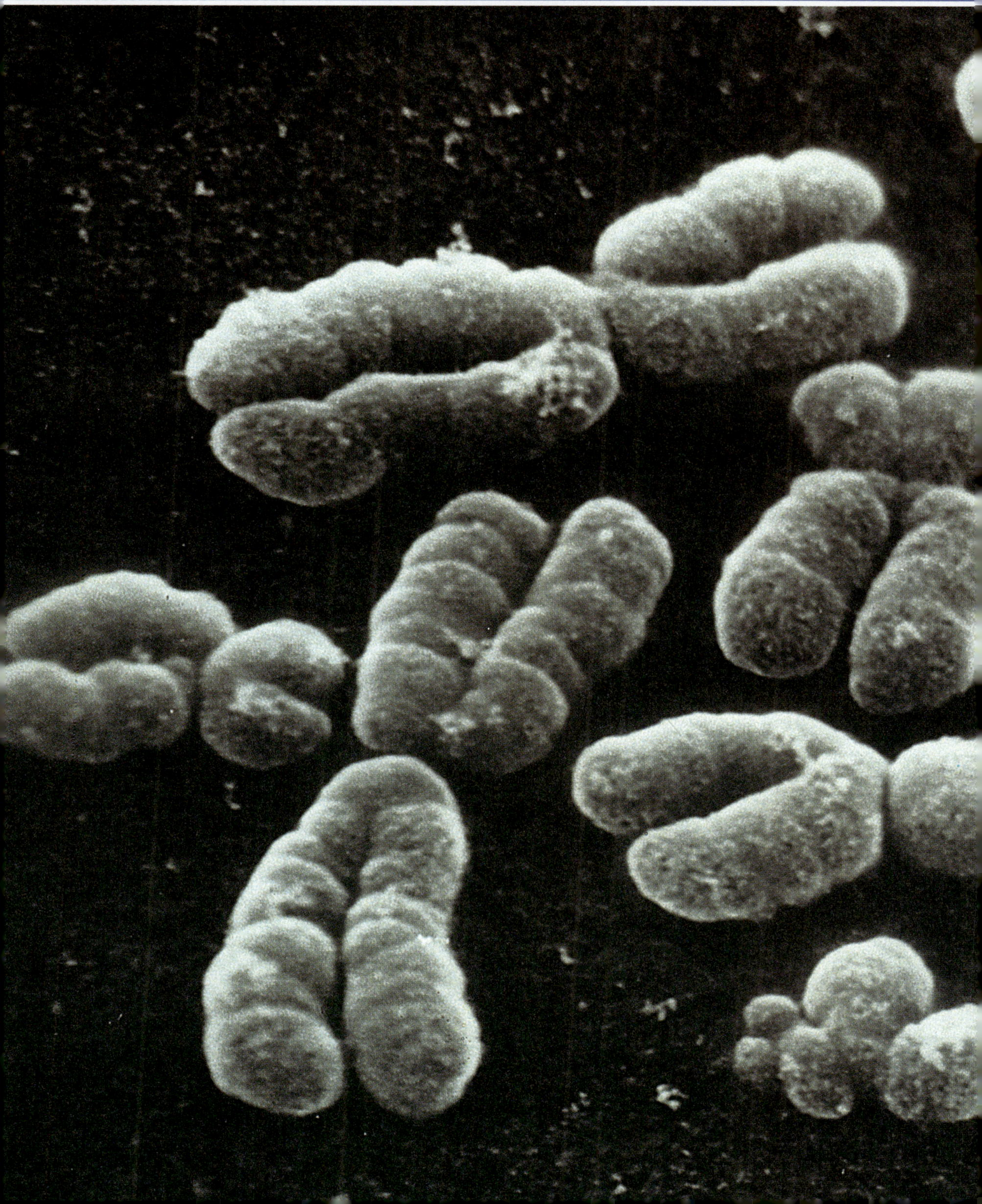

Abb. 9.1: Drei Generationen auf einem Bild. Vergleiche mit dem Stammbaum in Abb. 9.2 und erkläre mit Hilfe der Verwandtschaftsbezeichnungen (Großvater, Großmutter, Eltern, Mutter, Vater, Schwägerin, Schwager, Sohn, Tochter, Enkelin, Enkel, Onkel, Tante, Vetter und Cousine) die Beziehungen untereinander

Du hast sicher schon bei der Betrachtung eines Kindes Äußerungen gehört wie: „das lockige, feine Haar hat er von der Mutter“, „die Augen sind vom Vater“ oder „sein Großvater hatte auch so abstehende Ohren!“.

Werden zwei Geschwister miteinander verglichen, hört man oft: „wie ähnlich sich die beiden sind!“

Diese Ähnlichkeiten zwischen Familienmitgliedern – oft bis zu den Urgroßeltern verfolgbar – liegen daran, daß die Erbanlagen für bestimmte **Merkmale** vererbt werden. Es gibt aber auch Eigenschaften, die zunächst nicht auffallen. Sie werden erst bei eingehender Beobachtung erkannt: geistige Fähigkeiten („guter Rechner“), das Verhalten in bestimmten Situationen (lebhafter Mensch) usw. Auch die Erbanlagen für diese **Eigenschaften** können vererbt werden.

In der **Tierzucht** achtet man schon seit jeher auf bestimmte Merkmale. So spielt zum Beispiel in der Rinderzucht die Milchleistung eine große Rolle. Dabei werden nicht nur gute Milchkühe als zukünftige Muttertiere ausgewählt, sondern auch männliche Nachkommen von guten

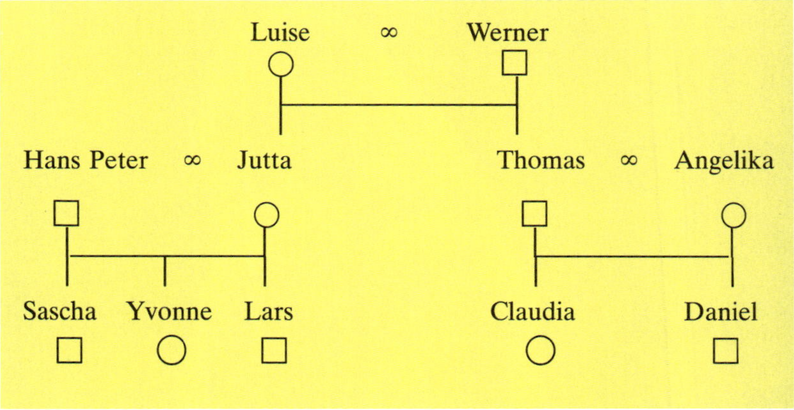

Abb. 9.2: Stammbaum der Familie von Bild 9.1

Aufgabe:
Stelle mit Hilfe folgender Zeichen einen Stammbaum deiner Familie auf und vermerke die Augenfarbe. □ = männlich, ○ = weiblich, ∞ = verheiratet, * = geboren, † = gestorben

Abb. 9.3: Blick in den Garten des Brünner Augustinerklosters. Hier führte Gregor Mendel seine Pflanzenzüchtungen und Vererbungsversuche durch. Im Garten sind heute Erbsen entsprechend den Mendel'schen Regeln angepflanzt

Abb. 9.4: Gregor Mendel (* 1822 / † 1884)

Milchkühen als zukünftige Vatertiere ausgesucht. Man verspricht sich von diesem Vorgehen, daß die ausgewählten **Eltern** die Eigenschaft der guten Milchleistung auf ihre **Nachkommen** vererben. Die Ergebnisse von solchen Züchtungen bei Tieren liegen aber erst nach relativ langem Zeitraum vor. Wir wollen erst einmal Ergebnisse der **Pflanzenzucht** und von Experimenten mit Pflanzen zusammenstellen.

Die Vererbung von Merkmalen der Pflanzen untersuchte Mitte des vorigen Jahrhunderts **Gregor Mendel.** Er lebte als Mönch im Augustinerkloster in Brünn. Er war zugleich Lehrer in naturwissenschaftlichen Fächern an der Brünner Oberrealschule. In seiner Freizeit züchtete er im Klostergarten verschiedene Pflanzen.

9.1 Einfache Gesetzmäßigkeiten der Vererbung

Im Klostergarten in Brünn wuchsen verschiedene Erbsenrassen. Sie unterschieden sich in Farbe und Form der Hülsen, der Samen und in der Stellung der Blüten.

Gregor Mendel führte an ihnen Versuche über die **Vererbung der Erbanlagen für bestimmte Merkmale** nach folgenden Gesichtspunkten aus:

- Die Versuchspflanzen mußten sich in **reinerbigen** Merkmalen unterscheiden, also in Merkmalen, die über Generationen gleich geblieben waren.
- Während der Blütezeit mußten die Blüten vor fremden Pollen geschützt werden. Es durfte zur Bestäubung nur Pollen übertragen werden, von dem man wußte, von welcher Pflanze er stammte.
- Man durfte bei den **Kreuzungsversuchen** mit Pflanzen nur Nachkommen verwenden, die keine Störung in ihrer Fruchtbarkeit hatten.

Mendel führte seine Versuche durch. Er entfernte Staubgefäße und bestäubte Stempel mit Pollen. Er verhinderte dadurch Selbstbestäubung und Fremdbestäubung. Das Ergebnis von einigen seiner Kreuzungsversuche ist auf S. 143 dargestellt. Mendel fand bestimmte Gesetzmäßigkeiten, die man später ihm zu Ehren als **Mendelsche Regeln** bezeichnete.

Die **erste Mendelsche Regel** wollen wir an einer Untersuchungsreihe betrachten, die erst um 1900, also viele Jahre nach Mendels Tod, durchgeführt wurde. Es ging dabei um die **Vererbung der Erbanlagen für die Blütenfarbe.** Man hatte dazu die **Wunderblume** ausgewählt. Es ist dies eine Zierpflanze aus Mexiko mit roten, gelben oder weißen

Abb. 9.5: Die Staubgefäße einer gelben Tulpe werden für die Züchtung neuer Sorten gesammelt

Abb. 9.6: Mit dem Blütenstaub gelber Blüten wird die Narbe einer roten Tulpe bestäubt

Abb. 9.7: Schema der Kreuzung von rotblühenden mit weißblühenden Wunderblumen
R = Anlage für rote Blüten
W = Anlage für weiße Blüten
Phänotyp = Erscheinungsbild des einzelnen Lebewesens
Genotyp = Erbanlagen des einzelnen Lebewesens

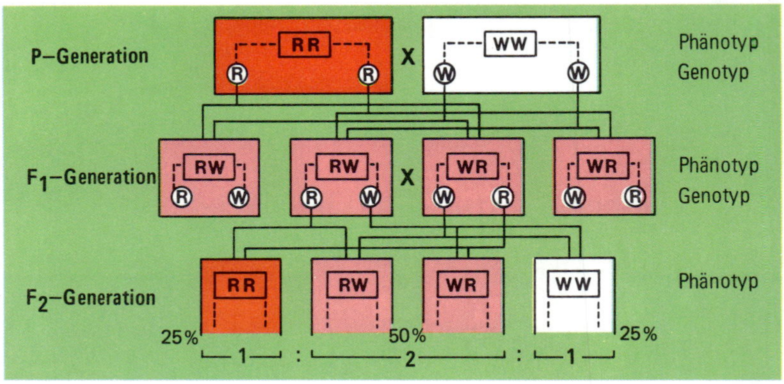

Abb. 9.8: Blüte einer weißblühenden Erbsensorte

trichterförmigen Blüten. Die Forscher kreuzten rotblühende mit weißblühenden Pflanzen und erhielten rosablühende Tochterpflanzen. Das Ergebnis ließ sich formulieren: Werden zwei Individuen, die sich in einem reinerbigen Merkmal unterscheiden, miteinander gekreuzt, so sehen die Nachkommen der ersten Generation alle gleich (= uniform) aus. Diese Regel, die **Uniformitätsregel,** wird auch als 1. Mendelsche Regel bezeichnet.
In Versuchen dieser Art bezeichnet man die Ausgangsgeneration als **Elterngeneration** und kennzeichnet sie mit **P.** Die direkten Nachkommen sind die **erste Tochtergeneration,** bezeichnet als $\mathbf{F_1}$ und deren Nachkommen sind dann $\mathbf{F_2}$ usw.

Wunder-blume:	**Blütenfarbe**	P-Generation	rot und weiß
		F_1-Generation	rosa
		F_2-Generation	25% rot, 50% rosa, 25% weiß

Bei weiteren Versuchen mit dem Merkmal Blütenfarbe an anderen Pflanzen, diesmal **Erbsen,** gab es abweichende Ergebnisse. Die Merkmale rot und weiß traten in F_1 nicht beide in Mischung (rosa) auf, sondern es gab nur rote Blüten. Es sah so aus, als ob die Farbmerkmale hier nicht gleich stark waren. Ähnlich war es auch bei der Samenfarbe. Um dies zu überprüfen, kreuzten die Forscher die Pflanzen der F_1-Generation untereinander und erhielten folgende Ergebnisse:

Abb. 9.9: Verteilung der Erbeigenschaften auf die Nachkommen

Erbsen:	**Blütenfarbe**	P-Generation	weiß und rot
		F_1-Generation	alle rot
		F_2-Generation	75% rot und 25% weiß
	Samenfarbe	P-Generation	gelb und grün
		F_1-Generation	gelb
		F_2-Generation	75% gelb und 25% grün

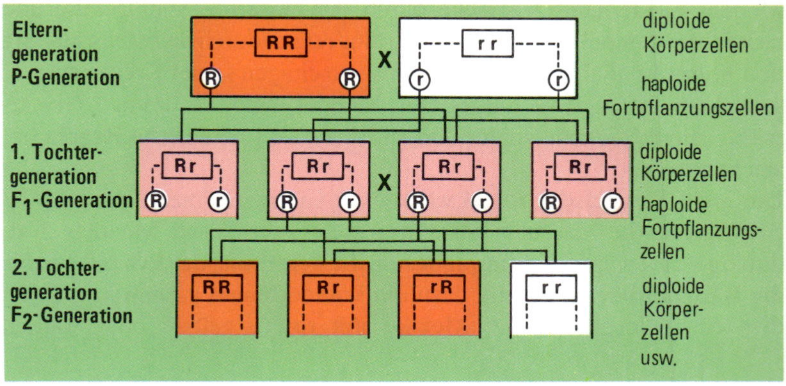

Abb. 9.10: Schema der Kreuzung zweier Erbsenrassen. Weißblühende Erbse wurde mit rotblühender Erbse gekreuzt. Dominante Anlagen werden durch Großbuchstaben dargestellt, rezessive Anlagen durch Kleinbuchstaben

Bei der Wunderblume sind die Merkmale rote und weiße Blütenfarbe gleich stark. Die Blüten der F_1-Generation zeigen eine Mischfarbe, man nennt dies **zwischenelterlich** oder **intermediär.** Bei den Kreuzungsversuchen mit Erbsen ist also in der F_1-Generation das Merkmal weiße Blütenfarbe bzw. grüne Samenfarbe nicht verlorengegangen, sondern **überdeckt** worden. Man nennt dies **rezessiv.** Das andere Merkmal **setzt sich** in der F_1-Generation **durch,** man nennt dies **dominant.**

Bei allen Kreuzungsversuchen von **reinerbigen** Eltern sind die Angehörigen der F_1-Generation **mischerbig.**

Aus all diesen Versuchen leitete man die 2. Mendelsche Regel ab: wenn man Lebewesen der F_1-Generation, die in Bezug auf ein Merkmal mischerbig sind, untereinander kreuzt, so treten in der zweiten Tochtergeneration – F_2 – die Merkmale der Elterngeneration – P – in bestimmten Zahlenverhältnissen auf **(Spaltungsregel).** Man erhält das Zahlenverhältnis für die Spaltungsregel nur bei einer großen Zahl von Versuchspflanzen.

Im dominant-rezessiven **Erbgang** heißt das Verhältnis (rot dominant) : (weiß rezessiv) = 3:1. Im intermediären Erbgang heißt das Verhältnis 1:2:1 = rot : rosa : weiß.

Abb. 9.11–9.13: rotblühende Wunderblume, weißblühende Wunderblume, rosablühende Wunderblume

9.2 Vererbung der Erbanlagen für mehrere Merkmale und Züchtung neuer reinerbiger Rassen

Bei weiteren Versuchen benutzte Mendel Pflanzen, die sich in zwei Merkmalen voneinander unterschieden, z.B. Erbsensorten, die gelb / rund und grün / runzelig waren. Auch hier stellte er fest, daß in der F_1-Generation alle Erbsen gleich aussahen, daß aber in der F_2-Generation die Samenfarbe gelb und grün im Verhältnis 3:1 und die Merkmale rund und runzelig ebenfalls im Verhältnis 3:1 vererbt wurden. Zählen wir in der Abbildung die gelben runden, die gelben runzeligen, die grünen runden und die grünen runzeligen, dann erhalten wir bei diesem Samen ungefähr das Verhältnis 9:3:3:1. Die Regel, nach der hier die Vererbung abläuft, heißt hier **Unabhängigkeitsregel** (3. Mendelsche Regel). Bei der Durchsicht der F_2-Generation erkennen wir, daß Einzelindividuen mit neuer **Merkmalskombination,** die es in der Elterngeneration nicht gab, auftreten. Bei unserem Beispiel sind das grüne / runde Erbsen und gelbe / runzelige.

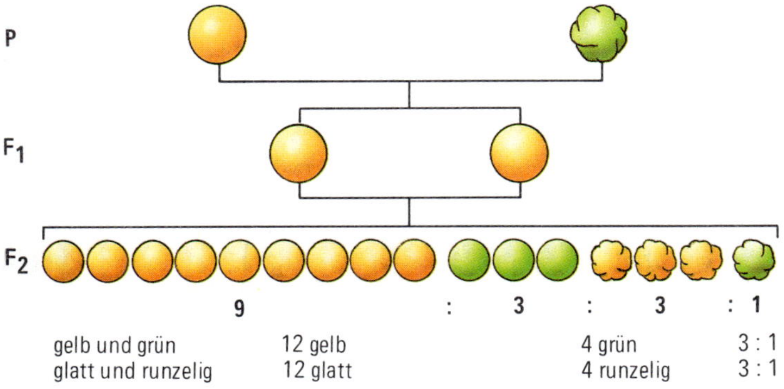

Abb. 9.14: Schema der Kreuzung zweier Erbsenrassen mit zwei Merkmalspaaren (gelb/glatt und grün/runzelig). Mendel erhielt bei seinen Versuchen: gelb und glatt 315 Erbsen, gelb und runzelig 101 Erbsen, grün und glatt 108 Erbsen und grün und runzelig 32 Erbsen

Abb. 9.15: Stier des rot-bunten Niederungsviehs

Abb. 9.16: Kühe des schwarzweißen Niederungsviehs

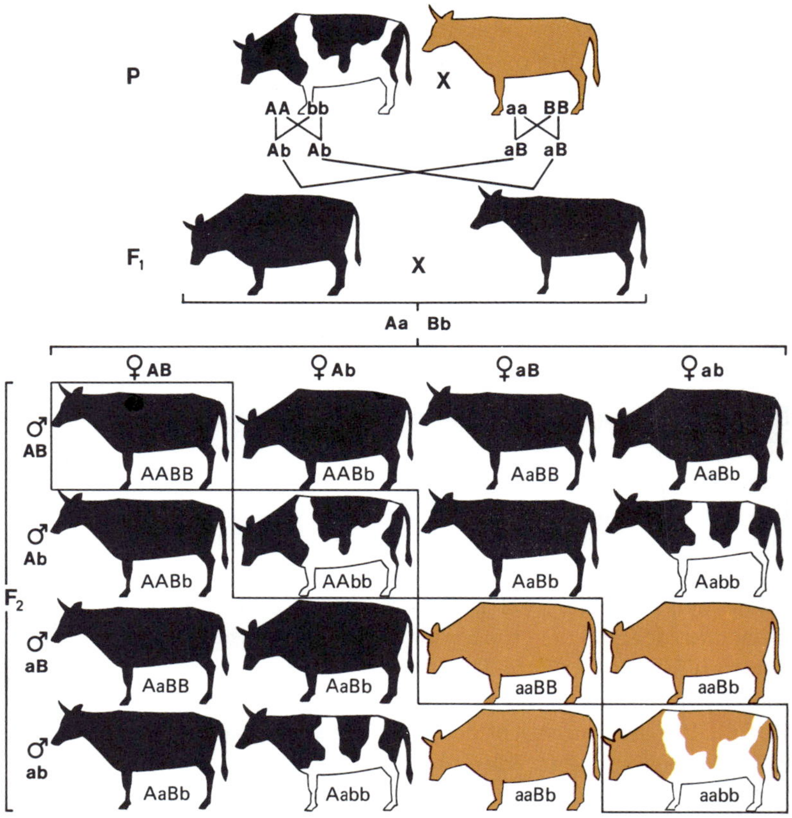

Abb. 9.17: Schema der Kreuzung zweier Rinderrassen, die sich in Farbe und Ausprägung der Flecken unterscheiden.
A = Erbanlage für Schwarz, a = Erbanlage für Rotbraun, B = Anlage für Einfarbigkeit, b = für gescheckt.
♀ = verschiedene Anlagen in den Eizellen, ♂ = die Anlagen aus den männlichen Geschlechtszellen.
Die F_1-Generation ist einfarbig schwarz.
Die F_2-Generation zeigt vier verschiedene Typen im Verhältnis 9:3:3:1.
Unter den 4 Reinerbigen (stärker umrandet) sind zwei neue Rassen (AABB und aabb).

Abb. 9.18: Schwarzes und schwarzweißes Kalb aus der Kreuzung zweier Rinderrassen. Vergleiche mit Abb. 9.17

Aufgrund dieser Mendelschen Regeln wurde die **Zucht** von Tieren und Pflanzen in der Landwirtschaft auf eine neue Grundlage gestellt. Zu Beginn des 20. Jahrhunderts wurden die Getreidefelder in den USA von Pilzkrankheiten heimgesucht. Es gelang einem „Getreideinspektor“ eine russische Weizensorte zu finden, die nicht nur gegen Pilzkrankheiten, sondern auch gegen Trockenheit besonders widerstandsfähig war. Diese Weizensorte mit der Bezeichnung „Charkov“ ist heute noch der Hauptlieferant für den Bedarf an Weizenmehl. Aber diese Sorte hatte auch einen Nachteil. Ihre Körner waren besonders hart und es mußten spezielle Mühlen konstruiert werden, um den Weizen zum Mehl mahlen zu können.

Es gibt zahlreiche weitere Beispiele für die Züchtung von Nutzpflanzen. Dazu gehören die kernlosen Navelorangen, die Blutpampelmusen, die ertragreichen Zuckerrüben oder die ganz verschiedenen Kohlsorten.

Wie wir an dem Weizenbeispiel sehen, kann ein Merkmal für die menschlichen Bedürfnisse auch hinderlich sein und mit **positiven Merkmalen** wie z. B. Winterhärte, Ährengröße, Körnergröße, Halmkürze verbunden sein. Diese erst nicht erkannten Erbanlagen für **ungünstige Merkmale** waren rezessiv und wurden mitvererbt. Dazu gehören z. B. die Trauerformen bei Bäumen (Weide, Birke).

Auch in der Tierzüchtung spielt die Anwendung der Mendelschen Regeln eine große Rolle. So bei Kaninchen, Tauben, Hunden. Einige solcher Züchtungen siehst Du in den Abbildungen. Auch hier traten rezessive Erbmerkmale plötzlich in Erscheinung. So die krummen Beine bei den Dackeln und bei den Bassets. Diese Hunderassen wären als Wildtiere nicht überlebensfähig.

Abb. 9.19: Verschiedene Kohlsorten, die alle zu einer Art gehören und deshalb miteinander gekreuzt werden können. Hinten von links nach rechts: Weißkohl, Rotkohl, Wirsing; mitte: Blumenkohl und Broccoli; vorne: Rosenkohl

Abb. 9.20: Die sogenannten Trauerformen sind „ungünstige" Merkmale bei verschiedenen Baumarten. Außer Trauerweiden gibt es Trauerbirken und Trauerbuchen. Bei allen hängen die Zweige, weil die Holzfasern zu wenig stark sind

Abb. 9.21: Kaninchenrasse: Russische Riesen

Abb. 9.22: Verschiedene Kaninchenrassen

9.3 Die Chromosomen enthalten die Erbanlagen

Wir haben gelernt: Nachkommen gleichen in vielen Merkmalen ihren Vorfahren. Das muß daran liegen, daß Vorfahren **Anlagen** besitzen, die sie ihren Nachkommen vererben. Diese Anlagen müssen also in den Keimzellen untergebracht sein. Bei Bildung der Keimzellen und bei ihrer Verschmelzung bei der Befruchtung müssen die Anlagen erhalten bleiben und also an einen Zellbestandteil gebunden sein. Bei der Zellteilung werden die **Chromosomen** in besonderer Weise **verdoppelt** und anschließend verteilt. In den Körperzellen liegen die Chromosomen doppelt – diploid – vor, also gibt es auch jede Anlage (z. B. Blütenfarbe) doppelt. Bei der Meiose entstehen aus diploiden Körperzellen haploide Keimzellen, in diesen ist also jede Anlage nur einfach vorhanden. Es hängt vom Zufall ab, welche der beiden Anlagen in die einzelnen neuen Keimzellen kommen.

Wir können uns folgendes gut vorstellen: Bei der Befruchtung verschmelzen haploide Samen- und Eizelle. Sind die Erbanlagen gleich stark, so entsteht in der Tochterzelle ein Gleichgewicht (intermediäre Vererbung), sind die Anlagen verschieden stark (dominant-rezessiv), so überwiegt die Wirkung der dominanten Anlage.

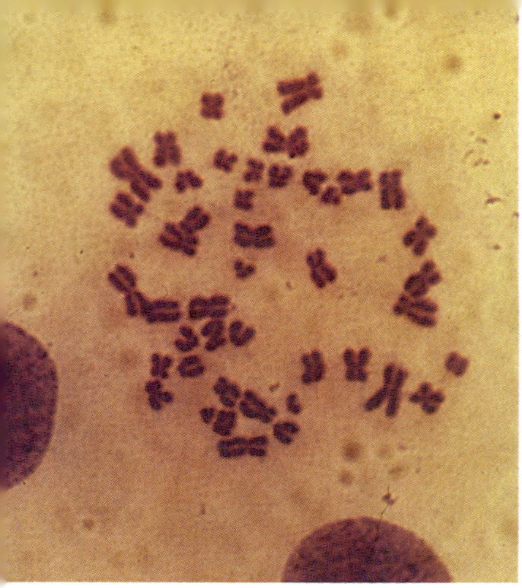

Abb. 9.23: Chromosomen aus menschlichen Blutkörperchen, wie sie aufgrund des nebenstehenden Versuches gewonnen werden

Geschichte

Watson und Crick entwickelten in England das Modell der DNS nicht aufgrund mikroskopischer Untersuchungen, dazu sind die Bestandteile dieser Riesenmoleküle immer noch viel zu klein. Ihre Entdeckung machten sie mit Hilfe von raffinierten Röntgenaufnahmen, die von kristallisierter DNS angefertigt worden waren. An der Aufklärung der DNS-Struktur waren zahlreiche Forscher beteiligt und es gab eine Art Wettkampf mit dem amerikanischen Nobelpreisträger Pauling, der auch an der Aufklärung der Zusammenhänge arbeitete. Watson und Crick erhielten für ihre Entdeckung ebenfalls den Nobelpreis.

Abb. 9.24: Einzelnes Chromosom. In einer Hülle liegt der doppeltgewendelte DNS-Faden

Abb. 9.25: Chromosomensatz des Menschen, sogenanntes geordnetes Karyogramm

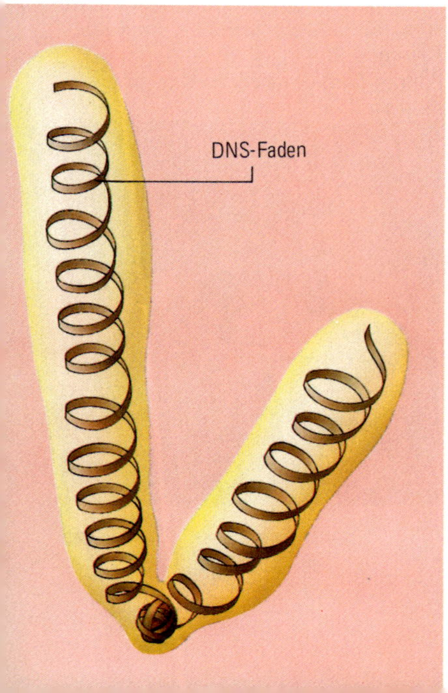

Versuch

Menschliche Chromosomen kann man im Lichtmikroskop sichtbar machen. Dafür bebrütet man einige Tropfen Blut bei ca. 37° C in einer Nährlösung 24 Stunden und läßt einen Tropfen dieser Lösung aus ca. 20 cm Höhe auf einen Objektträger fallen. Durch den Aufprall platzen einige Zellkernmembranen der weißen Blutkörperchen, die sich gerade in Teilung befinden, und die Chromosomen werden freigelegt. Man erhält eine „Platte" und kann sie auszählen. Aus einem stark vergrößerten Papierbild werden die einzelnen Chromosomen ausgeschnitten und der Größe und Form nach geordnet und numeriert.

Auf den Chromosomen müssen sehr viele Erbanlagen untergebracht sein. Man nennt die Träger dieser Erbanlagen auf den Chromosomen **Gene.**

Man kann die menschlichen Chromosomen relativ einfach sichtbar machen (Versuch). In dem Bild ist ein menschlicher **Chromosomensatz** dargestellt. Wissenschaftler haben aus solchen Fotovergrößerungen die Bilder der einzelnen 46 Chromosomen ausgeschnitten und dann geordnet. Man erkennt, daß sich 22 **Chromosomenpaare** zusammenordnen lassen und stellt fest, daß ein weiteres Chromosomenpaar bei Frauen aus zwei ähnlichen, bei Männern aber aus zwei unähnlichen Chromosomen besteht. Man sagt, daß Frauen zwei X-Chromosomen haben und Männer ein X- und ein Y-Chromosom. Diese Chromosomen tragen die Gene für die Ausbildung des Geschlechts und man nennt sie Geschlechtschromosomen.

Die Gene selbst kann man aber nicht bei der Betrachtung der Chromosomen im Lichtmikroskop erkennen. Man muß also den Feinbau der Chromosomen chemisch untersuchen.

Erst 1953 entwickelten die Biochemiker Watson und Crick ein Modell des chemischen Aufbaus der Chromosomen. Jedes Chromosom besteht aus einem Gerüst von Zucker-Phosphat-Molekülen und vier verschiedenen sogenannten Basen. Dabei bilden die Zucker- und Phosphatbestandteile gleichsam die Holme einer Leiter, während immer zwei Basen miteinander die Sprossen bilden. Ein Holm mit jeweils halben Sprossen bildet ein Riesenmolekül, das aufgrund seiner chemischen Bestandteile den Namen Desoxyribonukleinsäure, DNS, trägt. Die Basen haben die

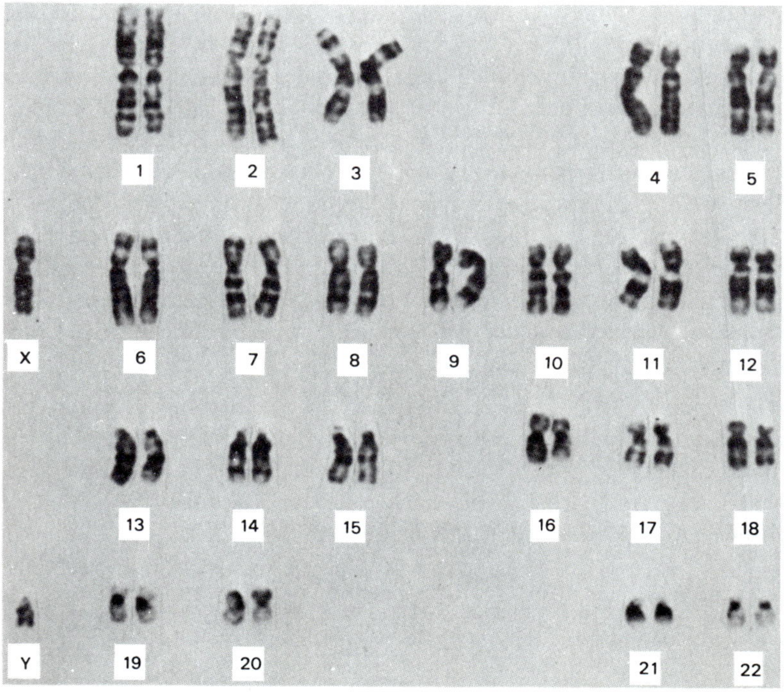

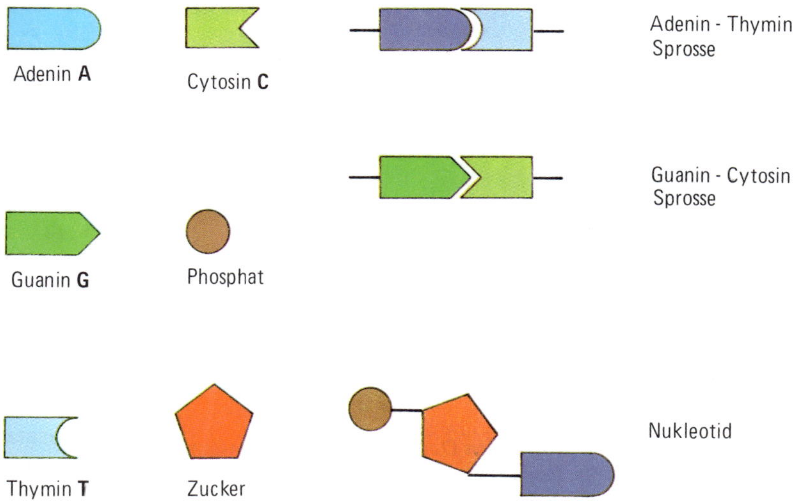

Abb. 9.26: Die einzelnen Bestandteile der Desoxyribonukleinsäure

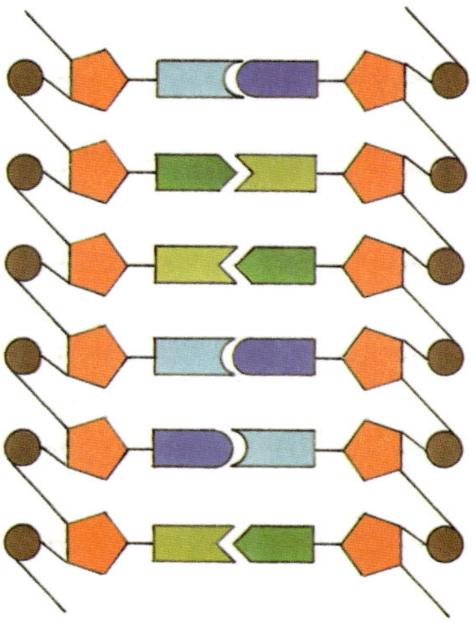

Abb. 9.27: Aufbau des DNS-Doppelstranges in Form einer einfachen Leiter

Namen Adenin, Guanin, Thymin und Cytosin. Von diesen vier Basen bilden immer Adenin mit Thymin sowie Guanin mit Cytosin eine Sprosse. Aus der Abbildung erkennst du, daß somit jedes Chromosom aus zwei einander sich ergänzenden **(komplementären)** Strängen besteht. Trennen sich die beiden Stränge voneinander und bauen aus Einzelbestandteilen zu jedem Strang wieder einen zweiten auf (Abb. 9.28), so entstehen identische Doppelstränge. Die einmal vorgegebene Reihenfolge der Leitersprossen, der **Basenpaare,** bleibt also erhalten und wird bei Trennung der Chromosomen und ihrer Verdopplung bei der Zellteilung weitergegeben.

Genauere Untersuchungen zeigen nun, daß die **Reihenfolge der Basenpaare** eine Art Geheimschrift, einen **Code,** darstellt und zwar bilden immer drei Basenpaare ein Codewort. Dieser Code der DNS wird nicht nur von Zelle zu Zelle und von Individuum zu Individuum weitergegeben, er wird auch in der Zelle gelesen. Er bestimmt die **Produktion von Enzymen** und allen möglichen Zellinhaltsstoffen. So enthält der Code nicht nur eine Art Alphabet, sondern auch Kommandos wie „Start" und „Ende". Wir haben heute diesen Code so gut entziffert, daß wir ihn sogar verändern können (Genmanipulation, s. S. 156).

Bei der Entzifferung des Codes stellte sich heraus, daß das Molekül in Form einer Wendeltreppe gestaltet ist. Die Leiter dreht sich um eine zentrale Achse. Bei der Verdopplung der Chromosomen während der Zellteilung müssen sich aber nun die beiden Holme mit ihren halben Sprossen voneinander trennen. Wie dies im einzelnen geschieht, weiß man noch nicht. Dreht sich das ganze Molekül mit großer Geschwindigkeit auf oder werden die beiden Molekülstränge wie ein aufplatzender Reißverschluß voneinander getrennt?

Diese wendeltreppenartig umeinandergedrehten **DNS-Moleküle** bilden eine sogenannte **Helix** (= Schnecke). Diese Helix ist wieder zu einer besonders typischen Form verknäult. In den Abbildungen siehst du Modelle, wie man sich Bau und Gestalt vorstellt.

Andere Codes

Auch die Blindenschrift stellt einen Code dar, der durch das Ertasten der in verschiedener Weise kombinierten sechs Punkte gelesen wird. Beim Morsealphabet – einem anderen Code – sind die Buchstaben in einem System von Strichen und Punkten zu lesen bzw. langen und kurzen Tönen zu hören. So lautet der Satz:
„MAN BOHRT NICHT IN DER NASE"
im Morse-Code
--/·-/-·//····/---/····/·-·/-//-·/··/----/-/
/··/-·//-··/·/·-·//-·/·-/···/·
(ein Schrägstrich steht für Buchstabenende, zwei für Wortzwischenraum). Wird nun bei der Übermittlung ein Fehler gemacht, kann der Satz sinnlos werden oder aber auch ein neuer Sinn entstehen.
Nämlich:
MAN BIHRT NICHT IN DER NAGE
oder
MAX BOHRT NICHT IN DER NASE

Abb. 9.28: Verdopplung der DNS-Wendel nach dem „Reißverschluß-Prinzip“. Da jeder Schwesterstrang die fehlende entsprechende Hälfte ergänzt, entstehen zwei identische neue Doppelstränge

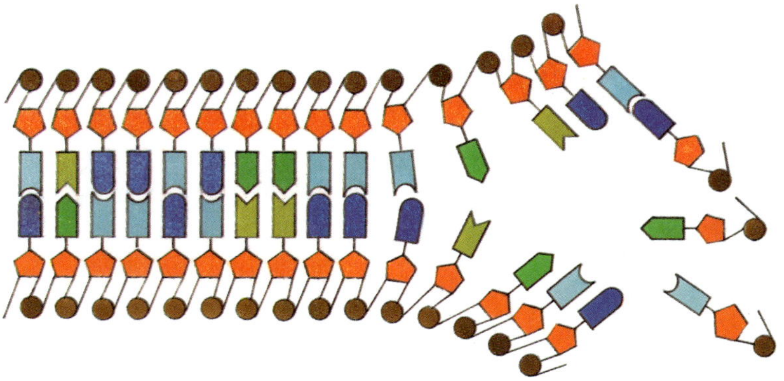

Im **Zellkern** trennt ein Enzym den Doppelstrang der **DNS.** An einem der freigelegten DNS-Stränge wird mit Hilfe eines Enzyms eine **Kopie** aus **RNS-Bausteinen** angelagert. (Ein Gen auf dem freigelegten DNS-Strang wird abgelesen und in RNS-Schrift abgeschrieben). Der RNS-Strang, **Boten-RNS,** verläßt den Zellkern durch eine Pore der Kernhülle und treibt in der Zellflüssigkeit zu den **Ribosomen** (Werkstätten der Eiweißsynthese). Dort wird die RNS-Botschaft abgelesen. Je drei Buchstaben der RNS-Bausteine sind das **Codewort** für eine bestimmte **Aminosäure** (Eiweißbaustein), z. B. CGA ist das Codewort für die Aminosäure Alanin. Moleküle der **Transport-RNS** schaffen die Aminosäuren zum Ribosom, heften sich an die passende Stelle der Boten-RNS und verlassen das Ribosom ohne Aminosäure. Ein Enzym verknüpft die Aminosäuren zu einer Eiweißkette. Die RNS-Botschaft ist in ein **Eiweiß** übersetzt worden.
Zusammengefaßt: Zellkern: DNS → Boten-RNS; Ribosom: Boten-RNS → Transport-RNS + Aminosäure → Eiweißkette.

Abb. 9.29: Bildung einer Eiweißverbindung (Proteinbiosynthese)

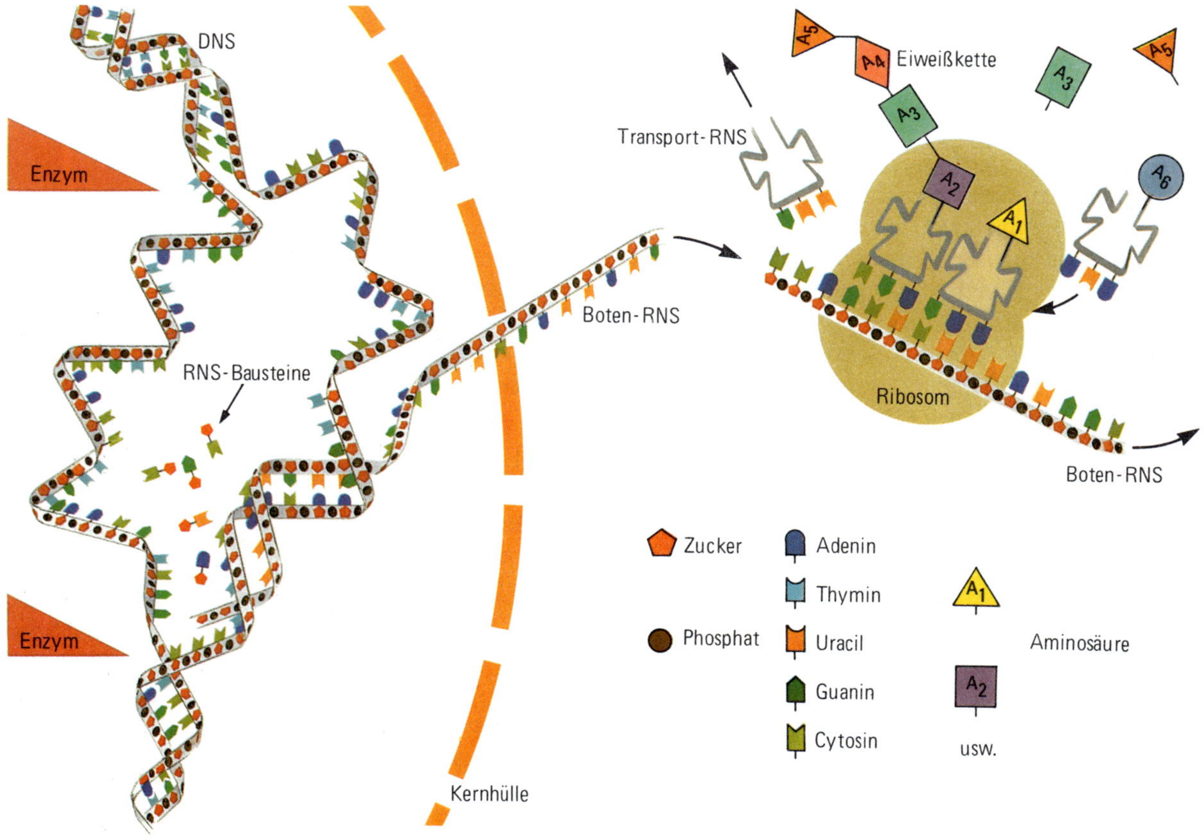

Abb. 9.30: Bohnenpflanze, die unter Normalbedingungen aufwuchs

Abb. 9.31: Bohnenpflanze, die unter Mangelbedingungen aufgewachsen ist

Abb. 9.32: Bohnen einer Pflanze, der Größe nach geordnet

9.4 Einflüsse aus der Umwelt verändern oft nur das Erscheinungsbild

Züchten wir Bohnenpflanzen mit gleichen Erbanlagen unter verschiedenen Bedingungen, einmal bei ungünstigen Temperaturen – ca. 9° C – und einmal bei günstigen Temperaturen – ca. 24° C –, so beobachten wir, daß die wärmer gehaltenen in der gleichen Zeit höher wachsen und mehr und größere Blätter bilden. Ein ähnliches Ergebnis erhalten wir, wenn wir Bohnenpflanzen gut düngen und reichlich mit Wasser gießen, andere aber mit Dünger und Wasser schlecht versorgen. Bringen wir diese Versuchspflanzen in gleiche Umweltbedingungen oder ziehen wir aus dem Samen dieser Pflanzen Nachkommen unter normalen Bedingungen, so wachsen alle Pflanzen wieder gleichartig. Die durch unterschiedliche Umweltbedingungen erzeugten Verschiedenheiten bezeichnen wir als **Modifikationen.** Das Erscheinungsbild, der Phänotyp, wird verändert, das Erbbild, der Genotyp, dagegen nicht.

Mißt man alle Bohnensamen einer Pflanze, findet man neben sehr kleinen und sehr großen am häufigsten Bohnen mittlerer Größe. Sie stellen den Mittelwert dar. Die Spanne von der kleinsten bis zur größten Bohne nennt man **Variationsbreite.** Die Variationsbreite ist durch **Erbanlagen** festgelegt.

9.5 Veränderungen der Erbanlagen

Im Gegensatz zu **Modifikation** und **Variation** kennt man auch bleibende Veränderungen des Erscheinungsbildes. Es ändern sich von einer Generation zur anderen Eigenschaften, die in den nachfolgenden Generationen abgeändert bleiben. Sie sind also vererbbar. Solche erblichen Veränderungen nennt man **Mutationen.** Mutationen treten ganz plötzlich auf, sie sind nicht vorhersehbar und werden auch als **Erbsprünge** bezeichnet. Das veränderte Lebewesen heißt **Mutante.**

Um zu verstehen, wie Mutationen entstehen, hat man bestimmte Tier- und Pflanzenarten über längere Zeit reinerbig gezüchtet. Man hat die dabei vorkommenden plötzlich auftretenden Induviduen mit Mutationen (Mutanten) weitergezüchtet. In den nachfolgenden Generationen blieben die Mutationen genau erhalten. Damit war der Beweis für ihre Erblichkeit erbracht.

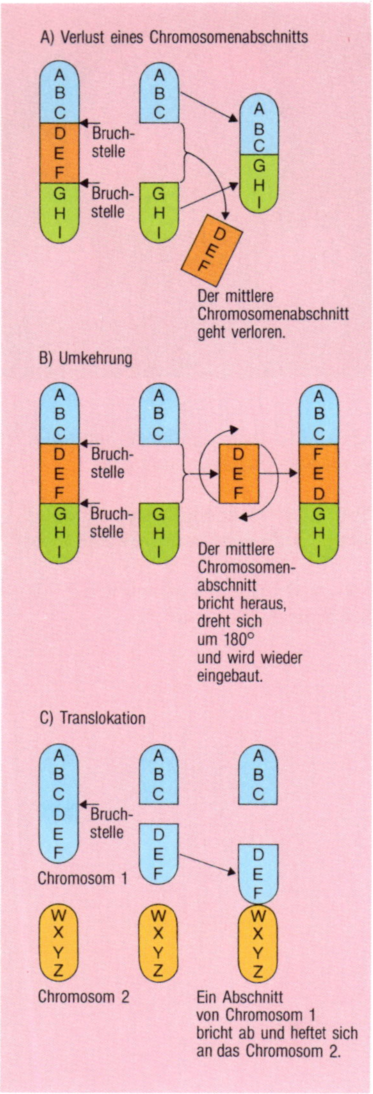

Abb. 9.33: Chromosomenmutation. Während der Meiose ergeben sich mehrere Möglichkeiten, daß Chromosomen verändert werden. Das Schema zeigt drei verschiedene Chromosomenmutationen. (Große Buchstaben geben Genorte an)

Abb. 9.34: Fruchtfliegenmutante mit roten Augen

Abb. 9.35: Fruchtfliegenmutante mit weißen Augen

Für die **Mutationsforschung** ist die **Fruchtfliege** (Drosophila) gut geeignet. Sie braucht für die Entwicklung vom Ei – über das Larven- und Puppenstadium – zur geschlechtsreifen Fliege nur 14 Tage. Sie kann leicht im Versuchslabor in kleinen Gläsern gehalten werden. Ein Pärchen hat bis zu 300 Nachkommen. Seitdem der amerikanische Biologe Morgan 1910 seine Fruchtfliegenversuche begann, hat man bei diesen Tierchen über **400 verschiedene Mutationen** beobachtet. Es sind besonders die Veränderungen körperlicher Merkmale auffallend: **Augenfarbe** (rot – weiß), **Flügelform** (lang – stummelig – riemenförmig), **Körperfarbe** (schwarz – grau) und andere. Darüber hinaus können auch die Zahlen der Einzelfacetten in den Augen, das Wachstumstempo und viele andere Eigenschaften mutieren. Die neuen Formen werden als **Mutanten,** als neue **Rassen** dieser Art bezeichnet.

Wie kommt es zu diesen Erbsprüngen?

Wie wir wissen, ist die Mutation erblich. Demnach müssen die Gründe für einen plötzlichen Erbsprung in den **Chromosomen** zu finden sein. Die meisten Mutationen entstehen bei der Verdopplung der DNS in der Meiose.

Zum Beispiel wird an der Stelle, an der für die Flügelform ein bestimmter Code auf dem Chromosom vorhanden ist, dieser Code falsch gelesen. Ist der Code einmal falsch gelesen worden, so wird diese Lesart jetzt nach der Trennung des Chromosomenpaares in die zwei Stränge und beim Neuaufbau der „Strickleiter" immer wieder falsch gelesen. Diese Art der Mutation bezeichnen wir als **Genmutation.**

Es gibt außer der Genmutation auch noch **Chromosomenmutationen.** Sie entstehen dadurch, daß einzelne Chromosomen bei der Verdopplung zerbrechen, sich neu und in anderer Reihenfolge zusammensetzen oder aber auch Chromosomenteile doppelt gelesen werden, weil das Kommando nicht stimmt. Manchmal sind auch die Kommandos für das Ablesen des Codes vertauscht, so daß die Gene in eine neue Reihenfolge kommen.

Alle Mutationen treten zufällig, sprunghaft auf; sie sind ungerichtet. Manchmal ist das Ergebnis der Mutationen für die Lebewesen nützlich, meist schädlich, gelegentlich aber auch tödlich (letal).

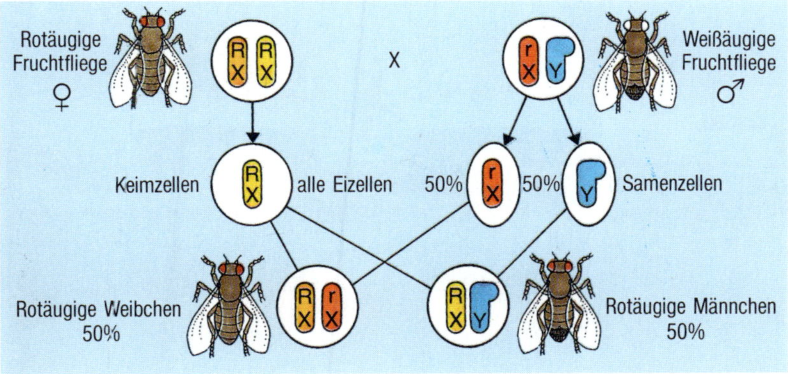

Abb. 9.36: Kreuzung eines rotäugigen Fruchtfliegenweibchens mit einem weißäugigen Fruchtfliegenmännchen. Das Erbschema zeigt, daß die Gene für die Augenfarbe auf dem X-Chromosom liegen. R ≙ Gen für rote Augen (dominant), r ≙ Gen für weißes Auge (rezessiv)

Charles Darwin wußte noch nicht viel von Vererbung oder gar von der Entstehung von Mutationen. Seine Theorie über die **„Entstehung der Arten"** setzt aber auch für die Entwicklung der Lebewesen **(Evolutionslehre)** erbliche Änderungen nach Art von Mutationen voraus (s. Kap. 17).

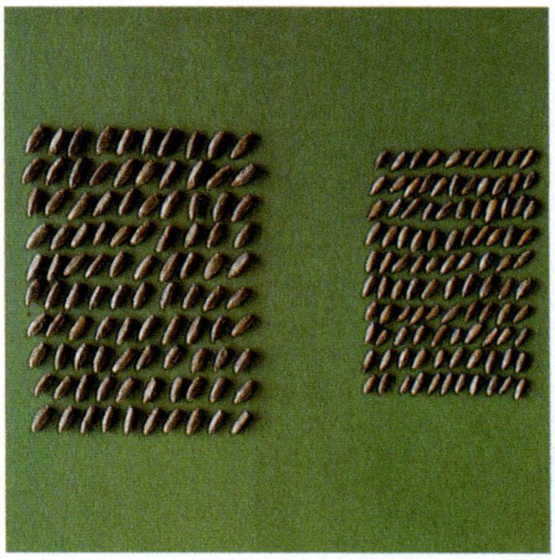

Abb. 9.37: Normale Roggenkörner (rechts) mit normalem diploiden Chromosomensatz und Roggenkörner des Petkuser Roggens mit vierfachem – tetraploidem – Chromosomensatz

Warum sind moderne Nutzpflanzen so ertragreich?

Bei besonders ertragreichen Obst-, Gemüse- und Getreidearten findet man oft ganze **Chromosomensätze vervielfacht.** So haben manche Zitronen und Wassermelonen in allen Zellen den dreifachen, Birnen und Himbeeren den vierfachen Chromosomensatz. Unsere Weizensorten haben fast alle einen vervielfachten Chromosomensatz. Auf der Abbildung sieht man den sogenannten Petkuser Roggen mit vierfachem Satz im Vergleich zu normalem Roggen, der doppelten Chromosomensatz hat.

Heute kennen wir auch Möglichkeiten, **künstlich** Chromosomensätze zu vervielfachen oder **Mutationen auszulösen.** Dazu werden **radioaktive Strahlen** benutzt, die Einwirkungen auf die Erbanlagen haben. Auch **chemische Stoffe,** z.B. das Gift der Herbstzeitlose bewirken Mutationen. In der Tier- und Pflanzenzucht arbeitet man schon lange mit diesen Verfahren.

In der neuesten Zeit versucht man, den **genetischen Code** bewußt zu ändern. Man baut Gene oder Chromosomenabschnitte von anderen Arten in einen Chromosomensatz ein. So ist es gelungen, bestimmten

Abb. 9.38: Mit Hilfe einer Glaskanüle werden Bestandteile eines Zellkerns auf einen anderen Zellkern übertragen (siehe auch Seite 156)

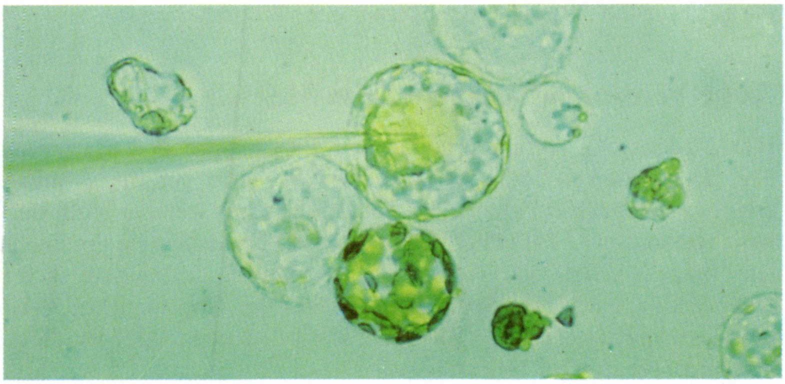

Abb. 9.39: Sichelförmige rote Blutkörperchen bei der Sichelzellenanämie. Dies ist eine Blutkrankheit, die aber gleichzeitig vor Erkrankung an Malaria schützt. Die Blutkrankheit ist deshalb in Westafrika weit verbreitet

Abb. 9.40: In der sogenannten Turmbiologie werden durch besonders gezüchtete bzw. durch Genübertragung veränderte Bakterien Abwasserschlämme aufbereitet (s. S. 265)

Abb. 9.41: Zungenrollerin

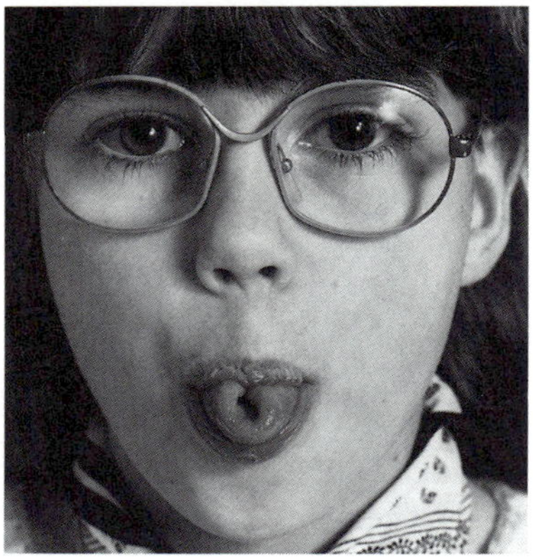

Abb. 9.42: Ohr von Vater und Sohn

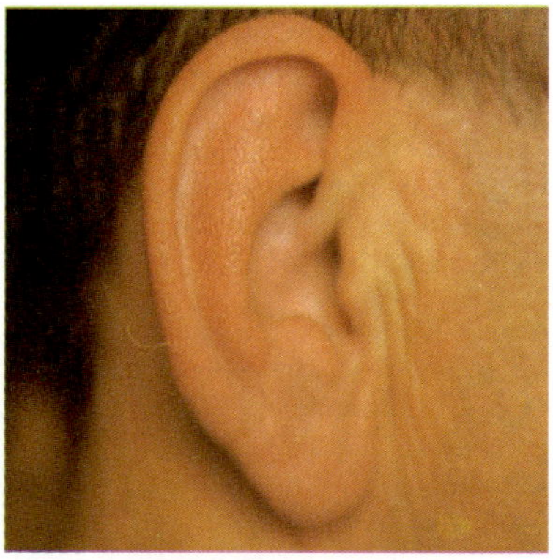

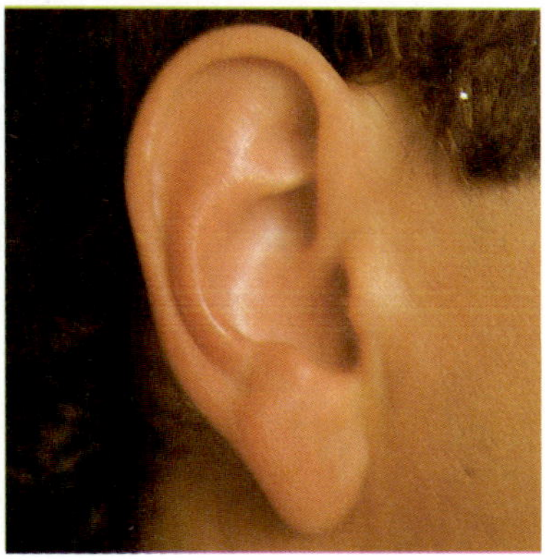

Bakterien das Codewort für die Produktion menschlichen Insulins einzufügen. Diese Bakterien werden in großen Tanks in Mengen gezüchtet, das von den Bakterien produzierte Insulin wird gewonnen und gereinigt und für die Behandlung der Zuckerkrankheit verwendet.

Eingriffe in den genetischen Code bezeichnet man als **Genmanipulation** (s. S. 156).

9.6 Vererbung beim Menschen

Die Regeln der Vererbung gelten für den Menschen ebenso wie für Tiere und Pflanzen. Bei Pflanzen kann man relativ leicht groß angelegte Versuche unternehmen. Mit Tieren kann man ebenfalls noch – bis zu gewissen Grenzen – Kreuzungen durchführen, um bestimmte Vererbungsregeln nachzuweisen.

Beim Menschen ist es jedoch nicht möglich, Experimente auf dem Gebiet der Vererbung durchzuführen. Daher beschränken sich die Human-Vererbungswissenschaftler **(Humangenetiker)** auf Erfahrungen, aus der Forschung bestimmter Eigenschaften von **Familien** aus ihren **Stammbäumen** und kommen dabei vielfach zu wissenschaftlich gesicherten Ergebnissen.

Die **menschliche Erbforschung** ist ein wichtiger Faktor für die Erkundung der Vererbbarkeit von Krankheiten und der Anlagen **(„Veranlagungen“)** für die Anfälligkeit zu bestimmten Krankheiten.

Einige Vererbungsbeispiele beim Menschen

Manche Menschen können ihre Zunge rollen, andere sind dazu nicht fähig. Die Fähigkeit, die Zunge einzurollen, wird vererbt. Ähnlich verhält es sich mit der Fähigkeit, einen bitter schmeckenden Stoff, den man abgekürzt als PTH (**P**henyl**t**hio**h**arnstoff) bezeichnet, wahrzunehmen. Manche Menschen schmecken das Bittere, für andere ist er geschmacklos. Nach dem Spargelessen riecht der Urin mancher Menschen ganz anders als sonst. Bei anderen ist dies nicht der Fall. Auch diese Eigenschaft wird vererbt.

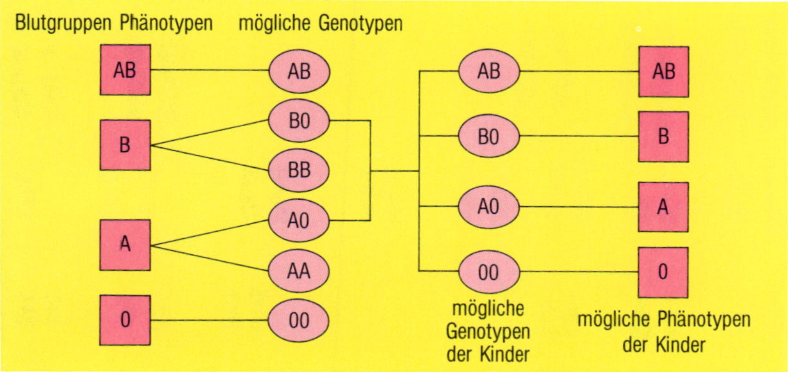

Abb. 9.43: Schema der menschlichen Blutgruppen. Die Gruppen des ABO-Systems werden nach den Mendelschen Regeln vererbt. Jeder Mensch besitzt zwei von drei möglichen Anlagen für die Blutgruppe.

Altbekannt ist die Tatsache, daß z.B. Haar- und Augenfarbe, Körpergröße, Gesichts- und Kopfformen vererbt werden. Eine große Rolle in der Medizin spielt aber die Tatsache, daß die **Blutgruppen** des Menschen vererbt werden. Dabei sind die Blutgruppen A und B gegenüber der Blutgruppe 0 **dominant,** d.h. wenn einer der beiden Eltern A oder B hat, und der andere 0, so bekommt das Kind A bzw. B. Durch Blutgruppenbestimmungen und andere Untersuchungen kann man beweisen, daß ein bestimmter Mann nicht der Vater eines Kindes sein kann. Bei der **Vaterschaftsbestimmung** werden noch andere Merkmale, z.B. die Form der Nasenöffnungen oder die Form der Ohren, berücksichtigt.

Abb. 9.44: Stammbaum der englischen Königsfamilie mit den Nachkommen der Queen Victoria. Die männlichen Nachkommen, die an der Bluterkrankheit litten, sind gekennzeichnet. Die Bluterkrankheit gehört zu den menschlichen Erbkrankheiten. Sie tritt fast ausschließlich bei Männern auf und wird meist durch Frauen vererbt

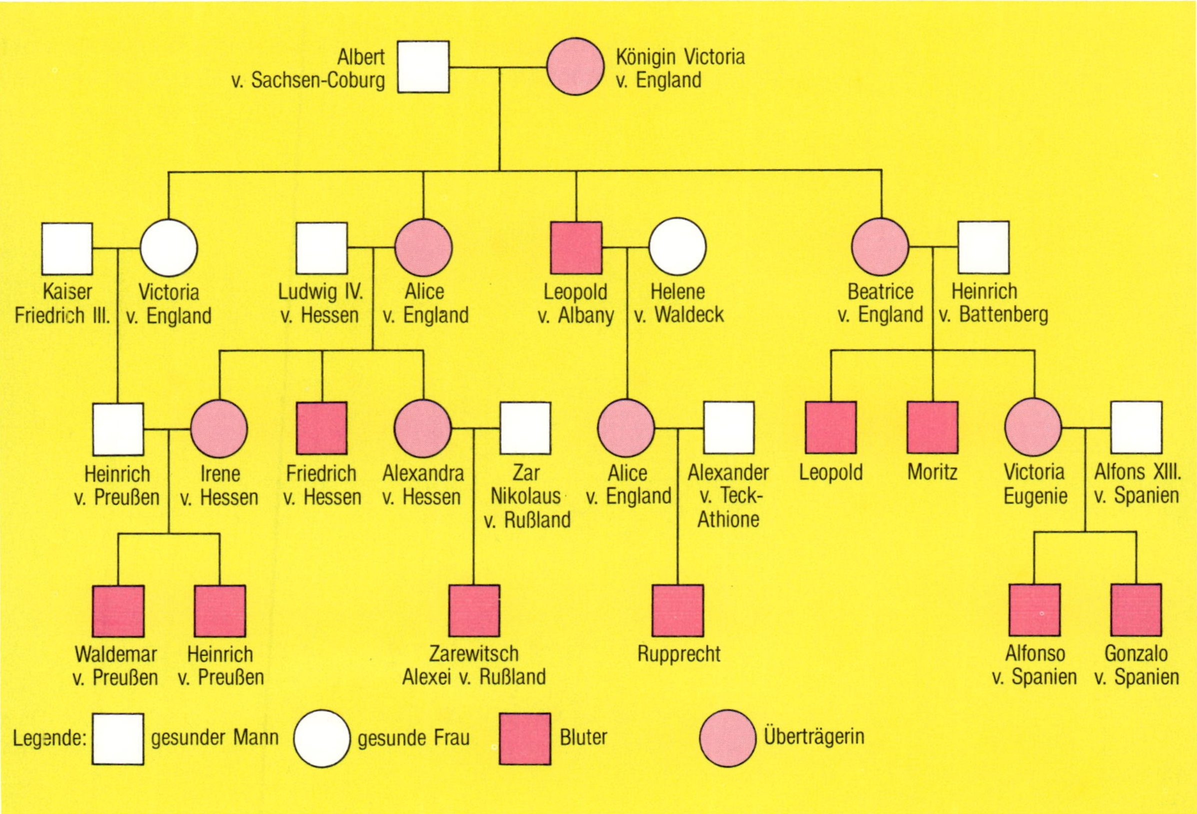

Abb. 9.45: Karyogramm bei der Erbkrankheit Trisomie 21. Das Chromosom Nr. 21 ist 3fach vorhanden

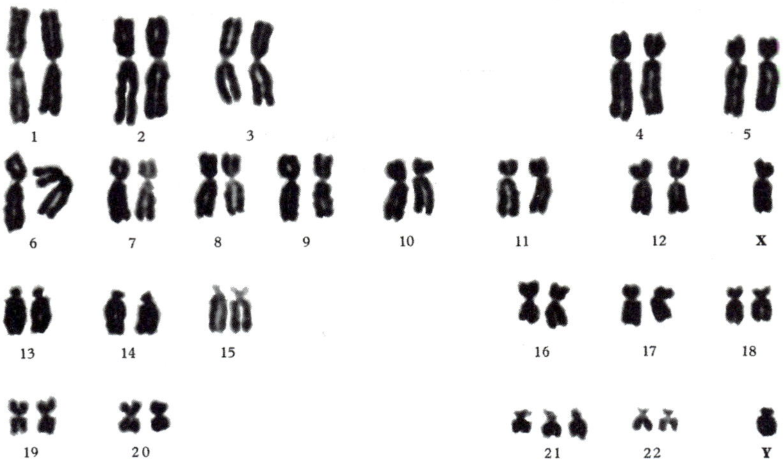

9.7 Genetische Schäden bei Menschen

Um die Gesetzmäßigkeit der menschlichen Erbkrankheiten zu erforschen, hat man in **wissenschaftlichen Instituten** und Kliniken Abteilungen eingerichtet, in denen besonders ausgebildete Humangenetiker tätig sind. Aufgrund ihrer speziellen Kenntnisse können sie Menschen beraten, die bereits erbkranke Kinder haben oder bei zu erwartenden Kindern **Erbkrankheiten** vermeiden wollen. Bisher wurden rund 3000 genetisch bedingte Krankheiten registriert. In der Tabelle (S. 156) sind einige dominante und einige rezessive Erbkrankheiten aufgeführt.

Die Veränderung der Erbanlagen bei Erbkrankheiten kann sich sowohl auf ein ganzes Chromosom wie auch nur auf ein einzelnes Gen beziehen.

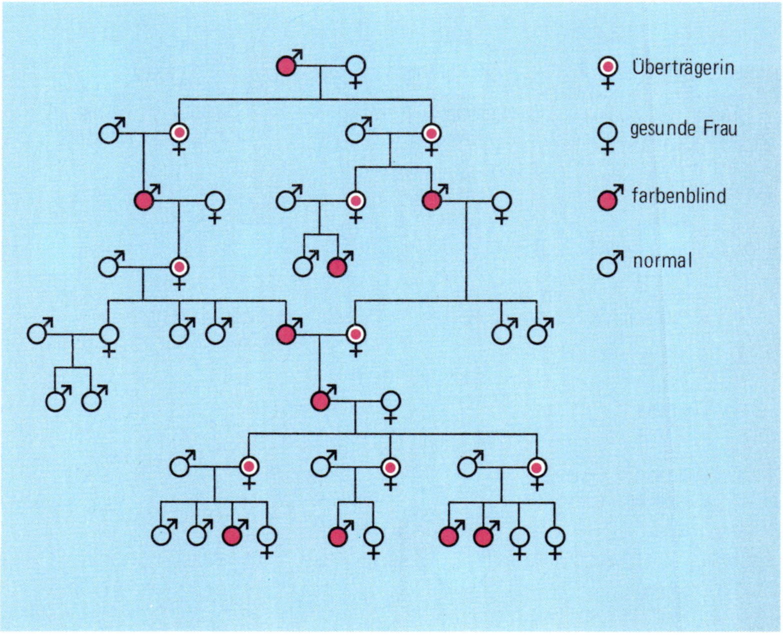

Abb. 9.46: Stammbaum bei der Vererbung der Rot-Grün-Farbblindheit

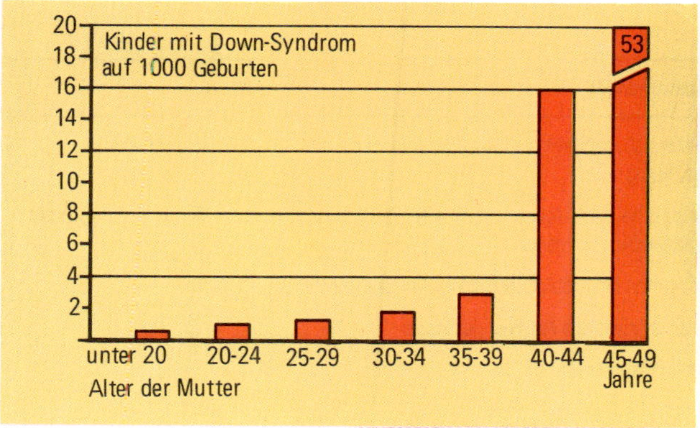

So ist bei der **Trisomie 21** das Chromosom Nr. 21 dreifach vorhanden. Menschen mit dieser Erbkrankheit sind geistig behindert.

Man kann auch für verschiedene Krankheiten „veranlagt" sein, so zum Beispiel für einige Krebsarten. Manche Menschen sind für Infektionen besonders anfällig. Erbanlagen und Umwelt spielen bei jeder Krankheit eine gewisse Rolle. In manchen Fällen sind die Erbanlagen ausschlaggebend, in anderen ist die Umwelt entscheidend für den Krankheitsausbruch.

Viele erbliche Leiden können erfolgreich behandelt werden. Die Lippen-Kiefer-Gaumenspalte, der Klumpfuß, die Vielfingrigkeit und andere können durch operative Eingriffe weitgehend beseitigt werden. Andere Erbkrankheiten werden durch unterschiedliche Maßnahmen (Medikamente, Diät, u.ä.) gelindert oder behoben.

Die **Genetiker beraten** kinderwillige Paare in diesem Sinne. Nur in schwerwiegenden Fällen wird – meist aufgrund eingehenden Studiums der Stammbäume der zukünftigen Eltern – von Nachwuchs abgeraten bzw. bei einer bereits eingetretenen Schwangerschaft ein Abbruch nahegelegt.

Abb. 9.47: Abhängigkeit der Zahl der Kinder mit Trisomie 21 vom Alter der Eltern

Abb. 9.48: Kind mit Trisomie 21. Die Erkrankung wird auch Down-Syndrom genannt

Abb. 9.49: Bei allen Wirbeltierarten kommt Albinismus vor. Die Lebewesen mit dieser Krankheit sind nicht in der Lage, Hautfarbstoff zu bilden. Typisch für sie sind die roten Augen. In der letzten Zeit wurden folgende Albino beschrieben bzw. auch im Fernsehen gezeigt: weißer Gorilla im Zoo von Barcelona, weiße Tiger in den USA, weiße Amseln in Deutschland und England, weiße Fledermäuse in Norditalien sowie weiße Goldfische. Unser Bild zeigt einen weißen Igel. Albinos sind in der Natur meist nicht überlebensfähig

Tabelle: Erbkrankheiten

Krankheit	Anlage	Auswirkungen
Albinismus	rezessiv	Bräunungsunfähigkeit der Haut (Pigmentmangel), rote Augen (Lichtempfindlichkeit), weißhaarig
Bluterkrankheit (Hämophilie)	rezessiv	Störung bei der Blutgerinnung; erbliche Übertragung meist durch Frauen, Erkrankung fast ausschließlich bei Männern
Epilepsie (bestimmte Formen)	rezessiv	infolge von Hirnmißbildungen starke Krampfanfälle mit Bewußtlosigkeit
Farbblindheit, totale	rezessiv	anomal entwickelte Netzhaut des Auges
Farbuntüchtigkeit (rot-grün-Schwäche)	rezessiv	rot und grün werden als Grautöne gesehen
Hasenscharte	dominant	gespaltene Oberlippe
Klumpfuß (bestimmte Formen)	rezessiv	Fußmißbildungen mit meist nach innen und oben gekrümmten Füßen
Kretinismus, erblicher (mit Kropf)	rezessiv	in der Schilddrüse wird zu wenig Thyroxinhormon gebildet, geistige und körperliche Entwicklung ist gestört
Kurzfingrigkeit	dominant	an Finger und Zehen fehlt ein Glied bei normalem Endglied
Lippen-Kiefer-Gaumenspalte	dominant	Oberlippe, Oberkiefer und Gaumen sind gespalten
Nachtblindheit	dominant	Sehbehinderung bei geringem Licht
Schwerhörigkeit im Mittelohr	dominant	Veränderungen meist am Steigbügel
Sichelzellenanämie	rezessiv	eine Art Blutarmut; rote Blutkörperchen sind wie Sicheln deformiert; in Malarialändern stärker verbreitet, da der Betroffene nicht an Malaria erkrankt
Vielfingrigkeit	dominant	mehr als fünf Finger oder Zehen an Hand oder Fuß
Wolfsrachen	dominant	gespaltener Gaumen
Zwergwuchs	dominant	sehr geringe Wuchshöhe im Erwachsenenalter

9.8 Gentechnologie

Mit Hilfe der **Gentechnik** können Genetiker und Mikrobiologen die Erbinformationen in der DNS eines Organismus gezielt verändern.

In die DNS eines Bakteriums, z.B. Kolibakterium (vgl. Abb. 12.1), kann man bestimmte DNS-Teile des Menschen einpflanzen. Daraufhin produziert das Bakterium die Stoffe, die von dem eingepflanzten Gen gesteuert werden. Nach diesem Verfahren wird heute schon menschliches Insulin von Kolibakterien erzeugt. Insulin wird als Medikament bei Zuckerkrankheit (Diabetes) gebraucht. Auf ähnliche Weise werden z.B. Wachstumshormone für Rinder produziert sowie auch Mittel, die Kulturpflanzen gegen Herbizide widerstandsfähig machen (s. S. 233). Man hofft, mit Hilfe der Gentechnologie beim Menschen Erbkrankheiten (bisher 2000 bekannt!) behandeln zu können.

Durch die Gentechnologie können Mutationen (s. S. 149) verschiedenster Art erzielt werden, die allerdings nicht immer vorteilhaft sein müssen. Im Gegenteil, es können durch solche **Genmanipulationen** auch gefährliche Ergebnisse zustandekommen.

Gentechnologische Eingriffe bei Pflanzen, Tieren und dem Menschen müssen unabdingbar gesetzlich geregelt werden, um Schäden zu vermeiden! Dies soll durch ein Gesetz geregelt werden.

10
Verhalten, angeboren oder erlernt?

Abb. 10.1: Erdkröte

10.1 Angeborenes Verhalten bei Erdkröte und Stichling

Um ihr Beutefangverhalten genauer kennenzulernen, setzten Verhaltensforscher Kröten in Terrarien und legten ihnen Beutetiere vor. Sie stellten einen bestimmten Ablauf im Verhalten fest:

- Wahrnehmen der Beute (mit einem Auge)
- Hinwenden zur Beute
- Fixieren der Beute mit den Augen
- Zuschnappen mit herausklappender Zunge
- Schlucken
- Putzen des Mauls mit einem Vorderbein

Dieser Ablauf ist beim Beutefang immer gleich, vorausgesetzt, daß die **Erdkröte** hungrig ist. Forscher ziehen aus dieser Übereinstimmung vieler Abläufe folgenden Schluß: Das Beutefangverhalten ist angeboren. Es ist eine **Instinkthandlung**. Ausgelöst wird sie durch die Vorwärtsbewegung der Beute. In der Sprache der Verhaltensforscher: Die Bewegung der Beute ist der (optische) Reiz, der bei der Erdkröte das Fangverhalten auslöst. Einen solchen auslösenden Reiz bezeichnet man auch als **Schlüsselreiz.** Er paßt zur Instinkthandlung wie der Schlüssel zum Schloß.

Abb. 10.2: Verhalten der Erdkröte beim Fangen ihrer Beute. Der Ablauf des Verhaltens ist immer gleichartig

In den vorangegangenen Schuljahren habt ihr sicherlich etwas über das interessante Fortpflanzungsverhalten der Stichlinge gehört oder gelesen. Er ist ebenfalls ein wichtiges Objekt für die Verhaltensforschung.

Der Stichling ist bei uns weit verbreitet, er kommt fast überall in Gräben, Tümpeln und Seen vor. In manchen Gegenden ist der **Dreistachlige Stichling** häufig, in anderen der kleinere **Neunstachlige Stichling** (Zwergstichling).

Die Dreistachligen Stichlinge werden 5 bis 9 cm lang und leben fast das ganze Jahr über friedlich in Schwärmen. Nur zur Fortpflanzungszeit im Frühjahr sondern sich die Männchen ab und suchen flache und wärmere Stellen und verteidigen sie gegen Artgenossen. Solche Stellen nennt man **Reviere.**

Abb. 10.3: Dreistachliger Stichling

Viele Tiere leben in Revieren. Sie grenzen sie durch Reviermarken ab. Bei Vögeln ist der Gesang eine solche Marke. Hunde, Füchse, Mäuse und andere Säugetiere kennzeichnen ihr Revier mit Duftmarken (Harn, Kot, Drüsenabsonderungen). Revierbesitzer verteidigen ihr Revier gegen eindringende Artgenossen. Ein Revier ist also ein markiertes und verteidigtes Gebiet eines Tieres oder eines Tierpaares. Wir wollen nun erfahren, wie der Stichling sein Revier markiert und verteidigt.

Dringt ein fremdes Männchen ein, schwimmt ihm der Revierinhaber mit aufgestellten Rückenstacheln entgegen. Dann nimmt er eine Drohhaltung ein, bei der der Kopf nach unten zeigt und der rot gefärbte Bauch sichtbar wird. Das führt in den meisten Fällen dazu, daß der fremde Stichling mit **Flucht** reagiert. Der Revierinhaber ist Sieger und wartet nun ungestört auf Weibchen. Diese behandelt er ganz anders.

Abb. 10.4: Stichlingsmännchen beim Nestbau

Abb. 10.5: Revierkampf beim Stichling

Woran erkennt der Revierinhaber das fremde Männchen? Um das herauszufinden, haben Verhaltensforscher Versuche mit **Attrappen** durchgeführt. Das sind Nachbildungen, die mehr oder weniger Ähnlichkeit mit dem lebenden Tier haben. Nimmt man eine naturgetreue Attrappe mit rotem Bauch (Abb. 10.8) und führt sie dem Männchen entgegen, droht es und greift sofort an. Läßt man das Rot weg, ist kaum eine Reaktion zu beobachten. Selbst eine ganz unförmige Form mit rotem Bauch, die kaum noch Ähnlichkeit mit einem Fisch hat, wird angedroht und angegriffen. Das Rot am Bauch des Gegners ist also der Schlüsselreiz, der die Instinkthandlung **„Revierverteidigung"** auslöst.

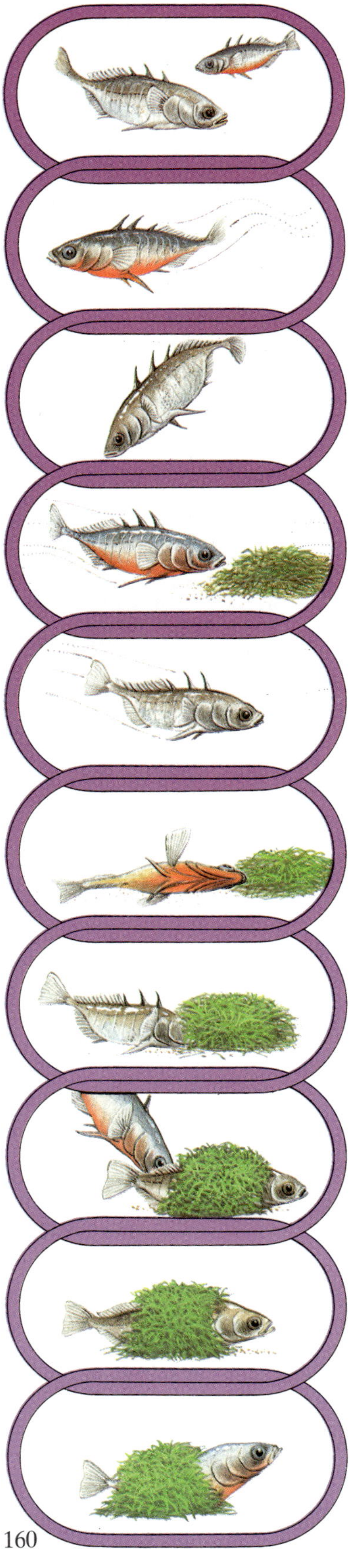

Abb. 10.6: Ablauf der Handlungskette beim Fortpflanzungsverhalten des Stichlings

Abb. 10.7: Paarungsverhalten des Stichlings

Allerdings geschieht das nur, wenn das Tier in Fortpflanzungsstimmung ist. Ganz allgemein: Ein **Schlüsselreiz** kann bei einem Tier eine Instinkthandlung nur auslösen, wenn dazu eine **innere Bereitschaft** besteht. Führt man die Versuche im Herbst durch, reagieren die Männchen auf rote Attrappen nicht.

Mit der Revierverteidigung sichert sich der Stichling einerseits seinen Brutplatz, andererseits seinen Nahrungsraum für sich und seine Brut.

In Abb. 10.7 ist das Fortpflanzungsverhalten eines Stichlingspaares dargestellt. Es besteht vom Balzen bis zur Besamung der Eier aus einer Kette von Instinkthandlungen, auch **Handlungskette** genannt (Abb. 10.6). Jedes Verhalten des einen Partners ist die Voraussetzung für das folgende Verhalten des anderen. Jedes Glied der Kette löst als Schlüsselreiz das dazu passende Verhalten des nächsten Gliedes aus. Die Kette kann an jeder Stelle abreißen, wenn der notwendige Schlüsselreiz ausbleibt. Ist z. B. das Weibchen noch nicht laichbereit, stellt es sich auch nicht schräg und zeigt den Bauch nicht. Die Folge ist, daß es vom Männchen sofort vertrieben wird. Schließlich hat es nicht die richtige Antwort auf das Zick-Zack-Schwimmen des Männchens gegeben.

Die komplizierte Handlungskette stellt sicher, daß nur paarungsbereite Partner zur Fortpflanzung kommen und auch erst dann, wenn das Nest fertig gebaut ist.

Abb. 10.8: Stichlingsmännchen beim Attrappenversuch. Die Attrappe löst trotz der unförmigen Gestalt die Instinkthandlung aus. Wir erkennen, daß der rote dicke Bauch der Schlüsselreiz sein muß

„Aktion Krötenschutz“

In den letzten Jahren haben sich viele Naturfreunde für den Schutz der Erdkröte eingesetzt. Sie gehört mit dem Grasfrosch zusammen zu den bekanntesten Amphibienarten, die in großer Zahl **Laichwanderungen** unternehmen. Deshalb sind sie, aber auch andere Froscharten, Molche und Salamander, besonders durch den Straßenverkehr gefährdet.

Wanderungen von 5000 Tieren zu einem Kleingewässer sind keine Seltenheit. Bei Hockenheim überquerten über 50000 Grünfrösche (Wasser-, Teich- und Seefrösche) eine stark befahrene Bundesstraße. In einer Nacht wurden 10000 Frösche überfahren. Daraufhin wurde die Straße für einige Nächte gesperrt.

Es erscheint zunächst völlig unverständlich, wie es zu diesen Massenwanderungen kommt und daß Kröten und Frösche in riesigen Mengen überfahren werden. Erst wenn man das Verhalten im Zusammenhang mit dem Jahresrhythmus dieser Amphibien genauer untersucht, kann man diese Vorgänge erklären. Wir wählen als Beispiel wieder die Erdkröte.

Im Frühjahr, je nach Witterung Mitte März bis Anfang April, verlassen die Kröten ihre **Winterquartiere.** Sie wandern nachts zu ihrem **Laichplatz.** Das ist das Gewässer, in dem sie selbst geschlüpft sind. Hat ein Männchen ein Weibchen gefunden – auf sieben männliche Kröten kommt nur ein Weibchen – umklammert es dieses und läßt sich zum Teich tragen. Bei einer Wassertemperatur von mindestens 7 °C laichen die Erdkröten ab. Die Laichschnüre werden vom Männchen im Wasser besamt. Zwei bis drei Wochen später wandern die Kröten einzeln in benachbarte Waldgebiete **(Sommerquartiere).** Bis zu 1500 m vom Laichgewässer entfernt jagen sie den Sommer über Würmer, Nacktschnecken,

Abb. 10.9: Erdkröten während der Paarungszeit

Abb. 10.10: Zur Zeit der Krötenwanderung wird dieses Straßenschild aufgestellt. Auch die Helfer, die die Kröten über die Straße tragen, werden geschützt

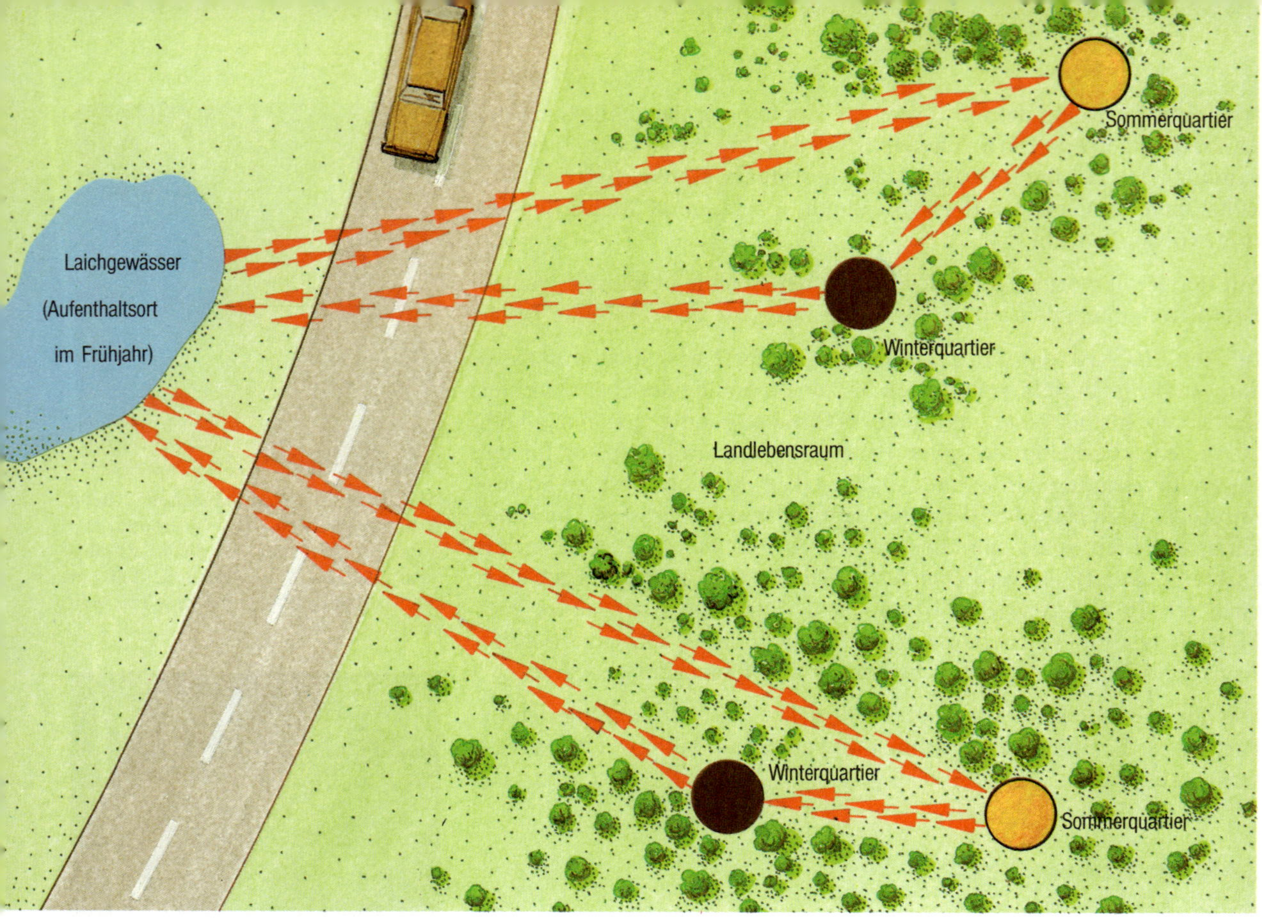

Abb. 10.11: Schema der Krötenwanderung

Abb. 10.12: Krötenschutzzaun an einer befahrenen Bundesstraße. Die Kröten wandern den Zaun entlang, werden an besonderen Stellen entweder in eingegrabenen Eimern gefangen und über die Straße getragen oder aber zu Krötendurchlässen unter der Straße geleitet

Insekten, Spinnen und Käfer. Ab Mitte August verlassen die Kröten die Sommerquartiere und graben sich in der Nähe der Laichplätze ein **(Winterquartiere)** und fallen in Winterstarre.

Durch Markierungsversuche weiß man, daß Kröten **ortstreu** sind. Das angeborene Verhalten sichert ihnen das Wiederfinden eines geeigneten Gewässers. Es wird ihnen aber auch oft zum Verhängnis, wenn verkehrsreiche Straßen die Wanderungswege kreuzen. Krötentunnel als Straßenunterführungen und Krötenfangzäune retten viele Tiere vor dem „Verkehrstod“. Viele Helfer werden jedes Jahr im Frühjahr für den **Amphibienschutz** gesucht. Die örtlichen Naturschutzverbände können Auskunft geben.

Das angeborene Verhalten kann auch Nachteile haben.

Wenn z.B. der **Igel** sich einrollt und dem Angreifer die Stacheln entgegenstellt, so ist dieses angeborene Verhalten ein wirkungsvoller Schutz gegen seine natürlichen Feinde.

Das gleiche Verhalten zeigt der Igel aber auch, wenn sich bei seinen nächtlichen Streifzügen ein Auto nähert. Auf diese Weise sterben jedes Jahr Tausende von Igeln den Verkehrstod, obwohl sie gut hören und recht schnell laufen können. In dieser Situation – in seinem ursprünglichen und natürlichen Lebensraum gab es keine Autos – gefährdet ihn das starre angeborene Verhalten. „Einrollen“ und „Abwarten“ ist ihm angeboren, aber nicht die Flucht bei Gefahr.

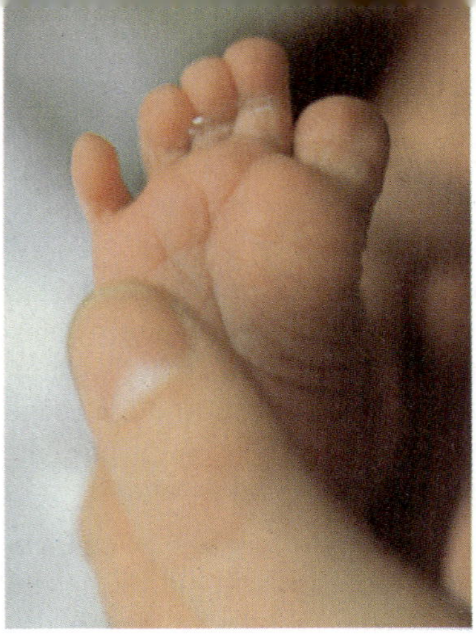

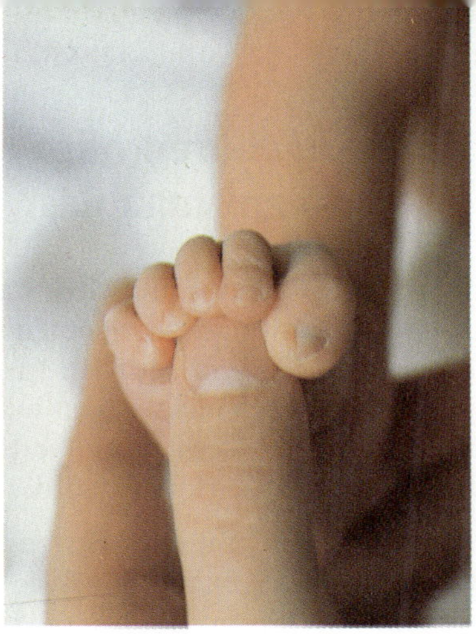

Abb. 10.13/14: Auch am menschlichen Fuß des Neugeborenen funktioniert noch der Greifreflex

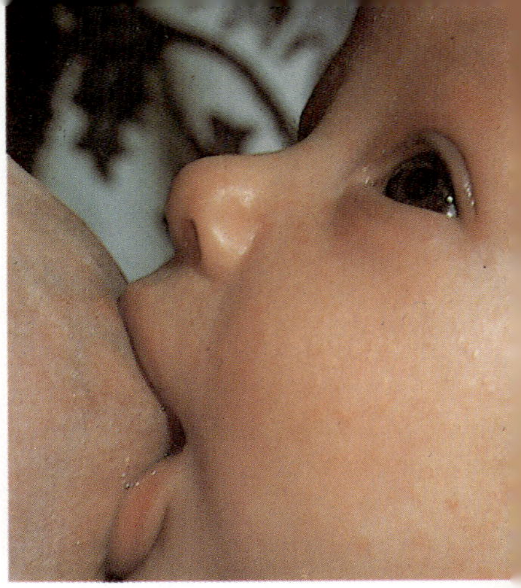

Abb. 10.15: Saugreflex

10.2 Angeborenes Verhalten beim Menschen

In den ersten Lebenstagen und Wochen kann man beim Säugling Verhaltensweisen beobachten, die er nicht gelernt haben kann. Das Baby bewegt sein Köpfchen hin und her, wenn es zum Stillen an die Brust gelegt wird, bis es die Brustwarze der Mutter gefunden hat. Sofort beginnt es zu saugen. Die **Suchbewegungen** und das **Saugen** sind **angeboren.**

Das erste Schreien beginnt gleich nach der Geburt. **Weinen** kann ein Zeichen für Hunger, Schmerzen, nasse Windeln und vieles mehr sein. Etwa mit der 6. Lebenswoche fängt ein Baby an zu **lächeln.** Ungefähr im 5. Monat folgt das **Lachen.** Alle drei Äußerungen sind Signale, die für den **Kontakt** zur Mutter bzw. den Eltern entscheidend wichtig sind. Auch Babys, die taub und blind geboren sind, weinen, lächeln oder lachen in der gleichen Weise. Verhaltensforscher schließen daraus, daß Weinen, Lächeln und Lachen angeborene Verhaltensweisen sind.

Betrachtet ihr die Abb. 10.16, so werdet ihr das eine Bild besonders „niedlich“ oder „süß“ finden das andere nicht so. Wie kommt das? Babys, Küken und junge Hunde haben einige Merkmale gemeinsam: Runde, weiche Formen, große Augen, hohe, gewölbte Stirn, kleine Nase, kleiner Mund. Der „Baby-Look“, die Verhaltensforscher sprechen vom **Kindchenschema,** löst im Betrachter ein Pflege- und Schutzverhalten aus. Das Kindchenschema wirkt auf uns Menschen als **Schlüsselreiz** für ein angeborenes Verhalten.

Diese Tatsache machen sich z. B. auch die Spielzeughersteller zu Nutzen. Bei Stofftieren, Puppen und Teddybären werden diese Schlüsselreize oft stark übertrieben. Wenn Kinder ein solches Spielzeug „niedlich“ finden, so ist diese Reaktion angeboren. Was niedlich ist, möchten sie auch haben, um es zu pflegen und zu beschützen. Was „süß“ aussieht, läßt sich gut verkaufen, nicht nur an Kinder, sondern auch an Jugendliche und Erwachsene.

Abb. 10.16: Welchen der beiden Langhaardackel findest du besonders „niedlich“? Die erwachsene Hündin ist drei Jahre, der Welpe sechs Wochen alt. Welche Merkmale sind es, auf die die meisten von euch mehr ansprechen?
Die körperlichen Merkmale des Jungtieres sind Signale (Kindchenschema genannt), die bei uns Pflege- und Schutzverhalten auslösen.
So löst auch ein Kleinkind mit seiner hohen Stirn, runden Pausbacken, einer kleinen Nase und verhältnismäßig großen Augen ein angeborenes Verhalten bei Jugendlichen und Erwachsenen aus

Abb. 10.17: Enten sind Nestflüchter, sie können auch sofort schwimmen

10.3 Angeboren oder erlernt? Wie erkennt man das?

Wenn Entenküken unmittelbar nach dem Schlüpfen zum Wasser laufen und sofort schwimmen können, müssen die Schwimmbewegungen angeboren sein. Sie sind bei allen frischgeschlüpften **Enten** zu beobachten und können noch nicht erlernt worden sein. Schwieriger ist diese Frage zu beantworten, wenn es um Verhaltensweisen geht, die erst nach einer bestimmten Entwicklungszeit des Jungtieres beobachtbar sind.

Haselnüsse sind mit ihrer harten Schale schwer zu knacken. Wer **Eichhörnchen** dabei beobachtet, wie schnell und geschickt sie die Nüsse öffnen, wird fragen: Können sie das von Anfang an, oder müssen sie das lernen? Junge Eichhörnchen fangen erst im Alter von mehreren Wochen an, sich für Nüsse zu interessieren. Deshalb ist die Frage gar nicht ohne weiteres zu klären.

Um eine Antwort zu finden, ließ ein Verhaltensforscher die Hälfte des Eichhörnchenwurfs von den Eltern aufziehen, die anderen aber nahm er weg und zog sie getrennt von Artgenossen auf. Die isolierte Aufzucht von Tieren wird als **Kasper-Hauser-Versuch** bezeichnet. Die isoliert aufgezogenen Jungen und auch die von den Eltern betreuten bekamen mit etwa 8 Wochen die erste Haselnuß. Alle nahmen diese Nuß sofort in die Vorderpfoten, drehten sie hin und her und begannen, die harte Schale kreuz und quer zu benagen. In beiden Gruppen brauchten die unerfahrenen Eichhörnchen zum Öffnen der ersten Nuß etwa 20 Minuten. Nach mehreren Versuchen sank die Zeit auf 1 bis 2 Minuten. Durch häufiges Probieren fanden alle Jungtiere heraus, daß sie am schnellsten an den Kern herankommen, wenn sie nur in der Längsrichtung entlang der beiden Furchen zur Spitze hin nagen.

Eichhörnchen können zwar von Anfang an Nüsse in die Pfoten nehmen, sie drehen, benagen und öffnen. Das ist ihnen **angeboren.** Erst durch viele Versuche aber lernen sie, wie Nüsse am zweckmäßigsten und schnellsten zu knacken sind. Dies geschieht durch **Versuch und Irrtum** und nicht durch Nachahmung der Eltern. Das angeborene Verhalten wird durch Lernen ergänzt.

Kaspar-Hauser-Versuche sind besonders leicht bei **Hühnern** durchzuführen. Wenn man in einer Brutmaschine geschlüpfte Küken von Anfang an einzeln hält, kann man interessante Beobachtungen machen.

Ein frisch geschlüpftes Küken, das kaum trocken ist, stellt sich schon bald auf die Beine und läuft herum. Bald pickt es nach Sandkörnern, nach Haferflocken, aber auch nach Pünktchen auf weißem Papier. Gibt man dem Küken Wasser, taucht es den Schnabel ein und hebt den Kopf, wie man es von erwachsenen Hühnern kennt. Von Zeit zu Zeit putzt sich das Küken, steht dabei auf einem Bein und kratzt sich mit dem anderen am Kopf. Dabei fällt es anfangs oft um. Nach ein paar Tagen fängt es an zu scharren: mit dem einen Fuß Sand nach hinten kratzen, Schritt zurückgehen, Picken. Das macht es auch auf einem glatten Boden, wo es gar nichts zu scharren gibt.

Aufgaben

1. Wer war Kaspar Hauser? Benutze ein Lexikon!

2. Warum spricht man von „Kaspar-Hauser-Versuchen“?

3. Woran liegt es, daß sich angeborenes Verhalten und erlerntes Verhalten beim Menschen besonders schwierig trennen lassen? Denke dabei, wie ein Neugeborenes aufwächst!

Abb. 10.18: Küken können gleich nach dem Schlüpfen picken und trinken

10.4 Auch Tiere müssen lernen

Um die Mittagszeit geht Claudia in die Küche und nimmt den Dosenöffner aus der Schublade. Nachdem Dackelhündin „Rübe“ bis dahin im Körbchen unter dem Schreibtisch geschlafen hat, ist sie nicht mehr zu halten. Der Hund springt an seinem Frauchen hoch, wedelt mit dem Schwanz und bellt. Claudia öffnet eine Dose Hundefutter, füllt die Hälfte in die Futterschale und gibt dem Hund an der gewohnten Stelle im Flur zu fressen.

Was ist geschehen?

Das Geräusch der Küchenschublade und das Herausholen des Dosenöffners haben ausgereicht, daß „Rübe“ herbeigerannt kam und lautstark ihr Fressen forderte.

Zunächst, als Claudia ihren Hund erst kurze Zeit hatte, verhielt er sich nur so, wenn er das Futter roch und sah. Bald aber schon kam er gerannt, wenn er die regelmäßig kurz vorher hörbaren Geräusche wahrnahm: Schublade aufziehen, Dosenöffner herausnehmen, Freßnapf auf den Boden stellen.

Diese Geräusche sind für den **Hund** Reize, die er mit dem Reiz „Futter“ verknüpft. Wenn er das Aufziehen der Schublade hört, bedeutet das für ihn: es gibt Futter. Solche **Verknüpfungen** mehrerer Reize sind eine einfache, aber wichtige Grundlage des Lernens bei Tier und Mensch. Denke an das Lernen einer Fremdsprache: du verknüpfst dabei einen Gegenstand und das deutsche Wort dafür mit dem entsprechenden Wort der fremden Sprache. So lernst du z. B., daß Hund im Englischen „dog“ heißt. Manchmal mußt du das deutsche und das fremde Wort mehrmals lesen und vor dich hin sprechen, bis beide miteinander fest verknüpft sind. Dann hast du die Vokabel **gelernt**.

Außer dieser einfachen Verknüpfung gibt es noch andere Formen des Lernens.

Abb. 10.20: Auch Zierfische können dressiert werden. Sie finden sofort zum Futterplatz, können aber auch, wenn das Füttern mit einem Glockenzeichen verbunden ist, zum Futterplatz kommen, wenn nur die Glocke ertönt

Versuch

Einen einfachen Dressurversuch könnt ihr leicht selbst durchführen, wenn ihr einen „braven“ und lernwilligen Hund zur Verfügung habt.

Der Hund soll

- auf einen Stuhl springen
- vom Stuhl auf einen Tisch springen
- eine Belohnung bekommen, wenn er es geschafft hat (Futter oder Lob)

Wie bringt ihr es ihm bei? Das Kommando „hopp“ könnt ihr noch mit einem leichten Klopfen auf den Stuhl bzw. Tisch unterstützen.

Sollte der Hund es nicht gleich können, muß man ihn beim ersten Versuch auf den Stuhl heben, um ihm klar zu machen, was man will. Länger als 20 Minuten soll die Dressur nicht dauern, weil die Konzentration beim Hund nachläßt.

Beschreibe, wie der Hund die Dressuraufgabe gelöst hat!

Wie habt ihr die Dressur durchgeführt? Verlief sie immer in drei Schritten?

Abb. 10.21 – 10.23: Hunde lassen sich leicht dressieren. Dressuren verlaufen in drei Schritten:
Kommando – Durchführung der Aufgabe – Belohnung

Abb. 10.24: Bei der Zirkusdressur werden Tieren recht schwierige und häufig auch artfremde Kunststücke abverlangt

Abb. 10.25: Bei der Haustierdressur wird Tieren ein Verhalten eingeübt, das ihren natürlichen Anlagen entspricht

Versuch und Irrtum – Lernen durch Erfolg

Tiere, die in der freien Natur in unterirdischen Gangsystemen leben, müssen sich schnell zurechtfinden können. Deshalb sind **Mäuse, Rennmäuse** oder **Hamster** besonders gut geeignet für interessante **Labyrinthversuche.**

Ein Labyrinth kannst du selbst aus Holzlatten bauen. Es besteht aus zahlreichen Verzweigungen und Sackgassen. Da die Tiere ihre Wege mit Duftmarken markieren, baust du das Labyrinth ohne festen Boden und wechselst nach jedem Versuch die Unterlage (Tisch, Fußboden o. a.). Anderenfalls wischst du mit Desinfektionsmittel nach jedem Durchgang das Labyrinth ab. Bekommt das Tier am Ziel Futter als Belohnung, findet es mit jedem Versuch den Weg dorthin immer schneller. Die Anzahl der Fehler wird geringer, bis es das Ziel auf kürzestem Weg erreicht hat. Das Versuchstier hat den kürzesten Weg durch **Versuch und Irrtum** gefunden und sich ihn gemerkt (Abb. 10.27).

Abb. 10.26: Unter dem Schnee haben Feldmäuse Gänge gegraben, die einem Labyrinth ähnlich sind

Ein **junger Hund,** der im Garten umherstöbert, entdeckt seinen ersten Igel. Unter heftigem Bellen wird die stachlige Kugel zuerst beschnuppert, dann mit der Pfote vorsichtig angetippt (= Versuch). Im gleichen Augenblick hört man ein gellendes Aufheulen, blitzschnell wird die Pfote zurückgezogen und unter Jaulen das Weite gesucht (= Irrtum).

Bei einer zweiten späteren Begegnung mit einem Igel wird sich der Hund viel vorsichtiger und zurückhaltender dem Igel nähern. Der Hund hat gelernt und sich gemerkt, daß die Berührung eines Igels schmerzhaft ist.

Folgt auf ein bestimmtes Verhalten stets Schmerz, Schreck oder Strafe, so lernt das Tier, dieses Verhalten zu vermeiden. Wird es jedoch für ein bestimmtes Verhalten stets belohnt, verstärkt die Belohnung den Lernvorgang. Man spricht auch von **Lernen durch Erfolg.**

Abb. 10.27: Eine Maus ist auf dem Hochlabyrinth unterwegs

Abb. 10.28: Japanische Makaken beim Waschen von Süßkartoffeln am Strand der Insel Koshima

Abb. 10.29: Japanische Makaken (Rotgesicht-Makaken) wärmen sich im Winter im Wasser heißer Quellen

Lernen durch Nachahmung

Papageien und Wellensittiche ahmen Worte nach, die ihnen vom Pfleger vorgesprochen werden. Viele Singvögel lernen ihre Gesangsstrophen, indem sie die Eltern nachahmen.

Ein interessanter Fall von **Nachahmung** bei Tieren wurde 1953 von der japanischen Insel Koshima bekannt: Forscher lockten **Makaken,** eine Affenart, mit ausgestreuten Süßkartoffeln an den Strand. Das junge Weibchen Imo tauchte eines Tages eine Knolle in das Wasser und spülte den Sand ab, bevor es sie aß. Im Laufe der Jahre ahmten die anderen Tiere der Gruppe dieses Verhalten nach. 1962 wuschen schon dreiviertel aller mehr als zwei Jahre alten Affen die Kartoffeln ab. Heute waschen alle Makaken, die in einem großen Reservat leben, ihre Süßkartoffeln vor dem Essen.

Ein weiteres Beispiel aus Japan: Auf der Insel Honschu ziehen im Winter Gruppen von Makaken durch tief verschneite Bergwälder zu weit entfernten heißen Quellen. Dort baden sie und wärmen sich auf. Zunächst hatten nur einzelne junge Affen die Badefreuden ausgekundschaftet. Im Laufe der Zeit wurden es immer mehr Tiere, die dem Beispiel folgten. Heute lernen bereits die Jungtiere von ihren Eltern dieses Verhalten. Es wird durch Nachahmung von einer Generation zur nächsten überliefert. Eine **Tradition** ist entstanden.

Für Lebewesen wie **Mensch** und **viele Affenarten,** die eine lange Kindheit und Jugendzeit haben und in Gruppen leben, hat das Lernen durch Nachahmung eine besondere Bedeutung. Es erspart unnötige Zeit für Lernen durch Versuch und Irrtum.

Prägung, eine Form des Lernens in frühester Kindheit

Wenn Tiere oder auch Kinder auf die Welt kommen, sind ihnen viele Verhaltensweisen als Reflexe und Instinkthandlungen angeboren. Neugeborene Säuglinge und Babys können saugen, schlucken und sich anklammern.

Abb. 10.30: Gänseküken im Prägungskarussell

Die angeborenen Verhaltensweisen reichen jedoch nicht für alle Situationen des Alltags, sie müssen noch ergänzt werden. So folgen junge **Gänseküken,** nachdem sie aus dem Ei geschlüpft sind, ihrer Mutter,

- wenn sie sich langsam bewegt
- und Rufe von sich gibt.

Dieses Nachlaufen ist den Küken angeboren. Das genaue Bild der Mutter aber, der sie folgen müssen, lernen sie in den ersten 48 Stunden nach dem Schlüpfen. Diese Art des Lernens nennt man **Prägung.** Das Gänseküken hat sich das Bild seiner Mutter so fest eingeprägt, wie ein Bild in Münzen geprägt ist.

Sehen die jungen Gänse statt ihrer Mutter zuerst einen Menschen, der sich bewegt und ihre Rufe beantwortet, so folgen sie diesem. Sie sind damit ein für allemal auf den Menschen **geprägt.** Die Prägung kann in wenigen Minuten oder Stunden erfolgen und ist **nicht rückgängig** zu machen. D. h. ein Vergessen oder Umlernen ist nicht mehr möglich.

„Gänsekind Martina"

„... Meine erste kleine Graugans war also auf der Welt... Den Kopf schief gestellt, sah sie mit großem, dunklem Auge zu mir empor... Lange, sehr lange sah mich nun das Gänsekind an. Und als ich eine Bewegung machte und ein kurzes Wort sprach, löste sich mit einem Male die gespannte Aufmerksamkeit, und die winzige Gans grüßte: Mit weit vorgestrecktem Hals und durchgedrücktem Nacken sagte sie sehr schnell und vielsilbig den graugänsischen Stimmfühlungslaut, der beim kleinen Küken wie ein feines, eifriges Wispern klingt. Sie grüßte genau, aber auch schon haargenau wie eine erwachsene Graugans... Noch wußte ich nicht, welch schwere Verpflichtungen ich damit auf mich genommen hatte, daß ich der Musterung des dunklen Äugleins standgehalten und mit einem unbedachten Wort die erste Begrüßungszeremonie ausgelöst hatte..."

aus: K. Lorenz, Er redete mit dem Vieh, den Vögeln und den Fischen... München 1964[1]

Lernen ohne zu probieren

Nur wenige hochentwickelte Tiere sind intelligent genug, eine Aufgabe durch „Überlegen" zu lösen. Mit zahlreichen Versuchen an **Menschenaffen** haben die Forscher herauszufinden versucht, ob Tiere „denken" können.

Abb. 10.31: Gänseküken folgen ihren Eltern

Abb. 10.32: Gänseküken wurden auf den Menschen geprägt und folgen ihm

Der Verhaltensforscher **W. Köhler** hat erstmals beobachtet, wie Schimpansen selbständig herausfanden, an Bananen zu kommen, die über ihnen befestigt waren. Durch Springen waren diese nicht zu erreichen.

Im Gehege wurden Kisten und Stöcke ausgelegt. Kurze Zeit saßen die Tiere untätig im Käfig, blickten zu den Bananen und zu den Kisten. Dann stapelten sie die Kisten aufeinander oder holten mit den Stöcken Bananen herunter. Ohne auszuprobieren, hatten sie die richtige Lösung gefunden. Daraus kann man schließen, daß sie verschiedene Lösungswege in der „Vorstellung“ ausprobiert haben. Diese Fähigkeit ist die Voraussetzung für **einsichtiges Handeln.**

Außer bei Menschen und Menschenaffen ist einsichtiges Handeln auch bei Delphinen beobachtet worden.

Abb. 10.33 (rechts oben): Ein Orang Utan aus dem Zoo von Osnabrück angelt mit einem zusammengesteckten Stock nach einer Banane

Abb. 10.34 (rechts unten): Auch mit Hilfe einer Kiste kann man näher an die begehrte Leckerei gelangen

Abb. 10.35: Orang Utan beim Zusammenstecken eines Stockes

Abb. 10.36: Mit dem zusammengesteckten Stock wird eine Schachtel am Henkel herbeigeholt

Abb. 10.37: Bestimmte Körperhaltungen bei der Gans drücken ganz unterschiedliche Stimmungen aus: normale Haltung, Drohung aus der Entfernung, Angriff, Annäherung (von oben nach unten)

10.5 „Was haben sich Gänse zu erzählen?“

„...wenn Krähen heiser krächzen, Gänse am Dorfteich schnattern, Nachtigallen schlagen, Grillen im Grase zirpen oder Füchse winseln, so ist uns die Bedeutung dieser Laute ganz und gar unverständlich...

Professor Konrad Lorenz hat die Gänse belauscht.

Pausenloses Geschnatter oder Schnatterverse mit mindestens sieben Silben, etwa „gang, gang, gang, gang, gang, gang, gang“ bedeuten: „Hier fühlen wir uns wohl. Hier haben wir genug zu fressen. Laßt uns bleiben.“

Haben die Schnatterverse nur sechs Silben, so heißt das „Die Wiese ist dürftig. Laßt uns noch den einen oder anderen Halm naschen und dabei langsam vorwärts watscheln, im ersten Gang gewissermaßen.“ Bei fünf Silben wird der zweite Gang eingelegt. Es herrscht ausgesprochene Marschstimmung. Noch eine Silbe weniger: „Tempo auf den dritten Gang beschleunigen, Hals nach vorn strecken.“ Nur noch drei Silben: „Schnellstmögliche Watschelgeschwindigkeit. Achtung! Vielleicht fliegen wir gleich los!“

Soll kundgetan werden, daß man zwar so schnell wie möglich marschieren will, unter keinen Umständen aber zu fliegen gedenkt, so ertönt statt des dreisilbigen „gang, gang, gang“ ein hoher Mittelton: „gang, ging, gang“. Für den der Gänsesprache Kundigen klingt es ein wenig komisch, wenn in dieser Situation die flugunfähige weiße Hausgans immer wieder durch „gang, ging, gang“ eifrig betont, daß sie nicht zu fliegen beabsichtigt. Kurioserweise hat sich bei ihr die von der Wildgans ererbte „Redensart“ länger erhalten als die körperliche Fähigkeit zu fliegen. So tief ist das Sprachverhalten in der Erbmasse des Tieres verankert.

Das Alarmsignal der Gänse, etwa bei Annäherung eines Hundes, ist nur ein einziges, gar nicht sehr lautes, etwas nasal klingendes „ran“, das die ganze Gesellschaft veranlaßt, sofort wild mit den Flügeln schlagend davonzustieben. Entwarnung wird durch leises Dauerschnattern gegeben.

Konrad Lorenz ist es gelungen, sich mit einer Gänseschar so gut anzufreunden, daß er von den Tieren als ein etwas „mißgestalteter Artgenosse“ in die Gemeinschaft aufgenommen wurde. Die Sprachstudien waren jedoch nicht so ganz einfach, insbesondere wegen der heiserkeitserregenden Ausspracheschwierigkeiten und des rasenden Schnattertempos. Aber schließlich kam er doch mit seiner Gänseschar ins Gespräch. Er konnte sogar seiner Meinung Gehör verschaffen und die Marschgeschwindigkeit der Tiere nach Belieben verlangsamen oder beschleunigen.

Am Beispiel der Gänse kann man sehr gut sehen, was es mit der Sprache vieler Tiere auf sich hat. Ihr Sprechen entsteht nicht aus einer direkten Mitteilungsabsicht. Je nach ihrer augenblicklichen Stimmungslage geben sie eine stark gefühlsbetonte „Musik“ von sich und übertragen damit ihre Seelenstimmung auf ihre Artgenossen, sofern diese den entsprechenden „Empfänger“ dafür haben.

Abb. 10.38: Ein Rehbock fegt sein Gehörn und setzt damit Duftmarken

Abb. 10.39: Ein Birkhahn zeigt optische Signale

Stimmung	Gesicht	Ohren	Schwanz	Körper
Imponierstellung (Sicherheit)	geöffnete Pupillen, glatte Nase, glatte Stirn 	aufgerichtet nach vorn gestellt 	steil aufgerichtet 	hoch aufgerichtet, Beine gestreckt und steif 
Beißdrohstellung (Drohung bei Sicherheit)	starrer Blick, Zusammenziehen der Nase und Stirn (Falten), Lefzen nach vorn, Zähne fletschen 	nach vorn oder zur Seite gewendet 	Schlagen des waagerechten Schwanzes oder Spannungszittern 	gestreckt 
Demutstellung (Unsicherheit)	breite, glatte Stirn, schräg gestellte „traurige" Augen, Lefzen weit nach hinten gezogen 	rückwärts gezogen, nach hinten an den Kopf angelegt 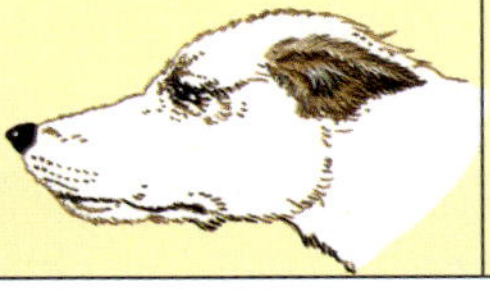	eingezogener Schwanz bei gekrümmtem Rücken 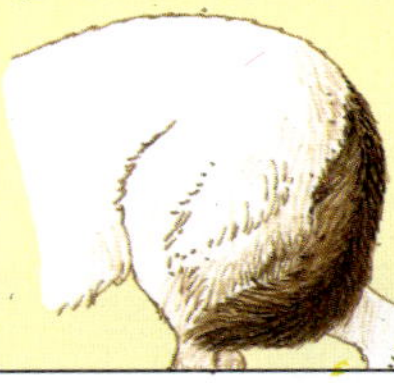	geduckt, eingeknickte Beine 

Abb. 10.40: Körpersprache des Hundes. Schon am Aussehen kann man die bevorstehenden Handlungen des Hundes erkennen

Unter keinen Umständen darf diese Feststellung aber auf das gesamte Tierreich übertragen werden, denn es gibt sehr wohl Tiere, die mit voller Absicht, ... von ihrer Fähigkeit, sich mitzuteilen, Gebrauch machen. Es sei nur an die Paviane erinnert oder auch an Hunde..."

aus: Vitus B. Dröscher, Das Tier, ein unbekanntes Wesen. München 1964

Du hast einen Einblick bekommen, wie sich Gänse durch akustische Zeichen untereinander verständigen. Andere Tiere haben z. B. optische oder chemische **Signale** (Abb. 10.38 und 10.39). Diese enthalten also eine Mitteilung für den anderen, die bei ihm eine bestimmte Antwort auslösen soll. Deshalb heißen sie auch **Auslöser.** Das können sowohl Körpermerkmale als auch Verhaltensweisen sein: Farben, Formen, Laute, Düfte und Bewegungen.

Doch ist dies nur der eine Teil ihrer „Sprache". Durch bestimmte **Ausdrucksbewegungen** können Gänse ihren Artgenossen noch weitere Mitteilungen machen (Abb. 10.37).

Diese **Körpersprache** kennst du auch beim Menschen: Wenn jemand mit der Faust auf den Tisch schlägt, braucht er nicht erst zu sagen, daß er wütend ist. Vor allem Gefühle oder Stimmungen wie Angst, Wut, Freude, Unsicherheit und Selbstsicherheit drücken wir mit dieser Art zweiter „Sprache" aus (Abb. 10.42). Daneben verfügt der Mensch über das einmalige Verständigungssystem der **Wortsprache.** Sie unterscheidet sich von allen bisher bekannten tierischen „Sprachen". Wenn es auch in zahlreichen Versuchen gelungen ist, Menschenaffen relativ schnell Zeichen einer Art von Taubstummensprache beizubringen – ein Schimpanse

Abb. 10.41: Schiedsrichter zeigt beim Fußball die rote Karte

Abb. 10.42: Die marokkanische Palastwache wird fotografiert. Die Männer reagieren mit Verlegenheit

Abb. 10.43: Verlegenheitsgeste bei marokkanischen Kindern

kann 100 bis 250 Wörter erlernen – ist der Unterschied ganz deutlich. Der Mensch beherrscht 20000 bis 25000 Wörter. Nur er kann von der **Vergangenheit** und der **Zukunft** sprechen und von Dingen, die an anderen **Orten** geschehen. Im Zusammenhang mit dem hochentwickelten Denkvermögen ist die Wortsprache ein Merkmal, das den Menschen am deutlichsten vom Tier abgrenzt. Mit dem geschriebenen und gedruckten Wort kann er Informationen speichern und weitergeben.

Abb. 10.44: Verlegenheitsgeste und Rührung beim US-Präsidenten Jimmy Carter (Präsident von 1977–1981), als er sein günstiges Wahlergebnis erfährt

Abb. 10.45: Die Frau des belgischen Ministerpräsidenten begrüßt den Schah von Persien Reza Pahlewi (regierte von 1941 bis 1979) mit einem Hofknicks

11
Sexualverhalten und Sexualprobleme bei Jugendlichen und Erwachsenen

Abb. 11.1: Zärtlichkeit hat nichts mit dem Alter zu tun

Nur wenige Verhaltensweisen des Menschen sind angeboren. Der weitaus größte Teil des Verhaltens muß erlernt oder durch Lernen geformt werden. Der Mensch ist in der Lage zu denken, vorausschauend zu planen und sich aufgrund seiner Einsicht zu entscheiden. Damit ist das menschliche Verhalten grundlegend anders als das Instinktverhalten der Tiere.

Dies gilt auch für das Sexualverhalten. Anders als beim Tier, das sich stets gleich verhält und allein auf Fortpflanzung ausgerichtet ist, kann der Mensch sein **Sexualverhalten selbst gestalten.** Damit nimmt er eine Sonderstellung ein.

Die Sexualität des Menschen dient nicht allein der Fortpflanzung, sondern spielt eine unterschiedlich große Rolle im Verhältnis der Partner zueinander. Sie ist ein wesentlicher Teil der **Liebe.** Dies gilt für **Freundschaften** wie für die **Ehe** bei jungen und bei alten Menschen. Durch sie können die Partner Glück und Übereinstimmung erleben. Sexuelle Übereinstimmung alleine reicht nicht aus, um Probleme und Konflikte einer **Partnerschaft** zu lösen.

11.1 Sexualverhalten von Jugendlichen

Wenn Mädchen mit 13 bis 14 Jahren und Jungen etwa ein bis zwei Jahre später geschlechtsreif werden, sind ihre Geschlechtsorgane voll funktionsfähig. Durch die körperlichen Veränderungen und erste sexuelle Erregung, die sie erleben, werden Mädchen und Jungen sich in diesem Alter ihrer sexuellen Reife bewußt.

Viele Jugendliche entdecken ihren eigenen Körper und erleben dabei, daß Berühren und Reizen der eigenen Geschlechtsorgane ein schönes Gefühl herbeiführt. Dies nennt man **Selbstbefriedigung** (Masturbation). Die Meinungen über Selbstbefriedigung sind sehr unterschiedlich, schädlich ist sie für den Jugendlichen nicht.

Während bei den 6- bis 10jährigen die Mädchen meist nur mit Mädchen, die Jungen mit Jungen befreundet sind, ändert sich dies in der Pubertät.

Abb. 11.2: Gruppenbildung von Jugendlichen auf dem Schulhof

Mädchen beginnen sich für Jungen zu interessieren und umgekehrt. Oft begegnen sie sich zunächst in Gruppen. Dabei versuchen Jungen häufig, durch Angeberei und Prahlerei zu imponieren. Die Mädchen dagegen tun oft so, als interessierten sie die Jungen gar nicht.

Die **erste Verabredung** ist häufig der Beginn einer Freundschaft. Mädchen und Junge lernen einander kennen. Sie lernen, ihre Vorstellungen und Verhaltensweisen mit dem anderen abzustimmen und aufeinander Rücksicht zu nehmen. Sie haben sich sehr gern und möchten zärtlich zueinander sein. Der häufigste körperliche Kontakt nach dem **Hand-in-Hand-Gehen** ist der erste **Kuß.** Der Austausch von Zärtlichkeiten kann zum **Petting** führen.

Durch diese Kontakte mit dem Partner des anderen Geschlechts können die Jugendlichen erfahren, daß es für eine Partnerschaft wichtig ist, die **Wünsche des anderen** kennenzulernen und seine **Gefühle** zu **respektieren.** Die eigenen Wünsche zurückzustellen, **Rücksicht nehmen, zärtlich sein** sind wichtige Voraussetzungen für eine Liebe.

Mit der **Pubertät** beginnt für viele Jugendliche eine Zeit, die zahlreiche **Probleme** und **Konflikte** mit sich bringt. Der Jugendliche ist kein Kind mehr, wird aber noch nicht als Erwachsener anerkannt. Er strebt nach mehr Selbständigkeit und Freiheit, muß andererseits noch seine Schule und Ausbildung beenden und ist damit von Lehrern, Ausbildern und Eltern abhängig. Stimmungsschwankungen („himmelhochjauchzend – zu Tode betrübt"), häufige Auseinandersetzungen mit Erwachsenen, Schulschwierigkeiten sind an der Tagesordnung. Viele sehen jetzt die

Abb. 11.3: Die erste Verabredung

Abb. 11.4: Hand-in-Hand

Abb. 11.5: Zärtlichkeit in Blick und Berührung

Petting ist ein Ausdruck aus dem Amerikanischen für körperliche Zärtlichkeiten, die die Geschlechtsorgane mit einbeziehen. Dabei kann die Erregung so ansteigen, daß es bei einem oder bei beiden Partnern zu einem **Höhepunkt (Orgasmus)** kommt. Nur der Geschlechtsverkehr (Koitus) wird vermieden.

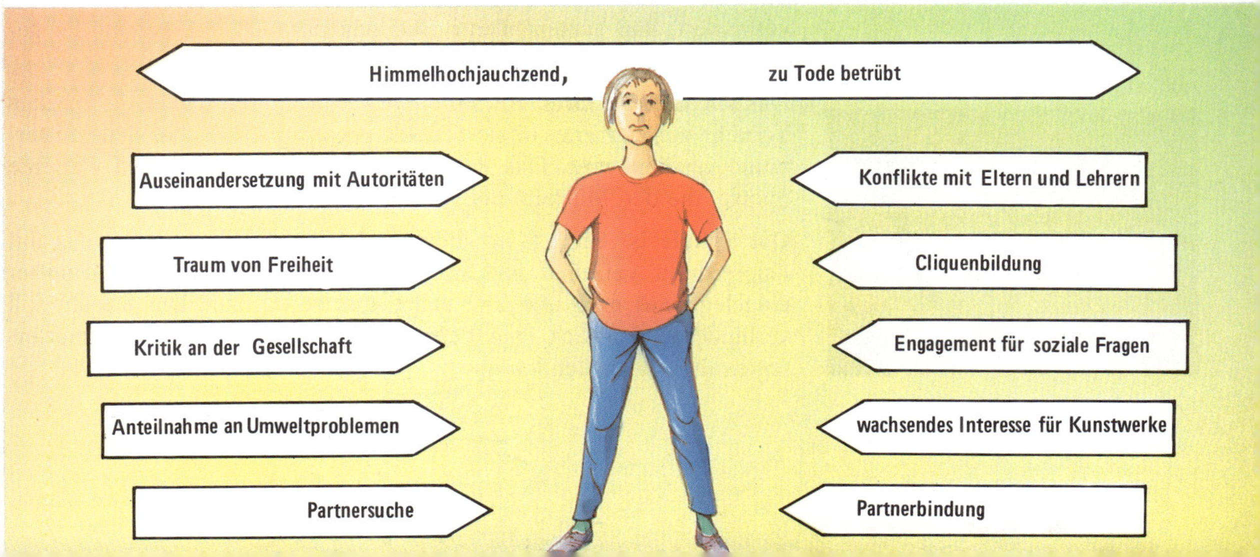

Abb. 11.6: Veränderungen und Bedürfnisse in der Pubertät

Eltern und deren Verhalten besonders kritisch, versuchen aber gleichzeitig, die Erwachsenen nachzuahmen. Sie fangen an zu rauchen, Alkohol zu trinken oder andere Drogen auszuprobieren. Oft fällt es Eltern und Lehrern schwer, Verständnis für diese veränderten Jugendlichen aufzubringen. Nur mit beiderseitigem Bemühen kann es gelingen, auftretende Konflikte gemeinsam zu lösen, damit die Jugendlichen diese schwierige Zeit ohne Schaden bewältigen.

Alter der Mutter	insgesamt
bis 14	60
15	240
16	951
17	2748
18	5737

Tabelle 11.1: Anzahl der Lebendgeburten bei jungen Müttern in der Bundesrepublik Deutschland (1988)

11.2 Jugendliche sind für ein Baby zu jung

Für jugendliche Paare kann eine **ungewollte Schwangerschaft** große Probleme mit sich bringen. Ein Baby braucht Eltern, die Zeit und Geduld haben, sich mit ihm zu beschäftigen. Es braucht Liebe, Zuwendung und Schutz, um sich gesund entwickeln zu können.

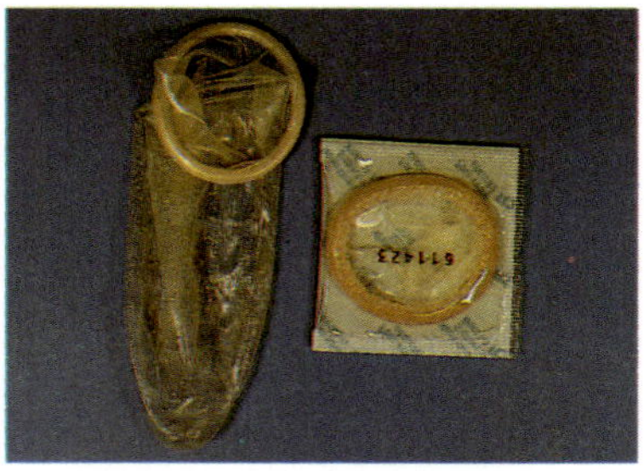

Abb. 11.7: Kondom (Präservativ)

Jugendliche befinden sich auch noch in der Ausbildung oder haben schulische oder berufliche Pläne, die mit einem Kind nicht zu vereinbaren sind. Oft fühlt sich ein junges Paar auch noch nicht reif genug für ein Kind und für die Elternrolle. Das Paar braucht häufig noch Zeit, um sich gegenseitig besser kennenzulernen und die Partnerschaft zu erproben, bevor es sich endgültig bindet. Eine Muß-Ehe ist vielfach ein schlechter Start für das junge Paar und damit auch eine ungünstige Ausgangslage für die Entwicklung eines gesunden, fröhlichen Babys.

Deshalb ist es wichtig, daß junge Menschen, bevor sie das erste Mal miteinander schlafen, über ihren Körper und über **Verhütungsmethoden** ausreichend Bescheid wissen.

Sie sollten eine Methode wählen, die ihnen größtmögliche Sicherheit gibt und die sie beide gemeinsam bejahen.

Abb. 11.8: Scheiden-Pessar

Es gibt mechanische, chemische und hormonelle Verhütungsmittel. Mechanische und chemische Methoden sollten in der Regel kombiniert werden.

Die **mechanischen Verhütungsmethoden** verhindern das Eindringen der Samenzellen in die Eileiter, oder sie unterbinden die Einnistung einer befruchteten Eizelle in der Gebärmutterschleimhaut.

Das **Kondom,** auch Präservativ genannt, ist das einzige brauchbare Mittel, das der Mann verwenden kann. Eine dünne Gummihaut wird vor dem Geschlechtsverkehr über das versteifte Glied gezogen. So wird verhindert, daß Samenzellen in die Scheide und die Gebärmutter gelangen.

Abb. 11.9: „Spirale“

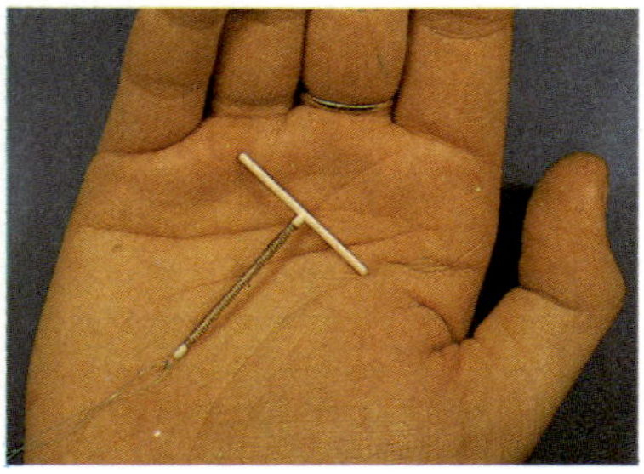

Das **Scheiden-Pessar** ist eine dünne gewölbte Gummischale, die vor dem Verkehr von der Frau in die Scheide eingeführt und über den Muttermund gestülpt wird. Das Pessar wirkt für die Samenzellen wie eine Sperre, die den Muttermund verschließt.

Die Spirale ist ein 3,5 cm kleines Gebilde aus Kunststoff, das mit Kupferdraht versehen ist. Sie wird vom Arzt in die Gebärmutter eingelegt und muß alle 2–3 Jahre ersetzt werden. Die Spirale soll verhindern, daß sich eine befruchtete Eizelle in der Gebärmutterschleimhaut einnisten kann.

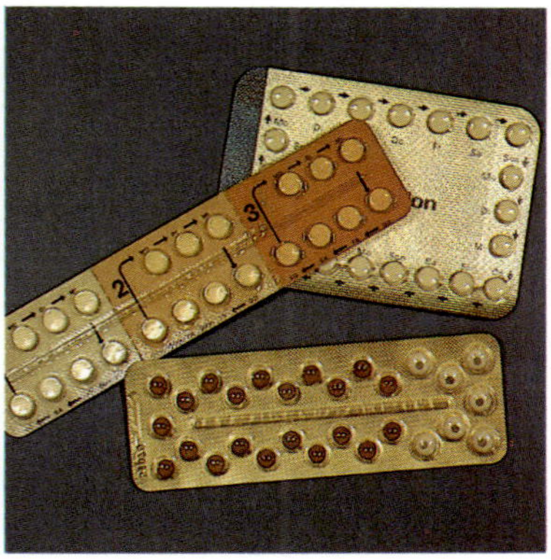

Abb. 11.10: Verschiedene Hormonpräparate. Die Verpackung erleichtert die Einhaltung der Einnahmetermine

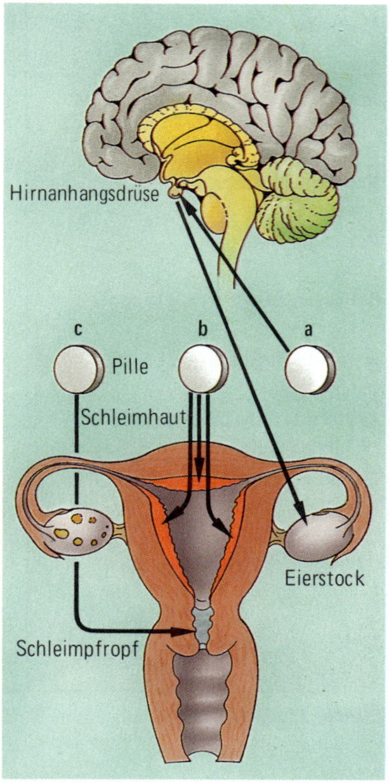

Abb. 11.11: So wirken die Antibabypillen:

Erstens täuschen die gängigen Antibabypillen der Hirnanhangdrüse durch ihren Gehalt an weiblichen Keimdrüsenhormonen (a) eine Schwangerschaft vor. Folge: Der monatliche Eisprung, die Ovulation, unterbleibt (deshalb nennt man die Antibabypillen auch „Ovulationshemmer"). Zweitens verhindern sie die Umwandlung der Gebärmutterschleimhaut (b), es könnte sich dort also gar kein befruchtetes Ei einnisten. Drittens machen sie den Schleimpfropf am Gebärmutterhals (c) für männliche Samenzellen undurchdringlich.

Chemische Verhütungsmittel wie Cremes, Zäpfchen oder Tabletten, die vor dem Geschlechtsverkehr in die Scheide eingeführt werden, sind ebenfalls als alleiniger Schutz nicht sicher genug. Z.B. sollten die Schaumtablette bei der Frau und das Kondom beim Mann kombiniert werden.

Hormonelle Mittel (die „Pille") enthalten Hormone, die im Körper der Frau eine Schwangerschaft vortäuschen und den Eisprung verhindern. Die Antibabypille greift in den Hormonhaushalt der Frau ein, deshalb muß die regelmäßige Einnahme unter ärztlicher Überwachung stehen.

Die älteste Methode ist der **unterbrochene Geschlechtsverkehr,** das „Aufpassen". Der Mann zieht sein Glied aus der Scheide, bevor es zum Samenerguß kommt. Jedoch ist dies so unsicher, daß man von einer Verhütungsmethode nicht sprechen kann. Bereits vor dem Samenerguß können nämlich Samenzellen aus dem Glied austreten, ohne daß der Mann es merkt. Die meisten Frauen werden bei dieser Form des Verhütens die Angst nicht los, doch schwanger zu werden. Allein dies kann zu erheblichen Störungen der Partnerschaft führen.

Frauen, die keine Verhütungsmittel anwenden wollen, können durch Führen eines Zykluskalenders ihre fruchtbaren und unfruchtbaren Tage (siehe Kapitel 4.2) bestimmen. Allein angewandt, ist die **Kalendermethode** aber sehr unsicher. Auch durch tägliches Messen der Morgentemperatur **(Temperaturmethode)** mit einem Fieberthermometer lassen sich die Tage ermitteln, an denen Geschlechtsverkehr kaum zu einer Schwan-

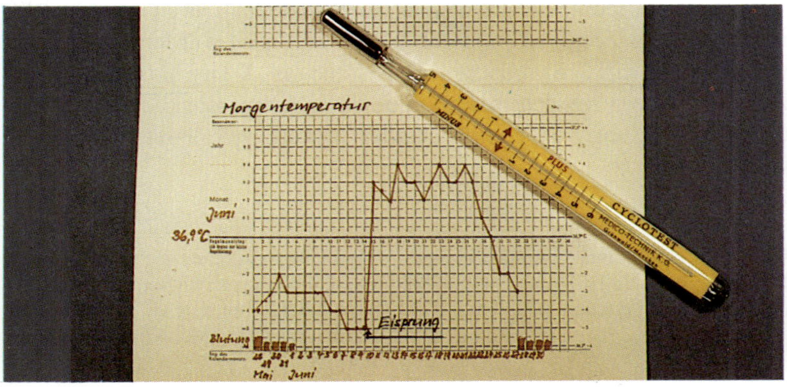

Abb. 11.12: Temperaturmethode

Abb. 11.13: Chemische Verhütungsmittel

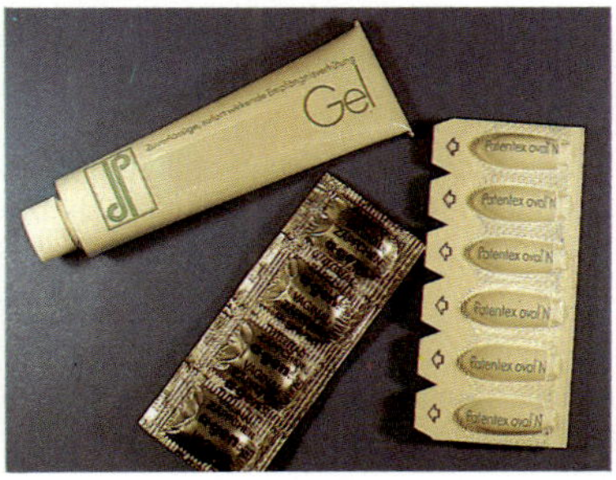

Methode	Wer verhütet?	Wie sicher?	Anwendung	Wie verträglich?
Anti-Baby-Pille	sie	sehr sicher	täglich schlucken, nur unter ärztlicher Aufsicht	gut, wenn keine gesundheitlichen Risikofaktoren vorliegen
Kondom, Präservativ	er	ziemlich sicher	vor dem Geschlechtsverkehr	sehr gut
Portio-Kappe	sie	mäßig sicher	monatlich zweimal zum Frauenarzt	gut, wenn der Frauenarzt keine Einwände hat
Scheiden-Pessar, Diaphragma	sie	ziemlich sicher	selbst einsetzen vor dem Geschlechtsverkehr	sehr gut
Intra-Uterin-Spirale	sie	ziemlich sicher	vom Frauenarzt eingesetzt für 2–5 Jahre	gut, gelegentliche Nebenwirkungen
Zäpfchen, Schaumtabletten, Cremes, Sprays	sie	mäßig sicher	selbst einführen vor dem Geschlechtsverkehr	gut
Coitus interruptus	er	sehr unsicher	Geschlechtsverkehr vor dem Samenerguß unterbrechen	auf Dauer psychisch-sexuelle Störungen möglich
Kalender-Methode	sie	sehr unsicher	fruchtbare und unfruchtbare Tage berechnen	gut, jedoch häufig Ängste vor ungewollter Schwangerschaft
Temperatur-Methode	sie	ziemlich sicher	täglich Aufwachtemperatur messen	gut, aber erfordert viel Disziplin

Tabelle 11.2: Methoden auf einen Blick

gerschaft führen kann. Um einige Zehntel Grad Celsius steigt die Morgentemperatur an, kurz nachdem der Eisprung stattgefunden hat.

Wenn Ehepaare das „Kinderkriegen“ nicht dem Zufall überlassen wollen, dann kann das verschiedene Gründe haben:

- Sie sind noch in der Ausbildung und möchten deshalb ihren Kinderwunsch aufschieben.
- Sie fühlen sich noch nicht reif genug für die elterliche Verantwortung.
- Sie sind nicht sicher, ob ihre Beziehung von Dauer ist.
- Sie haben schon Kinder und möchten keine weiteren Kinder mehr.
- Sie möchten den Abstand zwischen den Kindern selbst bestimmen, damit sich die Frau körperlich von Schwangerschaft und Geburt erholen kann.
- Sie wollen keine Schwangerschaft, weil sie befürchten müssen, daß das Kind mißgebildet zur Welt kommt (z.B. Erbkrankheit in der Familie).

In all den Fällen ist **Familienplanung** kein Egoismus, sondern verantwortliches Handeln. Sie ist nicht kinderfeindlich. Durch Familienplanung kann der Zeitpunkt von den Eltern bestimmt werden, zu dem sie sich ein Kind wirklich wünschen. Babys, die als **„Wunschkinder“** in eine Familie geboren werden, haben in der Regel eine glücklichere, gesündere Entwicklung vor sich als Kinder, die ungeplant oder gar unerwünscht sind.

Homosexualität. Es gibt Menschen, die sich zu einem Partner des gleichen Geschlechts hingezogen fühlen. Viele Homosexuelle haben das Verlangen, mit ihrem Partner zusammenzuleben.

Prostitution ist für manche Männer ein Ausweg, um sich sexuell zu befriedigen. Der Mann bezahlt die Prostituierte dafür, daß sie ihm den Geschlechtsverkehr gewährt. Auch Männer bieten sich gegen Bezahlung zum Geschlechtsverkehr an. Den Prostituierten geht es nur darum, Geld zu verdienen. Der Begriff „käufliche Liebe“ ist irreführend, denn mit Liebe hat Prostitution nicht das geringste zu tun.

Es gibt sexuelle Verhaltensweisen, die als **pervers** („verkehrt“) bezeichnet werden. Sie gehen von einem krankhaften inneren Zwang aus, nehmen keinerlei Rücksicht auf den Sexualpartner und dienen nur der eigenen Befriedigung. Solche Menschen gehören in ärztliche oder psychologische Behandlung:

Exhibitionisten sind Männer, die vorübergehenden Mädchen oder Frauen ihre Geschlechtsorgane zeigen. Manche können sich nur so sexuell befriedigen.

Voyeure sind Menschen, die dabei Lust und sexuelle Befriedigung empfinden, andere beim Ausziehen oder auch bei sexuellen Handlungen zu beobachten.

Der Sadist kommt nur dann zu sexueller Erregung und Befriedigung, wenn er dem Geschlechtspartner Schmerz zufügen kann.

Masochisten können nur unter Schmerz und Qualen sexuelle Befriedigung erlangen. Deshalb suchen sie meistens sadistisch veranlagte Menschen als Sexualpartner.

12
Kampf den Krankheitserregern

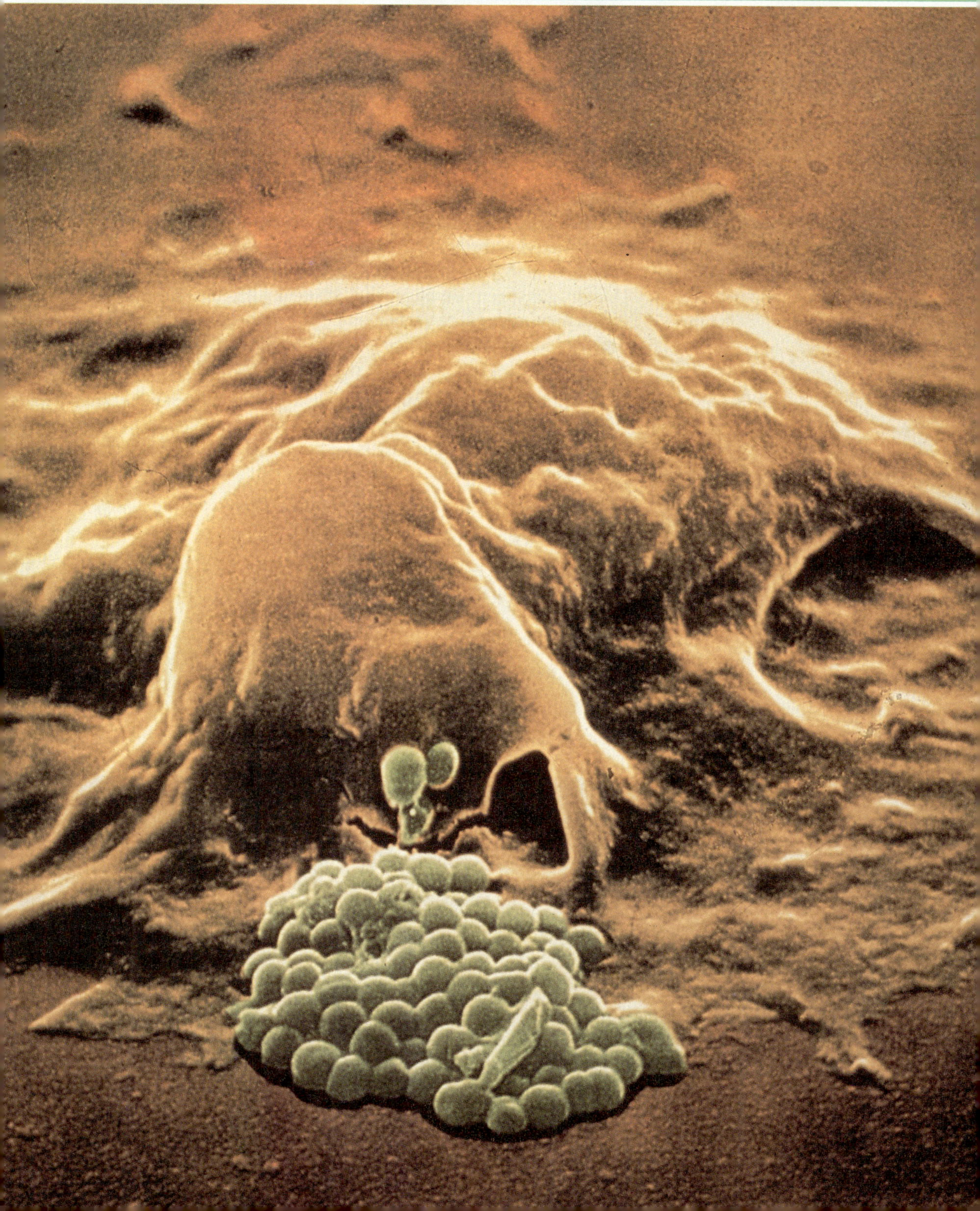

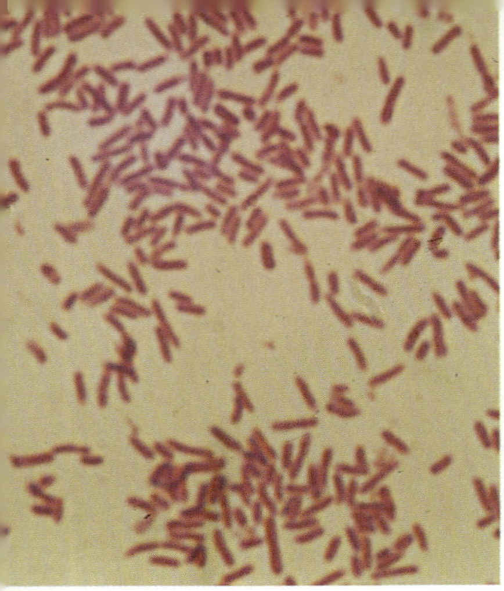

Abb. 12.1: Bakterie: Kolibakterie, ein Erreger von Durchfall

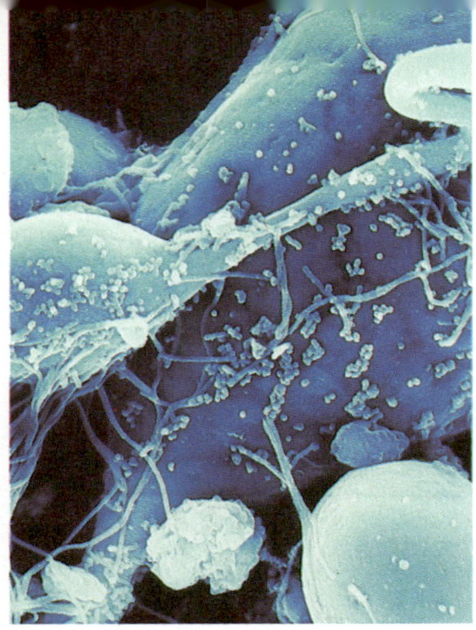

Abb. 12.2: Virus: Influenza-Viren, ein Erreger von Grippe, in einer Gewebekultur

Abb. 12.3: Pilz: Roter Fadenpilz, ein Erreger des Fußpilzes, auf einem Nährboden

Wenn Krankheitserreger in den Körper eindringen und sich vermehren, spricht man von einer Ansteckung oder **Infektion.** Infektionskrankheiten haben gemeinsam, daß die meisten **Erreger winzig klein** sind und nur unter dem Mikroskop oder Elektronenmikroskop sichtbar werden. Unter günstigen Bedingungen können sich die Erreger ungeheuer **schnell vermehren.** Sie scheiden beim Stoffwechsel giftige Stoffe (Toxine) aus, die dem Menschen schaden können.

Die Zeit vom Eindringen der Erreger in den menschlichen Körper bis zum Auftreten der Krankheitsanzeichen (**Symptome**) nennt man Inkubationszeit. Anhand der Symptome erkennt der Arzt die Krankheit und stellt die **Diagnose**. Dies ist eine Voraussetzung für eine gezielte Behandlung (**Therapie**).

Die Erreger von Infektionskrankheiten können sein:

- **Bakterien**
- **Viren**
- **Pilze**
- **tierische Einzeller**
- **ein- und vielzellige Parasiten**

Abb. 12.4: Tierischer Einzeller: Trypanosomen, die Erreger der Schlafkrankheit

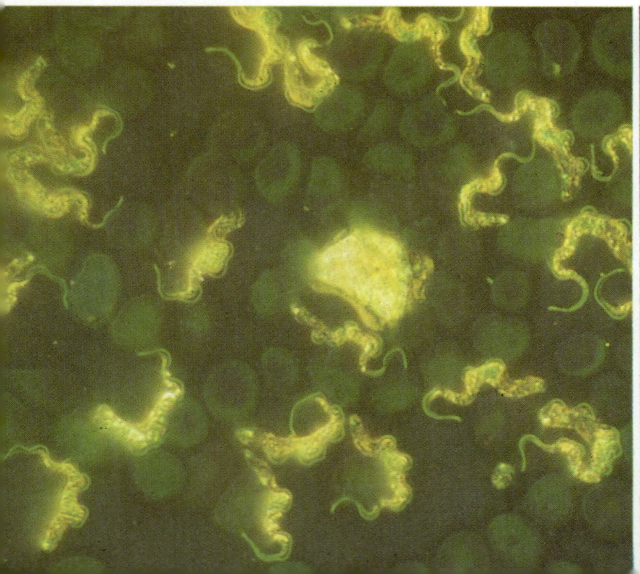

Abb. 12.5: Parasit: Hausstaubmilbe

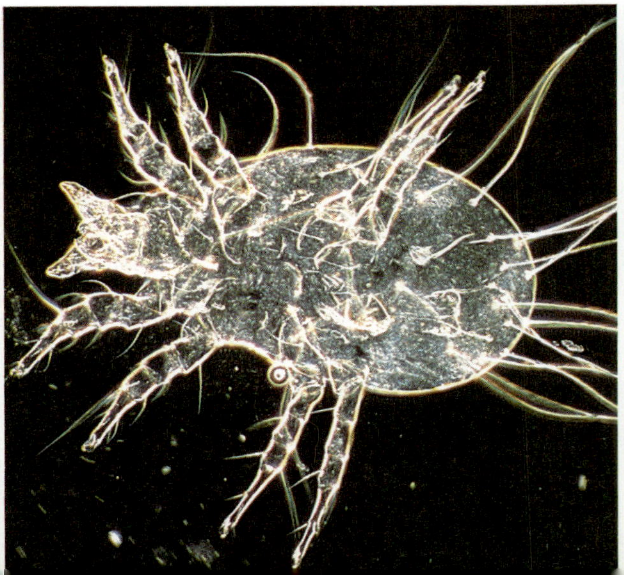

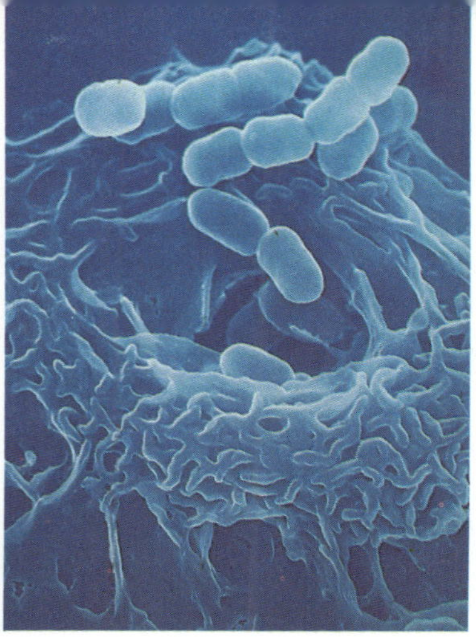

Abb. 12.6: Einzelne Stäbchenbakterien werden von einem weißen Blutkörperchen „gefressen“

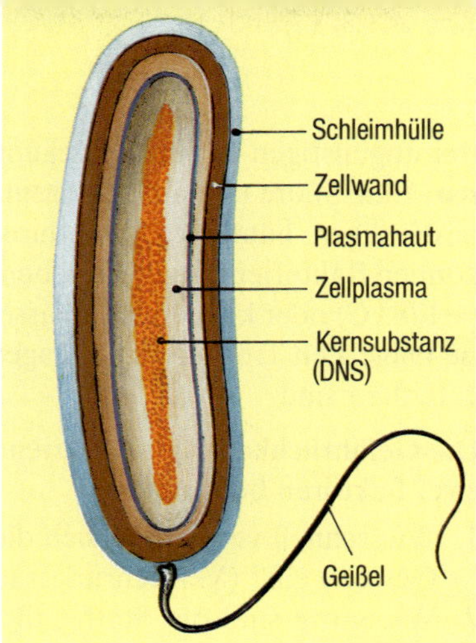

Abb. 12.7: Schema einer Stäbchenbakterie

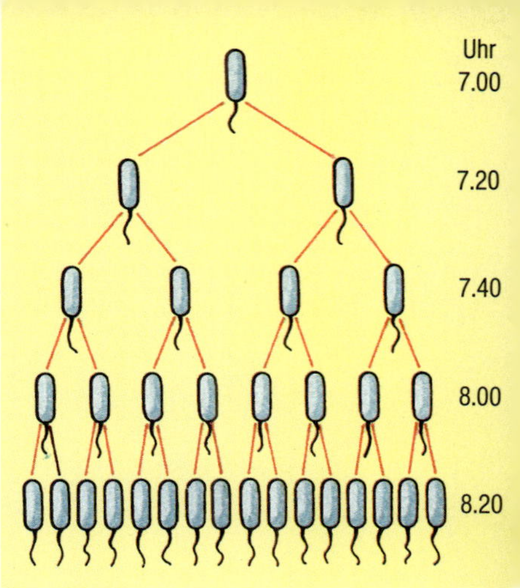

Abb. 12.8: Bakterien vermehren sich schnell. Alle 20 Minuten verdoppelt sich ihre Anzahl

12.1 Bakterien kannst du mit bloßem Auge nicht sehen

Bakterien kommen überall vor, in der Luft, im Wasser und im Boden, aber auch in Pflanze, Tier und Mensch. Die meisten sind nützlich und gehören nicht zu den Krankheitserregern. So spielen Bakterien z. B. eine Rolle bei der Humusbildung im Boden, bei der Herstellung von Hefe oder von Sauerkraut (vgl. Kap. 16.2). Sie treten an manchen Stellen in unvorstellbaren Mengen auf. In einem Gramm Gartenerde finden sich mehr als 100 Millionen Bakterien, in einem cm^3 Abwasser über eine Million. Nützliche Bakterien finden sich auch im Verdauungstrakt des Menschen und vieler Tiere. Sie helfen, die Nahrung für die Verdauung aufzuschließen.

Alle Bakterien sind mikroskopisch klein. Sie sind recht einfach gebaut; es sind einzellige Lebewesen ohne einen echten Zellkern. Viele Arten bewegen sich mit Hilfe von Geißeln.

Bakterien vermehren sich hauptsächlich durch einfache Zellteilung. Finden sie günstige Lebensbedingungen vor, teilen sie sich etwa alle 20 Minuten. Dies ist auch die Erklärung, daß sie unter Umständen in ungeheuren Mengen auftreten.

Abb. 12.9: Bakterien haben ganz unterschiedliche Formen und Größen

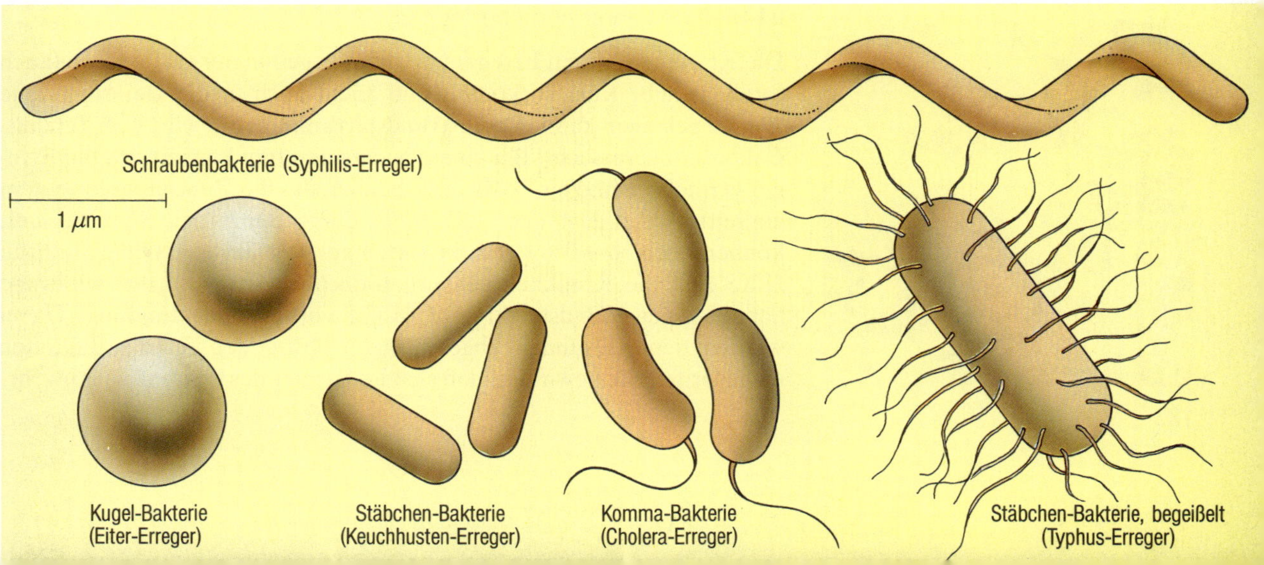

Bei ungünstigen Lebensbedingungen bilden zahlreiche Bakterien **Sporen.** Eine Spore enthält das Plasma eines Bakteriums, ist aber von einer beständigen, häufig wasserundurchlässigen Wand umgeben. Als Sporen können Bakterien lange überleben und die Temperatur von flüssiger Luft (−178° C) oder kochendem Wasser (+ 100° C) aushalten. Auch können sie lange Zeit Trockenheit ertragen, so daß die Sporen überall im Staub enthalten sind.

Die Gefährlichkeit von Bakterien, die Krankheitserreger sind, wird von zwei Faktoren bestimmt:

1. Wie schnell vermehren sich die Erreger und dringen in Zellen oder Gewebe ein? (Vermehrungsrate).
2. Wie giftig sind die Stoffe, die sie beim Stoffwechsel ausscheiden? (Toxizität)

Davon hängt ab, ob die Abwehrkräfte des Kranken ausreichen, den Kampf gegen die Bakterien zu gewinnen. Ist dies nicht der Fall, ist ärztliche Hilfe dringend erforderlich.

12.2 Wundstarrkrampf – Bakterien in der Gartenerde

Stefan geht in die 8. Klasse. Heute hat er in der 5. und 6. Stunde Arbeitsgemeinschaft. Seit Beginn des neuen Schuljahres gibt es eine „Schulgarten-AG“. Das macht ihm großen Spaß. Er freut sich die ganze Woche darauf. Zur Zeit wird an einem Hügelbeet gearbeitet, das im Frühjahr bepflanzt werden soll. Ausgerechnet heute, gleich zu Beginn, fängt der Finger wieder an zu bluten, in den er sich vor ein paar Tagen geschnitten hat. Als Stefan Herrn Peters um ein Pflaster bittet, besteht dieser darauf, daß Stefan nicht mitmachen soll. Es dürfe keine Erde an die Wunde kommen, sagt er noch. Komisch, sonst ist der Peters doch ganz in Ordnung! Jetzt stellt er sich so an und fragt auch noch, ob Stefans Impfschutz ausreiche. Das solle er auch seinen Eltern sagen und im Zweifelsfalle zum Arzt gehen und sich eine Tetanusspritze geben lassen.
Hätte er nicht mit den anderen zusammen die Erde weiter sieben und Steine heraussuchen können?
Ist Stefans Lehrer nun übertrieben vorsichtig gewesen?

Abb. 12.10: Tetanusbakterien

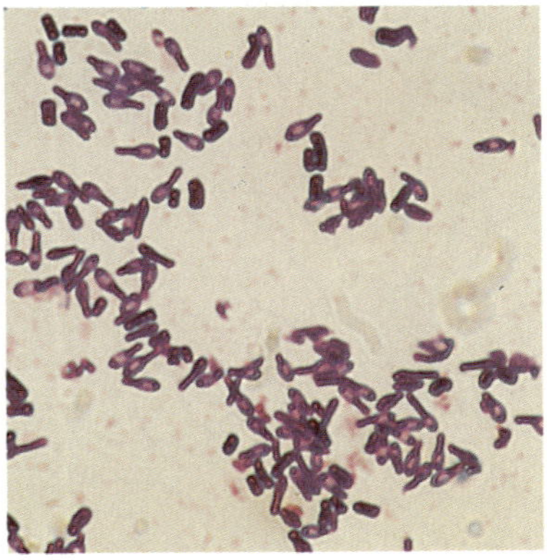

Die Krankheit, deren Erreger vor allem in gedüngter Gartenerde (auch Straßenstaub, Kot) vorkommt und leicht auch in die kleinste offene Wunde gelangen kann, ist der **Wundstarrkrampf.** Sie wird vom **Tetanus**-Bakterium verursacht. Bei einem Nichtgeimpften können sich die Erreger vermehren und ein Toxin ausscheiden, das das Zentralnervensystem angreift. Wenn erst dann die Behandlung durch den Arzt beginnt, können noch 50–60% der Erkrankten gerettet werden. Ohne ärztliche Hilfe geht die Krankheit sehr oft tödlich aus. Der einzige wirksame Schutz gegen Wundstarrkrampf ist die **vorbeugende Impfung.** Dabei werden dem Gesunden abgeschwächte Gifte der Tetanus-Bakterien eingespritzt. Sie bewirken, daß sich im Körper des Geimpften Abwehrstoffe bilden, die die eingedrungenen Krankheitserreger unschädlich machen. Diese Abwehrstoffe nennt man **Antikörper.**

Wird nun der geimpfte Mensch tatsächlich einmal von Tetanus-Bakterien bei einer Verletzung infiziert, so verfügt er über genügend Antikörper, um die Tetanusbakterien zu vernichten. Zu einer Erkrankung kommt es nicht. Diese erworbene Unempfindlichkeit gegenüber den Erregern und deren Gifte nennt man **Immunität.** Sie hält mehrere Jahre an. Weil die Antikörper im Blut nach etwa 6 Jahren abnehmen, ist eine Auffrischimpfung in bestimmten Abständen erforderlich.

Mit dieser Art der **Schutzimpfung** erfolgt eine **aktive Immunisierung;** aktiv deshalb, weil der Körper selbst tätig wird und Antikörper bildet.

Hat sich ein nicht gegen Tetanus geimpfter Mensch durch eine Wunde mit Erregern infiziert – oder besteht auch nur der Verdacht –, muß schnelle Hilfe erfolgen. Dem Verletzten wird Serum mit fertigen Antikörpern eingespritzt **(Serumimpfung).** Diese können die Erreger vernichten. Antikörper, die nicht im eigenen Körper entstanden sind, rufen eine **passive Immunisierung** hervor.

Gegen eine neue Infektion schützt dann aber erst eine Impfung mit abgeschwächten (oder abgetöteten) Erregern, wodurch im Körper die lange vorhaltende aktive Immunisierung erreicht wird.

Die meisten von uns sind außer gegen Wundstarrkrampf auch gegen Tuberkulose, Diphtherie, Keuchhusten, Kinderlähmung, Masern, Mumps und Röteln geimpft worden. Bei manchen Impfungen werden Stoffe gegen mehrere Krankheiten kombiniert, z. B. bei der **Mehrfachimpfung** gegen Masern-Mumps-Röteln.

Wie dem Impfplan zu entnehmen ist, sind es zahlreiche vorbeugende Impfungen, die in der Kindheit und Jugendzeit empfohlen werden. Der Grund ist: Immun, also widerstandsfähig, wird man jeweils nur gegen den **einen** Erreger, gegen den man geimpft wurde.

NOBELPREIS FÜR MEDIZIN

Ein Dogma zu Fall gebracht

Der Japaner Susumu Tonegawa erklärt die Vielfalt der Antikörper

Unaufhörlich muß das Abwehrsystem des lebenden Organismus mit Millionen unterschiedlichen Eindringlingen fertig werden. Unablässig patrouillieren die Zellen und Moleküle dieses Immunsystems auf der Suche nach Krankheitserregern durch den Körper. Das Faszinierende daran ist, daß auf jeden Eindringling ein nur auf ihn abgerichteter Spürhund, ein Antikörper, angesetzt wird. Wie die Natur es schafft, millionenfache Variationen von Antikörpern herzustellen, die so hoch spezialisiert reagieren, war der Wissenschaft bis vor kurzem noch ein „Mysterium“, wie sich der Präsident des Karolinischen Instituts in Stockholm, Bengt Samuelsson, bei der diesjährigen Verleihung des Medizin-Nobelpreises ausdrückte. Denn wie sollte die menschliche Erbmasse, die nur über ungefähr hunderttausend Erbanlagen verfügt, der Urheber für vielleich eine Milliarde verschiedener Antikörper sein?

Das Geheimnis gelüftet hat der Japaner Susumu Tonegawa. Der 48jährige Biologe ist der erste Japaner, der den Nobelpreis für Medizin (628 000 Mark) erhält.

...

Schon 1976 veröffentlichte der Biologe seine ersten Forschungsarbeiten und Ideen auf diesem Gebiet. Die unzähligen verschiedenen Antikörper gehen demnach alle aus einem relativ kleinen Repertoire von Erbsubstanz-Abschnitten (Genen) aus. Doch diese Gene werden so raffiniert miteinander gemixt, daß eine Variationsbreite entsteht, die in die Billionen geht. Die Vielfalt der Antikörper wird also durch ein molekulares Minipuzzle im Zellkern möglich. Damit liefern die Antikörpergene einen schlagenden Beweis dafür, daß die Erbsubstanz eines Individuums kein festsortiertes Archiv ist, sondern sich im Laufe des Lebens verändern kann.

...

HANIA LUCZAK

Süddeutsche Zeitung Nr. 235
München 13. 10. 1987

Abb. 12.11: Impfbuch zum Eintragen erhaltener Impfungen

Nicht vergessen! Impftermine gehören mit zur Gesundheitsvorsorge

Dieser Impfplan ist eine Empfehlung, die von der Ständigen Impfkommission des Bundesgesundheitsamtes erarbeitet wurde. Er ist kein starres Schema und stellt eine Orientierungshilfe für Eltern bei der Absprache mit dem Haus- und Kinderarzt dar

Zeitpunkt	Schutzimpfung gegen
Gleich nach der Geburt bis 6. Lebenswoche	Tuberkulose
4. Monat	Kinderlähmung (Polio), Diphtherie, Tetanus, evtl. Keuchhusten
5. Monat	Diphtherie, Tetanus, evtl. Keuchhusten
6. Monat	Kinderlähmung (Polio), Diphtherie, Tetanus, evtl. Keuchhusten
15. Monat	Masern-Mumps oder Masern-Mumps-Röteln
18. Monat	Kinderlähmung (Polio), Diphtherie, Tetanus
7. Lebensjahr	Auffrischung Diphtherie, Tetanus
10. Lebensjahr	Auffrischung Kinderlähmung (Polio)
11.–15. Lebensjahr	Röteln (nur für Mädchen)
ab 10. Lebensjahr alle 5–8 Jahre	Auffrischung Tetanus
alle 5–10 Jahre	Auffrischung Kinderlähmung (Polio)

aus: „Die Chance", Aktion Sorgenkind (Der niedersächsische Sozialminister, Hannover)

Abb. 12.12: In der Petri-(Glas-)Schale befindet sich ein Nährboden, der mit Bakterien überzogen ist. In der Umgebung des Schimmelpilzes wird das Bakterienwachstum gehemmt. Der von Alexander Fleming 1928 zufällig entdeckte Schimmelpilz heißt Penicillium (Pinselschimmel). Der bakterientötende Stoff wurde **Penicillin** genannt

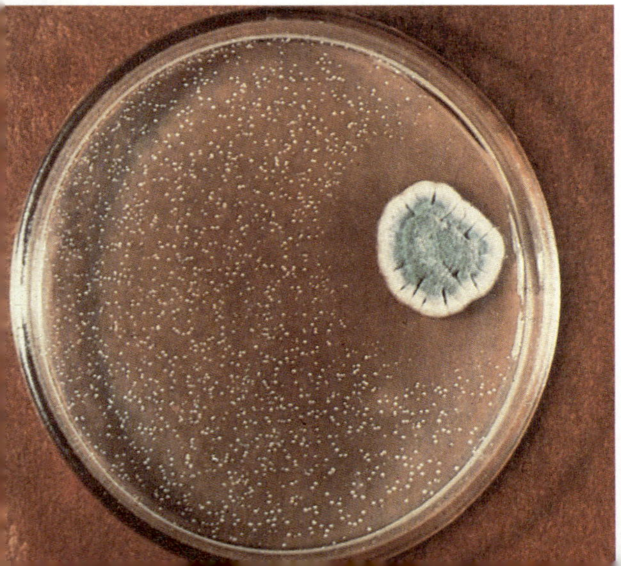

Abb. 12.13: An einer Stelle wurde eine Penicillintablette auf den dichten Bakterien-„Rasen" gelegt. Nach wenigen Tagen bildet sich ein bakterienfreier Ring. Heute wird Penicillin industriell hergestellt und steht in großen Mengen zur Verfügung. Zusätzlich wurden bis heute noch etwa 1000 andere Stoffe entdeckt, die als „chemische Waffen" im Kampf gegen Bakterien und andere Krankheitserreger eingesetzt werden. Man nennt sie **Antibiotika.** Weil Erreger gegen Medikamente widerstandsfähig (resistent) werden können, müssen ständig neue Antibiotika entwickelt werden. Der Kampf gegen Bakterien ist noch nicht gewonnen

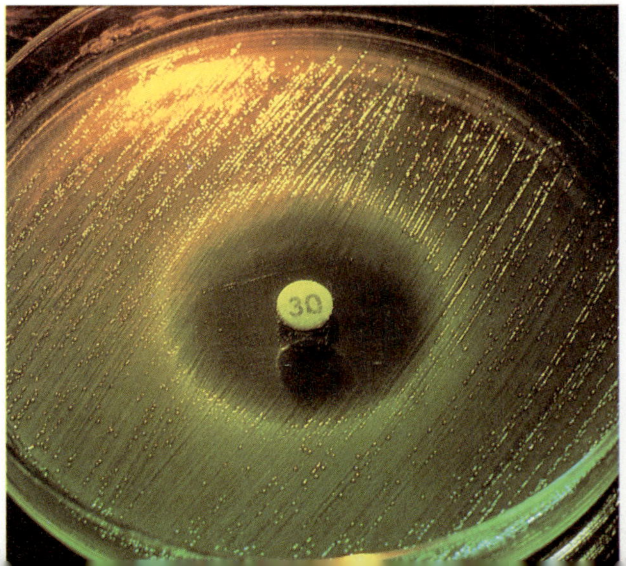

Schutz vor Wundstarrkrampf

Auch die kleinste Wunde, jede Verletzung durch Biß, durch Nagel oder Holzsplitter kann zu Wundstarrkrampf führen. Davor schützt nur die rechtzeitige Impfung. Mit einer einzigen Spritze ist es nicht getan.

Das vollständige Impfprogramm sieht so aus:

- Für gesunde Kinder und Erwachsene zwei Spritzen im Abstand von 4–8 Wochen. Eine dritte Spritze nach 6–12 Monaten.
- Auffrischimpfung alle zehn Jahre.
- Im **Verletzungsfall:** Liegt die letzte Spritze weniger als ein Jahr zurück, ist keine weitere Impfung erforderlich, andernfalls: Auffrischimpfung.

Abb. 12.14: Edward Jenner

Abb. 12.15: Louis Pasteur

Der Beginn der modernen Medizin – Berühmte Bakterienforscher

Edward Jenner (1749–1823), englischer Landarzt, erfand die **aktive Schutzimpfung gegen Pocken.** Er benutzte harmlose Kuhpocken als Impfstoff und hatte großen Erfolg. Über Viren, die Wirkung von Antikörpern und über Immunisierung wußte man gegen Ende des 18. Jahrhunderts noch nichts.

Louis Pasteur (1822–1895) war französischer Chemiker, Biologe und Mediziner. Er erkannte als erster, daß **Bakterien Erreger von Krankheiten** sind. Seine Entdeckung war auch, daß Hefe- und Schimmelpilze und viele Bakterien durch Erhitzen auf etwa 65°C abgetötet werden („pasteurisieren“, vgl. S. 275). Pasteur entwickelte Impfstoffe gegen verschiedene Infektionskrankheiten (z.B. Tollwut).

Robert Koch (1843–1910) hat die wichtigsten Grundlagen der modernen Bakterienforschung gelegt. Er ist der **Entdekker des Tuberkulosebakteriums** und des Cholera-Erregers und hat zahlreiche andere Infektionskrankheiten erforscht.

Emil von Behring (1854–1917) war Schüler von Robert Koch. Er entdeckte, daß Pferde Antikörper gegen Diphtherie bilden können. Wurde Pferdeserum dem Menschen eingespritzt, so wurde dieser immun gegen die Krankheit. Damit war die **passive Immunisierung** erfunden.

Alexander Fleming (1881–1955), englischer Bakterienforscher, entdeckte bei bestimmten Schimmelpilzen einen Stoff, der Bakterien in ihrer Entwicklung hemmte. Er nannte ihn **Penicillin** und fand damit ein Mittel gegen Scharlach, Lungenentzündung, Diphtherie u.a.

Abb. 12.16: Robert Koch

Abb. 12.17: Emil von Behring

Abb. 12.18: Alexander Fleming

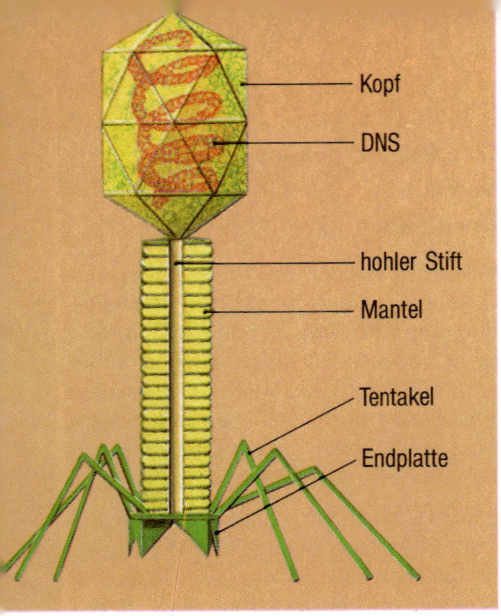

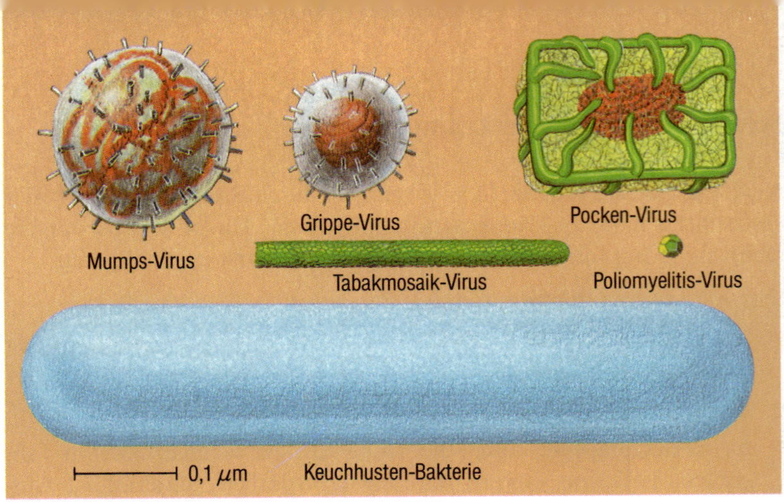

Abb. 12.20: Bakteriophagen sind keulenförmige Gebilde mit einem Kopf und einer Art Stiel, mit dessen Ende sie sich auf den Bakterienzellen festsetzen

Abb. 12.19: Auch Viren haben ganz verschiedene Größen und Formen. Zum Größenvergleich ist eine Bakterie (Keuchhustenerreger) mit eingezeichnet

Abb. 12.21: Mikrofoto eines Bakteriophagen

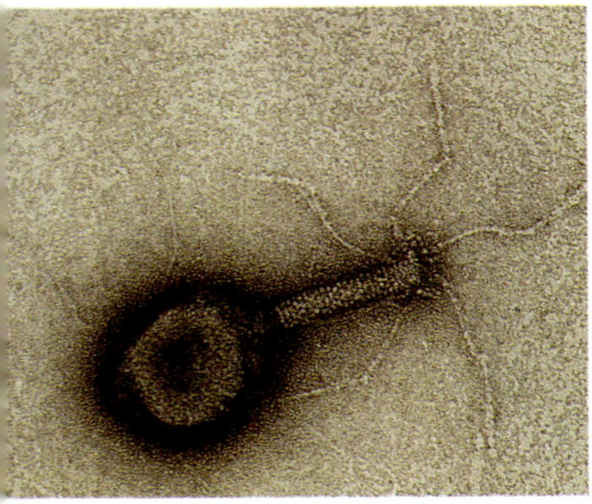

12.3 Viren sind die kleinsten Krankheitserreger

Viren gehören weder eindeutig zu den Lebewesen, noch sind sie leblos. Einerseits kann man sie kristallisieren, und damit gehören sie zur unbelebten Materie. Andererseits zeigen sie viele Merkmale von Organismen. Unter bestimmten Umständen können sie sich vermehren, bewegen und reagieren. Dazu benötigen sie allerdings Zellen oder Bakterien, in denen sie schmarotzen.

Viren sind so winzig, daß sie im Lichtmikroskop nicht sichtbar sind. Nur das Elektronenmikroskop vermag die große **Vielfalt an Formen** zu zeigen. Häufig hat die Außenhülle von Viren die Form regelmäßiger geometrischer Körper. Es gibt Viren, die sich auf pflanzliche, und solche, die sich auf tierische Zellen spezialisiert haben. Besonders gut erforscht sind die Viren, die speziell Bakterien angreifen, sie werden **Bakteriophagen,** kurz Phagen, genannt.

Unter den Viren gibt es für den Menschen gefährliche Krankheitserreger, z. B. die Erreger der **Kinderlähmung,** der **Grippe,** der **Röteln** und des **Mumps.** Bisher gibt es kein Medikament, das gegen Viren wirkt.

Du kannst ein einfaches Modell eines Bakteriophagen anfertigen: Ein Glaskolben (Laborglas) stellt den Kopf dar. Im Kolben und im Stiel findet sich ein farbiges Kabel als DNS-Faden. Das Glas des Kolbens entspricht der Eiweißhülle des Phagen.

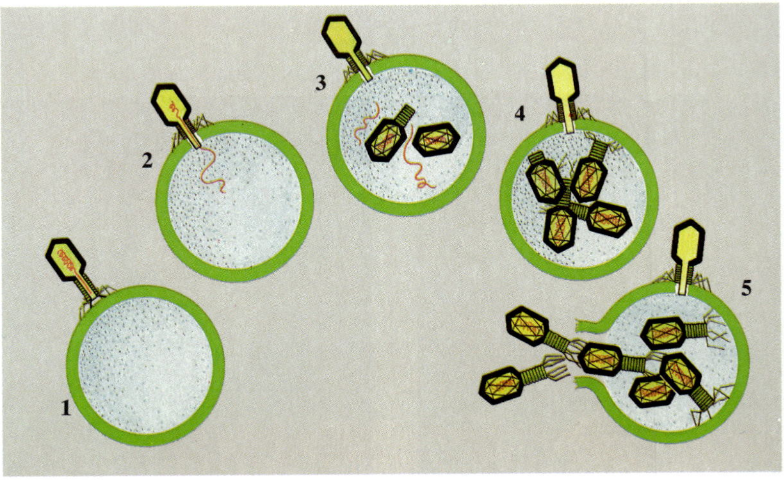

Abb. 12.22: So vermehren sich Viren:

1. Ein Bakteriophage („Bakterienfresser") heftet sich an eine Bakterie
2. Er spritzt einen Eiweißfaden, seine DNS, ins Innere der Bakterie
3. Die DNS veranlaßt die Bakterie, nur noch neue Viren zu bilden
4. Nach 10 Minuten sind die ersten Viren fertig. Nach 20 Minuten ist die Bakterie prall mit etwa hundert Viren gefüllt
5. Dann platzt die Bakterie und gibt die Schmarotzer frei. Einhundert neue Viren schwärmen aus und können neue Wirtzellen befallen

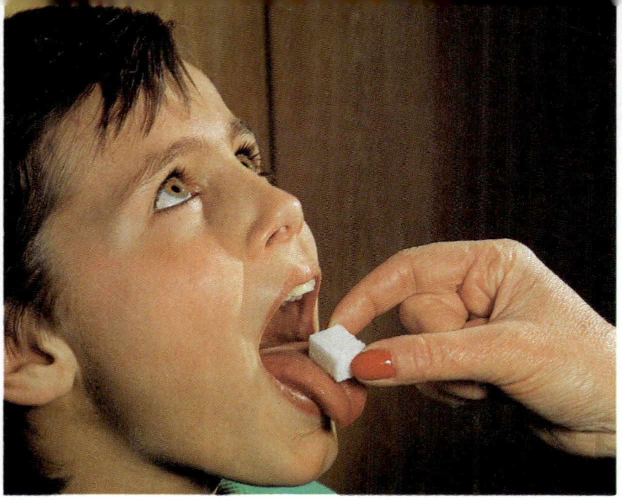

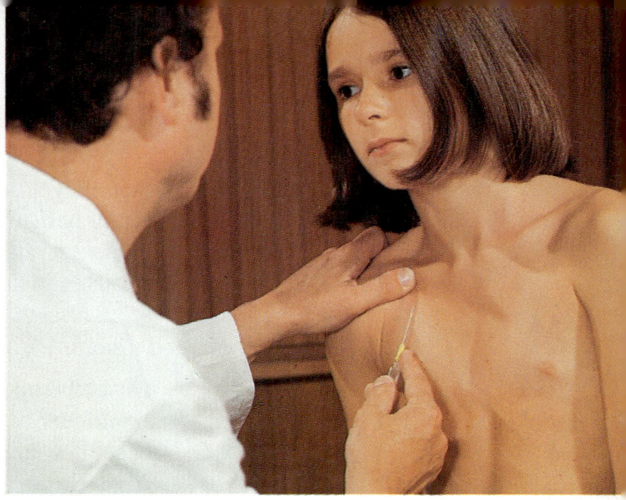

12.4 Das Röteln-Virus – Risiko für Ungeborene

Abb. 12.23: Mit der Einführung der Schluckimpfung gegen Kinderlähmung sank die Zahl der Erkrankungen drastisch

Abb. 12.24: Die Rötelnimpfung bei einem 11jährigen Mädchen

Röteln sind eigentlich eine harmlose Kinderkrankheit. Die Ansteckung erfolgt durch **Tröpfcheninfektion.** Beim Sprechen, Anhusten, Ausatmen oder Anniesen werden die Viren übertragen. Bei leicht erhöhter Temperatur (bis 38° C) gibt es einen Hautausschlag mit blaßroten Flecken, der im Gesicht und hinter den Ohren beginnt und sich innerhalb weniger Stunden über den Körper ausbreitet. 2 bis 3 Tage später geht der Ausschlag zurück, die Ansteckungsgefahr endet etwa eine Woche nach den ersten Krankheitszeichen. Häufig wird ein Arzt nicht benötigt. Etwa die Hälfte aller Erkrankungen, so schätzt man, werden gar nicht erkannt.

Infiziert sich jedoch eine schwangere Frau mit Röteln, so kann dies schwere gesundheitliche Folgen für ihr Baby haben. Besonders groß ist das Risiko in den ersten drei Schwangerschaftsmonaten. Blindheit, Taubheit, Herzfehler und geistige Behinderung können die Folge sein. Röteln führen auch manchmal zu Fehl- oder Totgeburten.

Röteln-Epidemie ausgebrochen

New York, 8. Februar 1964

Die Gesundheitsbehörden von New York melden den Ausbruch einer Röteln-Epidemie. Die Anzahl der Erkrankten ist in kürzester Zeit auf das zwanzigfache angestiegen. Die Ärzte warnen vor allem schwangere Frauen.

Was kann man dagegen tun?

Der beste, ganz natürliche Schutz ist, wenn Kinder sich während der Kindergarten- und Schulzeit anstecken. 97 von 100 Kindern, die Röteln hatten, sind ihr Leben lang vor einer erneuten Ansteckung sicher. Röteln gehören zu den Kinderkrankheiten, die man einfach gehabt haben sollte.

Die Krankheit müßte auf Dauer ihre Schrecken vollständig verlieren, wenn jedes Mädchen an einer Schutzimpfung teilnähme. In allen Bundesländern bieten die Gesundheitsämter bereits Rötelnschutzimpfungen kostenlos für Mädchen (zwischen 11 und 15 Jahren) an. Durch einen Bluttest kann vorher festgestellt werden, ob genügend Antikörper gegen Röteln vorhanden sind. Ist das der Fall, so wird auf die Schutzimpfung verzichtet. Reichen die Abwehrstoffe nicht aus, sorgt eine Rötelnimpfung für den notwendigen Schutz für viele Jahre, wenn nicht für das ganze Leben.

Jedes Mädchen, das sich jetzt impfen läßt, braucht sich später bei einer Schwangerschaft keine Sorge zu machen, daß das Baby durch Röteln geschädigt zur Welt kommt.

12.5 AIDS – eine Seuche der Gegenwart?

Seit einigen Jahren breitet sich in Europa und der ganzen Welt eine neue Krankheit aus mit dem abgekürzten englischen Namen **AIDS,** am besten übersetzt als **„Erworbene Immun-Schwäche“.** Die Meldungen und Berichte in den Zeitungen, in Rundfunk und Fernsehen über AIDS sind so zahlreich und erschreckend, daß die Angst in der Bevölkerung zunimmt.

Deshalb sollen die wichtigsten Fragen nach dem derzeitigen Wissensstand beantwortet werden. Nur so kann unnötigen Sorgen und Ängsten begegnet, andererseits aber auch klar gesagt werden, wie man sich vor Ansteckung schützen kann.

Was ist AIDS?

AIDS wird durch ein Virus verursacht, das den wissenschaftlichen Kurznamen **HIV**-(**H**umanes **I**mmundefekt-**V**irus) hat und erst vor einigen Jahren entdeckt wurde. Gelangt das Virus in den Körper, kann es bestimmte Abwehrzellen im Blut (Lymphozyten) zerstören und dadurch die Abwehrkräfte des Körpers gegen die verschiedensten ansteckenden Krankheiten schwächen. Der menschliche Körper hat normalerweise genügend Abwehrkräfte, um mit Infektionskrankheiten wie Grippe, Mandelentzündung, Hautinfektionen oder Lungenentzündung fertig zu werden. Bei AIDS aber werden die Abwehrkräfte so geschwächt, daß

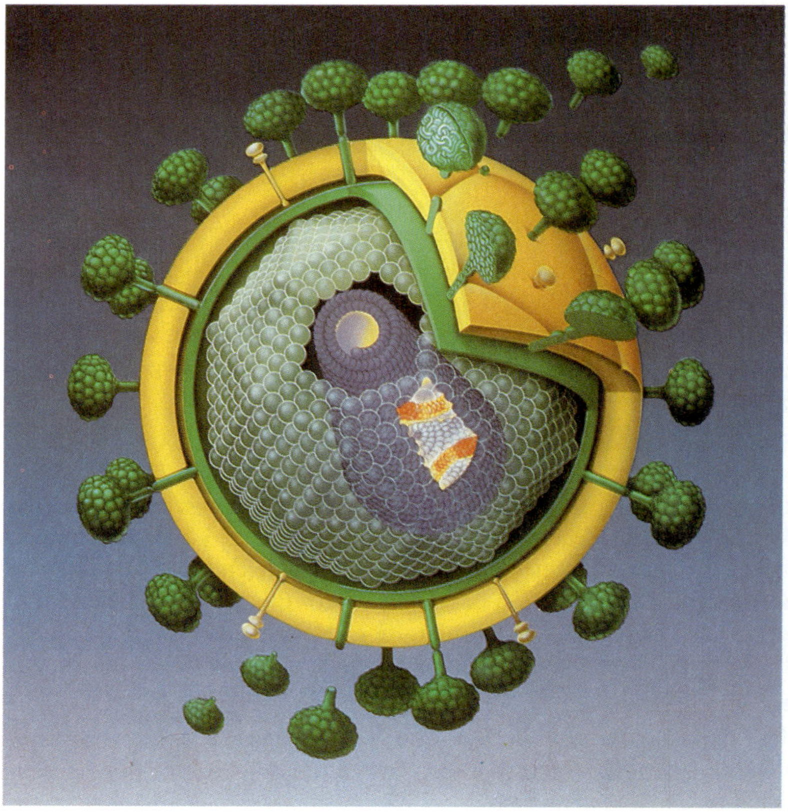

Abb. 12.25: Modell des HIV-Virus. Eine zweilagige Membran (gelb und grün) bespickt mit Eiweißkörperchen (grün), umhüllt einen Innenkörper aus zwei anderen Eiweißarten (graublau und blau). Ganz im Inneren des etwa ein zehntausendstel Millimeter dicken Virus befindet sich (orange) das genetische Material, zusammen mit einem Enzym (gelb)

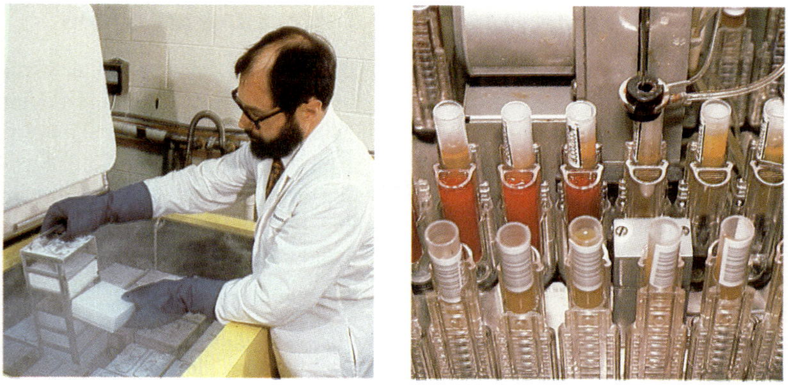

Abb. 12.26: Seit 1. Oktober 1985 ist der AIDS-Test bei Blutspenden verbindlich vorgeschrieben. Der Test wird auch vom Roten Kreuz durchgeführt

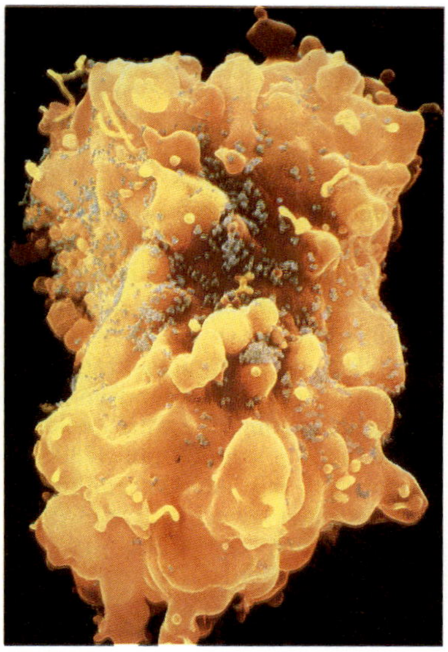

Abb. 12.27: Ein T4-Lymphocyt (eine besondere Art von weißen Blutkörperchen) ist mit AIDS-Viren infiziert. Als blaugraue kleine Kugeln sind sie nach einem besonderen Färbeverfahren auf dem Zellkörper zu erkennen

die überall vorhandenen Krankheitskeime zu schweren Erkrankungen führen. Schließlich wird der Körper selbst mit harmlosen Infektionen nicht mehr fertig, das Abwehrsystem bricht völlig zusammen. Der AIDS-Erkrankte stirbt.

Aber es muß nach einer Ansteckung nicht zwangsläufig zu einer AIDS-Erkrankung kommen. Nach heutigem Wissen erkrankt nicht jeder, in dessen Körper das Virus gelangt ist. Die Gefahr zu erkranken steigt, wenn man sich mehrfach ansteckt oder die Abwehrkräfte durch andere schwere Infektionskrankheiten oder sonstige Gifte geschwächt werden.

Wie kann man sich anstecken?

AIDS wird von Mensch zu Mensch übertragen. Das Virus ist vor allem im **Blut,** in der **Samenflüssigkeit** (Sperma) und im **Scheidensekret** vorhanden. In geringen Mengen auch in anderen Körperflüssigkeiten, z.B. Speichel und Tränen. Zur Übertragung auf einen anderen Menschen muß das Virus direkt in dessen Blutkreislauf gelangen. Nach heutiger Erkenntnis erfolgt die Ansteckung fast ausschließlich

1. beim Geschlechtsverkehr mit einem bereits angesteckten Partner.
2. unter Drogenabhängigen, die benutzte Spritzen untereinander weitergeben.

Wie kann man sich vor einer Ansteckung schützen?

Das AIDS-Virus wird, wie schon gesagt, durch Geschlechtsverkehr mit einem Angesteckten übertragen. Die Gefahr der Ansteckung ist besonders groß für alle Menschen, die häufig ihren Geschlechtspartner wechseln. Das Ansteckungsrisiko läßt sich vermindern, wenn der Mann ein Kondom (s. S. 176ff) benutzt.

Keine AIDS-Gefahr für Blutspender

Das Deutsche Rote Kreuz (DRK) hat nachdrücklich darauf hingewiesen, daß Blutspender auf keinen Fall bei einer Blutentnahme mit der die körperliche Abwehrkraft schwächenden Krankheit AIDS angesteckt werden können. Alle bei der Blutentnahme verwendeten Geräte würden nur einmal benutzt. Das DRK betonte, daß auch für Patienten, denen Blut übertragen wird, heute höchstmögliche Sicherheit besteht.

Eine Meldung aus der Süddeutschen Zeitung vom 9. 10. 89

DIE ZAHL der registrierten Fälle von Aids-Erkrankungen ist im September weltweit um 4498 gestiegen. Die Weltgesundheitsorganisation (WHO) teilte in Genf mit, insgesamt seien nun von 152 Ländern 182 463 Fälle der tödlichen Immunschwächekrankheit bei der WHO gemeldet. Der größte Zuwachs wurde in den USA verzeichnet, wo 3325 Neuerkrankungen registriert wurden. In der Bundesrepublik Deutschland stieg die Zahl der bekannten Aids-Fälle um 103 auf 3739. Die Gesamtzahl der Aids-Erkrankungen weltweit liegt vermutlich viel höher und wird von der WHO auf über 500 000 geschätzt. *Reuter*

Abb. 12.28: Die grünen Meerkatzen in Zentralafrika sind oft mit einem Virus infiziert, das dem HIV-Virus ähnlich ist

Woran kann man eine Virus-Ansteckung erkennen?

Ist eine Ansteckung erfolgt, versucht der Körper, sich gegen das Virus zu wehren, indem er Antikörper bildet. Das dauert im allgemeinen vier bis acht Wochen, es können aber auch Monate vergehen. Die Abwehrstoffe können das Virus nicht töten. In einem Bluttest sind die Antikörper nachweisbar. Ihr Nachweis bedeutet nicht, daß der Patient an AIDS erkranken muß. Der Test zeigt aber, daß eine Ansteckung erfolgt ist. Auch wenn der Betroffene keine Krankheitssymptome zeigt, gibt er aber das AIDS-Virus schon weiter!

Eine AIDS-Erkrankung kann nur vom erfahrenen Arzt erkannt werden. Die ersten Krankheitszeichen wie Schwellungen der Lymphknoten, Fieber, Durchfall usw. kommen auch bei vielen anderen Krankheiten vor.

Gibt es ein Heilmittel gegen AIDS?

Es gibt noch keine Medikamente, mit denen AIDS geheilt werden kann. Daran wird überall geforscht und gearbeitet. Mit einem Impfstoff, mit dem man sich gegen das Virus schützen kann, ist in den nächsten Jahren nicht zu rechnen.

Behauptungen? Tatsachen?

- An AIDS erkranken **nicht** nur Drogenabhängige, Prostituierte und Homosexuelle. Richtig ist aber, daß die Krankheit bei diesen Gruppen besonders häufig vorkommt.
- Angesteckt wird man **nicht** durch flüchtiges Küssen, Anhusten, Trinken aus demselben Glas. Man kann sich auch nicht anstecken beim Schwimmen, bei Krankenbesuchen und auf Toiletten.
- AIDS kann **nicht** nur übertragen werden von Kranken, denen man die Krankheit ansieht. Jeder mit dem Virus Infizierte kann AIDS wahrscheinlich zeitlebens übertragen – auch dann, wenn er bei sich selbst keine Anzeichen der Krankheit bemerkt. Meist vergehen Jahre zwischen der Infektion und dem Ausbruch der Krankheit.
- Blutspender können **nicht** angesteckt werden, da grundsätzlich „Einweg"-Nadeln verwendet werden.
- Mit Blutkonserven können **keine** Viren übertragen werden, da seit dem 1. Oktober 1985 in der Bundesrepublik ein zuverlässiger Test vorgeschrieben ist.

12.6 Geschlechtskrankheiten müssen vom Arzt behandelt werden

Die **Syphilis** und der **Tripper** sind Infektionskrankheiten, die durch Bakterien beim Geschlechtsverkehr übertragen werden. Sie sind sehr ansteckend und breiten sich in letzter Zeit besonders unter jungen Menschen stärker aus. Beide Partner müssen sofort den Arzt aufsuchen,

Woran erkennt man Geschlechtskrankeiten?

	Syphilis	Tripper	Trichomoniasis
Anzeichen nach der Ansteckung	Etwa 3 Wochen nach der Ansteckung schmerzlose Geschwüre an Geschlechtsteilen, After oder am Mund	Etwa 2–5 Tage nach Ansteckung Juckreiz und Brennen beim Wasserlassen. Später eitriger Ausfluß. (Wird bei Frauen oft nicht erkannt.)	Schmerzen, Jucken oder Brennen beim Wasserlassen.
Verlauf der Erkrankung	Auch unbehandelt bilden sich die Geschwüre nach einigen Wochen zurück. Immer wieder tritt schmerzloser Hautausschlag auf, oft über Jahre hinweg. Später erkranken Rückenmark und Gehirn. **Unbehandelt führt die Syphilis zum Tode.**	Entzündung der Harnwege, die sich auf alle inneren Geschlechtsorgane ausdehnen kann. **Unbehandelt führt der Tripper zu Unfruchtbarkeit.**	Bei Frauen: Hartnäckiger Ausfluß, Scheidenentzündung, quälender Juckreiz. Bei Männern: Harnröhren- und Blasenkatarrh mit Jukken oder Brennen. **Unbehandelt führt die Trichomoniasis zur Unfruchtbarkeit.**

wenn Anzeichen für eine Erkrankung erkannt werden. Auch ein scheinbar nicht erkrankter Partner muß unbedingt gleichzeitig behandelt werden, da er sonst den gerade geheilten Körper wieder ansteckt. Nicht zu den Geschlechtskrankheiten im engeren Sinne gehört die **Trichomoniasis,** die aber ebenfalls beim Geschlechtsverkehr übertragen werden kann. Die Erreger dieser Krankheit, die Trichomonaden – einen deutschen Namen gibt es nicht – sind einzellige Geißeltierchen. Sie können auch durch gemeinsam benutzte Handtücher und in beheizten Bädern verbreitet werden.

- Wer häufig seinen Partner wechselt, kann sich beim Geschlechtsverkehr leicht anstecken!
- Kondome bieten einen gewissen Schutz vor Ansteckung!
- Sofortiger Arztbesuch – schon bei einem Verdacht – bringt rasche Heilung!
- Partner bzw. Partnerin müssen sich ebenfalls sofort behandeln lassen!

12.7 Ein harmloser Holzbock? Oder ein gefährlicher Parasit?

Lebewesen, die sich auf Kosten anderer Lebewesen ernähren, nennt man **Parasiten** (Schmarotzer). Sie schaden ihren Wirten, ohne sie jedoch zu töten.

Vielleicht hast du schon einmal ein kleines, achtbeiniges Tier an deinem Körper entdeckt, das sich festgesaugt hat, ohne daß du Schmerzen verspürst. Es ist die **Zecke,** auch **Holzbock** genannt. Sie läßt sich im Frühsommer von Bäumen oder Sträuchern auf den Menschen fallen. Sie bohrt sich mit dem Kopf in die Haut ein und saugt sich voll Blut. Dabei

Abb. 12.29 und 12.30: Zecke (Holzbock) links nüchtern, rechts vollgesogen.

Die **Zecke** (Holzbock) gehört zu den Spinnentieren und ist 1–4 mm lang, vollgesogen bis 12 mm lang und grau. Im Laufe ihrer Entwicklung vom Ei bis zum geschlechtsreifen Tier müssen dreimal Säugetiere (auch der Mensch) zum Blutsaugen aufgesucht werden. Ihren „Wirt" findet die Zecke dadurch, daß sie Körperwärme und -geruch wahrnimmt und sich fallen läßt

vergrößert sich ihr Körper um ein Vielfaches. Man entfernt sie am besten, indem man die Hautstelle mit Öl, Benzin oder Parfüm behandelt. Das Tier läßt sich dann mit einer Pinzette vorsichtig entfernen, ohne daß der Kopf in der Haut steckenbleibt.

In den meisten Fällen ist damit die Sache erledigt. Da eine Zecke mehrfach bei verschiedenen Säugetieren und Menschen Blut saugt, kann sie aber Krankheiten übertragen. Die Fälle häufen sich, in denen durch Zeckenbisse Menschen an einer gefährlichen **Hirnhautentzündung** erkranken. Die Erreger sind Viren, die beim Blutsaugen aus dem Speichel des Tieres in das menschliche Blut gelangen.

Diese durch Zecken verbreitete besondere Form der Hirnhautentzündung trat um 1930 erstmals in der russischen Taiga auf. Sie hat sich inzwischen ausgebreitet im Norden bis Schweden, Norwegen, Südfinnland, im Süden von Österreich bis Italien (Toskana) und nach Westen bis ins französische Elsaß. In der Bundesrepublik wurden Infektionen besonders im Bayrischen Wald und in Südbaden festgestellt.

Eine Impfung kommt in erster Linie für Forstarbeiter und solche Personen in Frage, die sich in verseuchten Waldgebieten aufhalten.

Da Zecken nur auf der Oberfläche ihrer Wirte bleiben, bezeichnet man sie als **Außenparasiten.** Zu diesen gehören auch Flöhe, Wanzen, Kopfläuse u. a.

Innenparasiten beim Menschen können verschiedene Wurmarten sein: z. B. Rinderbandwurm, Spulwurm, Madenwurm und Trichine.

Abb. 12.31: Trichine im Muskelfleisch eines Schweins

Abb. 12.32: Kopf des Schweinebandwurms

Abb. 12.33: Von rechts nach links: Vorderteil des Schweinebandwurmes mit Kopf; Mittelteil, in den Gliedern männliche Geschlechtsorgane; Endteil mit reifen Eiern in den weiblichen Geschlechtsorganen. Die reifen Glieder werden mit dem Kot ausgeschieden

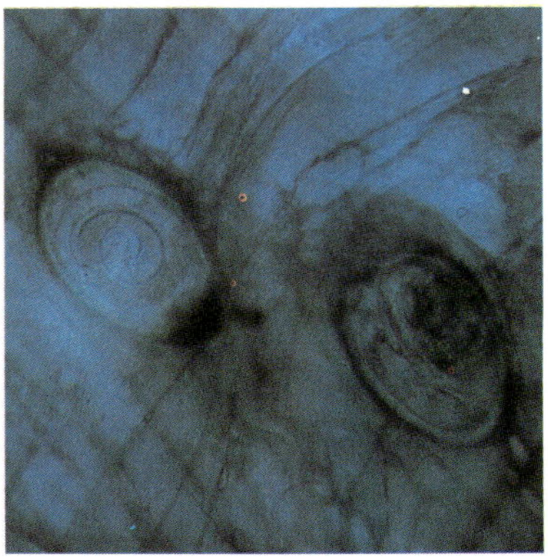

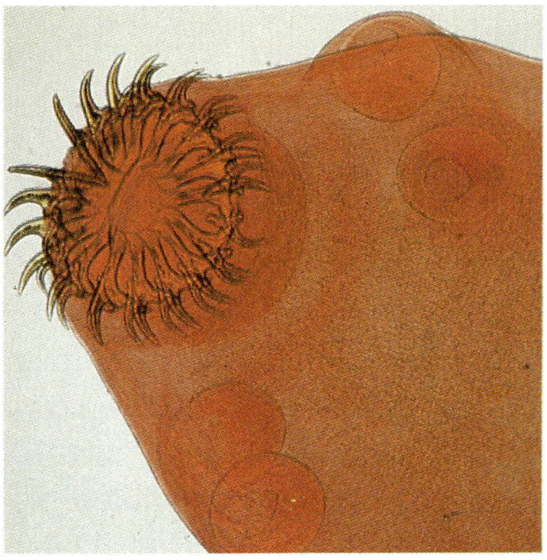

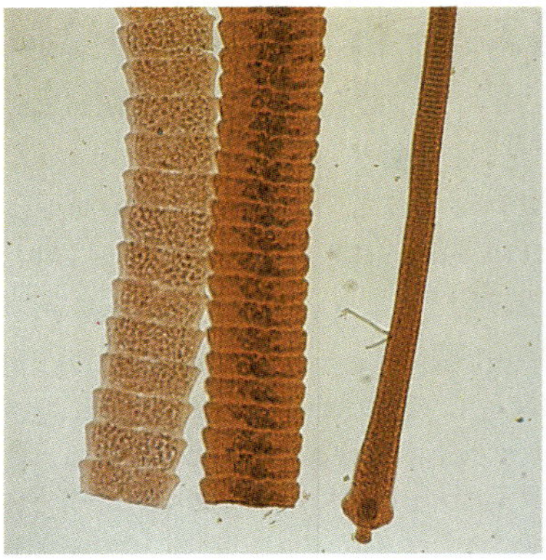

Hygiene im Umgang mit Haustieren!

- Zärtliche Liebkosungen sollte man unterlassen. Bei einem Kuß auf die Hundeschnauze oder den Schnabel des Wellensittichs können gefährliche Krankheiten übertragen werden.
- Bei Tierfreunden sollte peinliche Sauberkeit herrschen. Futternapf und Eßgeschirr gehören nicht in den selben Abwasch! Ausscheidungen der Tiere (Kot, Urin, Erbrochenes, Speichel) enthalten gefährliche Krankheitserreger. Sie müssen immer gleich beseitigt werden (Desinfektionsmittel verwenden!).
- Kranke Haustiere bedürfen – wie kranke Menschen auch – sofortiger Behandlung!

Abb. 12.34: **So nicht!**
Ein Kind läßt sich von einem Hund ablecken und bedenkt nicht die Gefahr der Übertragung von Wurmeiern

Pestfälle in Südafrika

In der Ortschaft Coega im Osten der südafrikanischen Kap-Provinz sind nach Mitteilung der Gesundheitbehörden drei Fälle von Pest aufgetreten. Außerdem bestehe in 17 weiteren Fällen der Verdacht auf Beulen- oder Lungenpest: die ersten Fälle seit rund zehn Jahren. Die Seuche wird von Flöhen übertragen, die sich bei Nagetieren infiziert haben. (ap)
Badische Neueste Nachrichten vom 17.03.82

Abb. 12.35: Die Verbreitungsgebiete gefährlicher Seuchen.
Bei Reisen in die Tropen sind neben den allgemeinen Schutzimpfungen gegen Tetanus und Kinderlähmung noch andere vorbeugende Impfungen unbedingt erforderlich. Die Bestimmungen ändern sich kurzfristig. Deshalb kann vor Antritt einer Reise das Reisebüro informieren. Gegen Malaria gibt es vorbeugende Tabletten.

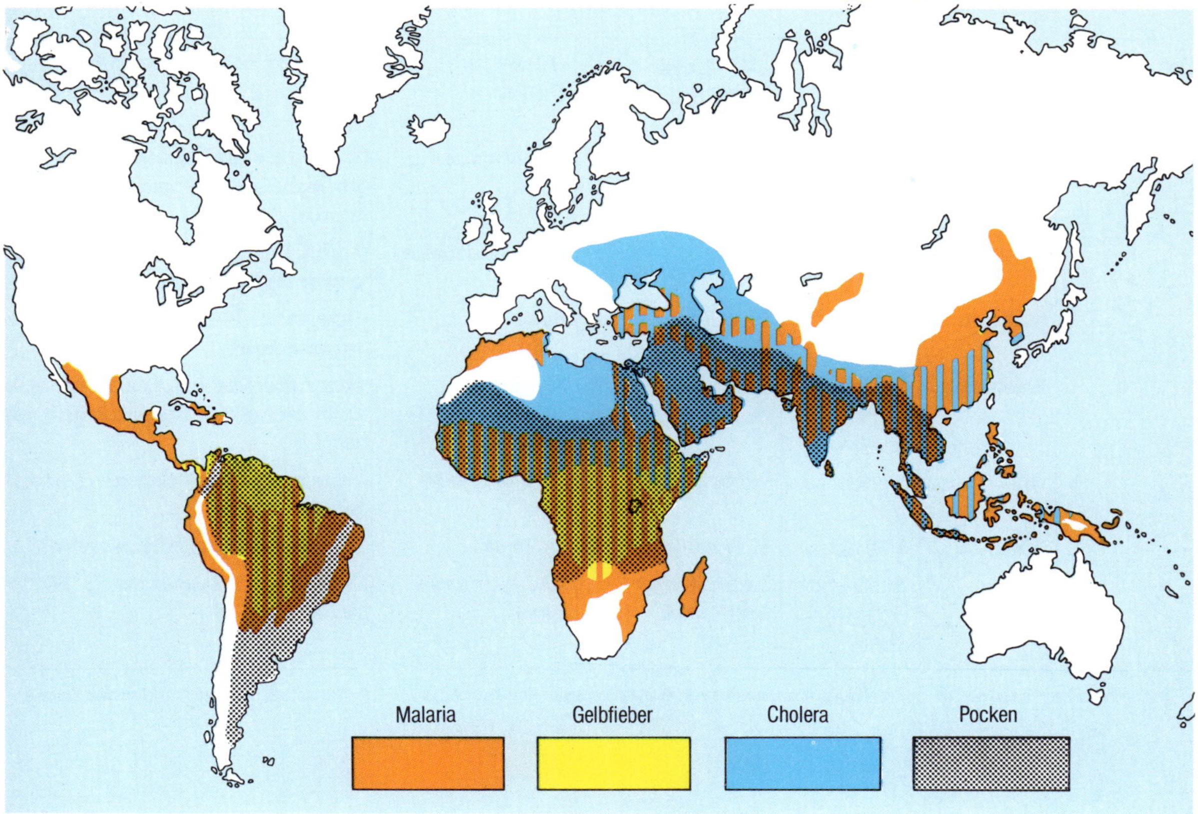

Steckbriefe häufiger Infektionskrankheiten

Erreger	Krankheit	Inkubationszeit[1]	Ansteckung	Hauptsächlich betroffene Organe	Symptome[2]
Bakterien					
Stäbchen-Bakterien	**Keuchhusten**	7–14 Tage	Tröpfchen, Berühren	Atemwege	leichtes Fieber, krampfartige Hustenanfälle; *sehr gefährlich für Kleinkinder!*
	Lungen-Tuberkulose	19–56 Tage	Tröpfchen, Berühren	Lunge	nach wochenlanger Erkältung: Fieber, nachts Schweißausbrüche; *sehr gefährlich!*
	Diphtherie	2–5 Tage	Tröpfchen, Berühren	Mund, Rachen; danach auch Herz und Nerven	Halsentzündung, Heiserkeit, Erstickungsgefahr; *gefährlich!*
	Wundstarrkrampf (Tetanus)	meist 3–15 Tage	Erreger in Schmutz, Straßenstaub, Fäkalien geraten in Wunden, auch bei Tierbissen	Muskulatur	nach mehreren Tagen Nackensteife, Muskelstarre im Gesicht; *sehr gefährlich!* (vgl. Kap. 12.2)
Kugel-Bakterien	**Scharlach**	3–8 Tage	Tröpfchen	Atemwege, Haut (Rötung)	Erbrechen, hohes Fieber, Schluckbeschwerden, am 3.Tag „Himbeerzunge“; *gefährlich!*
	Hals- und Mandel-entzündung	ca. 2 Tage	Tröpfchen	Atemwege; Mandeln, Lymphdrüsen geschwollen	Halsschmerzen, Schluckbeschwerden, oft Fieber
Komma-Bakterien	**Cholera**	meist 1–3 Tage	Kontakt mit Kranken, Trinken verunreinigten Wassers	erst Verdauungsorgane, dann Kreislauf	Erbrechen, wäßrige Durchfälle, Fieber, großer Flüssigkeitsverlust; ohne rechtzeitige Behandlung *lebensgefährlich!*
Schrauben-Bakterien	**Syphilis**	7–21 Tage	Geschlechtsverkehr, direkter Kontakt mit offenen Wunden	Geschlechtsorgane, später auch andere Organe	etwa 3 Wochen nach Ansteckung Geschwüre; zweites Stadium (etwa 6 Wochen): Hautveränderungen. Drittes Stadium: Rückenmark, Gehirn erkranken (vgl. Kap. 12.6)
Viren	**Masern**	9–14 Tage	Tröpfchen, Staub, Berühren	Atemwege und Körperhaut	leichtes Fieber, Erkältung, Entzündung der Augen, roter Ausschlag im Gesicht und später dann am ganzen Körper
	Mumps (Ziegenpeter)	meist 17–21 Tage	Tröpfchen, Staub, Berühren	Ohr-Speicheldrüse	leichtes Fieber, belegte Zunge, „Hamsterbacken“; *gefährlich* wegen Folgeerscheinungen: Hoden-, Hirnhautentzündung
	Röteln	13–23 Tage	Tröpfchen	Atemwege und Körperhaut	hellrote, kleine Flecken am Körper, gefährlich bei Schwangeren ohne Impfschutz (vgl. Kap. 12.4)
	Windpocken	meist 11–14 Tage	Tröpfchen, Berühren	Haut	Flecken werden zu Bläschen, die nach und nach abtrocknen; starker Juckreiz
	Kinderlähmung (Poliomyelitis)	3–14 Tage	Schmutz, Kot, Berühren, selten Tröpfchen	Nervensystem	Fieber, Kopfschmerzen, Erbrechen, Durchfall, Erkältung, Empfindlichkeit gegen Berührung oder Bewegung; *sehr gefährlich!*
	Grippe	1–4 Tage	Tröpfchen	Atemwege und andere Organe	mehrtägiges hohes Fieber, Kopfschmerzen, Zerschlagenheit, Gliederschmerzen
	Tollwut	30–90 Tage	Biß, Lecken, Berühren	Nervensystem	Rötung der Narbe, Kopfschmerzen; *sehr gefährlich!*
	AIDS	zwischen einigen Wochen und 5 Jahren	Blut, Scheidensekret, Samenflüssigkeit	Abwehrsystem (Immunsystem)	Zusammenbruch des Abwehrsystems (s. S. 188f); *führt zum Tode!*

[1] Inkubationszeit nennt man die Zeit von der erfolgten Ansteckung bis zum Auftreten der ersten Krankheitszeichen

[2] Symptome sind die ersten Anzeichen einer Krankheit

13
Zeitkrankheiten – eine Folge unserer Lebensweise

Tabelle 13.1: Säuglingssterblichkeit in der Bundesrepublik Deutschland im Vergleich zu anderen Ländern 1983/1984 (Zahl der Kinder, die im ersten Lebensjahr starben, pro Tausend Lebendgeborene)

Bundesrepublik Deutschland	9,6
Deutsche Demokratische Republik	10,0
Ägypten	76,0
Japan	6,0
Österreich	11,5
Peru	145,3
Rumänien	23,4
Schweiz	7,1
Vereinigte Staaten von Amerika	10,6

Tabelle 13.2: Lebenserwartung (in Jahren) in der Bundesrepublik Deutschland (bis 1932/34 im Deutschen Reich)

Durchschnitt der Jahre	Männer	Frauen
1871/1880	36	39
1901/1910	45	48
1924/1926	56	59
1932/1934	60	63
1946/1947	58	63
1949/1951	65	68
1960/1962	67	72
1970/1972	67	74
1982/1984	71	78
1985/1987	71,8	78,4
1986/1988	72,1	78,7

Moderne Behandlungsmethoden, vorbeugende Impfungen, sowie hygienischer Fortschritt haben den meisten **Infektionskrankheiten** ihren Schrecken genommen. Die **Säuglingssterblichkeit** konnte bei uns von 55 Todesfällen im Jahr 1950 auf 11 Todesfälle 1982 gesenkt werden. Künstliche Nieren, elektronische Herzschrittmacher, Gelenke aus Stahl und Adern aus Kunststoff sowie Organtransplantationen gehören zum medizinischen Alltag der großen Kliniken.

Trotz allen Fortschritts ist die **Lebenserwartung** in den letzten Jahrzehnten nicht mehr nennenswert gestiegen. Die im Jahr 1988 geborenen Jungen werden mit statistischer Wahrscheinlichkeit voraussichtlich mit ungefähr 71 Jahren im Jahr 2059 sterben. Die neugeborenen Mädchen haben eine Lebenserwartung von durchschnittlich 78 Jahren.

Heute sterben die meisten Menschen an den Folgen anderer Krankheiten als vor 100 Jahren. Man nennt sie **Zivilisationskrankheiten.** Sie können ausgelöst werden durch die verschiedensten Begleiterscheinungen unserer modernen Zivilisation, wie

- **falsche, übermäßige** und **einseitige Ernährung** (vgl. Kap. 3.1)
- immer **mehr Streß** (Schule, Beruf, Freizeit, Alltag, Verkehr)
- **Bewegungsmangel**
- **Schadstoffe in der Umwelt** (in Wasser, Luft, Nahrung usw.)

13.1 Nichts als Streß

Das Wort „Streß" ist heute zu einem modernen Schlagwort geworden, das von Erwachsenen und Jugendlichen gleichermaßen gern benutzt wird. Schüler denken dabei besonders an mehrere Klassenarbeiten oder Tests in einer Woche, zuviel Hausaufgaben, kaum Zeit für Hobbys. Dazu kann aber auch gehören der Krach mit Freund oder Freundin, die miese Stimmung überlasteter Lehrer und der ständige Ärger mit den Eltern.

Aber was ist eigentlich Streß?

Der Begriff stammt aus dem Englischen und wurde ursprünglich hauptsächlich im Bereich der Materialprüfung in der Technik verwandt. Da bezeichnet er einen Zustand, in dem ein Material so stark belastet wird, daß es jeden Augenblick reißen, brechen oder platzen wird.

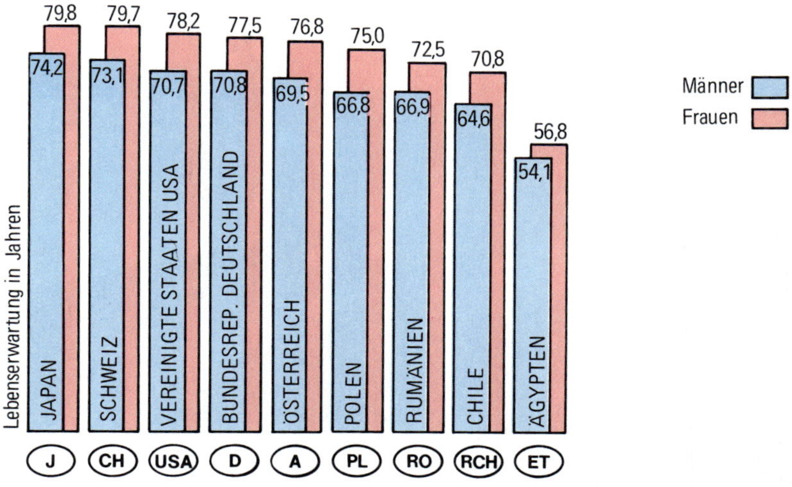

Abb. 13.1: Die Lebenserwartung in den einzelnen Staaten ist sehr unterschiedlich. In allen Ländern leben die Frauen erheblich länger als die Männer (1988)

Ein Steinzeitmensch liegt an einer Feuerstelle und ruht sich von der Jagd aus. Plötzlich hört er ein Knakken im Unterholz. Er registriert einen Schatten, der sich rasch auf ihn zubewegt. Schlagartig setzt der Streßmechanismus ein. Da die Muskeln mit Traubenzucker, Fetten und Sauerstoff schnell und optimal versorgt werden, kann er mühelos fliehen, seine Beute jagen und ergreifen, oder in Sekundenschnelle in seiner Höhle verschwinden.

aus F. Vester, Denken, Lernen, Vergessen. Stuttgart, 1975

Die genaue heutige Bedeutung soll an Hand des nebenstehenden Buchausschnittes erklärt werden:

Das Signal – der Schatten eines sich nähernden Raubtieres – gelangt von den Augen durch Nerven zum Gehirn. Von dort geht die Erregung über Nervenbahnen zur Nebenniere. Diese schüttet bestimmte Hormone aus. Dadurch schlägt das **Herz schneller,** der **Blutdruck steigt. Zucker-** und **Fettreserven** werden den Muskeln zugeführt. Sogar das Blut gerinnt leichter, so daß sich bei einer eventuellen Verletzung die Wunden schneller schließen.

In dieser **Streßsituation** ist der Körper in der Lage, in Sekundenschnelle Höchstleistungen zu vollbringen. Die Beruhigung von Herz und Kreislauf, und die erneute Speicherung der mobilisierten Stoffe erfolgt nur langsam. Eine ausreichende Erholungsphase ist nötig.

Die **Streßreaktion** ist ein allen Menschen und höheren Tieren angeborenes Verhalten, das bei Gefahr alle Energiereserven im Körper mobilisiert. Es rührt aus der stammesgeschichtlichen Entwicklung des Menschen her, als unseren Vorfahren in Gefahr nur zwei Wege zum Überleben blieben: Angriff oder Flucht.

Abb. 13.2: Blick in eine Fertigungshalle, in der Elektrogeräte am Fließband montiert werden

Abb. 13.3: Freudensprung des Gewinners der Silbermedaille in Judo bei der Olympiade in Moskau 1980

War dieses Streßprinzip mit seinem Energiezuwachs im Körper einmal ein sinnvoller Mechanismus, ist es in vielen Situationen unseres heutigen modernen Lebens nicht mehr so sinnvoll oder sogar gefährlich.

- Die in Streßsituationen **freigesetzten Energiereserven** (Blutfett) werden wegen der ausbleibenden Bewegung nicht mehr verbraucht und lagern sich in den Wänden der Blutgefäße nach und nach ab.
  Denn wer reagiert schon auf die heftige Beschimpfung durch seinen Lehrer wegen nicht gemachter Hausaufgaben mit der tatsächlichen „Fluchtreaktion" und macht erst einmal einen Dauerlauf, mit dem die Streßsituation bekämpft werden könnte?

  Und wie ist es, wenn bei einer freudigen Nachricht oder einem Erfolgserlebnis das Herz schneller schlägt? Nicht jeder macht da gleich einen Luftsprung wie der abgebildete Judosieger (Abb. 13.3).
- Die notwendigen **Erholungsphasen** fehlen. Die nächste Streßsituation folgt, bevor die erste noch verarbeitet ist.

Dauerstreß, fehlende Bewegung und zu reichliche Ernährung können die unterschiedlichsten Krankheitszeichen zur Folge haben: Kopfschmerzen, feuchte Hände, kalte Füße, Magenschmerzen, Atemnot, Schlafstörungen, Nervosität, Herzschmerzen, Angstzustände, Durchfall, Rückenschmerzen, Konzentrationsschwäche, Aggressivität oder traurige Verstimmung. Auf lange Sicht verursachen sie die **Herz-Kreislauferkrankungen,** die als Todesursache in der Bundesrepublik Deutschland an erster Stelle stehen (Abb. 13.4), nämlich

- **Bluthochdruck**
- **Herzinfarkt**
- **Schlaganfall.**

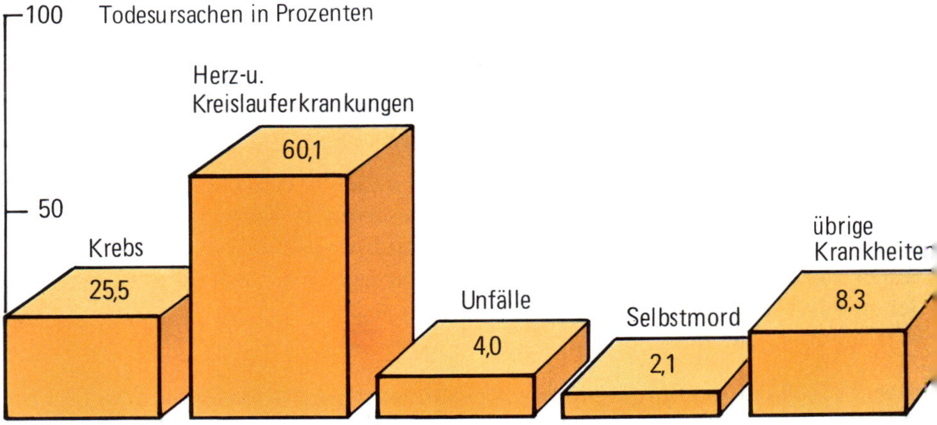

Abb. 13.4: Die Häufigkeit der Todesursachen in der Bundesrepublik Deutschland (1984)

So wirst du besser mit Streß fertig

- Verschiebe Probleme möglichst nicht auf Morgen! Setz dir aber auch nicht unerreichbare Ziele.
- Ein geregelter Tageslauf mit einem Wechsel von Mahlzeiten, Arbeitsphasen und Pausen vermindert den Streß.
- Treibe Sport! Jogging, Trimm dich, Radfahren und Schwimmen sind ein gutes Ausgleichstraining.
- Finde Zeit für deine Hobbys!
- Es gibt Entspannungsmethoden, die man erlernen kann (z.B. in Kursen der Volkshochschulen): Yoga, Meditation, Autogenes Training u.a.
- Vermeide, Streß zu betäuben!
  Dauerfernsehen, Alkohol, Zigaretten, Schlaf- oder Beruhigungsmittel helfen nicht, Streß abzubauen.

13.2 Vom Hautausschlag bis zum Asthma – meist Allergien

Allergien beruhen auf einer Überempfindlichkeit gegenüber Stoffen unserer Umwelt, z.B. Blütenpollen, Schimmelpilze, Tierhaare, bestimmte Nahrungsmittel, einige Metalle, Staub. Ist jemand allergisch, bildet der Körper bei der ersten Begegnung mit einem solchen Stoff bestimmte **Abwehrstoffe.** Bei erneutem Kontakt mit dem Auslösestoff rufen die Abwehrstoffe oft **heftige Reaktionen** hervor: vom einfachen Hautjucken über Hautausschlag, bis hin zu Asthma oder gar zum schweren Kreislaufkollaps.

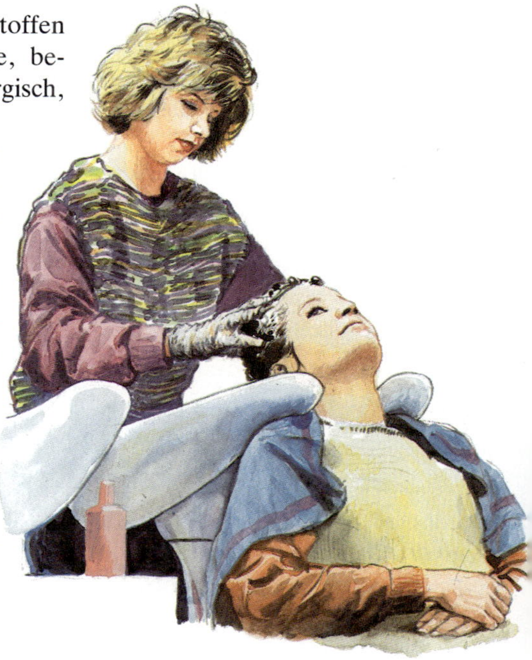

Zwar hat es Allergien immer schon gegeben, doch steigt die Zahl der Allergiekranken auffallend stark an. Nach einer Untersuchung eines Forschungsinstituts (1983) ist jeder dritte bis vierte in der Bundesrepublik Allergiker (geschätzte Zahl: 17,7 Millionen Menschen). Es scheint, als seien Allergien eine Art Notruf des Körpers gegenüber verschmutztem Wasser, dreckiger Luft, chemisch belasteter Nahrung und psychischer Überforderung. Sicherlich werden einige aus eurer Klasse über ihre Allergien, die besonderen Beschwerden und die vom Arzt empfohlene Behandlung berichten können.

Besonders stark zugenommen haben die Berufsallergien

Für die 22jährige Regine Nibler aus München war die Lehrzeit schnell zu Ende. Im Sommer 1982 hatte sie die Ausbildung als Friseuse begonnen, ein halbes Jahr später zeigten sich bei ihr die ersten Anzeichen von Allergie: „Es war Silvester, wir hatten noch eine Schneeballschlacht gemacht, und ich hatte keine Handschuhe an. Später, beim Nachhauselaufen, merkte ich, daß mir Blut über die Hände lief. Die Haut war an vielen Stellen aufgeplatzt. Ich nahm das aber nicht weiter ernst, cremte meine Hände recht viel ein und arbeitete weiter. Im April etwa fing dann der Juckreiz an. Die Hände waren nicht offen, man sah nur so ganz kleine Bläschen unter der Haut, und das Jucken hat mich schier wahnsinnig gemacht. Ich habe auch ständig gekratzt. Ich kann mich noch an ein Fest erinnern, da stand ich den ganzen Abend an die Wand gelehnt und habe hinter meinem Rücken die Hände an der Rauhfasertapete gescheuert. Das Jucken war unerträglich. Irgendwann sind die Bläschen dann aufgeplatzt, die Hände waren offen und heilten nicht mehr zu."

Vor knapp einem Jahr begab sie sich in ärztliche Behandlung. Die Diagnose: Sie reagiere allergisch auf Antibiotika, bestimmte Pollenarten und besonders heftig auf Nickel. – Nickel war aber noch 1982 in „Haarfarbewiederherstellungsmitteln" enthalten: Regine mußte ihren Beruf als Friseuse aufgeben.

Abb. 13.5: T-Lymphozyten kämpfen gegen Krebszellen. T-Lymphozyten sind besondere weiße Blutkörperchen, die lange Röhrchen ausstrecken können, um die Krebszellen zu attackieren

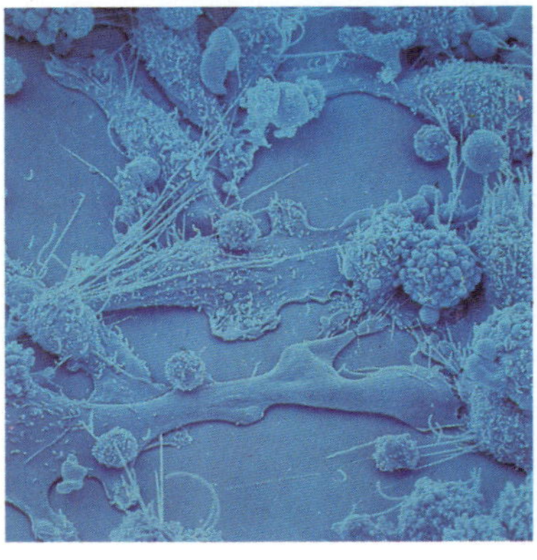

13.3 Krebs ist heilbar, wenn...

Der **Krebs** gehört nach den Herz-Kreislauferkrankungen zu den häufigsten Todesursachen. Jeder fünfte in der Bundesrepublik Deutschland stirbt daran.

Sicherlich mag dies damit zusammenhängen, daß heute viel mehr Menschen ein höheres Lebensalter erreichen und Krebs vor allem eine Krankheit älterer und alter Menschen ist. Der Anstieg der Krebserkrankungen ist aber wahrscheinlich auch bedingt durch die zunehmende Gefährdung durch krebserregende Stoffe in der Nahrung, der Umwelt und am Arbeitsplatz.

Bei dieser Krankheit kommt es im Körper zu einer unkontrollierten Vermehrung von Zellen. Es bilden sich Geschwulste oder **Tumoren.** Bösartige Tumoren wachsen meist sehr schnell und zerstören das befallene Organ. Wenn Krebszellen in Blut- oder Lymphbahnen gelangen, können sich an anderen Stellen des Körpers Tochtergeschwülste (Metastasen) bilden. Es können auch gutartige Tumoren entstehen, die nur gelegentlich durch ihre Größe gefährlich werden können.

Heute können etwa 35% aller Krebserkrankungen geheilt werden. Fachleute sind der Meinung, daß sich diese Zahl durch **Früherkennung** und anschließende **Frühbehandlung** mit den heute zur Verfügung stehenden Möglichkeiten auf etwa 50% erhöhen ließe. Bei bestimmten Krebsarten – besonders am Gebärmutterhals und an der Haut – werden bis zu 90% geheilt.

Zu den heutigen Behandlungsmethoden gehören die Operation, die Bestrahlung und die Chemotherapie.

Früherkennungsuntersuchungen für Frauen

Untersuchungen **einmal jährlich** zur Früherkennung von Krebserkrankungen der **Geschlechtsorgane** vom Beginn des 20. Lebensjahres an,
sowie zusätzlich der **Brust** und der **Haut** vom Beginn des 30. Lebensjahres an,
des **Mastdarms** und des übrigen **Dickdarms** vom Beginn des 45. Lebensjahres an.

Früherkennungsuntersuchungen für Männer

Untersuchungen **einmal jährlich** zur Früherkennung von Krebserkrankungen des **Dickdarms,**
der **Prostata,**
der äußeren **Geschlechtsorgane**
und der **Haut** vom Beginn des 45. Lebensjahres an.

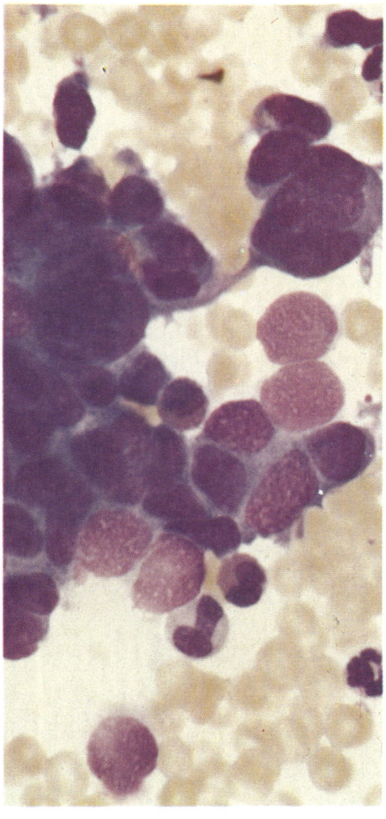

Abb. 13.6: Am Rande einer Krebsgeschwulst (eines Carcinoms) wandern einzelne Zellen in das umgebende Gewebe hinein und werden dort vom Lymphstrom mitgenommen und über den Körper verteilt. Aus jeder einzelnen Krebszelle kann an einer anderen Stelle des Körpers eine neue Krebsgeschwulst (eine Metastase) entstehen

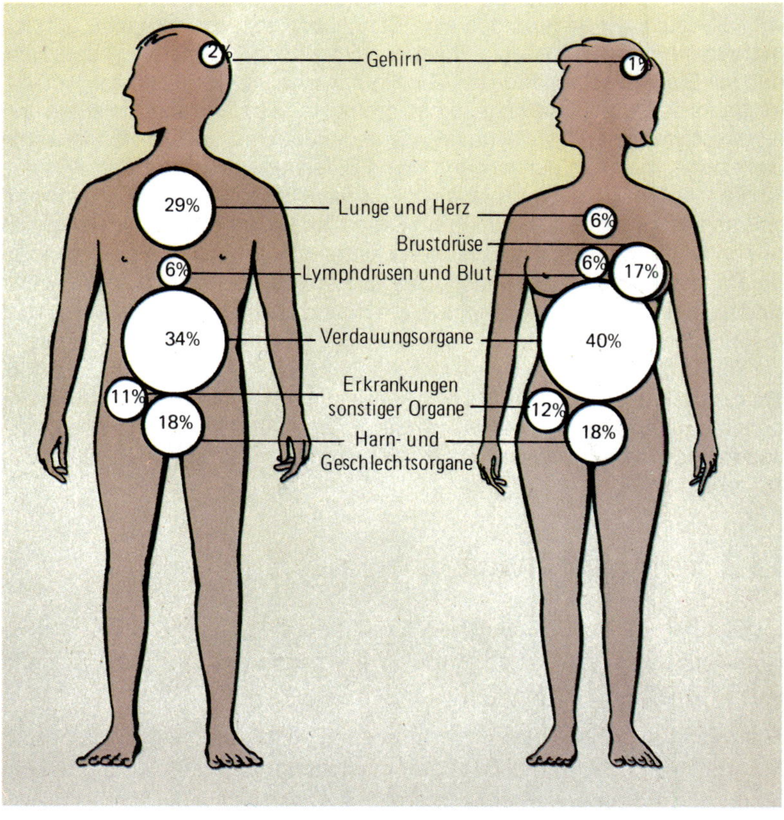

Abb. 13.7: Krebserkrankungen bei Männern und Frauen. Die Zahlen geben an, wie häufig bestimmte Organe betroffen sind (in % aller Krebserkrankungen)

13.4 Achte auf deine Lebensweise!

Einer ganzen Reihe von **Umweltbelastungen** können wir uns nicht entziehen. Vielfach setzen wir uns aber zusätzlich krankmachenden Einflüssen leichtfertig aus.

Das kann schon bei der Wahrnehmung vieler Freizeitangebote geschehen. Statt für Erholung und Entspannung zu sorgen, lassen wir eine Summe von Reizen auf uns wirken, z. B. Fernsehen und laute Musik. Untersuchungen haben gezeigt, daß **Lärm krank** macht. Er kann Schlaflosigkeit, Angstzustände, Blutdruckerhöhung, Verringerung der Infektionsabwehr, Gehörschäden, Kopfschmerzen, Muskelschmerzen, Verdauungs- und Durchblutungsstörungen verursachen.

Auch auf **Störungen des Lebensrhythmus** reagiert der Körper mit Krankheit. Deshalb sollte man auf regelmäßigen, ausreichenden Schlaf achten.

Wer nicht für Ruhe und Entspannung sorgt, gerät in einen Dauerstreß, der krank macht, da nun die Wechselwirkung zwischen verschiedenen Teilen des vegetativen Nervensystems (s. S. 47) gestört ist.

Ohr und Alltagskrach

„Da, da, da" – die Disco dröhnt. Aus bebenden Boxen popt's und rockt's. Auf den Straßen brummen die Motoren, Hupen heulen, Rattern von der Baustelle, Flugzeuge, Kreissägen, Staubsauger, Schlagbohrer. Unser Ohr stöhnt unterm Alltagslärm. Zuviel Dezibel A, db (A), sagen sachlich-nüchtern die Techniker. Das Gehör wehrt sich gegen ständig überlaute Schallberieselung: mit Lärmschwerhörigkeit, im Extremfall sogar mit Taubheit. Und die Medizin kennt kein heilsames Mittel, der meist schleichenden Gehörlosigkeit wirkungsvoll zu begegnen. Da hilft nur eins – runter mit dem Geräuschpegel!

aus AOK-Magazin 4/83

Abb. 13.8: Ein Rockkonzert enthält all das, was zum Streß gehört: Hektik, Lärm, Rauch, Lichtblitze u. a.

Abb. 13.9: Diese Leistungskurve nennt man auch „Biokurve“. Es kann natürlich persönliche Abweichungen von dieser Normalkurve geben. Wer jedoch ständig gegen seinen natürlichen Rhythmus angeht, gefährdet auf Dauer seine Gesundheit.

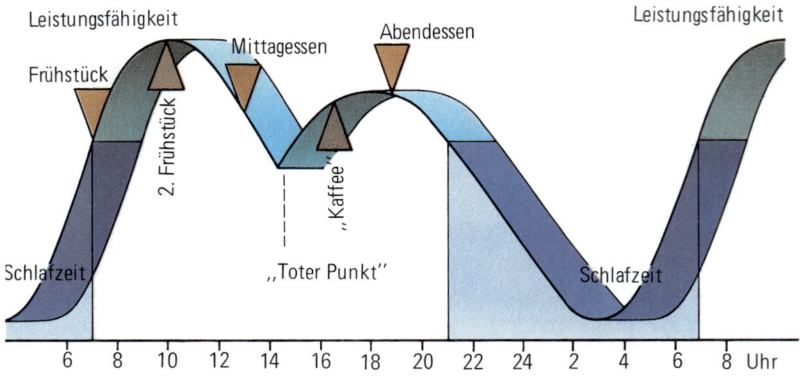

Herz- und Kreislaufbeschwerden, Verdauungsstörungen und Unkonzentriertheit sind nur einige Folgen, wenn sich der Organismus nicht mehr erholen kann.

Nicht nur Ruhe, sondern auch sportliche Aktivität regt den Parasympathikus an (und zwar nach der sportlichen Tätigkeit). Außerdem beugt ausreichende Bewegung Übergewicht vor. Wichtig ist, daß Herz und Kreislauf **täglich** mindestens 10 Minuten **trainiert** werden, und zwar am besten durch Ausdauersportarten wie **Schwimmen, Radfahren, Dauerlauf.**

13.5 Alltagsdrogen und verbotene Drogen

Wenn du das Wort „Drogen“ hörst, denkst du wahrscheinlich an Haschisch und Heroin. Du siehst vor dir Bilder von jungen Leuten, die an einer Überdosis Rauschgift gestorben sind, vielleicht das Bild eines toten Fixers, der in der Bahnhofstoilette gefunden wurde. (s. S. 209)

Auch mancher Erwachsene wird dabei verständnislose Abscheu empfinden und bei diesem Anblick erstmal zu einer Zigarette oder einem Glas Bier greifen. Die große Gefahr, die von den **verbotenen** (illegalen) **Drogen** ausgeht, läßt häufig vergessen, welche Tragödien sich abspielen, die mit dem Genuß anderer Drogen einhergehen: **Alkohol, Nikotin, Medikamente.**

Wer denkt schon an den langen und schlimmen Leidensweg dessen, der an einer Trinkerleber stirbt. Wer kann sich die Schmerzen und die Ängste desjenigen vorstellen, dem ein Raucherbein abgenommen werden muß (10000 Operationen pro Jahr in der Bundesrepublik Deutschland)?

Unter Drogen verstehen wir alle Mittel, die Stimmungen, Gefühle oder Wahrnehmungen der Menschen verändern können. Sie sind alle **Giftstoffe,** die verschiedene Organe schädigen und außerdem Nervenzellen erregen oder blockieren. Dadurch entsteht der **Rausch,** der keineswegs immer als angenehm erlebt wird. So wirkt jedes Mittel von Mensch zu Mensch unterschiedlich. Selbst bei ein und demselben Menschen kann die gleiche Droge einmal ein Glücksgefühl auslösen und ihn ein anderes Mal in panische Angst stürzen.

Man unterscheidet

Alltagsdrogen:

- Nikotin
- Alkohol
- Medikamente (wie Schlaf-, Beruhigungs-, Anregungs- und Schmerzmittel)

Verbotene Drogen:

- „weiche Drogen" (z.B. Marihuana, Haschisch)
- „harte Drogen" (z.B. Heroin, Opiate, Kokain)

Regelmäßige Einnahme von Drogen (geraucht, gespritzt, geschnupft etc.) führt dazu, daß die Menschen völlig auf sie angewiesen sind. Es werden zwei Arten von **Drogenabhängigkeit** unterschieden: Von **seelischer Abhängigkeit** wird gesprochen, wenn der Betroffene die Wirkung der Droge so angenehm empfindet, daß er wie unter Zwang immer wieder zur Droge greift. Er glaubt, nicht mehr ohne die Droge auszukommen.

Körperliche Abhängigkeit bedeutet, daß die Droge in den Stoffwechsel des Menschen einbezogen ist und daß sich der Körper an das Mittel gewöhnt hat und danach verlangt. Ist dieses Stadium erreicht, spricht der Arzt von **Sucht.** Wird die Droge abgesetzt, können sich quälende **Entzugserscheinungen** einstellen: z.B. Übelkeit, Erbrechen, Schweißausbrüche, Nervosität, Krämpfe. Wird die Droge wieder genommen, verschwinden diese Beschwerden sofort. Der Körper benötigt das Mittel wie Nahrung. Doch damit beginnt der Teufelskreis der Sucht von neuem, aus dem in der Regel nur mit ärztlicher Hilfe herauszukommen ist.

Übrigens...
gibt es in der Bundesrepublik Deutschland

- 1,8 Millionen Alkoholgefährdete oder vom Alkohol Abhängige
- 10% davon sind Jugendliche
- 35% der Bevölkerung sind Raucher
- von den 18–24jährigen sogar 68%
- 60000 Drogenabhängige
- mehrere Millionen Medikamentenabhängige

Diese Angaben machte die Deutsche Hauptstelle für Suchtgefahren (DHS).

13.5.1 Nichtraucher leben länger!

Etwa jeder fünfte Jugendliche zwischen 14 und 17 Jahren raucht regelmäßig, ebenso viele rauchen gelegentlich.

Die ersten Zigaretten werden oft schon von Kindern mit 10–12 Jahren probiert. Zusammen mit Spielkameraden raucht man heimlich aus **Neugier** und um anzugeben. Mit 14–16 Jahren entscheidet sich bei vielen Jugendlichen, ob sie Raucher oder Nichtraucher werden. Dabei spielt das gute oder schlechte Beispiel der Eltern, Geschwister und Freunde eine entscheidende Rolle.

Mancher raucht, weil es die anderen auch tun und weil Mitschüler und ältere Freunde und Bekannte ihm großzügig Zigaretten anbieten. In Diskotheken, Kneipen und auf Partys fangen viele in eurem Alter an, regelmäßig zu rauchen. Die einen „schlittern" ganz unbeabsichtigt in diese Gewohnheit hinein und machen sich auch kaum Gedanken darüber. Andere rauchen ganz bewußt, weil sie es für ihr **Image** brauchen: Sie meinen, dadurch überlegen, lässig und auch älter zu wirken. Besonders leicht wird Rauchen jetzt zur **Gewohnheit,** wenn Jugendliche meinen, daß sie dadurch Unsicherheit und Unausgeglichenheit der Pubertät überspielen können.

Bei Befragungen hat man festgestellt, daß unter den Jugendlichen die Raucher die Gefährlichkeit des Rauchens deutlich geringer als die Nichtraucher einschätzen. Die Raucher geben zwar zu, daß Rauchen schädlich sei. Sie spielen jedoch das Risiko damit herunter, daß sie noch nicht so lange und auch nicht viel rauchen. Entweder wissen Raucher wirklich weniger als Nichtraucher über die gesundheitlichen Schäden, die das Rauchen zwangsläufig mit sich bringt. Oder wollen Raucher weniger über die Risiken wissen im Vergleich zu Nichtrauchern?

Nikotin gehört neben Teer und Kohlenstoffmonoxid zu den gesundheitsschädlichsten Bestandteilen im Tabakrauch. Außerdem werden noch viele schädliche Stoffe inhaliert, von denen mehrere als krebserzeugend gelten. Zwischen 20 und 80% dieser Stoffe dringen über die Atemwege ein (Lippen, Mundhöhle, Rachen, Kehlkopf, Luftröhre, Bronchien bis tief in die Lungen). Je tiefer der Rauch inhaliert wird, umso mehr wird aufgenommen. Der Nikotingehalt im Rauch einer Filterzigarette liegt zwischen 1 und 1,5 mg. 50 mg Nikotin auf einmal – geschluckt oder in die Blutbahn gespritzt – reichen aus, um einen Menschen zu töten. Müßte ein Kettenraucher nicht ungefähr nach der 40. bis 50. Zigarette tot umfallen? Es wirkt nicht sofort tödlich, weil selbst starke Raucher die tödliche Dosis über den ganzen Tag verteilen. Der Körper kann das Gift z.T. abbauen und ausscheiden. Die gesundheitlichen Folgen stellt man – ähnlich wie beim Alkohol – erst nach Jahren fest: Rauchen ist Vergiftung auf Raten. Wegen seiner starken Giftwirkung wird übrigens Nikotin auch zu Pflanzenschutz- und Insektenvernichtungsmitteln verarbeitet. Das Nikotin verengt die Blutgefäße und behindert die Durchblutung. Raucher geraten bei körperlicher Anstrengung leichter außer Atem als Nichtraucher. Die Ursache dafür ist das **Kohlenstoffmonoxid.** Dieses giftige Gas gelangt beim Inhalieren ins Blut und blockiert den Sauerstofftransport der roten Blutkörperchen zu den Zellen. Die betroffenen Gewebe und Organe werden unzureichend mit Sauerstoff und Nährstoffen versorgt. So können Durchblutungsstörungen z.B. an den Herzkranzgefäßen auftreten, im Gehirn und an den Gliedmaßen. Herzinfarkt, Gehirnschlag und das sogenannte Raucherbein können Folgekrankheiten sein.

Der **Tabakteer** schädigt insbesondere auch die Atemwege und die Lunge. Schleimhaut und Flimmerhärchen (vgl. Kap. 3.3) können ihre Aufgabe, Staub und Schmutz aus der Luft nicht in die Lunge gelangen zu lassen, nicht wahrnehmen.

So lagern sich Schadstoffe auf den Schleimhäuten ab und verengen die Atemwege. Durch Husten versucht der Körper die Schadstoffe wieder

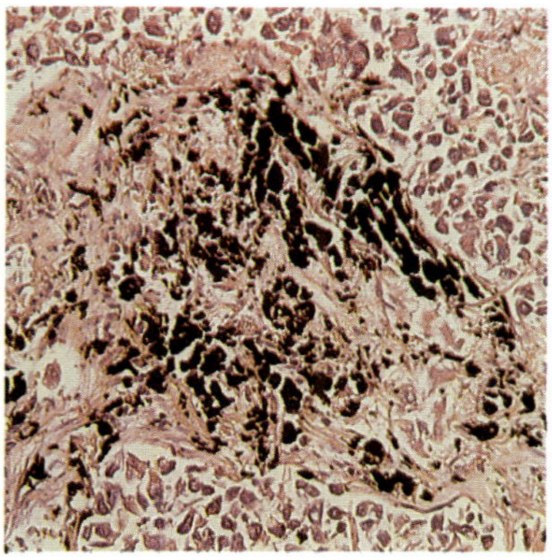

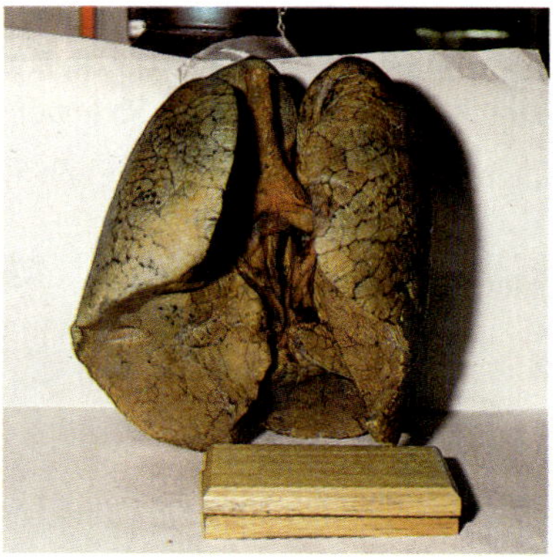

Abb. 13.10: Die Teerablagerung in der Lunge eines Rauchers ist von den Zellen eines Lungencarcinoms umgeben

Abb. 13.11: Deutlich sind die Teerablagerungen in der Lunge eines Rauchers zu erkennen

loszuwerden. Jeder Raucher kennt den morgendlichen **Raucherhusten** mit Auswurf. Da die Schmutzstoffe ein idealer Nährboden für Bakterien sind, kommt es leicht zu **Entzündungen.** Dabei wird Lungengewebe zerstört. Wenn nicht mehr genug Lungengewebe da ist, um die Sauerstoffversorgung des Blutes (und damit des ganzen Körpers) zu gewährleisten, tritt Atemnot ein. Die Entzündungen und die ständige Reizung des Lungengewebes durch die schädlichen Stoffe des Tabakrauches können zu Mißbildungen der Lungenzellen führen. Lungen- und Bronchialkrebs sind umso häufiger, je mehr Zigaretten geraucht werden. 90% der an **Lungenkrebs** Erkrankten sind Raucher. Aber auch **andere Krebserkrankungen** sind bei Rauchern fast doppelt so häufig wie bei Nichtrauchern.

Noch wenig bekannt ist, daß auch Nichtraucher gefährlich leben, wenn sie unfreiwillig mitrauchen müssen. Wissenschaftler in den USA haben in einer zehnjährigen Untersuchung (1969–1979) nachgewiesen, daß **Passivraucher,** die am Arbeitsplatz oder zu Hause über Jahre hinweg regelmäßig Tabakrauch einatmen, so gefährdet sind wie schwache Raucher: Die Atmungsorgane wiesen die gleichen Schäden auf wie die von Rauchern mit einem täglichen Verbrauch bis zu 10 Zigaretten.

Frankfurt (ddp). – Nichtrauchern stellt die Deutsche Lufthansa ab Anfang März in allen Flugzeugen mehr Plätze als bisher zur Verfügung. Wie die Fluggesellschaft jetzt mitteilte, sind dann in der Business- und Touristenklasse 70 Prozent der Sitze für Nichtraucher reserviert. Bisher betrug die Quote 50 zu 50 Prozent, in

LH: Mehr Plätze für Nichtraucher

Großraumjets 60 zu 40 Prozent. In der ersten Klasse falle die neue Regelung je nach Flugzeugtyp unterschiedlich aus. Mit dieser Maßnahme werde dem geänderten Kundenverhalten Rechnung getragen, hieß es in der Lufthansa-Mitteilung. Der Anteil der Nichtraucher unter den Lufthansa-Passagieren liege weltweit im Durchschnitt bei 70 Prozent.

Abb. 13.12: Der Zusammenhang zwischen Rauchen und Lungenkrebs ist deutlich zu erkennen. Anzahl der an Lungenkrebs gestorbenen Männer je 1000 Todesfälle im Vergleich zu den täglich zu Lebzeiten gerauchten Zigaretten

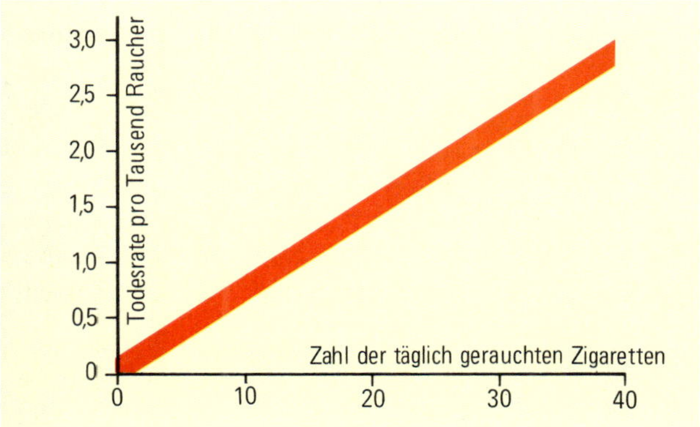

Abb. 13.13: Nach dem Aufhören mit dem Rauchen sinkt der Anteil der an Lungenkrebs Gestorbenen wieder ab (jährliche Todesrate je 1000 ehemalige Raucher)

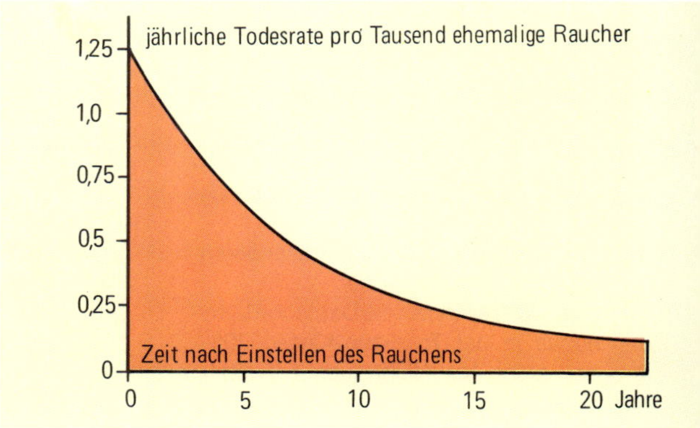

Du bist nun ausführlich über das Gesundheitsrisiko durch Rauchen informiert worden. Ob du dich entschließen kannst, das Rauchen aufzugeben? (vgl. Tips für Raucher).

Den Nichtrauchern unter euch wird ganz dringend geraten: Fangt das Rauchen erst gar nicht an!

Denn Nichtraucher
- sparen viel Geld!
- fühlen sich gesunder, sind weniger krank!
- leisten mehr im Sport, sind körperlich fit!
- sehen besser aus (gesündere Hautfarbe, weiße Zähne)!
- nehmen Rücksicht auf andere!

Tips für Raucher – zum Abgewöhnen

- Es fällt leichter, wenn die Freundin/der Freund auch aufhört.
- Immer etwas zum Lutschen oder Kauen einstecken: Kaugummi, Pfefferminz, Lakritz.
  Streichhölzer, Feuerzeug nicht mitnehmen!
- Wem die Zigarette besonders gut in Verbindung mit Alkohol schmeckt, muß in der ersten Zeit auch Alkohol meiden!
- In der ersten Zeit die Gesellschaft mit Rauchern meiden: Nicht in Diskotheken oder auf Partys (Feten) gehen!
- Sich ablenken: viel draußen aufhalten, viel Sport treiben, keine Langeweile aufkommen lassen!
- Täglich das Zigarettengeld ins Sparschwein stecken. Spare für ein lohnendes Ziel!

Wichtig: Wer einmal schwach geworden ist und wieder geraucht hat, gibt nicht gleich auf! Der Scherz „Mit dem Rauchen aufhören ist doch ganz einfach; das habe ich schon hundertmal gemacht" besagt, daß es viele Raucher nicht beim ersten Mal geschafft haben. Nimm dir ganz fest vor: Ich rauche nicht mehr. Manchmal klappt es beim zweiten oder dritten Anlauf.

Übrigens...
- Jugendliche, die rauchen, sind eher geneigt, Haschisch zu probieren.
- Jugendliche, die häufig Alkohol trinken, sind in der Mehrzahl Raucher.

Aufgaben

1. Stellt einmal in der Klasse die Gründe zusammen, warum die einen rauchen und die anderen nicht rauchen. Diskutiert über die Argumente beider Seiten.

2. Zwar ist seit 1975 Rundfunk- und Fernsehwerbung für Zigaretten verboten. Dennoch werden in der Bundesrepublik Deutschland von der Zigarettenindustrie jährlich mindestens 230 Millionen DM für die Werbung ausgegeben.

a) Wo wird vor allem geworben?

b) Wie wird geworben?
(In welcher Umgebung, in welcher Stimmung werden die Menschen dargestellt? Welche Informationen erhält man über die Qualität der jeweiligen Zigarettenmarke? Welches Ziel hat die Anzeige?)

3. Versuch: Bleibt bei Lungenzügen etwas in der Lunge zurück? Ein Raucher bläst soviel Zigarettenrauch, wie er auf einmal in den Mund nehmen kann, durch ein Papiertaschentuch. Mit etwa der gleichen Rauchmenge macht er dann einen Lungenzug und bläst den ausgeatmeten Rauch durch ein zweites Papiertaschentuch.
Vergleiche den Fleck auf dem ersten mit dem auf dem zweiten Taschentuch (Farbe, Größe)! Erklärung?

„Es gibt kein Grundrecht, überall zu rauchen."

Das Bayerische Verwaltungsgericht Würzburg gab dem Antrag eines Würzburger Stadtrates Recht (12. 12. 1979), ein Rauchverbot für alle Sitzungen des Rates und seiner Ausschüsse auszusprechen.

Der Antragsteller hatte vor Gericht folgende Gründe angeführt:
„Durch die starke Rauchentwicklung habe ich Schwierigkeiten beim Atmen, meine Augen tränen nach kurzer Zeit. Ich bekomme gelegentlich starkes Kopfweh, so daß die Konzentrationsfähigkeit hierdurch eingeschränkt wird. Da ich als Stadtrat verpflichtet bin, an den Sitzungen teilzunehmen, muß die Stadt mich vor diesen unzumutbaren Beeinträchtigungen und Belästigungen schützen, die mein Wohlbefinden und meine Arbeitskraft beeinträchtigen."

Übrigens...

Die Forderung der Nichtraucher nach **Rauchverboten in der Öffentlichkeit** findet seit Jahren immer mehr Gehör:

- die Deutsche Bundesbahn reserviert zwei Drittel der Abteile für nichtrauchende Reisende (vorher ein Drittel)
- seit 1978 verbieten die Berliner Verkehrsbetriebe das Rauchen auf U-Bahnhöfen
- immer mehr Restaurants reservieren Räume für Nichtraucher
- seit 1987 reserviert die Deutsche Lufthansa in der Touristen-Klasse 70% der Sitze für Nichtraucher (vorher 50%)

13.5.2 Jugenddroge Nr. 1 – Alkohol?

Für Alkohol wird überall kräftig geworben: In Zeitungen, Illustrierten, Funk und Fernsehen. Filme und Plakate geben vor, daß nur der Erfolg im Leben hat, der kräftig zur Flasche greift. Wo Alkohol fließt, herrscht fröhliche Stimmung, da gibt es Freiheit, Glück und Liebe. Tag für Tag können Kinder und Jugendliche sehen, wie leichtfertig Erwachsene mit Alkohol umgehen. Dies gilt natürlich auch innerhalb der Familie.

Wer setzt sich schon kritisch auseinander mit den lockeren Sprüchen und **Behauptungen der Werbung?** Wer wagt es schon, in der Gruppe oder in der Clique nur Alkoholfreies zu trinken, wenn die anderen ihn unablässig drängen: Trink doch einen mit!

Alkoholtrinken gilt leider oft als **Zeichen von Erwachsensein,** ganz besonders von Männlichkeit.

In einer Umfrage wurde ermittelt:
In den Großstädten haben bereits bis zu 80% der 15jährigen ihren ersten Rausch hinter sich.

Übrigens…

Trifft nur **eine** Aussage für dich zu, so **kann** das ein Warnzeichen für beginnende Alkoholprobleme sein:

- Du trinkst, um dich zu beruhigen!
- Du trinkst die ersten Gläser schnell hintereinander!
- Du trinkst lieber allein als in Gesellschaft!
- Du denkst häufig an Alkohol!
- Andere sagen manchmal: Du trinkst zuviel!

Ist man mit 0,8 Promille noch „nüchtern"?

Alle Unfallstatistiken haben ergeben, daß sich die Wahrscheinlichkeit für einen Unfall mit zunehmendem Blutalkohol erhöht:

bei 0,6 Promille um das 3fache,
bei 0,8 Promille um das 4½fache,
bei 1,0 Promille um das 6½fache,
bei 1,2 Promille um das 9½fache,
bei 1,5 Promille um das 16fache.

Der Einstieg beim Alkohol kann zudem zunächst mit angenehmen Empfindungen verbunden sein. Daß sich das bei Dauergebrauch schnell ins Gegenteil verkehren kann, welcher Jugendliche denkt schon daran?

Wie wirkt Alkohol? Schon wenige Gläser Bier reichen oft aus, um die Welt mit ganz anderen Augen zu sehen. Man verliert manche Hemmungen, wird viel lockerer und gesprächiger. Der Alkohol hat begonnen, das Gehirn zu beeinflussen. Die Bereiche, die das Gleichgewicht und Bewegungen regeln, sind betroffen: Man beginnt zu schwanken. Wird weitergetrunken, treten etwa bei 1,3 bis 2,0 Promille erste Sinnestäuschungen auf (doppelt sehen), das Sprechen wird schwerfälliger (man lallt). Die Reflexe funktionieren nicht mehr normal: Stürzt der Betrunkene z. B., kann er sich nicht schnell genug mit den Händen abstützen. Es besteht erhöhte Unfallgefahr. Fahrtüchtig ist er schon lange nicht mehr. Sein Gesichtsfeld ist eingeengt. Man spricht vom Tunnelblick. Bei 2,0 bis 2,5 Promille fallen manche Reflexe ganz aus. Er ist völlig hilflos.

Die wichtigsten Auszüge aus dem „Gesetz zum Schutz der Jugend in der Öffentlichkeit":

§ 2 Abs. 1
besagt, daß sich Kinder und Jugendliche unter 16 Jahren nur dann in Gaststätten aufhalten dürfen, wenn sie von einem Erziehungsberechtigten begleitet werden. (Ausnahmen: auf Reisen, bei Einnahme einer Mahlzeit und bei „jugendfördernden Veranstaltungen" in einer Gaststätte.)

§ 3 Abs. 1
besagt, daß an Kinder und Jugendliche unter 18 Jahren in Verkaufsstellen und Gaststätten Branntwein weder abgegeben noch sein Genuß gestattet werden darf.

§ 3 Abs. 2
besagt, daß andere alkoholische Getränke (Bier, Wein, Most, Sekt, Obst- und Beerenweine) nicht abgegeben werden dürfen an
a) Kinder und
b) Jugendliche unter 16 Jahren, die nicht von einem Erziehungsberechtigten begleitet werden.

Abb. 13.14: „Pennender" Alkoholiker auf einem Bahnhof

Diskutiert: 1986 waren 20353 Alkoholkranke in Entziehungskuren der Rentenversicherer!

Meistens muß er sich in diesem Stadium übergeben. Wer dennoch weitertrinkt, gerät zunehmend in Lebensgefahr. Bei etwa 4,0 Promille setzen Atmung und Blutzirkulation aus, der Tod tritt ein. Bei Kindern und Jugendlichen kommt es bereits viel früher zu einer schweren Alkoholvergiftung. Jeder, der regelmäßig größere Mengen trinkt, muß mit der Zeit mit schweren **körperlichen Schäden** rechnen: Leber (Fettleber, Leberschrumpfung), Magen, Bauchspeicheldrüse, Herz (Herzmuskelschwäche, Kreislaufstörungen, Herzversagen), Beeinträchtigung der Gehirnfunktion und des Nervensystems, Zittern der Hände, morgendliches Erbrechen, sexuelle Störungen. Hinzu kommen **geistig-seelische Schäden,** wie nachlassendes Gedächtnis, Absinken der Leistungsfähigkeit, Depressionen.

13.5.3 Medikamente können gefährlich sein!

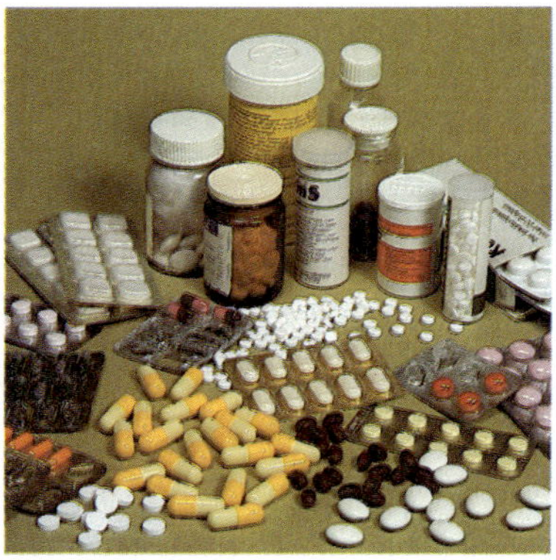

Abb. 13.15: Medikamente gibt es in den unterschiedlichsten Darreichungsformen. Tabletten – Dragees – Kapseln – Zäpfchen – Tropfen – Saft – Salbe – Tee

Viele Leute greifen zu ihrer täglichen Tablette so selbstverständlich wie zu einer Tasse Kaffee oder Tee. Das führt leicht zu einem sorglosen und unkritischen Umgang mit Medikamenten aller Art. Werden sie gewohnheitsmäßig eingenommen, kann der Arzt die Wirkungen und auch (gefährliche) Nebenwirkungen gar nicht überwachen. Manchmal ist es nur ein Schritt vom **Medikamenten-Mißbrauch** zur Abhängigkeit. Besonders häufig und gefährlich ist die unkontrollierte Einnahme von Schlaf-, Beruhigungs-, Anregungs- und Schmerzmitteln. Einerseits werden oft ernsthafte Krankheiten nicht rechtzeitig erkannt. Für den Arzt, der erst dann zu Rate gezogen wird, ist es umso schwieriger, je mehr die Symptome der Krankheit durch die Selbstbehandlung verwischt wurden. Teilweise werden die Mittel auch gemeinsam bzw. im Wechsel eingenommen. In Verbindung mit Alkohol wird die Wirkung vieler Medikamente verändert und verstärkt.

Es gibt kaum ein Schlafmittel, das nicht bei Dauergebrauch unerwünschte **Nebenwirkungen** hat. Es können Kopfschmerzen, Katergefühl, Zerschlagenheit u. a. auftreten. Die am häufigsten verschiedenen Schlafmittel enthalten Barbiturate. Diese gelten in letzter Zeit bei Fachleuten als umstritten, da die Gefahr des Mißbrauchs und der **Abhängigkeit** groß ist. Außerdem setzen die Schmerzmittel, in denen zusätzlich Barbiturat als schlaffördernder Stoff enthalten ist, das Reaktionsvermögen der Patienten stark herab. Gefährdungen im Straßenverkehr und bei der Bedienung von Maschinen sind gefährliche Folgen.

Grundsätzlich darf ein Schlafmittel – das gleiche gilt für Schmerz- und Beruhigungsmittel – nicht länger als 4 Wochen ohne Unterbrechung genommen werden. Denn Langzeitgebrauch kann zu Abhängigkeit und zu einer Schädigung von Nieren, Magen, Darm und Leber führen.

Man sollte es sich zur Regel machen, bei kleineren Beschwerden oder leichtem Unwohlsein den schnellen Griff zur Tablette (oder einem anderen Medikament) hinauszuschieben. Vielmehr gilt es, sich bewährter **Hausmittel** zu bedienen und seinen Tagesablauf kritisch zu überprüfen, ob es da vielleicht krankmachende Gewohnheiten gibt.

Aufgabe

Zu welchen Medikamenten gehören folgende Anwendungshinweise (des Arztes, des Apothekers, des Beipackzettels):

1. unzerkaut mit Flüssigkeit schlucken
2. auf Zucker oder mit Wasser einnehmen.
3. mit kochendem Wasser übergießen, 10 Minuten ziehen lassen, abgießen oder durchsieben, in kleinen Schlucken trinken
4. auf die kranken Hautstellen auftragen und verteilen
5. in den After einführen
6. in Wasser auflösen und dann einnehmen
7. unverdünnt einnehmen

Wer z. B. unter **Einschlafstörungen** leidet, kann zunächst einmal versuchen, ob einige der folgenden Ratschläge helfen:

- früher zu Abend essen
- früher zu Bett gehen (nicht erst, nachdem man schon beim Fernsehen eingeschlafen ist!)
- Schlafraum gut lüften, kühl halten
- lauwarmes Bad ohne abschließendes kaltes Duschen
- ein Glas warme Milch
- auf harten Krimi im Fernsehen, Kino verzichten
- kurze entspannende Gymnastik oder Abendspaziergang
- ein Buch zur Entspannung oder leise Musik
- ein beruhigender Tee aus Fenchel, Melisse, Baldrian oder Kamille

Zahl der Drogentoten steigt weiter

Die Zahl der Drogentoten steigt weiter. Über 1000 Menschen starben 1990 an Drogen. Dies ist fast ein Drittel mehr als im Vorjahr.
Als Droge mit der höchsten Todesrate gilt nach wie vor Heroin. Stark im Steigen sind chemische Drogen. Nach Schätzungen gibt es in der Bundesrepublik etwa 50 000 Drogenabhängige, von denen sich 1986 rund 2800 in medizinischer Behandlung befanden.

13.5.4 Drogen – in Stichworten

Frust, Angst, Clique ○ Haschisch ○ Schnupfen von Koks ○ Kolumbien – Kokainanbau ○ Spritzen von Heroin ○ Türkei – „Goldenes Dreieck" in Südostasien ○ Todesstrafe ○ Drogenhandel ○ Drogenbekämpfung ○ Dealer ○ Diebstahl ○ Knast ○ Entziehung ○ Abhängigkeit ○ AIDS ○ Rückfall ○ Jugendprostitution ○ Der „goldene Schuß" im Hauptbahnhof-WC ○ Abtransport ○ 348 Drogentote 1986 in der Bundesrepublik Deutschland

Aufgabe

Diskutiert mit Hilfe der nebenstehenden Stichworte die Abb. 13.16 A bis F und die Tabelle auf den Seiten 210/211

Abb. 13.16

A

B

C

D

E

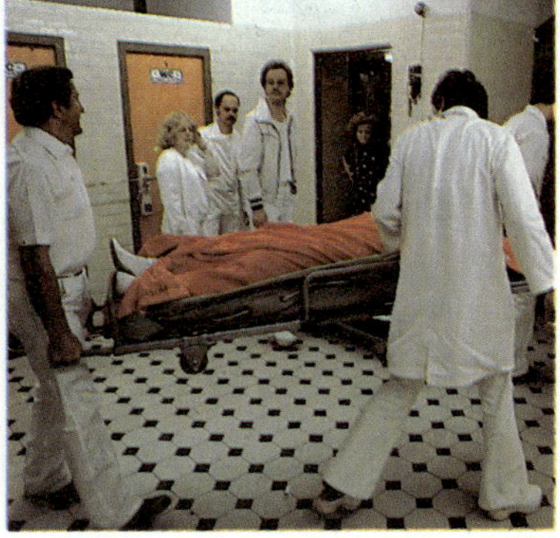
F

	Haschisch und Marihuana	Halluzinogene (LSD, Meskalin)	Opiate (Opium, Morphium, Heroin)	Kokain
Decknamen	Heu, pot, grass, shit, joint, kiff	acid	O (Opium) M (Morphium) H (Heroin)	Koks, C, Schnee, Charley, white St
Herkunft	aus Blättern und Blüten des Indischen Hanfs (= Cannabis) (Balkanländer, Afrika, Asien, Südamerika)	LSD wird künstlich hergestellt. Der pflanzliche Wirkstoff Meskalin wird auch künstlich hergestellt.	Opium ist der milchige Saft aus der Schlafmohnkapsel. Daraus wird Morphium hergestellt. Heroin wird aus Morphium gewonnen.	weißes Pulver aus Blättern des Koka strauches (Peru, Bolivien, Kolumbien)
Anwendung	Rauchen mit Tabak vermengt (joint), selten als Zusatz zu Speisen oder Getränken	Einnehmen als Tabletten, Pulver oder in Flüssigkeit mit Zucker	Rauchen, Schnupfen, Spritzen	Schnupfen (als Pulver) Spritzen (in Wasse aufgelöst)
Wirkung	– Gehirn: Wahrnehmungen verändern sich – Augen und Ohren: Orientierung fällt schwer – Verkehrsuntüchtigkeit – Sprache: wird ungenau und langsam – Kreislauf: Pulsschlag wird schneller	– Völlige Veränderung der Sinneseindrücke – Farbempfinden, Größenverhältnisse, Zeitgefühl geraten durcheinander – Verkehrsuntüchtigkeit – Hochstimmung kann in Depression umschlagen	– starkes Rauscherlebnis – übersteigertes Selbstbewußtsein – Fehleinschätzungen	– Wegfall von Hemmungen – aufputschend – Sinnestäuschun – Neigung zu Gewalttätigkeit
Folgen/Gefahren	– erhöhte Risikobereitschaft – Konzentrations- und Leistungsschwäche – Neigung zu Depressionen – größere Gefahr, auf andere Drogen „umzusteigen" (z.B. Heroin)	– Angstzustände (Horrortrips) – Verfolgungswahn – Selbstmordversuche – Geisteskrankheiten können ausgelöst werden	– Magen-, Darmstörungen – völliger körperlicher Verfall – bei nicht sterilen Spritzen: Infektionsgefahr (Gelbsucht, Aids) – bei Überdosis: unmittelbare Todesgefahr	– Schlaflosigkeit – Appetitlosigkeit – Leberschäden – körperlicher Verfall – schwere Depressionen – Halluzinationen – Verfolgungswah
	seelische Abhängigkeit	**seelische Abhängigkeit**	**stärkste seelische und körperliche Abhängigkeit** nach Heroin (schon nach kurzer Zeit)	**seelische Abhängi keit** meist schon nach der ersten Ei nahme

Schnüffelstoffe	Nikotin	Alkohol	Medikamente
sniffing			speed (Aufputschmittel) barbs, bombs } (Schlaf- und Beruhigungsmittel)
Dämpfe und Gase von Lösungsmitteln, Benzin, Klebstoffen, Chloroform, Äther	Tabakpflanze	durch alkoholische Gärung aus Getreide und Obst	chemische Herstellung
Einatmen	Rauchen von Tabakwaren	Trinken von Bier, Wein, Sekt, Schnaps usw.	Schlucken und Spritzen
– Bewußtseinstrübung – rauschähnlicher Zustand	– leichte Schwindelgefühle – beruhigend oder anregend – Unsicherheiten werden überspielt	– gehobene Stimmung – größere Kontaktfreudigkeit – Reaktionsvermögen läßt nach – Hemmungen werden abgebaut – Aggressionen nehmen zu	Schmerzmittel zunächst: schmerzstillend, dann: – Bewußtseinstrübung – Leber- und Nierenschäden – Abstumpfung – Verwahrlosung
– Kopfschmerzen – Leber-, Lungen-, Nieren-, Gehirn- und Nervenschäden – Erstickungsgefahr – Herzversagen	– Bluthochdruck – Erkrankung der Herzkranzgefäße – Magengeschwüre – chronische Bronchitis – Raucherbein – verschiedene Krebsarten (besonders Lungenkrebs)	– Gleichgewichtsstörungen (Taumeln) – Bewußtlosigkeit – erhöhte Unfallgefahr – Alkoholvergiftung mit Todesfolge – Magengeschwüre – Schäden an Leber, Herz, Bauchspeicheldrüse – Abbau von Gehirnzellen (Gedächtnisschwund)	Schlaf- und Beruhigungsmittel zunächst: schlaffördernd, dann: – Vergiftungserscheinungen – körperlicher Verfall – Abstumpfung – Verwahrlosung Weckmittel (Aufputschmittel) zunächst: anregend, dann: – Leberentzündung – schwere Organschäden – körperlicher Verfall
seelische Abhängigkeit	**seelische Abhängigkeit,** gelegentlich leichte körperliche Abhängigkeit	**seelische und z.T. körperliche Abhängigkeit**	**seelische und z.T. körperliche Abhängigkeit**

13.6 Organspende – Organtransplantation

Tatsachenbericht – im Tod noch Lebensretter

Es ist an einem regnerischen Herbsttag. Der 23jährige Bauschlosser Manfred S. fährt mit seinem Motorrad zur Arbeit nach Hannover. Da passiert es, am Rand eines kleinen Waldstücks, in einer unübersichtlichen Kurve. Feuchtes Laub bedeckt den Asphalt, das Motorrad verliert den Halt, der junge Mann stürzt in voller Fahrt.

Nachfolgende Autofahrer alarmieren die Polizei, fünfzehn Minuten später landet der Rettungshubschrauber mit dem Notarzt neben der Unfallstelle. Der Schwerverletzte wird versorgt, auf eine Trage gelegt und mit dem Hubschrauber in die Medizinische Hochschule der niedersächsischen Landeshauptstadt geflogen. Die Verletzungen sind so schwer, daß keine Aussicht mehr besteht, das Leben des jungen Mannes zu retten.

Doch anstatt nun alle Bemühungen aufzugeben, die Behandlung abzubrechen und den tödlich Verletzten seinem Schicksal zu überlassen, läuft der medizinische Betrieb der Universitätsklinik auf Hochtouren weiter. Der Motorradfahrer, das hat die Untersuchung gezeigt, könnte in seinem Tod noch das Leben anderer Kranker retten: Manfred S. ist ein idealer Organspender.

Der schwerverletzte Motorradfahrer Manfred S. wird kurz nach seiner Einlieferung auf die Intensivstation der Medizinischen Hochschule in Hannover gebracht. Hier kümmern sich Tag und Nacht Ärzte und Pfleger um ihn.

In regelmäßigen Abständen untersucht ein Neurologe den leblos liegenden Patienten. Am zweiten Tag sieht es tatsächlich so aus, als würde sich sein Zustand leicht bessern, doch schon am Abend verschlechtert er sich wieder rapide.

Am vierten Tag sucht der Neurologe vergeblich nach Nervenreaktionen. Er schlägt vor, die Gehirnstromkurven aufzuzeichnen. Elektroden werden an den Schreiber angeschlossen und das Gerät in Gang gesetzt. Die feinen Schreibstifte bewegen sich nicht. Eine halbe Stunde lang zeichnen sie ein Dutzend parallele, schnurgerade Linien auf das Papier. Es kann kein Zweifel mehr bestehen: Manfred S. ist gestorben.

Abb. 13.17: Auf der Intensivstation werden mit Hilfe vieler Apparate die Körperfunktionen überwacht. Jeder Kranke, der mit einer Narkose operiert wurde, kommt nach der Operation erst auf die Intensivstation, bis er wieder wach ist und auf die normale Pflegestation verlegt werden kann

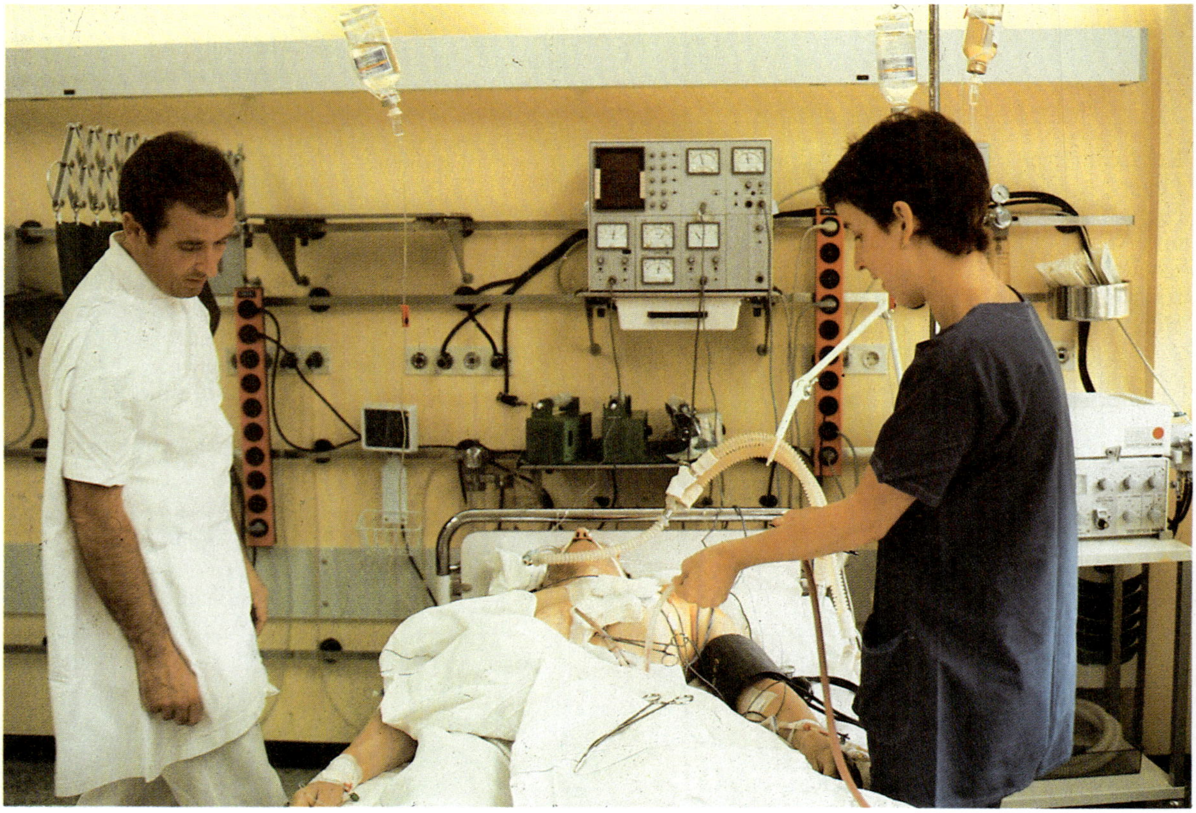

Das Gehirn des 23jährigen Bauschlossers ist tot. Der verantwortliche Arzt ruft die Mutter und die Schwester des jungen Mannes in die Klinik und überbringt ihnen im Arztzimmer die traurige Nachricht. Dann sagt der Mediziner: „Sicher haben Sie schon von den Möglichkeiten der Organtransplantation gehört. Wir meinen, daß die Organe des Toten geeignet wären, um einem anderen Schwerkranken zu helfen. Ich bitte Sie um Ihr Einverständnis."

Bevor die Ärzte aber nun mit der Entnahme der Organe beginnen, wollen sie dreifache Sicherheit gewinnen. Manfred S. wird in seinem Bett in die Röntgenabteilung der Universitätsklinik gerollt. Hier wird nun mit Hilfe einer Röntgenaufnahme klargestellt, daß kein Blut mehr durch sein Gehirn strömt. Dies ist neben den neurologischen Reaktionen und den Gehirnströmen ein dritter Weg, um den endgültigen Gehirntod festzustellen. Denn, wenn das Gehirn nur für zehn Minuten nicht mit Blut versorgt wird, ist das Leben unwiderruflich zu Ende.

An den Eurotransplant-Computer in Leiden melden die Mediziner in Hannover auch die Gewebedaten ihres Organspenders. Noch bevor sie damit fertig sind, in einem Operationssaal die Nieren des 23jährigen zu entfernen, erhalten sie vom Computer in Leiden die Antwort. Eine der beiden Nieren soll die 38jährige Sekretärin Marianne F. in Heidelberg bekommen, die andere ist für einen 13jährigen Jungen in Amsterdam vorgesehen.

Etwa eine Stunde nach der Spenderniere trifft Marianne F. in der Heidelberger Universitätsklinik ein. Seit vier Jahren arbeiten ihre eigenen Nieren überhaupt nicht mehr. Dreimal in der Woche muß sie sich daher für jeweils acht Stunden an eine künstliche Niere, das sogenannte Dialysegerät, anschließen. Sie ist von der Maschine abhängig, kann noch nicht einmal mehr Verwandtenbesuche oder eine Urlaubsreise planen und lebt unter dem ständigen Druck, einen Fehler zu machen. Schon eine Banane kann für sie tödlich sein – wegen des hohen Kaliumgehalts. Seit zwei Jahren steht sie auf der Warteliste für eine Nierentransplantation.

Marianne F. ist erleichtert, endlich an der Reihe zu sein. Sie freut sich auf die Operation. Sechs Stunden später haben ihr die Chirurgen die Niere des 23jährigen Bauschlossers eingesetzt. „Für mich hat ein neues Leben begonnen", erzählt sie strahlend ihren Ärzten und Besuchern, als sie aus der Narkose erwacht ist.

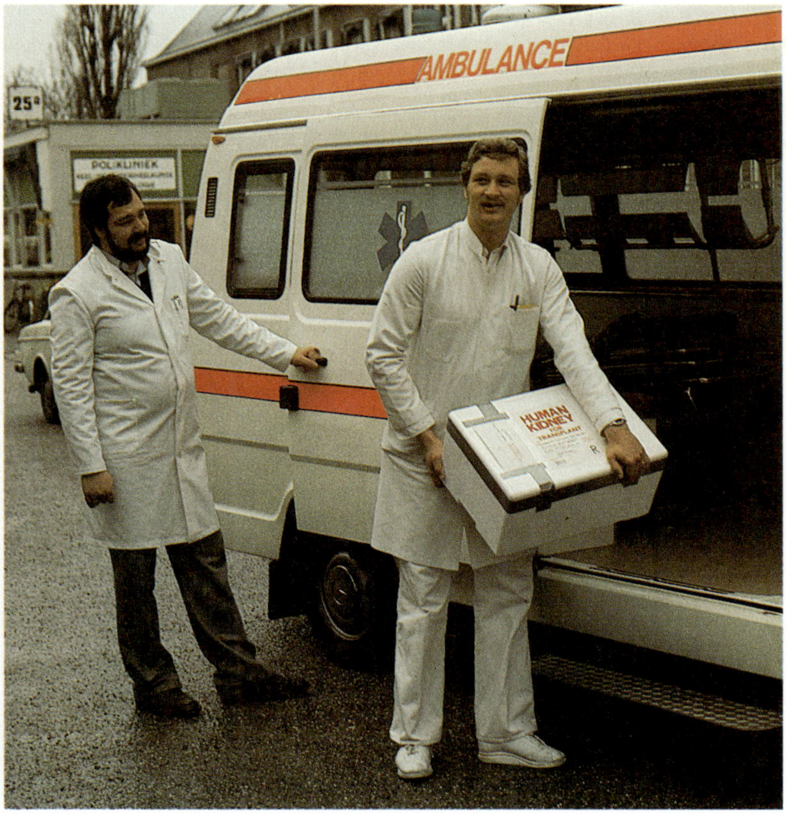

Welche Transplantationen sind heute möglich?

Die Organe

Niere
Die Nierentransplantation wurde bisher weltweit über 100.000mal durchgeführt und weist von allen Organtransplantationen die höchste Erfolgsquote auf. 1 Jahr nach der Transplantation funktionieren noch 80–90% der Nieren, nach 5 Jahren ca. 60–70%.

Leber
Weltweit wurde die Leber etwa 2.000mal übertragen, und die Transplantation erzielt besonders bei Kindern sehr gute Ergebnisse. Das erste Jahr überleben durchschnittlich 70–80% der Patienten, weitere Jahre danach liegt die Überlebensrate kaum darunter.

Herz
Etwa 3.000mal konnte das Herz schon weltweit verpflanzt werden. Prof. Christiaan Barnard wagte diese Transplantation erstmals 1967 in Südafrika. Die Erfolgsquote liegt bei etwa 80% nach 1 Jahr, bei ca. 65% noch nach 5 Jahren.

Bauchspeicheldrüse
Weltweit sind bisher etwa 1.000 Verpflanzungen der Bauchspeicheldrüse (Pankreas) durchgeführt worden. Diese Operation wird noch selten vorgenommen, in der Bundesrepublik bisher nur etwa 70mal. Die Ergebnisse 1 Jahr nach der Transplantation sind noch nicht so günstig, wie bei den anderen Organen.

Die Gewebe

Augenhornhaut
Etwa 1.500mal jährlich wird in der Bundesrepublik die Augenhornhaut (Cornea) übertragen. Bei 85% ist ein dauerhaftes Einheilen der Hornhaut zu erwarten.

Gehörknöchelchen
Eine Übertragung der Gehörknöchelchen wird jährlich etwa ebenso häufig vorgenommen, wie die der Augenhornhaut. Sie gelingt relativ problemlos. In 20–80% wird ein gutes akustisches Ergebnis erreicht.

Knochenmark
Die Knochenmarktransplantation hat in den letzten 10 Jahren bei der Behandlung schwerer Blutkrankheiten, wie z. B. Leukämie, zunehmende Bedeutung erlangt. Wichtigste Voraussetzung ist hier die Gewebeübereinstimmung zwischen Spender und Empfänger.

Quelle: Arbeitskreis Organspende, Neu-Isenburg

Abb. 13.18: Eine Niere wird zur Transplantation gebracht

Wichtige Notfall-Adressen und Telefonnummern:

Hausarzt:

Nächste Apotheke:

Nächste Klinik:

Nächste Giftzentrale:

Feuerwehr:

Polizei:

Notarzt:

Krankentransport:

Fertige eine solche Liste mit wichtigen Telefonnummern (und Anschriften?) an und hänge sie in der Nähe des Telefons auf!

Der Körper eines Menschen ist keine Stoffwechselmaschine. Leben heißt nicht allein, daß wir uns bewegen, Nahrung aufnehmen und verdauen, daß wir atmen, daß unser Herz Blut durch die Adern und Organe pumpt. All dies ist notwendig, damit wir leben, aber der entscheidende Unterschied zwischen Leben und Tod ist allein, ob das Gehirn arbeitet. Solange es funktioniert, lebt der Mensch, setzt das Gehirn aus, gibt es keinen Weg zurück, selbst wenn das Herz noch schlägt und der Brustkorb sich im Rhythmus der Beatmungsmaschine hebt und senkt.

*

Jeder Mensch hat das Recht, über seinen eigenen Körper allein zu verfügen. Dieses Recht auf Selbstbestimmung gilt auch nach seinem Tode. Wer es nicht mehr selbst wahrnehmen kann, bei dem müssen die nächsten Angehörigen entscheiden. Immer mehr Menschen erklären sich daher schon zu Lebzeiten bereit, daß nach dem Tod ihre Organe einem Kranken übertragen werden. Sie tun dies durch einen Organspenderausweis, den sie ständig bei sich tragen.

*

Nach der endgültigen Todesfeststellung läuft ein internationales Netzwerk an. Zunächst einmal entnehmen die Ärzte dem Toten einen Lymphknoten und analysieren im Labor den exakten Gewebetyp des jungen Mannes. So wie bei Bluttransfusionen immer nur die gleiche Blutgruppe übertragen wird, so sind auch die Abstoßungsreaktionen bei Transplantationen geringer, wenn das Gewebe von Spender und Empfänger gut zusammenpassen. Allerdings gibt es sehr viel mehr verschiedene Gewebe- als Blutgruppen. Seit über zehn Jahren versuchen die Chirurgen daher, in ganz Europa die Organe zu jenen Kranken zu bringen, die am besten zu ihnen passen. Die Zentrale dieser „Eurotransplant"-Organisation sitzt in der niederländischen Stadt Leiden. Hier sind in einem Computer die Daten aller Patienten gespeichert, die auf eine Transplantation warten.

*

Obwohl 1990 in Deutschland 2356 Nieren für Transplantationen bereitstanden, sind es immer noch zu wenig. Rund 6000 wären nötig, um jedem Kranken ohne übergroße Wartezeit zu einem neuen Organ zu verhelfen. Immerhin besteht die Hoffnung, daß dieses Ziel in Zukunft erreicht werden kann. Die Bereitschaft zur Organspende hat zugenommen, und auf medizinischer Seite wurde die Organisation der Transplantationen in den vergangenen Jahren entscheidend verbessert. Noch vor fünfundzwanzig Jahren wurden in der Bundesrepublik nicht einmal 200 Nieren jährlich transplantiert.

(nach AOK-Magazin 4/83 und neuen statistischen Angaben 1991)

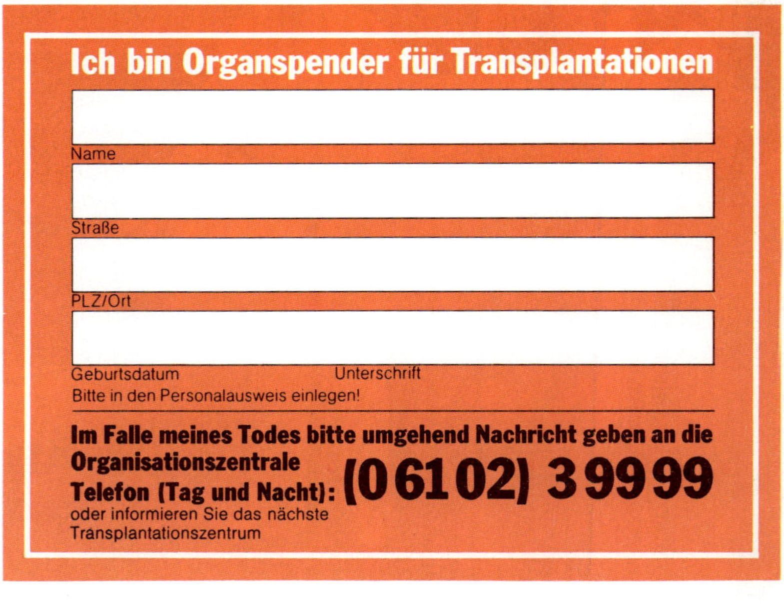

Ich bin Organspender für Transplantationen

Name

Straße

PLZ/Ort

Geburtsdatum Unterschrift

Bitte in den Personalausweis einlegen!

Im Falle meines Todes bitte umgehend Nachricht geben an die Organisationszentrale
Telefon (Tag und Nacht): (06102) 39999
oder informieren Sie das nächste Transplantationszentrum

Abb. 13.19: Rückseite des Organspenderausweises

14
Der Boden ist ein Ökosystem

Abb. 14.1–14.3: Biotop und Biozönose = Ökosystem

Die Ökologie beschäftigt sich mit den vielfältigen Beziehungen, die Lebewesen eines bestimmten Lebensraumes untereinander haben, und mit den Wechselwirkungen zwischen Lebewesen und ihrer Umwelt.

Eine **Lebensgemeinschaft von Pflanzen und Tieren (Biozönose)** bewohnt einen bestimmten **Lebensraum (Biotop).** Ein Lebensraum umfaßt oft mehrere Teilbereiche: Luft, Wasser, Boden.

Die Summe der gegenseitigen Beziehungen und Wechselwirkungen ergibt ein Ökosystem. Kurz gesagt:
Biotop + Biozönose = Ökosystem.

Als **Boden** bezeichnet man den lockeren Teil der festen Erdkruste, der von der Erdoberfläche bis zum Gestein des Untergrundes reicht. Er entsteht und wird fortwährend umgestaltet durch physikalische, chemische und biologische Vorgänge, die man als **Verwitterung** bezeichnet. Boden (z. B. Wald-, Wiesen-, Ackerboden) ist mit Wasser und Luft durchsetzt. Er ist Lebensraum (Biotop) für Lebewesen (Bodenorganismen), die eine Lebensgemeinschaft (Biozönose) bilden. Boden ist ein Ökosystem.

14.1 Wie entsteht ein Boden

Die Entstehung eines Bodens wollen wir am Beispiel eines Braunerdebodens verfolgen.

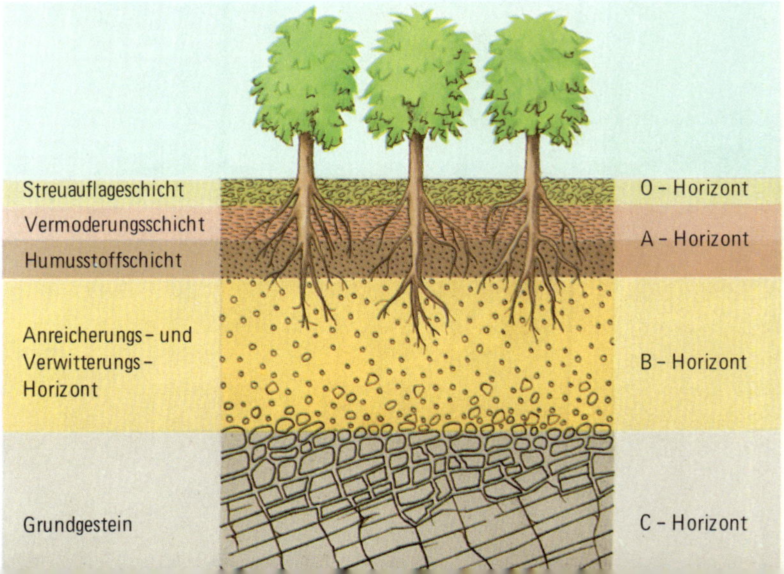

Abb. 14.4: Bodenschichtung unter einem Laubwald

Abb. 14.5: Schematische Darstellung von Prozessen, die zur Bildung von Boden führen

Braunerdeböden entstehen häufig auf Granitgestein. Du findest sie in vielen deutschen Mittelgebirgen (z.B. Harz, Odenwald und Schwarzwald).

Die Abbildung 14.0 zeigt einen mit dem Spaten freigelegten Braunerdeboden. Du erkennst waagerecht verlaufende Schichten, **Bodenhorizonte.** Ihre Aufeinanderfolge ergibt das **Bodenprofil.** Die Horizonte werden mit Großbuchstaben gekennzeichnet.

O = Auflage von Laub- und/oder Nadelstreu
A = Oberboden: oft dunkelfarbig. Er besteht aus der Vermoderungs- und Humusschicht.
B = Unterboden: Mischung aus Humusstoffen und verwitterten Gesteinsteilchen.
C = Gesteinsuntergrund: Schicht des Gesteins, aus dem der Boden entstanden ist.

Wie entsteht aus festem Gestein ein lockerer Boden?
Sonneneinstrahlung und Frost sind die wichtigsten Ursachen dafür, daß die Granitoberfläche verwittert. Ein häufiger Wechsel zwischen Erwärmung (= Ausdehnung der Gesteine) und Abkühlung (= Zusammenziehen der Gesteine) erzeugt Spannungen im Gestein. Dadurch entstehen Sprünge und Abschuppungen, bis schließlich die Gesteinsblöcke zerbröckeln.

Wasser hat die Eigenschaft, sich beim Gefrieren um 9% seines Volumens auszudehnen. Gefriert Regenwasser, das in eine Gesteinsspalte eingedrungen ist, entsteht ein erheblicher Druck, der das Gestein auseinandersprengen kann. Durch häufigen Wechsel zwischen Frost und Erwärmung werden Spalten und Risse weiter geöffnet, und es können Hohlräume im Gestein entstehen. Den Zerfall von Gesteinen als Folge von Sonneneinstrahlung und Frost nennt man **physikalische Verwitterung.** Sie verwandelt die oberste Gesteinsschicht in einen **C-Horizont.**

Die rauhen, rissigen Gesteinsflächen werden von Flechten besiedelt. Diese scheiden Säuren aus, die die Gesteinsschicht ebenfalls angreifen. Flechtenrückstände und Gesteinsgrus sammeln sich in Vertiefungen und bilden das Material, auf dem sich Moose und später Farne und Blütenpflanzen ansiedeln können. Wenn sie absterben, bilden ihre Reste allmählich eine **Streuauflage (O-Horizont)** und **Oberboden (A-Horizont)** (vgl. Abb. 14.4).

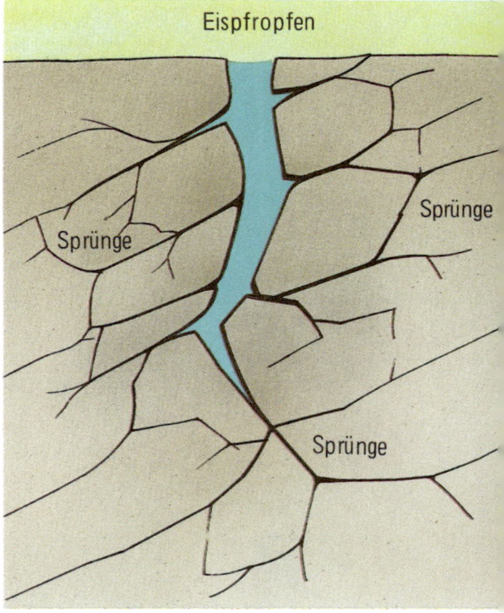

Abb. 14.6: Gesteinsschichten sind durch Frost gesprengt worden

Abb. 14.7: Schuttmassen an Berghängen sind das Ergebnis der physikalischen Verwitterung

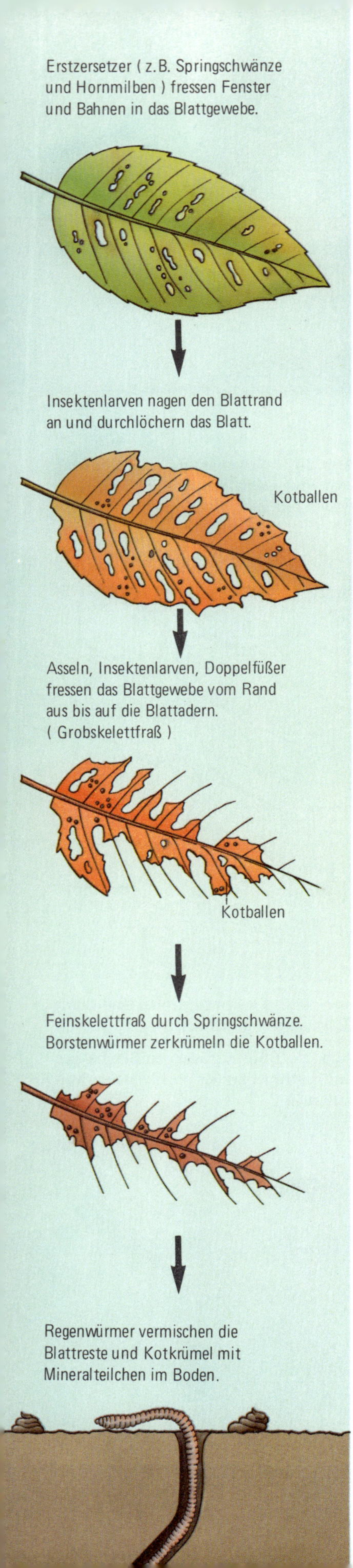

Abb. 14.8: Springschwanz

Springschwänze. Springschwänze bilden eine Gruppe der ungeflügelten **Urinsekten.** Sie sind klein (0,25–10 mm groß) und leben in der Streuschicht oder in den Hohlräumen tieferer Bodenschichten. Die meisten Springschwanzarten besitzen am Hinterleib eine **Sprunggabel.** Im Ruhezustand ist sie nach vorn unter den Bauch geklappt. Bei Beunruhigung wird sie nach hinten geschlagen, das Insekt springt weg.

Die kleinen, in den Poren tieferer Schichten des Oberbodens lebenden Springschwänze besitzen zurückgebildete oder keine Sprunggabeln.

Springschwänze fressen Algen, Bakterienrasen, Pilzfäden auf feuchtem Fallaub und auf modernden Ästen sowie Kotreste. Große Springschwanzarten nagen Fenster und Gänge ins Blattgewebe und ermöglichen Mikroorganismen die weitere Zersetzung.

Springschwänze wirken an der **Streuzersetzung** mit.

Milben. Sie gehören zu den **Spinnentieren.** Sie haben vier Beinpaare und einen ungegliederten, sackförmigen Körper.

Raubmilben leben auf oder in der Streuschicht und jagen dort nach Kleintieren.

Hornmilben (Körperlänge 0,2–1 mm) leben im humusreichen Oberboden, in Moospolstern und zerfallenden Baumstümpfen.

Einige Hornmilbenarten nagen als **Erstzersetzer** Fallaub an und schaffen damit Mikroorganismen Möglichkeiten zur weiteren Zersetzung. Andere Hornmilbenarten leben als **Folgezersetzer** von Algen, Flechten und Pilzfäden.

Ebenso wie bei Springschwänzen finden wir bei Milben Anpassungen der Körpergröße an den Lebensraum. Milbenarten, die auf oder in der Streuschicht leben, sind größer als die Arten, die in den Poren tieferer Schichten leben.

Abb. 14.10: Hornmilbe

Abb. 14.9: Ablauf der Zersetzung eines Laubblattes

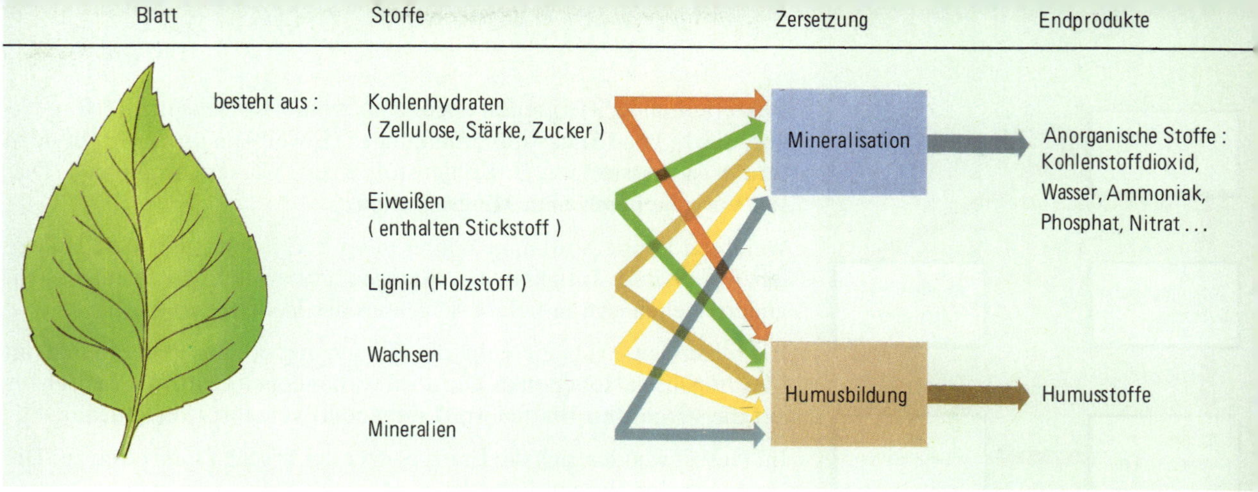

Abb. 14.11: Zersetzung eines Laubblattes (Schema)

Mit dem Regenwasser gelangen Säuren (z. B. Kohlensäure) in die Bodenhohlräume. Pflanzenwurzeln und Bodenlebewesen geben ebenfalls Säuren an das Bodenwasser ab. Die Säuren lösen Gesteine auf und sorgen für eine weitere Zerkleinerung, **chemische Verwitterung.** Die gelösten Stoffe werden teilweise mit Sickerwasser in tiefere Schichten transportiert und sammeln sich im **Unterboden (B-Horizont)** an.

Pflanzenwurzeln, die in Spalten eingedrungen sind, entfalten durch ihr Dickenwachstum erstaunliche Kräfte (bis zu 15 kg/cm^2) und erweitern Spalten und Hohlräume, **biologische Verwitterung.**

14.2 Wie wird die Streuschicht zersetzt?

In einem Laubwald fallen jährlich auf einer Bodenfläche von 1 ha bis zu 9 t abgestorbener organischer Stoffe (Blätter, Zweige, Äste, Tierleichen) an.

Der Waldboden wäre längst meterhoch mit Streu bedeckt, würden nicht Billionen von **Bodenlebewesen** die anfallenden organischen Stoffe zu dunkelbraunem **Humus** verarbeiten. Humus und Gesteinsbrocken werden dabei vermischt.

Wir untersuchen an einem Beispiel, wie die jährlich anfallenden organischen Stoffe zu Bodenbestandteilen umgearbeitet (zersetzt) werden.

Fällt das Herbstlaub bei trockenem Wetter zu Boden, ist es nur für wenige Bodentiere als Nahrung geeignet. Asseln, Doppelfüßer, Käfer, z. B. Rüsselkäfer, und Schnecken nagen die frisch gefallenen Blätter an und zerbeißen sie. Auch Hornmilben- und Springschwanzarten (vgl. Kasten) fressen viele kleine Löcher in die Streu. Diese Bodentiere nennt man **Erstzersetzer.** Damit erleichtern sie den Mikroorganismen, in das Blattgewebe einzudringen. Zu den **Mikroorganismen** gehören vor allem Bakterien, Pilze und Urtiere (z. B. Amoeben). Damit die Mikroorganismen den ersten Großangriff auf das Fallaub starten können, ist Feuchtigkeit nötig. Ein dünner Wasserfilm muß die Blätter überziehen. Nur so finden Mikroorganismen geeignete Lebensbedingungen.

Abb. 14.12: Asseln, Doppelfüßer, Rüsselkäfer und Wegschnecken nagen das Fallaub an

Bakterien und Pilze greifen leicht zersetzbare Kohlenstoff- (z. B. Zukker, Stärke) und Stickstoffverbindungen (Eiweiß) an und zerlegen sie in ihre Ausgangsstoffe, z. B. Kohlenstoffdioxid, Wasser, Ammoniak. Diesen Vorgang nennt man **Mineralisation.**

Wenn die Temperaturen im Winter unter 2 °C fallen, stellen die Bodenlebewesen ihre Tätigkeit ein. Manche überwintern in Schutzhüllen, andere ziehen sich in tiefere Schichten des Bodens zurück.

Im folgenden Frühjahr geht die Zersetzung weiter und erreicht im Mai/Juni ihren Höhepunkt. Die noch vorhandenen Blattreste werden bis auf die verholzten Blattadern (Leitbündel) verzehrt (Skelettfraß).

Im Herbst wenden sich die Erstzersetzer der frischen Laubstreu zu. Die Reste des vorjährigen Fallaubs werden von **Folgezersetzern** weiterverarbeitet. **Spezialisten** unter Bakterien, Pilzen und Strahlenpilzen greifen jetzt schwer zersetzbare Kohlenstoffverbindungen an, z. B. Chitin, Holzstoff. Das schon z. T. zersetzte, gut durchfeuchtete Ausgangsmaterial der Vermoderungsschicht wird von Spezialisten so lange weiterverarbeitet, bis die Reste in Stoffe umgewandelt sind, die man **Humus** nennt. Welche Pflanzenteile zu Humus geworden sind, das ist selbst unter dem Mikroskop nicht mehr zu erkennen.

Bei diesem Vorgang, **Humusbildung** genannt, spielen neben den Mikroorganismen solche Bodentiere eine Rolle, die keine frische Streu mögen bzw. den Kot der Erstzersetzer verwerten. Zu ihnen gehören **Regenwürmer.**

Die Laubstreu der einheimischen Baum- und Straucharten wird unterschiedlich schnell zersetzt. Hasel- und Holunderlaub werden besonders gerne von Bodenlebewesen verarbeitet und sind schon im folgenden Frühjahr verschwunden. Die Zersetzung von Eichenlaub dauert 2 Jahre, Buchenlaub braucht 3 Jahre, Fichtennadeln benötigen gar mehr als 10 Jahre. Damit die Bodenlebewesen die anfallende Streu fortlaufend umsetzen können, benötigen sie günstige Bedingungen, vor allem gleichmäßige Durchfeuchtung und ausreichende Durchlüftung. Ist dies nicht der Fall, wird schon die Aktivität der Erstzersetzer gehemmt. Auf die noch nicht zersetzte Streu fällt im folgenden Herbst erneut Laub. So entstehen dicke, nicht zersetzte Streuschichten, man nennt sie **Rohhumus.** In Fichten- oder Kiefernforsten sowie in reinen Buchenwäldern findest du häufig Rohhumusschichten.

Unser Beispiel zeigt, daß die Streu **nie** von einer Art von Bodenlebewesen allein zersetzt wird. Mehrere Arten teilen sich die Zersetzung in einer ganz bestimmten Reihenfolge, einer **Nahrungskette.**

14.3 Nahrungsketten

Ein feuchtes, von Erstzersetzern bearbeitetes Laubblatt wird von einem Regenwurm in seine Röhre gezogen. Er frißt es, scheidet aber 90% des Blattes als Kotkrümel aus. Als weiterer Zersetzer frißt ein Springschwanz die in Kotkrümel verpackten Blattreste und scheidet in seinen Kotbällchen immer noch verwertbare Substanz aus. Diese wird mögli-

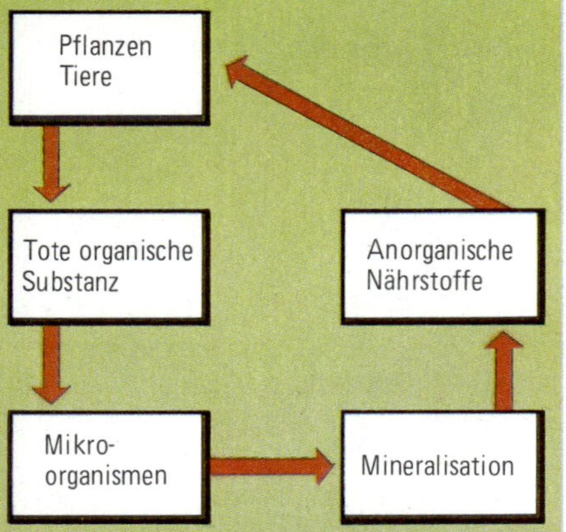

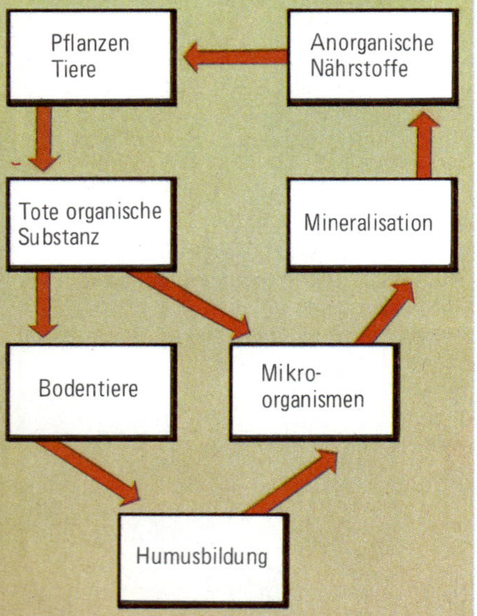

Bei Staunässe, Sauerstoffmangel und vielen Bodensäuren können Bodenlebewesen nicht existieren. Die anfallende Streu wird Torf.

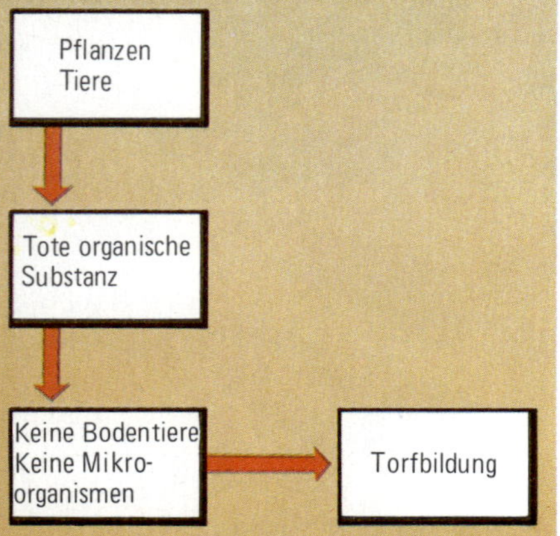

Abb. 14.13: Mineralisation, Humusbildung, Vertorfung.

Abb. 14.14: Der Lederlaufkäfer ist mit 4 cm Länge der größte heimische Käfer. Er lebt – wie die meisten Laufkäferarten – räuberisch und verzehrt täglich bis zum 3fachen seines Körpergewichts

cherweise von einem anderen Regenwurm verzehrt, dessen Kotkrümel für andere Lebewesen noch immer ergiebig sind. Am Ende der Kette zerlegen Bakterien, Pilze und Strahlenpilze die Reste in ihre Ausgangsstoffe (Mineralisation). An der Zersetzung eines Blattes können sich folgende Bodenlebewesen der Reihe nach beteiligen:

- Blatt: Erstzersetzer (z. B. Hornmilben, Springschwänze, Mikroorganismen),
- vermodertes Blatt: Regenwurm,
- Blattreste im Regenwurmkot: Springschwänze,
- Reste in Kotballen der Springschwänze: Mikroorganismen,
- Endstoffe.

Unser Beispiel zeigt, daß sich bei der Zersetzung von Laubstreu **Bodentiere** und **Mikroorganismen** die Arbeit teilen. Bodentiere zerkleinern die Laubstreu und scheiden die Reste mit Erdteilchen vermischt im Kot aus. Mikroorganismen zersetzen die Laubstreu chemisch.

Das riesige Heer der **Zersetzer** wird von einer großen Schar von **Räubern** (z. B. Spinnen, Hundertfüßer, Laufkäfer) in Schach gehalten. Ordnen wir die Räuber in die Nahrungsbeziehungen mit ein, erhalten wir ein kompliziertes Geflecht, ein **Nahrungsnetz.**

Abb. 14.15: Wolfsspinnen jagen am Boden. Sie fangen ihre Beute im Lauf und töten sie durch Bisse mit ihren Giftklauen

Abb. 14.16: Erdläufer gehören zu den Hundertfüßern. Sie leben im Boden und jagen dort ihre Beute (z. B. Springschwänze)

Abb. 14.17: Umwelteinflüsse wirken auf Bodenlebewesen (z. B. Springschwanz)

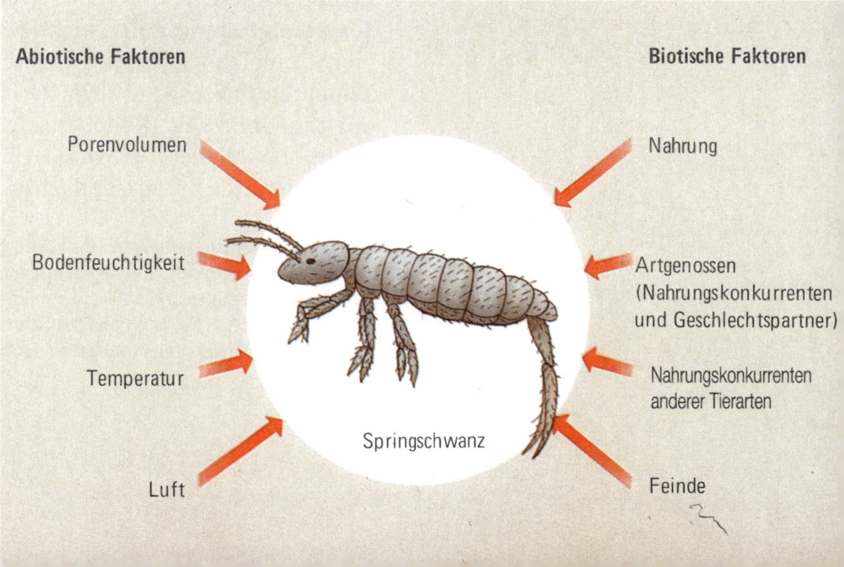

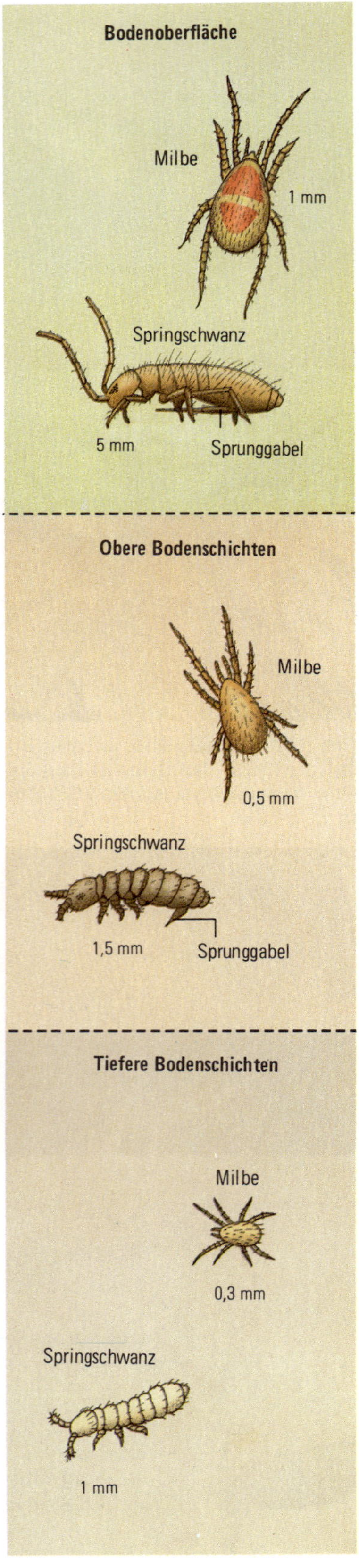

14.4 Wie sind Bodenlebewesen an ihre Umweltfaktoren angepaßt?

Ob sich Lebewesen in einem bestimmten Lebensraum gut oder schlecht entwickeln können, das hängt von vielen Faktoren ab. Man unterscheidet **abiotische** (leblose) und **biotische** (lebende) Faktoren (Abb. 14.17).

Ein Boden ist kein kompaktes Gebilde. Er ist mit **Hohlräumen** (Poren) durchsetzt. Mit zunehmender Tiefe wird die Anzahl der Hohlräume geringer, die Poren werden kleiner. Die Gesamtheit der Hohlräume nennt man **Porenvolumen.**

Die Menge und Größe der Poren in einem Boden beeinflußt stark die Fortbewegungsweise der Bodenlebewesen. Je dichter ein Boden ist, desto mehr Widerstand haben seine Bewohner bei der Fortbewegung zu überwinden, oder desto weniger Lebensraum bietet er ihnen.

Da kein Lebewesen ohne Wasser existieren kann, ist **Bodenfeuchtigkeit** ein ebenso gewichtiger abiotischer Faktor wie das Porenvolumen. Wenn es regnet, versickert das Regenwasser infolge der Schwerkraft in tiefere Bodenschichten. Anzahl und Größe der Poren bestimmen, wie schnell und tief das Wasser eindringt und wieviel Wasser in den Hohlräumen und Spalten festgehalten wird. Gefährlich für Bodenlebewesen ist Austrocknung.

Bei längerer Trockenheit trocknet der Boden von oben her aus. Die Zone der Feuchtigkeit verlagert sich in tiefere Schichten. Der Wassergehalt kann in den austrocknenden Schichten so gering werden, daß für Pflanzen und Tiere kein Wasser mehr erreichbar ist. Manche Bodentiere (z. B. einige Regenwurmarten) folgen der Feuchtigkeitszone und wandern in die Tiefe. Andere fallen in eine Trockenstarre, d. h. in einen Zustand, in dem die Körperfunktionen sehr stark eingeschränkt sind.

Nur in den oberen Schichten trockener und grobporiger Böden hat die **Bodenluft** den gleichen Sauerstoffanteil wie atmosphärische Luft. In feuchten Böden und in tieferen Bodenschichten ist der Kohlenstoffdioxidgehalt viel höher als in der Atmosphäre. Er kann als Folge der Atmung von Pflanzenwurzeln, Bodentieren und Mikroorganismen einen Anteil von 10% erreichen.

Die meisten Bodentierarten ertragen allerdings höhere Kohlenstoffdioxidwerte als ihre auf der Erdoberfläche lebenden Verwandten. Bildet sich jedoch Stauwasser in dichten, kleinporigen Bodenschichten, geraten viele Bodenlebewesen in Sauerstoffnot.

Da Bodentiere überwiegend **wechselwarme Lebewesen** sind, ist die **Temperatur** ein weiterer wichtiger abiotischer Faktor. Bei wechselwarmen Tieren hängt die Aktivität von der Umgebungstemperatur ab. Der Temperaturbereich, in dem die Tiere leben können, reicht von einer unteren Grenze (= Kältestarre) bis zu einer oberen Grenze (= Hitzestarre, anschließend Hitzetod). Der Bereich ist für die verschiedenen Bodentierarten unterschiedlich groß. Regenwürmer sind z. B. kälteemp-

Abb. 14.18: Springschwänze und Milben sind an das Leben in unterschiedlichen Bodentiefen angepaßt. Die Bodenporen werden mit zunehmender Bodentiefe kleiner. Springschwanz- und Milbenarten, die in tieferen Bodenschichten leben, sind viel kleiner als ihre Verwandten aus der Streuschicht oder aus oberen Bodenschichten. Bei Springschwanzarten aus tieferen Bodenschichten ist die Sprunggabel zurückgebildet

findlich und sterben bei Temperaturen knapp über dem Gefrierpunkt. Andere Bodentierarten sind noch bei Temperaturen unter 0° C aktiv oder können diese Temperaturen mehrere Monate in einem Ruhestadium überstehen.
Gegenüber hohen Temperaturen sind die meisten Bodentierarten empfindlich. Nur wenige Arten ertragen längere Zeit Temperaturen über 50° C, meistens vermeiden die Tiere Erwärmungen, die über 15–20° C hinausgehen.

Urtiere (Protozoen). Urtiere sind mikroskopisch kleine einzellige Tiere. Zu ihnen gehören die folgenden Tiergruppen:

Geißeltierchen bewegen sich schwimmend im Bodenwasser fort, sie benutzen dabei eine Geißel. Sie ernähren sich von Bakterien und kleinsten Streuteilchen.

Amöben (Wechseltierchen) leben in zwei Formen im Boden. Nacktamöben (auch Wechseltierchen genannt) fressen Bakterien und Algen. Schalentragende Amöben sind sogar in der Lage, schwer zersetzbare Humusstoffe als Nahrungsquelle auszunutzen. Amöben kriechen in den Bodenhohlräumen umher. Die Körperfläche der **Wimpertierchen** ist mit Wimpern bedeckt. Wimpertierchen sind gewandte Schwimmer, die das Wasser der Poren in Streu und im Boden bewohnen und Bakterien sowie Amöben fressen.

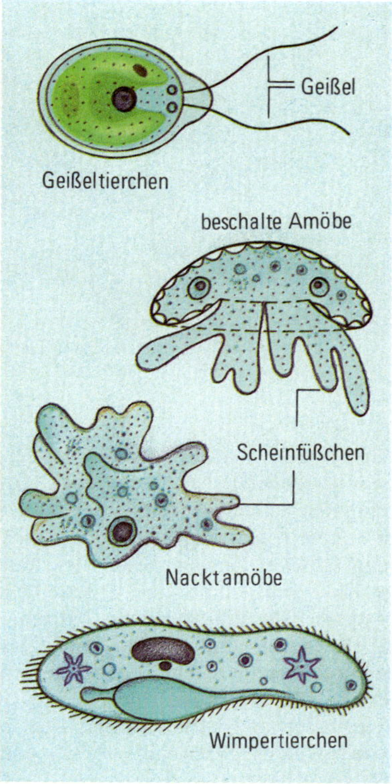

Abb. 14.19: Urtiere

14.5 Anpassungstypen bei Bodenlebewesen

Entsprechend der Beschaffenheit ihres Lebensraumes, z.B. der Dichte und der Widerstandsfähigkeit des Bodens, sind unter den Bodenlebewesen verschiedene Anpassungstypen entstanden:

1. **Bodenhafter:** Bakterien, Strahlenpilze, Pilze sind festgewachsen. Sie überziehen die Wände der Bodenhohlräume mit Fäden und Schleim und festigen sie damit.
2. **Bodenschwimmer:** Einzeller (z.B. Wimpertierchen) und kleine Fadenwürmer schwimmen im Wasser, das sich in Bodenporen angesammelt hat.
3. **Bodenkriecher:** Rädertierchen, größere Fadenwürmer, Insekten (z.B. Springschwänze, Käferlarven), Spinnen (z.B. Milben) kriechen durch die Hohlräume des Bodens.
4. **Bodenwühler:** Regenwürmer, Maulwurfgrillen, bodenlebende Käfer, Wühlmäuse, Maulwürfe graben oder wühlen Gänge in den Boden.

Unter den Bodenwühlern kann man wiederum mehrere Anpassungstypen unterscheiden, z.B. den **Schaufler,** den **Bohrgräber** und den **Bulldozer.**

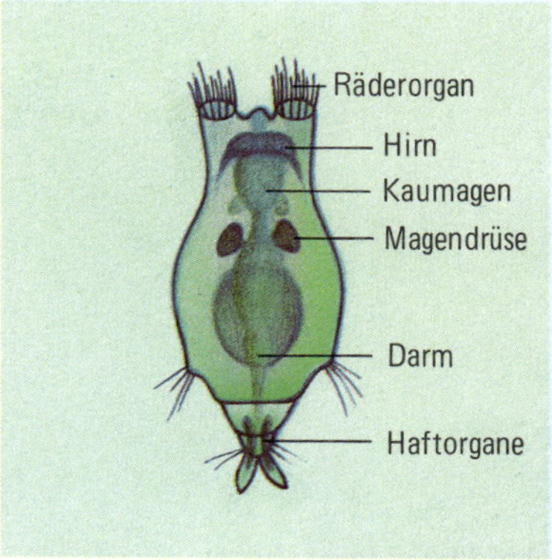

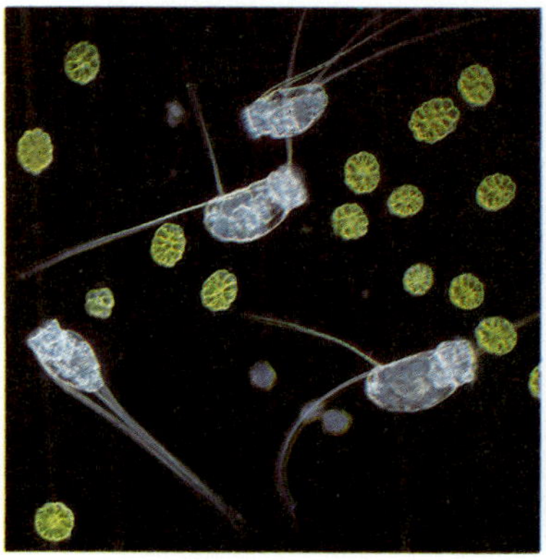

Abb. 14.20 und 14.21: **Rädertiere:** Mit einer Körperlänge von 0,04–2 mm sind Rädertiere ebenfalls mikroskopisch klein. Sie leben zahlreich in Streu und Boden, wenn genügend Wasser vorhanden ist.

Charakteristisches Merkmal ist das Räderorgan (Name!). Es besteht aus langen Wimpern, die den Mund umgeben. Die Wimpern schlagen schnell abwärts und erheben sich langsam. Dadurch hat man den Eindruck, daß sich an der Spitze des Tieres ein Rad mit seinen Speichen dreht.

Der Wimperschlag erzeugt einen Wasserwirbel, der Nahrungsteilchen in einen Strudel zieht und zum Munde führt oder das Tier wie ein Propeller fortbewegt.

Abb. 14.22: Maulwurf (linkes Vorderbein vergrößert). Außer den zu Schaufeln umgestalteten Vorderbeinen besitzt er weitere Anpassungen an das Leben in unterirdischen Gängen. Seine rüsselartige Nase wird durch ein Vornasenbein gestützt, die Ohröffnungen (Ohrmuscheln fehlen) sind verschließbar. Das samtartige, sehr dichte Fell hat keinen Strich, d.h. die Haare sind nach jeder Seite umlegbar. So kann der Maulwurf in seinen Röhren gleich gut vorwärts und rückwärts laufen

Maulwürfe sind **Schaufler.** Mit den Vordergliedmaßen (Unterarm und Hand) lockern sie den Boden und schieben ihn nach hinten weg. Als Anpassung an die Funktion einer Schaufel sind die Oberarmknochen kurz und breit. Die Handflächen sind verbreitert durch einen zusätzlichen Knochen, der neben dem Daumen liegt und Sichelbein heißt. Maulwürfe graben Kessel und verzweigte Gänge in den Boden, in denen sie sich überwiegend aufhalten und Regenwürmer, Käferlarven und andere Kleintiere jagen.

Unter den Insekten gibt es ebenfalls Schaufler. Am deutlichsten ist die Anpassung an grabende Tätigkeit bei der **Maulwurfsgrille** zu erkennen. Das vordere Beinpaar ist zu Schaufeln verbreitert, die Kopf-Halsschild-Region ist verstärkt. Maulwurfsgrillen leben unterirdisch in 20 cm tiefen, selbstgegrabenen Gängen. Sie jagen dort Kleintiere und fressen Pflanzenwurzeln.

Eine Gruppe von **Doppelfüßern** hat eine besondere Technik, sich im Boden zu bewegen.

Die Tiere besitzen, mit Ausnahme der ersten 4 Glieder, an den Körpergliedern jeweils 2 Beinpaare (Name!). Es gibt Arten mit 113 Beinpaaren.

Abb. 14.23: Doppelfüßer

Abb. 14.24: Die Maulwurfgrille ist ein mit den Heuschrecken verwandtes Insekt Maulwurfsgrillen sind etwa 5 cm lang. Ihre Vorderbeine sind kräftige, breite Schaufeln. Wie bei allen Grillen erzeugen die Männchen durch Aneinanderreiben der Vorderflügel einen zirpenden „Gesang“

Regenwürmer gehören zu den **Ringelwürmern.** Ihr Körper besteht aus vielen gleichförmigen Abschnitten, an denen jeweils 4 Paar Borsten sitzen. Die Körperhülle besteht aus einem **Hautmuskelschlauch,** der eine Ringmuskulatur- und Längsmuskulaturschicht enthält.

Mehrere Abschnitte des vorderen Körperdrittels sind von einem schleimigen Gürtel bedeckt. In ihm wird eine Flüssigkeit zum Schutze der Eier gebildet. In der Haut – vor allem am Vorder- und Hinterende – liegen Sinneszellen.

Regenwürmer atmen durch die Haut.

In Deutschland gibt es 35 Arten von Regenwürmern. Die größten erreichen eine Länge von 35 cm.

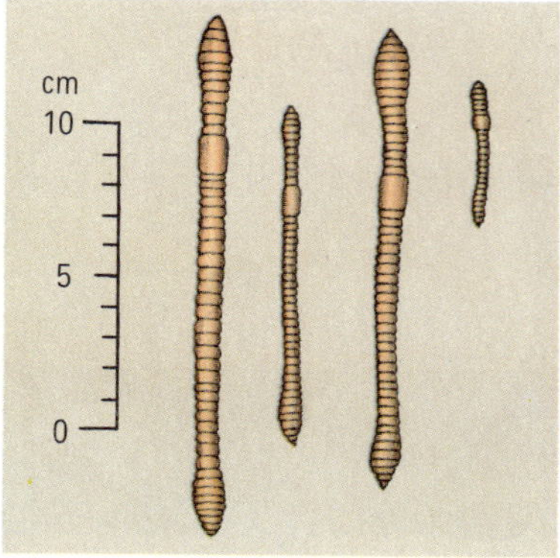

Abb. 14.25: Regenwürmer

Die große Zahl der dicht gestellten Beine gibt den Doppelfüßern die Kraft, Bodenteile wie ein **Bulldozer** beiseite zu schieben. Der Kopf und das beinlose Nackenglied sind breit, kräftig und wirken wie der Schieber des Bulldozer.

Ist der Boden zu fest, fressen sich Doppelfüßer durch ihn hindurch – ähnlich wie Regenwürmer.

Doppelfüßer verzehren beträchtliche Streumengen. Da sie im Boden unter der Streuschicht wohnen, sorgen sie bei ihren Auf- und Abwärtswanderungen dafür, daß mineralische und organische Bodenbestandteile durchmischt werden.

Viele Bodentierarten haben **Wurmgestalt.** Sie schieben ihren Vorderkörper in Bodenspalten und drücken mit ihrem Körper die Bodenteilchen beiseite. Man nennt diesen Anpassungstyp **Bohrgräber.**

Die bekanntesten Bohrgräber sind die **Regenwürmer.** Ihr Körper besteht aus einer muskulösen Körperwand (Hautmuskelschlauch), die den flüssigkeitserfüllten Hohlraum des Körperinneren umschließt. Die Körperflüssigkeit wirkt als Widerlager zu den **Ring-** und **Längsmuskeln** der Körperwand. Auf ähnliche Weise wirken bei den Wirbeltieren die Skelettknochen als Widerlager der Muskeln. Gräbt sich ein Regenwurm durch den Boden, laufen mehrere Bewegungsvorgänge ab. Zuerst ziehen sich die Ringmuskeln der Körperwand zusammen, der Körper verlängert sich. Das zugespitzte Vorderende des Körpers schiebt sich nach vorne und dringt in Erdspalten ein. Die Kontraktion der Ringmuskeln verläuft wie eine Welle über den Körper nach hinten. Die Ringmuskeln des Vorderendes erschlaffen. Jetzt ziehen sich die Längsmuskeln zusammen. Das Vorderende bläht sich auf, drückt Bodenteile zur Seite und erweitert den Spalt so, daß der ganze Körper nachgezogen werden kann. Die Borsten sorgen wie Widerhaken dafür, daß der Körper nicht zurückgleitet.

Obwohl Regenwürmer beim Kriechen einen Druck von fast 1 kg/cm^2 ausüben können, reichen diese Kräfte oft nicht aus, um festere Bodenschichten zu durchdringen. Dann feuchten Regenwürmer die Bodenteile an und fressen sie anschließend auf. Regenwürmer fressen sich zuweilen regelrecht durch den Boden.

Während die bereits erwähnten Schaufler durch ihre unterirdischen Gänge die Belüftung des Bodens verbessern, sorgen die Regenwürmer zusätzlich durch ihre Ernährungsweise für eine vielfache Durchmischung des Bodens und Krümelbildung. Regenwürmer sind **Dunkeltiere.**

Abb. 14.26 und 14.27: Der Regenwurm ist ein Bohrgräber
a) Der Regenwurm zieht seine Ringmuskeln zusammen und schiebt den langen, dünnen Vorderkörper in die Bodenspalte. Die Längsmuskeln sind erschlafft.
b) Der Wurm zieht seine Längsmuskeln zusammen, das Vorderende des Körpers verdickt sich. Die Bodenspalte wird erweitert.
Die Ringmuskeln sind erschlafft

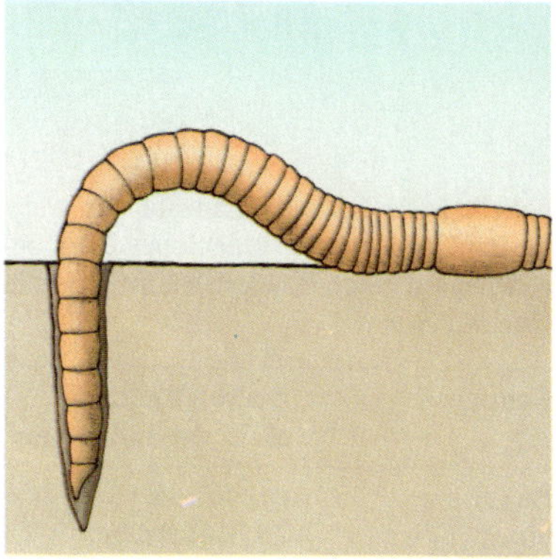

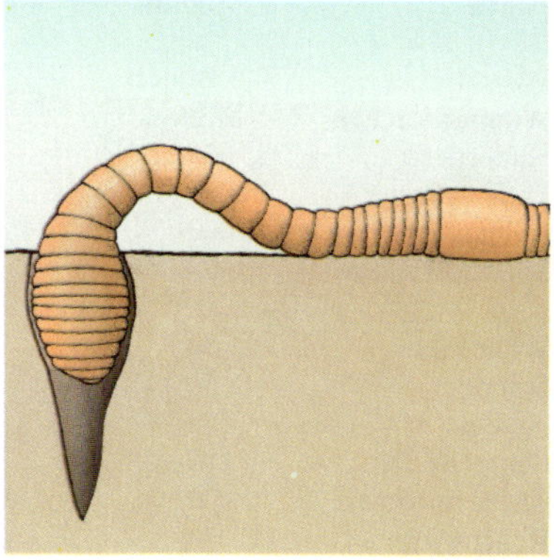

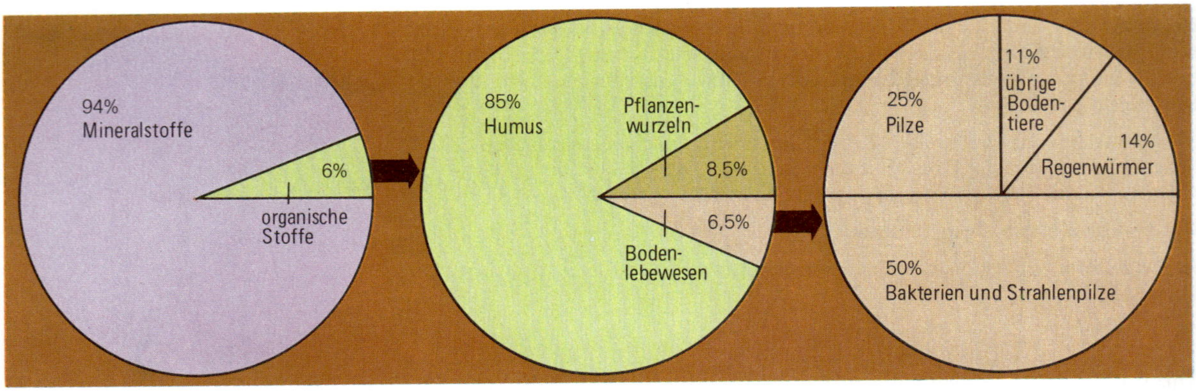

Abb. 14.28: Anteile der gesamten organischen Stoffe und der Bodenlebewesen am Boden eines Mischwaldes

Tabelle 14.1: Individuenanzahl der wichtigsten Gruppen der Bodenlebewesen, berechnet auf einen Block von 1 m² Oberfläche und 30 cm Tiefe

Gruppe	durchschnittliche Zahl der Individuen
Bakterien	1 Billion
Strahlenpilze	10 Milliarden
Pilze	1 Milliarde
Algen	1 Million
Wurzelfüßer	0,5 Billion
Wimpertierchen	1 Million
Rädertiere	25 000
Fadenwürmer	1 Million
Milben	100 000
Springschwänze	50 000
Schnecken	50
Spinnen	50
Asseln	50
Doppelfüßer	150
Käfer mit Larven	100
Regenwürmer	80

Nachts kriechen sie regelmäßig an die Oberfläche, um weiche Blätter einzuziehen. An Blättern, die senkrecht in der Streuschicht stehen, erkennst du die Öffnung von Regenwurmröhren.

Ein Regenwurm zieht pro Nacht bis zu 14 Laubblätter in seine Wohnröhre. Dort durchfeuchtet er sie mit Speichel. Damit ermöglicht er Mikroorganismen eine Zersetzung. Die zersetzte Blattmasse saugt der Regenwurm anschließend auf. Im **Muskelmagen** werden die Blattreste mit Mineralteilchen vermengt, zerrieben und im Darm verdaut. Dabei entstehen Krümel, in denen Blattreste und Mineralteilchen miteinander verklebt sind (Ton-Humus-Komplexe). In seinem Kot scheidet der Regenwurm fruchtbare Ton-Humus-Krümel aus.

Regenwürmer sind **wechselwarme Tiere.** Sie weichen im Winter dem Frost dadurch aus, daß sie ihre Wohnröhre 0,5–3 m tief graben. Dort ruhen sie eingerollt in kleinen Höhlungen, die sie vorher mit Schleim austapeziert haben. Austrocknung im Hochsommer vermeiden sie dadurch, daß sie tiefer liegende Feuchtschichten aufsuchen.

Bei den jahreszeitlich bedingten Wanderungen befördern Regenwürmer Humusteile in tiefere Bodenschichten und sorgen für eine weitere Bodendurchmischung.

Der Beitrag der Regenwürmer bei der Streuzersetzung und Bodenmischung ist beachtlich. Man schätzt die Kotmenge, die Regenwürmer jährlich ausscheiden, auf bis zu 90 t pro Hektar.

14.6 Die Mikroflora des Bodens

Vergleicht man die verschiedenen Bodenlebewesen nach Anzahl und Masse, dann hat die **Mikroflora** (Bakterien, Pilze, Strahlenpilze) ein deutliches Übergewicht. 75% der Gesamtmasse der Bodenlebewesen entfallen auf die Mikroflora, 25% nur auf die Bodentiere.

Beim Wort **Bakterien** denken wir zuerst an Krankheiten und an die Gefahren einer Ansteckung (vgl. Kapitel 12).

Diese negativen Vorstellungen sind unbedingt durch positive zu ergänzen. Wir haben verschiedentlich schon erwähnt, welche unersetzbaren Aufgaben Bakterien für die Bildung des Bodens erfüllen. Wir werden hier die Rolle der Bakterien im Ökosystem Boden behandeln. Auf den Wert von Bakterien im Dienste des Menschen gehen wir im Kapitel 16 ein.

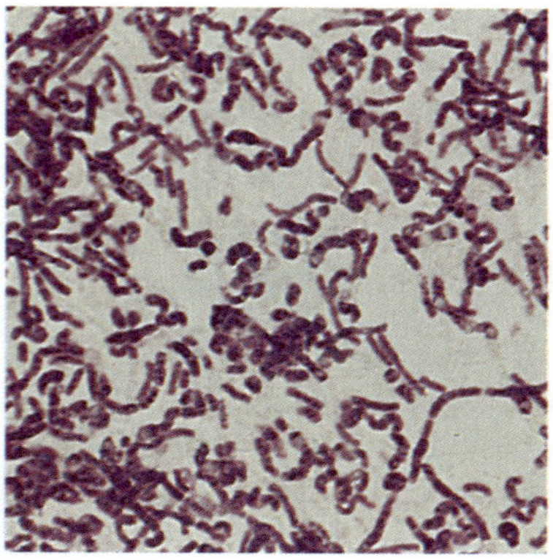

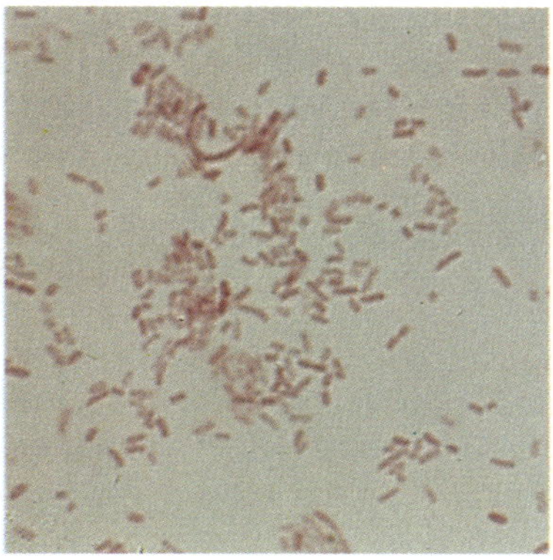

Abb. 14.29: Wurzelbazillen (Bakterien). Sie helfen bei der Stickstoffversorgung der Bäume

Abb. 14.30: Bodenbakterien, die ebenfalls bei der Stickstoffversorgung der Pflanzen wirksam sind

Bakterien gehören mit Strahlenpilzen, Blaualgen und Pilzen zu den **Mikroorganismen.** Zwei Eigenschaften der Bakterien beeindrucken besonders: die geringe Größe und die weite Verbreitung. Bakterienzellen haben im Durchschnitt einen Durchmesser von 0,5–1 μm (1 μm = 1 Mikrometer = 1 Millionstel Meter).

Bakterien leben in allen Lebensräumen, jeweils in riesiger Anzahl (vgl. Tabelle 14.2).

Tabelle 14.2: Häufigkeit von Bakterien

	Anzahl pro m^3
Großstadtluft	500 bis 1500
Innenräume	100 bis 1000
Abwässer	mehr als 1 Milliarde
Trinkwasser	100 Millionen
Boden	3 Billionen

Bakterien – Strahlenpilze und Blaualgen gehören zu ihren Verwandten – verfügen über kennzeichnende Merkmale in ihrem Bau und in ihrer Lebensweise.

Während alle tierischen und pflanzlichen Zellen einen Kernbereich haben, der von einer Kernhülle umgeben ist, besitzen Bakterienzellen **keine Kernhülle.** Mitochondrien und Chloroplasten fehlen Bakterienzellen ebenfalls. Atmungsprozesse finden an der Zellmembran statt. Die Bakterienzelle besitzt eine feste **Zellwand,** die jedoch aus anderen Baustoffen als die Zellwände pflanzlicher Zellen besteht. Bakterien vermehren sich dadurch, daß sich die Zellen, die vorher bis zur doppelten Länge herangewachsen sind, querteilen. Unter günstigen Bedingungen entstehen in etwa 20 Minuten aus einer Bakterienzelle 2 Tochterzellen, die sich nach weiteren 20 Minuten wiederum teilen können usw.

Abb. 14.31: Schematische Darstellung der äußeren Form und des Aufbaus einer Bakterienzelle

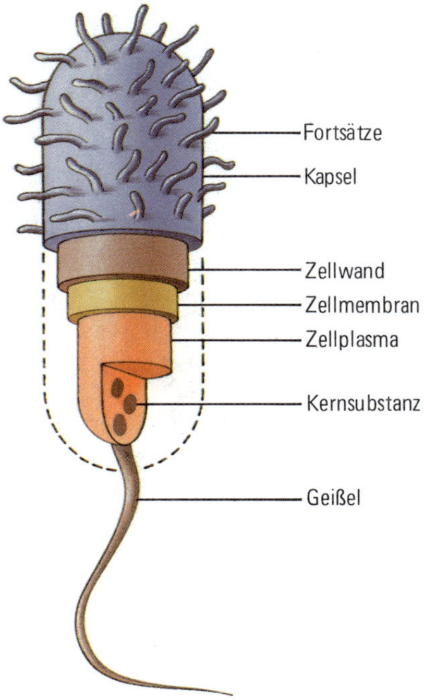

Betrachtet man die Form (s. S. 181), dann lassen sich 3 Gruppen unterscheiden: Kugeln (Kokken), gestreckte Zylinder (Stäbchen oder Bazillen) und gekrümmte Zylinder (Spirillen). Unterschiede in der Form sagen allerdings nichts über die Verwandtschaft aus. Zu einer Bakterienfamilie können Arten mit verschiedenen Formen gehören.

Bodenbakterien haben im Zersetzungsprozeß der organischen Stoffe eine Schlüsselstellung. Ohne sie ist ein Abbau der Streu nicht durchführbar.

Nach ihren bevorzugten Nährstoffen lassen sich Bodenbakterien bestimmten Gruppen zuordnen. Die Bakterien, die Kohlenhydrate bevorzugen, zersetzen Zellulose, Stärke und Zucker. Diese Stoffe bilden einen großen Anteil an der Streu. Besonders aus Zellulose, die in großen Mengen anfällt, bilden Bakterien durch ihre Tätigkeit **Humusstoffe,** die den Boden dunkel färben.

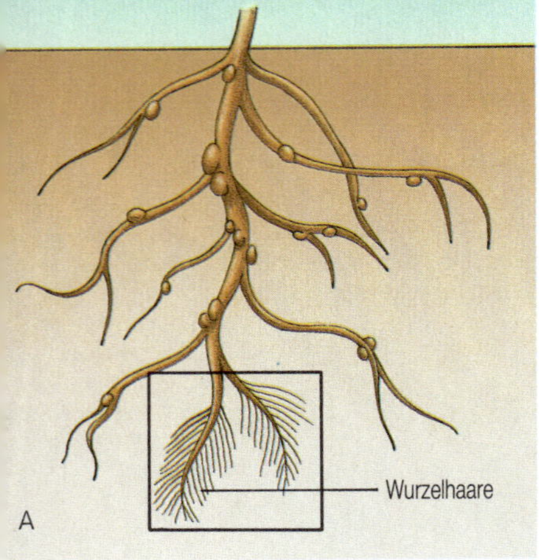

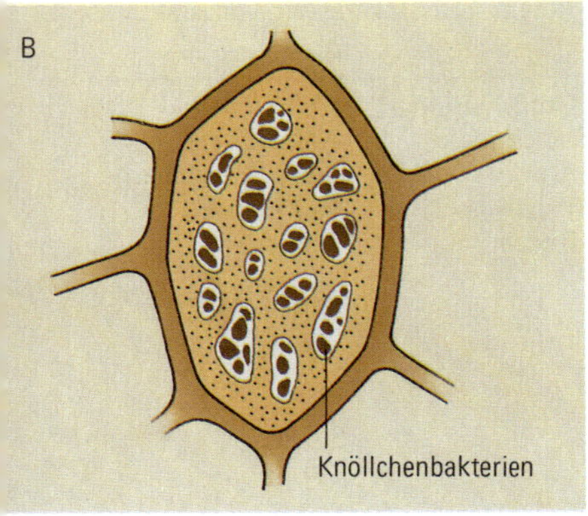

Abb. 14.32: A Erbsenwurzel mit Knöllchen. Der Ausschnitt zeigt Wurzelspitzen mit Wurzelhaaren
B Schnitt durch eine Knöllchenzelle, die mit Bakterien angefüllt ist

Abb. 14.33: Myzel des Strahlenpilzes Streptomyces. Streptomyceten erzeugen das hochwirksame Antibiotikum Streptomycin

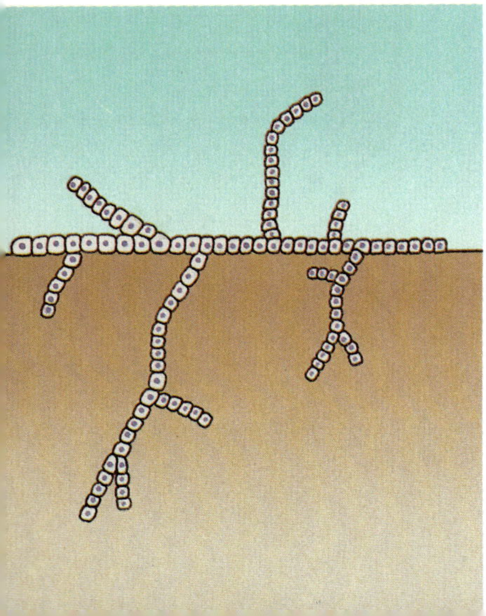

Andere Bodenbakterien haben sich auf die Zersetzung von Eiweiß spezialisiert. Sie lösen dabei **Stickstoffverbindungen** heraus und überführen sie in Verbindungen (z. B. Nitrate), die von Pflanzenwurzeln als **Mineralstoffe** aufgenommen werden können.

Unter allen Lebewesen können nur einige Bakterien- und Strahlenpilzarten den Luftstickstoff in lebenswichtige Verbindungen überführen.

Einige Bakterienarten, die Luftstickstoff binden können, sind im Boden häufig. In der Nähe von Wurzeln der **Schmetterlingsblütler** (z. B. Bohne, Erbse, Lupine, Klee) vermehren sich die Bakterien und dringen in die Spitzen der Wurzelhaare ein. Sie regen das Wurzelgewebe an, Knöllchen zu bilden, in denen sie sich stark vermehren. Deshalb werden sie **Knöllchenbakterien** genannt.

Bakterien und Schmetterlingsblütler bilden eine **gegenseitige Partnerschaft,** eine **Symbiose.** Die Bakterien versorgen ihre Wirtspflanzen mit lebenswichtigen Stickstoffverbindungen. Die Wirte stellen ihren Untermietern dagegen Wasser und Nährstoffe zur Verfügung.

Schmetterlingsblütler sind daher – dank der Knöllchenbakterien – reich an Stickstoffverbindungen. Der Landwirt nutzt das aus, wenn er als Zwischenfrucht zur Gründüngung Schmetterlingsblütler anpflanzt (vgl. S. 232).

Strahlenpilze sind Bakterien, die ein kurzes Fadengeflecht (Myzel) bilden. Darin gleichen sie Pilzen (Name!).

Strahlenpilze leben in großer Zahl im Boden und zerlegen schwer zersetzbare Stoffe wie Zellulose, Chitin und Lignin (Holzstoff) und haben einen wesentlichen Anteil an der **Humusbildung.**

Für uns haben Strahlenpilze eine unschätzbare weitere Bedeutung erlangt. Sie bilden gegen ihre Konkurrenten unter den Mikroorganismen Hemmsubstanzen, die wir als **Antibiotika** nutzen. Streptomycin und Aureomycin, die zu den erfolgreichsten Antibiotika zählen, werden beispielsweise von Strahlenpilzen gebildet.

Pilze bestehen aus Zellen, deren **Zellkerne** von **Kernhüllen** umgeben sind. Das unterscheidet sie von den anderen Mikroorganismen. Den Besitz einer Zellwand und zellsaftgefüllter Hohlräume (Vakuolen) haben sie mit den Pflanzen gemeinsam. Allerdings fehlt ihnen Chlorophyll, sie sind zur Photosynthese nicht fähig. Deshalb sind sie auf organische Stoffe als Nahrung angewiesen.

Der Pilzkörper besteht aus weißlichen dünnen Fäden, **Hyphen,** die sich verzweigen und ein Geflecht, **Myzel,** bilden. Solche Pilzmyzelien findest du unter der Borke sich zersetzender Äste und Baumstümpfe. Auch auf und in der Blattstreu kannst du Pilzhyphen erkennen.

Viele Pilzarten spalten die widerstandsfähigen Verbindungen Zellulose, Lignin (Holzstoff) und spielen bei der Streuzersetzung und Humusbildung eine wichtige Rolle.

Gräbst du Keimpflanzen von Waldbäumen oder Seitenwurzeln älterer Bäume aus und spülst die Erde vorsichtig ab, erkennst du, daß die Wurzelspitzen verdickt sind. Die Verdickungen sind „Pilz-Wurzel-Organe“, **Mykorrhiza** genannt.

Abb. 14.34: Pilzmyzel unter einer Borke, in der linken oberen Bildhälfte ist eine Assel zu erkennen

Bodenpilze dringen mit ihren Hyphen in die jüngsten Teile der Pflanzenwurzeln ein. Entweder umhüllen sie die Wurzel mit einem dichten Pilzgeflecht, oder sie leben in den Zellen der Wurzelrinde.

Beide – Pilz und Pflanze – bilden eine gegenseitige Partnerschaft, **Symbiose.** Die grüne Pflanze liefert Nährstoffe, der Pilz Wasser und Mineralstoffe.

Zwischen vielen Pilz- und Pflanzenarten ist die Abhängigkeit so groß geworden, daß die Partner allein nicht gut gedeihen. Sie kümmern oder sterben sogar ab.

Eine schlechte Mykorrhizaentwicklung an Bäumen ist oft an niedrigem Wuchs und gelblich gefärbten Blättern zu erkennen.

Manche Pilzarten haben sich auf bestimmte Pflanzen spezialisiert. Erfahrene Pilzsammler wissen das und suchen bestimmte Pilze unter bestimmten Baumarten: z. B. Pfifferlinge und Butterpilze unter Kiefern, echte Reizker unter Fichten und Tannen, Birkenpilze und Rotkappen unter Birken.

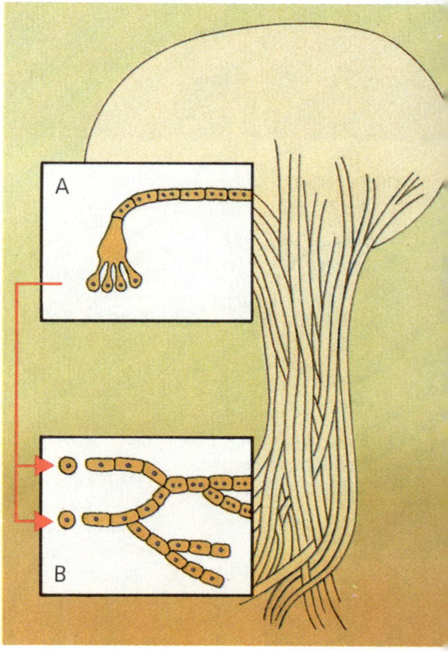

Abb. 14.35: Entwicklungsgang eines Hutpilzes (A und B sind vergrößerte Ausschnitte)
Die Sporen keimen aus und entwickeln sich zu Hyphen, die aus Zellen mit einem Zellkern bestehen. Treffen Hyphen von zwei verträglichen Stämmen aufeinander, verschmelzen sie und bilden Hyphen mit zweikernigen Zellen. Die Hyphen verzweigen sich und bilden ein Myzel, das zu einem Fruchtkörper heranwächst. In einer besonderen Schicht des Fruchtkörpers werden die Sporen gebildet

14.7 Der Mensch nutzt den Boden

Der Boden mit seinen vielen Lebewesen ist eine riesige **Aufbereitungsanlage** (Recyclinganlage) für **Mineralstoffe.**

Die riesigen Mengen, die jährlich an organischen Stoffen (Pflanzenresten, Tierleichen) anfallen, enthalten hochwertige, energiereiche Ver-

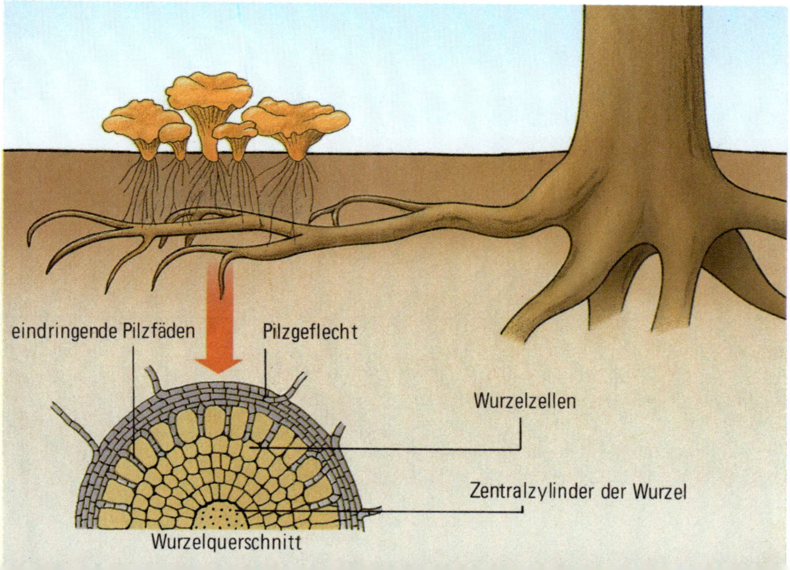

Abb. 14.36: Partnerschaft zwischen Kiefer und Pfifferlingen. Die Pilze umhüllen die Wurzeln mit einem dichten Geflecht und dringen zwischen die Zellen der Wurzelrinde ein

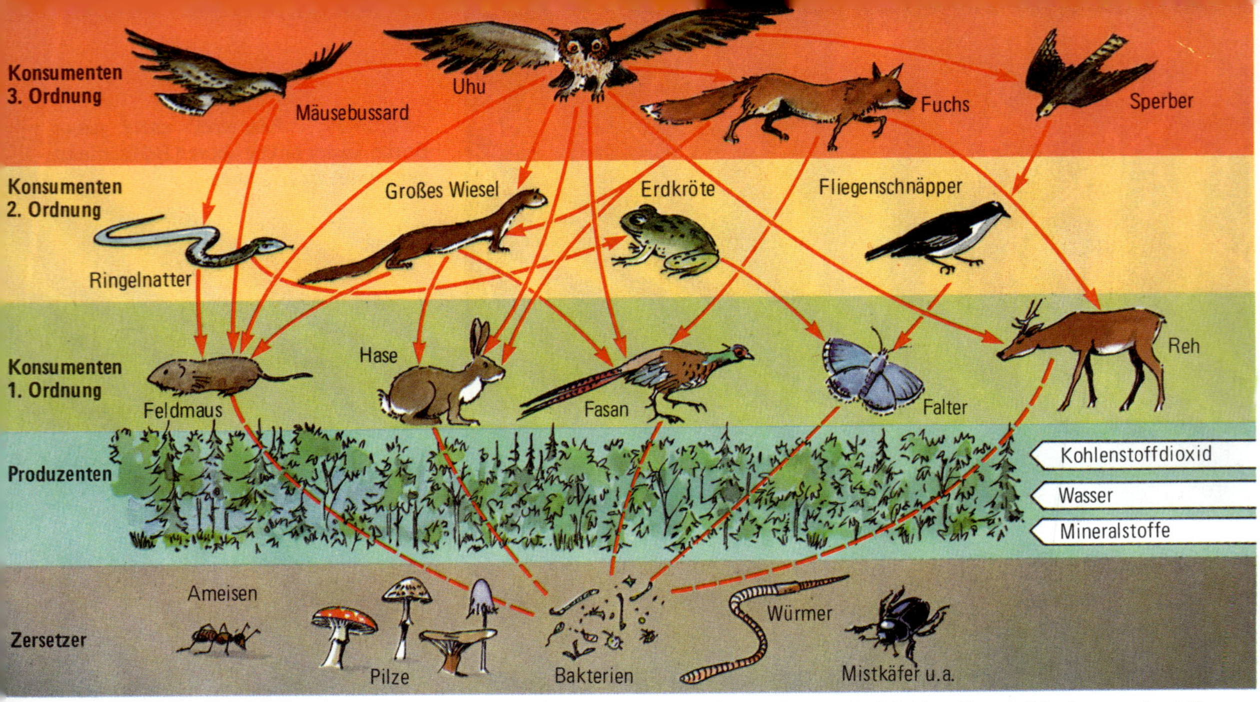

Abb. 14.37: Vernetzte Nahrungsketten des Waldes. Etwa 10% der von den Pflanzen erzeugten Nährstoffen werden von Pflanzenfressern verzehrt. Diese werden von Raubtieren gefressen. Am Ende der Nahrungsketten stehen Raubtiere (hier Uhu), die – vom Menschen abgesehen – keine Feinde haben

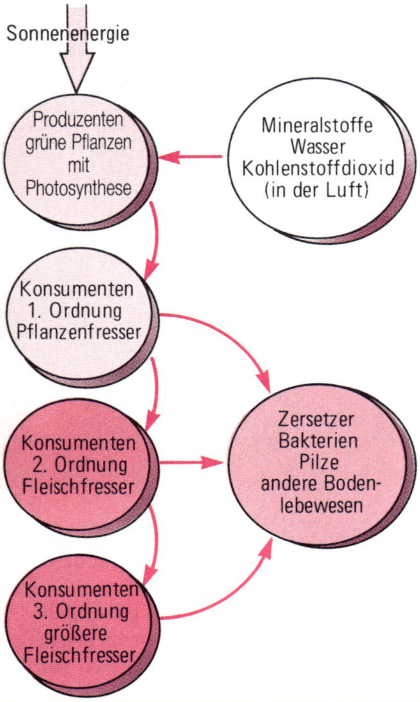

bindungen. Sie werden vom großen Heer der Bodenlebewesen zersetzt (reduziert). Hier schließt sich die Nahrungskette zum **Nahrungskreislauf.** Man nennt die Bodenlebewesen deshalb auch **Zersetzer** (Reduzenten). Zersetzung bedeutet stets zweierlei:

1. Leicht abzubauende Stoffe werden schnell in ihre Ausgangsstoffe zerlegt (**mineralisiert!**) und können als Mineralstoffe (z.B. Nitrate, Phosphate) von Pflanzenwurzeln wieder aufgenommen werden.
2. Schwierig abzubauende Stoffe werden zu **Humusstoffen** umgebaut (Humusbildung), im Boden angereichert und über Jahre hinweg langsam abgebaut.

Abb. 14.38: Kreislauf der Stoffe bei der Laubzersetzung. Die 90% der von den Pflanzen erzeugten Nährstoffe, die nicht von Tieren gefressen werden, werden von Zersetzern verwertet, in ihre Ausgangsstoffe zerlegt und den Pflanzen wieder zur Verfügung gestellt

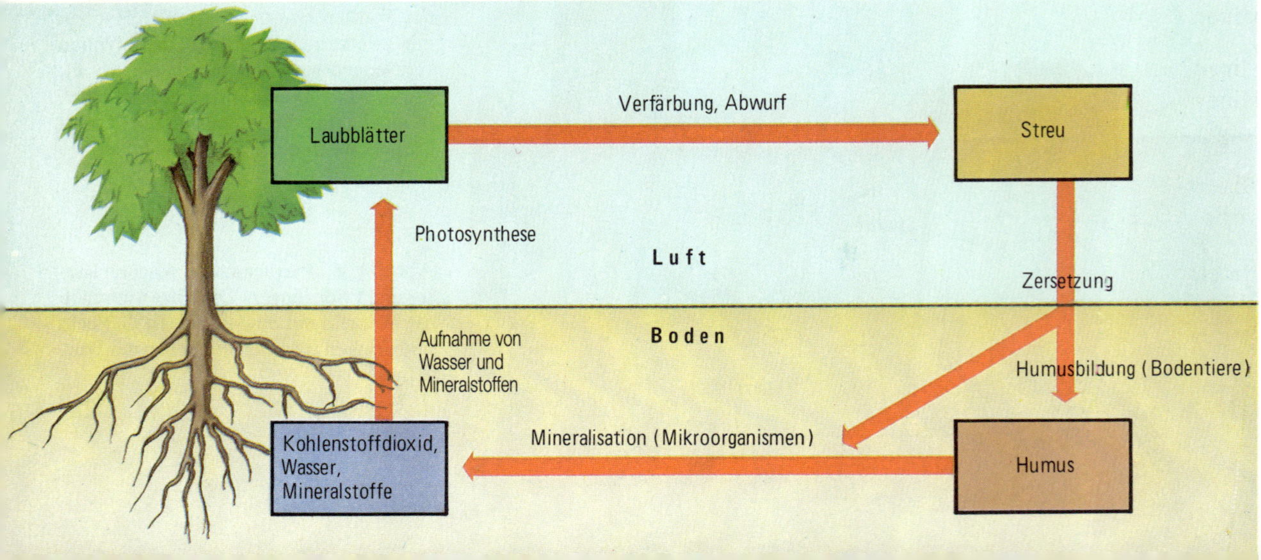

Zersetzung bedeutet also, daß energiereiche Verbindungen nicht verloren gehen, sondern entweder bei der **Mineralisierung** (schnell) oder bei der **Humusbildung** (langsam) in den Nahrungskreislauf eingeschleust werden. Ein Gleichgewicht von Mineralisierung und Humusbildung führt zu fruchtbaren Böden. Humus ist zwar kein direkter Nährstoff für grüne Pflanzen, hat aber für die **Bodenfruchtbarkeit** eine große Bedeutung.

- Er dient den meisten Bodenlebewesen als Nahrungsquelle.
- Er bindet Wasser und Mineralstoffe. Beide können dann von Pflanzenwurzeln leicht aufgenommen werden.
- Da er nur sehr langsam abgebaut wird, bildet er eine große **Mineralstoffreserve.**

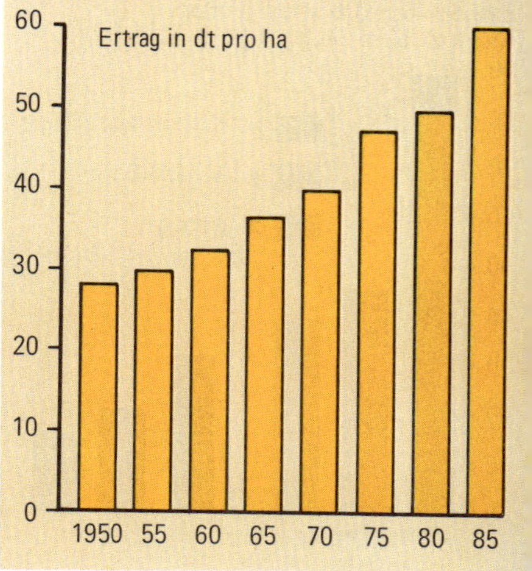

Abb. 14.39: Steigerung der Ernteerträge bei Weizen in der Bundesrepublik Deutschland (1 dt = 100 kg)

Seit etwa 10000 Jahren nutzt der Mensch die natürliche Fruchtbarkeit des Bodens zum Anbau von **Kulturpflanzen.** Bei jeder Ernte nimmt der Mensch den größten Teil der auf dem Feld erzeugten organischen Stoffe an sich, den Bodenlebewesen verbleibt nur ein kleiner Teil zur Zersetzung. So z. B. bleiben bei einem Weizenfeld nur Stoppeln und Wurzeln im Boden, bei Hackfrüchten (Rüben, Kartoffeln) noch weniger.

Die Kulturpflanzen entziehen dem Boden Mineralstoffe, die für das Wachstum unverzichtbar sind, z. B. Nitrate, Phosphate, Kalisalze.

Ohne Ausgleich kommt es zu Verlusten von Humus und Mineralstoffen, die die Fruchtbarkeit des Bodens stark herabsetzen.

Ein entscheidender Ausgleich ist die **Düngung.** In der Landwirtschaft unterscheidet man zwischen **Mineraldüngung** und **organischer Düngung.**

Seit mehr als 100 Jahren werden die dem Acker entzogenen Mineralstoffe durch **Mineraldünger** ersetzt. Mineraldünger enthält die Mineralstoffe, die für Wachstum und normale Entwicklung der Pflanzen unentbehrlich sind. Es sind vor allem **Stickstoff-** (N), **Phosphor-** (P) und **Kalium**verbindungen (K), NPK-Einheiten genannt. Die Einführung der Mineraldüngung führte zu einer rasanten Steigerung der Ernteerträge. Während man z. B. in der 2. Hälfte des vergangenen Jahrhunderts in Deutschland pro Hektar etwa 10 dt Weizen erntete, stieg der Ertrag 1900 auf 17 dt pro ha. Heute ernten Landwirte in der Bundesrepublik Deutschland 50–60 dt Weizen pro ha.

Abb. 14.40: Mineraldüngerverbrauch der Landwirtschaft in der Bundesrepublik Deutschland, gemessen in kg Nährstoff je Hektar Nutzfläche

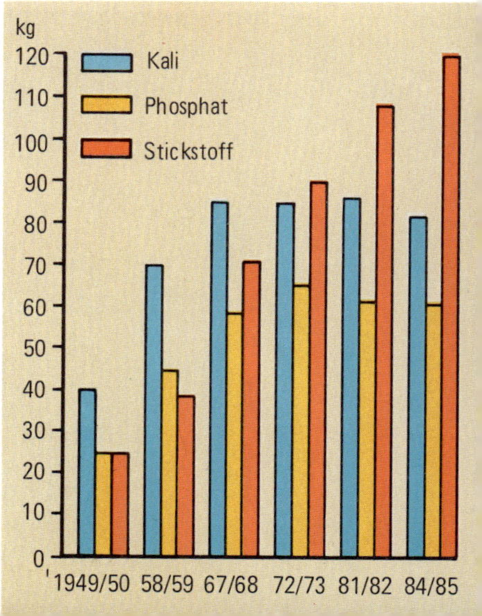

Die Ertragssteigerung war nur möglich durch erhöhten Einsatz von Mineraldünger.

Mineraldünger hat den Vorteil, daß er den Pflanzen die notwendigen Mineralstoffe so anbietet, daß sie von den Pflanzenwurzeln direkt aufgenommen werden können.

Mineraldünger allein führt jedoch nicht zur Vermehrung von Humus und wirkt sich damit auch kaum positiv auf Bodenlebewesen aus.

Stallmist besteht aus Kot und Harn des Viehs sowie Stroh, das als Einstreu gedient hat. Stallmist enthält Mineralstoffe (z. B. Stickstoffverbindungen) und unverdaute Pflanzensubstanzen. Beide sind Nahrungsgrundlage für Bodenlebewesen, die diese entweder in ihre Ausgangs-

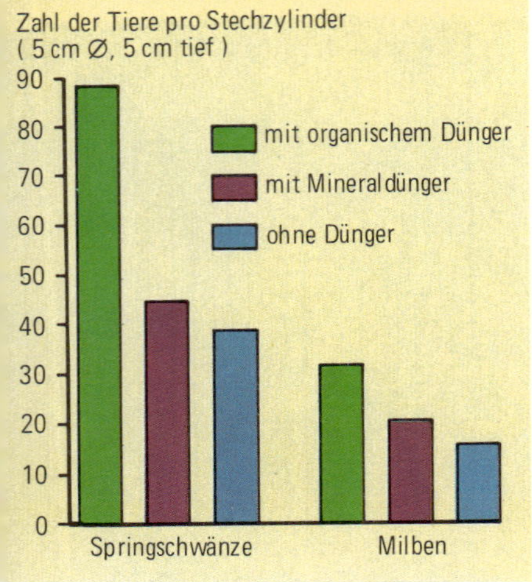

Abb. 14.41: Auswirkungen unterschiedlicher Düngung auf die Anzahl von Bodentieren im Ackerboden

stoffe zerlegen (mineralisieren) oder in Humusstoffe verwandeln und dadurch eine Mineralstoffreserve anlegen. Auf das Feld gebrachter Stallmist führt zu einer Vermehrung der Bodenlebewesen und damit zu einer Verbesserung der Bodenfruchtbarkeit.

Landwirtschaftliche Betriebe ohne Vieh benutzen das bei der Ernte anfallende Stroh als organischen Dünger, **Strohdüngung.** Die Strohhalme werden zerkleinert (gehäckselt), gleichmäßig über den Acker verstreut und intensiv mit der oberen Bodenschicht vermischt. Strohdüngung hat ähnlich günstige Auswirkungen auf die Bodenfruchtbarkeit wie Stallmistdüngung.

Entweder im Frühjahr nach der Saat des Sommergetreides oder im Spätsommer als Stoppelsaat werden Rotklee, Luzerne, Raps oder kleine Futterrüben ausgesät.

Rotklee und Luzerne sind als Schmetterlingsblütler natürliche Stickstofflieferanten. Raps und Rüben liefern schon nach acht Wochen wertvolles Viehfutter sowie nach weiteren sechs Wochen reichlich Blatt- und Wurzelmasse und damit Nahrung für Bodenlebewesen.

Die im Zwischenfruchtbau angebauten Pflanzen werden im Spätherbst – soweit sie nicht verfüttert sind – untergepflügt. Sie sorgen als **Gründüngung** für die Vermehrung der Bodenlebewesen und damit für eine Anreicherung an Mineral- und Humusstoffen.

In Langzeitversuchen (30 Jahre) hat man festgestellt, daß eine Kombination von Mineraldüngung und organischer Düngung am vorteilhaftesten ist.

Übermaß an **Düngung** (Mineraldünger, Stallmist, Gülle) ist schädlich. Die überdüngten Pflanzen sind empfindlicher gegen Trockenheit und Befall durch Schädlinge. Gegen Schädlinge müssen Landwirte dann vermehrt Bekämpfungsmittel (Pestizide) einsetzen.

Übermäßige Düngung führt zu Umweltschäden. Stickstoffverbindungen (Nitrate) versickern z.B. mit dem Regenwasser ins Grundwasser und verschlechtern die Qualität des aus Grundwasser gewonnenen Trinkwassers.

Phosphorverbindungen (Phosphate) werden in benachbarte Gewässer gespült und führen zu einer Überdüngung der Gewässer.

Abb. 14.42: „Algenblüte“ als Folge einer Gewässereutrophierung

Abb. 14.43: Gründüngung: Luzerne wird untergepflügt

Abb. 14.44: Monokulturen in flurbereinigter Landschaft. Aus wirtschaftlichen Gründen (z.B. Einsatzmöglichkeiten großer Maschinen) sind die Felder zu Großflächen zusammengelegt worden, Hecken und Knicks wurden vernichtet

14.8 Schädlingsbekämpfung

Damit Kulturpflanzen die erwarteten hohen Erntebeträge erbringen, werden sie in **Monokulturen** angebaut. Diese Anbauweise bietet bestimmten Lebewesen besonders günstige Lebensbedingungen. Sie vermehren sich so stark, daß ihre natürlichen Feinde sie nicht mehr in Schach halten können, und werden zu Schädlingen.

Außerdem sind die hochgezüchteten Kulturpflanzen anfällig für Krankheiten und damit weniger widerstandsfähig als Wildpflanzen, die mit ihnen im Wettbewerb um Licht und Mineralstoffe stehen.

Da greift der Mensch ein und bekämpft Schädlinge und Konkurrenten mit Chemikalien.

Welches Ausmaß die **Schädlingsbekämpfung** durch **Chemikalien** heute angenommen hat, das läßt sich am Beispiel Weizen gut erkennen.

- Das Saatgut wird gebeizt, d.h. gegen den Befall schädlicher Pilze eingepudert oder mit einer Flüssigkeit behandelt.
- Ist der Weizen ausgesät, spritzt man ein Unkrautvernichtungsmittel (Herbizid). Die keimenden Weizenpflanzen sollen möglichst nicht durch Konkurrenten behindert werden.
- Die aufgegangene Weizensaat wird nun mit einem Pilzvernichtungsmittel (Fungizid) gespritzt. Pilze, die Halmbruch verursachen, werden dadurch abgetötet.
- Einige Tage nach der Ährenbildung wird wiederum gespritzt, damit Pilze, die die Ähren schädigen, vernichtet werden.
- Außerdem werden Insektizide gegen schädliche Käferarten und Fungizide gegen weitere Pilzschädlinge eingesetzt.

Abb. 14.45: Felder – nicht flurbereinigt. Ackerflächen werden von vielen Hecken und Baumreihen unterbrochen. Sie verringern die Kraft des Windes, verhindern ein Abtragen des fruchtbaren Ackerbodens, bieten Wildkräutern und -tieren günstige Lebensbedingungen

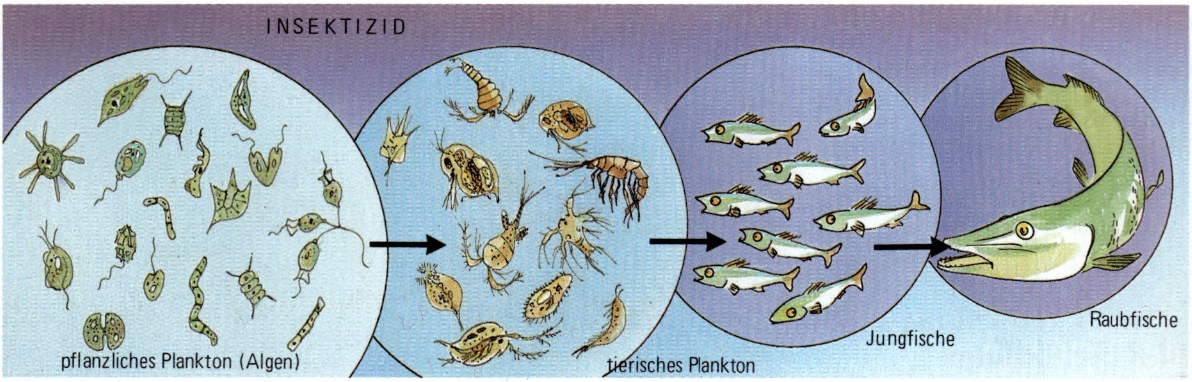

Abb. 14.46: Pestizide reichern sich in der Nahrungskette an. Der Anteil des aufgenommenen Insektizides, das auf die Wasseroberfläche gesprüht wurde, steigt in der Nahrungskette von Glied zu Glied um das Zehnfache pro g Körpermasse

Pestizide reichern sich in der Nahrungskette an

Eine Faustregel sagt, daß ein Tier nur etwa 10% der aufgenommenen Nahrung in eigene Körpermasse umwandelt, die restlichen 90% verbraucht es zur Energiegewinnung. Nimmt das Lebewesen mit der Nahrung auch Pestizide auf, verbleiben diese vollständig in seinem Körper, da sie im Fettgewebe gespeichert und nur sehr langsam abgebaut werden. Beispiel: Nehmen wir an, daß auf das Wasser eines Sees ein Insektizid (Pestizid, das Insekten tötet) zur Bekämpfung von Mückenlarven gesprüht wurde. Ein Teil der Insektizidmenge wird von den im Wasser lebenden Algen aufgenommen. Wenn 5 t Algen von Kleintieren (z. B. Wasserflöhe) gefressen werden, ergeben sie 500 kg tierisches Plankton (s. o. Faustregel). In diesen 500 kg ist jedoch die Menge an Insektiziden enthalten, die von den 5 t Algen aufgenommen wurde. Jungfische verzehren die 500 kg tierisches Plankton und wandeln sie in 50 kg Fisch um. Ein Raubfisch, der die Jungfische frißt, erzeugt 5 kg eigener Körpermasse. In seiner Körpermasse ist die gleiche Menge an Insektiziden enthalten, die von den 5 t Algen aufgenommen wurden. Pestizide steigen in der Konzentration von Glied zu Glied der Nahrungskette um das Zehnfache. Für unser Beispiel heißt das: 1 g Körpermasse des Raubfisches enthält 10000 mal soviel Insektizid wie 1 g Algenmasse.

Chemische Schädlingsbekämpfungsmittel, **Pestizide,** haben bei ihren ersten Einsätzen einen hohen Erfolg: der größte Teil der Schädlinge wird getötet. Aber unter den Schädlingen sind immer einige, die durch das Pestizid wenig oder nicht geschädigt werden. Sie überleben den Gifteinsatz und können sich, da ihre Nahrungskonkurrenten getötet wurden, stark vermehren. Der Landwirt muß, um sie vernichten zu können, die Dosis des Pestizids erheblich erhöhen oder ein wirkungsvolleres Mittel einsetzen. Eine Schraube ohne Ende!

Weltweit sind heute etwa 500 schädliche Insekten- und Milbenarten gegen ein Pestizid **widerstandsfähig (resistent).** Vielen Arten können sogar mehrere chemische Bekämpfungsmittel nichts mehr anhaben.

Pestizide haben einen weiteren Nachteil. Sie wirken nicht nur auf Schädlinge, sondern auch auf deren natürliche Feinde, die meistens sogar empfindlicher als die Schädlinge auf die Präparate reagieren.

Pestizideinsätze haben – langfristig gesehen – zwei Folgen:

- Pestizide töten nur die empfindlichen Schädlinge und bieten den widerstandsfähigen Organismen dagegen gute Überlebensmöglichkeiten.
- Sie rotten die natürlichen Feinde der Schädlinge aus und zerstören damit das Gleichgewicht zwischen Räubern und Beutetieren.
- Sie reichern sich in Nahrungsketten an (vgl. Randspalte).

Etwa 50% der gespritzten Pestizide gelangen in den Boden und haben Auswirkungen auf die Bodenorganismen. Empfindliche Arten werden ausgerottet, die Gesamtzahl der Bodenlebewesen wird verringert, widerstandsfähige Organismen überleben und vermehren sich stark. Auch hier wird das bestehende Gleichgewicht, das zwischen den verschiedenen Lebewesen besteht, empfindlich gestört.

Außerdem verbleiben einige Pestizide sehr lange im Boden. Man hat in Böden 10 Jahre nach der Anwendung bestimmter Pestizide noch 45% der gespritzten Menge nachweisen können.

Die **biologische Schädlingsbekämpfung** versucht, das Heer der Schädlinge dadurch kleinzuhalten, daß man deren **natürliche Feinde** erhält bzw. vermehrt.

1890 wurden australische Wollschildläuse in Orangen- und Zitronenplantagen Kaliforniens eingeschleppt. Nach kurzer Zeit vernichteten die Schädlinge die Plantagen. Ein Insektenforscher brachte hundert australische Marienkäfer, die sich hauptsächlich von Wollschildläusen ernäh-

Abb. 14.47: Marienkäferlarve verzehrt Blattlaus.
In der Larvenzeit, die etwa 30–40 Tage dauert, verzehren Marienkäferlarven mehr als 600 Blatt- oder Schildläuse

Abb. 14.48: Marienkäfer vertilgt Blattlaus.
In Mitteleuropa gibt es 70 Marienkäferarten. Sie leben meist räuberisch und jagen Blatt- und Schildläuse. Bekanntester Marienkäfer ist der Siebenpunkt

ren, nach Kalifornien. Die Marienkäfer konnten sich dank der vielen Schildläuse rasch vermehren und hatten unter ihren Beutetieren nach 2 Jahren so aufgeräumt, daß Wollschildläuse in Kalifornien nie mehr zu einer Plage wurden. Zwischen Orangen- und Zitronenbäumen, Wollschildläusen und Marienkäfern besteht ein beständiges Gleichgewicht.

Auch die bei uns heimischen Marienkäferarten sind wertvolle Schädlingsvertilger, die als **Erntehelfer zum Nulltarif** für uns arbeiten. Eine Marienkäferlarve verzehrt täglich bis zu 20 schädlicher Blattläuse. Ein Marienkäfer frißt sogar etwa 60 Blattläuse pro Tag.

Nach dem 2. Weltkrieg war die San-José-Schildlaus aus Nordamerika in die Obstplantagen Süddeutschlands eingeschleppt worden und richtete dort verheerende Schäden an. 1950 brachten Biologen den wichtigsten Feind der Schildlaus nach Europa: eine Schlupfwespenart. Man vermehrte sie und ließ sie frei. Die Schlupfwespe, die kaum 1 mm groß ist, legt ihre Eier in 10 bis 20 Tage alte Schildläuse. Aus den Wespeneiern entwickeln sich in den Körpern der Läuse Wespenlarven, die ihre Wirte langsam auffressen. Nach dem Schlüpfen verlassen die kleinen Wespen die leeren Körperhüllen und legen ihrerseits Eier in andere Schildläuse. Von 1954–74 hat man in Baden-Württemberg fast 28 Mio. der kleinen Schlupfwespen freigelassen. Mit ihnen und ihren Nachkommen wurde der Schildlausbefall und damit der Schaden um mehr als 90% verringert.

Abb. 14.49: Schlupfwespen sind Insekten, die mit Bienen oder Wespen verwandt sind. Die Weibchen legen mit ihrem Legestachel (Legebohrer) Eier in die Körper von Wirtstieren (Insekten bzw. deren Larven). Die abgebildete Holzschlupfwespe sticht gerade die Made einer Holzwespe an

Abb. 14.50: Die San-José Schildlaus gehört zu den Deckelschildläusen. Die 1–1,5 mm langen, flügellosen Tiere sitzen unter Schildern, die aus Drüsensekreten und Larvenhäuten gebildet wurden. Fühler und Beine sind zurückgebildet.
Schildläuse stechen mit ihrem Saugrüssel Pflanzen an und saugen Pflanzensäfte. Sie schädigen die Pflanzen nicht nur durch das Saugen, sondern auch dadurch, daß sie Krankheitserreger (Viren) übertragen

Abb. 14.51: Schlüpfende Schlupfwespe verläßt ihren Wirt

Trotz großer Erfolge der biologischen Schädlingsbekämpfung kann man heute auf die Bekämpfung mit Chemikalien nicht ganz verzichten.

Es ist in jedem Einzelfall zu prüfen, wann biologische Bekämpfung Erfolg verspricht und wann andere Bekämpfungsverfahren zu ihrer Unterstützung herangezogen werden müssen. So verfährt der **integrierte Pflanzenschutz.** Alle Bekämpfungsverfahren werden, soweit sie miteinander verträglich sind und soweit dies wirtschaftlich und ökologisch zu verantworten ist, miteinander kombiniert. Man wird nicht vorbeugend Bekämpfungsmittel einsetzen und auch nicht rigoros gegen den ersten Schädling angehen. Erst wenn ein Schädling so häufig auftritt, daß der Schaden, den er anrichtet, größer wird als die Kosten seiner Bekämpfung, wird man ihn mit geeigneten Mitteln bekämpfen.

14.9 Der Mensch gefährdet das Ökosystem Boden

Das Ökosystem Boden ist vergleichbar einem **Netz,** in dem Umweltfaktoren und Lebewesen auf komplizierte und vielfältige Weise miteinander verknüpft sind. Das Netz ist belastbar und kann Störungen aushalten.

Allerdings belastet der Mensch – besonders in den letzten Jahrzehnten – den Boden so stark, daß die Grenzen der Belastbarkeit des Netzes vielfach erreicht und teilweise schon überschritten sind.

Wir haben schon herausgestellt, daß **intensive Düngung** – sowohl durch Mineraldünger als auch durch organischen Dünger (z. B. Gülle) – das Ökosystem des Bodens erheblich schädigt.

In jüngster Zeit ist ein Bündel weiterer schädlicher Faktoren dazu gekommen: die Anreicherung von Schadstoffen in der Luft, allgemein **Luftverschmutzung** genannt.

Der Ausstoß, **Emission,** von Schadstoffen in die Luft ist in den vergangenen Jahrzehnten stark angestiegen. Zu diesen Schadstoffen gehören vor allem: Schwefeldioxid, Stickoxide und Schwermetallverbindungen.

Das Gas **Schwefeldioxid** entsteht bei der Verbrennung der Energieträger Erdöl, Braun- und Steinkohle. Die Verbrennung von Erdöl und Kohle liefert außerdem gasförmige **Stickoxide,** und zwar jeweils abhängig von der Verbrennungstemperatur. Bei hohen Temperaturen entstehen viel mehr Stickoxide als bei niedrigen.

Einige **Schwermetallverbindungen** (z. B. Kupfer-, Zinkverbindungen) sind in geringen Mengen für Pflanzen und Tiere lebensnotwendig. Viele Schwermetallverbindungen (z. B. Verbindungen mit Cadmium, Thallium, Blei, Quecksilber) wirken giftig. Sie stammen von verbrauchten Batterien, von der Papierherstellung oder aus dem Autobenzin. Sie werden von Pflanzen und Tieren nicht abgebaut, sondern häufen sich im

Verursacher	Anteile der Emissionen in Prozent (%)				
	Schwefeldioxid	Stickoxide	Stäube (Schwermetalle)	Kohlenwasserstoffe	Kohlenstoffmonoxid
Verkehr 	3,4 (4,8)	54,6 (60,8)	9,4 (13,0)	39 (51,6)	65 (73,7)
Haushalte, Gewerbe 	9,3 (10,7)	3,7 (4,8)	9,2 (8,1)	32,4 (3,5)	21 (10,6)
Kraftwerke 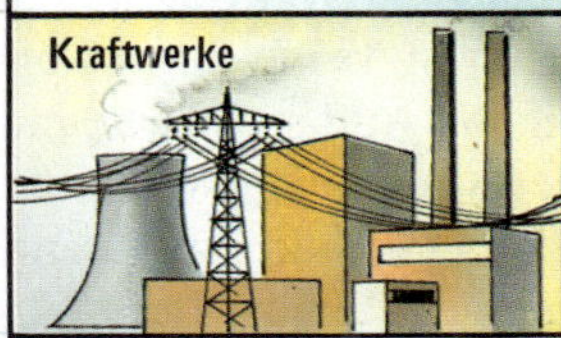	62,1 (60,8)	27,7 (24,6)	21,7 (15,3)	0,6 (0,6)	0,4 (0,5)
Industrie 	25,2 (19,1)	14,0 (9,1)	59,7 (5,5)	28 (0,8)	13,6 (3,2)
Gesamt 1985	100	100	100	100	100
Gesamt 1986	(95,4)	(99,3)	(41,9)	(56,5)	(88,0)

Abb. 14.52: Schadstoffe in der Atmosphäre und ihre Verursacher (1985). In Klammern die Angaben für 1986. Die Abweichungen sind „durch eine Aktualisierung und durch Umstellung des Berechnungsverfahrens begründet". (Quelle: Statistisches Jahrbuch 1989 für die Bundesrepublik Deutschland)

Gewebe an. Ab welcher Dosis diese Schwermetallverbindungen giftig wirken, ist noch nicht in jedem Fall bekannt. Meist sind es jedoch sehr kleine Mengen. Durch Versuche hat man nachgewiesen, daß bereits 5 ppm (S. 335) Cadmium bei Kulturpflanzen zu geringeren Ernteerträgen führen.

Wer sind die hauptsächlichen Urheber der Luftverschmutzung?

Mehr als die Hälfte der Schwefeldioxid-Emission und etwa ein Drittel der Stickoxid-Emission blasen die mit Kohle oder Erdöl gefeuerten **Großkraftwerke** bei der Stromerzeugung in die Luft. Der **Kraftfahrzeugverkehr** ist verantwortlich für etwa die Hälfte des Ausstoßes an Stickoxiden. **Müllverbrennungsanlagen** sorgen ebenfalls dafür, daß die Luft mit Schadstoffen angereichert wird. Das gilt besonders für viele Schwermetallverbindungen. Die Schadstoffe werden – das hängt von den Wetterbedingungen ab – oft über mehrere hundert Kilometer weit transportiert. Sie verbleiben oft mehrere Tage in der Atmosphäre, reagieren mit anderen Stoffen und wandeln sich um. Die dabei entstehenden Stoffe (z. B. Schwefel- und Salpetersäure) sind meist gefährlicher als die Ausgangsstoffe. Als Gas oder Staub gelangen die Schadstoffe entweder trocken oder als Bestandteil von Niederschlägen auf die Erdoberfläche. Dort verbleiben sie.

Wie wird der Boden geschädigt?

Entscheidend für die Qualität eines Bodens ist sein **Humusanteil.** Humus (vgl. S. 218) entsteht durch die Tätigkeit von Bodenlebewesen.

Ein gesunder Boden hat einen **pH-Wert** von 6 (vgl. S. 335). Wird ein Boden stark mit Schwefeldioxid belastet, vermindert sich die Zahl der Stickstoffbakterien, die Stickstoffverbindungen abbauen, erheblich. Gleichzeitig erhöht sich die Zahl der Schwefelbakterien, die Schwefelsäure produzieren. Der pH-Wert sinkt, der Boden wird sauer. Chemische Reaktionen laufen ab, die dazu führen, daß wichtige Mineralstoffe (z. B. Calcium-, Kalium-, Magnesiumverbindungen) ausgewaschen werden und dem Boden verloren gehen. Das Mineralstoffangebot für die Pflanzen sinkt.

Viele Bodenlebewesen reagieren empfindlich auf **Bodenversauerung.** – Man findet in Böden, deren pH-Wert kleiner als 5 ist, keine Regenwürmer mehr. – Die Bodenlebewesen ziehen sich in die Auflageschicht und in tiefere Bodenschichten zurück, solange diese noch nicht versauert sind. Nur dort findet dann noch eine Humusbildung statt. Insgesamt produzieren die Bodenlebewesen erheblich weniger Humus. Die Qualität des Bodens sinkt.

Das schon erwähnte giftige Schwermetall **Cadmium** wird von Pflanzenwurzeln aufgenommen und im Pflanzengewebe gespeichert. Die Aufnahme des Cadmiums durch Pflanzen hängt ebenfalls vom pH-Wert des Bodens ab. Sinkt der pH-Wert als Folge einer Versauerung, nehmen Pflanzen das Drei- bis Zehnfache an Cadmium auf. Cadmium und Säure wirken zusammen und verursachen einen größeren Schaden, als wenn sie einzeln auftreten. Das gilt nicht nur für diese beiden, sondern für alle Schadstoffe. Ein „Cocktail“, gemixt aus mehreren Schadstoffen, ist viel gefährlicher als einzeln auftretende Schadstoffe.

Welche Schlußfolgerungen müssen gezogen werden?

Nicht nur Wälder, Seen, Flüsse, Meere sind bedroht, sondern auch der Boden ist in großer Gefahr, zerstört zu werden. Sind wir solchen Gefahren hilflos ausgeliefert? Ist das der Preis für den Wohlstand unserer Industriegesellschaft?

Abb. 14.53: Schadstoffe gelangen entweder trocken (als Stäube/Gase) oder als Bestandteil von Niederschlägen auf und in den Boden

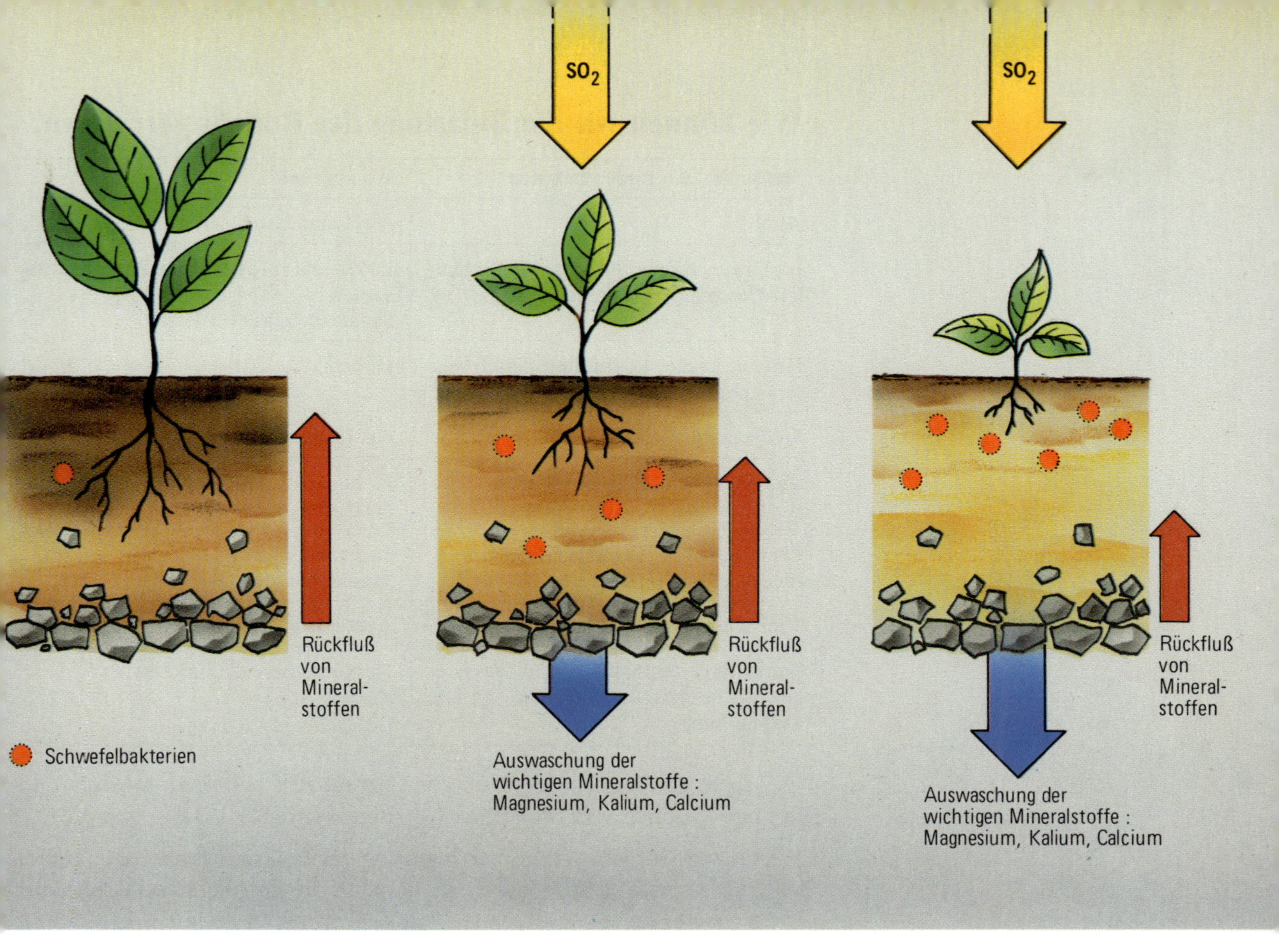

Abb. 14.54: Auswirkung der Bodenversauerung durch Schwefeldioxid(SO_2)-Einwirkung

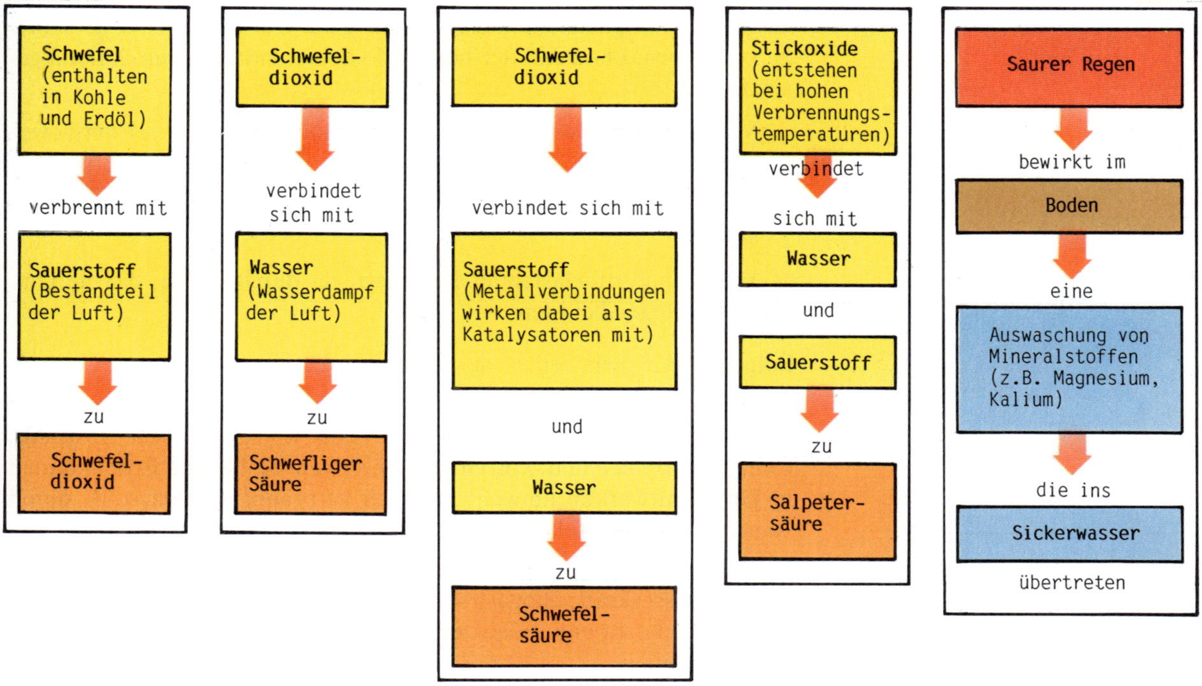

Wie können wir die Belastung des Bodens verringern?

Stoffe, die den Boden belasten	Wo abgeben?
Altöl	Altölsammelstelle, Tankstellen
Batterien, Akkus, Knopfzellen (enthalten Quecksilber, Cadmium, Nickel)	Läden, die entsprechende Batterien verkaufen Sammelbehälter für Batterien
Farben, Lacke, Lösemittel, Pinselreinigungsmittel	Farbhandel
Medikamente	Apotheken
aggressive Haushaltschemikalien, Rostschutzmittel, Abbeizmittel	Fachhandel Sonderabfalldeponie
Pflanzenschutz-, Schädlingsbekämpfungs-, Holzschutzmittel	Fachhandel Sonderabfalldeponie
Thermometer (enthalten Quecksilber)	Apotheken
Tierkadaver (enthalten Krankheitserreger, oft besteht Tollwutgefahr, deshalb Verbrennung)	Tierkörperbeseitigungsanstalt

Da diese Gefahren von Menschen verursacht werden, müssen und können sie auch von Menschen beseitigt werden.

Wichtigste Aufgabe ist die **Verringerung** der **Luftverschmutzung.** Dabei sind alle Menschen angesprochen, nicht nur die Betreiber von Kraft- und Industriewerken. So sollte jeder Autofahrer folgendes bedenken: Wenn er mit Höchstgeschwindigkeit über die Autobahn rast, ist der Ausstoß seines Wagens an Stickoxiden erheblich größer als bei langsamerer Fahrt. Beim Neukauf eines Wagens sollte man berücksichtigen, daß die Autoindustrie Fahrzeugtypen anbietet, deren Abgase schadstoffärmer sind oder durch Katalysatoren gereinigt werden.

Es gibt drei Möglichkeiten, die Belastung der Umwelt durch Schadstoffe zu verringern, ohne daß der heutige Lebensstandard dadurch herabgesetzt wird:

- Verminderung des Energieverbrauchs durch sparsame Energieverwendung.
- Technische Maßnahmen zur Verringerung des Ausstoßes von Schadstoffen.
- Ersatz umweltbelastender Energieträger durch solche, die die Umwelt weniger belasten.

Folgende Beispiele sollen die Möglichkeiten kurz skizzieren:

Jeder Haus- und Wohnungsbesitzer kann durch Wärmedämmung dafür sorgen, daß die Wohnung bzw. das Haus weniger Wärme abstrahlt. Energieverbrauch und -kosten werden sinken. Kohle und Erdöl können in Großkraftwerken umweltfreundlich verbrannt werden, z. B. durch Rauchgasentschwefelung, Entstickung.

Der Einsatz umweltfreundlicher Energieträger (z. B. Sonnenenergie, Wind-, Wasserkraft, Biogas) sollte stärker gefördert werden. Möglichkeiten, solche Energieträger einzusetzen, müßten in größerem Maße erprobt werden.

15
Ein Ökosystem ist bedroht – das Wattenmeer

15.1 Das Wattenmeer – ein Ökosystem

An der Nordseeküste erstreckt sich das Wattenmeer von Den Helder in den Niederlanden über die Küsten Niedersachsens und Schleswig-Holsteins bis nach Esbjerg in Dänemark. Es liegt zwischen vorgelagerten Inseln bzw. Sandbänken und dem Festland.

Diese einzigartige Landschaft ist von den **Gezeiten** (Tiden), d.h. dem regelmäßigen Wechsel von Ebbe und Flut, geprägt. Sie ist Rast-, Nahrungs- und Aufzuchtgebiet vieler Fisch- und Vogelarten sowie Lebensraum nicht zu zählender Würmer, Muscheln, Schnecken und Krebse.

Abb. 15.1: Am Wattenmeer bei Ebbe. im Vordergrund ein Schlickgrashorst

Abb. 15.2: Am Wattenmeer bei Flut. Gleicher Standort wie in Abb. 15.1. Der Schlickgrashorst ist überflutet

Zweimal am Tag wird dieser 450 km lange und etwa 10 km breite Küstensaum vom Meer überflutet; zweimal am Tag liegen weite **Sand-** und **Schlickflächen** trocken. Die bei Ebbe trockenfallenden und bei Flut überfluteten Sand- und Schlickflächen sind das eigentliche **Watt.** Die Wattfläche ist durchzogen von einem vielfältigen Netz von Wasserrinnen, den **Prielen.** In ihnen sammelt sich das zurückweichende Wasser bei Ebbe und steigt wieder während der Flut. Wattfläche und Priele bilden zusammen das **Wattenmeer.**

Das Besondere dieses Lebensraumes ist, daß Trockenperioden und Überflutungen fortwährend aufeinanderfolgen. Dadurch verändern sich viele **abiotische Faktoren** im Laufe eines Tages. Die Bewohner, die ständig im Wattenmeer leben, z. B. Würmer, Schnecken, Muscheln, Krebse, müssen an die Schwankungen der abiotischen Faktoren angepaßt sein.

Welches sind die wichtigsten abiotischen Faktoren? Wie meistern einige Bewohner des Wattenmeeres die schwierigen Probleme, die dieser Lebensraum ihnen stellt?

Der entscheidende abiotische Faktor ist die etwa 12 Stunden dauernde **Trockenzeit** während der Ebbe.

Die meisten Tiere, die sich ständig im Wattenmeer aufhalten, sind Meeresbewohner. Sie haben keine Einrichtungen, die sie vor dem Austrocknen schützen. Sie müssen Verhaltensweisen entwickeln, die ihnen entsprechenden Schutz bieten. Die oben genannten Wattbewohner atmen wie die meisten Meerestiere durch die Haut oder mit Hilfe von Kiemen. Wie überstehen sie die Trockenperiode ohne Sauerstoffmangel? Wie schützen sie in dieser Zeit ihre Kiemen vor dem Verkleben oder Austrocknen?

Eine Folge des Trockenfallens ist der **schwankende Salzgehalt** des Wassers. Er liegt im Wattenmeer bei etwa 30‰, d. h., in einem Liter Meerwasser sind 30 g Salz gelöst. In Wattpfützen während der Ebbe kann der Salzgehalt als Folge einer starken Verdunstung durch Sonne und Wind kräftig ansteigen oder nach ergiebigen Regenschauern erheblich sinken.

Die Wattbewohner reagieren unterschiedlich darauf. **Miesmuscheln** nehmen je nach der Konzentration des Meerwassers Wasser durch die Haut auf oder geben es ab, bis der Salzgehalt der Körperflüssigkeit dem des Meerwassers wieder gleich ist. Wenn der Salzgehalt stark absinkt, drosseln sie ihre Körperaktivität (Atmung, Herzschlag, Bewegung der Wimpern).

Die Körperflüssigkeit der **Strandkrabbe** hat etwa den gleichen Salzgehalt wie das Meerwasser. Sinkt dieser Salzgehalt, halten Strandkrabben den Salzgehalt ihrer Körperflüssigkeit dadurch aufrecht, daß sie eingedrungenes Wasser über Nieren und Mund ausscheiden oder über die Kiemen Salz aus dem Meerwasser aufnehmen.

Viele **Küstenvögel** (z. B. Möwen) ernähren sich fast nur von Meerestieren und trinken sogar Meerwasser. Sie haben über den Augen ein Paar Drüsen (Salzdrüsen). Mit ihrer Hilfe scheiden sie überschüssiges Salz aus.

Weitere abiotische Faktoren sind **Temperaturschwankungen, Strömungsverhältnisse** und **Windgeschwindigkeit.**

Abb. 15.3: Kopf einer Silbermöwe. Das salzhaltige Sekret, das bis zu 10% Kochsalz enthält, fließt durch einen Gang in die Nasenhöhle, tritt aus den Nasenlöchern aus und tropft von der Schnabelspitze ab

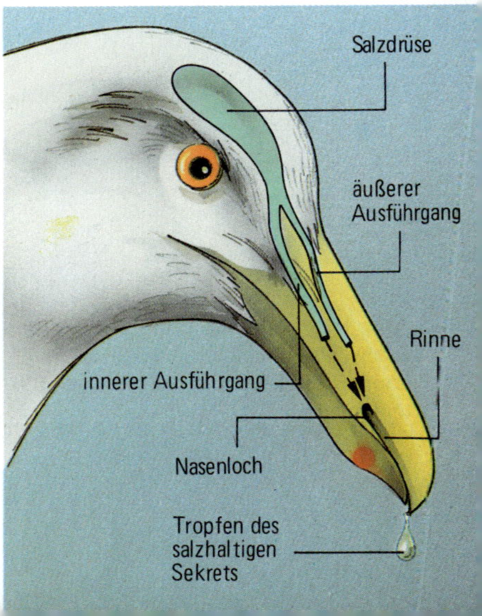

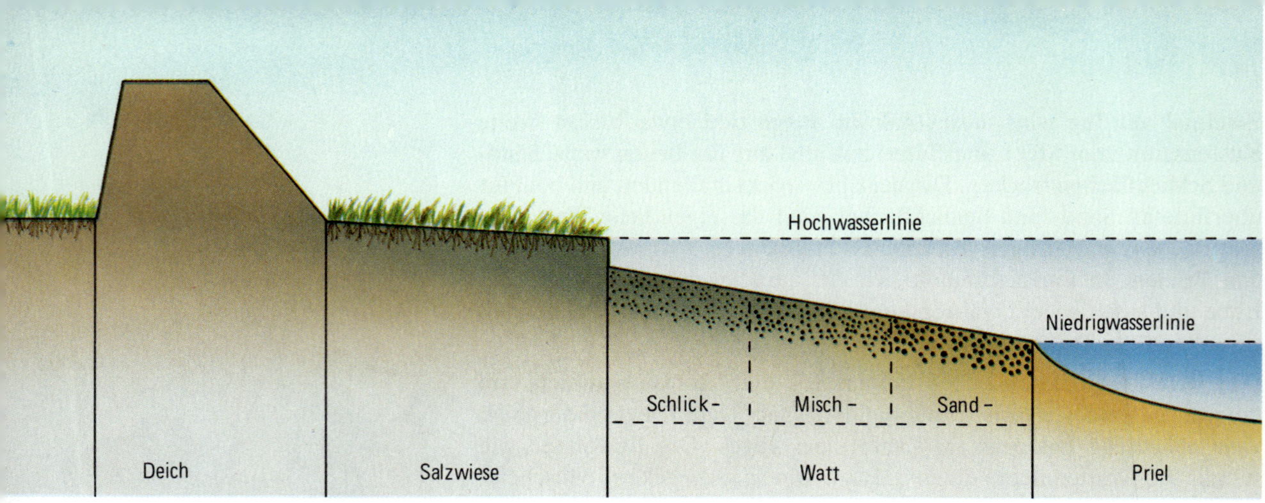

Abb. 15.4: Schnitt durch das Watt vom Deich bis zum Priel

Wattzonen

Die während der Flut auflaufenden Wassermassen transportieren große Mengen an Feststoffen: **Sand, Tonteilchen** und **organische Stoffe** (z.B. fein zerriebenes Pflanzenmaterial). Ein Teil dieser Feststoffe wird auf den Wattflächen abgelagert. Für das Ablagern gilt, daß schweres, großkörniges Material (grober Sand) zuerst zu Boden sinkt. Leichte, feinkörnige Stoffe (z.B. Feinsand, Tonteilchen) werden bis zur Hochwasserlinie am Küstensaum herangeführt und sinken dort erst ab. Dadurch entstehen verschiedene Wattzonen.

Unmittelbar an der Hochwasserlinie enthält der Wattboden wenig Sand, aber viele Tonteilchen und viel organisches Material. Diese Zone heißt **Schlickwatt.**

Weiter seewärts steigt der Sandanteil im Boden, man spricht von Sand-Schlickwatt oder **Mischwatt.**

Noch weiter seewärts bis zur Niedrigwasserlinie erstreckt sich das **Sandwatt,** sein Boden besteht zu 90% aus Sand.

Wir unternehmen nun bei Ebbe einen Gang ins Wattenmeer bis zur Niedrigwasserlinie. Dabei untersuchen wir, wie einige charakteristische Wattbewohner diesem Lebensraum angepaßt sind, und erhalten Einblikke in die vielfältig vernetzten Nahrungsbeziehungen.

Abb. 15.5: Salzwiese. Im Vordergrund wächst Strandmelde, während im Hintergrund Strandflieder einen violetten Blütenteppich bildet

Der Bereich des Küstensaumes heißt **Salzwiese.** Er wird oft im Jahresablauf überflutet, jedoch nicht täglich. Hier wachsen nur Pflanzen, die Salz ertragen können, **Salzpflanzen**.

Es sind meist Pflanzen mit dickfleischigen Sprossen und Blättern, wie Strand-Wegerich, Meerstrandaster, Strandflieder. Diese Pflanzen werden auf unterschiedliche Weise mit dem zu hohen Salzangebot fertig:

- Der Strand-Wegerich speichert Salz in hohen Konzentrationen in den
- Strandflieder scheidet überschüssiges Salz über besondere **Salzdrüsen** aus.
- Andere Salzpflanzen, z.B. die Strandmelde, **speichern Wasser** in Sprossen oder Blättern und gleichen so einen zu hohen Anstieg des Salzgehaltes aus.

In den Salzwiesen brüten viele Watvögel (z.B. Austernfischer, Rotschenkel), Seeschwalben und Singvögel (z.B. Steinschmätzer, Wiesenpieper).

Abb. 15.6: Strand-Wegerich
Blütezeit: Juni–Oktober

Das Übergangsgebiet zwischen Salzwiese und Schlickwatt wird von **salzliebenden** Pflanzen, Schlickgras und Queller, besiedelt. Sie ertragen die täglich zweimalige Überflutung mit Meerwasser. Mit ihren Wurzeln verfestigen sie den Boden und sorgen als kleine Wellenbrecher dafür, daß die vom Wasser mitgebrachten feinsten Teilchen zu Boden sinken können. Damit unterstützen sie langfristig eine Erhöhung des Wattbodens (Aufschlickung).

Auf den ersten Blick ist das Watt während des Niedrigwassers eine eintönige Landschaft. Neben noch glitzernden Pfützen und Rinnsalen herrscht graugelbe Sandfarbe vor, unterbrochen von dunklen, grünlichbraunen Schlickzonen.

Bei genauem Betrachten aber offenbart sich das Watt als ein Ort vielfältigen Lebens. Der Wattboden wird von Milliarden von **Kieselalgen** besiedelt. Sie bilden im Sommer einen millimeterdicken, schleimigen, braunen Belag.

Kieselalgen sind einzellige Algen, die das Wattenmeer entweder als **Boden-** oder als **Planktonalgen** in unvorstellbaren Mengen bevölkern.
Ihre Zellwände sind starr und enthalten Salze der Kieselsäure (Name!). Sie bestehen wie eine zweiteilige Schachtel aus einem Deckel und einem Boden.
Kieselalgen sind oft miteinander durch Schleimausscheidungen verbunden und können weitreichende, geschlossene Teppiche bilden. Die starke Schleimbildung ist ein guter Schutz gegen Wechsel der abiotischen Faktoren (Temperaturänderung, Schwankungen des Salzgehalts, der Feuchtigkeit).
Kieselalgen sind fähig zur Photosynthese. Als **Produzenten** der organischen Stoffe stehen sie am Anfang aller Nahrungsketten. Da sie im nährstoffreichen Wattenmeer in unvorstellbaren Massen auftreten, bilden sie die Nahrungsgrundlage für das tierische Plankton und für die Bodentiere.

Abb. 15.7: Der Strandflieder hat violette oder blaßblaue Blüten (manchmal sind sie auch weiß). Die derben, ganzrandigen Blätter sind hellgrün.
Blütezeit: Juli–September

Abb. 15.8: Queller. Seine Sprosse sind dickfleischig (Wasserspeicher). Die Blätter sind bis auf Wülste zurückgebildet

Abb. 15.9: Kieselalgen

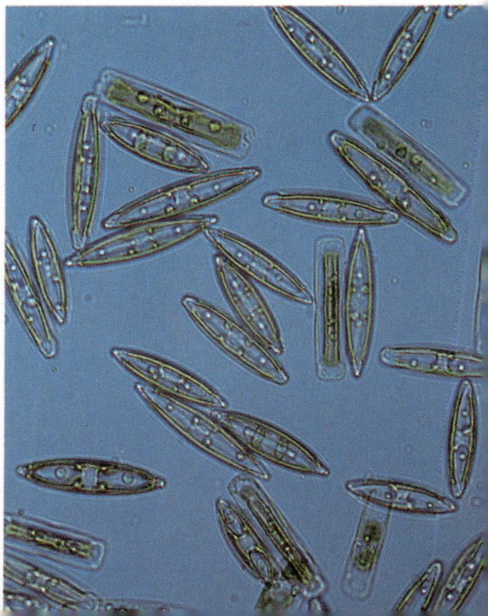

Abb. 15.10: Strandschnecken verbringen die Ebbe auf einem Holzpfahl, der im Wattboden steckt. Strandschnecken – ihr Gehäuse ist etwa 3 cm lang – ernähren sich von Algen, die sie mit ihrer Raspelzunge abweiden. Dabei nehmen sie oft auch kleine Tiere auf. Strandschnecken sind zwar Kiemenatmer, können jedoch auch mit Hilfe ihrer Mantelhöhle, die von einer gut durchbluteten Schleimhaut ausgekleidet ist, Luftsauerstoff aufnehmen. Damit sind sie auch während der Trockenperiode voll aktionsfähig. Bei zu starker Trockenheit ziehen sie sich ganz in ihr Haus zurück und verschließen es mit einem Deckel.

An Quellerpflanzen sitzen oft kleine, dunkle, höchstens 6 mm lange Schnecken. Es sind **Wattschnecken,** die ihre Verstecke im Schlick bei Flut verlassen haben, um Algen zu weiden. Bei Ebbe graben sie sich 1 cm tief im Wattboden ein und warten auf die nächste Flut. Ihr Vorhandensein erkennen wir dann nur an den unzähligen kleinen Löchern im Boden.

Wattschnecken leben in erstaunlich hoher Zahl im **Schlickwatt**. Mehrere tausend dieser kleinen Schnecken hat man auf der Fläche von 1 m^2 Wattboden gefunden. Ihr Kot besteht aus feinsten Schlickteilchen und den Bruchstücken der Kieselalgenschalen, die miteinander verkittet sind. Wattschnecken sorgen, indem ihr Kot feinste Schlickteilchen bindet, für eine Verfestigung des Schlickwattbodens.

Schnecken gehören mit den Muscheln und den Tintenfischen zu den **Weichtieren.** Ihr Körper ist gegliedert in **Kopf, Fuß** und **Eingeweidesack.**

Der **Kopf** trägt Fühler, die bei vielen Schneckenarten zurückgezogen werden können. Auf den Fühlern oder in ihrer Nähe sitzen Augen.

Der **Fuß** ist die muskulöse Bauchseite des Rumpfes und bildet eine Kriechsohle mit zahlreichen Schleimdrüsen. Die kräftigen Muskeln des Fußes ermöglichen den Schnecken gleitende Kriechbewegungen. Die Schleimabsonderung dient der Anheftung und unterstützt die Bewegungen.

Der **Eingeweidesack** enthält die inneren Organe. Er steckt bei vielen Schneckenarten in einer kalkhaltigen Schale, dem Schneckenhaus. Der Eingeweidesack ist vom Fuß durch eine ringförmige Falte, die Mantelfalte, abgesetzt. Sie bildet eine taschenartige Vertiefung (Mantelhöhle), in der die Kiemen liegen. Schnecken können auch durch die Haut atmen. Einige Landschneckenarten besitzen keine Kiemen, bei ihnen ist die Mantelhöhle zu einer Lunge umgebildet. Schnecken sind weidende Tiere. Die bewegliche Zunge der Schnecken ist mit vielen Zähnen (bis 150000) besetzt und wirkt als **Raspelapparat**. Damit schälen sie die Oberfläche des Bodens oder der Pflanzen ab. Ihre Nahrung besteht meist aus Algen, Pflanzenteilen und kleinen Tieren.

Krebse gehören – ebenso wie Spinnen und Insekten – zu den **Gliederfüßern.** Ihr Körper ist durch einen **Chitinpanzer**, der durch eingelagerten Kalk verstärkt ist, geschützt und gegliedert in **Kopf, Brust** und **Hinterleib.** Strandkrabbe und Garnele gehören zu den zehnfüßigen Krebsen. Fünf Schreitbeinpaare geben ihnen den Namen. Das erste Schreitbeinpaar trägt bei vielen Arten **Scheren**.

Abb. 15.11: Eine Wattschnecke hat sich im Wattboden eingegraben und wartet auf die nächste Flut

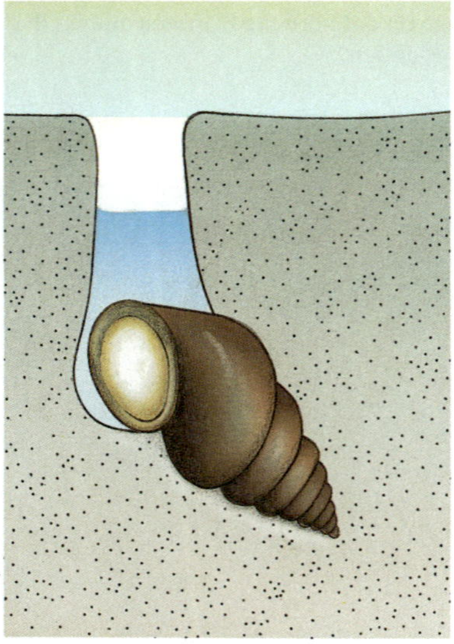

Abb. 15.12: Schneckenbauplan

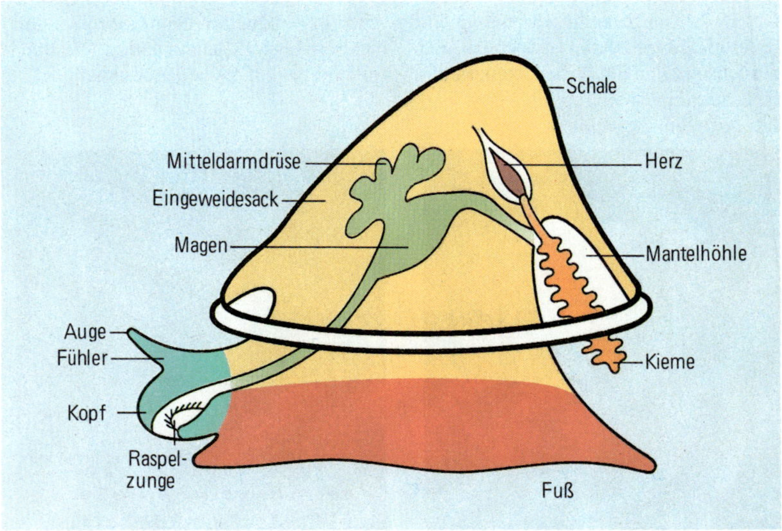

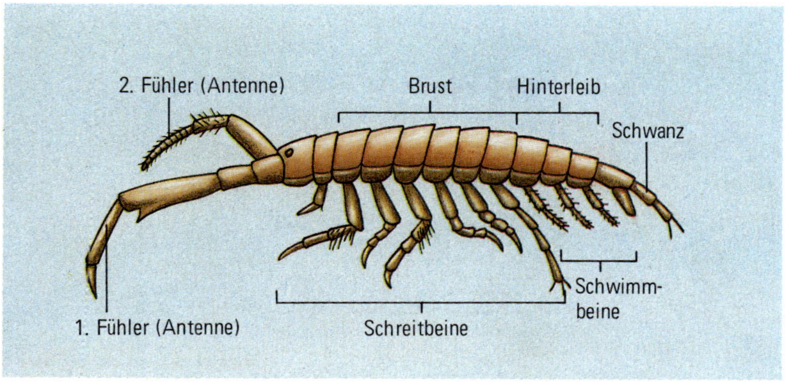

Abb. 15.13: Schlickkrebse bewegen sich außerhalb ihrer Wohnröhre entweder kriechend oder schwimmend. Beim Kriechen stemmen sie ihr 2. Fühlerpaar in den Boden und ziehen den Körper nach. Beim Schwimmen strecken sie ihre Fühler, legen die Schreitbeine eng an den Körper und benutzen ihre Schwimmbeine

Das **Schlickwatt** ist auch Wohnraum der 1 cm langen **Schlickkrebse.** 5000–20000 Tiere pro m^2 sind normal. Man hat schon über 40000 Krebse pro m^2 gezählt. Sie graben 8 cm tiefe U-förmige Wohnröhren in den Wattboden und schützen sich so vor Austrocknung. Zur Verfestigung kleiden sie die Röhrenwände im weichen Boden mit Schleim aus. Schlickkrebse ernähren sich von zerriebenem Pflanzenmaterial, Algen und anderen Kleinlebewesen, die sie mit ihren langen Fühlern vom Wattboden loskratzen und in den Röhreneingang fegen. Nicht verwertbare Teile werden mit einem Wasserstrom durch den zweiten Röhrengang nach außen befördert.

Abb. 15.14: An Einsturztrichtern und Kotschlingen erkennt man die Lage der Wohnröhre eines Pierwurmes

Der Boden des **Mischwatts** ist an vielen Stellen übersät mit Sandkegeln, die aus feinen Schnüren bestehen. Es sind Kotschlingen der 15 cm langen **Pierwürmer,** auch Wattwürmer genannt. Pierwürmer leben in U-förmigen Wohnröhren, die 20–30 cm tief reichen und durch Schleimausscheidungen verfestigt sind. Pierwürmer sind **Sandfresser.** Sie ernähren sich von Mikroorganismen und zerriebenem Pflanzenmaterial, die sie mit dem Sand aufnehmen. Der Sand und andere unverdauliche Stoffe werden von Zeit zu Zeit als Kotschlingen an die Oberfläche abgegeben.

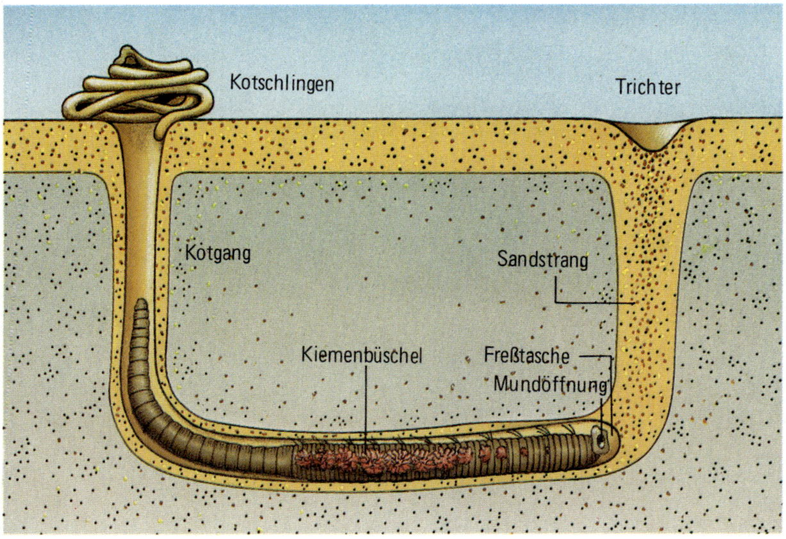

Abb. 15.15: Wohnröhre des Pierwurms. Der Wurm liegt beim Fressen im waagrechten Teil seiner Röhre und nimmt mit seiner rüsselartigen Mundöffnung Sand auf. Dabei entsteht im Bereich der Mundöffnung eine Freßtasche, in die ständig Sand von oben nachstürzt. Dadurch wiederum bildet sich ein Sandstrang (Kanal) mit einem Einsturztrichter (Durchmesser 2–5 cm). Der unverdauliche Sand wird ausgeschieden und über den Kotgang an die Oberfläche gebracht. Dabei wird das Hinterende des Wurms häufig von Vögeln, Fischen oder Strandkrabben erwischt. Der Pierwurm kann jedoch sein Hinterende abwerfen und wieder neu bilden.

Abb. 15.16: Bauplan eines Ringelwurms

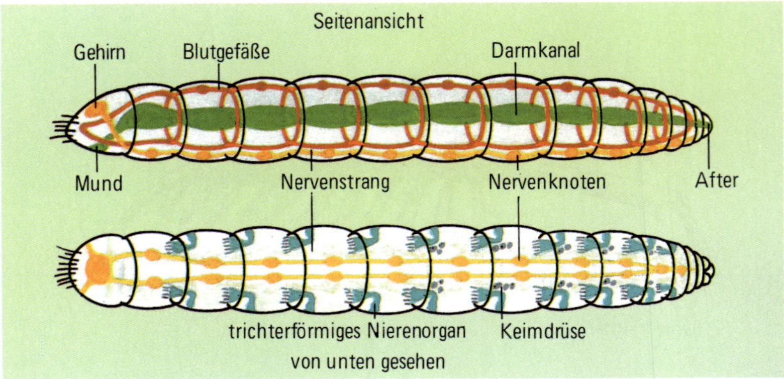

Pierwürmer gehören – wie die Regenwürmer – zu den **Ringelwürmern.** Ihr Körper besteht aus hintereinanderliegenden Teilstücken (Segmenten), die in ihrem Bau weitgehend übereinstimmen und jeweils eine Garnitur der wichtigsten Organe (Nervenknoten, Nieren, Keimdrüsen) enthalten. Meist sind die Teilstücke auch äußerlich durch ringförmige Furchen abgegrenzt.

Pierwürmer sorgen – ähnlich den Regenwürmern – durch die Art ihrer Nahrungsaufnahme dafür, daß der Wattboden intensiv durchmischt und umgelagert wird.

Ebenfalls häufige Mitbewohner des **Mischwatts** sind Herz- und Sandklaffmuscheln. **Herzmuscheln** graben sich etwa 4 cm tief in den Wattboden, bringen ihre Versorgungs- und Entsorgungsschläuche an die Bodenoberfläche. Sie strudeln mit dem Wasser Nahrungsteilchen ein und geben unverwertbare Stoffe und Kot wieder ab. Muscheln ernähren sich als **Filtrierer.** Ihr Körper ist ein gut arbeitender Filtrierapparat. Nahrungsaufnahme, Atmung und Ausscheidung sind eng miteinander verknüpft. Jede Herzmuschel pumpt pro Stunde etwa 0,5 l Wasser durch ihren Körper. Das bedeutet, daß eine Herzmuschelkolonie zusammen eine große Filterleistung vollbringt.

Abb. 15.17: Muschelarten besiedeln den Wattboden unterschiedlich

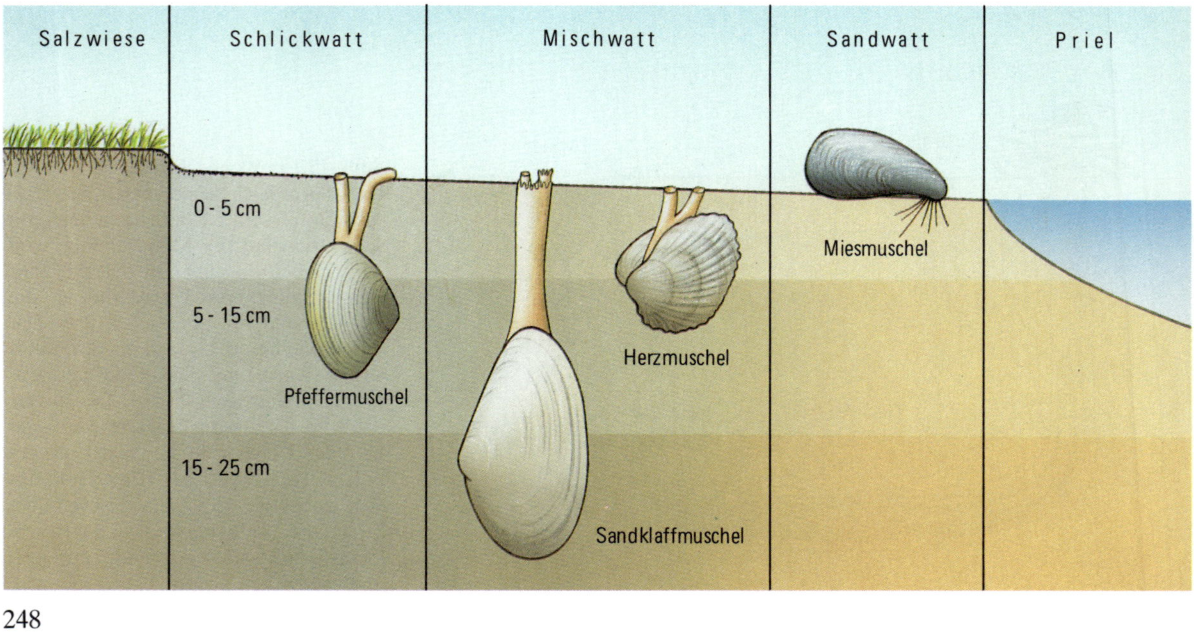

Abb. 15.18: Miesmuscheln bieten einem Tang die Möglichkeit, sich anzuheften

Häufiger und nicht zu übersehender Bewohner des **Sandwatts** und der Prielränder ist die **Miesmuschel.** Sie lebt auf dem Wattboden. Sie verankert sich mit Fäden (Eiweißstränge, die von einer Drüse am Fuß erzeugt werden) an Muschelschalen und oft auch an Nachbarn, so daß sie von der Gezeitenströmung nicht mehr verdriftet werden kann. Miesmuscheln sind bei ihrer Nahrungsaufnahme streng an den Rhythmus der Gezeiten gebunden. Nur bei Überflutung öffnen sie ihre sonst fest verschlossenen Schalenklappen. Ihr Körper ist ein kompliziert arbeiten-

Muscheln gehören ebenfalls zu den **Weichtieren.** Ihr Körper ist stets von einer zweiklappigen **Schale** verschlossen. Der **Kopf** ist zurückgebildet.

Muscheln können ihren muskulösen **Fuß** aus der Schale hervorstrecken und sich damit fortbewegen. Herzmuscheln z. B. graben sich schnell in den Wattboden ein.

Muscheln sind **Strudler** und **Filtrierer**. Sie ernähren sich von Schwebteilchen und Plankton, die mit einem Wasserstrom angesaugt werden. Das Wasser gelangt über die Einströmöffnung (Sipho) in die Muschel, wird über die Kiemen geleitet und verläßt die Muschel über die Ausstromöffnung. Bei Muschelarten, die im Boden leben, sind Einstrom- und Ausstromöffnung zu beweglichen Versorgungs- und Entsorgungsschläuchen verlängert.

Abb. 15.19: Bauplan einer Muschel

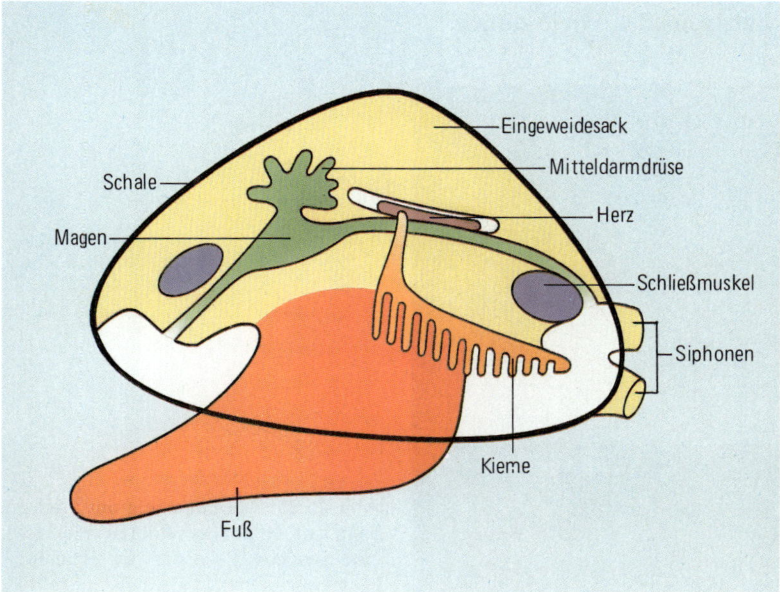

Abb. 15.20: Pfeffermuscheln leben in wassergefüllten Höhlen, 10–20 cm tief im Wattboden. Mit ihren beweglichen Einström- und Ausströmsiphonen erreichen sie die Bodenoberfläche. Zur Nahrungsaufnahme saugen sie mit dem Einströmsipho wie mit einer Pipette die Oberfläche ab (Pipettierer)

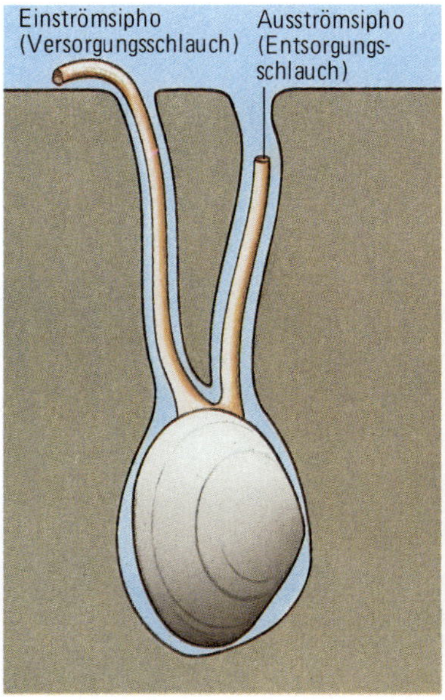

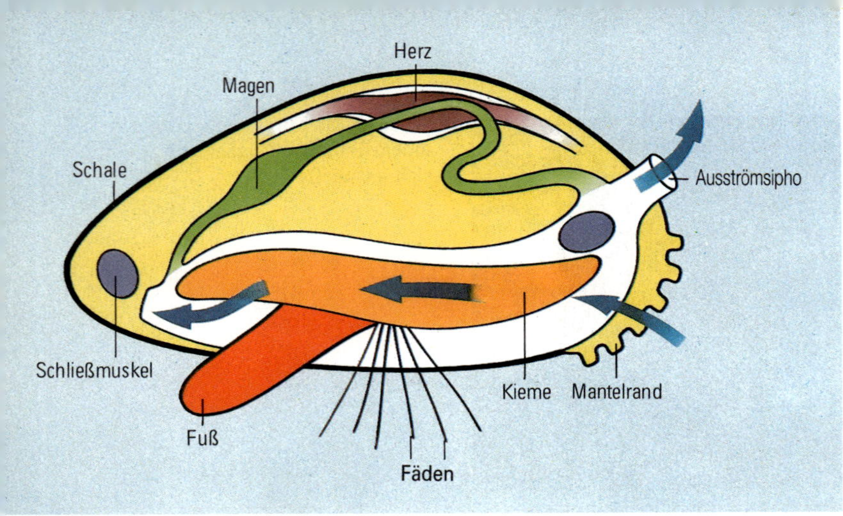

Abb. 15.21: Wasserstrom in einer Miesmuschel

der **Filtrier-** und **Sortierapparat**. Die Oberflächen der Mantelhöhle sind dicht mit Wimpern besetzt. Ihre raschen Bewegungen saugen Wasser an, treiben es durch die Kiemen, leiten es – unter Mitnahme von Kot – wieder nach außen. Die Kiemen entnehmen dem Wasser Sauerstoff. Schwebstoffe werden auf den gitterartigen Kiemenblättern zurückgehalten und anschließend sortiert. Nahrungsteilchen werden aufgenommen, unbrauchbare Teilchen werden über Wimperstraßen nach außen befördert.

In einer Miesmuschelbank fallen große Mengen an Kot und unverwertbaren Schwebstoffen an. Sie sinken zu Boden und häufen sich zu einem Schlickhügel an. Auf diese Weise entsteht die gewölbte Form der Muschelbänke.

Eine ausgewachsene Miesmuschel filtert pro Stunde 2–3 l Wasser. Eine Muschelbank hat die Wirkung einer leistungsfähigen Filterpumpe.

An vielen Stellen wird das Sandwatt von **Prielen** durchzogen, die auch zur Niedrigwasserzeit noch Wasser führen. Hier halten sich die Lebewesen auf, die ständig Wasser benötigen. Dazu gehören einige **Krebsarten** (z. B. Strandkrabbe und Garnele) sowie viele **Fischarten.** Sie lassen sich von der Flutströmung auf die Wattflächen tragen und nutzen dort das reichliche Nahrungsangebot. Bei einsetzender Ebbe ziehen sie sich in die schutzbietenden Priele zurück.

Abb. 15.22: Miesmuscheln am Priel im Sandwatt. Hinter dem Priel erstreckt sich eine Sandbank, die nur bei Ebbe freiliegt

Abb. 15.23: Priele bieten den **Garnelen** im Sommer einen optimalen Lebensraum. Die 6–7 cm langen Krebse graben sich gerne in den Sand ein, können aber auch gut schwimmen. Ihr durchsichtiger Körper kann sich der Helligkeit und Farbe des Bodens gut anpassen. Die rosarote Farbe der von den Küstenbewohnern auch Krabben genannten Garnelen tritt erst beim Kochen auf

Im Wattenmeer kommen etwa 100 Fischarten vor. Nur wenige – u. a. die Stichlinge – leben als Standfische dauernd hier. Die meisten finden als **Saisongäste** gute Ernährungsbedingungen – vor allem im Sommer.

Viele bekannte **Nutzfische** – z. B. Hering, Sprotte, Scholle, Seezunge – verbringen ihre Jugendzeit teilweise im Wattenmeer. Die Jungfische wandern im Frühjahr mit den Flutströmen ins Wattenmeer und nutzen dort das Nahrungsangebot im Sommer. Mit Beginn der kälteren Jahreszeit verlassen sie das Wattenmeer und überwintern in der offenen Nordsee. Der Vorgang wiederholt sich in den folgenden beiden Jahren. Erwachsen ziehen diese Fischarten tiefere Gewässer vor.

Abb. 15.24: Schollen (auch Goldbutt genannt) erkennt man an den orangeroten Flecken auf der sandfarbenen Oberseite. Ausgewachsen erreichen Schollen eine Körperlänge von 80 cm. Die Weibchen laichen von Januar bis Juni (500 000 Eier pro Weibchen)

Bei einer Wattwanderung wird deutlich, daß das Watt zur Zeit des Niedrigwassers eine Landschaft der Vögel ist. Das Nahrungsangebot ist so groß, daß das ganze Jahr über Zehntausende von Vögeln einen reich gedeckten Tisch finden. Zur Zugzeit (Frühjahr und Herbst) schätzt man die Zahl an Enten, Gänsen, Watvögeln und Möwen im gesamten Wattenmeer auf 3–4 Millionen. Aus den Tundren Nordeuropas und der Sowjetunion, aus dem Nordosten Kanadas und aus Grönland kommen die Vögel ins Watt, um sich Fettreserven zuzulegen für den energiezehrenden Flug ins Brutgebiet oder ins Winterquartier. Zehntausende von Gästen aus dem hohen Norden überwintern im Watt. Bei diesen täglichen Massenansammlungen während des Niedrigwassers müßte ein scharfer Nahrungswettbewerb unter den vielen Vogelarten herrschen.

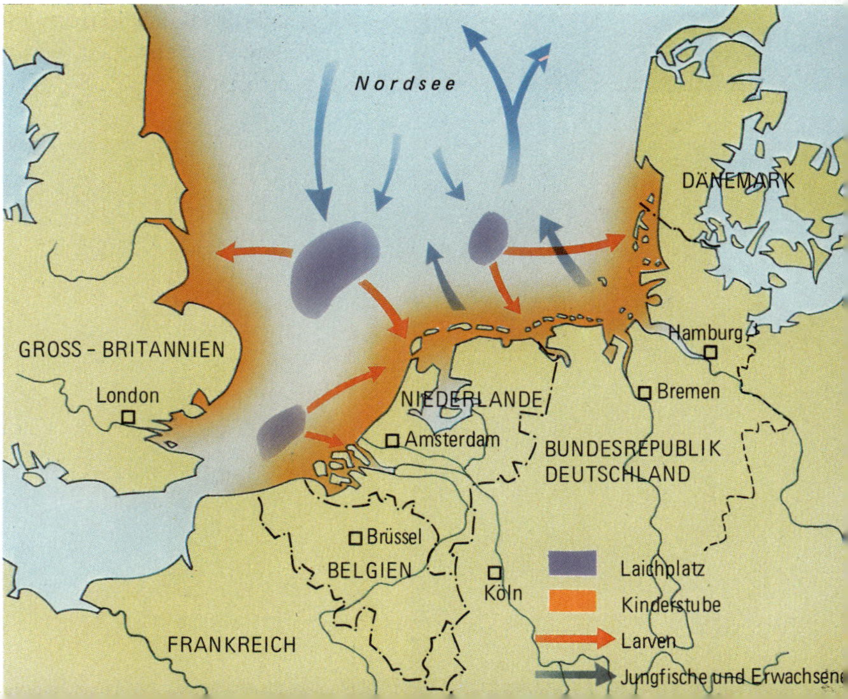

Abb. 15.25: Laichplätze, Kinderstuben und Wanderungen der Scholle

Abb. 15.26: Austernfischerschwarm im Watt

Abb. 15.27: Silbermöwe

Abb. 15.28: Austernfischer

Abb. 15.29: Rotschenkel

Abb. 15.30: Brachvogel

Die **Silbermöwe** ist die häufigste Möwenart. Sie brütet auf Dünen und Klippen. Ihre Speisekarte ist umfangreich, sie reicht von Würmern, Muscheln bis zu Aas – Abfälle von Fischfabriken und auf Müllplätzen sind ebenfalls willkommen.

Der **Austernfischer** ist eine auffällige Erscheinung unter den Wattvögeln. Sein schwarzweißes Gefieder und seine hellen Rufe machen ihn unverwechselbar. Mit seinem langen Schnabel stochert er im Wattboden und spürt vor allem Muscheln auf, die er geschickt öffnet.

Rotschenkel haben ein unauffälliges Gefieder. Ihre melodischen Flötentöne sind überall im Wattenmeer zu hören. Bei der Nahrungssuche durchpflügen sie mit leicht geöffnetem Schnabel den weichen Schlick und erbeuten Pierwürmer, kleine Krebse, junge Muscheln.

Brachvögel sind an ihren nach unten gebogenen Schnäbeln und den trillernden Rufen gut zu erkennen. Die Nahrung wird von der Bodenoberfläche aufgepickt oder tastend aus lockerem Boden oder aus seichtem Wasser hervorgeholt.

Genaue Beobachtungen zeigen, daß verschiedene Regelungen einen harten Konkurrenzkampf um Nahrung verhindern. Die Vogelarten verteilen sich auf unterschiedliche **Nahrungszonen**:

- Möwen (z. B. Silber- und Lachmöwen) suchen auf der Oberfläche nach Krebsen, Schnecken, Muscheln und Würmern.
- Watvögel, wie Rotschenkel und Alpenstrandläufer, erbeuten mit ihren mittellangen Schnäbeln Tiere, die dicht unter der Oberfläche leben.
- Austernfischer und Brachvögel können mit ihren langen Schnäbeln Tiere hervorholen, die tiefer im Wattboden leben.
- Brandenten durchsieben Wattpfützen nach kleinen Muscheln und Krebsen.

Abb. 15.31: Zeitliche Verteilung zweier Vogelarten auf den Wattflächen (blau: Höhe des Wasserstandes)

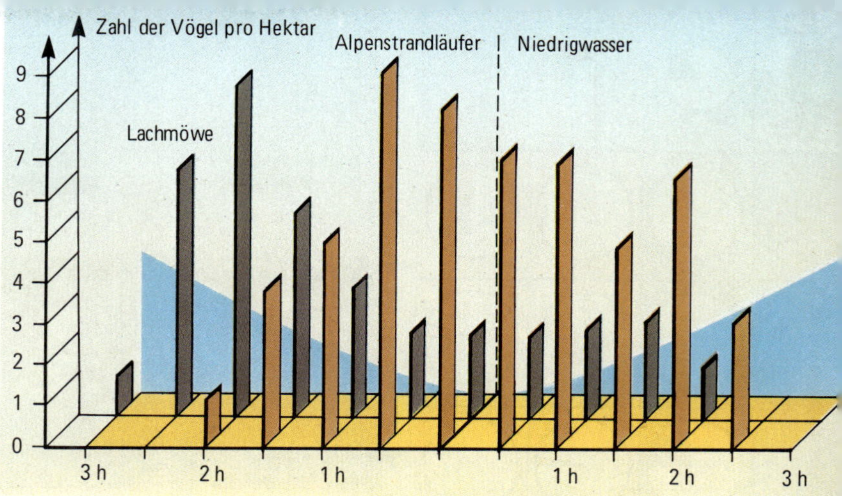

- Eiderenten tauchen in Prielen und Rinnen nach Muscheln.
- Seeschwalben fangen im Stoßflug kleine Fische, die dicht unter der Wasseroberfläche schwimmen.

Die Vogelarten verteilen sich auch zeitlich auf den Wattflächen. Einige bevorzugen die Zeit des ablaufenden Wassers, andere den Höchststand des Niedrigwassers, wiederum andere die Zeit, in der das Wasser wieder aufläuft.

Vogelarten vermeiden auch dadurch untereinander Nahrungskonkurrenz, daß sie jeweils Beutetiere von bestimmter Größe vorziehen, für die sich andere Vogelarten nicht interessieren (siehe Abb. 15.35).

Die unersetzliche Bedeutung, die das Wattenmeer als **Rast-** und **Nahrungsraum** für viele Vogelarten hat, wollen wir an einem Beispiel verdeutlichen.

Der **Alpenstrandläufer** ist ein starengroßer Watvogel. An der deutschen Nordseeküste brüten alljährlich im Sommer nur etwa 50–70 Brutpaare. Während der Zugzeit (März – Anfang Juni, August – Ende Oktober) bevölkern jedoch Hunderttausende von Alpenstrandläufern das Wattenmeer; den Bestand im gesamten Wattenmeer schätzt man auf 3/4 Millionen. In den Wintermonaten zählt man auf den Wattflächen Schleswig-Holsteins durchgängig noch 10000–20000.

Abb. 15.32: Brandenten

Abb. 15.33/34: **Eiderenten:** oben: Ente, unten: Erpel, sind große Tauchenten, die an der deutschen Küste nur auf den nordfriesischen Inseln Sylt, Amrum und Föhr brüten. Eiderenten tauchen bei der Nahrungssuche u. a. nach Miesmuscheln, Strandschnecken und Strandkrabben.
Brandenten sind große Enten, die in ihrer Gestalt an Gänse erinnern. Ihre Nahrung (Schnecken, Muscheln, Würmer) erbeuten sie, indem sie das Wasser schnatternd und gründelnd durchseihen.
Brandenten sind während der Mauser (Juli–August) etwa 30 Tage flugunfähig. Sie verbringen diese Zeit in großen Mauserzentren. Das größte Mauserzentrum Westeuropas (80000–100000 Vögel) liegt auf den Sandwatten des Großen Knechtsandes zwischen Weser- und Elbmündung.

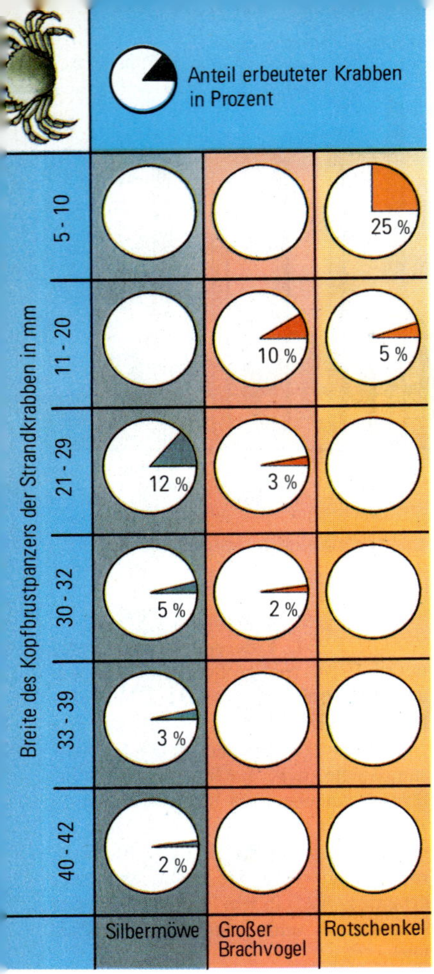

Abb. 15.35: Verschiedene Vogelarten bevorzugen unterschiedliche Größen ihrer Beutetiere. Während kleine Strandkrabben (Breite des Panzers bis 10 mm) vorwiegend von Rotschenkeln erbeutet werden, bevorzugen Brachvögel Tiere mit einer Panzerbreite bis 20 mm. Silbermöwen fressen Strandkrabben, deren Panzer breiter als 20 mm ist

Abb. 15.37: Alpenstrandläufer

Abb. 15.36: Austernfischer verbringen die Zeit der Hochflut auf Salzwiesen

Wie erklärt man die Massenansammlungen? Alpenstrandläufer sind **Fernzieher**. Sie brüten an den arktischen Küsten Nordeuropas, Grönlands und der Sowjetunion. Im Juli verlassen sie ihr Brutgebiet, tauchen Ende Juli/Anfang August im Wattenmeer auf und bleiben bis zum Oktober. Hier mausern sie ihr Gefieder. Sie legen – begünstigt durch das reichliche Nahrungsangebot – Fettreserven an für den Weiterflug in die Winterquartiere.

Im März erscheinen wieder riesige Schwärme von Alpenstrandläufern im Wattenmeer. Das jetzt wieder reiche Angebot an Nahrung ermöglicht es den Vögeln, notwendige Fettspeicher anzulegen für den Weiterflug Ende Mai/Anfang Juni in die entfernten Brutgebiete.

Alpenstrandläufer verbringen also 6–7 Monate alljährlich im Wattenmeer. Dieser Lebensraum ist für sie unersetzlich. Dort können sie Energie auftanken für den Gefiederwechsel (Mauser) und für den kräftezehrenden Flug in die Brut- und in die Winterquartiere.

Abb. 15.38: Brutplätze, Überwinterungsgebiete und Zugwege des Alpenstrandläufers

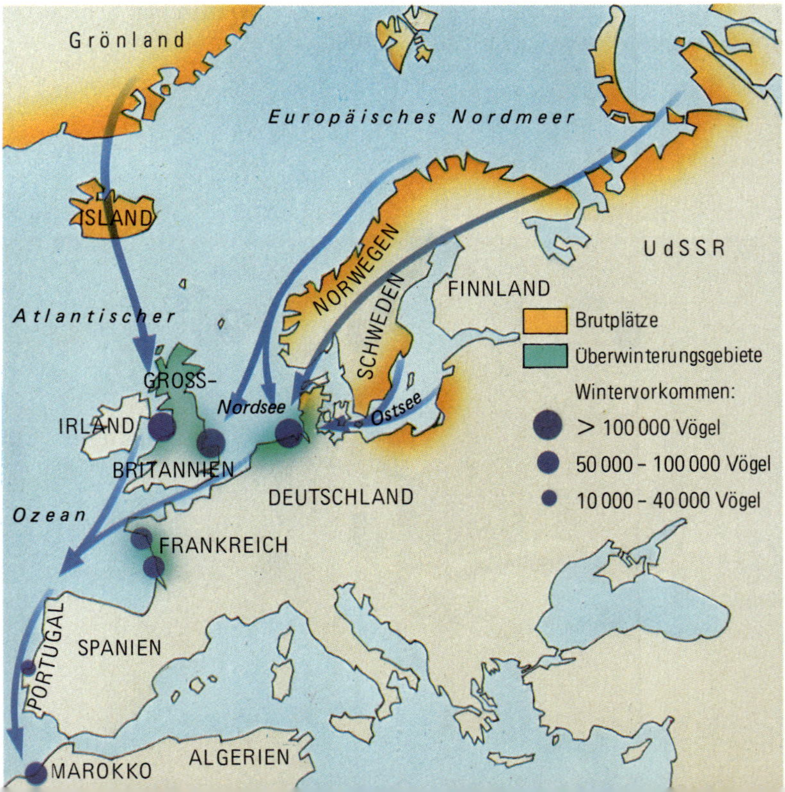

15.2 Nahrungsökologie des Wattenmeeres

Abb. 15.39: Strandkrabben haben einen kräftigen Kopfbrustpanzer. Der Hinterleib ist unter den Panzer geklappt und daher nicht sichtbar. Das erste Beinpaar trägt kräftige Scheren. (Das abgebildete Tier hat eine Schere verloren.) Strandkrabben bewegen sich seitlich zur Körperachse (Dwarslöper). Sie sind geschickte Räuber, aber auch begehrte Beutetiere

Auf Seite 24 haben wir erfahren, daß die grünen Pflanzen Grundlagen allen Lebens sind. Sie erzeugen aus Kohlenstoffdioxid, Wasser und Mineralstoffen die energiereichen Stoffe: Kohlenhydrate, Fette, Eiweiße. Motor dieses Produktionsvorganges ist die **Energie** des **Sonnenlichtes**.

Grüne Pflanzen bezeichnet man deshalb als **Produzenten.** Im Wattenmeer sind Boden- und Planktonalgen (meist Kiesel- und Grünalgen) die wichtigsten Produzenten. Seegräser, die jenseits der Niedrigwasserlinie oft dichte Wiesen bilden, liefern einen weiteren Anteil an der Produktion. Viele Tierarten nehmen die von den Pflanzen produzierten Stoffe auf und wandeln sie in arteigene um, sie gehören zu den **Konsumenten 1. Ordnung.** Tierarten dagegen, die tierische Nahrung bevorzugen, werden **Konsumenten 2. Ordnung** genannt. Diese Kette kann man fortsetzen. Tiere, die nur von Konsumenten 2. Ordnung leben, sind **Konsumenten 3. Ordnung** usw.

Im Wattenmeer sind die Nahrungsbeziehungen allerdings sehr kompliziert. Die tierischen Vertreter des Planktons (z. B. winzige Kleinkrebse), viele Wattwürmer, Schnecken und Muscheln leben überwiegend von pflanzlicher Nahrung, sie sind demnach Konsumenten 1. Ordnung. Da viele jedoch keine lupenreinen Vegetarier sind, sondern oft auch tierische Nahrung aufnehmen, sind sie auch Konsumenten 2. Ordnung. Fleischfresser wie Fische und Vögel sind Konsumenten 2. Ordnung, oft auch Konsumenten 3. Ordnung. So ist ein Brachvogel, wenn er Herzmuscheln verzehrt, Konsument 1. Ordnung, fängt er jedoch Strandkrabben, dann ist er Konsument 3. Ordnung.

Abb. 15.40: Ausschnitt aus dem Nahrungsnetz des Wattenmeeres

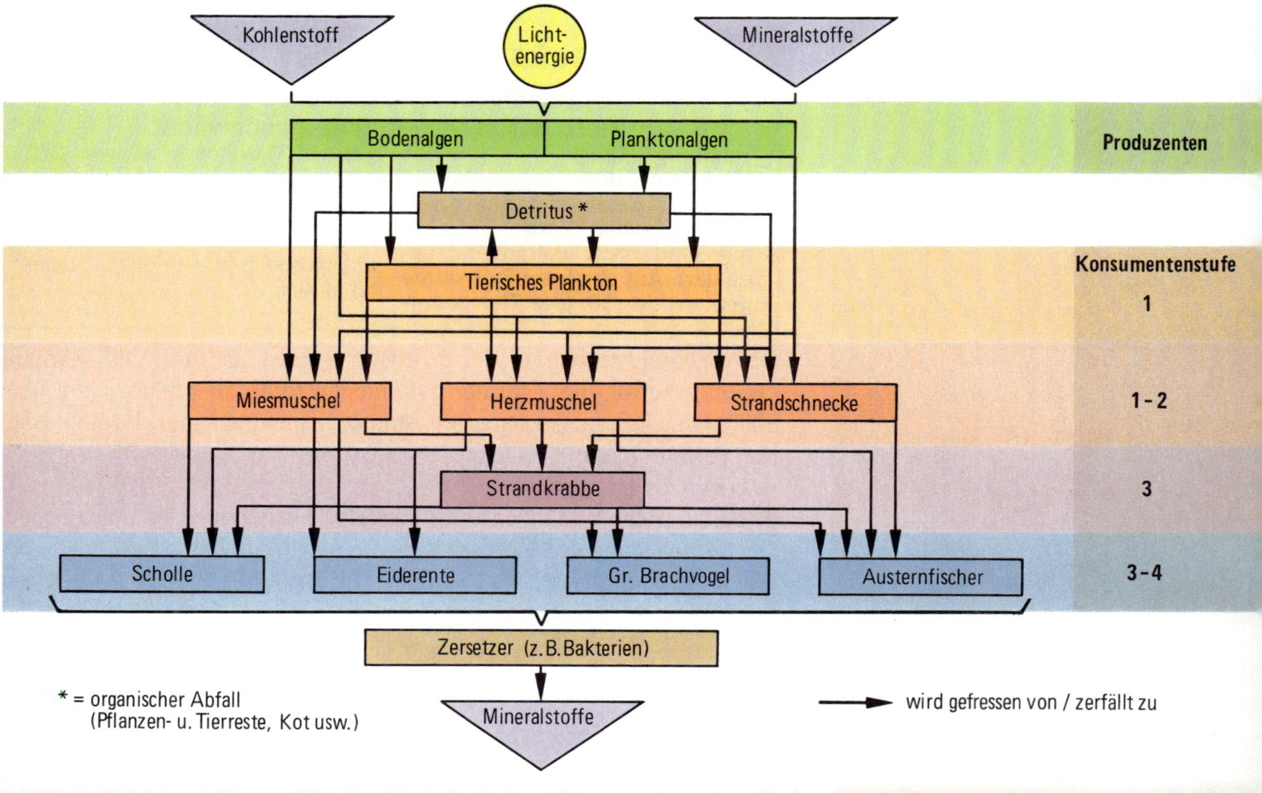

Tabelle 15.1: Anreicherung von Quecksilber im Muskelgewebe von Flundern (nach 1987 durchgeführten Untersuchungen, gemessen in µg pro kg Frischsubstanz, 1 µg = 1 millionstel Gramm, 1 mg = 1 tausendstel Gramm)

Fanggebiet	Quecksilber
Wesermündung	120– 280
Elbmündung	140–1200
Deutsche Bucht	110– 190
Skagerrak	10– 40

Abb. 15.41: Strömungsverhältnisse in der Nordsee. Pfeile markieren die Strömung. Wasser aus dem Atlantik fließt an der britischen Küste nach Süden, dreht am Kanal nach Norden, strömt an der belgischen, niederländischen, deutschen, dänischen Küste entlang und fließt bei Norwegen wieder in den Atlantik. In der deutschen Bucht verweilt das Wasser etwa drei Jahre. Schadstoffe verweilen länger, weil sie sich ablagern.

Die Ausscheidungen aller Wattbewohner und die bei ihrem Tod anfallenden organischen Stoffe werden von den Zersetzern (überwiegend Bakterien) in anorganische Bestandteile (Mineralstoffe) zerlegt. Mit dieser Remineralisierung schließt sich der Nahrungskreislauf teilweise. Denn die von den Zersetzern freigesetzten Mineralstoffe stehen den grünen Pflanzen zur Verfügung.

15.3 Das Wattenmeer ist stark gefährdet

Wir haben mit dem Wattenmeer ein **Ökosystem** kennengelernt, das insofern einmalig ist, als seine abiotischen Faktoren stark schwanken. Nur wenige Pflanzen- und Tierarten sind an diese Schwankungen so angepaßt, daß sie ständig dort leben können. Sie finden allerdings im Wattenmeer so günstige **Nahrungsbedingungen** vor, daß sie sich stark vermehren und jeden Quadratzentimeter Wattbodens besetzen. Das lockt wiederum Millionen von Saisongästen an, für die das Wattenmeer unersetzlich als **Nahrungs-, Rast-** und **Aufzuchtgebiet** ist.

Dieses einmalige Ökosystem ist seit den letzten Jahrzehnten stark gefährdet, und zwar durch den Menschen.

Auf folgende Weise greift der Mensch in den Haushalt des Wattenmeeres ein:

- Belastung durch Schadstoffe,
- Verstärkung der landwirtschaftlichen Nutzung des Deichvorlandes,
- Verkleinerung des Wattenmeeres durch Vordeichung,
- Gewinnung von Erdöl und Erdgas in verschiedenen Gebieten der Nordsee,
- Zunahme des Tourismus.

Besorgniserregende Epidemie in Nord- und Ostsee bedroht die Robben

Seehundsterben ist ungeklärt

Forscher rätseln: Tödliches Virus / Tiere durch Umweltgifte geschwächt

Hamburg (dpa). Die genauen Ursachen des besorgniserregenden Seehundsterbens an der deutschen Nord- und Ostsee sind noch weitgehend ungeklärt. Auf der Insel Sylt wurde gestern das 30. tote Tier geborgen. In Dänemark wurden 270 verendete Robben gefunden.

„Wir tappen noch im Dunklen", sagte Günter Heidemann vom Institut für Haustierkunde an der Universität in Kiel.

Das Seehundsterben in der Nordsee begann im Mai 1988. Anfang Oktober betrug die Zahl der gefundenen toten Seehunde schon über 6000. Die Ursachen des Sterbens sind noch nicht bekannt. Es gibt bisher nur Vermutungen:

- Viren als Erreger,
- geschwächte Widerstandskraft der Robben in Folge der hohen Schadstoffbelastung der Nordsee.

Wenn das Seehundsterben so anhält, werden die Seehunde der Nordsee bald ausgestorben sein.

Die Belastungen durch **Schadstoffe** wollen wir näher erläutern. Erst seit den sechziger Jahren ist durch umfangreiche Forschungsarbeiten bekannt geworden, wie stark die Nordsee und damit auch das Wattenmeer durch Schadstoffe belastet sind. Die meisten Schadstoffe entstehen nicht vor Ort, sondern werden mit der Schmutzfracht der Flüsse ins Meer transportiert. Unter den vielen Schadstoffen sind vor allem bestimmte **Schwermetallverbindungen** und **chlorierte Kohlenwasserstoffe** besonders giftig und belasten das Meer langfristig.

In geringen Mengen sind einige **Schwermetalle** (z.B. Eisen) für die Meeresorganismen als Spurenelemente lebenswichtig. Andere Schwermetalle, vor allem Quecksilber, erweisen sich als höchst giftig. Quecksilberverbindungen (z.B. als Bestandteile von Pestiziden) werden von den Flüssen ins Meer geschwemmt, dort von Bakterien in hochgiftige Verbindungen umgewandelt. Diese reichern sich in Nahrungsketten an und erreichen auf diese Weise auch den Menschen. Das Wattenmeer wird in den letzten Jahrzehnten zunehmend durch **chlorierte Kohlenwasserstoffe** belastet. Diese Stoffe werden in großen Mengen in der modernen Industriegesellschaft verwendet. Chlorierte Kohlenwasserstoffe gelangen mit Abwässern ins Wattenmeer. Diese Stoffe lösen sich nicht im Wasser, sind jedoch fettlöslich. Sie werden von Meeresorganismen entweder über die Haut bzw. Kiemen oder über den Verzehr bereits belasteter Organismen aufgenommen und im Fettgewebe gespeichert.

Abb. 15.42: Ölklumpen am Strand und eine Trauerente, die durch die Ölverschmutzung ihres Gefieders zugrunde gegangen ist

Abb. 15.43: Anreicherung von Schadstoffen (polychlorierten Biphenyle = PCB) in einer Nahrungskette. ppm = part per million (s. S. 335)

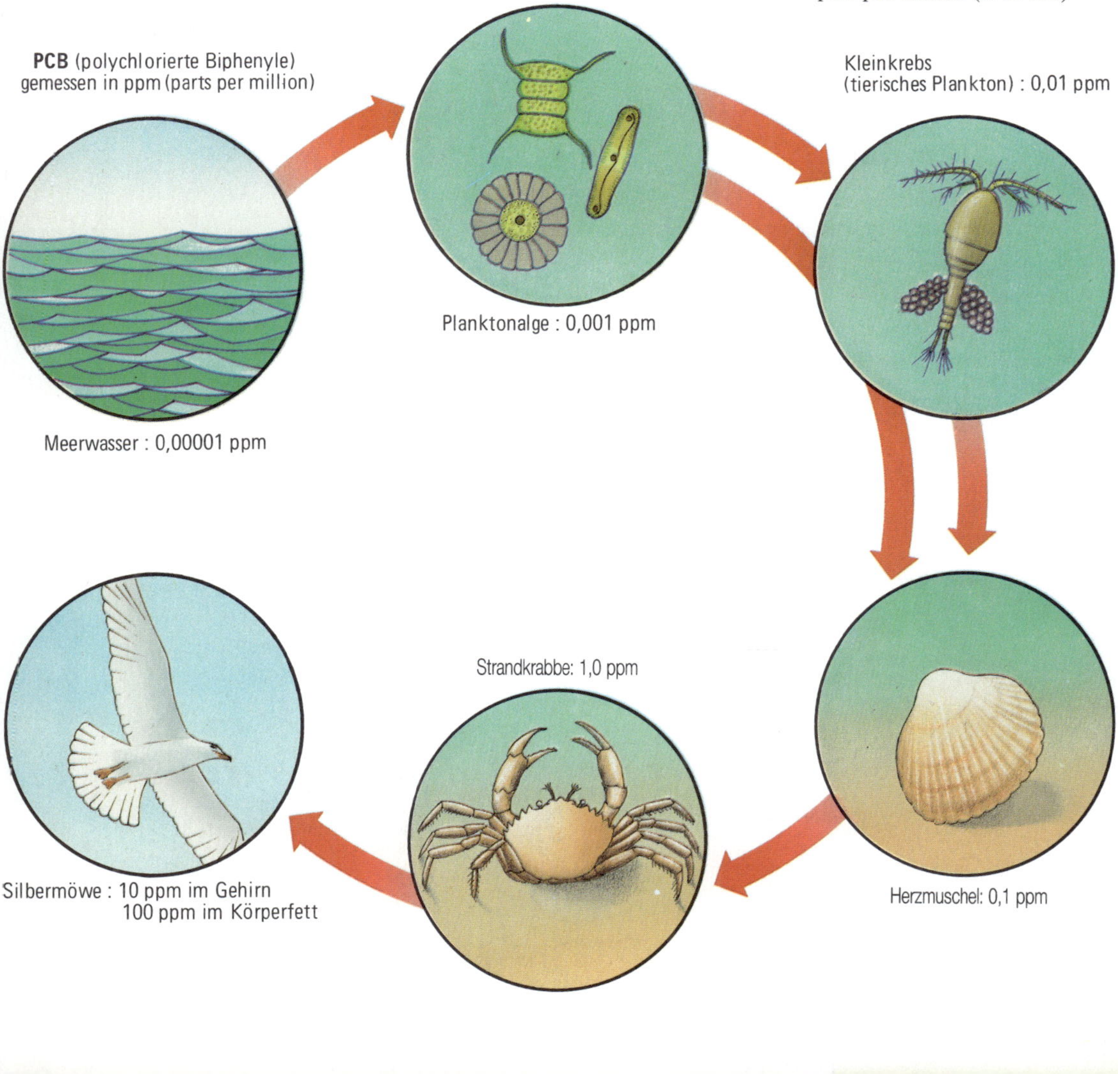

Größtes deutsches Ölfeld angezapft

Im Nationalpark Wattenmeer wurde mit der Förderung begonnen

WHI

Friedrichskoog (AP) – Mitten aus dem Nationalpark Wattenmeer sprudelt jetzt schwarzbraunes Erdöl. In Sichtweite zur Vogelschutzinsel Trischen haben die Konzerne Texaco und Wintershall für über 85 Millionen DM eine U-förmige Bohrinsel errichtet, die aus Deutschlands größtem Erdölfeld jährlich rund 200 000 Tonnen Rohöl fördern soll. Nach den Worten eines Texaco-Sprechers ist jetzt offiziell mit der Förderung begonnen worden. Aus Protest gegen das Ölprojekt im Wattenmeer rufen Umweltschützer bereits seit über einem Jahr die Verbraucher zum Boykott von Texaco auf.

Erst wenn der Körper in besonderen Situationen auf eigenes Fett zurückgreift, werden sie plötzlich in großen Mengen freigesetzt und führen zu gesundheitlichen Schäden, z. T. zum Tode des Tieres.

15.4 Nationalpark Wattenmeer

Die Einzigartigkeit, die Bedeutung und die Bedrohung des Ökosystems Wattenmeer hat in letzter Zeit zu verstärkten Forderungen nach wirkungsvollen Schutzmaßnahmen geführt. Die Länder Schleswig-Holstein und Niedersachsen haben große Teile des Wattenmeeres 1985 bzw. 1986 zu Nationalparks erklärt. Die Nationalparks sind in drei Zonen eingeteilt worden. In der Zone 1 oder **Ruhezone** ist der Schutz am intensivsten. In ihr liegen die wichtigsten Seehundliegeplätze, Brut-, Rast- und Mauserplätze der Vögel sowie wertvolle Salzwiesen. In der **Erholungszone** (3) sind viele Nutzungen durch den Menschen zugelassen. Die **Zwischenzone** (Zone 2) läßt nur einige Nutzungsmöglichkeiten zu (Fischerei, Weide, Jagd).

Ob diese Maßnahmen ausreichen, das Ökosystem vor den Gefahren durch den Menschen zu schützen und für die Zukunft zu erhalten, ist umstritten. Es müssen mit Sicherheit noch weitere Maßnahmen folgen. So muß die Abwasserfracht unserer Flüsse erheblich verringert werden, damit die Nordsee und damit auch das Wattenmeer sauberer werden.

Abb. 15.44: Nationalpark Wattenmeer

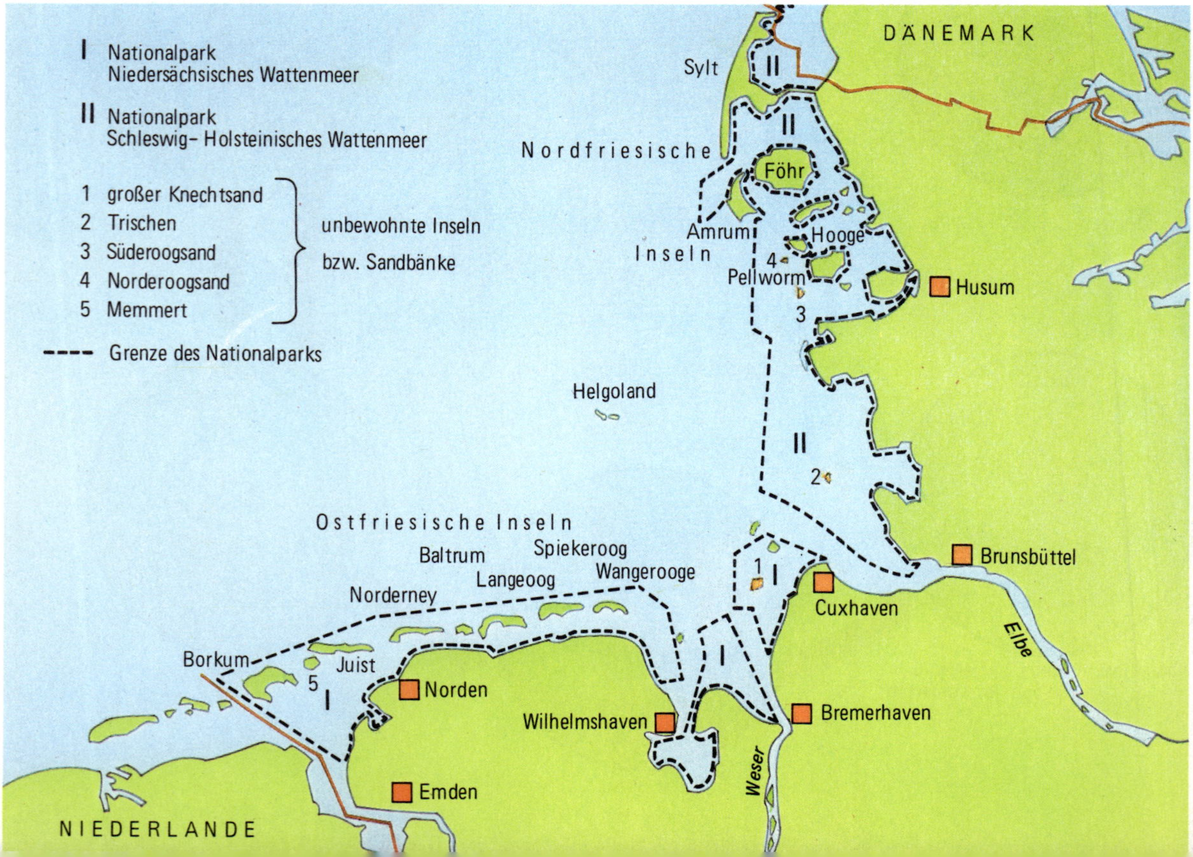

16
Biotechnologie beeinflußt unser Leben

16.1 Die Umwelt muß geschützt werden

Wenn du deine Großeltern fragst, welche Wiesenblumen und -kräuter sie in ihrer Jugendzeit gefunden haben, dann gehören bestimmt dazu: Margerite, Glockenblume, Wiesenschaumkraut, Storchschnabel, Kukkucks-Lichtnelke, Flockenblume, Wiesensalbei, Wiesenkerbel, Sauerampfer, Knöterich, Schafgarbe und viele andere Blumen und Kräuter. Sie blühten in einer großen Artenvielfalt von Wiesengräsern. Heute – von Ausnahmen abgesehen –: zwei oder drei Futtergräser, Hahnenfuß und Löwenzahn. Und das innerhalb eines Zeitraumes von etwa 50 Jahren!

Ähnliche Überlegungen lassen sich in großer Zahl fortsetzen, z. B. bei der Artenbestimmung von Fischen in einem Bach, oder der Artenvielfalt bzw. -armut an Vögeln in Feld und Flur. Finde weitere Beispiele!

Die Beziehungen zwischen Mensch und Natur haben sich im Laufe der Jahrhunderte stark verändert. In der Zeit, in der die Menschen als Jäger und Sammler lebten, war die Naturlandschaft kaum beeinflußt. Als aber die Menschen seßhaft wurden, Pflanzen anbauten, Tiere zähmten und aufzogen, veränderten sie die natürliche Pflanzen- und Tierwelt.

Mit der Bevölkerungszunahme, dem Wachsen der Städte und schließlich der Industrialisierung wurde die Natur nicht nur verändert, sondern mehr und mehr ausgebeutet. Heute haben Bevölkerungsexplosion, steigender Konsum und somit wachsende Müllberge, giftige Abwässer

Abb. 16.1: Wiese mit großer Artenvielfalt von Wiesenpflanzen, wie sie wohl nur noch in Naturschutzgebieten vorkommt. Es lassen sich folgende Wiesenpflanzen erkennen: Honiggras, Sauerampfer, Rotklee, Wiesen-Pippau, Margerite, Kuckucks-Lichtnelke, Glockenblume

und Gase und entnervender Lärm die Natur schon vielerorts aus ihrem biologischen Gleichgewicht gebracht. Der Mensch löst diese Vorgänge aus, und da er selbst ein Teil der Natur ist, leidet er darunter.

Viele Menschen sehen mit Sorge auf die Zerstörung unserer natürlichen Lebensgrundlagen und die wachsenden Umweltgefährdungen. Alle bisherigen Bestrebungen, die Natur wieder ins Gleichgewicht zu bringen, sind unzureichend.

Abb. 16.2: Die Nahe in Idar-Oberstein durchzieht die ganze Stadt und wurde ein immer größeres Verkehrshindernis

Abb. 16.3: Die Nahe ist heute unter einem Betondeckel verschwunden, es ist eine Stadtautobahn entstanden.

Überlege, welche Wirkung die „Abdunkelung" für Pflanzen und Tiere haben wird. Denke an einen feuchten Keller und zähle die Lebewesen eines derartigen Biotops auf. Überlege auch die Folgen für den Wasserhaushalt

16.1.1 Wasser ist kostbar

Ohne Wasser ist auf unserer Erde kein Leben möglich. Entscheidend dabei ist, daß es nicht nur in ausreichender Menge zur Verfügung stehen muß, sondern auch in ausreichender Güte. Unser **Trinkwasser** gewinnen wir aus Süßwasservorräten: aus Quellen, Grundwasser, Seen oder Fließgewässern und bis jetzt noch nicht aus dem salzigen Meerwasser.

Der derzeitige Wasserverbrauch in der Bundesrepublik Deutschland beträgt je Einwohner durchschnittlich rund 150 Liter am Tag. Voraussichtlich wird er weiter ansteigen.

Das in Haushalten, Gewerbe und Industrie gebrauchte Wasser gelangt als Abwasser in **Oberflächengewässer** oder in das **Grundwasser.** Vor allem ungeklärte Abwässer belasten die Natur. Sie führen pflanzliche und tierische Reste und Abfälle (organische Stoffe) und Salze mit (s. Abschnitt 13.2). So sind manche Flußabschnitte nur noch Kanäle für eine gesundheitsgefährdende Giftbrühe. Aber auch das Kühlwasser aus Industriebetrieben und Kraftwerken wirkt durch seine Wärme belastend.

Welche schädlichen Folgen können sich einstellen?

Bevor du untenstehenden Text liest, schreibe auf, welche Ansprüche du an gutes Trinkwasser stellst. Vergleiche deine Liste mit den Forderungen:

Anforderungen
Klar, farblos, geruchlos, wohlschmeckend, kühl; möglichst Gesamthärte nicht über 6–8 D.H°; arm an Bakterien, frei von Erregern ansteckender Krankheiten; genügende Menge, preiswert und bequem zu erreichen.

Sauerstoffmangel durch Eutrophierung

Phosphat- und **Nitratverbindungen** kommen z. B. in **Wasch-** und **Putzmitteln** und im **Dünger** vor. Sie bewirken ein explosionsartiges Wachstum der Wasserpflanzen. Die großen Mengen der Pflanzen, die im Sommer und Herbst absterben, zehren den Sauerstoff auf, und die Wasserlebewesen ersticken. Man sagt dazu auch, **ein Gewässer kippt um.**

Abb. 16.4: Die Radolfzeller Aach ist durch die Aufnahme von Abwässern eutrophiert

Tabelle 16.1: Wasserhärte in „Deutschen Härtegraden" (°d)

0– 4	sehr weich
4– 8	weich
8–18	mittelhart
18–30	hart
über 30	sehr hart

Abb. 16.5: Fische sind infolge von Sauerstoffmangel gestorben

Sauerstoffmangel durch Erwärmung

Das den Gewässern von der Industrie bzw. von Großkraftwerken entnommene **Kühlwasser** wird durch den Gebrauch erwärmt. So erhöht sich die Temperatur der Flußläufe bei der Wiedereinleitung. Es entsteht Sauerstoffmangel, da warmes Wasser weniger Sauerstoff löst als kaltes.

Fische atmen, wie wir wissen, durch Kiemen. Ist der Sauerstoffgehalt des Gewässers zu gering, müssen sie ersticken. Massenhaftes **Fischsterben** ist die Folge.

Abb. 16.6: Besonders in Kernkraftwerken wird viel Kühlwasser gebraucht. In großen Kühltürmen wird durch Verdampfung von Wasser Kälte erzeugt und weiteres Wasser abgekühlt, so daß es in die Flüsse wieder eingeleitet werden kann. Die Dampfwolken aus den Kühltürmen haben durch ihren Feuchtigkeitsgehalt Wirkung auf ihre Umgebung

Gifte bedrohen Pflanzen, Tiere und Menschen

Pflanzen und Tiere, die im und am Wasser leben, nehmen die ins Wasser gelangten Gifte auf und speichern sie. Auch Pflanzen, die mit ungeklärten Abwässern berieselt werden, speichern die **Schadstoffe.** Mensch und Tier nehmen die Gifte, z. B. **Schwermetallsalze, Insektizide** dann über die Nahrungskette (s. S. 255) auf. Gesundheitsschäden sind die Folge.

Meeresverschmutzung

Der Sauerstoff in der Lufthülle der Erde, den wir zum Atmen brauchen, wird zu einem großen Teil von den **Meeresalgen** produziert. Diese reagieren sehr empfindlich auf Verschmutzung durch ungeklärte Abwässer, Abfälle, Gifte und Ölverseuchungen. Die Meeresalgen sind als **Produzenten** außerdem Grundlage aller Nahrungsketten. So ist das Leben im Meer durch Verschmutzung insgesamt bedroht.

Die Versiegelung der Landschaft

Für uns ist es selbstverständlich, den Wasserhahn aufzudrehen und sauberes Wasser in unbegrenzter Menge zur Verfügung zu haben. Wegen unserer klimatischen Lage sind wir in Mitteleuropa gut mit Wasser versorgt. Warum wird unser **Trinkwasser** trotzdem knapp?

Abb. 16.7 und 16.8: Um bei plötzlichen Starkregenfällen die anfallenden Wassermengen beherrschen zu können, werden sogenannte Regenrückhaltebecken gebaut. Das Regen- oder Schmelzwasser wird hier gesammelt und nach und nach über die Kanalisation an die Kläranlagen abgegeben. Rechts: Regenrückhaltebecken im Anschluß an ein Neubaugebiet im Main-Taunus-Kreis für eine Niederschlagsfläche von 120 ha mit 2700 Einwohnern; links: ständig mit Wasser gefüllte Anlage, parkähnlich gestaltet, am Rand von Osnabrück

Etwa 10% der gesamten Fläche der Bundesrepublik Deutschland sind mit Beton und Asphalt bedeckt (siehe Abb. 16.2 und 16.3). **Regenwasser** kann hier nicht mehr versickern und im Boden gespeichert werden; es fließt schnell ab. Bachläufe und Flüsse werden begradigt. Dadurch gelangt das Wasser rascher in die großen Ströme und ins Meer. Feuchte Wiesen, Tümpel und Moore werden trockengelegt, um sie als Acker nutzbar zu machen. Dadurch gehen sie aber als **Wasserspeicher** verloren. Durch große Grundwasserentnahmen senkt sich der **Grundwasserspiegel.** Oberflächenwasser muß wegen seiner Verschmutzung durch aufwendige und teure Verfahren aufbereitet werden.

16.1.2 Abwässer müssen gereinigt werden

Abwasser fällt meist in großen Mengen und stark verunreinigt an, so daß eine Abwasserreinigung in **Kläranlagen** lebensnotwendig ist. Manche Stoffe sind schwer abbaubar. Dazu gehören Schwermetalle und ihre Verbindungen, z. B. Cadmium aus Batterien, Quecksilber aus Pflanzenschutzmitteln und Salze, z. B. Kalisalze aus Salzbergwerken. Sie sind Gifte und finden sich auch im Abwasser vieler Fabriken. Wegen ihrer

Abb. 16.9: Die Abwässer werden in den Kläranlagen belüftet und so mit Sauerstoff angereichert

Abb. 16.10: Mechanische Abwasserreinigung

Abb. 16.11: Biologische Abwasserreinigung

Giftigkeit müssen die **Industrieabwässer** meist in industrieeigenen speziellen Anlagen behandelt werden, während Abwässer aus Haushalten in normalen Kläranlagen gereinigt werden können. Die Reinigung geschieht in **drei Stufen: mechanisch, biologisch, chemisch.** Welche Reinigungsstufen das Abwasser durchlaufen muß, richtet sich nach seinem Verschmutzungsgrad.

Bei der **mechanischen Abwasserreinigung** werden durch Rechen, **Siebe,** Filter- und Absetzbecken die sperrigen und absetzbaren Stoffe des Abwassers zurückgehalten. Dazu gehören z. B. mitgeschwemmte Holzteile, Blech- und Kunststoffbehälter, Stoffreste, Sand und andere körnige Stoffe. Bei der mechanischen Reinigung wird das Abwasser von etwa 30% der Schmutzstoffe befreit. Das so vorgeklärte Wasser enthält noch alle gelösten Stoffe.

Abb. 16.12: Leuchtbakterien. Mit ihrer Hilfe werden Schadstoffe im Abwasser aufgespürt. Je besser es ihnen geht (wenig Schadstoffe), desto heller leuchten sie

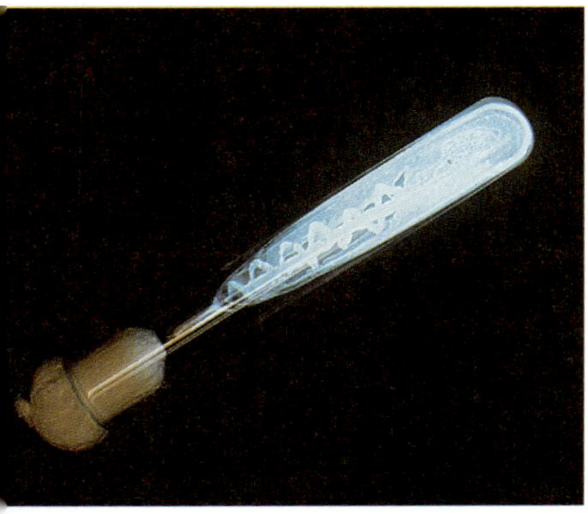

Bei der **biologischen Abwasserreinigung** zersetzen **Mikroorganismen,** wie Bakterien, Geißel- und Wimpertierchen und Pilze, die organischen Stoffe. Dazu benötigen sie Sauerstoff. Dieser wird durch dauerndes Vermischen des Abwassers mit Luft herangeführt. Im Belebtbecken finden somit etwa die gleichen Vorgänge wie bei der Selbstreinigung natürlicher Gewässer statt. Bei der intensiven Arbeit der Mikroorganismen fällt viel übelriechender **Klärschlamm** an. Er wird in Faultürmen ohne Sauerstoff weiter zersetzt. Dabei entwickeln sich Faulgase, die verbrannt und für Wärmeerzeugung genutzt werden können. Das biologisch geklärte Abwasser enthält immer noch Phosphate, Nitrate, Chloride und die giftigen Schwermetallsalze.

Abb. 16.13: In Faultürmen wird der anfallende Klärschlamm ausgefault. Die dabei entstehenden – stinkenden – Faulgase werden verbrannt

Nachteile der herkömmlichen Methode der biologischen Abwasserreinigung sind:

- Das Einrühren von Luftsauerstoff kostet viel Energie.
- Leichtflüchtige, in Wasser gelöste Stoffe gelangen in die Luft (Luftverpestung).

Diese Nachteile entstehen nicht bei einem neuen Verfahren, das die Turmbiologie anwendet (vgl. Abb. 9.40). Hier werden Pumpen eingesetzt, die das Abwasser mit Luft zusammen unter hohem Druck in den Turm einpressen. Beim Aufsteigen löst sich die Luft im Wasser, und zwar viermal soviel wie bei der herkömmlichen Methode. Das Abgas sammelt sich an der Spitze des Turmes an und wird von dort zur Verbrennung weggeführt.

Bei der **chemischen Abwasserreinigung** wird das Wasser hauptsächlich von Phosphaten (z. B. aus Waschmitteln) befreit. Durch Zugabe von Eisensalzen entsteht eine Eisen-Phosphat-Verbindung, die sich als grobe Flocken absetzt. Der Reinigungsgrad beträgt bis zu 90%.

16.1.3 Der Boden – Grundlage unserer Ernährung

Boden ist keine tote Schicht aus einem Gemenge von Sand, Ton, Humus usw. Boden ist viel mehr: er birgt eine Lebensgemeinschaft aus Pflanzen und Tieren, die sich unter anderem von abgestorbenem Material ernähren und so den wertvollen Humus bilden. Der Boden stellt der Pflanzendecke die Nährstoffe zur Verfügung, die sie für ihr Wachstum braucht. Er ist Grundlage unserer Ernährung (vgl. Kap. 14).

Wasserhaushalt und **Boden** stehen in engem Zusammenhang. Unser **Grundwasser** wird von Niederschlägen, Regen und Schnee gespeist. Der in den Boden eingesickerte Regen wird von diesem, entsprechend seiner Beschaffenheit, allmählich an das Grundwasser abgegeben. Insbesondere humusreicher Boden, z. B. **Mischwaldboden,** wirkt wie ein **Wasserrückhaltebecken.** Er sorgt für gleichmäßige Wasserführung der Quellen und Flüsse, hilft Überschwemmungen und Dürre zu vermeiden.

Wenn zuviel Grundwasser entnommen wird, kann der **Grundwasserspiegel** so sehr sinken, daß die Baumwurzeln die Verbindung zum Grundwasser verlieren. Die Landschaft beginnt zu **versteppen;** die **Bäume**

Abb. 16.14: Wie der Mensch Bodenerosion verursacht:

A: Im Wald hat sich im Verlauf von Jahrtausenden Boden gebildet. Nun werden die Bäume gefällt, um sie zu verarbeiten und das Land anderweitig zu nutzen.

B. Die Hänge werden bearbeitet und bepflanzt. Nährstoffe werden verbraucht. Da der Boden nicht mehr so tief durchwurzelt ist, kann der Regen einen Teil der oberen Bodenschicht mitnehmen.

C. Der Boden ist für den Ackerbau nicht mehr gut genug. Der Hang wird als Weide genutzt. Bei Überweidung durch die Rinder entstehen kahle Stellen. Diese und die Trampelpfade des Viehs bieten dem Regen Möglichkeiten zu weiterer Abschwemmung des Bodens.

D. Die Tierpfade werden zu Regenrinnen und Bächen. Das Wasser nimmt die restliche Bodenkrume mit. Aus dem einst fruchtbaren Berghang ist kahles Ödland geworden.

Aufgabe
Untersuche einmal den Inhalt einer vollen Mülltonne und schreibe auf, was du alles darin findest.

Sammle eine Woche lang jeden Tag den Abfall, der in deiner Familie anfällt, und wiege ihn. Wie viele Kilogramm sind das für ein Jahr berechnet in einem einzigen Haushalt? Welchen Anteil am Abfall hat das Verpackungsmaterial?

sterben ab, an ihre Stelle treten Gräser. Der Boden trocknet immer mehr aus, Felder und Wiesen verdorren (Beispiel: Hessisches Ried zwischen Rhein und Odenwald).

Andere Gefahren für unseren Boden sind **Überdüngung,** chemische **Spritzmittel (Pestizide)** und **Müllkippen.** Überschüssige Dünge- und Schädlingsbekämpfungsmittel verbleiben im Boden, reichern sich dort an und werden zum Teil ins Grundwasser eingeschleppt.

Aus Müllkippen oder nicht ausreichend abgedichteten Mülldeponien können Gifte in den Boden und damit in das Grundwasser absickern. In einem verseuchten Boden stirbt das Leben.

16.1.4 Immer mehr Müll

Wir sammeln Müll, um ihn durch die Müllabfuhr an eigens eingerichtete Plätze bringen zu lassen. Zur **Abfallbeseitigung** werden drei Verfahren angewandt:

Deponieren von Abfällen. Weit über die Hälfte der Abfallstoffe wird in **Deponien** abgelagert. Die besondere Schwierigkeit dabei ist, einen geeigneten Standort zu finden. Giftige Sickerwasser könnten in das Grundwasser und giftige Deponiegase in die Luft gelangen. Und wer möchte schon eine Mülldeponie in der Nähe seines Wohnortes haben? – Auch wenn wir erwarten, daß unser Mülleimer regelmäßig geleert wird.

Abb. 16.15: Blick auf eine Mülldeponie, die 12 km von Hannover entfernt liegt. Täglich liefern 1000 Fahrzeuge Müll an, 25% davon nur Hausmüll. Die Deponie ist seit 40 Jahren in Betrieb und soll noch 30 Jahre Müll aufnehmen, sie wird dann eine Grundfläche von 140 ha haben und 4 Gipfel mit 70 bis 120 m Höhe

Verbrennen von Abfällen. In **Müllverbrennungsanlagen** wird Müll bei hohen Temperaturen verbrannt. Die anfallende Wärme wird zur Fernheizung oder zur Erzeugung von elektrischem Strom genutzt. Allerdings können schädliche Abgase in die Luft gelangen und die Gesundheit von Mensch, Tier und Pflanze gefährden.

Wiederverwertung von Abfällen (Recycling). Sie setzt eine Trennung der Abfälle – eine **Sortierung** – voraus. Beispielsweise kann **Schrott** zur **Stahlerzeugung, Altglas** und **Altpapier** können zur Glas- und Papierherstellung eingesetzt werden. Organische Abfälle können kompostiert werden.

Was können wir tun, um unsere Abfallmengen zu verringern? Weniger wegwerfen! Zum Beispiel **Mehrwegflaschen** benutzen, weniger Verpackungsmaterial verwenden, Taschen und Körbe zum Einkaufen mitnehmen, kein Plastikgeschirr und -besteck kaufen, Abfälle trennen und Altpapier und Altglas in die dafür vorgesehenen Behälter werfen. So schonen wir unsere Bodenschätze und Waldbestände. Auch das Problem, wohin mit den Bergen von Müll, wird verringert.

Abb. 16.16: Müll in einer Mülltonne: 1 Einwegdosen, 2 Nahrungsabfälle, 3 Kunststoffe, 4 Naturfasern, 5 Batterien, 6 Altpapier, 7 Einweggläser

16.1.5 Wir brauchen saubere Luft

Bis in unsere Tage schien der Luftraum ein Abfalleimer von unbeschränkter Aufnahmefähigkeit zu sein. Der Mensch macht täglich etwa 26000 Atemzüge. Dabei atmet er nicht nur reine Luft ein, die aus 78% Stickstoff, 20,9% Sauerstoff, 0,03% Kohlendioxid, geringen Mengen von Edelgasen und wechselnden Anteilen von Wasserdampf besteht. Rauch, Stäube und giftige Gase gelangen in unsere Atemwege (Nasen-Rachenraum, Luftröhre, Bronchien, Lungenbläschen).

Smog entsteht meistens bei Inversions-Wetterlage. Das bedeutet, daß über einer kälteren Luftschicht am Boden eine wärmere lagert. Die Abgase aus den Schornsteinen und Autos können nicht aufsteigen, und so können die Schadstoffe auch nicht in der Höhe durch den Wind abtransportiert werden. Über dem Ballungsgebiet bildet sich eine Gasglocke, in der sich die Schadstoffe immer mehr ansammeln.

Smog schädigt die Gesundheit des Menschen, und er kann Kopfschmerzen, Reizungen der Atemwege und Kreislaufstörungen verursachen.

Abb. 16.17: Smogbildung in industriellen Ballungsgebieten. Meßstationen überwachen den Verunreinigungsgrad der Luft. Bei Smog-Gefahr wird die Bevölkerung über den Rundfunk gewarnt. In 3 Smog-Alarmstufen werden Gegenmaßnahmen empfohlen bzw. angeordnet

Abb. 16.18: Die braune Verfärbung von Blättern und Nadeln zeigt, daß der Baum stark geschädigt ist. Besonders die Nadeln unserer Nadelbäume sind stärker belastet als Laubblätter, da sie über mehrere Jahre hinweg den Schadstoffen ausgesetzt sind

Abb. 16.19: Einige Flechten sind gegen Schadgase sehr empfindlich. An ihrem Vorkommen und Wachstum kann man den Grad der Luftreinheit bzw. -verunreinigung ablesen. Eine solche Pflanze nennt man Bioindikator

Wohlstand und Bequemlichkeit des Menschen sind Ursachen der **Luftverschmutzung.** Verunreinigungen entstehen zum Beispiel beim Autofahren, beim Beheizen der Wohnungen, bei der Produktion von Strom und vielen Industrieprodukten.

Bei der **Verbrennung von Kohle** oder **Heizöl** entsteht in großen Mengen **Schwefeldioxid.** Dieses Gas gelangt durch die Spaltöffnungen in die grünen Blätter der Pflanzen, hemmt die Photosynthese und zerstört das Blattgewebe. Schwefeldioxid bildet mit Luftfeuchtigkeit eine Säure, die mit den Niederschlägen als **„Saurer Regen"** in den Boden und die Gewässer gelangt (s. S. 238). Wald- und Fischsterben sind die Folgen.

In **Autoabgasen** sind Kohlenstoffmonoxid, Stickoxide, unverbrannte Kohlenwasserstoffe (Benzinanteile) und Blei enthalten. Kohlenstoffmonoxid ist ein farb- und geruchloses Gas, ein gefährliches Atemgift. Die Stickoxide sind Mitverursacher des Waldsterbens. Das giftige Schwermetall Blei bleibt auf Planzenblättern als Staub liegen und gelangt damit direkt oder durch Verzehr von Fleisch (Nahrungskette!) in den menschlichen Körper.

Belastend ist auch der von Industrieanlagen erzeugte **Staub.** Er verstopft die Spaltöffnungen der Blätter und kann krebserregende Stoffe enthalten.

16.1.6 Vergiftung von Pflanzen und Tieren

Auf den vorangehenden Seiten hast du erfahren, daß Mensch, Tier und Pflanze durch Gifte und Verunreinigungen aus der Industrie, Haushalten und Verkehr gesundheitlich gefährdet sind.

Es gibt noch mehr Schadstoffe. Von großer Bedeutung sind die Rückstände von **Pflanzenschutzmitteln.** Um eine gute Ernte zu erzielen, ist der Landwirt, Gärtner usw. bestrebt, seine Nutzpflanzen vor pflanzlichen und tierischen Nahrungskonkurrenten, den Schädlingen, zu schützen. Dazu benutzt er meist chemische **Schädlingsbekämpfungsmittel (Pestizide).** Es gibt Mittel zur Bekämpfung von Pilzkrankheiten bei Pflanzen **(Fungizide),** Unkräutern **(Herbizide)** und Insekten **(Insektizide).** Pestizide sind Gifte oder Stoffe, die die unerwünschten Pflanzen und Tiere vernichten oder abweisen. Sie können aber auch Nützlinge töten, z. B. Honigbienen, Ameisen und die natürlichen Feinde der Schädlinge. Dadurch breiten sich die bekämpften Schädlinge schneller wieder aus. Außerdem können sie unempfindlich (resistent) gegen Gifte sein.
An den Giften nehmen nicht nur die Konsumenten 1. Ordnung (s. S. 78) Schaden. Bei Vögeln, die vergiftete Insekten oder Regenwürmer gefressen hatten, wurde beobachtet, daß sie unfruchtbare Eier legten

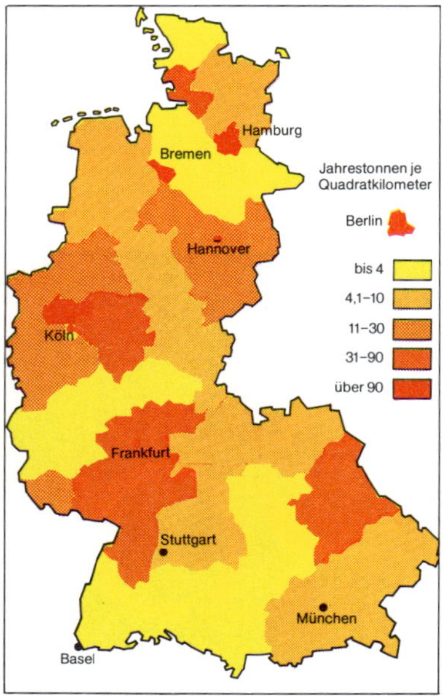

Abb. 16.20: Verteilung der Schwefeldioxidemissionen im Gebiet der Bundesrepublik Deutschland

oder starben. Vor allem Chlorkohlenwasserstoffe **(DDT = D**ichlor-**D**iphenyl-**T**richlorethan sammeln sich im tierischen Körper an, da sie im Körperfett gespeichert und nur langsam abgebaut werden. Sie werden auch im Boden und im Wasser nicht zersetzt. Über die Nahrungskette gelangen sie auch in den menschlichen Organismus.

Gesetze und Verordnungen beschränken in der Bundesrepublik Deutschland die Anwendung von Pestiziden. So ist DDT bei uns verboten, in manchen Ländern aber noch im Gebrauch und gelangt über Nahrungsmittelimporte auch zu uns. DDT ist heute weltweit vom Eis Grönlands bis zur Antarktis verbreitet und findet sich in Mensch und Tier.

Eine weitere Schadstoffgruppe sind die Rückstände von Tierarzneimitteln und Futtermittelzusatzstoffe. Im Fleisch gelangen sie auf unseren Eßtisch. Beispiele hierfür sind Antibiotika und Hormone. Antibiotika schützen die Tiere vor Krankheiten, können aber beim Menschen Allergien auslösen. Sie werden den Tieren vorbeugend verabreicht, da sich bei der modernen Massentierhaltung Infektionskrankheiten schnell ausbreiten können. Hormone (z. B. Östrogene) führen zur Gewichtszunahme bei Kälbern. Sie sind beim Menschen krebsfördernd.

Chlorkohlenwasserstoffe dienen als Pestizide. Es sind fettlösliche Substanzen. Man hat sie in der Milch und in Milchprodukten nachgewiesen. In den in der Bundesrepublik Deutschland Ende der 70er Jahre untersuchten Proben von Muttermilch war keine Probe frei von Chlorkohlenwasserstoffen. In Einzelfällen lagen die Werte um das zehn- bis dreißigfache höher als bei Kuhmilch. Wie ist das zu erklären?

Abb. 16.21: Mit Pflanzenschutzmitteln gespritzter und ungespritzter Apfel gleicher Sorte

16.2 Keine Nahrungsmittel ohne Technologie

Welche Pflanzen und Tiere fallen dir ein, wenn du die Begriffe Nutzpflanzen und Nutztiere für die Ernährung des Menschen liest? Zähle einmal auf!

Sicher spielen Pflanzen und Tiere, die man direkt als Nahrung zubereiten kann, eine große Rolle. Es gibt aber noch andere Lebewesen, die unsere Ernährung entscheidend beeinflussen. Sie sind winzig klein, nur unter dem Mikroskop sichtbar. Man nennt sie Mikroorganismen. Sie kommen überall in der Natur vor, im Boden, im Wasser und in der Luft. Zu ihnen zählen Bakterien, Viren, Algen und Pilze. Von welch großer Bedeutung

Welchen Apfel würdest du dir nehmen? Der Verbraucher verlangt unbeschädigte, gesund aussehende Früchte. Das Einwachsen der Oberfläche von Äpfeln verhindert schnelles Austrocknen.
Zitrusfrüchte werden oft mit Schimmelverhütungsmitteln, z. B. Diphenyl, behandelt. Beide Konservierungsarten müssen beim Verkauf kenntlich gemacht werden.
Dagegen muß auf die Behandlung mit Pestiziden während der Blüte und des Obstwachstums nicht hingewiesen werden. Die festgesetzten Höchstmengen von Schadstoffrückständen im Obst dürfen nicht überschritten werden.

Abb. 16.22: Flugzeug beim Versprühen von Insektiziden über einer Bananenplantage

Abb. 16.23: Was tun mit angeschimmelten Lebensmitteln? Einige Schimmelpilzarten können Giftstoffe bilden. Diese befinden sich oft nicht nur im sichtbar verdorbenen Teil des Lebensmittels, sondern dringen in tiefere Schichten ein. Auch durch Aufkochen (z. B. von Kompott) werden die Giftstoffe nicht zerstört. Besonders gefährlich ist das Gift von Schimmel auf Nußkernen

die Mikroorganismen sind, lassen uns die folgenden drei Aspekte erkennen:

- unter ihnen gibt es viele Krankheitserreger (vergleiche Kapitel 12);
- im Haushalt der Natur sind sie als Zersetzer (Reduzenten) unersetzlich (vergleiche Kapitel 14);
- in der Biotechnologie sind sie dem Menschen von großem Nutzen.

Von der nützlichen Tätigkeit der Mikroorganismen bei der Abwasserreinigung hast du einige Seiten vorher erfahren. Im folgenden soll über die Bedeutung der Mikroorganismen in verschiedenen Wirtschaftszweigen berichtet werden.

16.2.1 Vom Gerstenkorn zum Bier

Zu den einzelligen Pilzen gehören die **Hefen.** Sie spalten Zucker in Alkohol und Kohlenstoffdioxid. Diesen Vorgang nennen wir **alkoholische Gärung.** Bei der Bier- und Weinbereitung kommt dem Menschen die Arbeit der Hefe, dieser kleinen Nutzpflanze, zugute.

Schon vor 6000 Jahren brauten die Menschen Bier aus Gerste, z. B. in Babylon und Ägypten. Das beliebte Getränk wurde im Mittelalter nicht selten gepanscht. Bohnen oder andere stärkehaltigen Früchte ersetzten die Gerste. Im Jahre 1516 verfügte der bayerische Landstädtetag das **„Reinheitsgebot“**, wonach ausschließlich **Gerste, Hopfen** und **Wasser**

Abb. 16.24: Schema der Bierherstellung

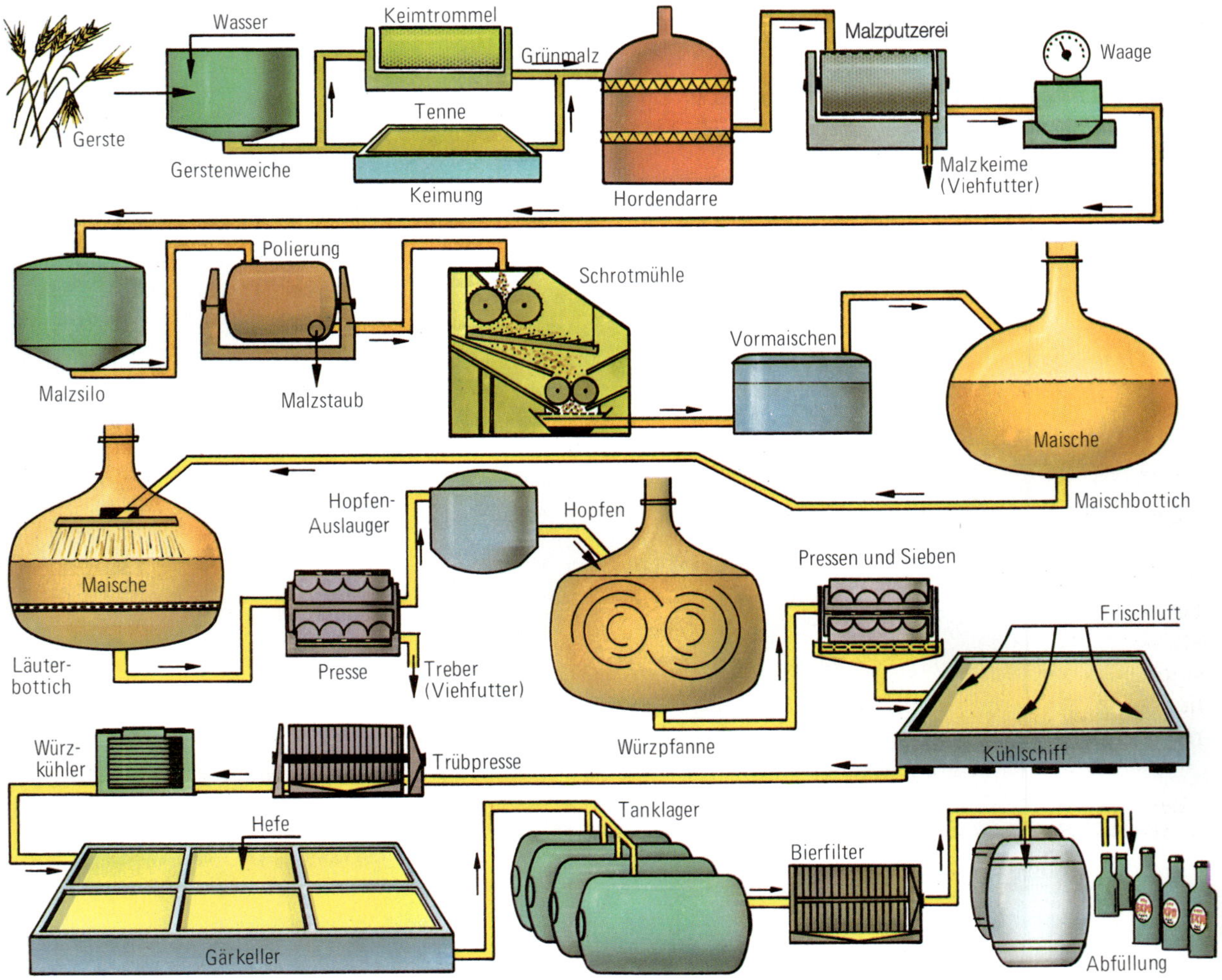

Abb. 16.25: Ähren von Gerste

Abb. 16.26: Körner der Braugerste. Nur Sommergerste, im Frühjahr gesät, im Herbst geerntet, wird als Braugerste verwendet

Versuch: Zerkaue ein paar ungekeimte, dann ein paar gekeimte Gerstenkörner

verwendet werden durften. Ausnahme sind spezielle Weizenbiere. Das Reinheitsgebot gilt in Deutschland heute noch.

Während des Brauvorgangs wird heute Hefe zugesetzt. Damals war ihre Bedeutung noch nicht bekannt, und die Gärung begann durch die zufällig aus der Luft in die Braufüssigkeit gelangten Hefepilze.

1987 wurde auf Wunsch der EG-Länder das Einfuhrverbot für ausländische Biere in die Bundesrepublik Deutschland aufgehoben. Das bedeutet, daß statt Gerste auch Mais oder Reis verwendet und daß chemische Zusätze wie Konservierungsmittel oder Geschmacksstoffe beigefügt werden dürfen.

Zum Brauen verwendet man **Sommergerste.** Sie enthält viel Stärke, die sich aber im Brauwasser nicht lösen kann. Also muß das Korn so vorbereitet werden, daß Stärke in Zucker umgewandelt wird. Dazu läßt man die Gerste keimen. Der Keimling braucht zum Wachsen auch Zucker statt Stärke. Beim **Keimen** werden deshalb **Enzyme** gebildet, die die Stärke in der Maische zu Zucker umbaut.

Nach dem Reinigen werden die Gerstenkörner in Wasser ein bis zwei Tage eingeweicht. Sie quellen und beginnen zu keimen. Auf großen Rosten ausgebreitet, keimen die Körner bei feuchter Luft fünf bis neun Tage lang. Sie bilden dabei eine kleine Wurzel und das erste Blatt. Man bezeichnet die Gerste nun als Grünmalz. Dieses wird durch die Zufuhr von heißer Luft getrocknet, gedarrt. Je nachdem, wie lange der **Darrprozeß** dauert und bei welchen Temperaturen er stattfindet, entsteht helles oder dunkles Malz für helle oder dunkle Biersorten. Während des Trocknens stellen die Enzyme ihre Tätigkeit im Korn ein. Die Keimung wird gestoppt.

In der **Schrotmühle** wird das fertige **Braumalz** geschrotet. Im Sudhaus wird das Malzschrot im Verhältnis 1 : 4 mit warmem Wasser vermischt (gemaischt). Während die **Maische** in der **Maischpfanne** allmählich auf über 70° C erhitzt wird, werden die Enzyme wieder aktiv und verwandeln weitere Stärke in Zucker. Der Zucker und andere Bestandteile des Malzes lösen sich im Brauwasser. Aus der Maische ist **Würze** geworden. Diese wird in einem Läuterbottich von den unlöslichen Teilen, den Trebern getrennt. Die Treber sinken auf den Boden und wirken als Filter, wenn die Würze nach unten abfließt.

In der **Sudpfanne** wird die Würze etwa zwei Stunden unter der Zugabe von **Hopfen** gekocht. Die Inhaltsstoffe des Hopfens geben dem Bier den

Abb. 16.27: Zapfenartiger Blütenstand einer weiblichen Hopfenpflanze. In den Blüten sind die Bitterstoffe enthalten, die dem Bier seinen würzigen Geschmack verleihen. Man braucht etwa 100 g getrocknete Hopfenblüten für einen hl Bier

Abb. 16.28: Die gekeimte Gerste wird auf der Darre getrocknet, dabei ständig gewendet und in ihrem Trocknungsgrad kontrolliert

Bier ist ein beliebtes Getränk. Durch seine Vitamine, Mineralstoffe und Spurenelemente kann es der Gesundheit des Menschen durchaus nutzen. Doch **Vorsicht:** ***Bier enthält Alkohol!***

Abb. 16.29: In Deutschland gibt es über 4000 Biersorten. Zu den obergärigen Bieren zählen die rheinischen Altbiere, das Kölsch, die Berliner Weiße, das Bayerische Weizenbier und das Malzbier (auch Malztrunk genannt, mit Zuckerzusatz). Pilsener ist bitterer als Exportbier (4,2% Alkohol). Bockbier enthält 5,5% Alkohol

herben Geschmack. Außerdem sind sie natürliche Konservierungsstoffe. Während des Kochvorgangs konzentriert sich die Würze, weil Wasser verdampft.

Nochmals gefiltert, muß die Würze abgekühlt werden. Bierhefe wird zugesetzt. Sie vergärt den Zucker zu Alkohol und Kohlenstoffdioxid. Bei untergärigen Hefen setzt sich die Hefe nach sieben bis zehn Tagen am Boden ab (kalte Gärung, 6°–8° C). Obergärige Hefen steigen nach vier bis sechs Tagen an die Oberfläche (warme Gärung, 15°–25° C). Der Hauptgärprozeß ist beendet. Das Jungbier muß nun noch bis zu zwölf Wochen in großen Tanks nachgären. Ist es ausgereift, wird es gefiltert und in Flaschen, Fässer usw. abgefüllt.

Schema der alkoholischen Gärung:

Stärke mit Enzym
↓
Zucker mit Hefe
↓
Alkohol + Kohlenstoffdioxid

Abb. 16.30: Sudkessel in der Brauerei

Abb. 16.31: Im Gärkeller. In großen Stahlbehältern gärt das junge Bier

16.2.2 Hefepilze und ihre Produkte

Hast du schon einmal frischgepreßten Obstsaft mehrere Stunden stehenlassen? Er beginnt zu gären. Die Gärung wird von Hefepilzen verursacht, die in allen zuckerhaltigen rohen Pflanzensäften vorkommen.

Diese Tatsache macht man sich bei der **Weinbereitung** zunutze. Wein wird aus dem Saft frischgepreßter **Trauben** gewonnen. Daneben gibt es noch die verschiedenen **Obstweine.**

Die Weinhefen sitzen auf der Schale der Trauben und gelangen beim Pressen in den Traubensaft. Sie beginnen sofort mit ihrer Arbeit, nämlich Zucker in Alkohol und Kohlenstoffdioxid umzuwandeln, und sie vermehren sich stark. Dabei entsteht Wärme. Man sagt, der Wein fiebert und brodelt, und zwar acht bis zehn Tage lang. Dann setzt sich die **Gärhefe** ab, die Gärung ist beendet. Der junge Wein wird gefiltert und in Fässer oder Tanks umgefüllt. Er muß blank sein, also ohne Trübstoffe. Unter ständiger Kontrolle reift er dann heran.

Damit der Wein nicht nachgären kann, wird er manchmal geschwefelt. Der Schwefel bzw. das Schwefeldioxid hemmt die Tätigkeit der Mikroorganismen.

Je mehr Zucker der Traubensaft enthält, desto höher ist der Alkoholgehalt des Weines. Deutscher Wein enthält im allgemeinen 9% bis 11% Alkohol.

Abb. 16.32: Weinlese. Die Trauben werden in Bottichen gesammelt und zur Kelter gebracht

Versuch

Für den folgenden Versuch benutze nur gut gereinigte Geräte. Reinige dir vorher auch gründlich die Hände!

Zerdrücke in einem Topf (z. B. mit einem Kartoffelstampfer) ca. 1 kg Weintrauben, fülle den Brei in ein Leinensäckchen, drücke den Obstsaft heraus und gieße ihn in eine Flasche, bis diese zu 3/4 gefüllt ist. Dann baue den Versuch entsprechend der Abbildung weiter auf. In den Standzylinder fülle Kalkwasser.

Stelle die Versuchsanordnung in den Keller oder an einen gleichmäßig temperierten Ort. Beobachte das Kalkwasser.

Wenn nach drei bis vier Wochen die Gärung beendet ist, gieße den entstandenen Wein vorsichtig vom Bodensatz in der Flasche ab. Koste einen Teelöffel voll von dem Wein.

Abb. 16.33: Versuchsaufbau zu nebenstehendem Versuch

Hefen und alkoholische Gärung

Wenden wir uns nochmals den mikroskopisch kleinen einzelligen Pilzen zu, die die alkoholische Gärung bewirken, den **Hefen.** Sie vermehren sich durch **Sprossung.** Das ist eine ungeschlechtliche Vermehrung. Die Mutterzelle bildet eine kleine bläschenartige Ausstülpung, den Sproß, der zur Tochterzelle heranwächst.

Hefen vermehren sich nur bei günstigen Lebensbedingungen. Sie benötigen Wasser, Zucker und eine geeignete Umgebungstemperatur. Sauerstoff benötigen sie nicht, denn sie verbrennen den Zucker nicht vollständig, sondern spalten ihn in einfachere Verbindungen auf und gewinnen so die Energie für ihre Lebensvorgänge. Als Endprodukte entstehen dabei Alkohol und Kohlenstoffdioxid.

Hefen sind in der Natur weit verbreitet. **Wilde Hefen** kommen auf Früchten und im Blütennektar vor. Die biologische Technik arbeitet mit

Abb. 16.34: Hefen vermehren sich durch Sprossung

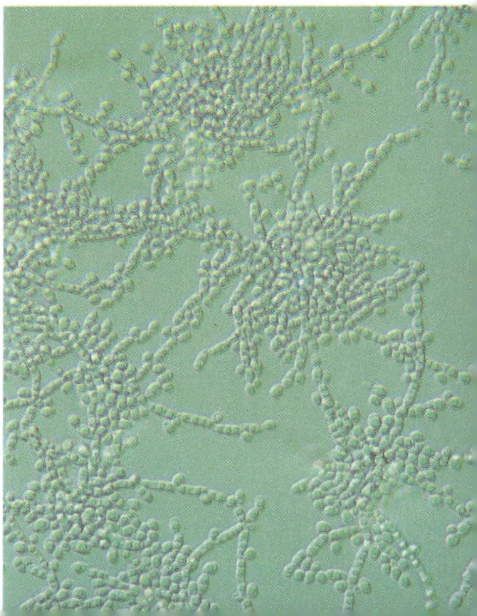

Abb. 16.35: Beim Brotbacken macht man sich die Wirkung der Backhefe zunutze. Sie produziert Kohlenstoffdioxid, das in Form von Gasbläschen den Teig durchsetzt und locker macht. Man sagt, der Teig geht. Beim Backen werden die Hefen durch die Hitze zerstört, der Alkohol und das Kohlenstoffdioxid entweichen

Versuch

Verrühre mit einer Präpariernadel ein winziges Stückchen frische Backhefe in einem Tropfen Wasser auf einem Objektträger. Das Deckglas bestreiche an den Seitenkanten mit Vaseline. Beobachte unter dem Mikroskop bei starker Vergrößerung. Skizziere Deine Beobachtung!

Führe den Versuch statt mit Wasser auch mit Pflaumensaft durch. Verwende dann am besten einen Hohlschliff-Objektträger (das Glas ist dicker, in der Mitte ist eine schalenförmige Vertiefung.

fabrikmäßig erzeugten **Kulturhefen.** Sie werden auf zuckerhaltigen Nährlösungen gezüchtet. Das hat den Vorteil, daß man aus den vielen verschiedenen Hefesorten diejenigen auswählen kann, die den Produkten die erwünschten Eigenschaften verleihen. Man bezeichnet sie auch als **Reinzuchthefen.** Die bedeutendsten sind Bier-, Wein-, Brennerei-, Back- und Futterhefen. – Im Jahr werden in der Bundesrepublik Deutschland ca. 90 000 Tonnen Futterhefe für Mastfutter für Rinder oder Hühner produziert.

Zum Backen von Brot oder Kuchen werden **Preßhefe** oder **Trockenhefepräparate** verwendet. Die Preßhefe, die durch Pressen weitgehend entwässert wurde, findest du in Würfelform im Kühlregal der Lebensmittelläden. Solange sie frisch ist, riecht und schmeckt sie angenehm.

16.2.3 Konservieren mit Bakterien

Was ist Milchsäure?

Eine wasserklare, sirupartige Flüssigkeit; in reinstem Zustand kristallförmig.

Kohlenhydrate
mit
Milchsäurebakterien
↓
Milchsäure

Zu einer anderen Gruppe von Mikroorganismen gehören die **Milchsäurebakterien.** Sie verwandeln Kohlenhydrate in **Milchsäure.** Von wirtschaftlicher Bedeutung ist z.B. ihre Tätigkeit bei der Sauerkrautbereitung und bei der Herstellung verschiedener Milch- und Käseprodukte.

Sauerkraut wird aus geschnittenem Weißkohl bereitet. Gesalzen und manchmal mit Gewürzen versetzt, gärt es. Die durch Bakterien entstehende Milchsäure verleiht dem Kraut den säuerlichen Geschmack. Sie verhindert die Vermehrung anderer, unerwünschter Bakterien und bedingt damit die **natürliche Konservierung** des Krautes und somit seine Haltbarkeit.

Sauerkraut ist sehr gesund. Es enthält Vitamine und Mineralstoffe und hilft gegen Darmträgheit.

Abb. 16.36: In großen Silos werden Gras oder Rübenschnitzel zu Sauerfutter vergoren. Die Silage ist ein wertvolles Winterfutter für das Vieh

Wir machen Sauerkraut

Alle Arbeitsmittel und Gegenstände müssen gut gereinigt (mit heißem Wasser gebrüht) sein!
Das Weißkraut putzen und feinhobeln. Lage für Lage in einen glasierten Steintopf einschichten, und auf jede Schicht Salz streuen (auf 10 kg Weißkraut 50 bis 100 g Salz!). Das Kraut immer wieder einstampfen, bis der sich bildende Saft übersteht. Bei Bedarf mit Wacholderbeeren, Kümmel oder Weintrauben würzen.
Das Kraut mit einem sauberen Leinentuch (heiß gebrüht) abdecken und mit Holzbrettchen und Steinen beschweren. Der Saft muß bis zum Brettchen stehen.
Gärungstemperatur: 15 Grad Celsius
Gärungsdauer: 4 bis 6 Wochen
Jede Woche einmal die Kahmschicht (eine Haut, die durch Hefepilze entsteht; vgl. S 82) entfernen und Tuch, Brettchen und Steine reinigen. Die Flüssigkeit soll immer bis zum Brettchen stehen. Sonst abgekochte, erkaltete Salzlösung (auf 1 l Wasser 5 bis 10 g Salz) nachfüllen.
Du kannst den gleichen Versuch auch mit geputzten und kleingeschnittenen Bohnen durchführen. Für 10 kg Bohnen braucht man 140 g Salz.

Milch – ein besonders hochwertiges Lebensmittel

Hast du schon einmal beobachtet, was geschieht, wenn Milch 1 bis 2 Tage bei Zimmertemperatur stehenbleibt? Sie wird sauer oder ungenießbar. Ursache dafür sind Mikroorganismen, die u. a. in der Luft vorkommen und in die Milch fallen.

Milch ist ein sehr hochwertiges Lebensmittel. Sie enthält beinahe alle Nährstoffe, die der Mensch und die Säugetiere zum Leben brauchen: Fett, Eiweiß, Kohlenhydrate in Form von Milchzucker, Mineralstoffe und Vitamine. Diese Bestandteile sind in Wasser gelöst.

Milch ist ein idealer Nährboden für Mikroorganismen. Die Tätigkeit von ganz bestimmten Mikroorganismen, den Milchsäurebakterien, macht sich der Mensch bei der Verarbeitung der Milch zunutze. Die Säuerung der Milch durch Milchsäurebakterien geschieht dadurch, daß diese Bakterien den **Milchzucker** (die Kohlenhydrate der Milch) in Milchsäure umwandeln. Dazu benötigen die Milchsäurebakterien **keinen Sauerstoff.** Gesäuerte Milchprodukte (z. B. Dickmilch, Joghurt) sind für den Menschen genießbar und sogar gesund.

Wird jedoch das **Eiweiß** der Milch von **sauerstoffbedürftigen** Bakterien abgebaut, dann verdirbt die Milch. Sie bekommt eine graue Haut und eine wäßrige Molkenabscheidung. Diese Milch ist ungenießbar.

Die schnelle Verderblichkeit der Milch (vor allem bei Wärme) hat den Menschen dazu veranlaßt, nach Möglichkeiten zu suchen, die Haltbarkeit der Milch zu verlängern. Das führte zu verschiedenen Arten der Milchbearbeitung und zu der heutigen Fülle an Milchprodukten. Entscheidenden Einfluß auf die Milchwirtschaft hatte die Entdeckung des Franzosen Louis Pasteur (vergleiche S. 185). Er stellte fest, daß durch Erhitzen Bakterien abgetötet werden. Die Milch wird keimfrei gemacht und die Haltbarkeit verlängert. Auf vielen Milchpackungen steht deshalb „pasteurisiert". Es gibt verschiedene Pasteurisierungsverfahren. Heute wird überwiegend die Kurzzeiterhitzung (auf 71° C bis 74° C für mindestens 30 Sekunden) angewendet. Erhitzt man die Milch zu lange, so gerinnt das wasserlösliche Eiweiß. Diese Milch ist schwer verdaulich. Außerdem werden die meisten Vitamine zerstört.

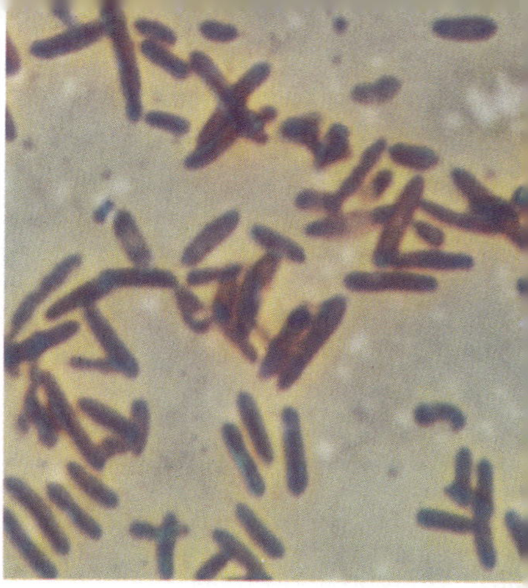

Abb. 16.37: Milchsäurebakterien, mit einem Farbstoff angefärbt

Was ist Milch?

Milch entsteht in den Milchdrüsen der weiblichen Säugetiere und ist zur Ernährung der Jungen bestimmt. Im rechtlichen Sinne versteht man heute unter dem Begriff Milch die Kuhmilch, da das Rind der bedeutendste Milchlieferant in Deutschland ist. Schafs-, Ziegen- oder Büffelmilch und daraus gewonnene Produkte (z. B. Käse) müssen als solche gekennzeichnet werden.

Zusammensetzung der Milch

87 –88 % Wasser
2,7– 4,5% Fett
3,3– 3,5% Eiweiß
4,0– 5,5% Milchzucker
0,7– 0,8% Mineralstoffe

Runde die angegebenen Zahlen so, daß sie zusammen 100% ergeben. Zeichne einen 10 cm-Streifen in dein Heft und vervollständige die Grafik, indem du die Inhaltsstoffe je nach Anteil im Streifen farbig markierst.

Abb. 16.38: Die Kennzeichnung von Konsummilch

Abb. 16.39: Am frühen Morgen holen die Milchtankwagen die schon am Hof gekühlte Milch ab

Homogenisieren

Die in der Milch enthaltenen Fettkügelchen schließen sich, wenn die Milch ruhig steht, zusammen und bilden an der Oberfläche eine Rahmschicht. Dieser Vorgang wird durch das Homogenisieren weitgehend verhindert, da die Milchfettkügelchen zerkleinert und feiner verteilt werden.

Sterilisieren

Abtöten von Mikroorganismen durch längeres Erhitzen mit kochendem Wasser oder mit Dampf bei über 100 °C.

Durch das Pasteurisieren werden nicht alle Mikroorganismen abgetötet. Einige Dauerformen (Sporen) überstehen das Erhitzen und werden dann bei Zimmertemperatur aktiv. Pasteurisierte Milch muß deshalb kühl gelagert werden. Trotzdem ist sie nur begrenzt haltbar. Auch tiefgekühlte Milch verdirbt allmählich, da es Bakterien gibt, die bei sehr niedrigen Temperaturen überleben können.

Es gibt aber auch Erhitzungsverfahren, die die Milch länger haltbar machen. **Ultrahocherhitzt** ist die Milch, wenn sie für 3 bis 10 Sekunden auf eine Temperatur von 135° C bis 150° C gebracht wird. Diese H-Milch (haltbare Milch) bleibt in ungeöffneter Verpackung auch ohne Kühlung mindestens 6 Wochen haltbar.

Wird die Milch in der Flasche 10 bis 20 Minuten lang auf 110° C bis 120° C erhitzt, so ist sie **sterilisiert.** Ihre Haltbarkeit bei Zimmertemperatur beträgt bis zu 1 Jahr. Sie enthält aber kaum noch Vitamine und ist durch veränderte Eiweißverbindungen schwer verdaulich.

An die Milch und ihre Verarbeitung werden **strenge hygienische Anforderungen** gestellt. Das **Milchgesetz** und eine Reihe von Verordnungen regeln Gewinnung, Behandlung, Bearbeitung, Kennzeichnung, Transport und Vertrieb von Milch und Milchfrischprodukten.

Gleich nach dem Melken wird die Milch außerhalb des Stalles gefiltert und auf 4° C bis 8° C gekühlt. Sie enthält jetzt nur wenige Bakterien, hauptsächlich Milchsäurebakterien. Diese werden durch das Kühlen in ihrem Wachstum gehemmt.

Abb. 16.40: Rohmilch und die daraus hergestellten Milcharten

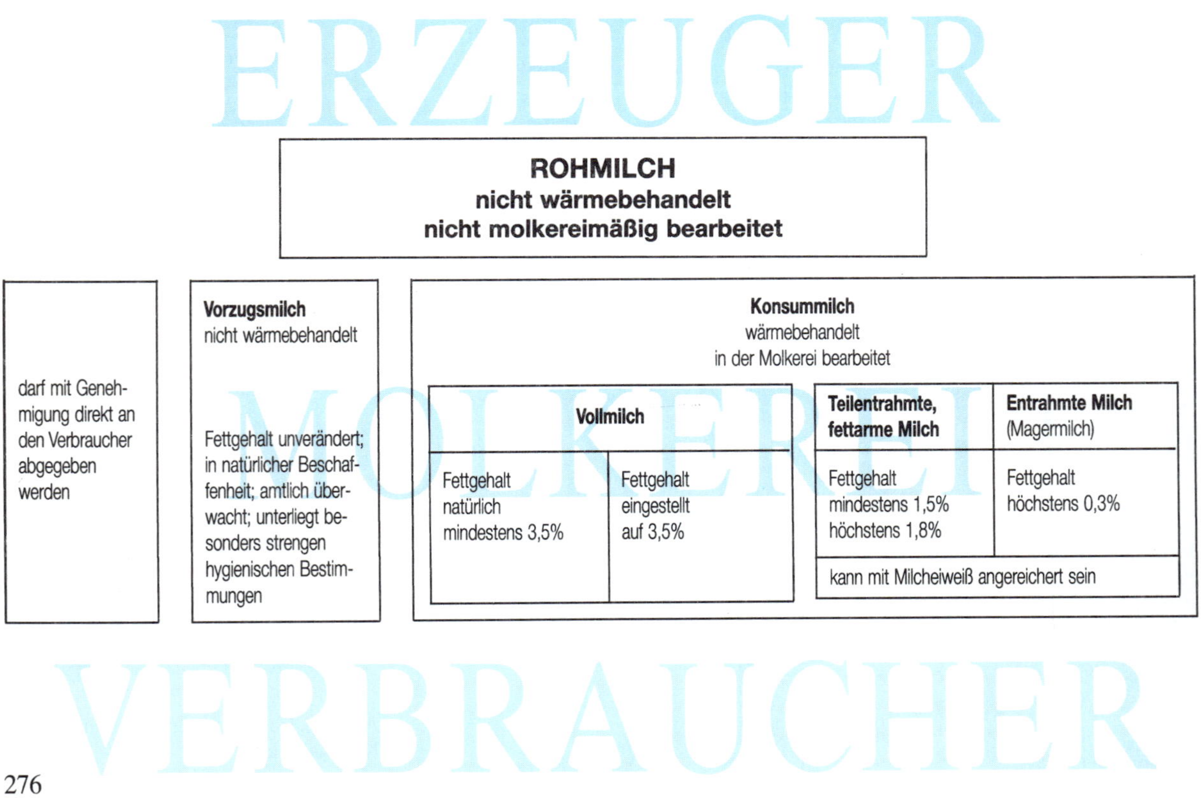

Milchtankwagen bringen die gesammelte Milch zur Molkerei. Hier werden Proben entnommen, so daß schon leicht saure, verschmutzte oder aus einem anderen Grund nicht einwandfreie Milch erst gar nicht in die Bearbeitung gelangt. Weitere Untersuchungen, z. B. auf Reinheit, Fettgehalt, Vorhandensein von Antibiotika, finden im **Molkereilabor** statt.

In Zentrifugen wird die Milch gereinigt und schließlich entrahmt. Magermilch und Rahm gelangen gekühlt zur Weiter**bearbeitung.** Dazu gehören z. B. Einstellen des Fettgehaltes (der Magermilch wird wieder Rahm zugefügt), Homogenisieren, Pasteurisieren, Ultrahocherhitzen und Sterilisieren.

Versuch

Halte einen Streifen Lackmuspapier
a) in Frischmilch,
b) in Sauermilch.

Welche Milch bekommt der Säugling?

Wird der Säugling nicht mit Muttermilch ernährt, so muß die Kuhmilch zuerst auf seinen Bedarf abgestimmt werden. Muttermilch enthält weniger Eiweiß und mehr Milchzucker als Kuhmilch. Letztere muß also einerseits verdünnt und andererseits mit Milchzucker angereichert werden. Eisen und Vitamin D und E müssen ergänzt werden.
Im Handel werden Milchpräparate angeboten, die in Zusammensetzung und Verträglichkeit der Muttermilch angeglichen worden sind.

Milchfrischprodukte – nicht nur für Feinschmecker

Ein großer Teil der Milch gelangt zur **Verarbeitung.** Darunter versteht man die Herstellung von Milcherzeugnissen, z. B. Butter, Sahneerzeugnisse, gesäuerte Milcherzeugnisse, Käse, Kondensmilch und Trockenmilch (Milchpulver).

Bei der Herstellung **gesäuerter Milcherzeugnisse** nehmen die Milchsäurebakterien einen zentralen Stellenwert ein. Sie gelangen nicht zufällig in die Produkte, sondern es werden **Milchsäurebakterien-Kulturen** zugesetzt. Die Verwendung von verschiedenen Milchsäurebakterien-Stämmen und die Art der Verarbeitung führen zu unterschiedlichen Produkten.

Abb. 16.41: Milchprodukte

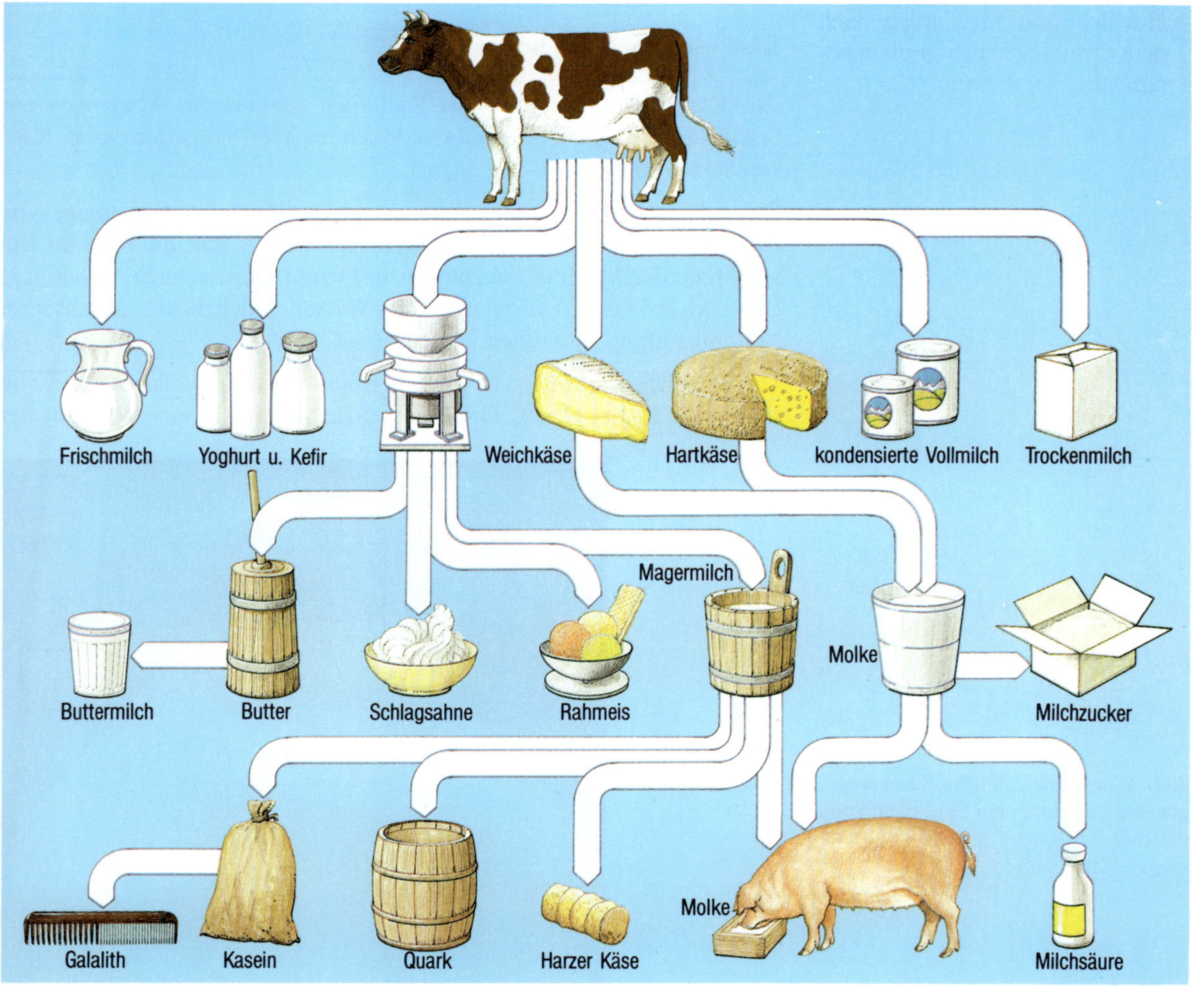

Tips für den Umgang mit Milch im Haushalt

Milch und Milcherzeugnisse sind **licht-, luft- und wärmeempfindlich.** Deshalb:

- Nicht dem Licht aussetzen (sonst geschmackliche Veränderung).
- Nicht offen stehenlassen, auch nicht im Kühlschrank (nimmt leicht Fremdgerüche an).
- Kühl aufbewahren (hemmt die Tätigkeit der Mikroorganismen).
- Vor dem Erhitzen den Topf mit Wasser ausspülen (verhindert meist das Anbrennen).
- Kondensmilch nach dem Öffnen der Dose sofort in ein Glas- oder Porzellangefäß umfüllen.
- Gefäße, in denen Milch enthalten war, sofort gründlich mit Wasser ausspülen (Milchreste zersetzen sich schnell und bleiben an den Wandungen haften).
- H-Milch und Sterilmilch nach dem Öffnen wie Frischmilch behandeln.

1. **Sauermilcherzeugnisse**
   Hierzu gehören Trinksauermilch (flüssig-sämig), Dickmilch (stichfest) und saure Sahne. Sie werden in verschiedenen Fettgehaltsstufen angeboten.
2. **Joghurterzeugnisse**
   Joghurt gibt es in 4 Fettgehaltsstufen. Nach Erhitzen auf 90° C (5 bis 10 Minuten) und Abkühlen auf etwa 43° C wird die Milch mit Milchsäurebakterien beimpft, abgefüllt und bebrütet. Die Bebrütung dauert 2 bis 3 Stunden. In dieser Zeit dickt der Joghurt ein und wird säuerlich. Danach muß er sofort gekühlt werden, damit er nicht übersäuert.
3. **Kefirerzeugnisse**
   Die erhitzte und wieder abgekühlte Milch wird mit Milchsäurekulturen und Hefepilzen (Kefirkörner) versetzt. Letztere bewirken in 24 Stunden bei 20° C eine Gärung, bei der Kohlensäure und geringe Mengen Alkohol entstehen.
4. **Buttermilcherzeugnisse**
   Sie entstehen bei der Verbutterung von süßer oder gesäuerter Milch oder Sahne. Beim Schlagen des Rahms schließt sich das Milchfett zu Butterkörnchen zusammen. Aus ihnen wird Butter geknetet. Alle anderen Bestandteile der Milch und höchstens 1% Fett bilden dann die Buttermilch.

Käse wird aus Milch hergestellt

Zur Käsebereitung wird meist Kuhmilch genommen. Aber auch aus Schafs- und Ziegenmilch und der Milch anderer Säugetiere kann Käse gemacht werden.

Wenn Milch gerinnt, dann setzt sich eine dickliche **Käsemasse** von dünnflüssiger **Molke** ab. Die Käsemasse enthält nun die meisten Bestandteile der Milch in konzentrierter Form (hauptsächlich Eiweiß und Fett). Molke besteht vorwiegend aus Wasser, Milchzucker, Milchsäure, Mineralstoffen, Vitaminen.

Die dickliche Käsemasse ist Ausgangsmaterial für alle Käsesorten, von denen es Hunderte gibt. Diese Sortenvielfalt beruht einerseits auf der

Abb. 16.43: Die dickliche Käsemasse wird Käsebruch genannt und durch ein Filterband von der Molke getrennt

Zusammensetzung der Milch und andererseits auf den Herstellungsverfahren. Letztere sind oft kompliziert und verlangen viel Erfahrung.

Über die Kontrolle der Milch im Molkereilabor hast du im Abschnitt vorher erfahren. Milch, die zur Herstellung von Käse bestimmt ist, wird außerdem auf Käsetauglichkeit überprüft (z.B., ob sie einen hohen Eiweißgehalt hat).

Nach dem Reinigen, dem Zentrifugieren und Pasteurisieren wird der Fettgehalt der Milch eingestellt. Das bedeutet, daß der Magermilch soviel Vollmilch oder Rahm zugefügt wird, bis der gewünschte Fettgehalt im fertigen Käse garantiert ist (ausgenommen Magermilchkäse). In großen Käsekesseln beginnt nun die eigentliche Käseherstellung. Dazu muß das Milcheiweiß **Kasein** zum Gerinnen gebracht werden.

Das Gerinnen erreicht man durch

- **Säuerung,** d.h. Zusetzen von rein gezüchteten **Milchsäurebakterien,** oder durch
- das Zusetzen von **Labferment.**

Der Gerinnungsvorgang findet bei bestimmten Temperaturen statt und dauert je nach Käsesorte zwischen 30 Minuten und mehreren Stunden. Ist er abgeschlossen, wird der Käsebruch von der Molke getrennt und weiter bearbeitet. Dann muß der Käse – außer Frischkäsesorten – einen **Reifeprozeß** durchmachen. Dies geschieht in Reifungsräumen, in denen eine genau regulierte Temperatur und Luftfeuchtigkeit herrscht. Die Reifezeit dauert entsprechend der Käsesorte Tage, Wochen oder Monate. Während des Reifeprozesses sind Enzyme und Mikroorganismen tätig. Sie formen Bestandteile des Käses um, und dieser bekommt den ihm eigenen Geruch und Geschmack. Entstehen bei der Reifung Kohlenstoffdioxid, das aus dem Käselaib nicht entweichen kann, dann bilden sich Blasen, und der Käse bekommt Löcher.

Manche Käsesorten kommen vor der Reifung in ein Salzbad, das Haltbarkeit und Rindenbildung fördert. Bei Camembert, Brie und Edelpilzkäsen werden der Milch oder dem Käsebruch eßbare Schimmelkulturen zugefügt, die zu der erwünschten Schimmelbildung führen.

Versuch 1

Mische 100 cm^3 ungekochte Milch mit 50–60 Tropfen Essigessenz. Rühre dabei langsam mit einem Glasstäbchen um. Was geschieht?

Versuch 2

Seihe das in Versuch 1 gewonnene Produkt durch ein feines Tuch. Im Tuch bleibt der Käse zurück. Die Flüssigkeit, die du auffängst, heißt Molke.

Versuch 3

Filtriere einige Kubikzentimeter Molke aus Versuch 2 mehrmals durch Filterpapier, bis die Molke ganz klar ist. Dampfe die Flüssigkeit stark ein, gieße sie in eine flache Schale und lasse sie verdunsten. In der Schale bleiben Kristalle zurück. Prüfe mit Fehlingscher Lösung.

Abb. 16.44: Blick in das Käselager mit reifenden Käselaiben

Abb. 16.45: Viele Landschaften haben ihre eigenen und für sie typische Käsesorten. Die Namen mancher Käsearten erinnern daran. Zähle auf!

Nach der Käseverordnung unterscheidet man 6 Käsegruppen sowie Schmelzkäse und Schmelzkäsezubereitungen:

1. **Hartkäse**
   Er hat einen sehr hohen Gehalt an Trockenmasse, mindestens 62%. Trockenmasse ist der Anteil des Käses ohne Flüssigkeit. Dazu gehören z.B. Emmentaler, Chester, Greyerzer, Parmesan.
2. **Schnittkäse**
   Z.B. Gouda, Edamer, Tilsiter, Havarti.
3. **Halbfeste Schnittkäse**
   Z.B. Edelpilzkäse, Roquefort, Gorgonzola, Danablu, Butterkäse, Esrom, Steinbuscher, Weißlacker.
4. **Weichkäse**
   Z.B. Camembert, Brie, Romadur, Limburger, Münsterkäse.
5. **Frischkäse**
   Er macht keinen Reifeprozeß durch, hat einen hohen Flüssigkeitsanteil und ist nur kurzfristig haltbar. Dazu gehören Speisequark, Schichtkäse, Doppelrahm- und Rahmfrischkäse.
6. **Sauermilchkäse**
   Er wird aus Magermilch ohne Labzusatz hergestellt. z.B. Mainzer, Harzer, Handkäse, Korbkäse, Spitzkäse, Ölmützer Quargel.

Schmelzkäse

Er wird aus geschmolzenem Käse unter Zugabe von Schmelzsalzen hergestellt.

Schmelzkäsezubereitungen und **Käsezubereitungen** dürfen bestimmte Zutaten beigefügt werden, z.B. Milcherzeugnisse, Kräuter, Gewürze oder Früchte (z.B. bei Früchtequark).

Fettgehaltsstufen und Fett in der Trockenmasse

Was bedeutet „Fett i.Tr.“?
„Fett in der Trockenmasse“
Bei fortschreitender Reifung verliert der Käse Wasser durch Verdunstung. Die Trockenmasse bleibt hingegen gleich. Auf den gesamten Käse bezogen verändert sich der Fettgehalt prozentual, auf die Trockenmasse bezogen bleibt er aber gleich. Und nur dieser Fettgehalt kann für die Dauer genau angegeben werden.

Käse wird in 8 Fettgehaltsstufen eingeteilt:

Fettgehaltsstufe	Fettgehalt in der Trockenmasse (Fett i.Tr.)	
1. Doppelrahmstufe	höchstens	85%
	mindestens	60%
2. Rahmstufe	mindestens	50%
3. Vollfettstufe	mindestens	45%
4. Fettstufe	mindestens	40%
5. Dreiviertelfettstufe	mindestens	30%
6. Halbfettstufe	mindestens	20%
7. Viertelfettstufe	mindestens	10%
8. Magerstufe	weniger als	10%

Tips für den Haushalt

Käse ist licht-, luft- und wärmeempfindlich. Er muß sachgemäß behandelt werden.

- Kühl lagern.
- Vor dem Austrocknen bewahren, z.B. in einer Käseschachtel oder Frischhaltefolie.
- Mindestens eine halbe Stunde vor dem Verzehr bei Zimmertemperatur aufbewahren, damit der Käse sein volles Aroma entfalten kann (gilt nur für die Menge, die aufgegessen wird; gilt nicht für Frischkäse).

Essig aus Alkohol

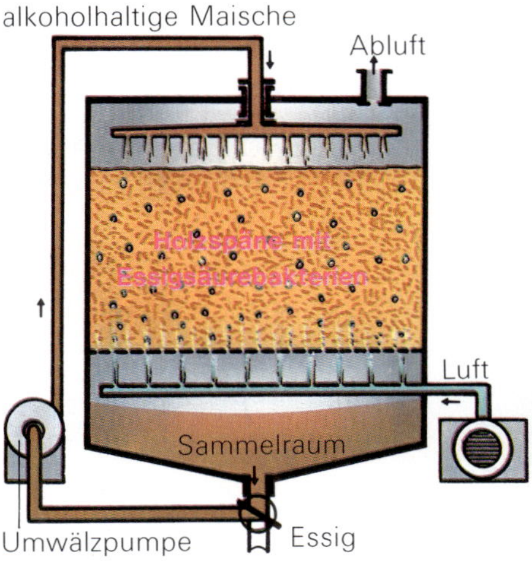

Abb. 16.46: Essigbereitung. Die Essigbakterien sitzen auf den Spänen. Durch eine Pumpe werden sie von oben mit alkoholischer Maische berieselt und von unten mit Luft versorgt. Ist die Maische in Essig verwandelt, wird dieser in Fässer umgefüllt für die weitere Verwendung.

Hefen und Milchsäurebakterien verändern Lebensmittel geschmacklich und chemisch. Oft sind dann die neuen Produkte auf natürliche Art konserviert und für längere Zeit haltbar.

Für die Haltbarmachung von Gemüse, Fisch oder Fleisch verwendet man **Essig.** Was ist Essig? Er entsteht, wenn **Essigbakterien** Alkohol verarbeiten. Die Essigbakterien benötigen im Gegensatz zu den Hefen und Milchsäurebakterien Sauerstoff. Dann oxidieren sie den Alkohol zu Essigsäure und Wasser.

Essigsäuregärung: Alkohol + Sauerstoff $\xrightarrow[\text{bakterien}]{\text{Essigsäure-}}$ Essigsäure + Wasser

Rohstoff für die biologische Essigherstellung (Gärungsessig) ist also der Alkohol, den man zu diesem Zweck vor allem aus Weintrauben und anderen Obstsorten, Kartoffeln und Zuckerrüben gewinnt. Im Handel werden z.B. Reiner Weinessig, Wein-Branntwein-Essig, Kräuteressig und Obstessig angeboten. Reiner Weinessig darf nur aus dem Alkohol des Weins stammen und hat mindestens 6% Säure. Andere Essigsorten haben mindestens 5% Säure. Der Säuregehalt muß auf dem Etikett angegeben sein. (Siehe auf eurer Essigflasche zu Hause nach!)

Ein chemisch-synthetisches Produkt ist die Essigessenz. Sie enthält keine natürlichen Aromastoffe, enthält 25% Säure und darf nur verdünnt verwendet werden!

Versuch
Gib etwas Bier oder Wein in eine flache Schale und lasse sie einige Tage offen stehen.
a) Prüfe Geruch und Geschmack.
b) Halte blaues Lackmuspapier in die Flüssigkeit.

16.2.4 Margarineherstellung

Bei unserer Ernährung sollten wir darauf achten, daß sich Energieaufnahme (Nahrung) und Energieverbrauch (z.B. Bewegung) im Gleichgewicht befinden. Andernfalls kommt es zu Über- oder Untergewicht. In Deutschland ist die Überernährung für viele Menschen zu einem Problem geworden. Bei einer vorwiegend sitzenden Berufstätigkeit nehmen sie zuviel energiereiche Nahrung auf.

Ein wesentlicher Energielieferant sind die Fette. Man gewinnt sie durch Pressen fettreicher Pflanzensamen oder aus tierischen Fetten.

Abb. 16.47: Die verschiedensten Früchte sind Lieferanten von Ölen, die der Margarineherstellung dienen

Abb. 16.48: Jedes Öl hat seine eigene Farbe, Konsistenz, Geschmack und Geruch, und es ist eine Kunst, Margarine von ständig gleich hoher und gleichbleibender Qualität zu produzieren

Versuch zur Margarineherstellung

Du benötigst

Materialien

100 g Kokosfett
50 g Pflanzenöl
15 g Frischmilch
15 g eisgekühltes Wasser
1 g Kartoffelstärke
1 g Salz
1 Eigelb
Eiswürfel

Geräte

1 Topf für Wasserbad
1 Thermometer für Wasserbad
2 Meßzylinder
1 Waage
1 Handrührgerät
1 Topf als Eisbad
2 Bechergläser, für Öl und Fett
2 Uhrgläser, für Salz und Stärke
2 Bechergläser, für Milch und Eiswasser
1 Becherglas für das Ei
1 Rührgefäß (1 l Inhalt)

Kokosfett und Öl sind schon im Wasserbad auf 45 °C erwärmt. Milch, eisgekühltes Wasser, Ei, Salz und Stärke sind im Kühlschrank vorgekühlt. Eiswürfel sind im Kühlschrank im Gefrierfach.

1. Die benötigten Materialien werden aus dem Wasserbad und aus dem Kühlschrank geholt und genau abgemessen.

2. Zuerst werden das erwärmte Kokosfett und das erwärmte Pflanzenöl mit dem Handrührgerät vermischt. Das Gemisch wird solange gerührt, bis es etwa auf Zimmertemperatur abgekühlt ist.

3. Richte das Eisbad her und stelle das Rührgefäß in das Eisbad.

4. Gieße die Fettmischung in das Rührgefäß und rühre mit dem Handrührgerät weiter. Füge nacheinander die Frischmilch, das eisgekühlte Wasser, die Stärke, das Eigelb (statt Lecithin) und das Salz hinzu. Dieses Gemisch wird mit dem Handrührgerät solange auf mittlerer oder später auch auf höchster Stufe bearbeitet, bis die Masse steif ist. Beachte die Ablaufskizze!

aus: Unterricht Biologie (Heft 63/5. Jahrg./Nov. 1981)

Abb. 16.49: Versuchsablauf zur Margarineherstellung

Vor gut hundert Jahren, als der größte Teil der Bevölkerung noch schwere körperliche Arbeit leisten mußte, war die **Fettversorgung** dringend notwendig. Doch waren die Speisefette knapp und wurden – besonders Butter – immer teurer. Kaiser Napoleon III. von Frankreich schrieb ein Preisausschreiben aus für die Erfindung eines preiswerten Streichfettes. Der Wissenschaftler Mège-Mouriès löste die Aufgabe (um 1869), indem er Rindertalg mit Milch und Wasser zu einem Fett verarbeitete, das er **Margarine** nannte. Sie kostete nur halb so viel wie Butter.

Nach wie vor war man jedoch bei der Margarineherstellung auf tierische Fette angewiesen. Die ausreichend zur Verfügung stehenden pflanzlichen Öle waren für Streichfette zu dünnflüssig. 1902 gelang dem Deutschen Chemiker Wilhelm Normann die **Fetthärtung**. Dabei werden ungesättigte Fettsäuren, die in den Ölen enthalten sind, gehärtet. Das bedeutet, daß die Öle fester und damit streichfähig werden.

Heute werden zur Margarineherstellung hauptsächlich Öle aus den Früchten der Kokos- und Ölpalme, aus Erdnüssen, Sonnenblumenkernen, Sojabohnen, Raps- und Baumwollsaat verwendet. Mindestens 80%

Margarine ist cholesterinfrei.
Cholesterin ist ein Fettbegleitstoff, den der menschliche Organismus z. B. zum Aufbau von Hormonen und der Galle braucht und der in der Leber hergestellt wird. Ständiger Überschuß an Cholesterin durch Nahrungszufuhr kann zur Bildung von Gallensteinen und zur Verengung der Blutgefäße führen.

Aufgabe
Sieh auf Margarine-Verpackungen nach, aus welchen Bestandteilen sich Margarine zusammensetzt.
Schreibe die Pflanzennamen auf, aus denen das Öl für die Margarine gewonnen wurde.

Nutzen und Gefahren durch Mikroorganismen

Mikroorganismen	Wirkung	Nutzung	Bekämpfung
Bakterien als Gärungserreger	Kohlenhydrate $\xrightarrow[\text{bakterien}]{\text{Milchsäure-}}$ Milchsäure	Herstellung von Sauerkraut, Sauermilchprodukten, Käse, Sauerteig, Silofutter	Haltbarmachen durch Kühlen, Erhitzen, Salzen, chemische Konservierung
	Alkohol + Sauerstoff $\xrightarrow[\text{bakterien}]{\text{Essigsäure-}}$ Essigsäure + Wasser	Herstellung von Speiseessig	Haltbarmachen durch Erhitzen, chemische Konservierung, Luftabschluß
Bakterien als Fäulniserreger	Zersetzen von organischen Stoffen	Zersetzen von Pflanzen- und Tierresten, Abwasserreinigung	Haltbarmachen von Obst, Gemüse und Fleisch durch Tiefgefrieren, Kühlen, Erhitzen, Trocknen, Räuchern, Salzen, Zuckern, Säuern, Einlegen in Alkohol, chemische Konservierung
Bakterien als Krankheitserreger	Auslösen von Infektionskrankheiten	Aktive Immunisierung	Passive Immunisierung, Hygiene, Desinfektion, Stärkung der Abwehrkraft
Hefepilze	Kohlenhydrate $\xrightarrow{\text{Hefe}}$ Ethylalkohol + Kohlenstoffdioxid	Herstellung von Alkohol	Haltbarmachen von Obst, Gemüse und Getreide durch Tiefgefrieren, Kühlen, Erhitzen, Trocknen, Zuckern, Einlegen in Alkohol, chemische Konservierung
Schimmelpilze	Zersetzen von organischen Stoffen	Zersetzen von Pflanzen- und Tierresten, Humusbildung	Haltbarmachen von Lebensmitteln durch Tiefgefrieren, Kühlen, Erhitzen, Trocknen, Räuchern, Salzen, Zuckern, Säuern, Einlegen in Alkohol, chemische Konservierung, Luftabschluß. Bekämpfung durch Fungizide

Bevölkerungsexplosion in Indien überrollt Familienplaner

Delhi (dpa)

Die staatliche Familienplanung in Indien, dem nach China bevölkerungsreichsten Land der Erde, ist jetzt in einem offiziellen Bericht als unzureichend kritisiert worden. Fortschritte bei den Maßnahmen zur Begrenzung der Bevölkerungsexplosion auf dem Subkontinent erschienen im Vergleich zu anderen asiatischen und pazifischen Staaten „träge und langsam". „Wir müssen Familienplanung mit größerem Ernst betreiben", mahnt ein Bericht indischer Experten.

Indiens Bevölkerung von jetzt rund 780 Millionen Menschen wächst seit Jahrzehnten praktisch unverändert um jährlich 2,1 Prozent. Bis zum Jahr 2000 wird die Einwohnerzahl die Marke von einer Milliarde überschritten haben.

muß der Fettgehalt der Margarine betragen. Hinzu kommen 18–20% Wasser und Magermilch, Emulgatoren (z. B. Lezithin), Aroma- und Farbstoffe (z. B. Karotin), Salz und Stärke. Der Zusatz von Stärke ist gesetzlich vorgeschrieben. Er dient zur chemischen Unterscheidung der Margarine von Butter. Der Margarine dürfen die Vitamine A, D und E zugesetzt werden.

In einem Schnellkühler werden die Zutaten gemischt, gerührt und geknetet. Anschließend wird die Margarine in Becher gefüllt oder zu Würfeln geformt und verpackt. Die Herstellung erfolgt vollautomatisch. Margarine muß trocken und kühl aufbewahrt werden.

16.3 Die Weltbevölkerung wächst – Hunger breitet sich aus

Stelle dir einmal vor, du machst mit einer Jugendgruppe einen Ausflug im Gebirge. Ziel eurer Wanderung ist eine Almhütte, in der ihr euch mit frischer Milch und gutem Almkäse bewirten lassen wollt. Nach drei Stunden Aufstieg habt ihr es geschafft, doch die Hütte ist geschlossen. Wie stellst du dir die Reaktion der Gruppe vor?

Gegenwärtig werden in jeder Minute 150 Menschen geboren, pro Tag also 220000 und im Jahr mehr als 80 Millionen; 90 Prozent des natürlichen Zuwachses entfallen aber auf die Entwicklungsländer, wobei vor allem der afrikanische Kontinent Höchstwerte aufweist. Lebten dort im Jahre 1800 erst 90 Millionen Einwohner, so waren es 1900 schon 133, 1960 aber 276 und 1985 gar 553 Millionen Menschen, die insgesamt einen Anteil von fast 12 Prozent der Menschheit repräsentieren. Zwischen 2005 und 2010 wird dort mit dem Überschreiten der Milliardengrenze gerechnet, was in China bereits vor 1985 erfolgt ist.

aus Naturwissenschaftliche Rundschau, Heft 3, 1988 (H. Fischer, Koblenz)

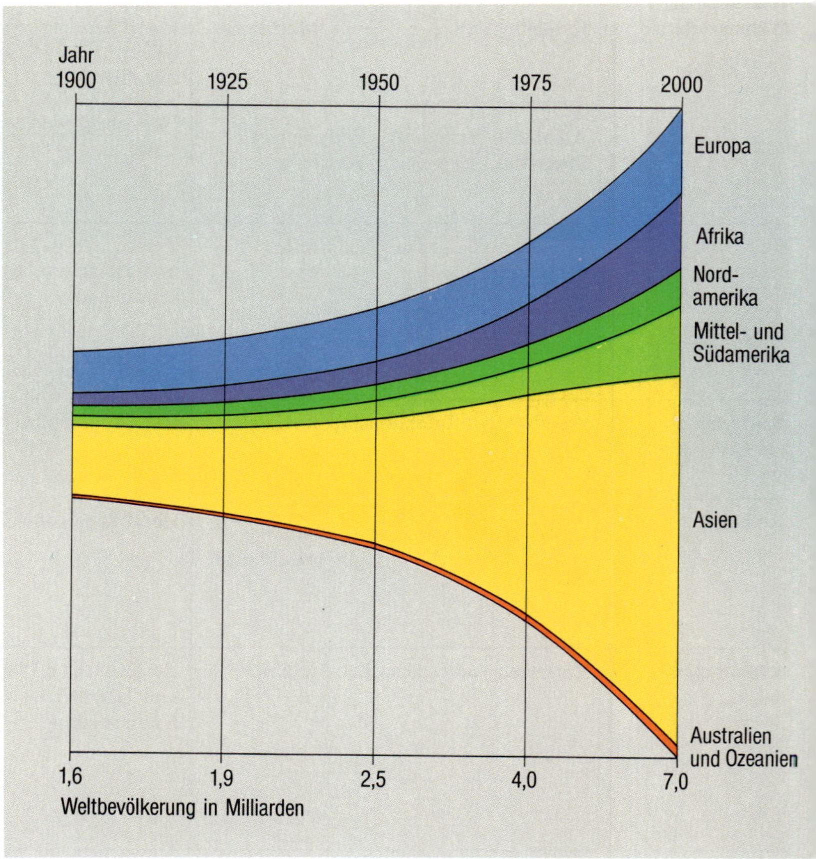

Abb. 16.50: Das Wachstum der Weltbevölkerung in den letzten 200 Jahren

„Ich habe Hunger“, hat fast jeder von uns schon einmal gesagt. Wer von uns ist nicht schon einmal ungeduldig oder mißlaunig geworden, wenn er einmal auf Essen warten mußte! Dabei kennen wir in Europa heute lebensbedrohenden Hunger fast gar nicht mehr. Wir haben immer zu essen. Aber die Menschen in der Dritten Welt?

Hunger entsteht durch **Nahrungsmangel.** Nahrung kann auf verschiedene Art unzureichend sein:

- man ißt und trinkt zu wenig;
- ein Nährstoff ist in einem zu geringen Anteil enthalten.

Unzureichende Ernährung führt – je nach Dauer – zu **Unterernährung,** Auszehrung oder **Tod.** Am schädlichsten für den menschlichen Körper ist der **Eiweißmangel,** besonders bei Kindern. Er führt unter anderem auch zu geistigen **Entwicklungsstörungen,** die später nicht mehr zu beheben sind. Und gerade in den Hungergebieten ist die Nahrung eiweißarm.

Bei unzureichender Ernährung produziert der Körper nicht genug schützende **Abwehrstoffe.** In großen Teilen der **Hungergebiete** herrschen extrem schlechte hygienische Verhältnisse. Beides führt zu **Infektionskrankheiten** und starkem Befall mit **Parasiten.** Hunger und Krankheit sind ja eng miteinander verknüpft.

Aufgaben

1. Unterernährung hat zwei Ursachen: zu wenig Nahrung oder Mangelernährung. Beschreibe den Unterschied!

2. Sammelt Abbildungen und Texte zum Thema „Hunger in der Welt“. Ordnet in der Klasse jede Information dem Kontinent zu, über den sie berichtet. Was stellt ihr fest?

3. Suche im Atlas die Länder heraus, die in den Hungergebieten liegen.

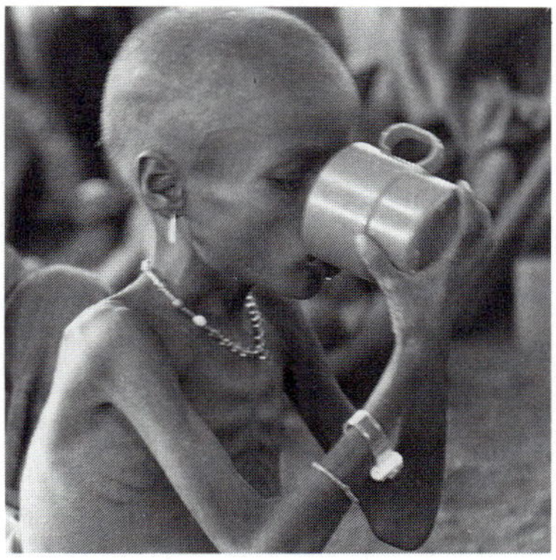

Abb. 16.51: Hungergürtel der Erde in den 80er Jahren. Die Bevölkerung der Industrienationen macht etwa ein Drittel der Weltbevölkerung aus. Ihr stehen 57% der Nahrungsmittel auf der Welt zur Verfügung. Dagegen verfügen zwei Drittel der Weltbevölkerung nur über 43% der Nahrungsmittel

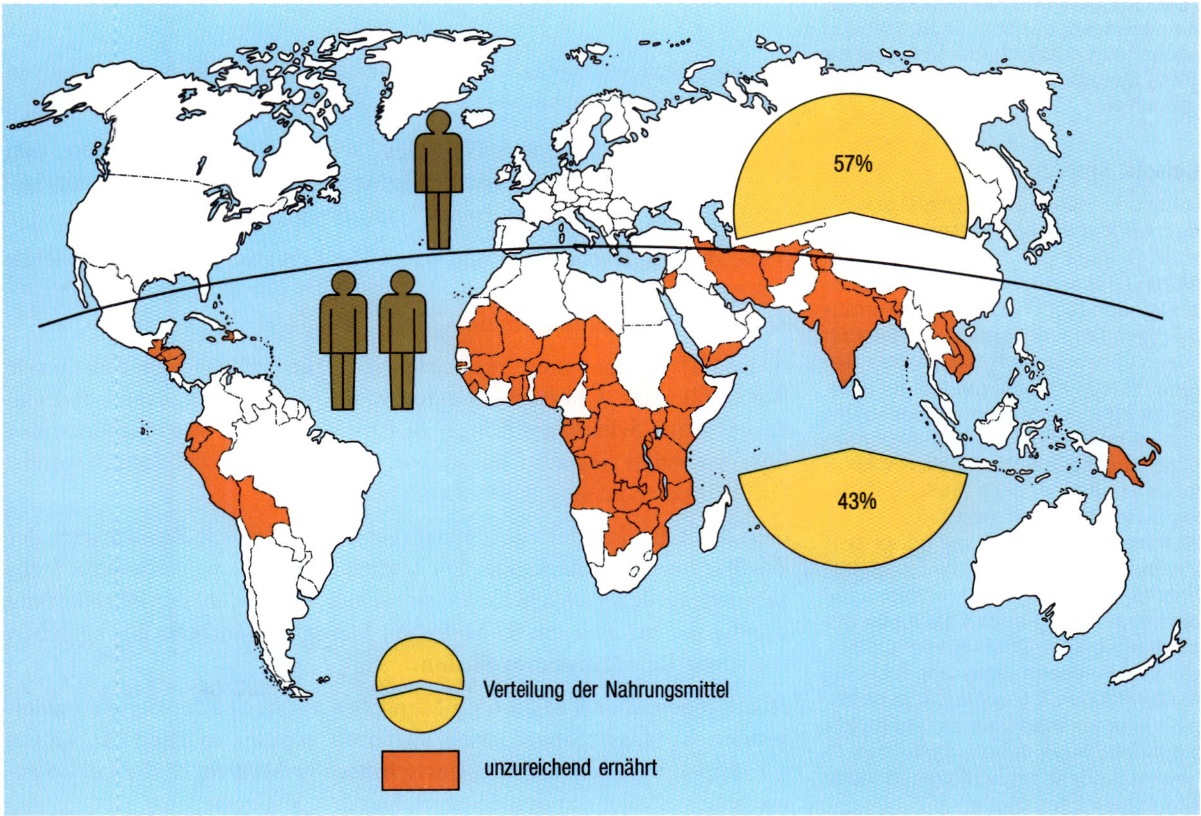

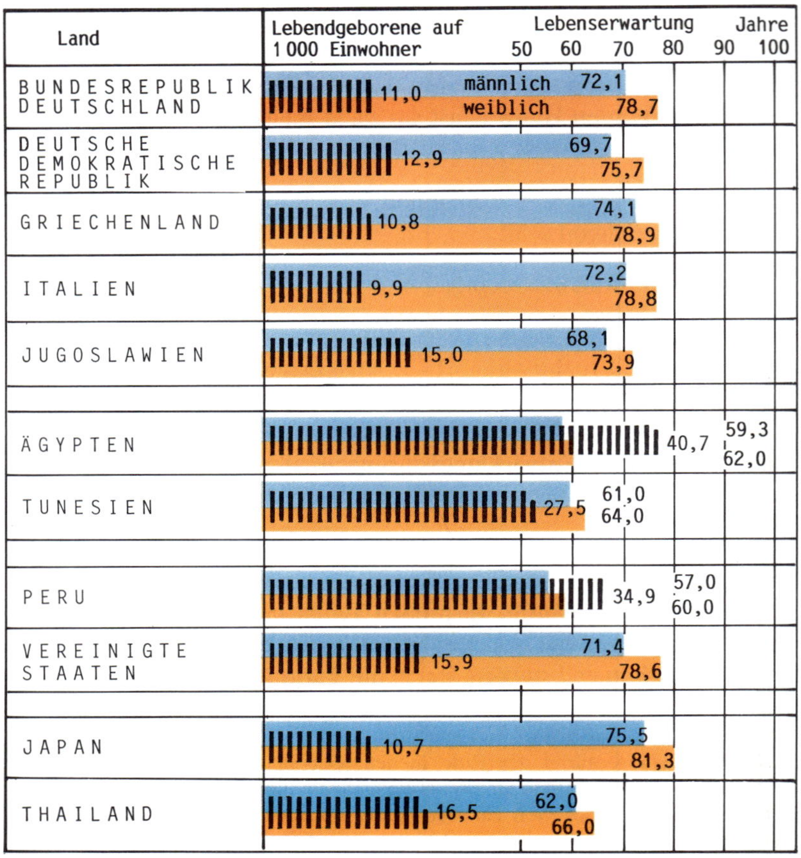

Warum müssen Menschen hungern? Warum sterben täglich Tausende an Hunger? Warum verhungert alle 20 Sekunden ein Kind?

Es gibt eine Vielfalt von Ursachen, welche alle zu ergründen, den Rahmen des Biologieunterrichtes sprengen würde. Zwei Ursachen lassen sich dem biologischen Bereich zuordnen:

- die geographische Lage und damit die klimatischen Verhältnisse als Vegetationsbedingungen;
- die Bevölkerungsexplosion.

In den Hungergebieten vernichten oft **Dürrezeiten** oder anhaltende Regenfälle mit **Überschwemmungen** die Ernte (Sahelzone, Bangladesh). Auch **Schädlinge** führen zu Ernteverlusten. Die Methoden der Landwirtschaft sind zum Teil so, wie sie bei uns vor 2000 Jahren waren. Die Ernteerträge sind dementsprechend gering.

Gerade in den Ländern der Hungergebiete ist aber die **Zuwachsrate** der Bevölkerung am stärksten. Da täglich tausende von Kindern mehr geboren werden als Menschen sterben, nimmt die Zahl der Bevölkerung ständig zu, zur Zeit um 80 Millionen Menschen jährlich. Wir sprechen von einer **Bevölkerungsexplosion.**

Heute leben über 6 Milliarden Menschen auf der Erde. Bei gleichbleibenden Voraussetzungen wird sich ihre Anzahl in rund 30 Jahren verdoppelt haben. Durch die **Fortschritte der Medizin** ist die Lebenserwartung vor allem in den Industrieländern gestiegen.

Aufgabe
Diskutiert die folgenden Texte:

Das Vieh der Reichen frißt das Brot der Armen

Über Mangel und Überfluß

„Sicherlich ist es bedauerlich, daß viele Millionen von Menschen in dieser Welt hungern müssen, aber wir können doch kaum daran was ändern. Zudem – unsere Entwicklungshilfe ist doch auch etwas Gutes und wir spenden ja regelmäßig für solche Sammelaktionen wie Afrikatag, ‚life-aid' etc. Wenn das alles nichts nützt, dann werden die Betroffenen ja wohl auch keine richtige Lust haben, für ihre Nahrung zu arbeiten." So oder ähnlich klingt es häufig, wenn das Thema „Nahrung in den Entwicklungsländern" angesprochen wird.

Beispiel Brasilien

Brasilien, viertgrößtes Land der Erde, seine Fläche reicht vom Amazonasgebiet des tropischen Regenwaldes im Norden über die großen Savannen im mittleren Teil bis hinunter in die Ackerbau- und Viehzuchtgebiete im Süden. Ein Land voller Bodenschätze und gesegnet mit guten land- und forstwirtschaftlich nutzbaren Böden. Eigentlich dürfte in diesem Land niemand hungern, aber gerade das passiert in zunehmendem Maße! Es grassiert auch in diesem reichen Land eine Lebensmittelknappheit, und dies vor allen Dingen bei den früher üblichen Grundnahrungsmitteln wie schwarze Bohnen und Reis. Es trifft also offenbar wieder einmal die Ärmsten zuerst!
Wie kommt das? Diese Frage stellt sich vor allem, wenn man weiß, daß in den letzten Jahren die gesamte landwirtschaftlich genutzte Fläche erheblich ausgedehnt wurde. Allerdings geschah dies in erster Linie zugunsten von Agrarexporten wie Fleisch und Sojabohnen. Die ökologisch verheerenden Folgen des Abholzens tropischer Regenwälder im Amazonas sind ja nun hinlänglich bekannt, weniger bekannt dürfte aber die Tatsache sein, daß auch in diesem Falle die Fleischproduktion für den Export einen erheblichen Anteil an dieser Entwicklung hat.

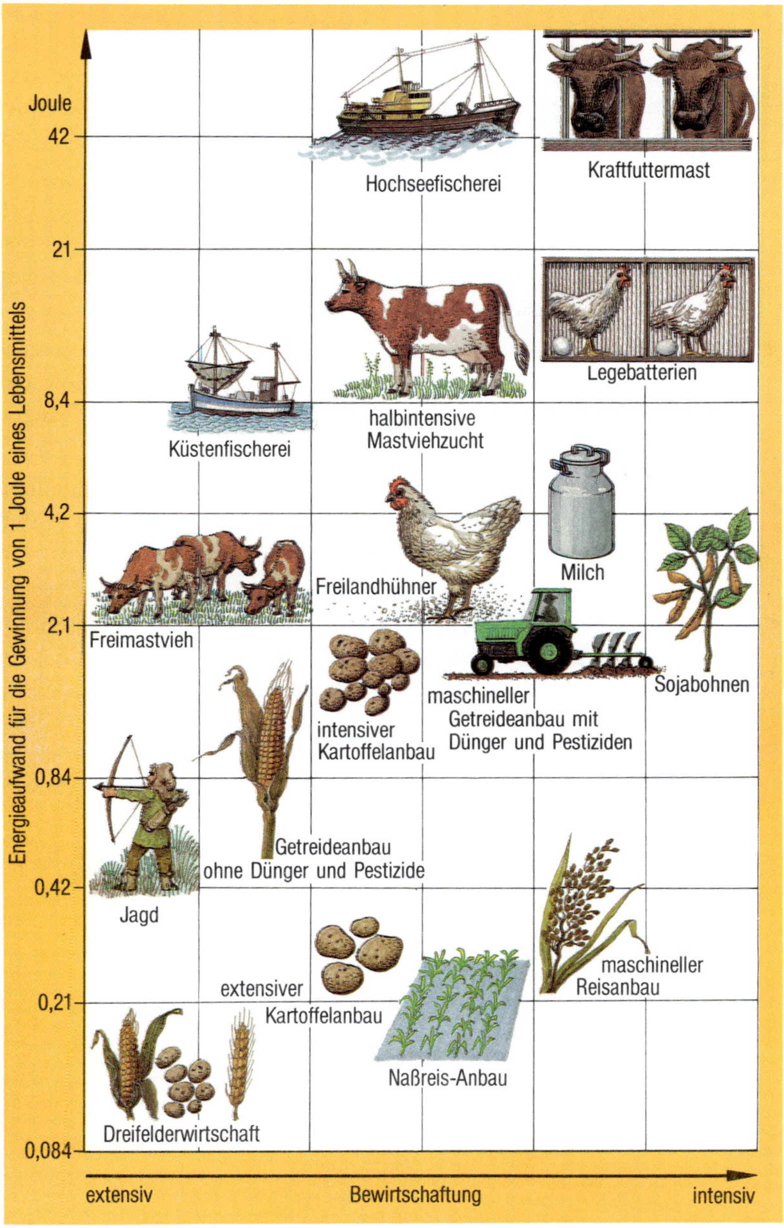

Abb. 16.52: Zur Erzeugung von Lebensmitteln wird unterschiedlich viel Energie aufgewendet

Während die Bevölkerung stark anwächst, bleibt die nutzbare Oberfläche der Erde annähernd gleich. Diese muß die Menschen sowohl beherbergen als auch ernähren. Wie ist diese Aufgabe zu bewältigen?

- In den Industrieländern wird viel Fleisch gegessen. Dazu werden ungeheuer große Mengen Getreide, eiweißreiche Hülsenfrüchte und Fischmehl verfüttert. Diese Mengen sind zur Zeit größer, als die Bevölkerung der Entwicklungsländer an Nahrung verzehrt.

Auch die Bundesrepublik Deutschland importiert Viehfutter aus Ländern, in denen Menschen hungern. Würden die Rohprodukte unmittelbar für die menschliche Ernährung eingesetzt, so würden mehr Menschen satt werden. Für uns bedeutete dies weniger Fleischverzehr, der schon vielfach zu Überernährung mit gesundheitlichen Schäden führt.

- Die Ernteerträge können noch gesteigert werden durch künstliche Bewässerung, bessere Bodenbearbeitung, gezielte Düngung und erfolgreiche Schädlingsbekämpfung. Dabei müssen jedoch Folgeschäden vermieden werden, die unsere Umwelt noch mehr belasten oder vergiften. Vergrößerung der Anbauflächen bedeutet nämlich Zerstörung von Wäldern und Feuchtbiotopen.
- Durch Pflanzen- und Tierzüchtung können Verbesserungen erzielt werden. Bei Getreidearten wird zum Beispiel ein höherer Eiweißgehalt, ein höherer Ertrag oder widerstandsfähigere Sorten (z. B. gegen Schädlinge) angestrebt.
- Einige Nahrungsquellen wurden bisher noch kaum genutzt, so zum Beispiel die Algen. Der intensive Fang von Krill, einem Krebstier, das in den antarktischen Gewässern in Massen vorkommt, würde dagegen das Ökosystem der Antarktis gefährden.
- Die Forschung arbeitet an der Erschließung neuer Nahrungsquellen. Bakterien und Hefezellen sind in der Lage, Eiweiß aus Stoffen herzustellen, die für den Menschen nicht genießbar sind (z. B. aus Erdöl).
- Auch wenn alle Möglichkeiten der Nahrungsgewinnung ausgeschöpft würden, bleibt zu bedenken, daß die Bevölkerung auf der Erde nicht endlos weiterwachsen kann. Eine sinnvolle Geburtenkontrolle könnte dazu beitragen, daß das Bevölkerungswachstum zu einem Gleichgewicht kommt.

17
Lebewesen – früher und heute

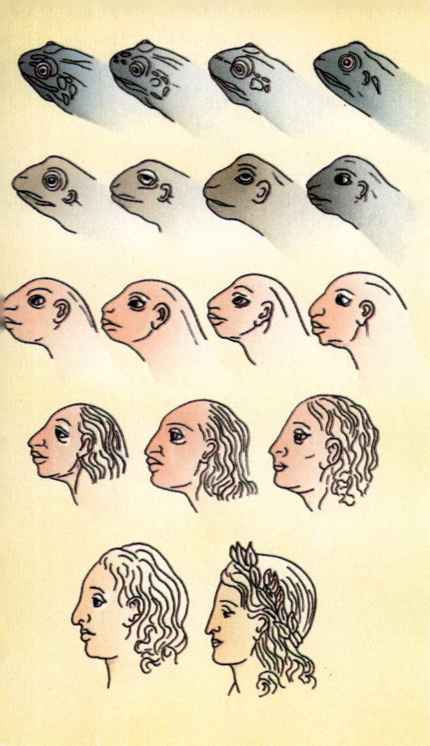

Abb. 17.1: Eine interessante Vorstellung von Evolution aus dem 18. Jahrhundert: Stufenfolge vom Frosch zum Menschen

Auf der Erde leben viele Pflanzen- und Tierarten, die sich durch eine charakteristische Gestalt und ein typisches Verhalten voneinander unterscheiden.
Viele dieser Arten sind einander – wenn auch in unterschiedlichem Maße – ähnlich.
Alle Lebewesen weisen – trotz ihrer Verschiedenheit – gemeinsame Kennzeichen des Lebendigen auf.
Lebewesen sind an ihre jeweiligen Lebensräume angepaßt.

Gibt es eine Erklärung dafür, daß viele Arten von Lebewesen einander ähnlich sind?

Wir wollen versuchen, Antwort auf diese Frage zu finden. Dabei müssen wir zunächst einen Ausflug in die Vergangenheit machen.

17.1 Theorien zur Entwicklung der Lebewesen

Jahrhundertelang war man der Meinung, daß alle Pflanzen- und Tierarten vor langer Zeit geschaffen worden seien und seitdem die Erde unverändert bevölkerten. Man bezeichnet diese Auffassung als **Konstanztheorie.**

Erst im 18. Jahrhundert wurde gefragt, ob die Konstanztheorie gültig sei. Forscher fanden nämlich heraus, daß so verschiedenartige **Lebewesen,** wie z. B. Maulwurf, Fledermaus, Wal, Pferd und Mensch, viele **gemeinsame Merkmale** besitzen (z. B. Knochenbau der Gliedmaßen, Konstruktion des Blutkreislaufes, Bau des Nervensystems).

Die Entdeckungen machten folgendes deutlich: Die genannten Lebewesen sind nicht nur untereinander verwandt, sie müssen gemeinsame Vorfahren haben, die anders aussahen als ihre heute lebenden Nachkommen. Das war natürlich mit der Behauptung der Konstanztheorie, alle Pflanzen- und Tierarten seien seit ihrer Erschaffung unverändert geblieben, nicht zu vereinbaren.

Im 18. Jahrhundert fand man **Fossilien** (Reste oder Spuren vorzeitlicher Lebewesen) in sehr großer Anzahl. Anhänger der Konstanztheorie behaupteten: Fossilien sind die Reste von Lebewesen, die durch die biblische Sintflut umgekommen sind. Diese Erklärung befriedigte viele Wissenschaftler nicht. Eine andere Erklärung war viel überzeugender: Fossilien sind Reste von ausgestorbenen Vorfahren oder Vorläufern heute lebender Pflanzen- oder Tierarten.

Gegen Ende des 18. Jahrhunderts wurde immer deutlicher, daß die Konstanztheorie nicht stimmen konnte.

1809 stellte der französische Zoologe **Lamarck** eine viel beachtete Theorie über die Abstammung der Lebewesen auf. Er behauptete: Die heutigen Pflanzen- und Tierarten sind das **Ergebnis** einer langen **Entwicklung** (Evolution) im Laufe der Erdgeschichte. Damit trat der Entwicklungsgedanke an die Stelle der bisherigen Auffassung von der Unveränderlichkeit der Arten.

Lamarck ging in seiner Theorie von zwei Annahmen aus:

1. Organismen sind fähig, sich der Umwelt anzupassen.
2. Wenn Organismen Eigenschaften oder Merkmale erworben haben, können sie diese an ihre Nachkommen vererben.

Abb. 17.2: Jean-Baptiste de Lamarck, französischer Naturforscher (1744–1829)

Spätere Forschungen haben nur Lamarcks erste Annahme bestätigen können. Die zweite Annahme hat sich als falsch erwiesen. Das wirst du an folgendem Beispiel leicht einsehen:

Viele Europäer legen Wert darauf, im Urlaub eine sonnengebräunte Haut zu bekommen. Die Sonnenbräune ist eine Reaktion der Haut auf energiereiche UV-Strahlen des Sonnenlichts. Pigmentzellen in der Keimschicht der Oberhaut geben dunkle Farbstoffe ab. Diese verhindern, daß die UV-Strahlen tief ins Gewebe eindringen und Schaden anrichten. Die Hautbräunung ist also eine wirksame Anpassung an die Erhöhung der UV-Strahlung des Sonnenlichts. Nur – und die Erfahrung wirst du auch schon gemacht haben – bleibt die Sonnenbräune nicht lange nach dem Urlaub erhalten, und an seine Kinder kann man die sonnengebräunte Haut nicht vererben.

Man hat bis heute keine Eigenschaft gefunden, die ein Lebewesen im Laufe seines Lebens erwirbt und die es an seine Nachkommen vererbt.

1859 veröffentlichte der Engländer **Charles Darwin** sein Buch „Über die Entstehung der Arten" (On the Origin of Species). Er ging von folgenden Annahmen aus:

- Die Welt ist in ständiger Entwicklung, **Evolution,** begriffen, die sich langsam, nicht sprunghaft vollzieht.
- Arten, die einander ähnlich sind, sind miteinander verwandt und stammen von gemeinsamen Vorfahren ab.
- Die Vermehrungsrate der einzelnen Tier- und Pflanzenarten ist meist hoch. Nur ein Teil der zahlreichen Nachkommen überlebt.
- Es besteht eine natürliche **Auslese, Selektion,** die in zwei Stufen abläuft:

Abb. 17.3: Lamarck stellte sich die Evolution der Giraffen folgendermaßen vor: Die Vorläufer der heutigen Giraffen hatten das Bedürfnis, das saftige Laub der Baumkronen zu fressen. Um dies zu erreichen, mußten sie ihre Hälse strecken. Das häufige Strecken des Halses führte zu dessen Verlängerung. Den so erworbenen langen Hals vererbten die Giraffen an ihre Nachkommen. Nach vielen Generationen war die heutige Halslänge erreicht

Abb. 17.4: Evolution der Giraffen nach Darwin. In einer Population von Giraffen gibt es stets Tiere mit längeren und solche mit kürzeren Hälsen. Die kurzhalsigen Giraffen sind den langhalsigen bei der Nahrungssuche unterlegen, sterben früher und haben weniger Nachkommen. Von Generation zu Generation steigt die Anzahl der langhalsigen Giraffen, bis schließlich nur noch Tiere mit der günstigen Halslänge vorhanden sind

Abb. 17.5a: Charles Darwin, englischer Biologe (1809–1882)

Abb. 17.5b: Auf dem Schiff „Beagle" unternahm Charles Darwin eine mehrjährige Reise um die Erde. Das Studium der Pflanzen- und Tierwelt auf den Galapagos-Inseln im Pazifischen Ozean gab ihm einen wichtigen Hinweis, seine Theorie von der Evolution der Lebewesen zu entwickeln

1. In jeder Tier- oder Pflanzenpopulation besteht eine genetische Vielfalt (Variation).
2. Aus einer Population überleben und pflanzen sich nur die Lebewesen fort, die dank der genetischen Variation am besten angepaßt sind.

Um Darwins Annahme richtig verstehen zu können, müssen wir die Begriffe genetische Variation, Population, Art klären.

Abb. 17.6: Charles Darwin wurde wegen der Abstammungslehre von Zeitgenossen verspottet. Unser Bild zeigt eine zeitgenössische englische Karikatur (1871)

Genetische Variation

Die Abbildung 17.7 zeigt unterschiedliche Farbmuster auf den Deckflügeln einer **Marienkäferart,** die von Sibirien über China, Korea bis nach Japan verbreitet ist.

Für die Färbung der Deckflügel ist ein bestimmtes **Gen** verantwortlich. Die unterschiedlichen Muster sind dadurch entstanden, daß sich das Gen abgewandelt, d.h. **Varianten** gebildet hat. Die unterschiedlich gefärbten Käfer leben in verschiedenen Räumen ihres riesigen Verbreitungsgebietes. Im Westen leben Marienkäfer mit gelborangen Flecken auf dunklem Grund, im mittleren Bereich Käfer mit schwarzen Flecken auf gelbem Grund und im Osten Tiere mit roten Flecken auf dunklem Grund.

Abb. 17.7: Farbvarianten des asiatischen Marienkäfers

Abb. 17.8: Verbreitungsgebiet des Tigers – früher und heute. In den schraffierten Gebieten waren vor 100 Jahren Tiger zahlreich. Nur in den dunkel gefärbten Gebieten kommen heute noch Tiger vor

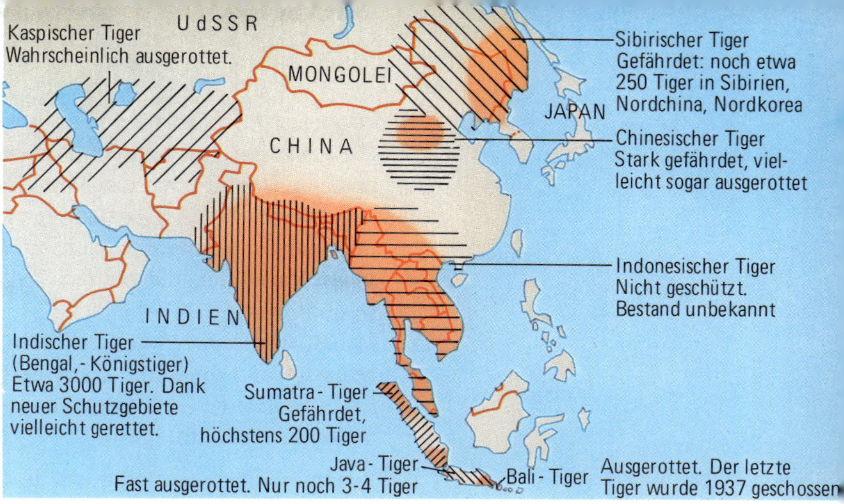

Population und Art

Tiger bewohnen in Asien ein riesiges Gebiet, das sich von den Nadelwäldern der Taiga in Ostsibirien über China, Vietnam, Thailand, Burma, Indien bis zu den tropischen Urwäldern der Inseln Sumatra und Java erstreckt. Alle Tiger – vom Tiger Ostsibiriens bis zum Sumatratiger – können sich untereinander fortpflanzen. Auch ihre Nachkommen sind untereinander fortpflanzungsfähig. Daher werden sie als **Art** bezeichnet.

Tiger bewohnen oft den gleichen Lebensraum wie Leoparden, die ebenfalls Großkatzen sind. Tiger und Leoparden pflanzen sich untereinander nicht fort. Sie gehören verschiedenen Arten an. Unter natürlichen Bedingungen werden sich jedoch auch nicht alle Tiger untereinander fortpflanzen, da z.B. Sibirische Tiger in freier Wildbahn Indischen Tigern nie begegnen werden. Tierarten, die große Gebiete bewohnen, bilden meist mehrere **Unterarten (Rassen),** die sich in einigen Merkmalen unterscheiden.

Nicht alle Mitglieder einer Unterart pflanzen sich unter natürlichen Bedingungen untereinander fort, das Wohngebiet ist viel zu groß.

Eine kleinere Einheit ist die **Population.** Zu einer Population gehören z.B. die Indischen Tiger, die ein bestimmtes Gebiet bewohnen und sich untereinander fortpflanzen. Die Tiger einer Population stimmen zwar in vielen Merkmalen überein, unterscheiden sich aber auch in vielen Merkmalen. Du wirst z.B. in einer Population nicht zwei Tiger finden – eineiige Zwillinge ausgenommen–, die in ihrem Streifenmuster völlig übereinstimmen.

Die verschiedenen Tigerpopulationen in Indien bilden zusammen die **Unterart** (Rasse) Indischer Tiger (auch Bengaltiger genannt). Alle Unterarten des Tigers (Sibirischer, Chinesischer, Indischer Tiger usw.) zusammen ergeben die **Art.**

Abb. 17.9: Sibirische Tiger sind nicht nur die größten Tiger, sondern auch die größten Katzen. Sie leben in Ostsibirien in der Taiga, den lockeren Nadelwäldern im Gebiet der Flüsse Amur und Ussuri. Ihr Fell ist als Anpassung an den Lebensraum lang, dicht und hell gelblich gefärbt

Abb. 17.10: Sumatratiger gehören zu den kleinsten Tigerrassen. Sie bewohnen die dichten Urwälder der Insel Sumatra. Ihr Fell ist kräftig rötlich-dunkelocker gefärbt und dicht gestreift

Für seine Behauptungen (s.o.) legte **Charles Darwin** eine Vielzahl überzeugender Beweise vor. Auf einige dieser Beweise gehen wir später ein.
Darwins Beweisführung hatte zunächst eine bedeutsame Lücke. Er konnte für die genetische Vielfalt innerhalb einer Art keine Ursache nennen. Diese Lücke wurde später geschlossen. Heute wissen wir, daß sich im Zellkern sehr viele **Gene** (Mendels Erbfaktoren) befinden. Gene

können sich verändern und unterschiedliche Merkmale oder Eigenschaften – wie die Farbkombination des asiatischen Marienkäfers – hervorbringen. Wir nennen das **Mutation.** Gene sind auf den **Chromosomen** angeordnet. Bei der **Zellteilung** (vgl. Abschnitt 9.3) können sie neuartig miteinander kombiniert werden: **Rekombination.** Die Zahl der genetischen Varianten, die bei der Zellteilung entstehen können, ist unvorstellbar groß.

Im 20. Jahrhundert stellten Biologen die **Synthetische Theorie** auf. Sie bestätigt und erweitert Darwins Lehre durch die Einbeziehung neuer Erkenntnisse (z. B. aus der Chromosomentheorie, Genetik, Molekularbiologie, Paläontologie).

Zusammenfassend stellen wir fest:

Die **Vielfalt** der heute lebenden Pflanzen- und Tierarten ist das **Ergebnis** einer langen **Entwicklung** (Evolution), die in Hunderten von Jahrmillionen auf der Erde stattgefunden hat und weiterhin stattfindet.

Der Entwicklungsprozeß vollzieht sich in zwei Stufen:

1. Durch **Rekombination** und **Mutation** entstehen genetische **Varianten** innerhalb der **Populationen.**
2. Als Folge **natürlicher Auswahl** (Selektion) setzen sich nur die Varianten durch, die optimal an die Umwelt angepaßt sind.

17.2 Beweise für die Evolutionstheorie

Viele Teilgebiete der Biologie liefern eine große Anzahl von Beweisen: z. B. die Morphologie, die Lehre von der Keimesentwicklung, die Paläontologie.

Morphologie (Lehre vom Körperbau)

Die Abbildung 17.11 zeigt Vorderbeine verschiedener **Wirbeltiere.** Auf den ersten Blick fallen dir sicher die großen Unterschiede auf, z. B. zwischen der Vorderflosse eines Wals und dem Flügel eines Flugsauriers.

Bei genauer Betrachtung erkennst du, daß die Vorderbeinknochen in ihrer Lage zueinander und in ihrer Aufeinanderfolge eine große Übereinstimmung zeigen. Das gilt nicht nur für die hier abgebildeten Wirbeltierarten, sondern alle Wirbeltiere und der Mensch haben je einen Oberarmknochen, 2 Unterarmknochen (Elle und Speiche), mehrere Handwurzelknochen, Mittelhand- und Fingerknochen. Diese Überein-

Abb. 17.11: Vorderbeine verschiedener Wirbeltiere

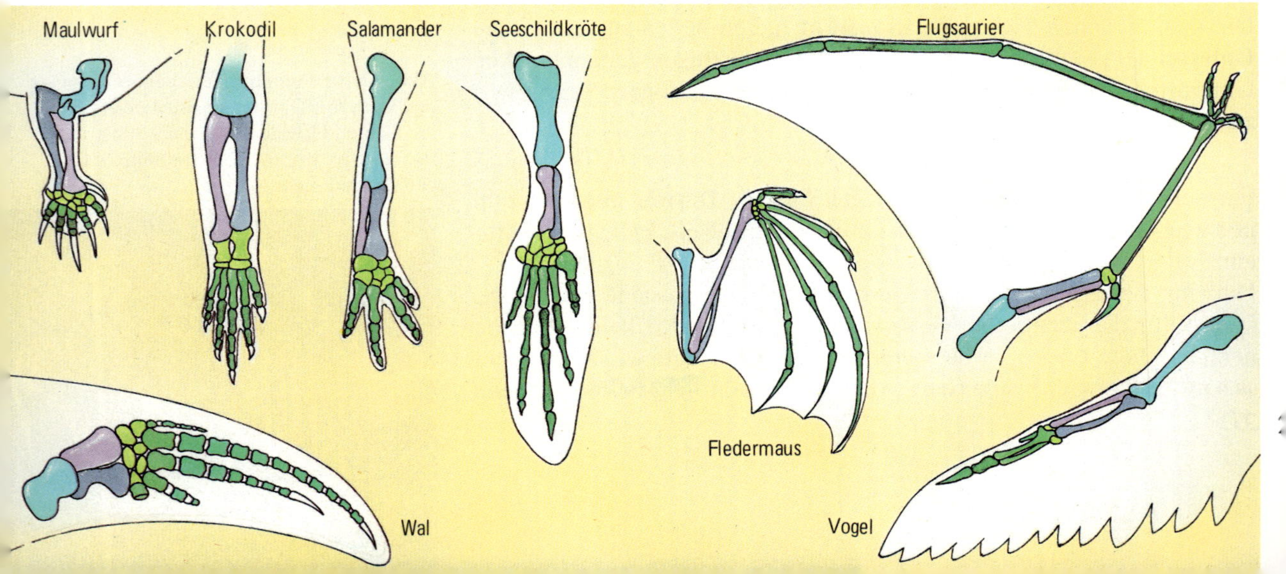

stimmung im Grundbauplan kann man überzeugend damit erklären, daß alle heute lebenden Wirbeltiere **gemeinsame Vorfahren** haben, daß sie stammesgeschichtlich verwandt sind. Du wirst fragen, wie die Unterschiede bei den Vorderbeinen zustande gekommen sind.

Während der **Evolution,** die über Jahrmillionen andauerte, haben die Vorfahren der heutigen Wirbeltiere ihre Lebensweise geändert. Maulwürfe leben heute vorwiegend in der Erde, Meeresschildkröten und Wale sind Meeresbewohner geworden, Flugsaurier hatten und Vögel haben den Luftraum erobert. Die Vorderbeine, die ursprünglich zur Fortbewegung auf dem Boden dienten, mußten andere Aufgaben erfüllen, z. B. als Grabwerkzeuge, Flossen, Flügel. Verantwortlich für die Umwandlung ist die **natürliche Auslese** (Selektion). Abb. 17.12 zeigt ein weiteres Beispiel.

Blindschleichen sind trotz ihres Aussehen keine Schlangen. Sie sind beinlose Echsen, die von vierfüßigen Echsen abstammen. Ihr Skelett zeigt noch Reste von Schulter- und Beckenknochen. In der Evolution sind die Vorfahren der Blindschleichen von der laufenden zur schlängelnden Fortbewegung übergegangen.

Interessanterweise besitzt ein Verwandter der Blindschleiche, der Scheltopusik (Panzerschleiche), noch stummelförmige Hinterbeine. Dagegen hat eine andere Verwandte, die im südlichen Nordamerika lebende Krokodilschleiche, 2 wohlausgebildete Beinpaare mit jeweils 5 Zehen. Bei den einheimischen Blindschleichen sind die **Beinpaare** bis auf Knochenreste zurückgebildet. Man nennt solche Reste zurückgebildeter Organe **Rudimente.**

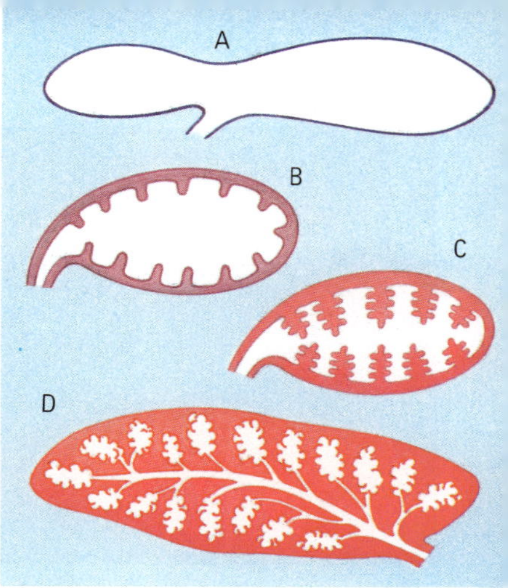

Abb. 17.12: Die Schwimmblase der Fische (A) und die Lungen der Landwirbeltiere (B–D) sind aus Ausstülpungen des Vorderdarms entstanden. Während die Schwimmblase der Fische nur ein einfacher Sack ist, ist bei den Lungen der Landwirbeltiere die innere Oberfläche vergrößert. Sie nimmt von den Amphibien (B) über die Reptilien (C) bis zu den Säugern (D) und Vögeln zu. Mit der Vergrößerung der inneren Oberfläche wird eine Leistungssteigerung erreicht

Abb. 17.13: Rückbildung der Gliedmaßen in der Familie der Schleichen

Keimesentwicklung

In der Keimesentwicklung vieler Lebewesen werden Organe angelegt, die den ausgewachsenen Tieren fehlen.

Bartenwale besitzen keine Zähne, sondern Reusen, die aus Hornplatten (Barten) bestehen. Damit filtern sie riesige Mengen an Kleinkrebsen (Krill) aus dem Meereswasser. Bartenwalembryonen bilden jedoch **Zahnanlagen** aus. Aus ihnen entwickeln sich nie Zähne, sondern die Anlagen werden bereits vor der Geburt wieder zurückgebildet. Die Ausbildung von Zahnanlagen bei Bartenwalen deutet darauf hin, daß ihre Vorfahren Zähne besaßen. Heute weiß man, daß Wale mit ziem-

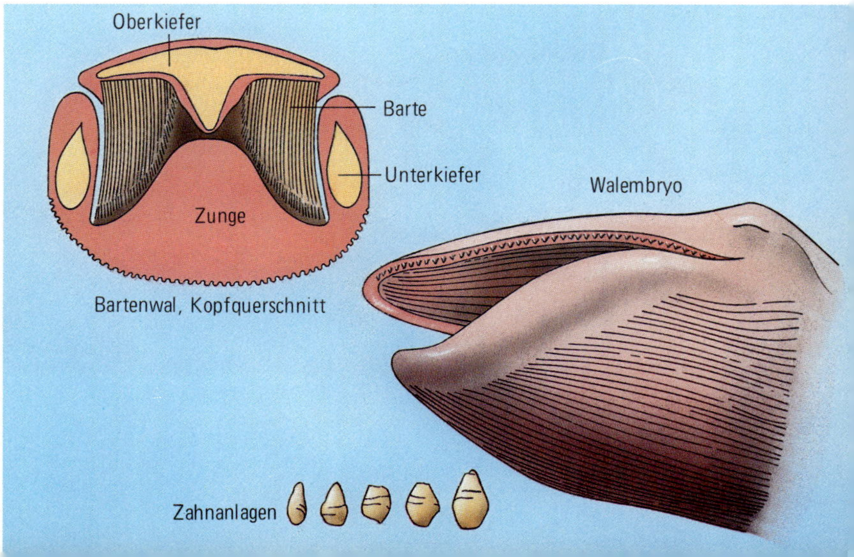

Abb. 17.14: Querschnitt durch den vorderen Teil des Kopfes eines Bartenwals Kopf eines 1,2 m langen Bartenwalembryos (von unten gesehen). Die Zahnreihe des Oberkiefers ist freigelegt. Links unten die herauspräparierten Zahnanlagen. Während der weiteren Entwicklung des Walembryos werden die Zahnanlagen wieder zurückgebildet

Abb. 17.15: Bei dieser 2 m langen Fischechse, die bei Holzmaden (Württemberg) gefunden wurde, ist nicht nur das Skelett, sondern auch die Haut gut erhalten.

Abb. 17.16: 1861 wurden in Solnhofen (Bayern) Fossilien des Urvogels gefunden. Neben dem vollständigen Skelett sind Federabdrücke gut erhalten.

licher Sicherheit von landlebenden **Huftiervorfahren** abstammen und sich vor etwa 60 Mill. Jahren an eine Lebensweise im Wasser angepaßt haben.

Paläontologie

Die Paläontologie liefert Erkenntnisse von ausgestorbenen Lebewesen der Vorzeit. Sie untersucht **Fossilien** und versucht, die Pflanzen- und Tierwelt vergangener Jahrmillionen zu rekonstruieren.

Meist sind nur **Hartteile** von ausgestorbenen Lebewesen erhalten geblieben, wie die Gehäuse von Schnecken, Muschelschalen, Krebspanzer, Skelettreste von Seeigeln, Knochen und Zähne von Säugern. Unter günstigen Bedingungen blieben auch **Weichteile** erhalten, gelegentlich sogar vollständige Körper.

Wie entstehen aus toten Pflanzen- und Tierleichen Fossilien? Die Körper verendeter Tiere werden auf der Landoberfläche in kurzer Zeit zerstört. Die Weichteile verwesen, verfaulen, werden von Aasfressern verzehrt, so daß zunächst nur die Hartteile übrigbleiben, die auseinanderfallen und gleichfalls zerstört werden. Deshalb findet man von den im Jahresverlauf verendeten Wildtieren nur selten Körper oder Knochen. Ein Fossil kann nur dann entstehen, wenn der Körper rasch von Ablagerungen (z. B. Sand) eingebettet und dadurch vom Sauerstoff der Luft

Abb. 17.17: Rekonstruktion eines ausgestorbenen nashornähnlichen Säugetiers, das in Nordamerika lebte.
Wenn man das Knochengerüst zusammengestellt hat, erkennt man die Ansatzstellen der Muskeln und kann die Körpermuskulatur formen. Anschließend gestaltet man die Haut. Die Farbe der Haut oder des Felles ist nur angenommen

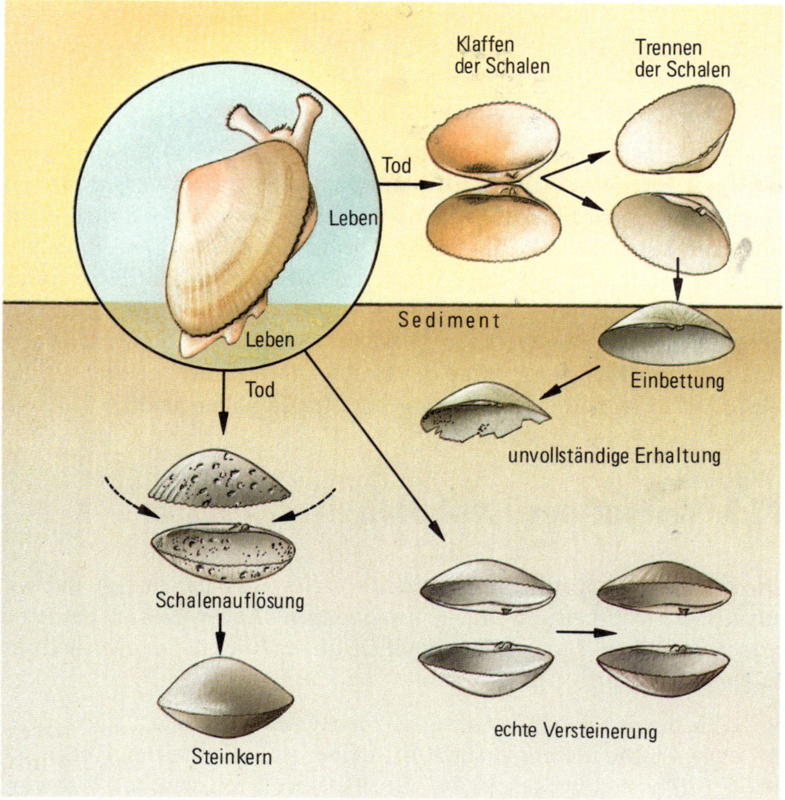

Abb. 17.18: Fossilbildung einer Herzmuschel: Verschiedene Zustände der Erhaltung

Abb. 17.19: Junges Mammut aus dem Dauerfrostboden Sibiriens. Das Tier wurde im Sommer 1977 gefunden. Sein Alter wurde auf 44 000 Jahre bestimmt.

abgeschlossen wird. So hemmt die Einbettung die Zersetzung. Deshalb findet man nur dort Fossilien, wo sich viele Stoffe ansammeln und rasch abgelagert werden, z. B. in Flachmeeren, Seen, Sümpfen und Flußbetten.

Woher wissen wir, wann die Lebewesen, die als Fossilien erhalten sind, gelebt haben? Es gibt verschiedene Methoden, das **Alter** von **Fossilien** zu bestimmen.

Wenn die **Ablagerungen** (Sedimente) durch spätere Ereignisse nicht verändert wurden, kann man davon ausgehen, daß die am tiefsten liegenden Sedimente auch die ältesten sind. Vergleicht man verschiedene **Schichtenfolgen** miteinander, so erkennt man, daß in bestimmten Sedimentschichten nur bestimmte Pflanzen- und Tierfossilien eingebettet

Berühmt geworden sind die eiszeitlichen Mammutkadaver aus dem Frostboden Sibiriens. Mammute waren Elefanten, die in den Kaltsteppen Nordamerikas, Europas und Asiens lebten. Von ihnen wurden bisher etwa 40 gefunden. Die meisten der tiefgefrorenen Kadaver fanden sich an Kliffen. Solche Kliffen entstehen an Flüssen und Strömen durch die alljährlichen Hochwasser. Die großen und schwerfälligen Tiere sind erstickt, indem sie entweder im Morast ertrunken sind oder von Erdmassen, die an den Steilhängen durch Sonneneinstrahlung aufgetaut waren, begraben worden.
Dank der niedrigen Temperaturen verliefen die Zersetzungsvorgänge im Zeitlupentempo, so daß die Körper heute noch gut erhalten sind.
Außerhalb der Frostbodengebiete sind von Mammuten nur Skelett- und Gebißreste (meist Stoßzähne) erhalten geblieben.

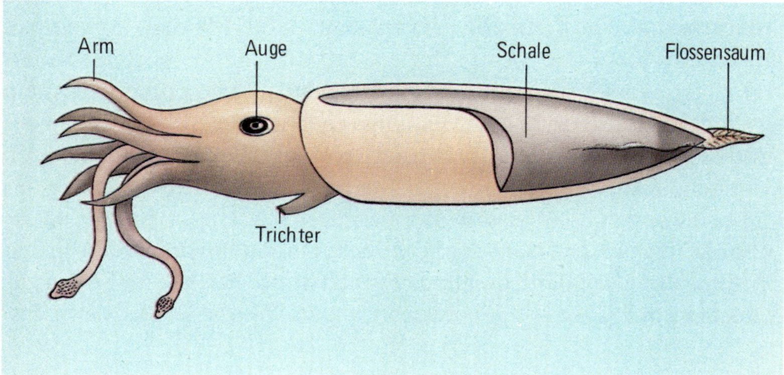

Abb. 17.20: Belemniten sind ausgestorbene Verwandte der Tintenfische. Sie bewohnten Meere schon in der Steinkohlenzeit (Karbon) vor 300 Mio. Jahren und starben vor 70 Mio. Jahren aus. Ihre Schalen (Innenskelett), im Volksmund Donnerkeile oder Gewittersteine genannt, gelten als Leitfossilien für die Erdzeitalter Jura und Kreide (vor 180–70 Mio. Jahren)

wurden. Alle Schichten haben ihre charakteristischen Fossilien, man nennt sie **Leitfossilien.** Ein Vergleich von Schichten erbringt jedoch nur Aussagen in der Art: Schicht A ist früher abgelagert als Schicht B, d.h. das Fossil in Schicht A ist älter als das in Schicht B.

Eine ziemlich genaue Altersbestimmung ermöglichen sogenannte **geologische Uhren.** Radioaktive Elemente wandeln sich in ganz bestimmten Zeitabschnitten in andere Elemente um. Jedes **radioaktive Element** hat eine charakteristische **Halbwertzeit.** Das ist die Zeit, in der die Hälfte einer bestimmten Menge des Elements zerfällt. Druck und Temperatur haben keinen Einfluß auf die Halbwertzeit. Findet man in einer Gesteinsschicht mit eingebetteten Fossilien radioaktive Elemente, kann man aus ihrer Menge mit Hilfe der Halbwertzeit errechnen, wie alt die Gesteinsschicht und die in ihr eingebetteten Fossilien sind.

17.3 Verlauf der Evolution

Die kleine Auswahl aus einer Vielzahl von Beweisen hat gezeigt, daß wir mit großer Sicherheit von einer Entwicklung der Lebewesen auf der Erde sprechen können. Jetzt wollen wir einen kurzen Blick auf den Verlauf der Evolution werfen.

Mit Hilfe der geologischen Uhren hat man herausgefunden, daß die Erde vor etwa 4,6 Md. Jahren erstarrt ist. Leider sind die meisten Zeugnisse aus der frühesten Erdgeschichte durch spätere Ereignisse zerstört worden. Zu den ältesten Sedimentgesteinen gehören Ablagerungen in Südafrika, die 3,4 Md. Jahre alt sind. Sie enthalten Fossilien kleinster Lebewesen (Mikrofossilien), die heutigen Bakterien ähnlich sehen. Offenbar gab es vor 3,4 Md. Jahren einfache Formen von Lebewesen auf der noch jungen Erde.

Was geschah jedoch in dem Zeitraum von der Entstehung der Erde bis zum Auftreten der ersten Lebewesen? Direkte Zeugnisse für diese Zeit gibt es nicht. Die Seiten für die ersten Jahre im Geschichtsbuch der Erde sind leer. Doch aus den Erkenntnissen der Chemie und aus dem Verlauf der Evolution des Lebens kann man Annahmen über diese Zeit machen.

Chemische Evolution

Die junge Erde bildete durch Abkühlung ziemlich schnell eine feste **Erdkruste** und eine **Lufthülle,** die aus den Gasen Methan, Ammoniak und Wasserdampf bestand. In der ersten Lufthülle fehlte freier Sauerstoff völlig. Wasser sammelte sich im **Urozean** an. Die Früherde war ein wirkungsvolles Labor, in dem vielfältige chemische Verbindungen in der Lufthülle und im Urozean produziert wurden. **Energiequellen** waren elektrische Entladungen (Gewitter) und die ultraviolette Strahlung der Sonne, die ungehindert bis zur Erdoberfläche vordringen konnte, da die Lufthülle noch keine Ozonschicht enthielt. Das **Labor Erde** stellte in den 1,2 Md. Jahren seit der Erdentstehung alle Stoffe her, die als Stufen zur Entstehung von Lebewesen notwendig waren. Welche Stoffe waren das?

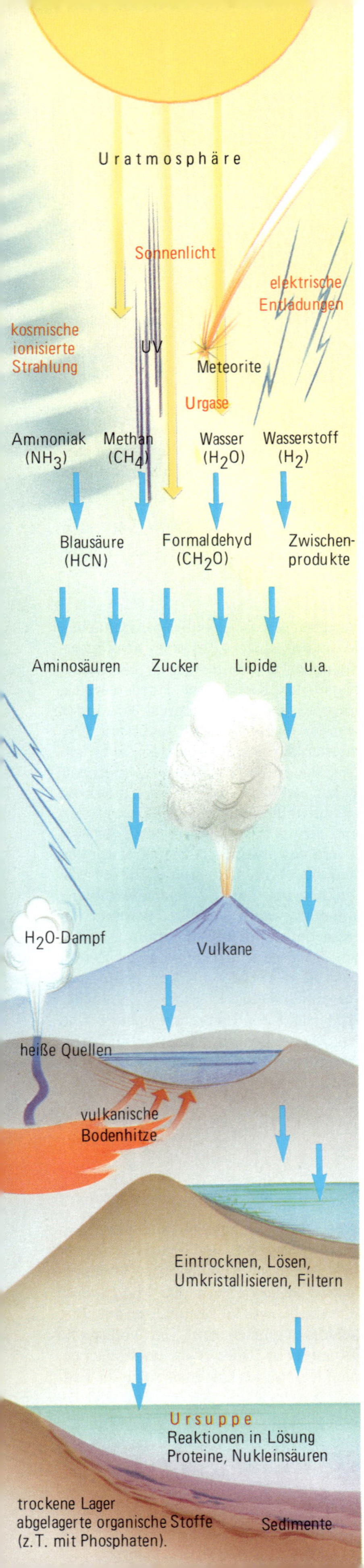

Abb. 17.21: Die junge Erde als Laboratorium

Eine Antwort auf diese Frage erhalten wir, wenn wir uns an die wichtigsten Eigenschaften **lebender Zellen** erinnern.

- Zellen haben einen **Stoffwechsel.** Sie überleben dadurch, daß sie energiereiche Stoffe aus ihrer Umgebung aufnehmen und in Stoffe für ihren Lebensunterhalt umwandeln.
- Zellen vermehren sich. Sie erzeugen **Nachkommen** und überleben dadurch Jahrmillionen.
  Stoffwechsel und Vermehrung sind den Zellen nur möglich, wenn ihnen folgende Stoffe zur Verfügung stehen:
  1. **Eiweiße** (Proteine) als Baustoffe und als Enzyme (Katalysatoren des Stoffwechsels).
  2. **Nukleinsäuren** (z.B. DNS) als Träger der Erbinformation und damit als Voraussetzung für die Vermehrung.
  3. **Lipide** (fettartige Verbindungen) für die Bildung von Zellmembranen.

Diese Stoffe haben sich in den 1,2 Md. Jahren seit Entstehung der Erde gebildet, dann erst konnten erste lebende Zellen entstehen.

Man bezeichnet diesen Prozeß als **chemische Evolution.**

Biologische Evolution

Die ersten Lebewesen, die heute lebenden Bakterien ähnlich waren, konnten nur existieren, wenn sie in ihrer Umgebung energiereiche Verbindungen fanden. Sie selbst konnten solche Stoffe nicht erzeugen.
Die Anzahl der Lebewesen hing davon ab, wieviele energiereiche Stoffe im Labor Erde gebildet werden konnten. Hätten sich die Lebewesen zu stark vermehrt, wäre es zu einer **Energiekrise** gekommen. Die Gefahr einer Energiekrise wurde dadurch beseitigt, daß einige Lebewesen die **Photosynthese** „erfanden“. Bei diesem Prozeß wird die Energie des Sonnenlichts zur Erzeugung energiereicher Stoffe genutzt. Dabei wird Sauerstoff frei. Lebewesen, die zur Photosynthese fähig waren, hatten einen großen Überlebensvorteil. Sie vermehrten sich stark und sorgten dafür, daß die **Erdatmosphäre,** die ja ursprünglich keinen freien Sauerstoff enthielt, mit **Sauerstoff** angereichert wurde. Die ältesten Lebewesen waren **Einzeller.**
Es dauerte fast 3 Md. Jahre, ehe die ersten **Vielzeller** auftraten.
Überblickt man den Zeitraum, in dem es Leben auf der Erde gibt, so fällt folgendes auf:

- In vier Fünfteln des Zeitraums lebten nur einzellige Organismen auf der Erde.
- Erst im letzten Fünftel, vor 700 Mio. Jahren, traten Vielzeller auf.

Sie haben sich wahrscheinlich mehrfach und unabhängig voneinander aus Einzellern entwickelt.

17.4 Ursachen der Evolution

Wir haben bisher erfahren, wie Evolution stattgefunden hat. Jetzt wollen wir überlegen, welche Faktoren für die Evolution verantwortlich sind.

vor Millionen Jahren: 0 · 50 · 100 · 150 · 200 · 250 · 300 · 350 · 400 · 450 · 500 · 550 · 600 · 650 · 700

	ZEITALTER		EREIGNIS
ERDNEUZEIT	QUARTÄR	Jetztzeit Pleistozän (Eiszeiten)	Auftreten des Menschen/ Säugetiere der Eiszeit
	TERTIÄR	Pliozän Miozän Oligozän Eozän Palaeozän	Ausbreitung der Säugetiere
ERDMITTELALTER	KREIDE		Letzte Dinosaurier Erste Affen Ausbreitung der Blütenpflanzen
	JURA		Vorherrschaft der Dinosaurier Erste Vögel
	TRIAS		Erste Säugetiere Vorherrschaft der Reptilien
ERDALTERTUM	PERM		Vorherrschaft der Reptilien Erste Nadelhölzer
	KARBON		Erste Reptilien
	DEVON		Erste Amphibien Erste Wälder aus Gefäßpflanzen
	SILUR		Erste Gefäßpflanzen (Farne, Schachtelhalme, Bärlappe)
	ORDOVIZIUM		Ausbreitung der Vielzeller
	KAMBRIUM		Erste Wirbeltiere (Fische)
PRÄKAMBRIUM	ALGONKIUM		Vielzellige Meeresalgen Erste Tiere mit Weichkörpern (quallenähnliche und ringelwurmähnliche Tiere) Erste Tierspuren

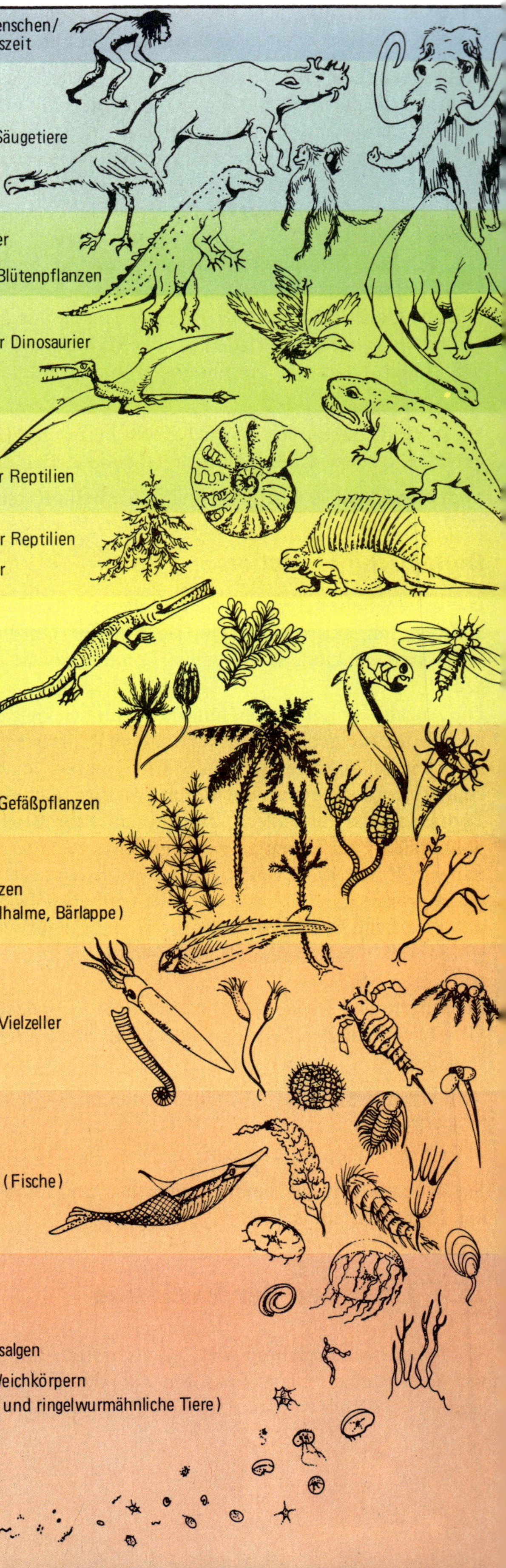

Charles Darwin ging davon aus, daß **Evolution** auf zwei Voraussetzungen beruht (s. S. 292):

- Genetische **Vielfalt** (Variation) in jeder Population.
- Natürliche **Auslese** (Selektion).

Wie entsteht genetische Variation?
Aus der Genetik kennst du die Begriffe Mutation und Rekombination. **Mutationen** sind spontan auftretende Veränderungen der genetischen Information. Sie werden vererbt. Die meisten Mutationen wirken sich für das betroffene Lebewesen negativ aus. Experimente haben ergeben, daß im Durchschnitt auf tausend Mutationen nur eine vorteilhafte entfällt.

Obwohl die Anzahl der vorteilhaften Mutationen nicht hoch ist, erhöhen Mutationen im Laufe von Jahrtausenden die Zahl der Varianten in einer Population.

Bei der Zellteilung und der sexuellen Fortpflanzung werden Gene oft neu sortiert und kombiniert. Man nennt diesen Vorgang **Rekombination.** Wenn du bedenkst, daß bei nur 10 Genpaaren $2^{10} = 1024$ Kombinationen möglich sind, wirst du dir vorstellen können, daß die Zahl der Kombinationsmöglichkeiten innerhalb einer Population unvorstellbar groß ist.

Mutation und Rekombination erhöhen die genetische Vielfalt innerhalb einer Population. Beide erfolgen nach dem Zufallsprinzip.

Ist Evolution ein Prozeß des Zufalls und ein Prozeß ohne Richtung?

Oder hat Evolution eine Richtung? Wer bestimmt die Richtung der Evolution?

Ein Beispiel hilft uns, die Frage zu klären.

Birkenspanner ruhen gerne an Baumstämmen. Ihre hellen Flügel, die einige dunkle Flecken haben, unterscheiden sich farblich kaum von Baumstämmen, die mit grauen Flechten bewachsen sind. Daher sind die Falter, wenn sie an flechtenbewachsenen Stämmen ruhen, auch für scharfe Vogelaugen kaum zu erkennen.

Flechten sind hochempfindlich gegenüber Luftverschmutzung. In industrienahen Wäldern findet man kaum Flechten. Interessanterweise fanden Forscher in Birkenspannerpopulationen aus industrienahen, flechtenfreien Wäldern sehr viele Schmetterlinge mit dunklen Flügeln. Woher kamen plötzlich die dunklen Falter?

In einer Birkenspannerpopulation von hellen Faltern gibt es immer einzelne dunkle Falter. Bei ihnen werden als Folge von Mutationen mehr dunkle Pigmente gebildet. Man nennt eine solche Dunkelfärbung **Melanismus.** An flechtenbewachsenen Stämmen sind die dunklen Spanner nicht so gut getarnt wie ihre hellen Artgenossen. Sie werden häufiger von Feinden erbeutet, können sich kaum fortpflanzen und ihre dunkle Färbung nicht an Nachkommen vererben. Durch die Industrialisierung änderte sich ihre **Umwelt** entscheidend. Die Flechten verschwanden, und an den durch Ruß jetzt dunklen Stämmen war die dunkle Färbung ein Vorteil. Dunkle Spanner sind nun besser getarnt als der helle Typ. Sie

Abb. 17.22: Übersicht über die Evolution der Lebewesen

Abb. 17.23: Birkenspanner. Dunkle Form auf Birkenrinde und helle Form auf Gestein

Abb. 17.24: Die Brieftaube (oben) sieht der Felsentaube, der Stammform der Haustauben, sehr ähnlich. Das Aussehen des Kröpfers (unten) zeigt, was die Tierzucht bewirken kann (vgl. S. 144/145).

Abb. 17.25: Die abgebildeten Wirbeltiere jagen im Meer mit hoher Geschwindigkeit nach Beute. Ihre stromlinienförmige Gestalt ist eine hervorragende Anpassung an Lebensraum und Verhalten. Die Anpassung ist in verschiedenen Tierklassen, die nicht nahe verwandt sind, unabhängig voneinander vollzogen worden

werden weniger oft von Feinden getötet und pflanzen sich häufiger fort, so daß ihre Zahl in der Population zunimmt. Eine Änderung der Umwelt wirkt also als **Auslesefaktor (Selektionsfaktor)** auf eine Population ein.

Die Erscheinung des **Industriemelanismus** ist bei etwa 70 Schmetterlingsarten in europäischen und nordamerikanischen Industriebezirken beobachtet worden.

Mutation und **Kombination** der Gene sind **Zufallsereignisse.** Sie sorgen dafür, daß die Lebewesen einer Population nicht alle gleich sind, sondern sich in verschiedenen Merkmalen unterscheiden. Die Auslese, **Selektion,** bewirkt, daß die Lebewesen einer Population gut an die Umwelt angepaßt sind.

Man unterscheidet folgende **Selektionsfaktoren:**

- abiotische Faktoren: u.a. Temperatur, Trockenheit, Brutmöglichkeit;
- natürliche biotische Faktoren: Freßfeinde, Parasiten, Nahrungskonkurrenten;
- künstliche biotische Faktoren: Pflanzen- und Tierzucht;
- zivilisatorische Faktoren: Pflanzen-, Insektengifte, radioaktive Strahlung, Umweltverschmutzung.

Die Abbildungen zeigen Beispiele für die Wirkung der Selektion. Verschiedene Tier- und Pflanzenarten, die nur sehr entfernt miteinander verwandt sind, stimmen weitgehend in Form und Gestalt ihrer Körper überein. Die **Übereinstimmung (Konvergenz)** ist eine Folge der Anpassung an eine ähnliche Lebensweise im gleichen Lebensraum.

Abb. 17.26–28: Verschiedene Pflanzenfamilien haben in Anpassung an trockenheiße Standorte mit nur kurzen Regenperioden eine erstaunliche Übereinstimmung (Konvergenz) erzielt. Der Stamm ist verdickt, fleischig und enthält wasserspeicherndes Gewebe. Die Blätter sind zu Blattdornen zurückgebildet.
Von links nach rechts: Säulenkaktus (Kaktusgewächse, Amerika), Huernia (Schwalbenschwanzgewächse, Afrika), Säulenwolfsmilch (Wolfsmilchgewächse, Afrika)

Ökologische Nischen

Die natürliche Auslese bewirkt, daß jede Tierart einem Lebensraum mit ganz bestimmten abiotischen Faktoren angepaßt ist. Das Zusammenspiel zwischen den abiotischen Faktoren eines Lebensraumes, den Anpassungen der Tierart und den Beziehungen zu anderen Tierarten nennt man **ökologische Nische.**

Spechte nutzen aufgrund bestimmter Anpassungen (Meißelschnabel, lange Zunge, Stützschwanz, Wendezehe) die Stammregion von Wäldern als ökologische Nische mit Nahrungs-, Wohn- und Brutrevier. Sie sind so ausgezeichnet an ihre ökologische Nische angepaßt, daß sie keine Konkurrenz durch andere Tierarten haben. Deshalb haben sie sich in ihrer Evolution in vielen Arten über die ganze Welt verbreitet. Spechte leben in Nord- und Südamerika, Afrika, Europa und Asien. Nur in Australien und auf einigen Inseln fehlen Spechte. Dort nutzen interessanterweise andere Tierarten die Nahrungsräume, die sonst Spechte innehaben.

Ein ausgezeichnetes Beispiel für die **Anpassung** der Lebewesen einer Art an verschiedene **ökologische Nischen** bieten uns die **Darwinfinken** der Galapagos-Inseln, zu denen der eben erwähnte Spechtfink gehört.

Abb. 17.29: Der Schwarzspecht ist etwa krähengroß und sehr scheu. Seine großen Höhlen, die er in dicke Bäume hämmert, werden oft auch von anderen Höhlenbrütern, wie von der Hohltaube, benutzt

Abb. 17.30: Spechte holen ihre Beute unter der Baumrinde hervor. Dort, wo sie fehlen, übernehmen andere Tierarten die Spechtrolle. Auf Hawai der Honigfresser mit seinem langen, gebogenen Schnabel, auf den Galapagos-Inseln der Spechtfink mit einem Kaktusstachel, auf Madagaskar das Fingertier (ein Halbaffe) mit dem verlängerten Mittelfinger, in Australien und auf Neuguinea der Streifenbeutler (ein Beuteltier) mit dem verlängerten 4. Finger

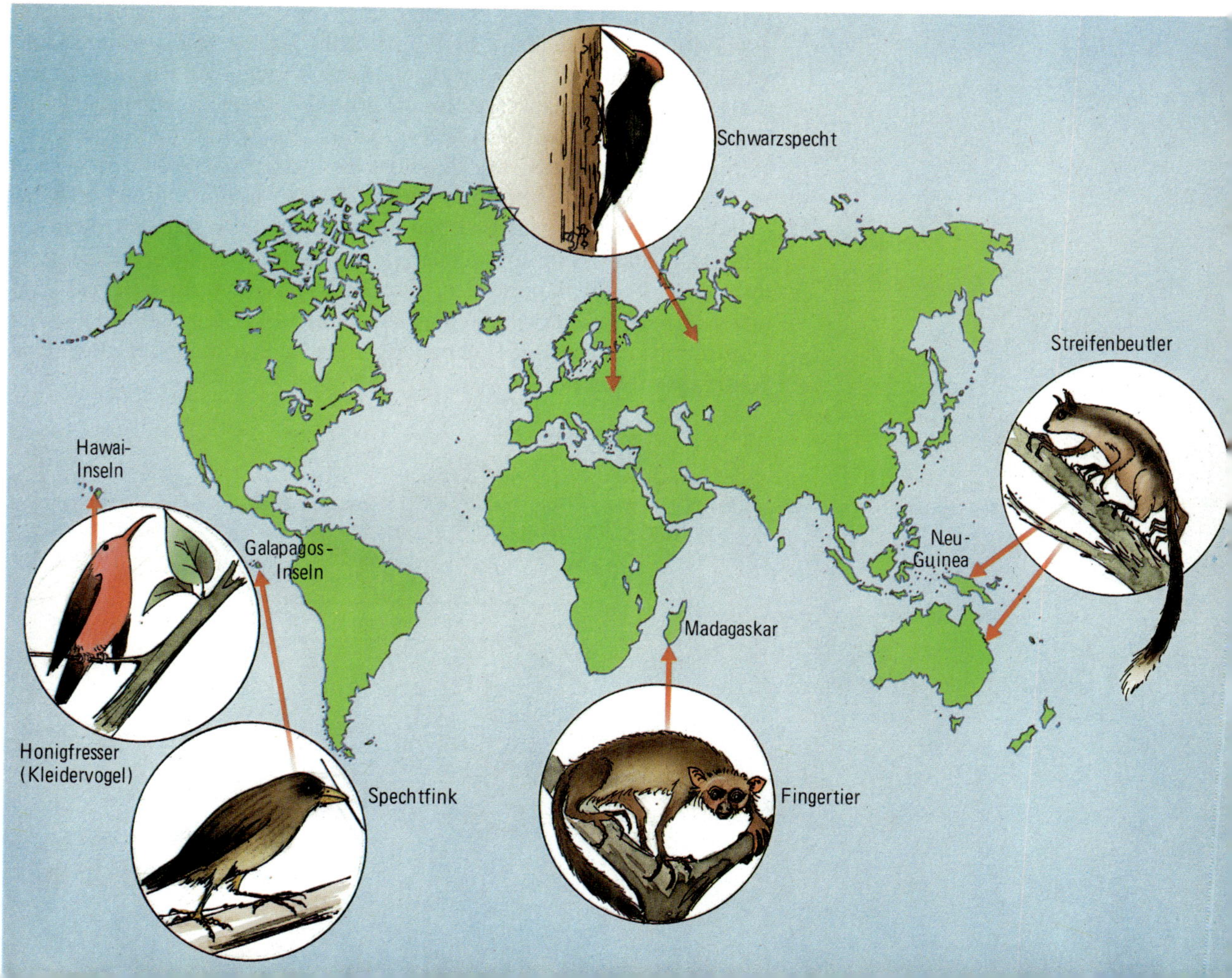

Abb. 17.31: Der Spechtfink von den Galapagos-Inseln holt mit einem Kaktusstachel Insekten unter der Baumrinde hervor.
Der 4. Finger des Streifenbeutlers auf Neuguinea ist überlang. Mit ihm kann er Insekten, die unter der Baumrinde sitzen, erreichen

Abb. 17.32: Lage der Galapagos-Inseln

Abb. 17.33: Die Darwinfinken stammen von einem gemeinsamen Vorfahr ab. Vergleiche die Finken mit Hilfe der angegebenen Buchstaben a)–h) mit Abb. 17.34

Die Galapagos-Inseln, die vulkanischen Ursprung haben, liegen 1000 km westlich von Südamerika im Pazifik. Sie waren ursprünglich unbewohnt. Alle Pflanzen und Tiere, die heute dort leben, sind vom südamerikanischen Kontinent dorthin entweder vom Wind verdriftet (Pflanzensamen, Insekten, Vögel) oder mit Treibholz angelandet worden (u. a. Schildkröten, Echsen).

14 Finkenarten, die alle untereinander verwandt sind und Darwinfinken genannt werden, sind die Nachkommen einer kleinen Population von körnerfressenden Finken, die vor 10 Mill. Jahren vom südamerikanischen Kontinent auf die Galapagos-Inseln verschlagen wurden. Da sie die einzigen Vögel auf den Inseln waren, hatten sie zunächst keine Konkurrenten und konnten sich ungestört vermehren und ausbreiten. Infolgedessen machten sie sich bald selbst Nahrungskonkurrenz. Ob es zu einer Nahrungskatastrophe und zu einem Zusammenbruch der Population gekommen ist, wissen wir nicht. Jedenfalls waren einige Finken fähig, auf andere Nahrungsquellen (z. B. Insekten oder Früchte, Blätter) umzusteigen, und konnten so dem Nahrungsdruck ausweichen. Aus einer körnerfressenden Finkenart entstanden 14 Arten, die sich vorwiegend durch die **Form** ihres **Schnabels** unterscheiden und unterschiedliche **Nahrungsquellen** nutzen.

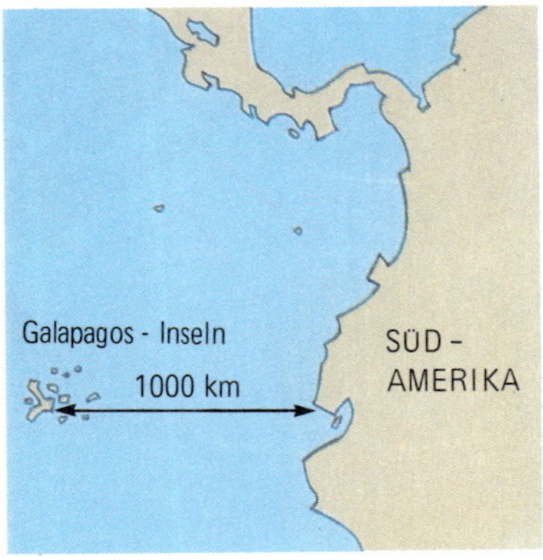

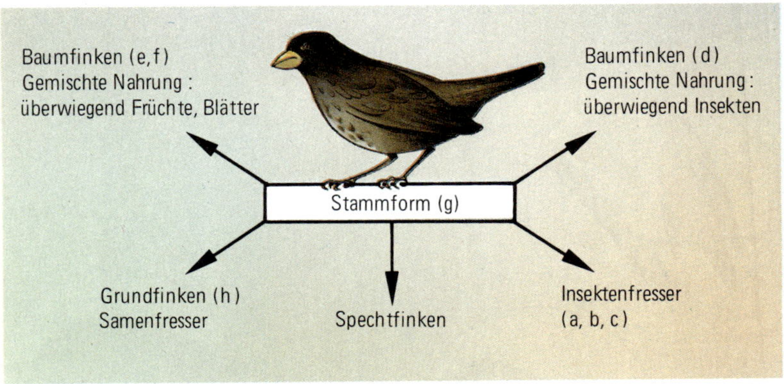

17.5 Wie entstehen neue Arten?

Abb. 17.34: Bei Darwinfinken sind die Schnabelformen an die Hauptnahrung angepaßt. Suche die Bedeutung der Buchstaben a)–h) in der Abbildung 17.33

Die Evolution ist ein Prozeß, der im Laufe der Generationen zur Veränderung der Arten, zur Entstehung neuer Arten führt.

Welche Faktoren sind dafür verantwortlich, daß Arten sich verändern, neue Arten entstehen?

Abb. 17.35: Die verschiedenen Darwinfinkenarten treten untereinander nicht in Wettbewerb, jede hat ihre eigene Kost. Außerdem bevorzugen sie unterschiedliche Orte der Nahrungsaufnahme

Abb. 17.36: Der Spechtfink ernährt sich von Insekten, die er aus Baumstämmen holt. Er besetzt damit eine ökologische Nische, die sonst Spechte innehaben. Ihm fehlt jedoch die lange Zunge der Spechte. Er gleicht diesen Mangel aus, indem er Kaktusstacheln benutzt

Abb. 17.37: Brutgebiete der Raben- und Nebelkrähe in Europa. Das Grenzgebiet, in dem beide Krähenrassen sich vermischen, ist rot markiert

Abb. 17.37 zeigt die Brutgebiete der **Raben-** und der **Nebelkrähe** in Europa. Westlich der Grenzlinie leben ausschließlich Rabenkrähen, östlich der Grenze ist nur die Nebelkrähe anzutreffen. Nur im Grenzbereich (in Deutschland an der Elbe) kommt es zur Bastardbildung zwischen beiden.

Zur Erklärung müssen wir bis zur **Eiszeit** zurückgehen. Damals trennten die von Norden vordringenden Eismassen die in Mitteleuropa lebenden Vorfahren von Raben- und Nebelkrähen in zwei Gruppen. Die eine wich nach Südfrankreich und Spanien aus, die andere zog sich zum Balkan und in die Türkei zurück. In ihren Rückzugsgebieten haben sich beide Populationsgruppen über Tausende von Generationen hinweg genetisch verändert und die heutigen Formen gebildet. Nach dem Abschmelzen des Eises breiteten sich beide Formen wieder nach Norden aus und trafen in Mitteleuropa aufeinander. In einem schmalen Grenzbereich pflanzen sich Raben- und Nebelkrähe untereinander fort, sonst bleiben sie getrennt. Raben- und Nebelkrähen verhalten sich nur im Grenzbereich wie zwei Rassen einer Art, außerhalb dieses Bereiches dagegen wie zwei verschiedene Arten.

Raben- und Nebelkrähe sind ein Beispiel für eine beginnende **Aufspaltung einer Art. Grau-** und **Grünspechte** zeigen eine weiter fortgeschrittene Aufspaltung in zwei noch nahe verwandte Arten (Zwillingsarten).

Beide Arten haben gemeinsame Vorfahren in Asien. Bei einem ersten Vorstoß aus Asien nach Westen vor der letzten Eiszeit gelangten Ur-

Abb. 17.38: Verbreitung des Grau- und Grünspechts in Europa

Abb. 17.39: Grünspechte sind hähergroß. Da sie als Nahrung Ameisen, deren Larven und Puppen bevorzugen, halten sie sich oft auf dem Erdboden auf und werden auch Erdspechte genannt. Sie benutzen bei der Nahrungssuche ihren Schnabel als Pinzette und ihre weit vorstreckbare Zunge als Leimrute

Abb. 17.40: Grauspechte sind nur wenig kleiner als Grünspechte. Sie sind eine Zwillingsart des Grünspechts. Ihre Lebensweise ähnelt der ihrer nahen Verwandten sehr stark. Als Lebensraum bevorzugen sie die mittleren und höheren Lagen der Mittelgebirge, während die Grünspechte die Ebene und die unteren Lagen der Mittelgebirge vorziehen

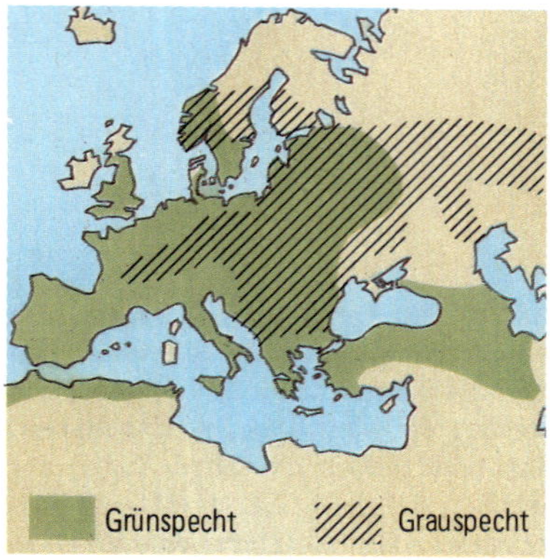

Grünspechte nach Europa. Durch die Eiszeit wurden sie nach SO-Europa abgedrängt und lebten dort lange Zeit isoliert von ihren asiatischen Verwandten. Wegen der räumlichen Trennung konnten sie sich mit ihnen nicht mehr fortpflanzen. Nach der Eiszeit drangen die Grünspechte aus den Zufluchtgebieten wieder nach Mittel- und Nordeuropa vor. Etwa zu dieser Zeit kam eine zweite Welle von Grünspechten aus Asien und breitete sich nach Westen, Norden und Osten (bis Japan) aus. In Europa trafen die Spechte dieser zweiten Auswanderungswelle mit den dortigen Grünspechten zusammen. Beide Formen von Grünspechten waren einander noch ähnlich, hatten aber doch schon viele unterschiedliche Merkmale. Die neu zugewanderten asiatischen Grünspechte waren etwas kleiner, hatten einen grauen Kopf und waren nicht so auf Ameisen spezialisiert wie die europäischen Grünspechte. In der langen Zeit der Trennung waren also aus den Ur-Grünspechten zwei neue Arten entstanden: **Grünspecht** und **Grauspecht.**

Fortpflanzung zwischen ihnen fand schon damals kaum noch statt. Heute kommt das noch seltener vor. Es gibt nur gelegentlich Grünspecht-Grauspecht-Mischpaare. Diese Tatsache weist auf nahe Verwandtschaft hin. Man spricht deshalb bei diesen zwei Spechtarten von **Zwillingsarten.** Die Nachkommen von Mischpaaren haben dann Merkmale beider Arten oder deren Vorfahren, sind aber selbst nicht fortpflanzungsfähig. Weil Grün- und Grauspecht unterschiedliche Lebensräume bewohnen – der Grünspecht mehr das Tiefland, der Grauspecht mehr das Bergland – haben sie wenig Kontakt. Wenn in Zukunft die Artunterschiede größer werden, gibt es vermutlich eines Tages gar keine Mischpaare mehr. Die **Artentrennung** in Grün- und Grauspecht ist dann endgültig vollzogen.

Arten können also entstehen, wenn Populationen für lange Zeit räumlich voneinander getrennt sind (**Isolation** durch Eiszeit, Versteppung, Wüstenbildung). Die **genetische Variation** und die **Selektion** bewirken dann die Aufspaltung der Ursprungsart in neue Arten.

Reichen die Evolutionsfaktoren auch aus, um so große Merkmalsunterschiede, wie sie zwischen Familien, Klassen, Stämmen bestehen, zu erklären? Können wir die Entstehung so neuartiger Typen wie die der Säuger und Vögel aus Reptilien mit den Evolutionsfaktoren erklären, oder müssen wir andere annehmen? z. B. eine Mutation, die sprunghaft neue Typen hervorbringt?

In der Nähe von Darmstadt liegt die **Grube Messel.** In ihr wurde bis 1971 Ölschiefer abgebaut. Vor etwa 50 Millionen Jahren (im Zeitalter des Eozän) lag dort ein See. Von seiner Tier- und Pflanzenwelt findet man heute viele Fossilien in teilweise ausgezeichnetem Zustand. 1975 wurde die Grube Messel durch Funde von guterhaltenen **Urpferdchen** weltberühmt. Fossilien von zwei Arten wurden freigelegt. Die größere Art wurde etwa einen Meter lang, die kleinere nur einen halben Meter. Die Messeler Urpferdchen vertreten einen **europäischen Seitenast** des Pferdestammbaums, der vor 60 Mio. Jahren mit **Eohippus** in **Nordamerika** begann (Abb. 17.44). Sensationell war beim Urpferdchenfund von 1975, daß der **Mageninhalt** erhalten war. Mikroskopische Untersuchungen ergaben, daß der Magen des Messeler Urpferdchens gefüllt mit Laubblättern war. Damit war die Annahme bewiesen, daß die heutigen Pferde von Vorfahren abstammen, die Laubfresser waren.

Vom blätterfressenden Waldtier zum grasfressenden Steppenbewohner

Urwildpferde, Wildesel und Zebras sind die heutigen **Wildformen** der **Familie der Pferde.** Mit Nashörnern und Tapiren bilden sie die Ordnung der **Unpaarhufer.** Während die heutigen Wildformen in Asien und Afrika leben, begann die Evolution der Pferde in **Nordamerika.** Urahnen waren fuchsgroße Pferdchen, Eohippus genannt. Sie lebten vor etwa 55 Mio. Jahren in tropischen Wäldern Nordamerikas und ernährten sich von Laub. Die heutigen Vertreter der Familie der Pferde sind hochgewachsene Steppenbewohner (Schulterhöhe 125–190 cm) und Grasfresser.

Abb. 17.41: Somali-Wildesel sind die einzigen noch in freier Wildbahn lebenden Wildesel. Leider leben nur noch einige hundert Tiere in den Trockensteppen und Halbwüsten Nordostafrikas (Somalia, Äthiopien). Kennzeichen sind die schwarzen Querstreifen an den Beinen und die dunkle Stehmähne

Abb. 17.42: Zebras bevölkern in vielen Rassen den afrikanischen Kontinent südlich der Sahara. Das Grévyzebra mit seiner charakteristischen dichten und engen Streifung ist die größte Zebraart. Grévyzebras bewohnen in kleinen Trupps Steppengebiete im nördlichen Ostafrika (Somalia bis Nordkenia)

Der Wandel vom Waldtier, das durch dichtes Unterholz schlüpft, zum Schnelläufer, der Grassteppen bewohnt, läßt sich gut an der **Umbildung** der **Beine** verfolgen. Eohippus hat noch vierzehige Vorder- und dreizehige Hinterbeine. Bei Meso- und Merychippus wird die 3. Zehe stark betont, 2. und 4. Zehen haben als Afterzehen zusätzliche Stützfunktionen. Pliohippus und seine Verwandten sind bereits Einhufer, nur die 3. Zehe ist jeweils erhalten geblieben.

Ein Auslöser für den Wandel vom **Waldtier** zum **Steppenbewohner** in der Evolution der Pferde war eine weltweite Änderung des Klimas vor etwa 22 Mio. Jahren. Es wurde trockener. An die Stelle vieler Wälder traten weite Grassteppen. In dieser Zeit lebten in Nordamerika mehrere Pferdeformen. Die meisten waren noch Laubfresser, nur eine Form (Merychippus) war schon Grasfresser.

Die **Entwicklung** vom **Laub-** zum **Grasfresser** läßt sich gut an der Entwicklung des **Gebisses** ablesen.

Laubblätter sind viel weicher als hartfaserige Steppengräser. Eohippus genügten vierhöckrige Backenzähne, um die aufgenommenen Laubblätter zu zerkleinern. Hätte sich Eohippus von Gräsern ernährt, würden sich seine Backenzähne sehr schnell abgenutzt haben. Merychippus konnte sich nur deshalb von Gräsern ernähren, weil seine Zähne der härteren Nahrung angepaßt waren. Beim Vergleich erkennst du, daß die Backenzähne von Merychippus höhere Zahnkronen haben (langsamere Abnutzung), die Kauflächen sind größer und von Falten aus hartem Zahnschmelz durchzogen.

Die heutigen Pferde haben Backenzähne mit noch höheren Kronen als Merychippus. Die größeren Kauflächen mit vielen Zahnschmelzfalten sind eine wirkungsvollere Mahlfläche für Grasnahrung. Mit der zunehmenden Kronenhöhe der Backenzähne hängt auch die **Umbildung** des **Schädels** zusammen. Der Unterkiefer wird höher, der Gesichtsschädel länger.

Nach heutigen Erkenntnissen ist die Evolution der Pferde nicht geradlinig verlaufen, sie war vielmehr ein **Zickzack-Kurs.** Viele ausgestorbene Formen legen Zeugnis ab von **Sackgassen** der **Evolution.**

Rückschauend betrachtet, wurde durch eine Summe kleinster Evolutionsschritte folgendes erreicht:

Abb. 17.43: Przewalskipferde sind die letzten lebenden Vertreter der Urwildpferde. Leider sind sie in ihrer Heimat, den Trockensteppen Asiens, ausgestorben. Heute gibt es in zoologischen Gärten und Wildparks noch etwa 600 Przewalskipferde. Sie stammen alle von 13 Vorfahren ab, die 1901/02 in der Mongolei gefangen wurden. Der 12jährige Hengst auf der Abb. zeigt die typischen Merkmale: aufrechtstehende Mähne, Mehlnase, schwarze Beine

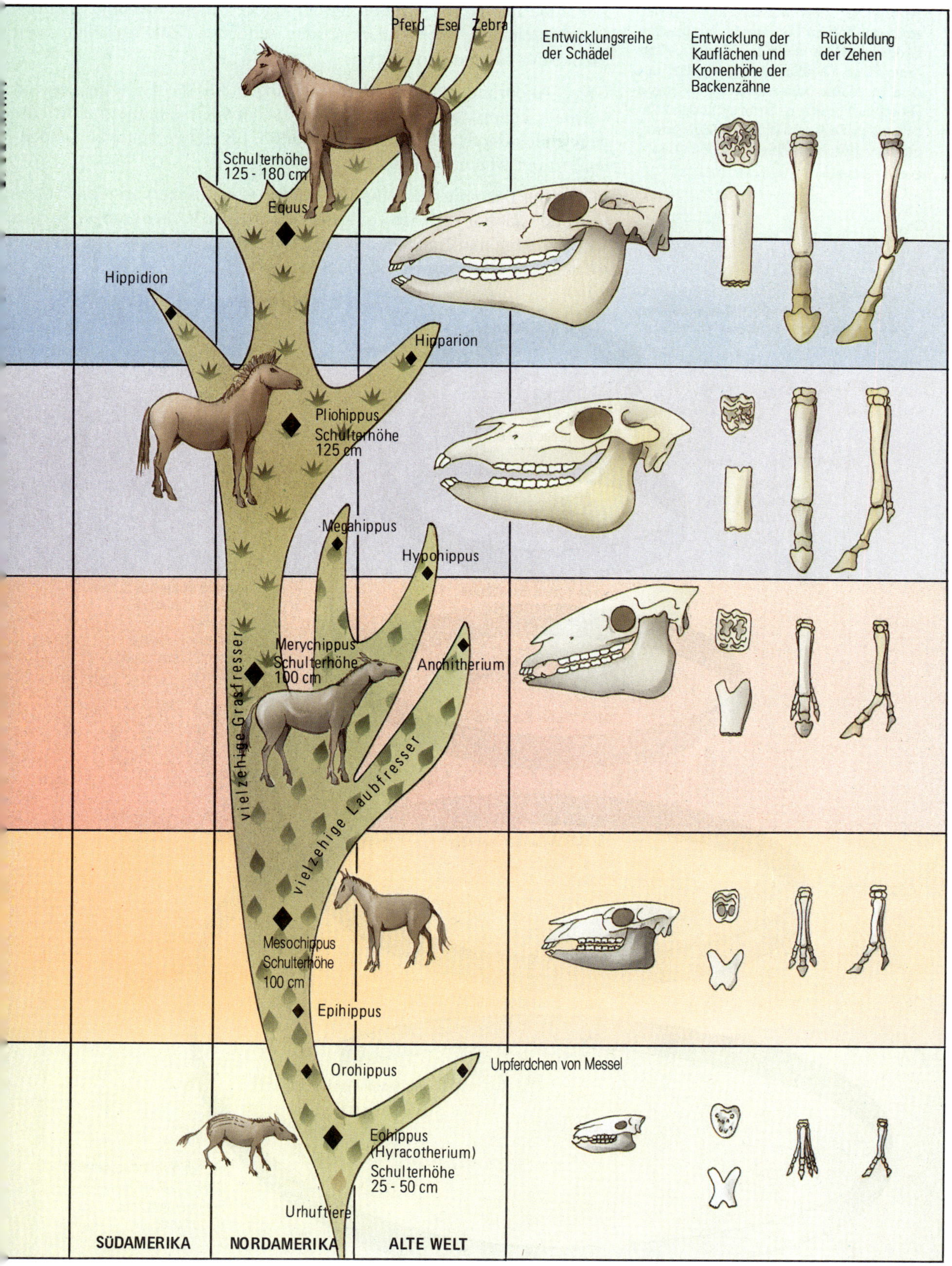

Abb. 17.44: Evolution der Pferde

Abb. 17.45: Die aufsteigende Spirale stellt symbolisch die Geschichte unserer Erde dar. Blau stellt den riesigen Zeitraum (fast 4 Milliarden Jahre) dar, aus dem wir keine oder nur wenige Zeugen (Fossilien) besitzen. Grün stellt den relativ kurzen Zeitraum (fast 700 Mill. Jahre) dar, der durch Fossilien gut belegt ist

Quelle: Spektrum der Wissenschaft 11/83

Zunahme der Größe, Änderung der Backenzähne, Verlängerung des Gesichtsschädels, Verminderung der seitlichen Zehenstrahlen vom Mehrhufer bis zum Einhufer.

Diese Änderungen waren Voraussetzungen für die Entwicklung von ehemals knapp fuchsgroßen, laubfressenden Urwaldbewohnern, die gemächlich durch das Dickicht schlüpften, bis zu den heutigen Schnellläufern der weiten Grassteppen.

Die bisher bekannten **Evolutionsfaktoren** (genetische Variation, Selektion und Isolation) reichen völlig aus, um größere Veränderungen bei der Umwandlung und Entstehung neuer Formen zu bewirken. Die Annahme anderer Faktoren ist nicht notwendig.

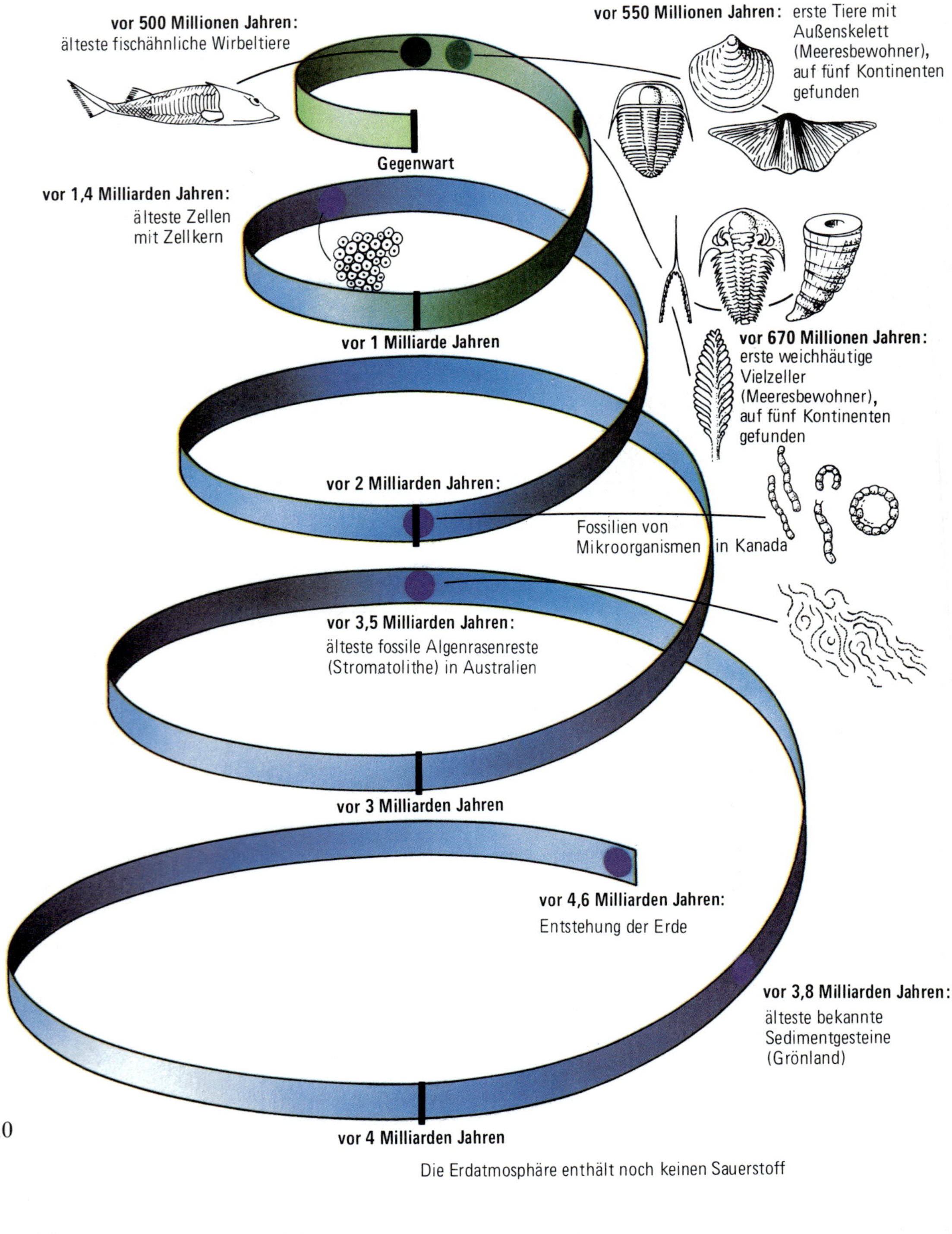

18
Woher kommen wir? Die Evolution des Menschen

Über viele Generationen hinweg wurde die Frage „Woher kommen wir?“ mit Hilfe von Erklärungen beantwortet, die meist religiöser Art waren (u.a. der Schöpfungsbericht in der Bibel, die Prometheus-Erzählung der alten Griechen).

In der zweiten Hälfte des 19. Jahrhunderts machte **Charles Darwin** in seinem Buch „Über die Entstehung der Arten“ darauf aufmerksam, daß auch der heutige Mensch – wie alle Lebewesen der Erde – das Ergebnis einer langen Evolution sei, daß er von – mittlerweile – ausgestorbenen Vorfahren abstamme und daß **Affen** und **Menschen gemeinsame Ahnen** haben. Mit dieser von Darwin vorsichtig formulierten Auffassung tauchten plötzlich viele hoch interessante Fragen auf. Wer gehörte zu unseren Vorfahren? Wie sahen sie aus? Wer sind unsere nächsten Verwandten?

Es gibt zwei Möglichkeiten, um den Verwandtschaftsbeziehungen zwischen Lebewesen und um der Abstammung von Lebewesen auf die Spur zu kommen, und zwar

1. den Vergleich von heute lebenden Formen,
2. die Erforschung der Überreste ausgestorbener Formen.

Beide Möglichkeiten wollen wir kurz darstellen.

Schon der im 4. Jahrhundert v. Chr. lebende griechische Philosoph **Aristoteles** wies auf die Verwandtschaft zwischen Mensch und Affen hin. Aber für Jahrhunderte war das kein Thema für die Wissenschaft. Der schwedische Biologe **Linné** faßte dann 1758 in seiner Systematik den Menschen und die Affen zur Gruppe der **Herrentiere (Primaten)** zusammen.

Diese Auffassung vertritt auch die heutige Systematik. Sie faßt die Familie der Menschen (Hominiden) mit der Familie der Menschenaffen und mit der Familie der Gibbons zu einer Überfamilie zusammen, die zur Ordnung der Primaten gehört. Die **Familie** der Menschen besteht heute nur noch aus einer Art, dem Jetztmenschen (Homo sapiens). Alle anderen Arten oder Gattungen sind ausgestorben.

Die **Familie** der **Menschenaffen** umfaßt die Gattungen Gorilla, Schimpanse und Orang Utan.

18.1 Der Mensch gehört zu den Primaten

Vor etwa 70–60 Mio. Jahren lebten im dichten Unterholz kleine Säuger. Sie jagten meist auf dem Boden nach Kleintieren, vor allem Insekten. Sie waren die Vorfahren der heutigen Spitzmäuse, Igel und Maulwürfe, die sich auch heute noch überwiegend von Insekten ernähren.

Mehrere Arten der damals lebenden **Insektenfresser** eroberten als Lebensraum die **Region** der **Baumkronen,** sie gelten als Vorfahren der heute lebenden Affen, Menschenaffen und Menschen.

Um erfolgreich in Baumkronen überleben zu können, mußten sie wichtige Anpassungen erwerben. Evolutionsfaktoren (Mutation, Rekombination, Selektion) ermöglichten das in einem Zeitraum von etwa 20 Mio. Jahren. Vor 40 Mio. Jahren lebten in Afrika und Südamerika Affen, deren Körperbau ein erfolgreiches Leben in Baumkronen vermuten läßt.

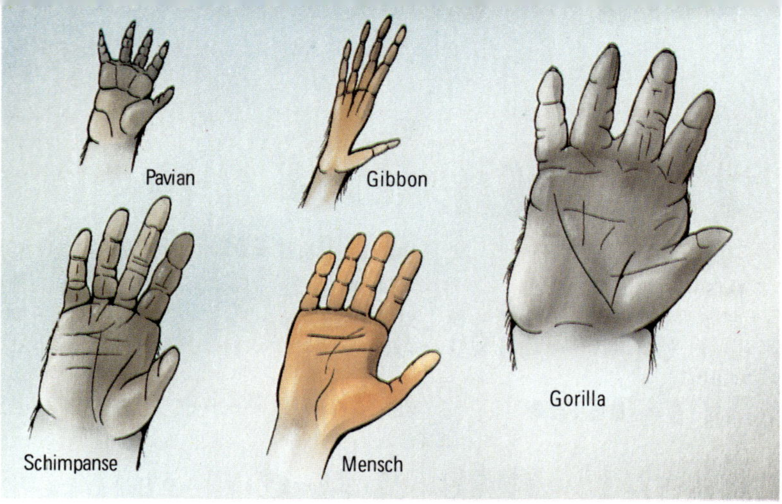

Abb. 18.1: Greifhände von Mensch, Gorilla, Schimpanse, Gibbon und Pavian

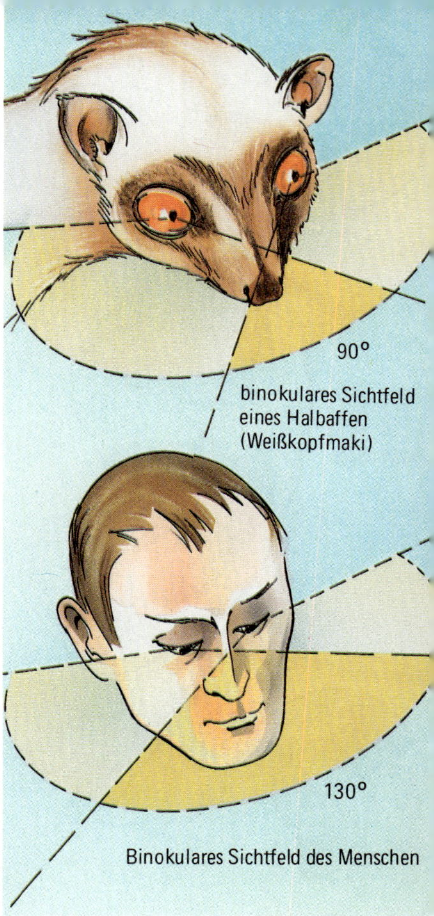

Abb. 18.2: Beim Maki, einem Halbaffen, sind beide Augen nach vorn gerichtet. Im farbig markierten Bereich überlappen sich beide Sehfelder und ergeben ein beidäugiges (binokulares) Sichtfeld. Es ermöglicht eine exakte Abschätzung von Entfernungen. Beim Menschen sind die Augen noch stärker nach vorn gerichtet als beim Maki. Der Bereich des Sehfeldes, in dem Entfernungen genau geschätzt werden können, ist größer

Welche Anpassungen waren notwendig?

- **Greifhände** und **Greiffüße** ermöglichen ein schnelles und geschicktes Klettern im Geäst der Bäume. Daumen und Großzehe sind abspreizbar und den übrigen Fingern bzw. Zehen gegenüberzustellen. Sie ermöglichen einen sicheren Zangengriff. Flache, kurze Finger- und Fußnägel bilden Widerlager für die zugreifenden Finger- und Zehenkuppen. Die Fingerkuppen sind mit vielen Sinneszellen besetzt und dienen als Tastballen. Sie sorgen dafür, daß die Hände zu hochempfindlichen Greiforganen werden.

  Hand- und Fußflächen bleiben unbehaart, sie tragen ein Hautleistenmuster, das wie das Haftprofil eines Autoreifens wirkt.

- Behendes Klettern und Springen im Astgewirr von Baumkronen erfordern eine sichere Orientierung und ein genaues Abmessen der Entfernungen. Eine solche Orientierung leistet nur ein gut entwickelter **Gesichtssinn.** In der Evolution der Primaten rücken die Augen von den Seiten des Kopfes nach vorn. Die beiden Sehfelder überlappen sich weitgehend, ermöglichen ein räumliches Sehen und exaktes Abschätzen von Entfernungen.

Außer diesen Anpassungen an das Baumleben gibt es weitere Gemeinsamkeiten zwischen Menschen und Affen.

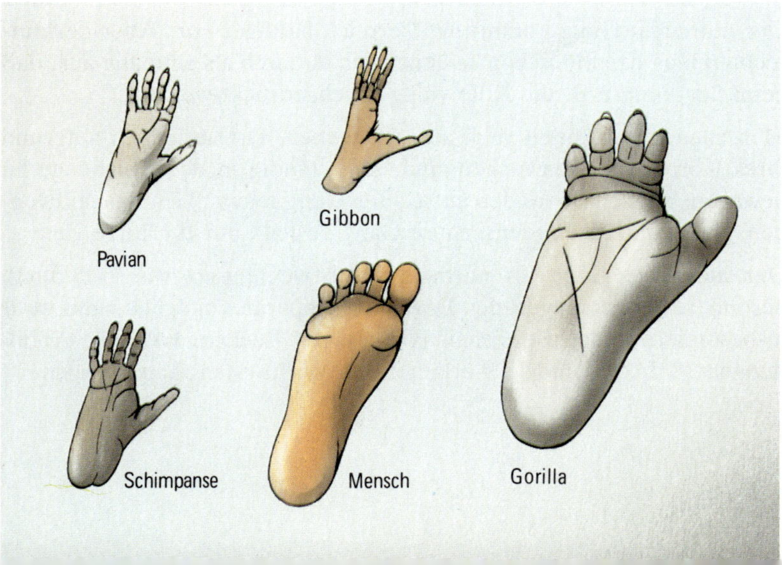

Abb. 18.3: Füße von Mensch, Gorilla, Schimpanse, Gibbon und Pavian

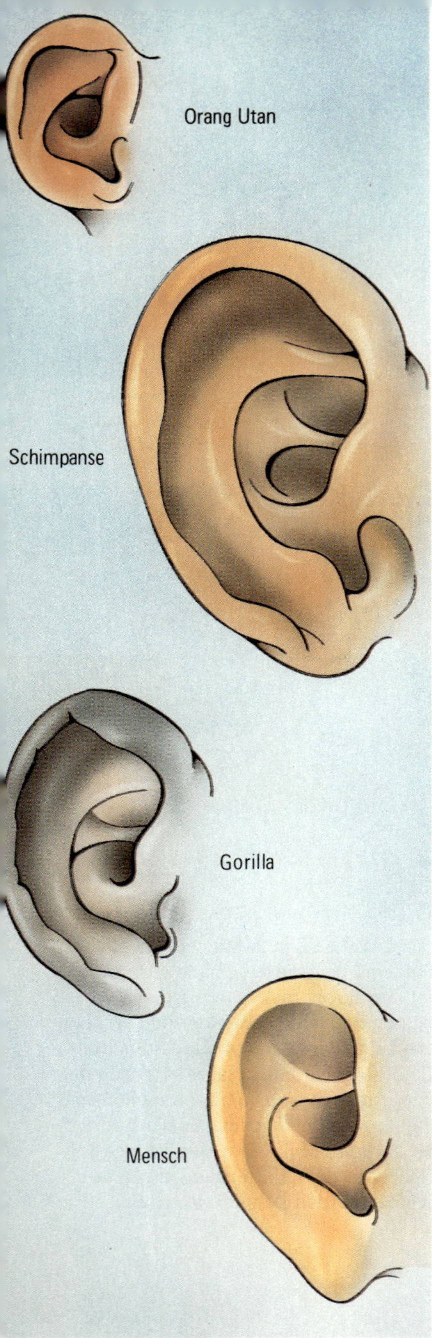

Abb. 18.4: Ohrmuscheln von Orang-Utan, Schimpanse, Gorilla und Mensch

Abb. 18.5: Geordnete Chromosomensätze von Mensch und Menschenaffen. Es handelt sich um männliche Individuen, da das letzte Chromosomenpaar aus einem kleinen Y- und einem großen X-Chromosom besteht

- Menschen und Affen haben ähnlich gestaltete Ohrmuscheln.
- Menschen und Menschenaffen besitzen die Blutgruppen A, B, 0 und gleiche Chromosomentypen.

Neben diesen Gemeinsamkeiten gibt es wesentliche **Unterschiede.** Vergleicht man den heutigen Menschen mit den heute lebenden Affen, so kann man den Menschen, biologisch betrachtet, als einen aufrecht gehenden Primaten bezeichnen, dessen Gehirn außergewöhnlich entwickelt und dessen Haarkleid stark zurückgebildet ist.

Der aufrechte Gang kommt im Tierreich häufiger vor. Aber der aufrechte Gang des Menschen zeichnet sich dadurch als einmalig aus, daß beim Schreiten z. B. die Knie völlig durchgedrückt werden.

Menschenaffen können auch aufrecht gehen. Da sie jedoch aufgrund ihres Körperbaus gezwungen sind, sich ständig in der Kniebeuge zu bewegen, müssen sie für den aufrechten Gang sehr viel Energie aufwenden. Sie benutzen den aufrechten Gang deshalb nur für kurze Zeit.

Der **aufrechte Gang** als normale Fortbewegungsart war nur durch besondere Anpassungen des Bewegungsapparates möglich, und zwar insbesondere in den Bereichen **Wirbelsäule, Becken, Fuß.** Die Abbildungen 18.7, 18.8 und 18.9 erläutern die wichtigsten Anpassungen.

Abb. 18.6: Aufrechter Gang im Tierreich und beim Menschen

A Aufgerichteter Braunbär
B Giraffengazelle richtet sich beim Fressen auf
C Springhase hockt auf den Hinterbeinen, sein Schwanz dient als Stütze
D Strauß (Körperachse waagerecht)
E Saurier läuft auf Hinterbeinen (Stützschwanz)
F Känguruh. Der Körper stützt sich auf den kräftigen Schwanz
G Schimpanse im Vierfüßergang
H Aufgerichteter Schimpanse. Beachte, daß der Menschenaffe in der Kniebeuge steht.
I Mensch in aufrechter Haltung. Der Körperschwerpunkt liegt im Becken. Ober- und Unterschenkel bilden eine Gerade

Abb. 18.7:
Die Wirbelsäule des Menschen wirkt wie eine Feder, die aus 3 Federn (Hals-, Brust-, Lendenfeder) kombiniert worden ist
Der Verlauf der Wirbelsäule und die Größe des Beckens bei Mensch und beim Schimpansen

Abb. 18.8: Der Vergleich der Vorderansicht des Beckens eines Menschen mit dem eines Gorillas zeigt die Verkürzung und Verbreiterung des menschlichen Beckens. Beides ist notwendig, damit das menschliche Becken das Gewicht der Eingeweide auffangen kann

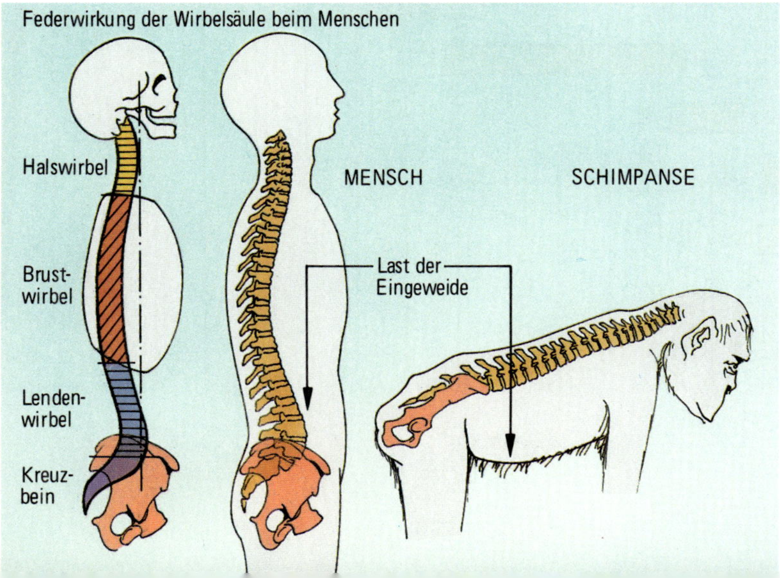

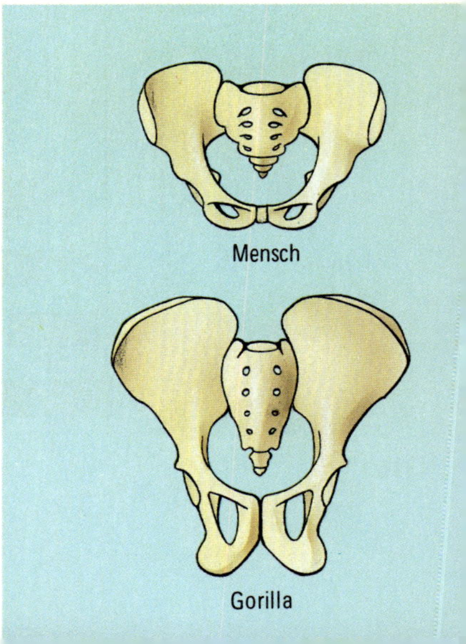

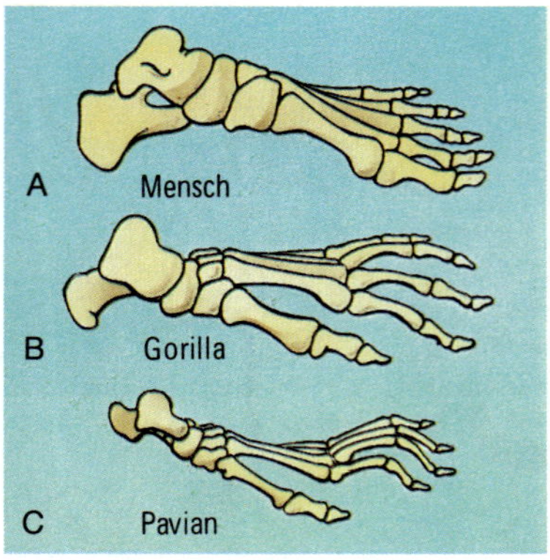

Abb. 18.9: Fußskelette

A Mensch: lange Wölbung, lange große Zehe
B Gorilla: keine Wölbung, kurze abspreizbare Zehe
C Pavian: handähnlicher Fuß

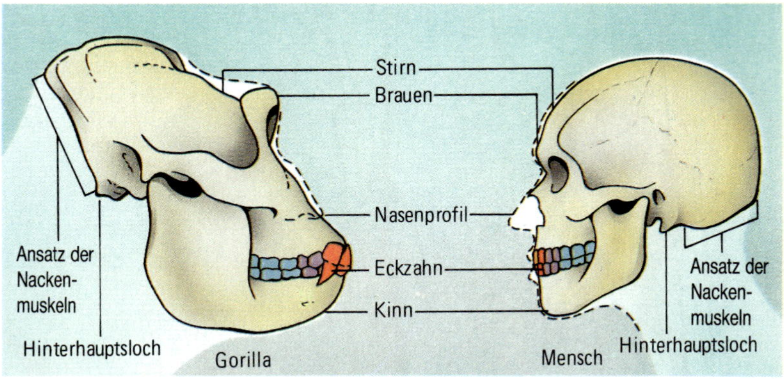

Abb. 18.10: Die Schädel von Gorilla und Mensch im Vergleich

Vergleicht man den **Schädel** eines Menschen mit dem eines Gorillas, fallen folgende Unterschiede auf:

- Der menschliche Schädel ruht auf der Wirbelsäule, die Ansatzfläche der Nackenmuskeln ist schmal. Der Gorillaschädel hängt an der Wirbelsäule, mächtige Nackenmuskeln benötigen eine breite Ansatzfläche.
- Die Kieferpartie ist beim menschlichen Schädel stark zurückgebildet, der Gesichtsteil ist im Vergleich zum mächtigen Hirnschädel verhältnismäßig klein.

Ein Vergleich der **Hirngewichte** ergibt folgende Daten: Mensch 1400–1500 g, Orang 350 g, Schimpanse 400 g, Gorilla 500 g (Durchschnittswerte). Die gewaltige Steigerung des Hirngewichts beim Menschen beruht überwiegend auf der Vergrößerung der beiden **Großhirnhälften.** Auch die Daten der **Gehirnvolumina** bezeugen eine Sonderstellung des Menschen: Mensch 1000–2000 cm^3, Gorilla 410–605 cm^3, Orang 295–575 cm^3, Schimpanse 320–470 cm^3.

Nur im menschlichen Großhirn befinden sich **Sprachzentren.** Sie sind die Grundlage für die hoch entwickelte Sprachfähigkeit des Menschen.

Schimpansen sind nach einer bestimmten Trainingszeit zwar fähig, bis zu 150 Wörter einer Zeichensprache zu beherrschen. Sprechen lernen

Abb. 18.11: Vergleich der Gehirnvolumina von Menschenaffen, ausgestorbenen Menschen und dem Jetztmenschen

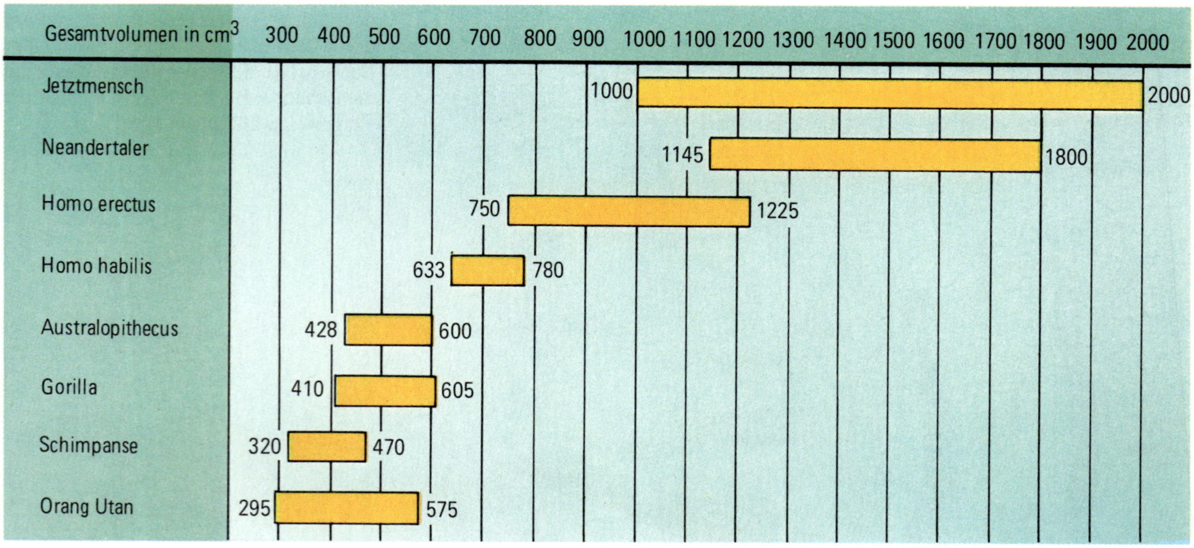

können sie nicht, da ihnen – wie allen Menschenaffen – das Sprachzentrum fehlt.

Abb. 18.12 zeigt die **Oberkiefer** von Mensch und Schimpanse. Der menschliche Zahnbogen ist rund und kürzer als der des Menschenaffen. Eckzähne und Vorbackenzähne sind klein. Die Zahnreihen des Schimpansenoberkiefers laufen parallel, Eckzähne und Vorbackenzähne sind groß. Zwischen Schneidezahn und Eckzahn des Oberkiefers besteht eine Lücke für den Eckzahn des Unterkiefers (Affenlücke).

Der Vergleich zwischen Menschen und den Menschenaffen hat erwiesen, daß es Gemeinsamkeiten, aber auch wesentliche Unterschiede zwischen beiden gibt.

Läßt sich der Verlauf der Abstammung des Menschen anhand von Fossilien rekonstruieren?

18.2 Der lange Weg zum Menschen

Seit 120 Jahren suchen Wissenschaftler nach Fossilien, die von Vorfahren des Menschen stammen und Einblicke in die Evolution des Menschen geben. Wie sahen unsere Vorfahren aus?

Glichen sie den heutigen Menschenaffen, oder sahen sie so aus wie wir? Wo und wie lebten sie?

Es ist äußerst schwierig, anhand von Zähnen, Kieferbruchstücken, Arm- und Beinknochen usw. genau zu sagen, wie unsere Vorfahren ausgesehen haben. Ebenso schwierig ist es, sicher zu entscheiden, ob die Fossilien Reste eines ausgestorbenen Menschenaffen oder eines unserer Vorfahren sind.

Man kann den Versuch, die Entwicklungsgeschichte des Menschen anhand von Fossilfunden zu beschreiben, mit dem Versuch vergleichen, die Handlung eines Romans von 1000 Seiten zu rekonstruieren, wenn man 12 einzeln herausgerissene Seiten des Buches in der Hand hält.

Vor etwa **20 Mio. Jahren** lebten in Europa, Asien und Afrika etwa paviangroße, schwanzlose Affen. Sie heißen **Dryopithecinen** (dryos = Baum, pithecus = Affe) und werden von Wissenschaftlern eindeutig als ausgestorbene Vorfahren der heute lebenden Menschenaffen und des Menschen angesehen.

Ein ausschlaggebender Grund für diese Annahme ist das Y-förmige **Furchenmuster** auf der Kronenoberfläche der **Backenzähne.** Es findet sich sowohl bei diesen ausgestorbenen Affen, bei Menschen und bei den heutigen Menschenaffen.

Merkmale der Zähne (Größe, Zahnstellung, Oberflächenmuster) verändern sich im Laufe der Evolution nur sehr langsam. Außerdem wird die Bildung eines solch komplizierten Musters von vielen Genen gesteuert. Es ist unwahrscheinlich, daß das Muster mehrfach entstanden ist. Deshalb gilt das gemeinsame Furchenmuster der Backenzähne als

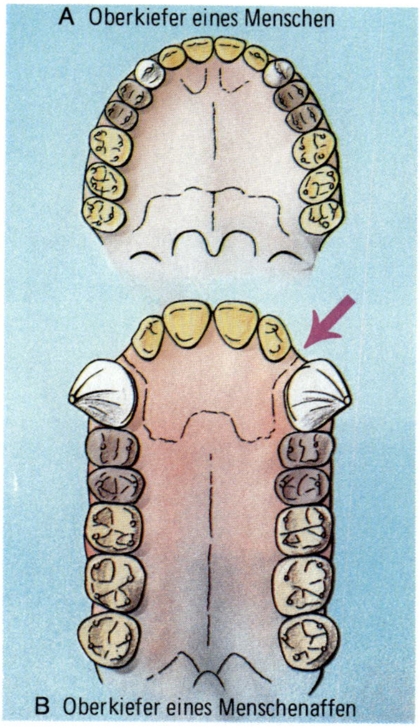

Abb. 18.12:

A Der Zahnbogen ist rund und geschlossen
Eck- und Vorbackenzähne sind klein

B Die Zahnreihen verlaufen parallel
Es besteht eine Affenlücke (Pfeil)
Eck- und Vorbackenzähne sind groß

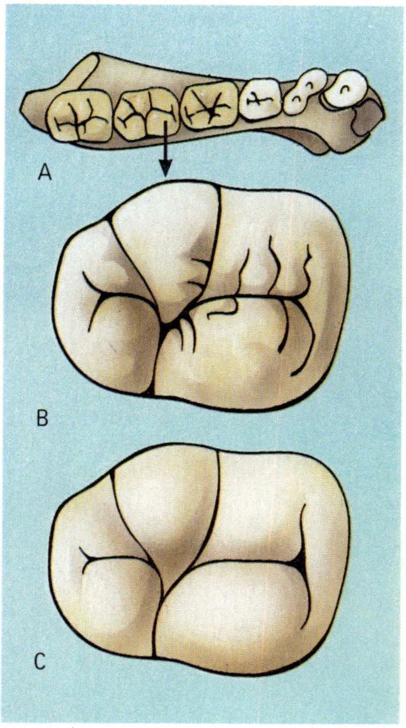

Abb. 18.13:

A Linker Unterkieferast eines Dryopithecinen
Die Backenzähne zeigen das Dryopithecus-Muster

B Unterer 2. Backenzahn, vergrößert

C Schema des Dryopithecus-Muster. Es besteht aus 5 Zahnhöckern. Dazwischen befindet sich ein Furchenmuster, das ein Doppel-Y zeigt

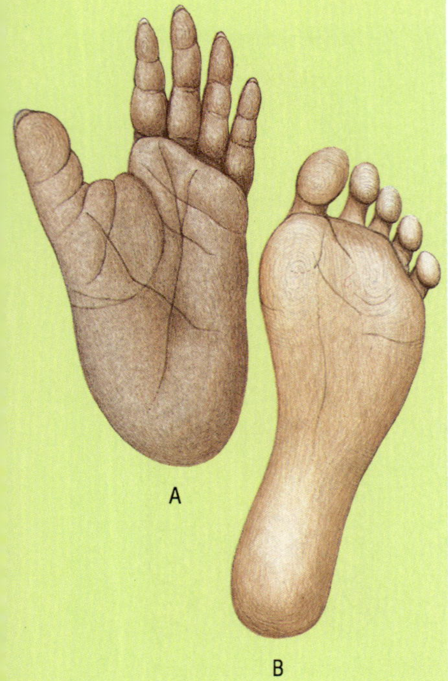

Abb. 8.14:
A Greiffuß eines Schimpansen
B Lauf-Standfuß eines Menschen

wichtiger Beweis, daß unter den Dryopithecinen sowohl unsere Vorfahren als auch die der Menschenaffen zu suchen sind.

Die Vorfahren des Menschen müssen irgendwann das Baumleben aufgegeben haben und zum **Bodenleben** übergegangen sein. Eine mögliche Ursache war die Klimaänderung, die vor etwa 22 Mio. Jahren einsetzte und auch die Evolution der Pferde beeinflußte (s. S. 307/309). Das Klima wurde trockener. Savannen- und Steppenlandschaften breiteten sich aus und drängten die bisher vorherrschenden Urwälder zurück. Die Vorfahren des Menschen haben diese neuen Lebensräume besiedelt. Allerdings konnten sie dort nur dank besonderer Anpassungen überleben. So war z. B. Geschicklichkeit beim Klettern und Hangeln auf den Bäumen nicht länger lebenswichtig. Um so wichtiger wurden im neuen Lebensraum, der offen und ungeschützt war, folgende Fähigkeiten und Verhaltensweisen:

– eine kraftsparende Bewegungsweise auf dem Boden,
– die Benutzung von Stöcken und Steinen bei Angriff oder Verteidigung,
– der Gebrauch der Hände, um einen möglichst großen Nahrungsvorrat zum Verzehr an einen sicheren Ort transportieren zu können,
– das Beobachten und Sichern der Umgebung im hohen Steppengras.

Abb. 18.15: Rekonstruktionen des afrikanischen Proconsul in seinem Lebensraum.
Der etwa schimpansengroße Proconsul war ein Baumkletterer, der sich auch längere Zeit am Boden aufhalten konnte. Er gehört zur Dryopithecus-Gruppe. Viele Wissenschaftler halten ihn für einen Vorfahren der afrikanischen Menschenaffen Gorilla und Schimpanse

Abb. 18.16: Mögliche Entwicklungsstufen zum aufrechten Gang

A	Hangelkletterer: Baumleben im Urwald
B	Knöchelgang: Bodenleben im Urwald (Körperachse schräg)
C/D/E	Aufrechter Gang: Bodenleben in der Savanne (Körperachse wird aufgerichtet)

In einem Zeitraum von mehreren Mio. Jahren erwarben unsere Vorfahren die Fähigkeit, aufrecht zu gehen. Diese Fähigkeit ermöglichte es ihnen, sich in den neuen Lebensräumen erfolgreich zu behaupten.

Der **aufrechte Gang** ist ein wesentliches Kennzeichen des Menschen.

18.3 Afrika – die Wiege der Menschheit

Vor **4,5–1,5 Mio. Jahren** lebten in **Ost-** und **Südafrika** Lebewesen, die man zunächst für Affen hielt. Man nannte sie **Australopithecinen** (Australopithecus = Südaffe). Bis heute hat man viele Fossilien von ihnen entdeckt. **Drei Funde** sind besonders wichtig:

- 1947 grub man in Sterkfontein (Südafrika) ein vollständiges Becken mit Wirbelsäule und Beinbruchstücken aus.
- 1974 fand man in Äthiopien in 3 Mio. Jahren alten Schichten 40% des Skeletts eines weiblichen Australopithecus, von den Forschern Lucy genannt. Bereits vorhandene Weisheitszähne deuten darauf hin, daß Lucy ein Alter von 20 Jahren erreicht hat. Die Länge der Schenkelknochen lassen auf eine Körpergröße von 120 cm schließen.
- 1978 entdeckte man in einer Vulkanschicht in Laetoli (Tansania) vollkommene menschliche Fußstapfen, die 3,6 Mio. Jahre alt sind. Die Fußspuren zeigen eine ausgeprägte Fußwölbung und keinen abgespreizten großen Zeh.
  Es sind Spuren von Lauf-Standfüßen, nicht von Greiffüßen.

Der Bau der Becken- und Beinknochen und die Fußspuren bezeugen eindeutig, daß die Australopithecinen **aufrecht** gingen. Deshalb gelten sie heute als die ältesten bekannten menschlichen Vorfahren.

Abb. 18.17: Paviane sind auf dem Boden lebende Affen. Sie laufen vierfüßig und setzen Hand- und Fußflächen auf. Arme und Beine sind etwa gleich lang. Die Körperachse verläuft waagerecht

Abb. 18.18: Knöchelgang des Gorillas. Der Gorilla ist ein Hangelkletterer. Auf dem Boden läuft er meist vierfüßig. Dabei setzt er die Fingerknöchel auf. Beachte, daß die Arme des Gorillas länger sind als die Beine. Die Körperachse verläuft schräg

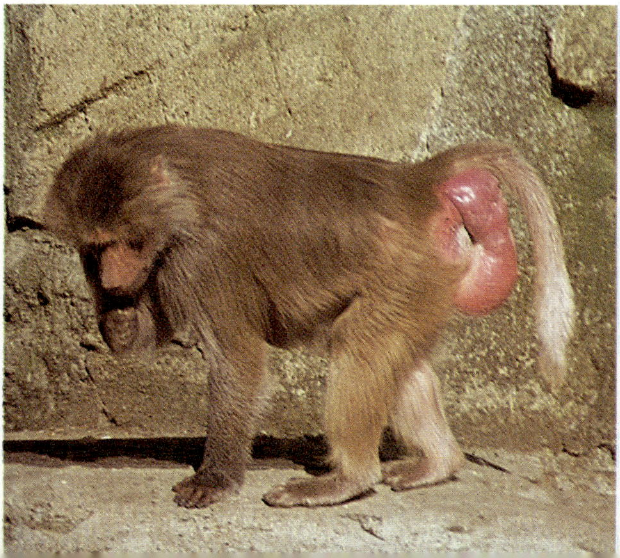

Abb. 18.19: Schädel eines Australopithecinen im Umrißvergleich mit dem Schädel eines Schimpansen (orange markiert)

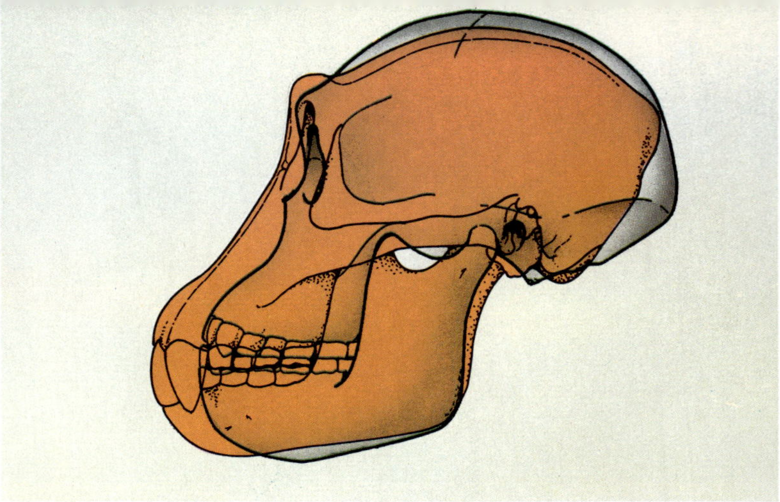

Die Australopithecus-Menschen benutzten sehr wahrscheinlich **Werkzeuge** aus Holz und Tierknochen. Möglicherweise stellten sie auch Werkzeuge her. In Südafrika fand man zusammengetragene Knochenstücke und zusammengesetzte Knochen, die eine Werkzeugherstellung vermuten lassen.

Das **Gehirnvolumen** der Australopithecinen – es wurden Werte von 428 cm^3 bis 600 cm^3 gemessen – entsprach jedoch dem der heutigen Menschenaffen (Abb. 18.19). Das zweite wichtige Merkmal für die Sonderstellung des Menschen, die mächtige **Entfaltung** des **Großhirns,** ist bei den Australopithecus-Menschen noch nicht vorhanden.

In 2 Mio. Jahre alten Schichten der Olduvai-Schlucht und des Turkana-Seeufers, beide Fundorte liegen in Ostafrika, entdeckten Forscher Fossilien eines menschlichen Vorfahren, der ein verhältnismäßig großes Gehirn (Volumen: 633 bis 780 cm^3), dünne menschliche Knochen und ein dem heutigen Menschen sehr ähnliches Gebiß mit kleinen Eck- und Vorbackenzähnen besaß. Aus den Fußknochen rekonstruierte ein Wissenschaftler einen fast vollständigen linken Fuß (Abb. 18.22). Wissenschaftler bezeichnen diese Vorfahren als **Homo habilis,** der geschickte

Abb. 18.20: Skelett von Lucy, 1974 in der Afar-Senke (Äthiopien) ausgegraben. In diesem Gebiet fand man Knochen und Zähne von mindestens 35 Individuen

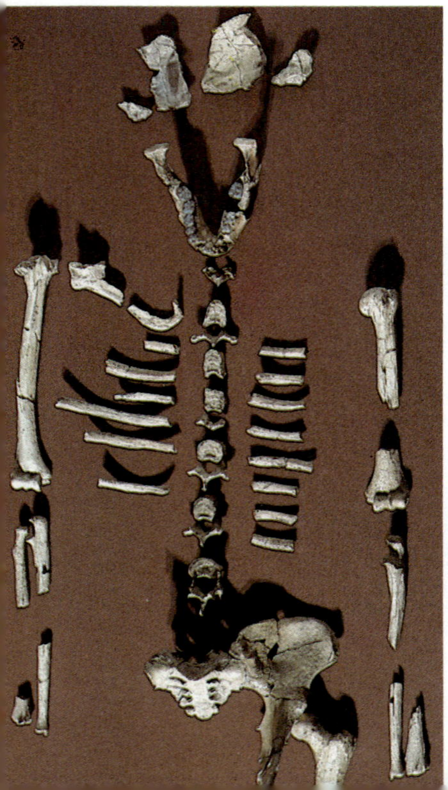

Abb. 18.21:

A Faustkeil, der vor 2 Mio. Jahren von Homo-habilis-Menschen hergestellt und benutzt wurde

B Mögliche Verwendung des Faustkeils als Spitzhacke zum Ausgraben von Knollen und Wurzeln

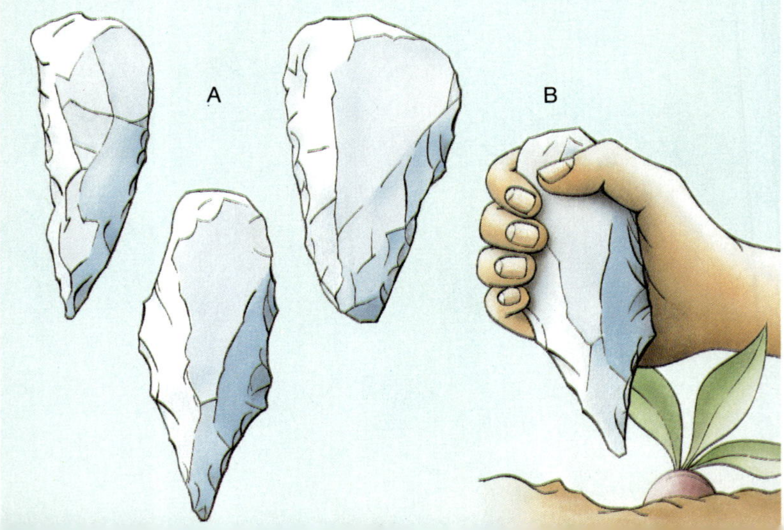

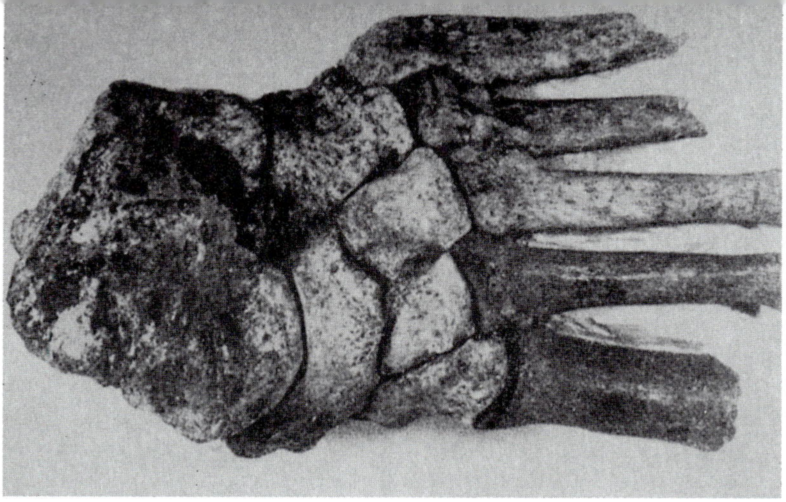

Abb. 18.22: Fußskelett von Homo habilis: ein Standfuß mit dem typisch menschlichen Fußgewölbe. Die Großzehe ist nicht abspreizbar

Mensch. Der Name ist zutreffend. Die Fundstätten beweisen eindeutig, daß diese Frühmenschen gemeinschaftlich auf die Jagd gingen, sich in Gruppen an einem Platz sammelten und manchmal **Schutzhecken** oder -wälle errichteten. Die Frühmenschen fertigten **Haumesser** an, die sie aus länglichen Kieseln durch geschickte Bearbeitung herstellten.

Zur gleichen Zeit, als in Ostafrika die Vertreter des Typs Homo habilis lebten, existierte auch schon ein anderer menschlicher Vorfahr, der **Homo erectus** (erectus = aufrecht). Vom Homo erectus fand man Fossilien in Süd- und Ostasien, Europa, im Vorderen Orient, in Nord-, Ost- und Südafrika.

Homo erectus hat ein größeres **Gehirnvolumen** (750–1225 cm^3) als Homo habilis. Hand-, Arm- und Beinknochen stimmen mit denen des Jetztmenschen fast genau überein. Vom Jetztmenschen unterscheidet sich Homo erectus durch:

- massige Wülste über den Augen
- eine flache fliehende Stirn
- äußerst dicke Schädelknochen
- vorstehende Kiefer.

Homo-erectus-Menschen, die im Zeitraum von **2 Mio. Jahren–100000 Jahren** lebten, stellten vielfältige **Steinwerkzeuge** her, bewohnten teilweise Höhlen und benutzten **Feuer.** Aus Lagen von Aschen und ver-

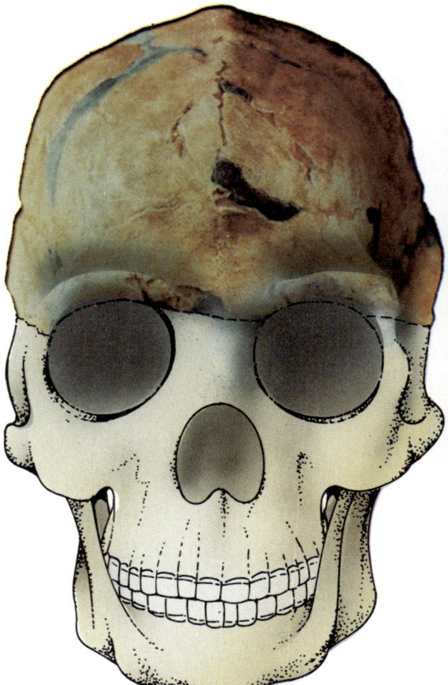

Abb. 18.24: Homo erectus. Das Schädeldach wurde 1936 in der Nähe von Peking ausgegraben. Der Gesichtsschädel ist zeichnerisch ergänzt worden

Abb. 18.23: Fundstätten von Australopithecus, dem Vorfahr der Menschen, und Ramapithecus, dem Vorfahr der heutigen Menschenaffen (roter Punkt)

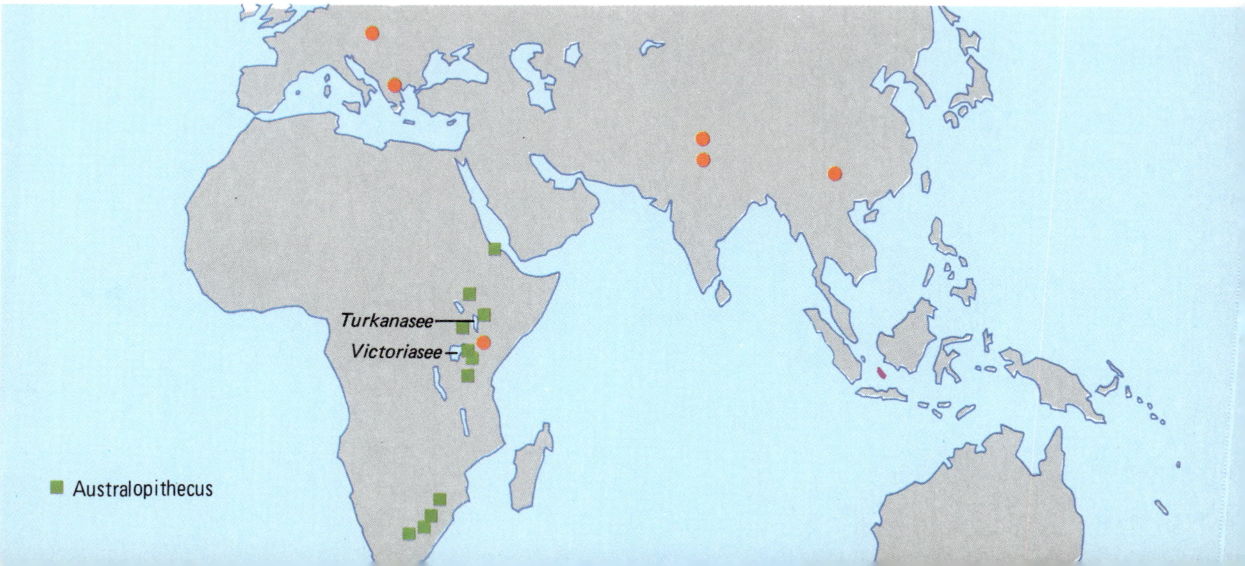

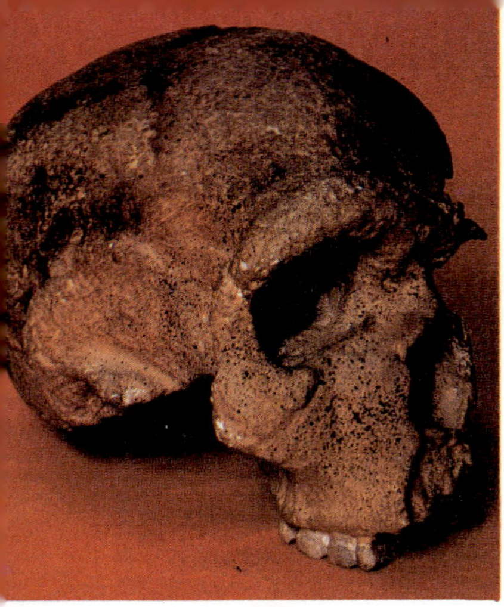

Abb. 18.25: Schädel eines Steinheimmenschen
Beachte das gerundete Hinterhaupt (großes Gehirnvolumen)

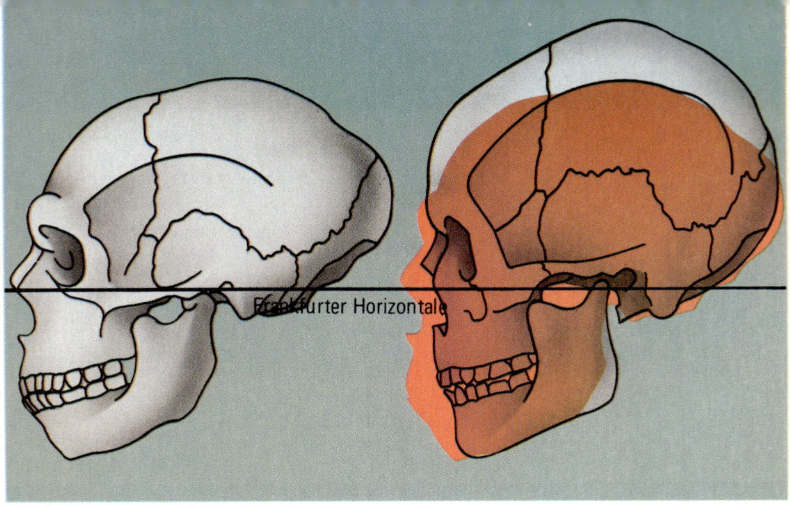

Abb. 18.26: A Neandertalerschädel; B Umrißvergleich des Schädels eines Jetztmenschen mit einem Neandertalerschädel (rot markiert). Die Frankfurter Horizontale ist eine Hilfslinie, mit deren Hilfe der Schädelvergleich erst möglich wird

brannten Knochen an chinesischen Fundstätten läßt sich die Feuerverwendung nachweisen. Das Feuer diente nicht nur zur Erwärmung und zum Schutz, sondern auch zur Zubereitung von Fleischnahrung.

18.4 Neandertaler und Jetztmensch

1933 wurde in **Steinheim** (nahe Stuttgart) ein **230000–200000 Jahre** alter Schädel ausgegraben. Ein gerundetes Hinterhaupt und fehlende Überaugenwülste kennzeichnen den Menschen von Steinheim als einen Menschentyp, der wahrscheinlich Vorläufer aller Jetztmenschen war. Reste dieses Menschentyps wurden in Großbritannien, Oberitalien, Frankreich und Ostafrika gefunden.

Der **Steinheimmensch** ist wahrscheinlich Ausgangspunkt zweier Evolutionslinien. Die eine führte zum **Neandertaler,** die andere zum **Jetztmenschen.**

Schon 1856 fand man in einer Höhle im **Neandertal** bei Düsseldorf ein Schädeldach und Beinknochen des Neandertalers.

Abb. 18.27: Fundstätten von Homo habilis und Homo erectus

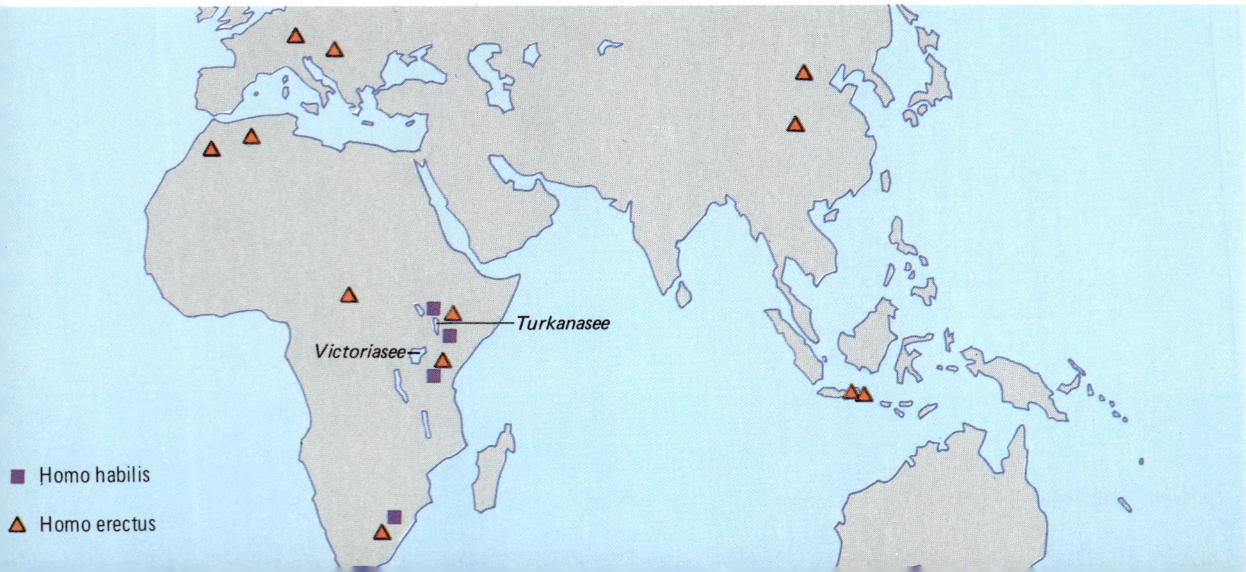

Abb. 18.28: Rekonstruktion des Lebens des Homo erectus

Abb. 18.29: Der Faustkeil hat eine sorgfältig bearbeitete Kante und diente möglicherweise zum Enthäuten und Zerlegen von Wild

Neandertaler lebten während der letzten **Eiszeit** (vor 70000–35000 Jahren) in West- und Mitteleuropa, Nordafrika und Westasien (Karte). Sie waren ausgezeichnet an das Leben in den Tundren der Eiszeit angepaßt, jagten Großwild, waren geschickte Hersteller von **Steingeräten** (Pfeilspitzen, Messer, Schaber), wohnten in **Höhlen** und möglicherweise auch in **Fellzelten.** Die Neandertaler bestatteten ihre Toten mit Grabbeigaben.

Verglichen mit dem Schädel des Jetztmenschen ist der Neandertalerschädel niedrig und besitzt kräftige Wülste über den Augen (Abb. 18.26). Das **Gehirnvolumen** übertrifft jedoch mit 1600 cm^3 die Durchschnittswerte des Jetztmenschen.

Der Neandertaler war etwa 165 cm groß, hatte eine untersetzte Gestalt und eine kräftige Muskulatur.

Gegen Ende der letzten Eiszeit starben die Neandertaler aus. Über die Gründe gibt es bisher nur Vermutungen.

Vor **rund 100000** Jahren trat auch der **Jetztmensch** auf. Das Entstehungszentrum lag wohl in Afrika. Von dort besiedelte er während der letzten Eiszeit und der Nacheiszeit alle Erdteile (ohne die Antarktis).

Abb. 18.30: Fundstätten von Neandertalerfossilien. Im farbig markierten Gebiet wurden die meisten Fossilien geborgen

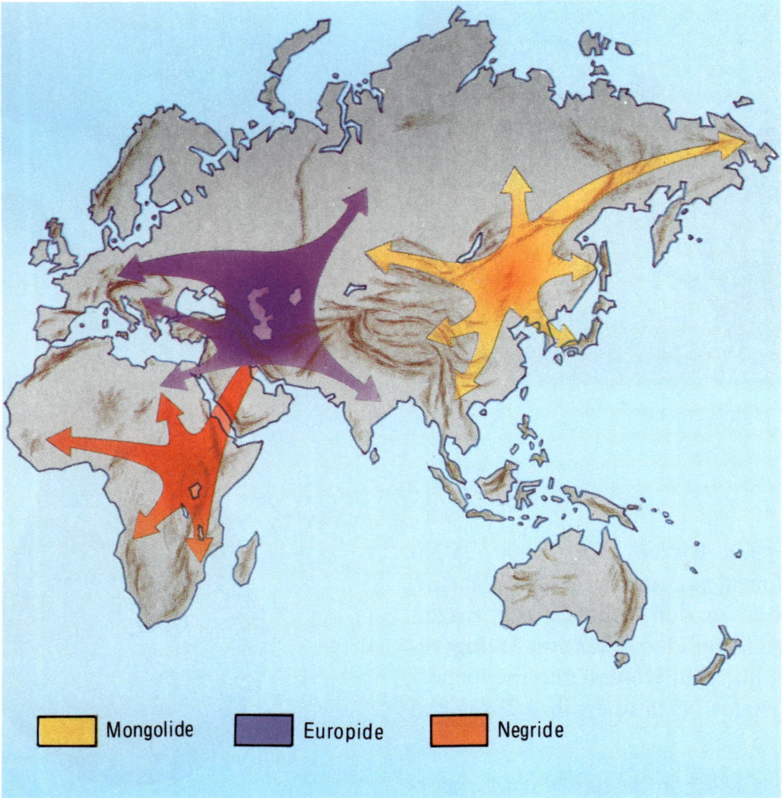

Abb. 18.32: Beispiele moderner Menschenrassen ▶
Europider Rassenkreis: A Schwedin, B Franzose, C Araber, D Inder.
Negrider Rassenkreis: E Äthiopier, F Nilote
Mongolider Rassenkreis: G Nordamerikanischer Indianer, H Südamerikanische Indianerin, I Eskimofrau, K Tunguse, L Chinese, M Aborigine (Urbewohner Australiens)

Abb. 18.31: Mögliche Entstehungszentren mit Ausbreitung der Großrassenkreise

Mit dem Jetztmensch beginnt eine neue Epoche. Neben den Feuerstein, der bislang das meistbenutzte Rohmaterial bildete, treten geschliffene Knochengeräte. **Nadel** und **Harpune** werden erfunden, Werkzeuge schon serienmäßig hergestellt. Gleichzeitig kann man vom Beginn der **Kunst** sprechen. Sie entwickelt sich von einfachen Ornamenten, die in Geräte eingeritzt werden, bis zu beeindruckenden Darstellungen in Höhlen. Die Höhlen von Altamira (Spanien) und Lascaux (Frankreich) waren mit ihren wundervollen Malereien sicherlich **Kultstätten.** Es finden sich in ihnen nämlich keine Spuren, die darauf hinweisen, daß Menschen in ihnen gewohnt hätten.

18.5 Menschenrassen heute

Alle Jetztmenschen gehören zu einer Art: **Homo sapiens.** Untersuchungen hinsichtlich Körperform, Augen-, Haut-, Haarfarbe und Blutgruppenmerkmalen haben ergeben, daß man die Jetztmenschen drei **Großrassenkreisen** zuordnen kann: den **Europiden, Negriden** und **Mongoliden.** Evolutionsfaktoren, wie hauptsächlich Isolation, Selektion und Mutation haben im Verlauf der letzten Jahrzehntausende die Großrassenkreise herausgebildet. Dabei haben sich in der gemeinsamen Stammesgeschichte die Mongoliden zuerst abgespalten und dann eigenständig entwickelt. Sie breiteten sich nach und nach über den gesamten ost- und südostasiatischen Raum aus. Im Norden drangen sie über die Beringstraße nach Amerika vor und besiedelten Nord- und Südamerika.

A

B

C

D

E

F

G

H

I

K

L

M

Nach der Abspaltung der Mongoliden trennten sich die Europiden von den Negriden. Letztere besiedelten das tropische Afrika (südlich der Sahara) und entwickelten als Anpassung an das warme Klima folgende Merkmale:

- langgestreckter, langgliedriger Körperbau (große Oberfläche, guter Wärmeaustausch),
- dunkle Hautfarbe (Schutz gegen intensive UV-Strahlung),
- dichtes, krauses Haar (natürlicher Tropenhelm).

Die Europiden haben sich vom klimatisch milden Raum des südöstlichen Rußland und des südwestlichen Asiens aus nach Westen und Südosten (u.a. nach Indien) ausgebreitet. Merkmale, wie u.a. Hellhäutigkeit, weisen darauf hin, daß die Europiden an gemäßigte Klimazonen angepaßt sind.

Zusammengefaßt können wir sagen, daß die **Jetztmenschen** einer Art (Homo sapiens) angehören, die in folgende **Großrassenkreise** gegliedert wird:

- Europide
- Negride
- Mongolide (zu ihnen gehören auch Eskimos, nord- und südamerikanische Indianer und die Ureinwohner Australiens).

Die Unterschiede zwischen den Menschenrassen sind lediglich das Ergebnis von Anpassungen an verschiedene natürliche Gegebenheiten (z.B. Klima).

Mit zunehmender Ausbreitung der Menschen während der letzten Jahrhunderte gab es mehr und mehr Kontakte zwischen den Rassen, die dazu führten, daß die Unterschiede zwischen den Rassen verwischt wurden. Dieser Prozeß dürfte durch Welthandel, Weltverkehr und die Medien weitergehen, und zwar umso schneller, je mehr Vorurteile zwischen den einzelnen Rassen abgebaut werden und je häufigere und engere Kontakte zwischen ihnen geknüpft werden.

Es ist vollkommen falsch, aus den oben genannten Unterschieden abzuleiten, daß eine Rasse anderen Rassen in geistigen Fähigkeiten (z.B. Intelligenz, Denkvermögen) überlegen sei.

18.6 Rückblick

Menschen und heutige Menschenaffen haben **gemeinsame Ahnen.** Sie sind unter ausgestorbenen Menschenaffen zu suchen, die vor 15–20 Mio. Jahren gelebt haben. Die Entwicklungslinien, die zum Menschen und zu den Menschenaffen führten, haben sich voneinander getrennt. Der Zeitpunkt ist noch nicht sicher zu bestimmen. Das **Schlüsselereignis** in der Evolution zum Menschen liegt im Erwerb des **aufrechten Ganges** als normale Fortbewegungsweise. Damit werden die Hände von Aufgaben zur Fortbewegung frei und können – unter zunehmendem Einsatz von Werkzeugen – Aufgaben der Nahrungsgewinnung, -aufbereitung, Verteidigung und des Angriffes übernehmen. Diese Aufgaben kamen

Abb. 18.33: Stammbaum der Menschen nach heutigen Erkenntnissen

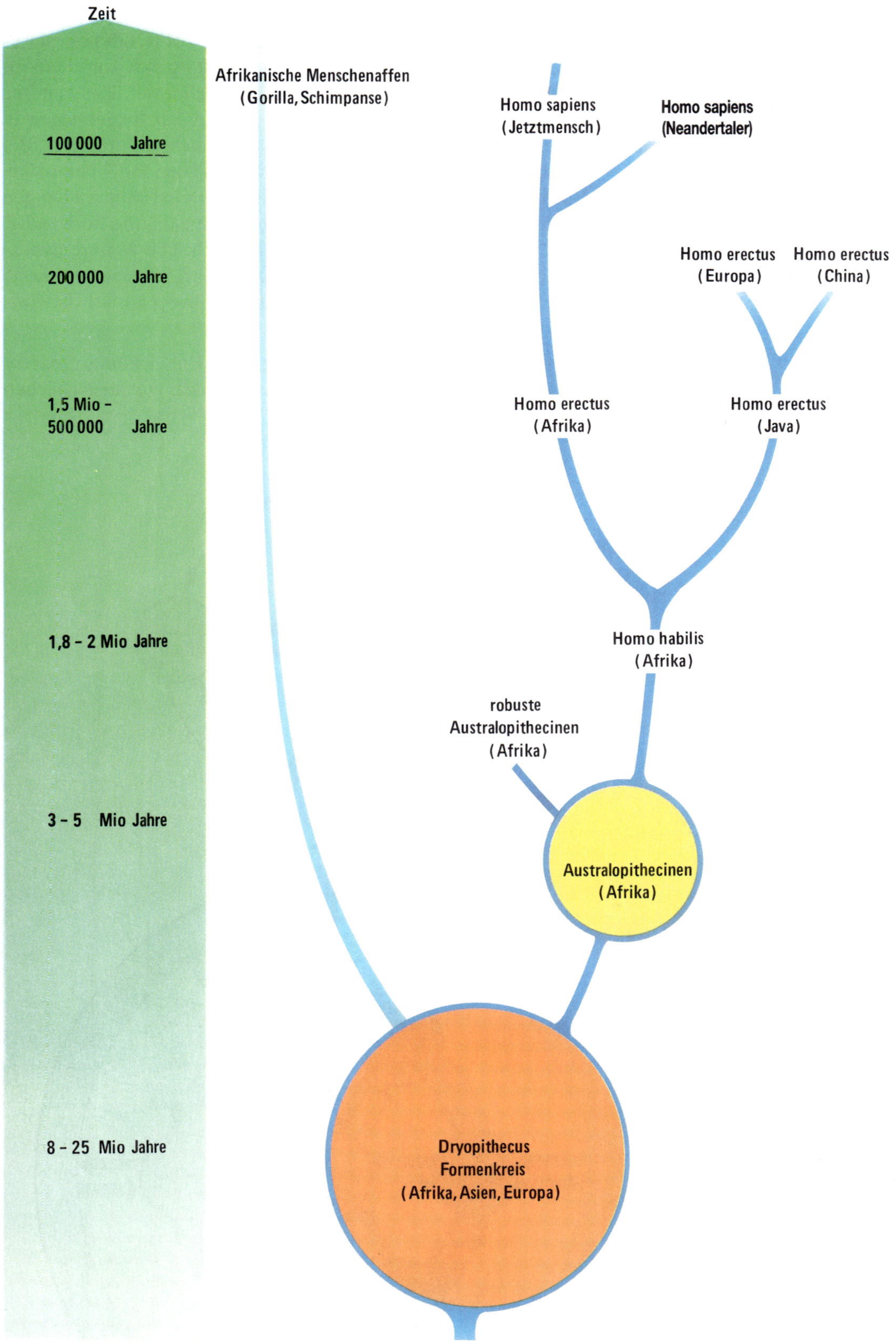
Zeit
100 000 Jahre
200 000 Jahre
1,5 Mio - 500 000 Jahre
1,8 - 2 Mio Jahre
3 - 5 Mio Jahre
8 - 25 Mio Jahre
Afrikanische Menschenaffen (Gorilla, Schimpanse)
Homo sapiens (Jetztmensch)
Homo sapiens (Neandertaler)
Homo erectus (Europa)
Homo erectus (China)
Homo erectus (Afrika)
Homo erectus (Java)
Homo habilis (Afrika)
robuste Australopithecinen (Afrika)
Australopithecinen (Afrika)
Dryopithecus Formenkreis (Afrika, Asien, Europa)

vorher dem Gebiß zu. Diese Entlastung des Gebisses führte zu seiner **Rückbildung.** Der vielfältige Einsatz der Hände wirkte offenbar anregend auf die **Entwicklung des Gehirns.** Es entfaltete sich vor allem im Bereich des Großhirns und veränderte die Schädelkapsel. Ein weiterer Impuls für die Gehirnentwicklung waren die **sozialen Beziehungen** in den Familien- und Sippenverbänden der menschlichen Vorfahren. Bei der Kinderpflege, der gemeinschaftlich durchgeführten Jagd, beim Herstellen und Wiederverwenden von Werkzeug und vielen anderen Dingen im Alltag der Menschen ist eine vielseitige Verständigung notwendig. Das ist nur durch eine entwickelte **Sprache** möglich. Die Weiterentwicklung einer Sprache und sozialer Verhaltensweisen setzen einerseits hohe Gehirnleistung voraus und wirken andererseits anregend auf die Entwicklung des Gehirns zurück.

Vielfältig miteinander verknüpft führen alle diese Entwicklungsprozesse zu dem, was den Menschen vom Tier unterscheidet, zur **menschlichen Kultur.**

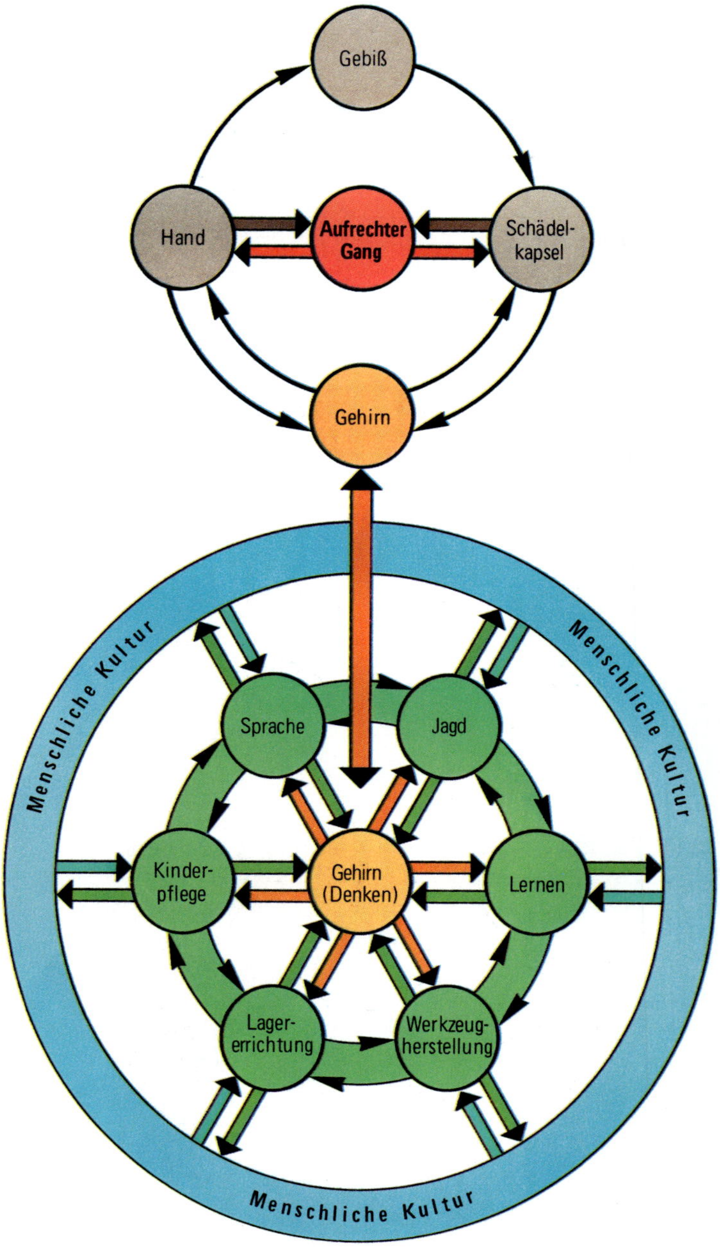

Abb. 18.34: Die Entwicklung des aufrechten Ganges als auslösender Faktor vielfältig verknüpfter Entwicklungsprozesse

Kleines Lexikon

Abiotische Faktoren: Faktoren der unbelebten Umwelt, an die die Organismen eines Lebensraumes angepaßt sein müssen, z. B. Licht, Temperatur, Wasser, Boden.
Abstammungslehre (Evolution): Lehre von der Entwicklung der Lebewesen. Siehe Evolutionstheorie.
Adaptation: Anpassung des Auges an unterschiedliche Helligkeit durch Öffnung bzw. Verengung der Pupille.
Adrenalin: Hormon des Nebennierenmarks. Bewirkt unter anderem Beschleunigung des Herzschlags, Verengung der Blutgefäße und Erhöhung des Blutzuckerspiegels.
Ähre: ein Blütenstand mit folgendem Aufbau: An einer Hauptachse sitzen Blüten in den Achseln kleiner Schuppenblätter.
AIDS: Die Abkürzung für „Acquired Immune Deficiency Syndrome", zu deutsch „Erworbene Abwehrschwäche". AIDS wird durch ein Virus ausgelöst, das heute den wissenschaftlichen Kurznamen HIV hat und erst vor einigen Jahren entdeckt wurde. Nach einer Ansteckung muß es nicht zwangsläufig zu einer AIDS-Erkrankung kommen. Es erkrankt nur ein Teil der Angesteckten. Zwischen Ansteckung und Ausbruch der Krankheit können mehrere Jahre liegen. Bisher verläuft die Krankheit meistens tödlich. Nach heutigem Wissen erfolgt die Ansteckung fast ausschließlich beim Geschlechtsverkehr mit einem bereits angesteckten Partner oder unter Drogenabhängigen durch weitergegebene Spritzen.
Akkommodation: Anpassung der Augenlinsen an Nah- und Weitsehen durch Verdickung bzw. Abflachung.
Allergien: Allergien beruhen auf einer bis zur Überempfindlichkeit gesteigerten Immunreaktion des Körpers auf Stoffe der Umwelt, z. B. Pollenstaub, Nahrungsmittel, Medikamente.
Amphibien: Lebewesen der Wirbeltierklasse, zu denen u. a. die Frosch- und Schwanzlurche gehören. Sie leben sowohl im Wasser als auch auf dem Lande.
Amphibische Lebensweise: Man spricht bei Säugetieren, Vögeln und Insekten von amphibischer Lebensweise, wenn Entwicklungs- oder Lebensabschnitte sowohl im Wasser wie auf dem Land verbracht werden.
Anpassung: Lebewesen müssen in Körperbau, Ernährung und Verhalten auf bestimmte Umweltbedingungen eingestellt sein. Nur diejenigen Tier- und Pflanzenfamilien, die im Laufe von Millionen Jahren den ständigen Veränderungen des Lebensraumes angepaßt sind, haben überlebt.
Antibiotika: Stoffwechselprodukte von Mikroorganismen (meist Pilzen), die auf bestimmte andere Mikroorganismenarten wachstumshemmend oder abtötend wirken. Große praktische Bedeutung haben A. in Arzneimitteln. Am bekanntesten ist das Penicillin.
Aorta: Hauptschlagader im Körper der Wirbeltiere und des Menschen.
Aroma: der charakteristische Wohlgeruch oder Wohlgeschmack, der durch ätherische Öle oder Riech- und Geschmacksstoffe hervorgerufen wird.
Art: Die Gesamtheit der Lebewesen, die in allen wesentlichen Merkmalen untereinander und mit ihren Nachkommen übereinstimmen und die sich untereinander fruchtbar fortpflanzen können. Innerhalb der Arten gibt es Unterarten (Rassen). Mehrere verwandte Arten bilden eine Gattung.
Arterien (Schlagadern): Arterien führen das Blut vom Herzen weg. Sie heißen auch Schlagadern, weil man den Herzschlag (Puls) fühlen kann, wenn sie dicht unter der Haut liegen.
Assimilation: Aufbau energiereicher körpereigener Stoffe. Siehe Photosynthese.
Atemweg: Weg der Atemluft durch Nase und Mund, Kehlkopf und Luftröhre, Bronchien, Bronchiolen, Lungenbläschen.
Atmung (äußere): Sauerstoffaufnahme und Kohlenstoffdioxidabgabe in den Atmungsorganen, z. B. Lungen oder Tracheen.
Attrappenversuch: Durch Versuche mit Nachbildungen abgestufter Ähnlichkeit kann man feststellen, welcher Schlüsselreiz eine bestimmte Instinkthandlung auslöst. Stichlingsmännchen bekämpfen z. B. alle Attrappen, die einen roten Bauch haben, auch wenn sie kaum Ähnlichkeit mit einem Fisch haben. Naturgetreue Nachbildungen ohne rote Unterseite werden kaum beachtet.
Aufbaustoffe: Nährstoffe aus der Nahrung, die zum Aufbau des Körpers (z. B. Knochen, Organe, Haut, Haare) verwendet werden.
Bauchspeicheldrüse: Eine Drüse äußerer und innerer Sekretion. Der Bauchspeichel als Sekret der äußeren Sekretion dient zur Verdauung von Fett (durch Lipase), Eiweiß (durch Trypsin) und Kohlenhydraten (durch Amylase) und wird in den Darm abgegeben. Besondere Inselzellen (Langerhanssche

Inseln) liefern als Drüsenzellen der inneren Sekretion vor allem Insulin (senkt den Blutzuckerspiegel) und Glukagon (hebt den Blutzuckerspiegel) ins Blut.

Bauplan: Um Lebewesen vergleichen zu können, sucht man gemeinsame Merkmale, die sich in einem Bauplan zusammenfassen lassen.

Bedecktsamer: Pflanzen, deren Samenanlagen (in weiblichen Blüten) immer im Fruchtknoten eingeschlossen sind. Die Pollenkörner können nicht – wie bei den Nacktsamern – unmittelbar zu den Samenanlagen gelangen, sondern nur außen auf die Narbe des Fruchtknotens. Nach der Befruchtung wird der Fruchtknoten zur Frucht. Alle Laubbäume gehören zu den Bedecktsamern.

Befruchtung: Vereinigung einer weiblichen mit einer männlichen Geschlechtszelle bei Pflanze, Tier und Mensch zur Entwicklung eines neuen Lebewesens.

Begattung: Körperliche Vereinigung zwischen Mann und Frau bzw. weiblichem und männlichem Tier. Hierbei werden Samenzellen in den weiblichen Körper übertragen. Die Begattung kann zu einer Befruchtung führen.

Betriebsstoffe: Stoffe aus der Nahrung (Kohlenhydrate, Fette), die für die Energieproduktion (Verbrennung in den Zellen) im Körper verwendet werden.

Biotische Faktoren: Faktoren der belebten Umwelt, z. B. Nahrungsangebot, Anzahl der Feinde, Geschlechtspartner.

Biotop: Lebensraum, für den bestimmte abiotische Faktoren typisch sind, z. B. Feuchtbiotop.

Blattgrün: siehe Chlorophyll.

Blütendiagramm: Schematische Darstellung des Grundrisses einer Blüte.

Blütenpflanze: Pflanzen, die Blüten mit männlichen und weiblichen Geschlechtsorganen entwickeln.

Blutgruppen: erblich festgelegte Unterschiede im Blut verschiedener Menschengruppen. Man unterscheidet vier Hauptgruppen A, B, AB und 0. In Mitteleuropa haben rund 38% der Menschen Blutgruppe 0 (Null), 42% Blutgruppe A, 13% Blutgruppe B und 7% AB.

Blutkreislauf: Beim Menschen und bei vielen Tieren strömt das Blut in einem Röhrensystem aus Adern oder Gefäßen. Durch Schlagadern (Arterien) wird das Blut vom Herzen in den Körperkreislauf gepumpt, kehrt von dort durch Venen zum Herzen zurück.

Blutplasma: die Blutflüssigkeit ohne rote und weiße Blutkörperchen und Blutplättchen.

Blutserum: die Blutflüssigkeit, die sich nach der Gerinnung des Blutes über dem Blutkuchen absetzt (Blutplasma ohne den Gerinnungsstoff Fibrin).

Bodenhorizont: Bodenschicht, die sich durch ihre Färbung von anderen Bodenschichten unterscheidet. Die Färbung entsteht durch die jeweilige Zusammensetzung aus Humusstoffen und Gesteinen.

Brutpflege: Angeborene Verhaltensweisen vieler Tiere bei der Aufzucht ihrer Jungen (z. B. Füttern, Wärmen, Säubern der Jungtiere).

Cadmium: Ein Metall, das u. a. zur Herstellung von Trockenbatterien, Akkus und bestimmten Farben benötigt wird. Cadmium gelangt über Müllverbrennungsanlagen als Staub in die Umwelt. Wird dieses Metall mit der Nahrung aufgenommen oder eingeatmet, reichert es sich in den Organen Niere, Milz, Leber und Schilddrüse an und wird nur sehr langsam ausgeschieden. Leber- und Nierenschäden können auftreten.

Chitin: Stoff, aus dem das „äußere Skelett" der meisten Gliedertiere aufgebaut ist. Chitin kommt auch bei anderen Tieren – vor allem als Stütz- und Gerüstsubstanz – vor. Chitin ist ein Kohlenhydrat, das mit Zellulose der Pflanzen verwandt ist.

Chlorierte Kohlenwasserstoffe: Chlorierte Kohlenwasserstoffverbindungen, die in der Kunststoffindustrie (s. PCB) verwendet werden oder Bestandteile von Pflanzenschutzmitteln sind. Sie gelangen mit Abwässern aus Haushalt und Industrie in Fließ- und in Küstengewässer. Da sie nicht wasserlöslich, aber gut fettlöslich sind und nur langsam abgebaut werden, reichern sie sich in der Nahrungskette an und belasten besonders die Endglieder von Nahrungsketten (z. B. Seevögel, Greifvögel, Mensch).

Chlorid: Salz, das Chlor enthält, z. B. Natriumchlorid (Kochsalz), Kaliumchlorid (Düngesalz).

Chlorophyll: Das für die Photosynthese wichtige Blattgrün in den Chloroplasten.

Chrom: Metall, dessen lösliche Verbindungen für Tiere und Menschen giftig sind. Chrom schützt als glänzender Überzug Eisen (z. B. Wasserhähne, Fahrradlenker) vor dem Rosten.

Chromosomen: im Zellkern enthaltene Kernschleifen. Sie sind Träger der Erbanlagen.

Desinfektion: Unschädlichmachen vorhandener Krankheitserreger wie Bakterien und Viren, um die Übertragung von Krankheiten zu verhindern.

Dressur: Bei einer Dressur soll ein Tier auf bestimmte Reize (z. B. Kommando) mit einem bestimmten Verhalten (Durchführung der Aufgabe) reagieren. Wird das gewünschte Verhalten gezeigt, erhält das Tier eine Belohnung, andernfalls wird es bestraft.

Destruenten: Lebewesen, die organische Substanzen (Pflanzenreste, Tierleichen, Kot) verzehren und damit zersetzen.

Detritus: Winzige, fein zerriebene organische Teilchen.

DNS: **D**esoxyribo**n**uclein**s**äure. Hauptbestandteil der Chromosomen im Zellkern.

Dolde: Blütenstand, bei dem die Nebenachsen am Ende der Hauptachse entspringen.

Dominanter Erbgang: Weitergabe von Erbeigenschaften, die andere überdecken (z. B. dunkle Haar- und Augenfarbe).

Drift: Transport von Organismen oder von totem Material durch Wasser (z. B. Fließgewässer) oder Luft.

Drogen: Alle Mittel, die Stimmungen, Gefühle oder Wahrnehmungen verändern. Man unterscheidet Alltagsdrogen, das sind Nikotin, Alkohol und Medikamente, von verbotenen Drogen, wie Marihuana, Haschisch, Heroin, Kokain. Übermäßige, ständige Einnahme kann zu Drogenabhängigkeit führen.

Drüsen: Organe, in denen verschiedene Absonderungen (Sekrete) produziert werden. **Drüsen äußerer Sekretion** sind z. B. Schweißdrüsen der Haut, Tränendrüsen und die verschiedenen Verdauungsdrüsen (Speichel-, Magen- und Darmdrüsen), sie liefern ihre Sekrete nach außen. **Drüsen innerer Sekretion** liefern ihre Sekrete ausschließlich in die Blutbahn: Es sind die Hormondrüsen.

Dünger: Man unterscheidet Mineraldünger und organischen Dünger. Mineraldünger besteht aus industriell hergestellten Stoffen, die die für die Pflanzen wichtigen Mineralstoffe enthalten. Organischer Dünger: bei der Viehhaltung anfallende Stoffe (Mist, Jauche) sowie Pflanzenreste (z. B. Stroh) oder untergepflügte Pflanzen (Gründünger). Organischer Dünger enthält nicht nur die für das Wachstum der Pflanzen nötigen Mineralstoffe, sondern Stoffe, die Bodenlebewesen als Nahrung dienen.

Eierstock: Weibliche Keimdrüse, in der sich Eizellen bilden.

Einsichtiges Handeln (Einsichtshandlung): Wenn wir eine Aufgabe lösen, indem wir die verschiedenen Wege in Gedanken ausprobieren, so ist das eine für uns Menschen typische Lösungsmethode. Diese Fähigkeit, in der Vorstellung etwas auszuprobieren und das Problem zu lösen, nennt man einsichtiges Handeln. Aus Beobachtungen und Versuchen weiß man, daß auch Menschenaffen und Delphine fähig sind, Einsichtshandlungen durchzuführen.

Embryo: Nachdem sich eine befruchtete menschliche Eizelle in der Gebärmutter eingenistet hat, spricht man während der ersten drei Schwangerschaftsmonate vom Embryo, danach vom Fetus. Auch bei Tieren und Pflanzen entwickeln sich nach der Befruchtung der Eizelle Embryos (auch Embryonen). Bei Pflanzen spricht man meist vom Keimling und meint damit die bereits im Samen angelegten Organe.

Emulsion: Zwei nicht ineinander lösliche Flüssigkeiten sind in Form von feinsten Tröpfchen ineinander vermengt. Milch ist z. B. eine Emulsion, in der Fett in Wasser verteilt ist; Butter ist eine Wasser-in-Fett-Emulsion. Viele Hautcremes sind Emulsionen. Bei der Herstellung von Emulsionen verwendet man häufig Hilfsstoffe (Emulgatoren).

Energie: Fähigkeit, Arbeit zu verrichten. Sie tritt in verschiedenen Formen auf, z. B. mechanische, chemische, elektrische, Wärme- und Strahlungsenergie. Verschiedene Energieformen lassen sich ineinander umwandeln. Dabei wird stets ein Teil der Ausgangsenergie in Wärmeenergie umgeformt. Gemessen wird Energie in Joule (J). 1 Joule entspricht der Arbeit, die man verrichtet, wenn man 1 Kilogramm 10 cm hoch hebt. 1 Kilo-Joule (1 kJ) = 1000 Joule. Eine veraltete Einheit ist die Kalorie bzw. Kilokalorie. 1 kcal = 4,2 kJ.

Enzyme: Enzyme sind chemische Verbindungen, die im Körper gebildet werden und beim Auf- und Abbau der Stoffe als Biokatalysatoren nötig sind. Verdauungsenzyme z. B. werden in Speicheldrüsen, Magen- und Dünndarmschleimhaut und Bauchspeicheldrüse erzeugt. Sie zerlegen die Nährstoffe in kleinere, wasserlösliche Bestandteile. Nur so können die Nährstoffe durch die Dünndarmwand ins Blut gelangen und vom Körper genutzt werden. Diesen Vorgang nennt man Verdauung. Früher wurde ein Teil der Enzyme als Fermente bezeichnet.

Evolutionstheorie: Sie wird auch Abstammungslehre oder Deszendenztheorie genannt. Sie sagt aus, daß alle heute lebenden Organismen die derzeitigen Endglieder eines Entwicklungsprozesses sind, der in den Hunderten von Jahrmillionen der Erdgeschichte stattgefunden hat und weiterhin stattfindet.

Facettenauge: ein aus vielen – manchmal über tausend – Einzelaugen zusammengesetztes Auge der Gliederfüßer (auch einiger anderer Tiere).

Fossil (Mz.: Fossilien): Versteinerte Überreste (oft Knochen oder Schalen) und Spuren von Lebewesen vergangener Erdzeitalter.

Gehirn: Zentraler Teil des Nervensystems, in dem die wichtigsten Steuerungsvorgänge stattfinden. Das einfachste Gehirn finden wir bei den Würmern; Wirbeltiere haben sehr hoch entwickelte Gehirne.

Gen: Abschnitt eines Chromosoms, der eine Erbanlage trägt.

Generationswechsel: Wechsel zwischen ungeschlechtlicher und geschlechtlicher Fortpflanzung, z. B. bei Farnen, Moosen, Blattläusen.
Genetischer Code: aus der Informatik abgeleiteter Begriff, der die Erbanlagen als Informationseinheit versteht. Die Information ist gespeichert in Bausteinen der DNS, die die Funktion von Zeichen haben, wie die Zeichen beim Morsealphabet oder bei der Blindenschrift. Die Erbvorgänge werden als Weitergabe von Informationen erklärt.
Genotyp: die Gesamtheit der genetischen Anlagen eines Individuums (s. Phänotyp).
Geschlechtszellen: Eizellen und Samenzellen (Spermien).
Geißeltierchen: pflanzliche und tierische einzellige Lebewesen, die sich durch Geißelfortsätze fortbewegen.
Gewebe: viele gleichgebaute Zellen mit derselben Aufgabe bilden ein Gewebe, z. B. Palisadengewebe im Blatt, Fettgewebe in der Unterhaut.
Gleichwarme Tiere: sie besitzen – wie auch der Mensch – eine gleichbleibende Körperwärme, unabhängig von der Umgebungstemperatur, im Gegensatz zu wechselwarmen Tieren. Beispiele: Mensch 37° C, Hund 38,5° C, Huhn 41° C, Igel 34,5° C, Zaunkönig 43° C.
Gliederfüßer: Lebewesen mit einem Außenskelett aus Chitin und mehrteiligen Gliedmaßen. Insekten haben 6, Spinnen und Milben 8, Krebse und Asseln 10 und mehr Beine. Das Nervensystem der Gliederfüßer besteht aus einem Bauchmark.
Gewässer: Man unterscheidet stehende Gewässer und Fließgewässer. Stehende Gewässer: Tümpel, Weiher, See sind natürliche Gewässer; Teich, Talsperre, Stausee sind künstliche Gewässer. Fließgewässer entstehen dort, wo Grundwasser an die Erdoberfläche gelangt und unter dem Einfluß der Schwerkraft abwärts fließt. Quellrinnsale → Bach (nicht breiter als 5 m) → Fluß → Strom.
Glukagon: Produkt der Inselzellen der Bauchspeicheldrüse. Hormon zur Hebung des Blutzuckerspiegels.
Glykogen: Kohlenhydrat, das in der Leber und im Muskel gespeichert wird.
Hämoglobin: der rote Farbstoff des Blutes (in den roten Blutkörperchen), der Sauerstoff bindet.
Handlungskette: Eine Kette von Instinkthandlungen, bei der das Verhalten des einen Tieres jeweils die Voraussetzung für das Verhalten des anderen Tieres (Artgenosse) ist. Jedes Glied der Kette löst als Schlüsselreiz (s. S. 336) das dazu passende Verhalten des nächsten Gliedes aus. Die Kette kann an jeder Stelle abreißen, wenn der notwendige Schlüsselreiz ausbleibt.
HCB (Hexachlorbenzol): Hochgiftiger Bestandteil von Schädlingsbekämpfungsmitteln, der im Boden nur sehr langsam abgebaut wird. Wahrscheinlich krebserregend. Wird HCB von schwangeren Frauen über die Nahrungskette aufgenommen, können Schäden beim Kind im Mutterleib auftreten.
Hirnanhangdrüse (Hypophyse): Unter dem Zwischenhirn hängende Hormondrüse bei Wirbeltieren und dem Menschen. Sie reguliert mit ihren verschiedenen Hormonen jeweils fast alle anderen Hormondrüsen.
Holzteil: Leitungssystem der Sproßpflanze, das die im Wasser gelösten Mineralstoffe von der Wurzel bis in die Blätter transportiert.
Hormone: Hormone sind Stoffe, die bei Pflanzen, Tieren und Menschen vorkommen und in ganz geringen Mengen wirken. Sie werden oft von besonderen Drüsen (Hormondrüsen) gebildet und von diesen ins Blut abgegeben. Von dort aus beeinflussen sie zahlreiche Lebensvorgänge, u. a. die Sexualfunktionen, das Wachstum und die Entwicklung.
Humus: Tote organische Stoffe (Reste von gestorbenen Pflanzen und Tieren), die sich auf dem Boden oder im Boden befinden. Sie werden von Bodenlebewesen (vor allem Mikroorganismen) ab-, um- und aufgebaut.
Hypophyse: siehe Hirnanhangdrüse.
Impfung: Bei der aktiven Immunisierung werden dem Gesunden abgeschwächte Krankheitserreger eingeimpft. Sie bewirken, daß sich im Körper Abwehrstoffe (Antikörper) bilden, die die eingedrungenen Erreger unschädlich machen. Der Geimpfte ist für einen längeren Zeitraum unempfindlich (immun) gegen eine Ansteckung. Bei der passiven Immunisierung wird Serum mit Antikörpern eingespritzt. Diese können unverzüglich die Erreger vernichten. Vorteilhaft ist dabei die schnelle Wirkung, nachteilig die kurze Dauer des Impfschutzes. Vielfach werden Impfstoffe gegen mehrere Krankheiten kombiniert (Mehrfachimpfung). Jede Impfung wird im Impfbuch vom Arzt eingetragen.
Infektion: Bei einer Infektion oder Ansteckung dringen Bakterien, Viren, Pilze, tierische Einzeller oder andere Krankheitserreger in den Körper ein. Unter günstigen Bedingungen vermehren sie sich ungeheuer schnell. Beim Stoffwechsel scheiden sie giftige Stoffe (Toxine) aus, die dem Menschen, auch Tieren und Pflanzen, schaden können.
Insekten: Lebewesen mit einem Außenskelett aus Chitin, 6 Beinen, Facettenaugen, Bauchmark und Atmung mit Hilfe eines Tracheensystems. Die In-

sekten sind die artenreichste Tiergruppe und auf der ganzen Erde verbreitet.

Inkubationszeit: Die Zeitspanne von der erfolgten Ansteckung bis zum Auftreten von ersten Krankheitszeichen (Symptomen). Sie kann wenige Tage betragen (z. B. Mandelentzündung, Grippe), viele Wochen (z. B. Lungentuberkulose, Tollwut) oder sogar Jahre (z. B. AIDS) dauern.

Insektenblütler: Blütenpflanzen, die zur Bestäubung Insekten benötigen und sie durch Duft, Farbe der Blüten und Nektar anlocken. Ihre Pollen sind klebrig und bleiben am Leib oder an den Beinen der Insekten haften.

Instinkthandlung (Instinktverhalten): Tiere haben eine angeborene Fähigkeit, sich in natürlicher Umgebung angemessen zu verhalten. Voraussetzung für solche starr ablaufenden Verhaltensweisen ist eine innere Bereitschaft (Handlungsbereitschaft). Z. B. ist bei der Erdkröte das Beutefangverhalten nur zu beobachten, wenn sie Hunger hat. Das Stichlingsmännchen verteidigt sein Revier nur, wenn es im Frühjahr fortpflanzungsbereit ist.

Kapillaren (Haargefäße): Die feinsten Verzweigungen der Blutgefäße haben einen Durchmesser von 0,008 mm. Ein Haar ist 10 mal dicker! Mit Nährstoffen und Sauerstoff angereichertes Blut zwängt sich langsam durch die Kapillaren hindurch und gibt durch ihre dünnen Wände Nährstoffe und Sauerstoff an die umliegenden Zellen ab. Umgekehrt gelangen Abfallstoffe aus Zellen durch die Wände der Haargefäße ins Blut.

Keimblätter: erstes Blatt bzw. Blattpaar des Keimlings. Als Bestandteil des Samens unterstützen sie zunächst das Wachstum des Embryos (Keimlings), bis die Pflanze selbst Nährstoffe produzieren kann.

Keimung: Vorgang nach der Keimruhe eines Samens. Der Same quillt, sobald ihm Wasser zugeführt wird, und vergrößert dabei sein Volumen. Dadurch reißt die Samenschale auf, die Keimwurzel wächst und versorgt den Embryo mit Wasser und Mineralstoffen.

Kiemen: Atmungsorgane der meisten Wassertiere, mit denen sie gelösten Sauerstoff aus dem Wasser aufnehmen und Kohlenstoffdioxid ans Wasser abgeben. Beispiele: Fische, Krebse, Lurche im Larvenstadium.

Kindchenschema: Große Augen, hohe Stirn, rundliche Gesichts- und Körperform lösen beim Menschen Brutpflegeverhalten aus. Das Kindchenschema wirkt bei uns als Schlüsselreiz für ein angeborenes Verhalten (pflegen, schützen, helfen).

Kloake: Körperöffnung zum Ausscheiden von Kot und Harn, meist auch Geschlechtsöffnung (z. B. bei Vögeln, Reptilien, Fischen).

Kokon: Hülle, mit der sich Insektenlarven (z. B. Raupen der Schmetterlinge) umspinnen, um sich darin in eine Puppe (Puppenstadium in der Metamorphose) zu verwandeln.

Konsumenten 1. Ordnung: Pflanzenfresser.

Konsumenten 2. Ordnung: Lebewesen, die sich von Pflanzenfressern ernähren (Fleischfresser).

Konvergenz: Übereinstimmung in Körpergestalt bei Tier- oder Pflanzenarten, die nicht miteinander verwandt sind. Konvergenz ist eine Folge der Anpassung an den gleichen Lebensraum.

Korbblüte: Blütenstand, bei dem die Blüten dicht gedrängt auf der verkürzten Hauptachse stehen und von Hüllblättern umgeben sind.

Lab: ist ein Enzym, das sich im Magen junger Säugetiere findet, z. B. im Labmagen junger Kälber. Es bewirkt die Gerinnung der Milch. Lab kann auch fabrikmäßig erzeugt werden.

Larvenstadium: Die meisten wirbellosen Tiere, aber auch viele Wirbeltiere haben eine Entwicklungsstufe als Larve (= Maske). Im Larvenstadium kann man das später voll entwickelte Tier oft noch gar nicht erkennen, z. B. die Kaulquappe bei Frosch und Kröte, die im Wasser lebende Libellenlarve und die Gelbrandkäferlarve, die Raupe des Schmetterlings, die Fliegenmade usw.

Leitbündel: durchziehen als verzweigtes Röhrensystem die gesamte Sproßpflanze. Die Leitbündel bestehen aus dem Holzteil, dem Siebteil sowie kräftigen Holzfasern als Festigungselement.

Lebensgemeinschaft (Biozönose): Die wechselseitigen Beziehungen, die zwischen pflanzlichen und tierischen Bewohnern eines bestimmten Lebensraumes bestehen, z. B. Jäger – Beute – Beziehungen.

Lymphe: Die aus dem Blutkreislauf zwischen die Gewebezellen ausgetretene, aus Blutplasma und freien Zellen bestehende Flüssigkeit bei Wirbeltieren und beim Menschen. Die Lymphe vermittelt den Austausch der Stoffe zwischen dem Blut und den Körperzellen. Sie wird durch die Lymphgefäße (im Milchbrustgang) wieder dem Blutkreislauf zugeführt.

Meiose (Reduktions- oder Reifeteilung): Halbierung der Chromosomenzahl in den weiblichen und männlichen Geschlechtszellen vor der Befruchtung bei Pflanzen, Tier und Mensch.

Metamorphose: Gestaltswandel bei der Entwicklung von Lebewesen, u. a. bei Lurchen und Insekten. Bei Insekten unterscheidet man vollständige Metamorphose, z. B. bei Schmetterlingen (Ei, Raupe, Puppe, Schmetterling) und unvollständige M., z. B. bei Heuschrecken.

Mikroorganismen: kleinste, nur unter dem Mikroskop sichtbare Lebewesen, wie Bakterien, Viren, bestimmte Pilze und Algen, Urtierchen. Sie sind in der Natur weit verbreitet und kommen im Boden, im Wasser und in der Luft vor.

Mineralisation: Abbau toter organischer Stoffe zu anorganischen Ausgangsstoffen, z. B. Ammoniak, Wasser, Kohlenstoffdioxid, Mineralsalze.

Mitose: Zellteilung beim Wachstum der Pflanzen, der Tiere und des Menschen (dabei bleibt der Chromosomensatz erhalten).

Modifikation: Veränderung des Erscheinungsbildes (s. Phänotyp), ohne Einfluß auf das Erbbild (s. Genotyp).

Mutagene Stoffe: Stoffe, die Mutationen auslösen, z. B. viele Chemikalien.

Mutagene Strahlung: Energiereiche Strahlung (z. B. Alpha- und Gammastrahlen) aus radioaktiven Elementen kann Mutationen auslösen. UV-Strahlung führt durch Mutationen in den Farbstoffzellen der Haut zu Hautkrebs.

Mutation: Bleibende Änderung der Erbinformation, auch Erbsprung genannt. Mutationen treten meist spontan auf, können aber auch durch bestimmte Stoffe (s. mutagene Stoffe) und Strahlungen hervorgerufen werden. Die meisten Mutationen wirken sich für die Lebewesen, bei denen sie auftreten, schädlich aus. Dennoch liefern Mutationen das Ausgangsmaterial für die Evolution der Lebewesen.

Mykorrhiza: Symbiose zwischen Pilzen und den Wurzeln von Samenpflanzen.

Nacktsamer: Pflanzen, deren Samenanlagen in den weiblichen Blütenständen frei auf Fruchtschuppen liegen: Nadelbäume gehören zu den nacktsamigen Pflanzen.

Nährlösung: ist eine wäßrige Lösung organischer oder anorganischer Nährstoffe. In der Mikrobiologie wird sie bei der Züchtung von Mikroorganismen verwendet.

Nährstoffe: Stoffe, die wir mit der Nahrung aufnehmen und zum Aufbau der Körperorgane und für den Betriebsstoffwechsel (Energiegewinn) benötigen.

Nahrungskette: Aufeinanderfolge von Nahrungsbeziehungen verschiedener Lebewesen. Sie fängt stets bei Produzenten an und endet bei Konsumenten 2., 3. oder 4. Ordnung.

Nahrungsnetz: Vielfältig untereinander vernetzte Nahrungsbeziehungen.

Nervensystem: Es besteht beim Menschen und den Wirbeltieren aus dem Gehirn, dem Rückenmark und vielen Nervenfasern. Gliederfüßer, Würmer u. a. Tier haben statt des Rückenmarks ein Bauchmark mit mehreren großen Nervenknoten. Das Nervensystem steuert in einem komplizierten Wechselspiel alle Lebensvorgänge.

Nervenzellen: Zellen mit manchmal sehr langen (bis ca. 1 m) Fortsätzen, die aus den Sinneszellen kommende Informationen weiterleiten (meist über das Rückenmark zum Gehirn), bzw. Befehle aus dem Gehirn und dem Rückenmark (z. B. im Reflexbogen) zu den Muskeln leiten.

Ökosystem: Die Gesamtheit der wechselseitigen Beziehungen von Organismen (Pflanzen, Tieren und Menschen) untereinander und zu ihrer unbelebten Umgebung.

Organ: Körperteil eines Lebewesens aus verschiedenen spezialisierten Geweben mit ganz besonderen Aufgaben, z. B. bei Pflanzen: Wurzel, Blüte, Blätter; bei Mensch und Tier: Lungen, Nieren, Muskeln, Augen.

Palisadengewebe: Unter der Haut der Blattoberseite des Laubblattes stehen Zellen wie Palisaden senkrecht nebeneinander. Sie enthalten viel Blattgrün.

Parasiten (Schmarotzer): Lebewesen, die sich auf Kosten anderer Lebewesen ernähren. Sie schaden ihren Wirten, ohne sie jedoch zu töten. Parasitismus ist im Pflanzen- und Tierreich weit verbreitet. Man nennt Flöhe, Wanzen, Zecken, Kopfläuse Außenparasiten, die bei Säugern und beim Menschen Blut saugen und dabei oft Krankheiten übertragen. Zu den Innenparasiten zählt man u. a. Rinderbandwurm, Spulwurm, Madenwurm und Trichinen.

Parasympathisches Nervensystem: Ein Teil des vegetativen Nervensystems (Eingeweidenervensystem), das als Gegenspieler des sympathischen Nervensystems viele Körperorgane reguliert.

PCB (polychloriertes Biphenyl): Ein wasserunlöslicher, aber fettlöslicher Stoff. Er wird vor allem in der Kunststoffindustrie verwendet und dient u. a. als Farbe für Boote und als Isoliermaterial von Elektrokabeln. PCB gelangt durch Abluft und Abwasser in die Umwelt und damit in den Nahrungskreislauf. In den Lebewesen reichert es sich im Fettgewebe, im Nervensystem und in den Keimdrüsen an und kann zu erheblichen gesundheitlichen Störungen, sogar zum Tode führen.

Peristaltik: Wellenartiges Zusammenziehen der Ring- und Längsmuskeln, z. B. der Verdauungsorgane, was zum Weitertransport der Nahrung erforderlich ist (Speiseröhre, Magen und Därme).

Pestizide: (pest = engl. Schädling) Oberbegriff für alle chemischen Stoffe, die Schädlinge töten. Herbizide vernichten unerwünschte Pflanzen (sogenannte Unkräuter). Mit Fungiziden werden Pilze,

mit Insektiziden Insekten bekämpft. Viele Pestizide werden nur sehr langsam abgebaut und reichern sich in Nahrungsketten an.
Pflanzenfresser: Tiere, die sich fast ausschließlich von Pflanzen ernähren.
Phänotyp: das Erscheinungsbild einer Pflanze, eines Tieres oder eines Menschen. Im Phänotyp sind sowohl erblich bedingte, als auch die durch Außeneinwirkung entstandenen sichtbaren Faktoren enthalten (s. auch Genotyp).
Photosynthese: Die Pflanze baut mit Hilfe des Blattgrüns (Chlorophyll) unter Ausnutzung der Energie des Lichtes aus Kohlenstoffdioxid und Wasser Zukker (Kohlenhydrate) auf. Dabei wird Sauerstoff frei und gelangt über die Spaltöffnungen in die Luft.
pH-Wert: Ein Maß, das angibt, ob eine Lösung neutral, sauer oder alkalisch ist. Zur Bestimmung benutzt man Indikatorpapier, -flüssigkeit oder ein pH-Meßgerät.
Reines Wasser ist neutral, es hat den pH-Wert 7. Bei sauren Lösungen ist der pH-Wert kleiner als 7. Sehr stark saure Lösungen haben den pH-Wert 0. Alkalische Lösungen haben pH-Werte, die größer als 7 sind. Sehr stark alkalische Lösungen (z. B. Rohrreiniger) haben den pH-Wert 14.
Plankton: ist der Name für alle frei im Wasser schwebenden Lebewesen, z. B. Algen, Kleinkrebse (Wasserfloh, Hüpferling).
Population: Eine Gruppe von Lebewesen derselben Art, die zur gleichen Zeit im gleichen Gebiet leben und sich untereinander fortpflanzen können. Eine Population ist demnach eine Fortpflanzungsgemeinschaft.
ppm = part per million: Das Maß gibt an, daß eine Stoffmenge in einem Verhältnis von 1 zu 1 000 000 in einem Lösungsmittel (z. B. Wasser) gelöst ist.
Wenn man 1 Stück Würfelzucker (2,7 g) in der Flüssigkeitsmenge von 2 Tassen Kaffee (0,27 l) gleichmäßig auflöst, erhält man eine Verdünnung von 1 : 100 oder 1 Prozent (1%).
Löst man das Zuckerstück in 2,7 l Wasser, erhält man eine Verdünnung von 1 : 1000 oder 1 Promille (1‰).
Ein in 2700 l Wasser (fast die Ladung eines Tanklastzuges) gelöstes Stück Zucker ergibt die Verdünnung 1 : 1000000 oder 1 ppm.
Prägung: Lernen durch Prägung ist immer nur in einem ganz bestimmten Lebensabschnitt möglich, während der sogenannten sensiblen Phase. Diese liegt z. B. bei Gänse- und Entenküken in den ersten 48 Stunden nach dem Schlüpfen. Nach Ablauf dieser Zeit ist der Lernvorgang abgeschlossen und kann nicht mehr rückgängig gemacht werden. Sehen Gänse- und Entenküken statt ihrer Mutter zuerst einen Menschen, der sich bewegt und ruft, so folgen sie diesem. Sie sind damit ein für allemal auf den Menschen geprägt.
Priel: Wasserrinne, in der bei Flut das Wasser heranströmt und bei Ebbe abläuft.
Primaten (Herrentiere): Gruppe der zoologischen Systematik, zu der Affen und Menschen gerechnet werden.
Produzenten: Pflanzen, die Chlorophyll besitzen, erzeugen unter Ausnutzung der Sonnenenergie, Wasser und Kohlenstoffdioxid (mit Hilfe von Mineralstoffen) energiereiche Stoffe (Kohlenhydrate, Eiweiße, Fette).
Protoplasma: Zellplasma, bestehend aus Wasser und darin gelösten Stoffen (Eiweißen, Kohlenhydraten, fettartigen u. a. Stoffen, vor allem Salzen).
Pubertät (Reifezeit): Die Übergangszeit in der Entwicklung vom Kind zum Erwachsenen bringt große Veränderungen für die Jugendlichen mit sich: schnelles Wachsen, Ausbildung der sekundären Geschlechtsmerkmale, Reifung von Samen- bzw. Eizellen. Neben den körperlichen Veränderungen vollziehen sich tiefgreifende Veränderungen im Verhalten, in der Einstellung zu Erwachsenen, in der Wahl der Freunde etc. Komplizierte hormonelle Vorgänge steuern die Entwicklung.
Puppenstadium: Ruhestadium bei der Metamorphose von Insekten, z. B. bei Übergang von Raupe zum Schmetterling.
Quecksilber: Metall, dessen lösliche Salze und organische Verbindungen sehr giftig sind und das Zentralnervensystem des Menschen schädigen. Dabei werden wichtige Gehirnzentren betroffen. Störungen des Tastsinns, Sehstörungen und Lähmungen von Gliedmaßen sind die Folge.
Quellung: Bei der Keimung nehmen Samen viel Wasser auf. Sie vergrößern ihren Rauminhalt und entwickeln dabei eine große Kraft.
Raupe: Stadium bei der Metamorphose der Schmetterlinge. Raupen fressen große Mengen von Pflanzen und können deshalb schädlich sein, während die Schmetterlinge von Blütensaft leben. Die Raupen von Motten fressen tierische Haare (Wolle, Pelze).
Recycling: Wiederaufbereitung von bestimmten Abfällen und erneuter Einsatz in den Produktionskreislauf (z. B. Glas, Papier, organische Abfälle).
Reiz: Einwirkung aus der Außen- oder Innenwelt auf den Organismus. Durch sie wird der Ablauf verschiedener Lebensvorgänge beeinflußt. Beispiele für Reizarten, auf die Mensch, Tier und vielfach

auch Pflanzen reagieren: Berührung, Druck, Kälte, Wärme, Geräusch, Licht, Farbe usw.
Rekombination: Bei der Reifeteilung (Meiose) werden oft Erbinformationen (Gene) umgeordnet und neu kombiniert. Dadurch können bei Lebewesen derselben Art Varianten entstehen.
Revier (Territorium): Ein Gebiet, in dem ein Tier lebt, seine Nahrung sucht, sein Nest baut, sich fortpflanzt usw. Säugetiere grenzen häufig ihr Revier gegen Artgenossen durch Duftmarken ab, Vögel durch ihren Gesang. Nach anfänglichen Kämpfen werden die Reviergrenzen mit der Zeit meist bei bloßem Drohen des Nachbarn schon respektiert.
Rezessiver Erbgang: Weitergabe von Erbeigenschaften, die jedoch durch dominante Erbmerkmale überdeckt werden (z. B. helle Haare und blaue Augenfarbe).
Rote Liste: Übersicht über Tier- und Pflanzenarten, deren Bestand in der Bundesrepublik gefährdet ist.
Saftmale: Nektarhaltige Blüten haben oft besonders gefärbte Blütenteile, durch die Insekten angelockt werden.
Salzpflanzen: Während ein hoher Salzgehalt im Boden für die meisten Pflanzen schädlich ist, verfügen die Bewohner der Wattwiesen und des Schlickwatts über besondere Anpassungen, den oft hohen und schwankenden Salzgehalt zu ertragen.
Samen: Er geht aus einer befruchteten Eizelle hervor und besteht aus einer Samenschale, dem Embryo, einem oder zwei Keimblättern und oft einem Nährgewebe.
Samenzelle (Spermium, Mz.: Spermien): Die männlichen Geschlechtszellen können sich meistens selbständig bewegen. Sie entstehen in den männlichen Keimdrüsen und haben je nach Tierart eine unterschiedliche Form und Größe. Im Kopf der Samenzelle liegen die Erbanlagen. Die Fortbewegung erfolgt durch schlängelnde Bewegung des Schwanzes. Beim Menschen sind die Samenzellen etwa 0,05 mm lang und erreichen eine Geschwindigkeit von 3,5 mm pro Minute.
Schädlingsbekämpfung: Man unterscheidet biologische, chemische Schädlingsbekämpfung sowie integrierten Pflanzenschutz. In der chemischen Schädlingsbekämpfung werden industriell hergestellte Chemikalien (Pestizide) eingesetzt. Diese Stoffe werden oft nur sehr langsam abgebaut und reichern sich im Boden, im Grundwasser und in Nahrungsketten an. Die biologische Schädlingsbekämpfung erhält oder vermehrt die Zahl der natürlichen Feinde der Schädlinge. Der integrierte Pflanzenschutz setzt zuerst biologische Verfahren ein und greift erst dann zu chemischer Bekämpfung, wenn die Zahl der Schädlinge und der angerichtete Schaden zu groß werden.
Schlüsselreiz: Jede Instinkthandlung wird durch einen bestimmten signalartigen Reiz ausgelöst. Wie ein Schlüssel nur zu einem bestimmten Schloß paßt, kann der Reiz auch nur ein dazu passendes Verhalten auslösen. Der Reiz (z. B. Bewegungen; optische, akustische, chemische Signale) enthält eine Mitteilung für den Artgenossen, bei dem eine bestimmte Antwort ausgelöst wird. Deshalb spricht man auch von Auslösern.
Schmarotzer (Parasit): Pflanzen, Tiere und Bakterien, die sich auf einem anderen Lebewesen oder im Körper eines anderen Lebewesens (Wirt) aufhalten und sich auf dessen Kosten ernähren, z. B. Mistel auf einem Baum, Bakterien, Bandwürmer im Tier- und Menschenkörper.
Schwammgewebe: Zwischen Blattunterseite und Palisadengewebe sind viele Zellen zu einem lockeren Verband zusammengeschlossen. Zwischen ihnen ist viel freier Raum (Schwamm). Das Gewebe dient der Durchlüftung des Blattes. Seine Zellen enthalten weniger Chlorophyll als die des Palisadengewebes.
Schwermetalle: Metalle mit einer Dichte über 4,5 g/cm^3, z. B. Blei, Cadmium, Eisen, Gold, Quecksilber, Silber, Zink. Viele Schwermetalle bilden mit anderen Stoffen Verbindungen, die für die Umwelt schädlich sind. Zu ihnen gehören vor allem Blei-, Quecksilber- und Cadmiumverbindungen.
Selektion: Nicht alle Lebewesen derselben Art sind vollkommen gleich an die Bedingungen ihrer Umwelt angepaßt. Es findet eine natürliche Auslese statt, bei der die besser angepaßten Vorteile gegenüber weniger gut angepaßten Lebewesen haben. Diese Auslese heißt Selektion.
Siebröhren: übernehmen den Transport der in den Blättern produzierten Nährstoffe in andere Teile der Sproßpflanze.
Sinnesorgan: Unseren wichtigsten Sinnen ist jeweils ein besonderes Organ zugeordnet: Wir sehen mit den Augen, hören mit den Ohren, riechen mit der Nase, schmecken mit der Zunge und empfinden Druck, Schmerz sowie Kälte und Wärme mit der Haut.
Sinneszellen: Zellen des Nervensystems zur Reizaufnahme in den Sinnesorganen. In den Sinneszellen entstehen elektrische Impulse, die über Nervenzellen ins Rückenmark und Gehirn geleitet werden und von dort beantwortet werden.
Spaltöffnungen: Öffnungen, meist auf der Blattunterseite verteilt, die von zwei Schließzellen gebil-

det werden. Sie stehen in Verbindung mit dem Schwammgewebe und regulieren den Gasaustausch und die Transpiration.

Sproßknolle: verdicktes, unterirdisches Sproßende. An einer Sproßknolle befinden sich stets Narben von Schuppenblättern.

Stigmen: Öffnungen im Chitinskelett, durch die der Gasaustausch zwischen Tracheensystem und Außenluft erfolgt.

Stoffwechsel: Umwandlung von Stoffen in Lebewesen unter Energieaufwand oder Energiegewinn. Pflanzen nehmen einfache, energiearme Stoffe (Wasser, Kohlenstoffdioxid, Mineralstoffe) auf und bauen sie mit Hilfe von Lichtenergie in zusammengesetzte, energiereiche Stoffe um (Photosynthese). Tiere nehmen zusammengesetzte Stoffe auf und bauen sie unter Energieverbrauch zu körpereigenen Stoffen um (Baustoffwechsel) oder unter Energiegewinn und Sauerstoffverbrauch zu einfachen Stoffen (Wasser, Kohlenstoffdioxid u. a.) ab: Betriebsstoffwechsel.

Streß: Die körperliche und geistige Beanspruchung bis an die Leistungsgrenze. Die Streßreaktion ist ein dem Menschen und höheren Tieren angeborenes Verhalten, das bei Gefahr alle Energiereserven mobilisiert. War diese Streßreaktion in der Menschheitsgeschichte einmal ein sinnvoller Mechanismus, ist sie in der heutigen Zeit sinnlos oder gar gefährlich: Erstens werden die freigesetzten Energiereserven (Blutzucker, Blutfett) durch körperliche Anstrengung nicht mehr verbraucht. Sie lagern sich in den Wänden der Blutgefäße nach und nach ab und führen zu Bluthochdruck, der wiederum das Risiko für Herzinfarkt und Schlaganfall erhöht. Zum anderen fehlen die notwendigen Erholungsphasen. Die nächste Streßsituation folgt, noch bevor die erste verarbeitet ist.

Symbiose: Lebewesen verschiedener Arten leben in einer Wechselbeziehung, die für beide Partner vorteilhaft ist.

Sympathisches Nervensystem: Ein Teil des vegetativen Nervensystems (Eingeweidenervensystem), der als Gegenspieler des Parasympathischen Nervensystems die Funktion von Körperorganen reguliert.

Systematik: Die verwandtschaftlichen Beziehungen von Pflanzen und Tieren sind geordnet worden. Wichtige Ordnungsbegriffe sind die Klasse, die Familie, die Gattung und die Art eines Lebewesens.

Thyroxin: Das jodhaltige Hormon der Schilddrüse. Es regt den Stoffwechsel an.

Tracheensystem: Stark verzweigte Röhren im Körper von Insekten (einiger Spinnentiere und Tausendfüßer), die von einem engmaschigen Netz von Haargefäßen umsponnen sind und der Sauerstoffversorgung (Atmung) dienen. Das Tracheensystem steht über die Stigmen (Öffnungen im Chitinskelett) mit der Außenluft in Verbindung.

Trisomie 21: Menschliche Erbkrankheit, bei der das Chromosom 21 dreifach statt doppelt vorhanden ist. Die betroffenen Menschen sind u. a. lernbehindert. Die Krankheit wird nach einem englischen Arzt als Down-Syndrom bezeichnet.

Vegetatives Nervensystem: Das Eingeweidenervensystem. Es besteht aus dem sympathischen und dem parasympathischen Nervensystem als Gegenspielern bei der Regulierung vieler Körperorgane.

Venen (Blutadern): Führen das Blut zum Herzen zurück.

Verdauung: Die Nährstoffe werden in wasserlösliche Teile zerlegt, die durch die Dünndarmwand ins Blut aufgenommen werden. Die Verdauung wird durch Enzyme bewirkt.

Vererbung: Menschen, Tiere und Pflanzen geben bestimmte Merkmale ihres Körpers und seiner Leistungen an ihre Nachkommen weiter.

Vermehrung bei Samenpflanzen: Geschlechtliche – Fortpflanzung durch Samen.
Ungeschlechtliche – Fortpflanzung durch Bildung von Ausläufern, Zwiebeln, Stecklingen, Knollen und Brutknospen.

Vermehrung bei Tieren: Geschlechtliche – Fortpflanzung durch befruchtete Eizellen.
Ungeschlechtliche – Fortpflanzung durch Knospung, Teilung, Entwicklung von unbefruchteten Eizellen.

Versuch und Irrtum (engl. trial and error): Manche Tierarten lernen besonders bei der Nahrungssuche durch Versuch und Irrtum. Erst durch viele Versuche lernt z. B. das junge Eichhörnchen, wie es am schnellsten Haselnüsse knackt. Hat es mit einer Methode besonders Erfolg, bleibt es dabei.

Vitamine: Stoffe, die von Tier und Mensch meist mit der Nahrung aufgenommen werden müssen, und zwar nur in ganz geringen Mengen. Es gibt etwa 20 verschiedene, die mit den Großbuchstaben A, B, C, D, E, F, G, H, K bezeichnet werden. Fehlen Vitamine in der Nahrung, so treten Vitaminmangelkrankheiten auf. Bei abwechslungsreicher Ernährung mit Fleisch, Milch, Kartoffeln, frischem Gemüse und rohem Obst bekommt der Körper genug Vitamine.

Watt: Sand- und Schlickflächen an der Nordseeküste, die bei Flut überschwemmt werden und bei Ebbe trockenfallen.

Wechselwarme Tiere: Tiere, die ihre Körperwärme der Umgebungstemperatur anpassen. So haben Fische z. B. Wassertemperatur und Echsen die Temperatur der sie umgebenden Luft.
Wimpertierchen: Einzellige Lebewesen, die sich mit Hilfe einer Vielzahl von Wimpern fortbewegen.
Windblütler: Blütenpflanzen, deren Pollen sehr leicht sind und durch den Wind auf andere Blüten verweht werden.
Wintergetreide: Getreidesorten, die im Herbst ausgesät werden und keimen. Die kleinen Pflanzen (Saat) überwintern und tragen im nächsten Sommer Frucht.
Wirbeltiere: Tiere, die eine Wirbelsäule besitzen. Sie bilden die höchstentwickelte Tiergruppe, zu der auch der Mensch zählt. Es sind etwa 40000 verschiedene Wirbeltierarten bekannt. Sie werden in Klassen eingeteilt: Säugetiere, Vögel, Kriechtiere (Reptilien), Lurche (Amphibien) und Fische.
Zelle: Bei Pflanze, Tier und Mensch der kleinste Baustein. Die Zelle ist mit Organellen (z. B. Zellkern) ausgestattet, die bestimmte Aufgaben erfüllen.
Zellkern: Durch eine Kernmembran abgegrenztes Steuerzentrum der pflanzlichen und tierischen Zelle. Im Zellkern sind die Chromosomen mit den für die Vererbung wichtigen Genen enthalten.
Zellplasma: (auch Zytoplasma) siehe Protoplasma.
Zellverband: Gruppen von Zellen, die jeweils verschiedene Aufgaben haben, z. B. Fortpflanzung, Fortbewegung, Ernährung. Beispiel: Gitterkugel (Volvox).
Zuckerkrankheit (Diabetes): Vorwiegend durch Unterfunktion der Inselzellen der Bauchspeicheldrüse entstehender zu hoher Blutzuckerspiegel. Das fehlende Hormon Insulin muß zugeführt oder durch Medikamente ersetzt werden.
Zwitter: Tiere und Pflanzen, die in ihrem Körper sowohl weibliche wie auch männliche Geschlechtsorgane besitzen. Beispiele aus dem Tierreich: Schnecken, Saug-, Band- und Regenwürmer.

Aufgaben und Versuche

Kapitel: 2 Gliederfüßer sind ganz anders

Aufgabe 1: Fertige unter Verwendung der *Abb. 2.1, 2.2* und *2.5* eine Tabelle nach folgendem Muster:

Insektenarten mit 2 Paar Flügeln	
Insektenarten mit 1 Paar Flügel	
Insektenarten ohne Flügel	

Aufgabe 2: Insekten haben ein Außenskelett, Wirbeltiere ein Innenskelett. Erkläre den Unterschied. *(Seite 7 und Abb. 2.6)*
Aufgabe 3: Insektenaugen nennt man Facettenaugen. Warum? Insekten sehen anders als Säugetiere. Erkläre. *(Seite 7/8 und Abb. 2.7)*
Aufgabe 4: Wie riechen und hören Insekten? *(Seite 9)*
Aufgabe 5: Nenne die Stadien der Metamorphose bei Insekten. *(Seite 11)*
Aufgabe 6: Beschreibe den Lebenslauf einer Arbeitsbiene in einer Tabelle nach folgendem Muster. *(Seite 13)*

Alter	Tätigkeiten

Aufgabe 7: Warum bedeutet es für die Biene den Tod, wenn sie einen Menschen sticht?
Aufgabe 8: Wie viele Drohnen und Arbeiterinnen kommen auf eine Königin im Bienenstock? *(Seite 12 und 13)*
Aufgabe 9: Wovon ernährt sich eine Arbeitsbiene? *(Seite 15)*
Aufgabe 10: Zeichne einen Rundtanz. Was sagt der Rundtanz über die Lage der Futterquelle?
Zeichne einen Schwänzeltanz. Was sagt dieser Tanz über die Lage der Futterquelle? *(Abb. 2.31, Abb. 2.33)*
Aufgabe 11: Nenne Insektenarten, die – wie die Bienen – Staaten bilden. *(Seite 16 bis 18)*
Aufgabe 12: Vergleiche das Leben in einem Bienenstaat mit dem Leben in einem Ameisenstaat. Was ist ähnlich, was ist anders? *(Seite 17)*
Aufgabe 13: Stelle Körperbaumerkmale von Insekten und Spinnen in einer Tabelle nach folgendem Muster zusammen. *(Seite 6/7 und 18/19)*

Merkmale	Insekten	Spinnen
Gliederung des Körpers		
Augen		
Anzahl der Beine		
Flügel		
Atmungsorgane		
Körperhülle		

Aufgabe 14: Warum spricht man bei Spinnen von Außenvorverdauung? *(Seite 19)*
Aufgabe 15: Beschreibe den Bau eines Radnetzes. Benutze folgende Begriffe: Fadenbrücke, Speiche, Nabe, Hilfs-, Fangspirale. *(Seite 20)*

Kapitel: 3 Verdauung und Stoffwechsel – Energiehaushalt des Körpers

Aufgabe 1: Vergleiche die Körpertemperatur des Igels im Winterschlaf mit der Temperatur im Wachzustand. Welche Schlüsse kannst du daraus ziehen im Hinblick auf seinen Energiebedarf? *(Tabelle 3.1)*
Aufgabe 2: Ordne wechselwarme Tiere und Warmblütler nach der Größe des Sauerstoffverbrauchs. Warum ist der durchschnittliche Sauerstoffverbrauch beim Warmblütler höher als beim Wechselwarmen? *(Tabelle 3.2)*
Aufgabe 3: Berechne mit Hilfe der Tabellen, wieviel Energie (in Joule) dein Körper in 24 Stunden braucht, wenn du zwei Stunden Fußball oder Tischtennis spielst, radfährst oder schwimmst. *(Tabelle 3.6)*
Aufgabe 4: Stelle einen Speiseplan für einen Tag (3–5 Mahlzeiten) auf. Berücksichtige dabei einen Energiebedarf von 5000–6000 Joule. Achte auf den Gehalt an Vitaminen und einen hohen Anteil an Ballaststoffen. *(Seite 25 und 26)*
Aufgabe 5: Schreibe auf, durch welche Nahrungsmittel du deinen täglichen Vitaminbedarf decken kannst. *(Tabelle 3.7 und Seite 28/29)*
Aufgabe 6: Halte deinen Finger beim Schlucken an

deinen Kehlkopf („Adamsapfel"), was spürst du dabei? *(Seite 27)*

Aufgabe 7: Versuche, im Kopfstand mit Hilfe eines Schlauches zu trinken! *(Seite 27)*

Aufgabe 8: Welche Vorgänge gehören zur Verdauung? *(Seite 26)*

Aufgabe 9: Berechne den Gesamtbedarf an Vitaminen pro Tag in mg. Überlege, ob man Vitamine zu den Energielieferanten zählen kann. *(Tabelle 3.7 und 3.8, Seite 29)*

Aufgabe 10: Welche Verdauungssäfte werden in den Zwölffingerdarm geleitet? Was bewirken sie? *(Seite 27)*

Aufgabe 11: Beschreibe den Unterschied zwischen Blinddarm und Wurmfortsatz. *(Abb. 3.9)*

Aufgabe 12: Wie gelangen die Nährstoffe vom Darm ins Blut? *(Seite 27)*

Aufgabe 13: Autofahrer, die nachts lange Strecken fahren müssen, sind durch Nachtblindheit gefährdet.
Welche Nahrungsmittel müssen sie möglichst regelmäßig zu sich nehmen, um der Blindheit vorzubeugen? *(Tabelle 3.8)*

Aufgabe 14: In welchen Schritten erfolgt die Blutgerinnung?

Aufgabe 15: Besorge dir vom Fleischer ein Schweineherz und laß es dir der Länge nach aufschneiden.
Das Schweineherz entspricht in seiner Bauweise dem menschlichen Herzen.
Versuche mit Hilfe der *Abb. 3.24* die einzelnen Teile des Herzens zu benennen. Begründe die unterschiedlichen Wandstärken.

Aufgabe 16: Zähle die Pulsschläge *(Abb. 3.19)*
a) in Ruhestellung (im Sitzen),
b) nach 10 Kniebeugen,
c) nach weiteren 10 Kniebeugen,
d) vor einer schwierigen Klassenarbeit.

Aufgabe 17: Warum ist das menschliche Herz in zwei Hälften getrennt?

Aufgabe 18: Laß deinen Arm hängen und fahre mit dem Finger der anderen Hand an einer sichtbaren Vene (bläulich) mit mäßigem Druck in Richtung Fingerspitzen. Wenn die Vene dadurch blutleer geworden ist, laß plötzlich den Finger los. Wenn du es richtig gemacht hast, strömt das Blut von den Fingerspitzen her wieder ein. Es wurde vor den Venenklappen gestaut (obenstehende Skizze).

Aufgabe 19: Zähle die einzelnen Stationen beim Weg der Atemluft auf.

Aufgabe 20: Warum gelangt normalerweise keine Speise in die Luftröhre?

zu Aufgabe 18:

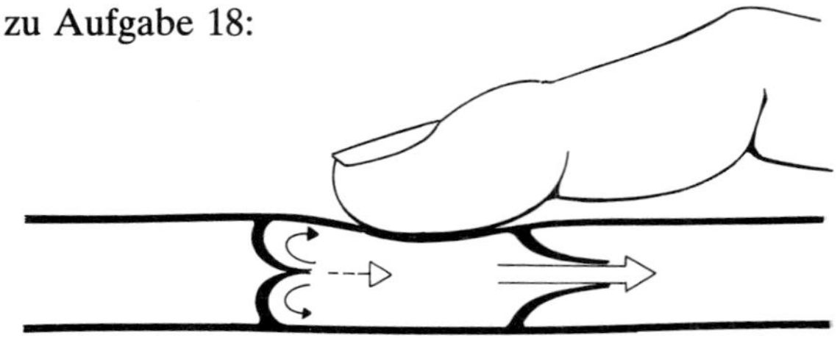

Aufgabe 21: Beschreibe den Gasaustausch in den Lungenbläschen.

Aufgabe 22: Besorge dir eine Schweinsniere beim Fleischer, schneide sie der Länge nach auf und vergleiche den Bau mit der *Abb. 3.45.* Versuche abzugrenzen: Nierenrinde, Nierenmark, Nierenbecken, Harnleiter.

Aufgabe 23: Nenne Stoffe, die über die Nieren, Lungen, Haut und Darm ausgeschieden werden. *(Seite 40, 36, 27)*

Aufgabe 24: Miß die Zeit, die erforderlich ist, um einen Liter Kaffee zu filtern. Rechne um auf 5 l und vergleiche mit der Leistung der Nieren. *(Seite 40)*

Aufgabe 25: Warum untersucht man den Urin bei Dopingkontrollen?

Aufgabe 26: Die gelbe Farbe des Urins kommt aus der Leber, wo ständig rote Blutkörperchen abgebaut werden: der rote Blutfarbstoff färbt den Harn durch Verdünnung gelb. Beobachte die Harnfärbung im Verlauf eines Tages. Trinke an einem Tag besonders viel (ca. 3 l), beobachte und vergleiche. *(Seite 41)*

Aufgabe 27: Erkläre, warum aus einer Menge von 170 l Primärharn letztlich nur ca. 1,5 l Endharn entstehen. *(Seite 40 und 41)*

Aufgabe 28: Welche Bezirke geistiger Fähigkeiten liegen in der Großhirnrinde? *(Seite 44)*

Aufgabe 29: Übertrage die Tabelle von Seite 341 oben in dein Heft. Gib die Reaktionen deines Körpers, bei Anregung mit +, bei Hemmung mit −, an *(Tabelle 3.10):*

Aufgabe 30: Bei einem Zuckerkranken (Diabetiker) ist zuviel Zucker im Blut (über 120 mg/100 ml). Überlege, warum der Zuckergehalt so hoch ist. *(Seite 49 und 50)*

Aufgabe 31: Beim Verzehr von kohlenhydratreicher Nahrung steigt der Zuckerspiegel über den normalen Meßwert (mehr als 120 mg in 100 ml Blut). Welches Organ veranlaßt Leber und Muskulatur, Zucker zu speichern, bis der Normalwert (80 bis 120 mg in 100 ml Blut) wieder erreicht ist? Wie geschieht das? *(Seite 49/50)*

Aufgabe 32: Durch erhöhte Muskelarbeit (Zuckerverbrauch bei der Verbrennung in den Muskelzellen!) sinkt der Zuckerspiegel im Blut unter den

Geschehen	Organ	Sympathikus	Parasympathikus
bei Angst	Herzschläge		
	Schweißabsonderung		
	Augenpupille		
beim Anblick einer würzigen Speise	Magen		
	Speicheldrüsen		
bei einem Wettlauf	Atmung		
	Nebennierenmark		
	Magen		

normalen Meßwert (weniger als 80 mg in 100 ml Blut). Das Hormon Adrenalin (Nebennierenmark) bewirkt eine Wiederherstellung des Normalwertes. Woher kommt der dazu erforderliche Blutzucker auf schnellstem Wege, ohne zusätzliche Nahrungsaufnahme? *(Seite 49 und 50)*

Aufgabe 33: Zeichne unter Zuhilfenahme der *Abb. 3.65* jeweils einen Regelkreis für folgende Fälle:

a) Der Istwert ist nach einer kohlenhydratreichen Mahlzeit über den Sollwert gestiegen.

b) Der Istwert ist nach einem 100-m-Lauf unter den Sollwert gesunken.

Aufgabe 34: Welche Knochen dienen in erster Linie dem Schutz? *(Seite 51)*

Aufgabe 35: Welche Teile des Skeletts haben in erster Linie Stützfunktion? *(Seite 51)*

Aufgabe 36: Nenne vier Gelenkformen. Wo kommen sie vor?

Welche Aufgabe haben sie? Nenne für jede Gelenkform Beispiele, wo sie im Haushalt, in der Technik etc. Anwendung finden. *(Seite 52)*

Aufgabe 37: In der folgenden Aufstellung findest du erstaunliche Eigenschaften eines Röhrenknochens:

Elastizität	wie Eichenholz
Zugfestigkeit	wie Kupfer
Druckfestigkeit	wie Beton
Biegefestigkeit	wie Stahl

Versuche, dir die Angaben anschaulich zu machen.

Aufgabe 38: Untersuche an einem Stück Rindfleisch (am günstigsten ist eine „Beinscheibe") den Aufbau von Muskeln. Achte dabei auch auf die Sehnen, die Muskelhaut, das Bindegewebe. Bei gekochtem Rindfleisch kannst du den Zerfall in einzelne Fasern oder Faserbündel erkennen. *(Seite 52 und 53)*

Aufgabe 39: Bewege die Finger einer Hand und umfasse dabei mit der anderen Hand den Unterarm. Was stellst du dabei fest? Achte genau auf die Bewegungen an Muskeln und Sehnen. Mache auch eine Faust. Von wo aus erfolgt die Bewegung der Finger? Bedenke die Folgen, wenn die Muskeln in der Hand untergebracht wären.

Aufgabe 40: Vergleiche die drei Muskelarten *(Seite 52 bis 54)* des Menschen in einer Tabelle:

Muskelart	Vorkommen	Bau	Arbeitsweise	Leistung/ Ausdauer

Aufgabe 41: a) *Versuch:* Besorge dir zwei Schweinerippen oder Geflügelknochen. Entferne von einem Knochen die Fleischreste und entfette ihn durch Kochen in Sodalösung. Du kannst zum Entfetten auch Spülmittel verwenden. Trockne den Knochen ab und wiege.

Lege den Knochen in verdünnte Salzsäure (etwa 5%ig). Vorsicht! Beobachte und erkläre die Gasentwicklung.

Nach etwa einer Woche wird der Knochen aus der Salzsäure herausgenommen und unter fließendem Wasser gründlich abgespült. Nach dem Abtrocknen wiegst du wieder und vergleichst mit dem Anfangsgewicht. Um wieviel ist er leichter geworden? Wieviel Prozent (%) sind das?

Vergleiche den unbehandelten Knochen mit dem, der eine Woche lang in der Salzsäure lag. Prüfe die Kochen auf Biegsamkeit und Zugfestigkeit.

Erklärung: die Salzsäure hat den Kalk aus dem Knochen herausgelöst. Die verbliebenen organischen Bestandteile sind die Ursache dafür, daß der Knochen jetzt völlig weich, elastisch und biegsam ist.

Wenn du anschließend den entkalkten Knochen in etwas Wasser lange kochst, erhältst du dickflüssigen Knochenleim, den du gut zum Kleben verwenden kannst.

b) *Versuch:* Wiege ein Stück von einem entfetteten Knochen und halte ihn mit Hilfe einer Tiegelzange mehrere Minuten lang in die blaue Flamme eines Brenners. Glühe auf diese Weise den Knochen aus.

Vergleiche nach dem Erkalten das Gewicht mit dem Anfangsgewicht. Prüfe den Knochen auf Biegsam-

keit und Zugfestigkeit und vergleiche mit dem frischen Knochen.
Erklärung: Durch das Glühen ist die organische Substanz des Knochens zerstört worden. Es bleiben nur die anorganischen Bestandteile übrig. Die sogenannte Knochenasche besteht aus Kalk.
c) Trage die Ergebnisse der beiden Versuche a) und b) in eine solche Tabelle ein:

	frischer Knochen	Knochen in verdünnter Salzsäure	ausgeglühter Knochen
Biegsamkeit			
Zugfestigkeit			

Kapitel: 5 Ökosystem Bach – Bedrohung und Erhaltung

Aufgabe 1: Messung der Strömungsgeschwindigkeit (Gruppe von 3 Schülern). *(Seite 73)*
Geräte: 1 Bandmaß/Zollstock, 2 Holzpflöcke/Äste, 1 Stoppuhr, Papierschnitzel, Kreide, 1 wasserfester Filzschreiber, 1 Schreibblock
Meßt mit dem Bandmaß/Zollstock eine Uferstrecke von 5 m ab. Beginnt am besten an einem Steg und markiert das Ziel durch einen Pflock, andernfalls Start- und Zielpunkt durch je einen Pflock markieren. Die Strömungsgeschwindigkeit wird in cm/s ausgedrückt. Das ist die Strecke, die der Wasserkörper der Oberfläche in einer Sekunde zurücklegt. Auf Kommando des Zeitnehmers (Stoppuhr!) wirft der 2. Schüler die Papierschnitzel / den Kreidestaub am Startpunkt ins Wasser. Der 3. Schüler meldet, wenn die Papierschnitzel / der Kreidestaub das Ziel erreicht haben / hat. Rechnet die Strömungsgeschwindigkeit mit Hilfe der gestoppten Zeit in cm/s aus. Wiederholt die Messung und notiert die Meßergebnisse.
Aufgabe 2: Messung der Wassertemperatur. *(Seite 73)*
Geräte: 1 Stabthermometer (0–40°C), 1 wasserfester Filzschreiber, 1 Schreibblock
Bachstrecke wie Aufgabe 1. Taucht das Stabthermometer etwa 2 Minuten ins Wasser, lest sofort nach dem Herausnehmen ab. Wiederholt die Messungen an mehreren Stellen: Ufer, Bachmitte, Oberflächenwasser, Wasser am Bachboden. Notiert die Ergebnisse.
Aufgabe 3: Untersuchung des Sauerstoffgehaltes. *(Seite 73)*
Geräte: Wasserlabor für die Aquaristik oder Sauerstoff-Titrationsverfahren, 1 Weithalsplastikflasche (500 ml), 1 Becherglas, 1 wasserfester Filzschreiber, Schreibblock
Bachstrecke wie Aufgabe 1.
Untersuche nach den Anweisungen des Untersuchungssatzes bei 2 Proben den Gehalt des Wassers an Sauerstoff.
Notiere die Ergebnisse.
Beträgt der Sauerstoffgehalt weniger als 2 mg/l, werden viele Bachlebewesen gefährdet.
Mit Hilfe der gemessenen Wassertemperatur und der folgenden Tabelle kannst du bestimmen, wieviel Sauerstoff das Wasser aufnehmen kann, bis es sauerstoffgesättigt ist.

Wassertemperatur in °C	maximaler Sauerstoffgehalt in mg/l
7	11,7
8	11,5
9	11,2
10	10,9
11	10,7
12	10,4
13	10,2
14	10,0
15	9,8
16	9,6
17	9,4
18	9,2
19	9,0
20	8,8

Aufgabe 4: Untersuchung des Bachbettbodens (Ober- und Mittellauf). *(Seite 73 und 76)*
Geräte: Eimer oder große Büchse, Maßband
Nehmt an den Stellen, an denen ihr die Strömungsgeschwindigkeit gemessen habt, mit Hilfe des Eimers eine Bodenprobe. Meßt die Bodenablagerungen und ordnet sie anhand der Tabelle auf *Seite 72* ein.
Welche Bodenablagerungen überwiegen? Findet Gründe dafür. Berücksichtigt die gemessenen Strömungsgeschwindigkeiten.

Aufgabe 5: Untersuchung des pH-Wertes
Geräte: 1 Reagenzglas, pH-Teststäbchen
Bachstrecke wie Aufgabe 1.
Fülle das Reagenzglas bis zur Hälfte mit Bachwasser. Tauche das Teststäbchen so in das Wasser, daß alle vier Farbzonen vom Wasser bedeckt sind. Die vier Testzonen verfärben sich. Ziehe nach etwa 1 Minute das Teststäbchen heraus und vergleiche die Farbtöne der Testzonen mit der Farbskala. Den einzelnen Farbkombinationen der Skala entsprechen die daneben angegebenen pH-Werte. Notiere die Ergebnisse.
pH-Werte unter 4.5 und über 9 führen bei Lebewesen zu Störungen. Solche pH-Werte sind also alarmierend.

Aufgabe 6: Begründe, warum in der *Abb. 5.5* die Werte für die abfließende Wassermenge und die Jahrestemperatur ansteigen, während sie für Sauerstoff und Strömungsgeschwindigkeit sinken.

Aufgabe 7: Gib die Temperaturschwankungen für jede der vier Regionen in *Abb. 5.7* in °C an. Begründe die Unterschiede.

Aufgabe 8: Schutz vor der Abdrift ist für die Bachbewohner lebensnotwendig. Bachbewohner besitzen dafür unterschiedliche Anpassungsformen. *(Seite 74 und 75)*
Trage Beispiele zu den Anpassungsformen in eine Tabelle ein

Anpassungsform	Bachbewohner
Befestigung an der Unterlage	
Verankerung durch Ballast	
Ausnutzen der strömungsarmen Grenzschicht	
Aktive Überwindung der Strömung	

Aufgabe 9: Welche der aufgezählten Lebewesen sind: Produzenten, Konsumenten 1. Ordnung, Konsumenten 2. Ordnung, Konsumenten 3. Ordnung? *(Seiten 75 bis 78).* Fertige eine Tabelle an.
Lebewesen: Kieselalgen – Bachforelle – Hakenkäfer – Flutender Hahnenfuß – Kriebelmückenlarven – Libellenlarven – Mützenschnecke – Bachflohkrebse – Köcherfliegenlarven

Aufgabe 10: Wasseramseln sind die einzigen einheimischen Singvögel, die ihre Nahrung auf dem Grunde schnell fließender Bäche suchen. Welche Anpassungen ermöglichen ihnen diese Lebensweise? Wie bewegen sich Wasseramseln unter Wasser fort? Welcher Körperteil leistet dabei die Hauptarbeit? *(Abb. 5.29)*

Aufgabe 11: Wie verändern sich die abiotischen Faktoren eines Fließgewässers von der Quelle zur Mündung? *(Seite 72/73 und 78/79)*

Aufgabe 12: Welche ökologischen Aufgaben kann der Bewuchs der Uferböschung erfüllen?

Aufgabe 13: Welche Vogelarten leben in der Nähe eines Baches? *(Seite 80)*

Aufgabe 14: Fertige eine Tabelle nach folgendem Muster an *(Seite 84 und 85):*

Pflanzen der Weichholzaue	Pflanzen der Hartholzaue

Aufgabe 15: Bestimmung der Sauerstoffzehrung eines Gewässers.
Wenn man beurteilen will, wie stark ein Gewässer mit organischen Stoffen belastet ist, untersucht man die Sauerstoffzehrung. Sie ist ein Maß für die Sauerstoffmenge, die die Mikroorganismen zum Abbau organischer Stoffe innerhalb einer bestimmten Zeit verbraucht haben.
Geräte: Zwei 100-ml-Flaschen aus klarem Glas mit eingeschliffenem Stopfen, 1%ige wäßrige Methylenblaulösung.
Durchführung: In eine 100-ml-Flasche gibst du einige Tropfen Methylenblaulösung. Dann füllst du die Flasche mit Wasser, das untersucht werden soll, bis zum Rand. Achtung: in der Flasche darf keine Luft zurückbleiben. In die zweite Flasche gibst du ebenfalls einige Tropfen Methylenblaulösung und füllst sie mit Leitungswasser auf. Beide Flaschen läßt du verschlossen bei Raumtemperatur stehen.
Hilfen für die Auswertung:
Solange im Wasser noch Sauerstoff gelöst ist, bleibt das Wasser noch blau gefärbt. Die blaue Farbe verschwindet, wenn der Sauerstoff von Mikroorganismen verbraucht ist. Die Zeit bis zur Entfärbung ist ein Maß dafür, wie schnell der Sauerstoff von den Mikroorganismen verbraucht wird (Sauerstoffzehrung). Entfärbt sich das Wasser sofort, ist das Wasser stark mit organischen Stoffen belastet. Im Wasser finden Fäulnisprozesse statt, die einen hohen Verbrauch an Sauerstoff haben. Entfärbt sich das Wasser innerhalb von 2–8 Stunden, entspricht das Wasser in seinem Verschmutzungsgrad einem Abwasser, das nur mechanisch gereinigt worden ist *(vgl. Seiten 263 und 264).* Wasser mit Trinkwasserqualität (2. Flasche) darf sich nach 5 Tagen noch nicht entfärbt haben.

Kapitel: 6 Die Zelle – Baustein aller Lebewesen

Aufgabe 1: Schreibe die Funktion von Wurzel, Sproßachse und Blatt auf! *(Seiten 104/105)*
Aufgabe 2: Gib Beispiele für Flach- und Tiefwurzler an.
Aufgabe 3: Stülpe eine durchsichtige Plastiktüte über eine Zimmerpflanze (z. B. Weihnachtsstern) und binde die Tüte am Stamm fest zu. Gieße regelmäßig. Beobachte. Erkläre. *(Seite 105)*
Aufgabe 4: Halbiere den Stengel einer weißblühenden Blume (z. B. Nelke, Bärlauch) der Länge nach vorsichtig mit einem Messer und stelle eine Stengelhälfte in normales, die andere in gefärbtes Wasser (rote oder blaue Tinte). Beobachte.
Aufgabe 5: Erkläre das Entstehen von Jahresringen aufgrund folgender Skizze *(Seite 104)*:

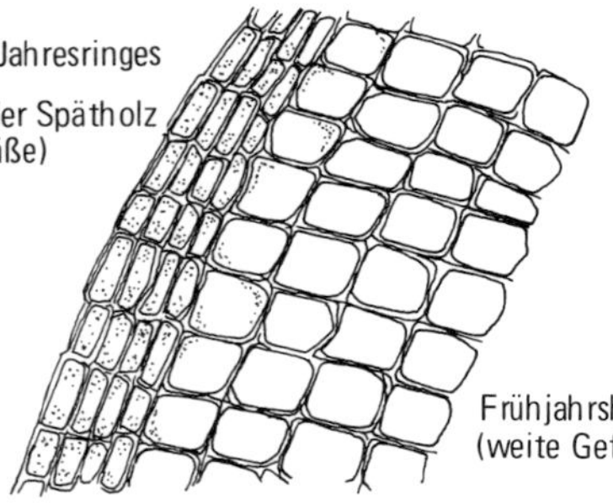

Aufgabe 6: Aus welchen Geweben besteht ein Laubblatt? *(Seite 112)*
Aufgabe 7: Fertige einen Längsschnitt einer Küchenzwiebel an. Zeichne (Skizze) und beschrifte (Wurzel, Sproßachse, Blätter).
Aufgabe 8: Stelle einen beblätterten Stengel einer Landpflanze (z. B. Taubnessel) und einer Wasserpflanze (z. B. Tausendblatt oder Wasserpest) in ein Glas, das mit Wasser gefüllt ist. Was stellst du nach einiger Zeit fest? Versuche, deine Beobachtung zu erklären. (Denke dabei an Stützgewebe und Verdunstungsschutz).
Aufgabe 9: Versuch zum Verdunstungsschutz
Material: Gleich große beblätterte Stengel einer Landpflanze (z. B. Taubnessel), einer Sumpfpflanze (z. B. Sumpfdotterblume), einer Wasserpflanze (z. B. Wasserpest) und ein Schwimmblatt (z. B. Teichrose oder Wasserknöterich).
Durchführung: Lege die Stengel und das Schwimmblatt auf einen großen Bogen Papier und überprüfe alle 10 Minuten den Verlauf des Austrocknens.
Frage: Trocknen alle Objekte gleich schnell aus, oder stellst du eine Reihenfolge fest? Falls du eine Reihenfolge feststellst, versuche, sie zu begründen. (Berücksichtige den Standort der Pflanzen).
Aufgabe 10: Wie vermeiden Wasserpflanzen einen Sauerstoffmangel?
Aufgabe 11: Erkläre den Begriff Sukkulenz. Hauswurz und Queller sind sukkulente Pflanzen. Jedoch erfüllt die Sukkulenz bei der Hauswurz eine andere Aufgabe als beim Queller. Erkläre.
Aufgabe 12: Nenne Kletterhilfen, über die Kletterpflanzen verfügen.
Aufgabe 13: Reaktionen von Pflanzen auf die Erdanziehungskraft (Schwerkraft) nennt man Geotropismus.

Versuch:

Material: 1 Petrischale (Deckel eines Einmachglases), 1 Blumentopf, 1 Drahtnetz, 1 Kulturgefäß (Einmachglas), Sägespäne, Haferkörner.

Durchführung: Lasse Haferkörner in einer Petrischale mit Leitungswasser quellen. Pflanze die gequollenen Körner am nächsten Tag in einen Blumentopf, der mit Sägespänen gefüllt ist. Lege ein Drahtnetz auf den Blumentopf, drehe ihn um und stelle ihn mit der Öffnung nach unten auf ein Kulturgefäß, das 1/4 mit Wasser gefüllt ist. Gieße die Haferkeimlinge durch das Loch im Boden des Blumentopfes regelmäßig.

Beobachtung: Nimm nach etwa 10 Tagen die Haferkeimlinge aus dem Blumentopf und betrachte, wie Sprosse und Wurzeln gewachsen sind.

Erklärung: ?

Aufgabe 14: Warum bezeichnet man die Mistel als Halbschmarotzer, die Kleeseide als Schmarotzer?

Kapitel: 7 Lebewesen pflanzen sich fort

Aufgabe 1: Besorge dir einige Blätter von Schiefblattbegonien, Usambaraveilchen oder abgeschnittene Stücke des Zyperngrases und stecke sie in feuchte Blumenerde. Gieße sie regelmäßig und warte ab, bis sich neue Pflanzen entwickeln! *(Abb. 7.12 und 7.13)*
Ähnlich kannst du die an den Blatträndern des Brutblattes (Bryophyllum) entstehenden jungen Pflänzchen *(Abb. 7.14)* oder die Brutzwiebeln der Tulpe *(Abb. 7.15)* bzw. Steckzwiebeln der Küchenzwiebel einpflanzen.
Welche Art der Vermehrung hat hier stattgefunden?

Aufgabe 2: Untersuche Pollen verschiedener Blüten mit dem Mikroskop. Streife die Pollenkörner mit einem Pinsel von den Staubblättern ab, gib sie auf einen Objektträger und setze einen Tropfen Wasser hinzu. Schon bei ca. 30facher Vergrößerung (z.B. Okular 5×, Objektiv 5–6×) sind die Pollen zu erkennen.
Zur genaueren Untersuchung muß du die Vergrößerung schrittweise steigern.
Zeichne und beschreibe. Erkennst du besondere Formen und Vorrichtungen? Überlege, welche Aufgaben Formen und Vorrichtungen haben. *(Seite 125 bis 126)*
Aufgabe 3: Man kann auch von Schnitt- und Topfblumen (Fresien, Usambaraveilchen u. a.) Pollen im Mikroskop betrachten. Du kannst – mit etwas Glück – einige Pollenarten unter dem Mikroskop keimen lassen. Mit Haushaltszucker setzt man je eine 3%ige, 5%ige und 8%ige Lösung an. Davon werden auf je einen Objektträger jeweils 1 bis 2 Tropfen gegeben. In die unterschiedlichen Lösungen gibst du den Pollen einer Blütenart. Beobachte die Pollen mit dem Mikroskop. Finden die Veränderungen in allen drei Lösungen statt? Verfahre mit dem Pollen anderer Pflanzenarten genauso. Welche Aussage kannst du nun rückwirkend über die Flüssigkeit auf der Narbe machen? *(Abb. 7.27)*
Aufgabe 4: Blattläuse kannst du im Sommer leicht finden, z.B. Dicke Bohne, Margerite, Rosen, junge Triebe von Obstbäumen. Betrachte sie mit einer Lupe. Schätze ihre Zahl und zähle (Pinzette benutzen) auf einem Abschnitt von 2 cm Länge. Wie nehmen sie ihre Nahrung auf? *(Seite 127)*

Kapitel: 8 Aufnahme und Beantwortung von Signalen aus der Umwelt

Aufgabe 1: Setze zwei Spitzen aufeinander (z.B. Bleistiftspitzen)
a) mit beiden Augen geöffnet;
b) mit einem geschlossenen Auge.
Was stellst du fest? *(Seite 132)*
Aufgabe 2: Was kannst du alles zur Pflege deiner Augen tun?
Aufgabe 3: Richte den Luftstrahl einer Fahrradluftpumpe aus einigem Abstand einem Mitschüler in die geöffneten Augen. Wie schnell reagiert er beim Schließen der Lider? War dabei sein Gehirn beteiligt oder war das eine Reflexbewegung? *(Seite 137)*
Aufgabe 4: Die Reaktionszeiten und die damit zusammenhängenden eventuellen Folgen sind für jeden Verkehrsteilnehmer wichtig (Prüfungsfrage für den Führerschein).
Welchen Bremsweg braucht ein Wagen z.B. bei Tempo 50, wenn ihm ein Kind oder ein Tier in den Weg läuft? Frage auch einen Autofahrer bzw. rufe bei einem Autoclub an! Ist dieses Bremsen auch eine Reflexhandlung? Anhalteweg = Reaktionsweg + Bremsweg. Berechne den Anhalteweg bei einer Geschwindigkeit von 30, 50, 60 und 100 km/h.

Kapitel: 9 Kinder sind den Eltern ähnlich – und doch ganz anders

Aufgabe 1: Schreibe die 1. Mendelsche Regel auf und erkläre sie mit einem Beispiel. *(Seite 141)*
Verfahre genauso mit der 2. Mendelschen Regel. *(Seite 143)*
Aufgabe 2: Erkläre die Begriffe dominant, rezessiv und intermediär. *(Seiten 142 und 143)*
Aufgabe 3: Welche rezessiven Merkmale bei Tier und Pflanze brachten dem Menschen Vorteile, so daß er sie weiterzüchtete?
Aufgabe 4: Welche Bedeutung haben die Chromosome bei der Vererbung?
Aufgabe 5: Was bedeutet x- und y-Chromosom?
Aufgabe 6: Woraus besteht ein Chromosom?

Kapitel: 10 Verhalten, angeboren oder erlernt?

Aufgabe 1: Auf dem Großfoto auf *Seite 157* spielen zwei junge Coyoten. Wie deutest du das Verhalten dessen, der am Boden liegt?
Aufgabe 2: Was will ein Verhaltensforscher durch Attrappenversuche überprüfen? Erkläre an einem Beispiel. *(Seite 160)*
Aufgabe 3: Begründe, warum manche Puppen, Plüschtiere oder Comic-Figuren so beliebt sind. Denke dabei auch an die Wirkung des Kindchenschemas. *(Abb. 10.16)*
Aufgabe 4: Sammle Fotos und Zeichnungen, in denen der Schlüsselreiz Kindchenschema zu Werbezwecken genutzt wird. *(Abb. 10.16)*
Aufgabe 5: Welche biologische Bedeutung hat das Kindchenschema? *(Seite 163)*
Aufgabe 6: Wie könnte man einen Versuch durch-

führen, um herauszufinden, ob Fische ein Dreieck von einem Viereck unterscheiden können? *(Seite 165)*

Aufgabe 7: Wenn du deine Fische im Aquarium fütterst, schlage eine Glocke an (mindestens 1 Woche lang bei **jeder** Fütterung). *(Seite 165)*
Wie verhalten sich die Fische, wenn du die Glocke anschlägst, ohne zu füttern? Erkläre.

Aufgabe 8: Sammle aus Zeitungen und Zeitschriften Bilder, auf denen Beispiele für Körpersprache beim Menschen zu finden sind. Ordne sie nach bestimmten Gesichtspunkten (z. B. Zorn, Angst, Imponierverhalten). *(Seite 171/172)*

Kapitel: 11 Sexualverhalten und Sexualprobleme bei Jugendlichen und Erwachsenen

Aufgabe 1: Versuche, zu den Veränderungen und Bedürfnissen in der Pubertät *(Abb. 11.6)* ganz konkrete Beispiele zu finden, die du bei dir selbst oder im Freundeskreis bemerkt hast, und notiere sie.

Aufgabe 2: Das Sexualverhalten des Menschen nimmt im Vergleich zum Tier eine Sonderstellung ein. Zähle einige wichtige Unterschiede auf (in kurzen Sätzen).

Aufgabe 3: Die *Tabelle 11.1* hat die Unterschrift „Kinderschwangerschaften in der Bundesrepublik Deutschland (1984)". Kann man diese jungen Mütter als „Kinder" bezeichnen?
Begründe deine Meinung.

Aufgabe 4: Schreibe an die
Bundeszentrale für gesundheitliche
Aufklärung
Ostmerheimer Straße 200
5000 Köln 91
und bitte um Informationsmaterial zu den Themen, die dich interessieren.

Kapitel: 12 Kampf den Krankheitserregern

Aufgabe 1: Bakterien sind uns meistens als Krankheitserreger bekannt. Informiere dich über die Bedeutung der Bakterien im Boden *(Kap. 14.6)* und ihre Rolle bei der Sauerkrautherstellung, Milchverarbeitung, Käse- und Essigherstellung *(Kap. 16.2)*

Aufgabe 2: Sieh' in deinem Impfbuch nach, wann du zuletzt gegen Wundstarrkrampf (Tetanus) geimpft worden bist. Besteht noch ausreichender Impfschutz oder ist eine Auffrischimpfung erforderlich? Bei einem nächsten Arztbesuch solltest du den Arzt anhand des Impfbuches danach fragen. *(Seite 183)*

Aufgabe 3: Stelle eine Tabelle her, in welchem Alter du gegen welche Krankheiten Schutzimpfungen erhalten hast und vergleiche mit dem Impfplan auf *Seite 184.*

Aufgabe 4: Wenn du dich noch genauer über AIDS informieren willst, kannst du Informationsmaterial bei folgenden Adressen anfordern:

- Bundeszentrale für gesundheitliche Aufklärung
  Ostmerheimer Straße 200
  5000 Köln 91
- Deutsche AIDS-Hilfe
  Nestorstraße 8–9
  1000 Berlin 31

Aufgabe 5: Erkläre die Begriffe: Infektion, Symptome, Diagnose, Therapie, Inkubationszeit, Impfung. *(Seite 180, 182/183 und 194)*

Kapitel: 13 Zeitkrankheiten – eine Folge unserer Lebensweise

Aufgabe 1: Welche Schlüsse läßt die *Tabelle 13.1* zu? Vergleiche die Säuglingssterblichkeit mit Nachbarländern der Bundesrepublik Deutschland.

Aufgabe 2: Fertige zur *Tabelle 13.2* eine graphische Darstellung an. Das Säulenschaubild (ähnlich wie in *Abb. 13.1*) oder eine Kurvendarstellung kommt in Frage. Wie ist der Rückgang der Lebenserwartung beim Mann von 1932/34 bis 1946/47 zu erklären?

Aufgabe 3: Versuche, durch genaues Betrachten des Großfotos „New York bei Nacht" *(Seite 195)* einige Streßfaktoren zu finden, durch die Streßsituationen ausgelöst werden können.

Aufgabe 4: In den USA wurde von Wissenschaftlern eine Punkteskala für Streßreize im täglichen Leben erarbeitet. Unter anderem enthält sie folgende Streßpunkte für verschiedene Ereignisse:

Tod eines Ehepartners	100
Scheidung	73
Tod eines nahen Familienangehörigen	63
Eigene Verletzung oder Krankheit	53

Heirat	50
Pensionierung	45
Tod eines Freundes/einer Freundin	37
Berufswechsel	36
1. Schultag oder Schulabschluß	26
Schulwechsel	20
Änderung der Freizeitgestaltung	19
Änderung der Eßgewohnheiten	15
Urlaub	13

Die Gefahrenschwelle liegt bei 200 Punkten: Wer pro Jahr mehr Streßpunkte hat, ist durch Streß ernsthaft gefährdet.

Versuche einmal, in ähnlicher Form für das vergangene Jahr oder die beiden letzten Jahre eine Liste von Streßpunkten aufzustellen, mit Werten zwischen 1 und 100 für Ereignisse in deinem Leben. Für einen extrem hohen Streß, der nach deiner Meinung nicht größer hätte sein können, setzt du den Wert 100 ein. Werte zwischen 1 und 10 entsprechen einem außerordentlich geringen Streß.

Aufgabe 5: Finde heraus: Welche Organe werden durch Lärm geschädigt, welche negativen Folgen stellen sich ein? *(Seite 201)*

Aufgabe 6: Was sagst du zu der Aussage einer Freundin/eines Freundes: „An den Lärm von der Schnellstraße hinter unserem Haus habe ich mich längst gewöhnt"? *(Seite 201)* und beachte dabei die nebenstehende Tabelle.

Auswirkung von Lärm auf den Menschen. (Lautstärke gemessen in dB A, sprich: Dezibel A. Jede Zunahme um 10 dB bedeutet eine Verdoppelung des Lautstärkeeindruckes.)

Lärmstufe	Lautstärke	Lärmquelle	Auswirkungen
	unter 30 dB	Atmen, Flüstern, Ticken einer Taschenuhr, Rascheln von Blättern	
I	30–60 dB	Ticken eines Weckers, normale Unterhaltung, normale Radio-Lautstärke, Wohngeräusche, Schreibmaschine	Belästigung (Unruhe, Gereiztheit, Ärger)
II	60–90 dB	kleiner Lkw, der beschleunigt, U-Bahn, Verkehrslärm, lautgestelltes Radio, Rasenmäher, Küchenmixgeräte	Gefährdung (u. a. vermehrte Gereiztheit, Konzentrationsunfähigkeit, Kreislaufschäden, Magengeschwüre)
Belastungsgrenze			
III	über 90 dB	Kreissäge, Düsenflugzeug, Discothek, spez. Autohupen	Schädigung (u. a. erhöhte Nervosität, Schlafstörungen, Durchblutungsstörungen, Hochdruck, Erbrechen, Hörschädigung, Magengeschwüre, Herzinfarkt), Notwendigkeit besonderen Lärmschutzes, Benutzen entsprechender Schutzgeräte
IV	über 120 dB	Preßlufthammer, Düsenflugzeug aus der Nähe, Sirene	Schwere Schädigung (noch schwerere Schädigungen als bei III an den gen. Organen, Taubheit)

Aufgabe 7: Auswirkungen der Blutalkoholkonzentration (BAK) auf die Wahrnehmung

BAK (Angabe in ‰)	Auswirkungen auf das optische System
0,2	Wahrnehmungsvermögen für bewegte Lichtquellen verschlechtert sich
0,3	Raumtiefenschätzung vermindert
0,5 bis 0,8	Hell-Dunkel-Adaptationsfähigkeit eingeschränkt Raumtiefenschätzung weiter vermindert
0,5 bis 1,0	Empfindlichkeit für rotes Licht läßt nach (Rotschwäche)
0,8 bis 1,2	Blickfeld verengt sich erheblich (Tunnelblick) Hell-Dunkel-Adaptation stark gestört Abschätzung der Raumtiefe stark beeinträchtigt
1,2 bis 2,4	Adaptationsfähigkeit und Raumtiefenschätzung erheblich gestört

Welche Folgen ergeben sich bei den verschiedenen Blutalkoholkonzentrationen (BAK in ‰ = Promille) für die Sicherheit im Straßenverkehr?

Aufgabe 8: Gieße zwei kleine Topfpflanzen einer Art regelmäßig:
die eine mit einer 1%igen Alkohollösung, die andere mit der gleichen Menge Leitungswasser.

a) Beschreibe das Aussehen der Pflanzen (in einer Tabelle)
- vor Versuchsbeginn
- am Ende der Unterrichtsstunde
- nach 24 Stunden
- nach einer Woche

b) Welche Veränderungen stellst du fest?

c) Wie erklärst du dir die Veränderungen?

Aufgabe 9: Stelle einen Heuaufguß her (vgl. *Seite 96*). Du kannst anstelle von Heu auch ein Salatblatt in ein Becherglas geben und mit Wasser auffüllen. Das Glas muß mindestens eine Woche lang stehen bleiben.

a) Gib einen Tropfen des Aufgusses mit einer Pipette auf einen Objektträger und lege ein Deckglas darüber.
Was erkennst du unter dem Mikroskop?

b) Gib einen Tropfen 1%iger Alkohollösung hinzu. Welche Veränderungen kannst du bemerken?

Aufgabe 10: Lies den Auszug aus dem Jugendschutzgesetz gründlich durch. Dürfen Kinder und Jugendliche sich in Gaststätten aufhalten?
In welchen Fällen?
Wer ist berechtigt, in einer Gaststätte – das gleiche gilt auch für Jugendfreizeitstätten, Jugendzentren usw. – Bier zu trinken? An welche Gäste darf der Wirt Branntwein (und andere hochprozentige alkoholische Getränke) ausschenken? Diskutiert über diese gesetzlichen Vorschriften und bringt auch eure Erfahrungen, Beobachtungen und Erlebnisse mit ein.

Kapitel: 14 Der Boden ist ein Ökosystem

Aufgabe 1: Verwitterung nennt man den Vorgang, bei dem aus Gesteinen Boden entsteht. *(Seiten 216/217 und 219)*
Nenne Ursachen für:
a) die physikalische, **b)** die chemische, **c)** die biologische Verwitterung.

Aufgabe 2: Wie sind die riesigen Schuttmassen auf *Abb. 14.7* entstanden?

Aufgabe 3: Untersuchung der Laubstreuzersetzung *(Seiten 218 und 219)*
Geräte: Zollstock, Zeitungspapier
Durchführung: Das Fallaub bildet in einem Laubwald mehrere Schichten. Suche ein Stück Waldboden (Fläche $1/2\,m^2$) mit reichlich Fallaub, nimm die Blätter der obersten Schicht ab, lege sie auf Zeitungspapier und betrachte sie genau. Sind die Blätter noch vollständig? Sind sie angefressen? Wo? Am Blattrand? Auf der Blattspreite? Sind die Blätter noch zu erkennen? Notiere.
Hebe nun die nächste Schicht ab und verfahre ebenso usw.
Vergleiche deine Ergebnisse. Kannst du eine Entwicklung feststellen?
Folgende Übersicht soll dir helfen:

In der obersten Schicht sind die Blätter äußerlich noch gut erhalten, deutlich erkennbare Zersetzungsvorgänge haben noch nicht stattgefunden. Diese Schicht heißt **Streuschicht.**

In der darunterliegenden Schicht sind die Blätter noch erkennbar. Zersetzungsvorgänge haben jedoch ihre Gestalt stark verändert. **Vermoderungsschicht.**

Die unterste Schicht besteht aus einer krümeligen Masse. Blätter sind kaum noch oder nicht mehr zu erkennen. **Humusschicht.**

Aufgabe 4: Nenne Bodenlebewesen, die zu den Erstzersetzern gehören, und solche, die zu den Folgezersetzern gerechnet werden. *(Seiten 218 und 219)*.

Aufgabe 5: Untersuchung von Fraßbildern an Laubblättern
Bodentiere hinterlassen beim Fressen an Laubblättern charakteristische Fraßbilder. Wenn du Fallaub auf Fraßbilder untersuchst, erkennst du, welche Bodentiere dort leben. Benutze folgende Tabelle:

Bezeichung	Merkmale	Bodentiere
Kästchenfraß	Auf der Blattunterseite sind kleine Löcher. Die untere weiche Blatthaut ist angefressen, die obere härtere bleibt stehen.	Springschwänze, Hornmilben
Fensterfraß	Rundliche kleine Fenster, oft nebeneinander.	Kleine Fliegenlarven

Loch- und Skelettfraß	Die Fenster werden vergrößert. Es brechen Löcher durch. Der Blattrand wird angefressen. Nur das Netz von Blattrippen und -adern bleibt übrig.	Asseln, Doppelfüßer, Ohrwürmer, Larven von Schnaken, Schnecken

Aufgabe 6: Beobachten und Bestimmen von Bodentieren
Einen ersten Einblick in die Vielfalt der Bodenlebewesen erhältst du, wenn du in der Streuschicht eines Laubwaldes scharrst, Steine umdrehst, die lockere Rinde von herabgefallenen Ästen abblätterst oder einen morschen Baumstumpf zerlegst. Für eine erste Lebendbeobachtung genügt ein Quarkbecher (Deckel mit Luftlöchern), in den etwas von der Streuschicht hineingenommen wird. Zum genaueren Beobachten oder zum Bestimmen dienen eine Schüttelbüchse und eine weiße Beobachtungsschale (z.B. Quarkbecher). Du füllst Material aus der Streu-, Vermoderungs- oder Humusschicht in die Büchse und schüttelst sie über der Beobachtungsschale.

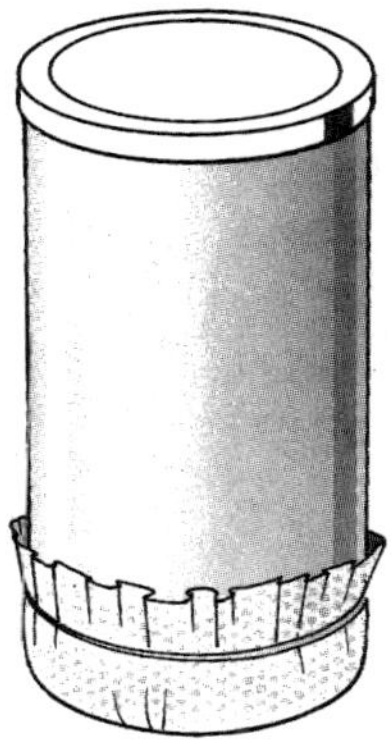

Wenn du mehr Zeit aufwenden kannst, baue mit Hilfe der Abb. einen Ausleseapparat.
Zur Bestimmung einiger Bodentiere vergleiche mit folgenden Abbildungen: *Abb. 14.10, 14.12, 14.14, 14.15, 14.16 und Seite 222.*
Aufgabe 7: Die Abbildung *14.37* stellt einige Vogel- und Säugetierarten dar. Welche Bedeutung haben sie für den Boden?
Aufgabe 8: Erkläre die Mineralisation *(Seite 216–217, 228)*. Welche Bodenlebewesen sind daran beteiligt? Welche Stoffe werden zersetzt? Welche Endstoffe entstehen dabei?
Aufgabe 9: Erkläre die Humusbildung *(Seite 218, 230)*. Welche Bodenlebewesen sind daran beteiligt? Welche Stoffe werden zersetzt?
Aufgabe 10: Warum hat Humus für die Bodenfruchtbarkeit eine große Bedeutung?
Aufgabe 11: Bestimme den Humusanteil verschiedener Bodenproben.
Untersuchungsmaterial: Proben von Wald-, Garten- und Ackerboden.
Geräte: Trockenschrank, Waage, Sieb (Maschenweite 2 mm), Eisentiegel, Tondreieck, Dreifuß, Bunsenbrenner, Tiegelzange.
Durchführung: Die Bodenproben werden im Trockenschrank (105°C) getrocknet und durch ein Sieb (Küchensieb) gegeben. Je 5 g der Bodenproben werden abgewogen. Erhitze die erste Bodenprobe im Eisentiegel. Dazu wird der Tiegel in das Tondreieck gesetzt, das auf den Dreifuß gelegt wird. Erhitze die Bodenprobe zuerst langsam, dann stärker. Wenn die Bodenprobe weißlich grau oder leicht rötlich aussieht, ist der Verbrennungsprozeß beendet. Lasse den Tiegel abkühlen und wäge den Rückstand. Führe den Versuch anschließend mit den anderen Bodenproben durch.
Auswertung: Wenn du den Gewichtsverlust der geglühten Bodenprobe errechnest, hast du den jeweiligen Humusgehalt der Probe. Vergleiche die Ergebnisse.
Finde Gründe für die Unterschiede.
Aufgabe 12: Nenne je zwei Beispiele für folgende Anpassungstypen: Bodenhafter – Bodenschwimmer – Bodenkriecher – Bodenwühler
Aufgabe 13: Versuch zur Bodentätigkeit von Regenwürmern.
Geräte: 2 Einmachgläser
Durchführung: Gib in beide Einmachgläser abwechselnd Sand und Gartenerde, so daß deutlich erkennbare Schichten entstehen. Die Schichtenfolge muß in beiden Gläsern genau übereinstimmen. Feuchte die Erde in einem Gefäß an, umwickle es mit schwarzem Papier, setze 3 oder 4 Regenwürmer ein und lege Kiefernnadeln, Linden- oder Salatblätter auf die Erdoberfläche. Das zweite Gefäß dient als Kontrollgefäß. Stelle beide Gefäße an einem ruhigen Ort auf. Achte darauf, daß die Erde im ersten Gefäß immer feucht ist.
Auswertung: Vergleiche beide Gefäße täglich. Beschreibe und erkläre die Veränderungen. Was ist mit den Blättern/Nadeln geschehen? Vergleiche die Schichtenfolge in beiden Gefäßen.
Aufgabe 14: Erkläre die Symbiose zwischen Schmetterlingsblütlern und Knöllchenbakterien. *(Seite 228)*

Aufgabe 15: Grabe Keimpflanzen von Laubbäumen (z. B. Rotbuche, Ahorn) aus und spüle die Wurzeln vorsichtig ab. Betrachte die Wurzelspitzen. Sie sind verdickt. Erkläre. *(Seite 228)*
Aufgabe 16: *Abb. 14.37* zeigt den Energiefluß in einem Nahrungsnetz des Waldes. Woher stammt die gesamte Energie? Welche Aufgaben haben die Zersetzer? Was bedeutet Zersetzung?
Aufgabe 17: *Abb. 14.40* zeigt den Anstieg des Verbrauchs an Mineraldünger in der Bundesrepublik Deutschland. Wozu können ein reichlicher Gebrauch von Stickstoff- und Phosphatverbindungen im Mineraldünger führen?
Aufgabe 18: Welche langfristigen Folgen haben Pestizideinsätze? Warum hat das Endglied einer Nahrungskette oft 10000 mal soviel Pestizidrückstände in seinem Körper wie das Anfangsglied? *(Seite 234)*
Aufgabe 19: Wie versucht man in der biologischen Schädlingsbekämpfung Schädlinge zu bekämpfen? Nenne Beispiele für die biologische Schädlingsbekämpfung. Wie verfährt der integrierte Pflanzenschutz? *(Seite 234 bis 236)*
Aufgabe 20: Nenne jeweils die beiden größten Verursacher für den Ausstoß von Schwefeldioxid und Stickoxiden. *(Seite 237)*

Kapitel: 15 Ein Ökosystem ist bedroht – das Wattenmeer

Aufgabe 1: Ordne die abiotischen Faktoren, die im Wattenmeer herrschen, nach ihrer Bedeutung für die Lebewesen. *(Seite 243)*
Beginne mit dem wichtigsten Faktor.
Aufgabe 2: Wie reagieren Miesmuscheln, Strandkrabben auf den schwankenden Salzgehalt des Meerwassers? *(Seite 243)*
Aufgabe 3: Seevögel decken ihren Flüssigkeitsbedarf meist nur mit Meerwasser. Wie ist das möglich *(Abb. 15.3)*?
Aufgabe 4: Wie ertragen Pflanzen der Salzwiesen das hohe Salzangebot ihres Lebensraumes? *(Seite 245)*
Aufgabe 5: Wie überstehen Strand-, Wattschnekke, Schlickkrebs und Pierwurm die Trockenheit während der Ebbe? *(Seiten 246 bis 249)*
Aufgabe 6: Wattiere kann man auch nach ihrem Nahrungsverhalten gliedern. Welche Tierarten kann man als Weidegänger, Filtrierer, Sandfresser, Pipettierer bezeichnen? *(Seiten 247 bis 249)*
Aufgabe 7: Miesmuscheln graben sich nicht in den Wattboden, sondern siedeln auf dem Boden. Wie verhindern sie, daß sie von der Wasserströmung abgetrieben werden? *(Seite 249)*
Aufgabe 8: Das Watt ist für viele Vogelarten, auch wenn sie dort nicht brüten, ein unersetzlicher Lebensraum.
Begründe diese Behauptung am Beispiel des Alpenstrandläufers. *(Seite 253)*
Aufgabe 9: Erkläre, wie Wattvogelarten Nahrungskonkurrenz vermeiden. *(Seite 252 und 253)*
Aufgabe 10: Stelle mit Hilfe der *Abb. 15.40* Nahrungsketten zusammen.
Aufgabe 11: Suche Argumente für die Gefährdung des Wattenmeeres durch Tourismus und Gewinnung von Erdöl/Erdgas. *(Seite 256 bis 258)*
Aufgabe 12: Kleinkrebse, Muscheln, Krabben speichern 10 mal soviel PCB in ihren Körpern wie Planktonalgen, Möwen sogar 1000 bzw. 10000 mal soviel. *(Abb. 15.43)*
Erkläre. Der Text auf *Seite 234* (Randspalte) kann dir bei der Lösung helfen.
Aufgabe 13: Welche Umweltschutzmaßnahmen sind besonders wichtig, um zu verhindern, daß das Ökosystem Wattenmeer zerstört wird?

Kapitel: 16 Biotechnologie beeinflußt unser Leben

Aufgabe 1: Auf welche Weise entsteht der Zucker, der zum Bierbrauen notwendig ist? *(Seite 271)*
Aufgabe 2: An welcher Stelle wird im Bierbrauprozeß Hefe eingesetzt? *(Seite 270 bis 272)*
Aufgabe 3: Wie entsteht Butter? *(Seite 277)*
Aufgabe 4: Gekühlt aufbewahrt sind Sauermilchprodukte für mehrere Tage auf natürliche Weise konserviert. Erkläre! *(Seite 278)*
Aufgabe 5: Begründe, warum in den letzten Jahrzehnten die Kindersterblichkeit stark zurückging und das Durchschnittsalter, in dem Menschen sterben, gestiegen ist. *(Seiten 196 und 284)*
Welche Folgen hat das für die Weltbevölkerung?

Kapitel: 17 Lebewesen – früher und heute

Aufgabe 1: Welche Erkenntnisse und Funde machten einigen Forschern im 18. Jahrhundert deutlich, daß die Konstanztheorie nicht stimmen konnte? *(Seite 290)*

Aufgabe 2: Nenne Beispiele für Lamarcks erste Annahme. *(Seite 290 und 291)*

Aufgabe 3: Die genetische Variation ist eine wichtige Annahme in der Theorie Darwins. Welche Vorgänge sind die Ursachen der genetischen Variation? *(Seite 292)*

Aufgabe 4: Vergleiche in *Abb. 17.11* die einander entsprechenden Vorderbeinknochen (z. B. Elle und Speiche usw.) von Krokodil, Maulwurf, Wal. Welche Knochen weichen stark voneinander ab? Beschreibe die Abweichung (z. B. verlängert). Bestehen Zusammenhänge zwischen dem Knochenbau und der Lebensweise der jeweiligen Tierart? Nenne sie.

Aufgabe 5: Welche Knochen stützen bei Flugsauriern, Vögeln, Fledermäusen jeweils die Tragflächen des Flügels? *(Abb. 17.11)*

Aufgabe 6: Beschreibe mit Hilfe der *Abb. 17.18,* wie Steinkerne und echte Versteinerungen entstehen.

Aufgabe 7: Was sind Leitfossilien?
Warum gelten Belemniten als Leitfossilien für die Zeit vor 180–70 Millionen Jahren? *(Abb. 17.20)*

Aufgabe 8: Mit welchen heute lebenden Tierarten waren Mammuts verwandt? *(Abb. 17.19 und Randspalte Seite 297)*
Warum fand man in Sibirien gut erhaltene Körper von Mammuts, während man sonst nur Knochen und Zähne gefunden hat?

Aufgabe 9: In welchem Zeitraum der Erdgeschichte fand die chemische Evolution statt?
Welche Energiequellen standen dem „Labor Erde" zur Verfügung? Während der chemischen Evolution entstanden im „Labor Erde" Stoffe, die Voraussetzung dafür waren, daß lebende Zellen entstehen konnten. Nenne sie. *(Seite 298 und 299, Abb. 17.21)*

Aufgabe 10: Inwiefern verhinderte die „Erfindung" der Photosynthese während der biologischen Evolution eine Energiekrise? *(Seite 299)*

Aufgabe 11: Wann traten im Laufe der Erdgeschichte die ersten einzelligen Organismen auf, wann die ersten Vielzeller, wann die ersten Wirbeltiere, wann die ersten Säugetiere? *(Seite 300, Abb. 17.22, Seite 310, Abb. 17.45)*. Wann verließen Pflanzen und Tiere das Wasser als Lebensraum und besiedelten das Land? *(Abb. 17.22)*

Aufgabe 12: Begründe, inwiefern Mutation und Rekombination Voraussetzung für die genetische Vielfalt (Variation) sind. *(Seiten 301/302)*

Aufgabe 13: Der Industriemelanismus (Beispiel Birkenspanner) gilt als Beweis für die Wirksamkeit der Selektion. Warum? *(Seite 301)*

Aufgabe 14: Die Lage von Nasenöffnungen und Augen stimmen bei Frosch, Krokodil und Flußpferd überein. Man nennt diese Übereinstimmung Konvergenz. Begründe. *(Seite 302)*

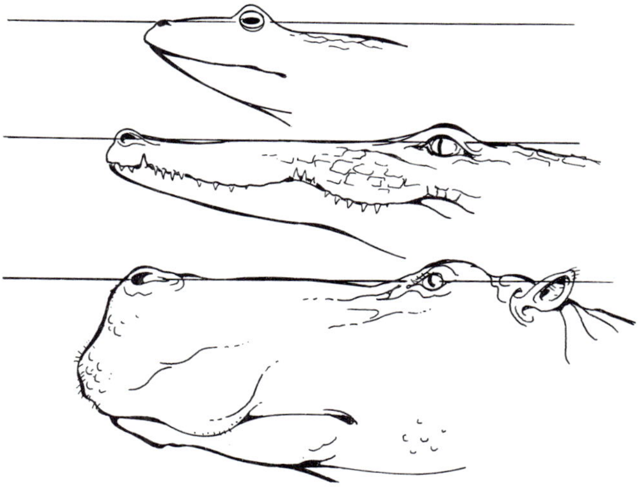

Aufgabe 15: Nenne Beispiele für künstliche Selektionsfaktoren aus der Tier- und Pflanzenzucht. *(Seite 302)*

Aufgabe 16: Welche Körpermerkmale/Verhaltensweisen ermöglichen es Darwinfink, Honigfresser, Streifenbeutler, Fingertier, die ökologische Nische, die sonst Spechte einnehmen, zu besetzen? *(Abb. 17.30)*

Aufgabe 17: Die Entwicklung der Darwinfinken gilt als Beispiel für die Wirksamkeit der Isolation als Evolutionsfaktor. Warum? *(Seite 303 bis 305)*

Aufgabe 18: Grau- und Grünspecht gelten als Zwillingsarten. Sie sind aus einer Art entstanden. Beschreibe, wie die beiden Spechtarten entstanden sind. Welche Rolle haben Isolation, genetische Variation und Selektion dabei gespielt? *(Seite 306 und 307)*

Aufgabe 19: Die Pferdereihe *(Seite 307 bis 309)* gilt als Paradebeispiel für die stammesgeschichtliche Entwicklung der Lebewesen überhaupt. Nenne die wichtigsten Bauplanänderungen vom Urpferdchen bis zum heutigen Pferd.
Die Bauplanänderungen waren nur sinnvoll, wenn sowohl Änderungen im Lebensraum als auch in der Lebensweise stattgefunden haben. Nenne sie.

Kapitel: 18 Woher kommen wir? Die Evolution des Menschen

Aufgabe 1: Welche Anpassungen befähigen Affen, in Baumkronen zu leben? *(Seite 313)*

Aufgabe 2: Betrachte die Stellung der Großzehe in *Abb. 18.3*. Warum ist der Menschenfuß kein Greiffuß? *(Berücksichtige auch Abb. 18.14)*

Aufgabe 3: Nenne die Eigenschaften des Körperbaus, die dem Menschen den aufrechten Gang als normale Fortbewegungsweise ermöglichen. Berücksichtige dabei die Konstruktion von Wirbelsäule, Becken und Fuß. *(Abb. 18.6–18.9)*

Aufgabe 4: Welche Unterschiede bestehen zwischen einem Menschen- und Menschenaffenschädel? *(Abb. 18.10)*

Aufgabe 5: Bei der Frage, ob es sich bei einem Fossil um einen Oberkiefer eines Menschen oder eines Menschenaffen handelt, ist das Vorhandensein einer Affenlücke ein wichtiger Hinweis. Wofür? *(Seite 317, Abb. 18.12)*

Aufgabe 6: Warum gilt das Dryopithecinen-Muster als wichtiger Hinweis dafür, daß fossile Zähne von ausgestorbenen Menschen oder Menschenaffen stammen? *(Seite 317 und 318, Abb. 18.13)*

Aufgabe 7: Wie verläuft die Körperachse bei Pavian, Gorilla, Mensch? *(Abb. 18.16–18.18)* Was bedeutet das jeweils für die Fortbewegung?

Aufgabe 8: Das Gehirnvolumen der Australopithecinen war nicht größer als das heutiger Menschenaffen. Dennoch gelten die Australopithecinen als Vorfahren des Menschen. Warum? *(Seite 316)*

Aufgabe 9: Durch welche Körpermerkmale unterscheidet sich Homo erectus vom Jetztmenschen? *(Seite 321)*

Aufgabe 10: *Abb. 18.32* zeigt heutige Vertreter der drei Rassenkreise. Finde gemeinsame Merkmale für die Europiden, die Mongoliden und die Negriden.

Aufgabe 11: In der Geschichte der Menschheit wurden stets Menschen wegen ihrer Zugehörigkeit zu bestimmten Rassen unterdrückt. Auch heute gibt es Staaten, in denen Menschen, weil sie bestimmten Rassen angehören, weniger politische Rechte haben als andere. Nenne Staaten, in denen Rassenkonflikte bestehen bzw. Menschen anderer Rassen unterdrückt werden. Nenne die Ursachen von Rassenkonflikten und -unterdrückungen. Nimm dazu Stellung. *(Seite 326)*

Aufgabe 12: Die Dryopithecinen gelten als Vorfahren der heutigen Menschen und Menschenaffen. Wann lebten sie? *(Abb. 18.33)*
Wann erschien der Mensch in der Geschichte der Erde? *(Abb. 18.33, Seite 317 bis 319)*

Aufgabe 13: Nenne die entscheidenden Errungenschaften in der Geschichte der Menschwerdung. *(Abb. 18.34, Seite 328)*

Aufgabe 14: Welche Argumente stützen die Annahme, daß der aufrechte Gang auslösender Faktor für die Entwicklung zum Menschen war? *(Abb. 18.34, Seite 328)*

Sachverzeichnis

987654